해커스
전기기사·산업기사
필기 회로이론
한권완성

이론+최신기출+핵심노트

해커스

오우진

약력

경희대학교 공과대학 기계공학과 졸업
현 | 해커스자격증 전기기사·산업기사·기능사 강의
현 | 국가직무능력표준(NCS) 전기설비운영부문 개발위원
    (2016년, 2019년)
현 | 한양E&S 기술진단팀 부장
    (전기설비 점검 및 진단, 계전기 시험 및 점검)
현 | ㈜이선이엔지 연구개발팀 부장
    (전기안전 장비 및 교재 개발업무)
현 | ㈜이레전력기술 기술부장
    (전기진단 및 안전관리 업무)
현 | 한국전기기술인협회, 한전 배전직군 직업능력향상 강의
현 | 전기기술인협회, 한국폴리텍대학, 대덕대학교 등 컨소시엄 교육
    (수배전 관련)
현 | 수도공업고등학교 전기설비실무 강의
전 | NCS 기반 국가기술자격 실기시험 평가방법 개발위원
    (참여분야: 전기기사 및 전기산업기사 실기시험)
전 | 한국전기학원 전기 강의 및 교재 개발
전 | 한국전기기술인협회 컨소시엄 교재 개발 참여

저서

해커스 전기기사·산업기사 필기 전기자기학 한권완성 이론+최신기출+핵심노트
해커스 전기기사 필기 제어공학 한권완성 이론+최신기출+핵심노트
해커스 전기기사·산업기사 필기 회로이론 한권완성 이론+최신기출+핵심노트
해커스 전기기능사 필기 한권완성 기본이론+핵심요약+기출문제
참!쉬움 3개년 전기기사·산업기사 기출문제집 필기, 성안당
참!쉬움 1. 전기자기학, 성안당
참!쉬움 4. 회로이론, 성안당
참!쉬움 5. 제어공학, 성안당
참!쉬움 전기기사 확실한 30일 완성, 성안당
참!쉬움 전기기사·산업기사 실기, 성안당
참!쉬움 전기산업기사 확실한 30일 완성, 성안당

해커스
전기기사·산업기사
필기 회로이론
한권완성

시험장에 꼭 가져가야 할

핵심노트

해커스

제1장 | 전기 소자의 특징 및 접속법과 분배법칙

1 R(Resistance, 레지스턴스) [단위 : Ω(옴)]

직렬연결	병렬연결
1. 전류 $I_0 = I_1 = I_2$ (전류 일정) 2. 전압 $V_0 = V_1 + V_2$ (전압 분배) 3. 합성 저항 $R_0 = R_1 + R_2$ 4. 전압 분배법칙 ① $V_1 = \dfrac{R_1}{R_1 + R_2} \times V_0$ ② $V_2 = \dfrac{R_2}{R_1 + R_2} \times V_0$	1. 전류 $I_0 = I_1 + I_2$ (전류 분배) 2. 전압 $V_0 = V_1 = V_2$ (전압 일정) 3. 합성 저항 $R_0 = \dfrac{1}{\dfrac{1}{R_1} + \dfrac{1}{R_2}} = \dfrac{R_1 \times R_2}{R_1 + R_2}$ 4. 동일 크기의 R이 N개 접속 시 $R_0 = \dfrac{R}{N}$ 5. 전류 분배법칙 ① $I_1 = \dfrac{R_2}{R_1 + R_2} \times I_0$ ② $I_2 = \dfrac{R_1}{R_1 + R_2} \times I_0$

2 G(Conductance, 컨덕턴스) [단위 : ℧(모우) 또는 S(지멘스)]

직렬연결	병렬연결
1. 전류 $I_0 = I_1 = I_2$ (전류 일정) 2. 전압 $V_0 = V_1 + V_2$ (전압 분배) 3. 합성 콘덕턴스 $G_0 = \dfrac{1}{\dfrac{1}{G_1} + \dfrac{1}{G_2}} = \dfrac{G_1 \times G_2}{G_1 + G_2}$ 4. 동일 크기의 G가 N개 접속 시 $G_0 = \dfrac{G}{N}$ 5. 전압 분배법칙 ① $V_1 = \dfrac{G_2}{G_1 + G_2} \times V_0$ ② $V_2 = \dfrac{G_1}{G_1 + G_2} \times V_0$	1. 전류 $I_0 = I_1 + I_2$ (전류 분배) 2. 전압 $V_0 = V_1 = V_2$ (전압 일정) 3. 합성 콘덕턴스 $G_0 = G_1 + G_2$ 4. 전류 분배법칙 ① $I_1 = \dfrac{G_1}{G_1 + G_2} \times I_0$ ② $I_2 = \dfrac{G_2}{G_1 + G_2} \times I_0$ 참고 $G = \dfrac{1}{R},\ B = \dfrac{1}{X},\ Y = \dfrac{1}{Z}$ G, B, Y의 사용 목적 : 병렬회로의 합성 저항을 손쉽게 구하기 위한 하나의 방법

3 c(Capacitance, 커패시턴스) [단위 : F(패럿)]

직렬연결	병렬연결
1. 전하 $Q_0 = Q_1 = Q_2$ (전하 일정) 2. 전압 $V_0 = V_1 + V_2$ (전압 분배) 3. 합성 용량 $C_0 = \dfrac{1}{\dfrac{1}{C_1}+\dfrac{1}{C_2}} = \dfrac{C_1 \times C_2}{C_1 + C_2}$ 4. 전압 분배법칙 ① $V_1 = \dfrac{C_2}{C_1 + C_2} \times V_0$ ② $V_2 = \dfrac{C_1}{C_1 + C_2} \times V_0$	1. 전하 $Q_0 = Q_1 + Q_2$ (전하 분배) 2. 전압 $V_0 = V_1 = V_2$ (전압 일정) 3. 합성 용량 $C_0 = C_1 + C_2$ 4. 전하 분배법칙 ① $Q_1 = \dfrac{C_1}{C_1 + C_2} \times Q_0$ ② $Q_2 = \dfrac{C_2}{C_1 + C_2} \times Q_0$

4 I(Inductance, 인덕턴스) [단위 : H(헨리)]

1. 쇄교 자속

$$\Phi(\lambda) = N\phi = LI$$

2. 자기 인덕턴스

$$L = \frac{\Phi}{I} = \frac{N}{I}\phi = \frac{N}{I} \times \frac{\mu SNI}{\ell} = \frac{\mu SN^2}{\ell}, \quad L \propto N^2$$

3. 자기 인덕턴스와 상호 인덕턴스

① 1차측 자기 인덕턴스 : $L_1 = \dfrac{\mu S N_1^2}{\ell}$ [H] $\rightarrow \dfrac{\mu S}{\ell} = \dfrac{1}{N_1^2} \times L_1$

② 2차측 자기 인덕턴스 : $L_2 = \dfrac{\mu S N_2^2}{\ell} = \left(\dfrac{N_2}{N_1}\right)^2 \times L_1$ [H]

③ 상호 인덕턴스 : $M = \dfrac{\mu S N_1 N_2}{\ell} = \dfrac{N_2}{N_1} \times L_1$ [H]

4. 변압기

① 1차 유기기전력 $e_1 = -L\dfrac{di_1}{dt}$ [V]

② 2차 유기기전력 $e_2 = -M\dfrac{di_1}{dt}$ [V]

5. 결합계수

$$k = \frac{M}{\sqrt{L_1 L_2}} \quad (k = 0 : \text{자기적인 비결합}, \quad k = 1 : \text{자기적인 완전결합})$$

6. 인덕턴스 접속법

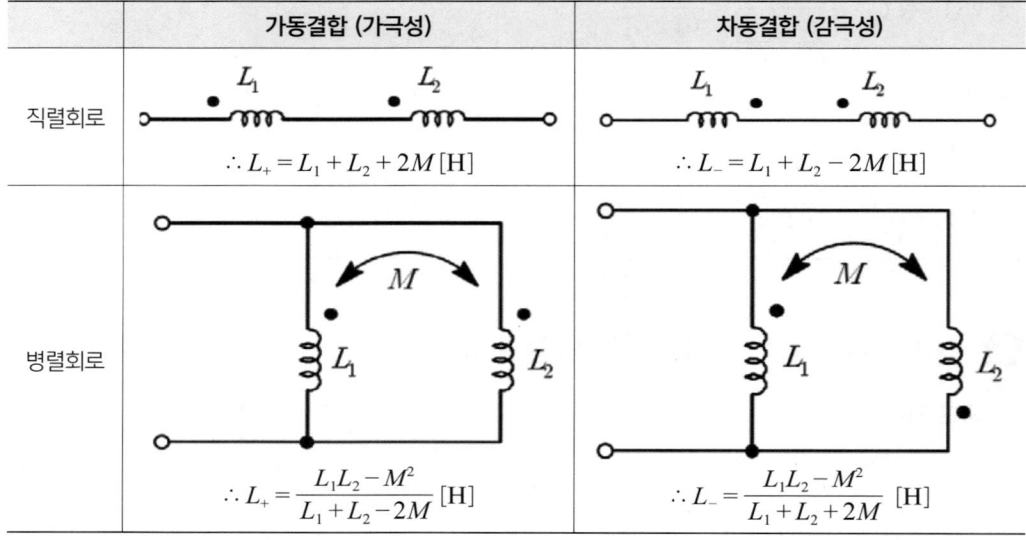

제2장 | 단상 교류회로 해석

1 교류의 표현법

1. 순시값

① 교류전압 v의 값은 시간이 경과함에 따라 매순간 변하므로 그 순간순간의 값을 순시값이라 한다.

② $v(t) = V_m \sin(\omega t \pm \theta)$ = 최대값 sin (주파수 ± 위상차)

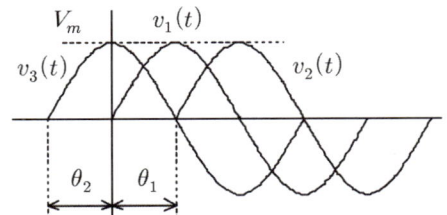

③ $v_1(t) = V_m \sin \omega t$

④ $v_2(t) = V_m \sin(\omega t - \theta_1)$: 지상

⑤ $v_3(t) = V_m \sin(\omega t + \theta_2)$: 진상

⑥ $\omega = 2\pi f = \dfrac{2\pi}{T}$ (T : 주기)

⑦ 60[Hz]에서 $\omega = 120\pi = 377$

⑧ 50[Hz]에서 $\omega = 100\pi = 314$

2. 평균값 = 직류값

① 한주기를 평균내면 0이 되므로 반주기만 평균을 낸다.

② 따라서 시험에서 한주기를 평균을 구하라고 하면 반주기로 생각해도 된다.

③ $I_{av} = \dfrac{1}{T}\int_0^T i(t)dt$ ($T = \pi$)

④ $I_{av} = \dfrac{I_m}{\pi} \times 2 = 0.637\,I_m$

3. 실효값 (r.m.s - root mean square 루트, 평균, 제곱)

① 부하에서 소비되는 열량을 기준으로 교류값을 직류값으로 환산한 값

② 따라서 열선형 계기로 측정하면 실효값이 측정되며, 그 외에는 평균값이 측정된다.

③ $I = \sqrt{\dfrac{1}{T}\int_0^T i^2(t)dt}$

④ $I = \dfrac{I_m}{\sqrt{2}} = 0.707\,I_m$

4. 파형율과 파고율

① 파고율 = $\dfrac{최대값}{실효값}$

② 파형율 = $\dfrac{실효값}{평균값}$

5. 각 종 파형에 따른 실효값, 평균값

종별	파형	실효값		평균값		파형율 (전파)	파고율 (전파)
		전파	반파	전파	반파		
구형파		최	$\dfrac{최}{\sqrt{2}}$	최	$\dfrac{최}{2}$	1	1
정현파		$\dfrac{최}{\sqrt{2}}$	$\dfrac{최}{2}$	$\dfrac{최}{\pi} \times 2$	$\dfrac{최}{\pi}$	1.11	1.414
삼각파		$\dfrac{최}{\sqrt{3}}$	$\dfrac{최}{\sqrt{6}}$	$\dfrac{최}{2}$	$\dfrac{최}{4}$	1.155	1.732

2 R, L, C 회로 특성

구분	R만의 회로	L만의 회로	C만의 회로
페이저도			
정지 벡터도			
특징	㉠ $I_R = \dfrac{V}{R}$ [A] ㉡ 전류는 전압과 동위상이다.	㉠ $I_L = \dfrac{V}{X_L} = \dfrac{V}{\omega L}$ [A] ㉡ 전류는 전압보다 위상이 90° 늦다.	㉠ $I_C = \dfrac{V}{X_C} = \omega CV$ [A] ㉡ 전류는 전압보다 위상이 90° 빠르다.

3 임피던스 회로

1. R-X 직렬회로

구분	회로가 유도성의 경우	회로가 용량성의 경우
합성 임피던스	$Z = R + jX_L = \sqrt{R^2 + X_L^2}$ $= \sqrt{R^2 + (\omega L)^2}\ [\Omega]$	$Z = R - jX_C = \sqrt{R^2 + X_C^2}$ $= \sqrt{R^2 + \left(\dfrac{1}{\omega C}\right)^2}\ [\Omega]$
상차각 (부하각)	$\theta = \tan^{-1}\dfrac{X_L}{R} = \tan^{-1}\dfrac{\omega L}{R}$	$\theta = -\tan^{-1}\dfrac{X_C}{R} = -\tan^{-1}\dfrac{1}{\omega CR}$

2. R-X 병렬회로

구분	회로가 유도성의 경우	회로가 용량성의 경우
합성 임피던스	$Z = \dfrac{1}{\dfrac{1}{R} + \dfrac{1}{jX_L}} = \dfrac{jRX_L}{R + jX_L}$ $= \dfrac{RX_L}{\sqrt{R^2 + X_L^2}} = \dfrac{\omega RL}{\sqrt{R^2 + (\omega L)^2}}\ [\Omega]$	$Z = \dfrac{1}{\dfrac{1}{R} + \dfrac{1}{-jX_C}} = \dfrac{-jRX_C}{R - jX_C}$ $= \dfrac{RX_C}{\sqrt{R^2 + X_C^2}}\ [\Omega]$

3. 역률 $\left(\cos\theta = \dfrac{P}{P_a} = \dfrac{유효전력}{피상전력}\right)$과 공진

구분	직렬회로	병렬회로
역률의 크기	$\cos\theta = \dfrac{R}{\sqrt{R^2 + X^2}} = \dfrac{V_R}{V_0}$	$\cos\theta = \dfrac{X}{\sqrt{R^2 + X^2}} = \dfrac{I_R}{I_0}$
공진의 특성	㉠ 공진조건 : $X_L = X_C$ ㉡ 공진주파수 : $f_r = \dfrac{1}{2\pi\sqrt{LC}}$ ㉢ 임피던스 최소 ㉣ 전류 최대	㉠ 공진조건 : $B_L = B_C$ ㉡ 공진주파수 : $f_r = \dfrac{1}{2\pi\sqrt{LC}}$ ㉢ 어드미턴스 최소 ㉣ 전류 최소

4 단상교류 전력 공식

1. 피상전력

$$S = P_a = VI = I_z^2 Z = \frac{V_z^2}{Z} \text{ [VA]} \quad (\text{여기서 } V_z : Z\text{의 단자전압}, \quad I_z : Z\text{의 통과전류})$$

2. 유효전력 = 소비전력 = 평균전력

$$P = VI \cos\theta = I_R^2 R = \frac{V_R^2}{R} \quad (\text{여기서 } V_R : R\text{의 단자전압}, \quad I_R : R\text{의 통과전류})$$

3. 무효전력 (소비는 없고 저장과 방전만 하는 전력)

$$Q = R_r = VI \sin\theta = I_X^2 X = \frac{V_X^2}{X} \quad (\text{여기서 } V_X : X\text{의 단자전압}, \quad I_X : X\text{의 통과전류})$$

4. 전력공식의 응용(피상전력 기준으로 작성)

$$S = P_a = VI = \frac{V_m}{\sqrt{2}} \times \frac{I_m}{\sqrt{2}} = \frac{1}{2} V_m I_m$$

(여기서 V_m, I_m : 전압과 전류의 최대값, V, I : 전압과 전류의 실효값)

5. 복소전력 (전압과 전류가 복소수로 주어질 경우 사용)

$$S = \overline{V}I = P \pm jP_r \text{ [VA]}$$

(여기서 $+jP_r$: 용량성, $-jP_r$: 유도성, $V = a + jb$일 때 $\overline{V} = a - jb$)

5 역률

1. 역률

$$\cos\theta = \frac{P}{S} \text{ (우리나라의 기준역률은 } 90[\%]\text{로 설정)}$$

2. 부하가 직렬접속 시와 병렬접속시의 역률 (**암기Tip** 임피던스 삼각형으로 암기하자)

① 직렬 $\cos\theta = \dfrac{R}{\sqrt{R^2+X^2}} = \dfrac{V_R}{V_0}$

② 병렬 $\cos\theta = \dfrac{X}{\sqrt{R^2+X^2}} = \dfrac{I_R}{I_0}$

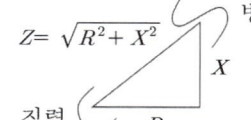

암기Tip
① 직렬회로 : 임피던스 삼각형에서 $\cos\theta$로 암기
② 병렬회로 : 임피던스 삼각형에서 $\sin\theta$로 암기

6 공진

1. 공진 주파수

$$f_r = \frac{1}{2\pi\sqrt{LC}}$$

2. 직렬 공진의 특징

① Z 최소   ② I 최대

3. 병렬 공진의 특징

① Z 최대   ② I 최소

7 선택도 = 첨예도 = 전압 확대율

$$Q = \frac{P_r}{P} \left(\frac{무효전력}{유효전력} \right)$$

1. 직렬회로시 선택도

① $Q = \dfrac{P_r}{P} = \dfrac{V_X}{V_R} = \dfrac{X}{R} = \dfrac{\omega L}{R} = \dfrac{1}{R\omega C}$ ② 공진시 선택도 $Q = \dfrac{1}{R}\sqrt{\dfrac{L}{C}}$

2. 병렬회로시 선택도

① $Q = \dfrac{P_r}{P} = \dfrac{I_X}{I_R} = \dfrac{R}{X} = \dfrac{R}{\omega L} = R\omega C$ ② 공진시 선택도 $Q = R\sqrt{\dfrac{C}{L}}$

8 최대전력전달조건

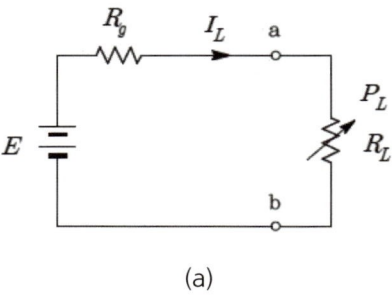
(a)

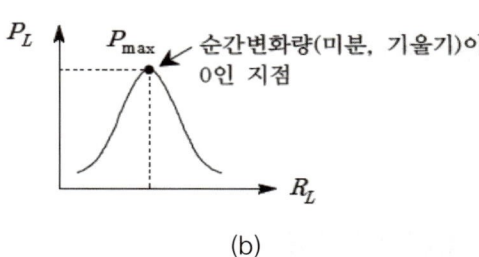
(b)

1. 최대전력전달조건 : 선로측 저항(r)과 부하저항(R)이 동일했을 경우 ($r = R$)

2. 선로에 흐르는 최대전류

$$I = \frac{E}{r+R} = \frac{E}{2R} \text{ [A]}$$

3. 부하에서 소비되는 최대전력

$$P = I^2 R = \left(\frac{E}{2R}\right)^2 R = \frac{E^2}{4R}$$

4. 선로측 저항이 복소수로 주어질 경우

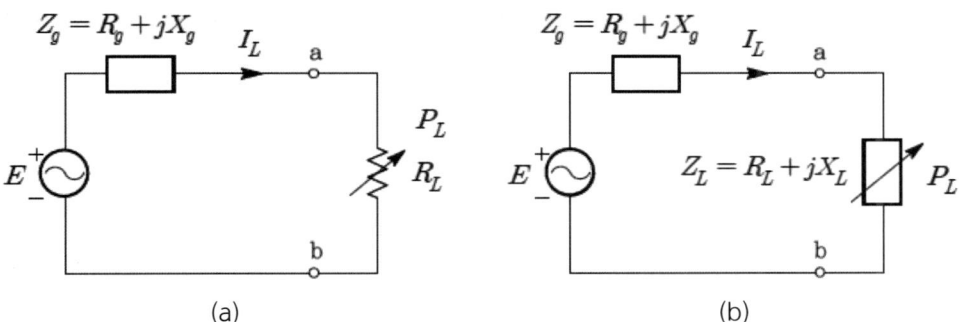

(a)　　　　　　　　　　　(b)

① 그림 (a)의 최대전력 전달조건

$$R_L = \sqrt{R_g^2 + X_g^2}$$

② 그림 (b)의 최대전력 전달조건

$$Z_L = \overline{Z_g} = R_g - jX_g$$

ex 선로측 저항 − ① 발전소 내부 저항 $Z_g = 1 + j4$　② 선로 저항 $Z_\ell = 0.1 + j10$일 경우
선로측 저항 $Z_0 = Z_g + Z_\ell = 1.1 + j14$이므로 최대전력을 전달하기 위한 부하의 저항은
∴ $Z_L = \overline{Z_0} = 1.1 - j14$

제3장 | 다상 교류회로의 이해

1 단위 벡터

1. $j = 1\angle 90 = 1\angle -270 = \sqrt{-1}$
2. $j^2 = 1\angle 180 = 1\angle -180 = -1$
3. $j^3 = 1\angle 270 = 1\angle -90 = -\sqrt{-1}$
4. $j^0 = 1$
5. $a = a^4 = 1\angle 120 = 1\angle -240 = -\dfrac{1}{2} + j\dfrac{\sqrt{3}}{2}$
6. $a^2 = a^5 = 1\angle 240 = 1\angle -120 = -\dfrac{1}{2} - j\dfrac{\sqrt{3}}{2}$
7. $a^0 = a^3 = 1$
8. $a + a^2 = \left(-\dfrac{1}{2} + j\dfrac{\sqrt{3}}{2}\right) + \left(-\dfrac{1}{2} - j\dfrac{\sqrt{3}}{2}\right) = -1$

(여기서 a : 벡터 오퍼레이터)

※ $1 + a + a^2 = 0$이 되므로 이러한 관계를 대칭상태에 있다고 봄

2 삼상 교류 전압

1. $v_a = V_m \sin \omega t = \dfrac{V_m}{\sqrt{2}} \angle 0 = V\angle 0 = V$
2. $v_b = V_m \sin(\omega t - 120°) = \dfrac{V_m}{\sqrt{2}} \angle -120° = V\angle -120° = V\angle 240° = a^2 V$
3. $v_c = V_m \sin(\omega t - 240°) = \dfrac{V_m}{\sqrt{2}} \angle -240° = V\angle -120° = V\angle 120° = aV$
4. 따라서 $v_a + v_b + v_c = V + a^2 V + aV = V(1 + a^2 + a) = 0$: 3상 대칭, 3상 평형

3 삼상 교류의 결선법

V_ℓ : 선간전압, V_p : 상전압, I_ℓ : 선전류, I_p : 상전류, n : 교류의 상수, p : 단상 전력

Y 결선	Δ 결선	V 결선
1. $I_\ell = I_p \angle 0$	1. $V_\ell = V_p \angle 0$	1. 출력 $P_V = \sqrt{3}\,P$
2. $V_\ell = \sqrt{3}\,V_p \angle 30$	2. $I_\ell = \sqrt{3}\,I_p \angle -30$	2. 변압기 이용율 : 86.6%
3. $V_\ell = 2\sin\dfrac{\pi}{n} V_p \angle \left(\dfrac{\pi}{2} - \dfrac{\pi}{n}\right)$	3. $I_\ell = 2\sin\dfrac{\pi}{n} I_p \angle -\left(\dfrac{\pi}{2} - \dfrac{\pi}{n}\right)$	3. 출력 변화율 : 57.7%

4 삼상 교류 전력

① $S = P_a = \sqrt{3}\, V_\ell I_\ell = 3 I_Z^2 Z = 3\dfrac{V_Z^2}{Z}$ [VA]

② $P = \sqrt{3}\, V_\ell I_\ell \cos\theta = 3 I_R^2 R = 3\dfrac{V_R^2}{R}$ [W]

③ $Q = P_r = \sqrt{3}\, V_\ell I_\ell \sin\theta = 3 I_X^2 X = R\dfrac{V_X^2}{X}$ [Var]

5 전력 측정

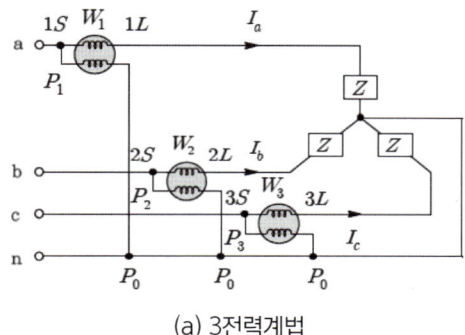

(a) 3전력계법

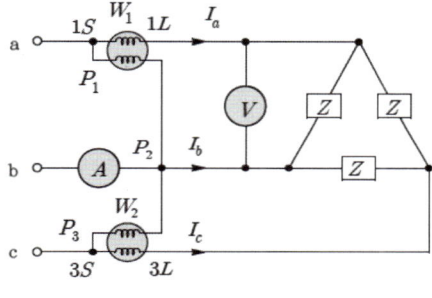

(b) 2전력계법

1. 3전력계법

3전력계법은 Y결선(3상 4선식) 또는 Δ 결선 시 R만의 부하에서만 사용된다.

$$P = W_1 + W_2 + W_3$$

2. 2전력계법

2전력계법은 Δ 결선(3상 3선식) 즉, 비접지에서만 사용된다.

① 유효전력 $P = W_1 + W_2 = \sqrt{3}\, VI \cos\theta$
② 무효전력 $Q = \sqrt{3}\,(W_2 - W_1) = \sqrt{3}\, VI \sin\theta$
③ 피상전력 $S = \sqrt{P^2 + Q^2} = 2\sqrt{W_1^2 + W_2^2 - W_1 W_2} = \sqrt{3}\, VI$
④ 역률 $\cos\theta = \dfrac{W_1 + W_2}{2\sqrt{W_1^2 + W_2^2 - W_1 W_2}}$

㉠ 부하가 R만의 경우 : $W_1 = W_2$가 되므로 $\cos\theta = 1$
㉡ $W_1 = 2W_2$ 또는 $W_2 = 2W_1$의 경우 : $\cos\theta = 0.866$
㉢ $W_1 = 3W_2$ 또는 $W_2 = 3W_1$의 경우 : $\cos\theta = 0.756$
㉣ $W_1 = 0$ 또는 $W_2 = 0$의 경우 : $\cos\theta = 0.5$

제4장 | 비정현파 교류회로의 이해

1 개요

1. 비정현파를 해석하기 위한 기법 – 푸리에 급수
2. 비정현파(왜형파) = 직류분 + 기본파 + 고조파
3. $f(t) = a_0 + a_1 \sin \omega t + a_2 \sin 2\omega t + a_3 \sin 3\omega t + \cdots + a_n \sin n\omega t + b_1 \cos \omega t + b_2 \cos 2\omega t + \cdots + b_n \cos n\omega t$

$$= a_0 + \sum_{n=1}^{\infty} a_n \sin n\omega t + \sum_{n=1}^{\infty} b_n \cos n\omega t$$

4. 위 3번식처럼 무수히 많은 정현파(즉, 고조파)를 합성하면 구형파가 만들어진다.
5. 일반적으로 $n = 50 (f = 50 \times 60 = 3000 \, [\text{Hz}])$까지를 고조파라하고 그 이상을 고주파라 부른다.

2 비정현파의 실효값

1. 각 성분의 실효값의 제곱에 합성한 다음 다시 루트(제곱근)을 취한 값
2. 직류성분은 그 자체가 실효값이 된다.
3. $|E| = \sqrt{|E_0|^2 + |E_1|^2 + |E_2|^2 + \cdots + |E_n|^2}$

예제 순시전압 $e(t) = 50 + 100 \sin \omega t + 50 \sin 3\omega t + 20 \sin (5\omega t - 30)$의 실효값은?

풀이 $|E| = \sqrt{50^2 + \left(\dfrac{100}{\sqrt{2}}\right)^2 + \left(\dfrac{50}{\sqrt{2}}\right)^2 + \left(\dfrac{20}{\sqrt{2}}\right)^2} = \sqrt{50^2 + \dfrac{1}{2}(100^2 + 50^2 + 20^2)}$

---

3 비정현파의 왜형율

1. 왜형율 = $\dfrac{\text{고조파만의 실효값}}{\text{기본파의 실효값}} \times 100\%$
2. 직류분은 왜형율과 관계없다.
3. 위 예제에서 순시전압의 왜형율은 $m = \dfrac{\sqrt{\left(\dfrac{50}{\sqrt{2}}\right)^2 + \left(\dfrac{20}{\sqrt{2}}\right)^2}}{\dfrac{100}{\sqrt{2}}} = \dfrac{\sqrt{50^2 + 20^2}}{100} = 0.537 = 53.7\%$

4 고조파의 임피던스와 고조파 공진

1. 고조파는 주파수가 n배 되는 것을 말하므로 임피턴스는 다음과 같이 설정된다.

   ① $R \Rightarrow R$ ② $L \Rightarrow jn\omega L$ ③ $C \Rightarrow \dfrac{1}{jn\omega C}$

2. 임피던스 : $Z = R + j\left(n\omega L - \dfrac{1}{n\omega C}\right)$

3. 공진 주파수 : $n\omega L - \dfrac{1}{n\omega C} = 0 \Rightarrow n\omega L - \dfrac{1}{n\omega C} \Rightarrow \omega = \dfrac{1}{n\sqrt{LC}}$ $\therefore f = \dfrac{1}{2\pi n\sqrt{LC}}$

5 고조파 전력

1. 피상전력 $S = |V||I|$ [VA]

2. 유효전력 $P = V_0 I_0 + \sum\limits_{i=1}^{n} V_i I_i \cos\theta_i = V_0 I_0 + V_1 I_1 \cos\theta_1 + V_2 I_2 \cos\theta_2 + V_3 I_3 \cos\theta_3 +$
   $\cdots + V_n I_n \cos\theta_n$ [W]

3. 무효전력 $Q = \sum\limits_{i=1}^{n} V_i I_i \sin\theta_i = V_0 I_0 + V_1 I_1 \sin\theta_1 + V_2 I_2 \sin\theta_2 + V_3 I_3 \sin\theta_3 + \cdots + V_n I_n \sin\theta_n$ [Var]

4. 역률 $\cos = \dfrac{P}{S}$

5. $|V|$과 $|I|$는 실효값을 의미한다.

   ($|V||I|\cos\theta = \dfrac{1}{2} V_m I_m \cos\theta$) 또한 θ는 전압과 전류의 위상차를 의미

6 고조파 차수의 특성

구분	고조파 차수	특징
영상분 I_0	$3n$: 3, 6, 9, ……	① a, b, c상의 크기와 위상이 모두 같다. ② 비접지계통에서는 존재하지 않는다. ③ 중성선에 $3I_0$로 흐르게 된다.
정상분 I_1	$3n+1$: 4, 7, 10, ……	① 기본파와 상회전 방향이 같다. ② 회전기의 속도와 토크를 상승시킨다.
역상분 I_2	$3n-1$: 2, 5, 8, ……	① 기본파와 상회전 방향과 반대이다. ② 회전기의 속도와 토크를 감소시킨다.

제5장 | 대칭좌표법

1 3상의 대칭분 분해공식

3상 부하전류(선전류)	3상 대칭분 분해

1. a상의 선전류 $I_a = I_0 + I_1 + I_2$
2. b상의 선전류 $I_b = I_0 + a^2 I_1 + a I_2$
3. c상의 선전류 $I_c = I_0 + a I_1 + a^2 I_2$
4. a, b, c상에 공통으로 포함된 성분 : I_0 (영상분)
	1. 영상분 전류 $I_0 = \dfrac{1}{3}(I_a + I_b + I_c)$
	  – 비접지에서는 영상분 전류가 흐르지 않는다.
	  – 선간전압에서는 영상분 전압이 없다.
	2. 정상분 전류 $I_1 = \dfrac{1}{3}(I_a + a I_b + a^2 I_c)$
	3. 역상분 전류 $I_2 = \dfrac{1}{3}(I_a + a^2 I_b + a I_c)$

2 3상 불평형율과 대책

$$\text{불평형율} = \frac{\text{역상분}}{\text{정상분}} \times 100\%$$

1. 불평형 대책 – 중성선 접지
2. 중성선 제거 조건 – 불평형이 발생하지 않으면 된다. ($I_a + I_b + I_c = 0$을 만족)

3 3상 평형(대칭)일 경우 영상분, 정상분, 역상분

1. 3상 대칭 조건

① $I_a = I_a \angle 0$

② $I_b = a^2 I = I_a \angle 240$

③ $I_c = a I_a = I_a \angle 120$

④ $I_a + I_b + I_c = I_a(1 + a^2 + a) = 0$

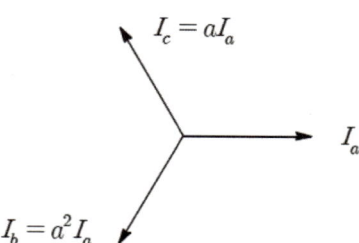

2. 3상 대칭 시

① 영상분 : $I_0 = 0$ $\left(I_0 = \dfrac{1}{3}(I_a + I_b + I_c) = \dfrac{1}{3}(I_a + a^2 I_a + a I_a) = \dfrac{I_a}{3}(1 + a^2 + a) = 0\right)$

② 정상분 : $I_1 = I_a$ $\left(I_1 = \dfrac{1}{3}(I_a + a I_b + a^2 I_c) = \dfrac{1}{3}(I_a + a^3 I_a + a^3 I_a) = \dfrac{1}{3} \times 3 I_a = I_a\right)$

③ 역상분 : $I_2 = 0$ $\left(I_2 = \dfrac{1}{3}(I_a + a^2 I_b + a I_c) = \dfrac{1}{3}(I_a + a^4 I_a + a^2 I_a) = \dfrac{1}{3}(I_a + a I_a + a^2 I_a) = 0\right)$

4 발전기 기본식

1. 영상분 전압

$$V_0 = -I_0 Z_0$$

2. 정상분 전압

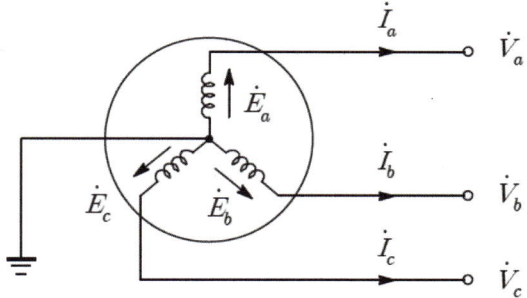

$$V_1 = E_a - I_1 Z_1$$

3. 역상분 전압

$$V_2 = -I_2 Z_2$$

5 대칭좌표법에 의한 고장계산

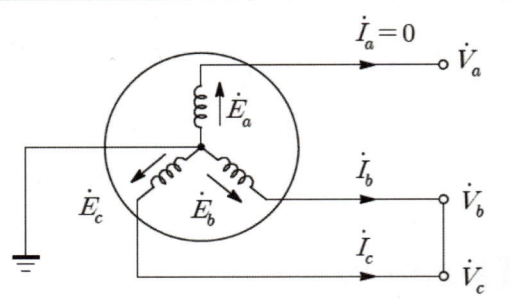

1선 지락사고	선간 단락사고
① 특징 : $I_b = I_c = 0$, $V_a = 0$ ② 지락 전류 $I_g = I_a = 3I_0 = \dfrac{3E_a}{Z_0 + Z_1 + Z_2}$	① 특징 : $V_0 = 0$, $I_0 = 0$, $V_1 = V_2$ ② $I_1 = -I_2 = \dfrac{3E_a}{Z_1 + Z_2}$ $\left(I_b = -I_c = \dfrac{(a^2 - a)E_a}{Z_1 + Z_2}\right)$

제6장 | 회로망 해석

1 전압원과 전류원의 등가변환

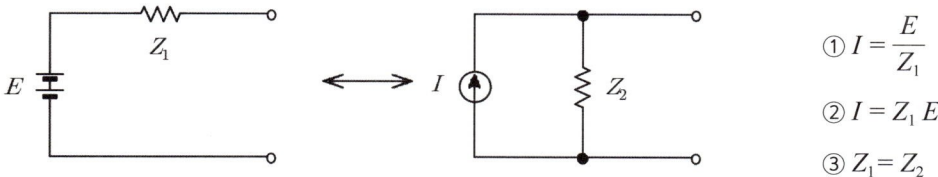

① $I = \dfrac{E}{Z_1}$

② $I = Z_1 E$

③ $Z_1 = Z_2$

① 이상적인 전압원 : $Z_1 = 0$ (내부저항이 없어야 이상적임, $Z = 0$을 단락(short) 되었다고 한다.)

② 이상적인 전류원 : $Z_2 = \infty$ (내부저항이 무한대여야 이상적임, $Z = \infty$를 개방(open) 되었다고 한다.)

2 중첩의 원리

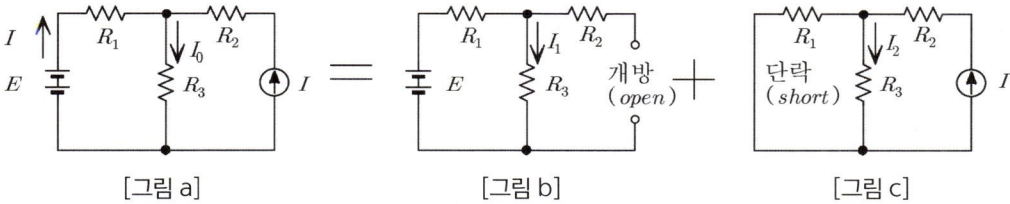

[그림 a]   [그림 b]   [그림 c]

1. 개요

① 공급원(source), 전압원과 전류원이 2개 이상일 때 활용

② 반드시 선형소자여야만 한다. (선형 소자 : R, L, C,   비선형 소자 : 철심이 감긴 코일)

③ 위 [그림 a]는 [그림 b]와 [그림 c]의 합으로 나타낼 수 있다.

| 예제 | 위 그림에서 저항 R_2를 통과하는 전류는? |

| 풀이 |
① 위 [그림 a]는 독립된 전압원[그림 b]와 전류원[그림 c]만의 회로로 수정한다.
② [그림 b]와 같이 전류원을 제거할 때에는 전류원 양단자를 개방($Z = \infty$)하고 [그림 c]와 같이 전압원을 제거할 때에는 전압원을 단락($Z = 0$)시킨다.
③ 전압원 [그림 b]만의 회로해석 : $I_1 = \dfrac{E}{R_1 + R_3}$
④ 전류원 [그림 c]만의 회로해석 : $I_2 = \dfrac{R_1}{R_1 + R_3} \times I$
⑤ [그림 b], [그림 c]를 중첩시켜보면 I_1와 I_2의 전류의 방향이 동일하므로, R_3를 통과하는 전류는 $I_0 = I_1 + I_2$가 된다.
(이때, I_1과 I_2의 전류 방향이 다르면 $I_0 = I - I_2$가 된다.)
⑥ R_3에 걸린 전압 : $V_3 = I_0 R_3$

3 테브난의 정리

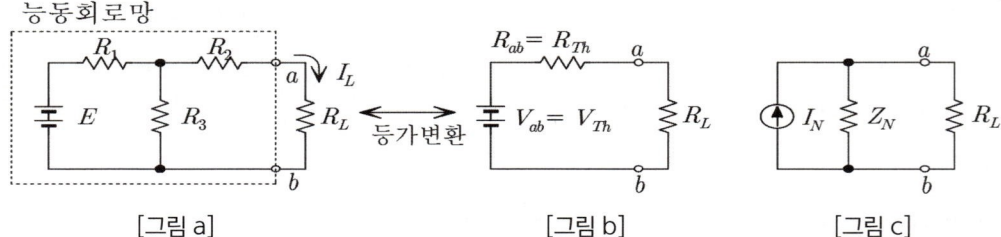

[그림 a]   [그림 b]   [그림 c]

1. 개요

① 임의의 a, b점 사이의 전압 또는 전류를 구하기 위한 방법

② [그림 a]와 같이 능동회로망을 [그림 b] 또는 [그림 c]로 등가변환할 수 있다.

③ [그림 b] : 테브난의 등가변환, [그림 c] : 노튼의 등가변환

2. 능동회로망과 수동회로망

① 능동회로망 : 전기 소자와 공급원이 같이 존재하는 회로

② 수동회로망 : 전기 소자만 존재하는 회로

3. 테브난과 노튼의 등가변환 관계

① $I_N = \dfrac{V_{Th}}{R_{Th}}$

② $V_{Th} = I_N R_N$

③ $R_{Th} = R_N$

4. 부하를 통과하는 전류

$$I_L = \dfrac{V_{Th}}{R_{Th} + R_L}$$

5. 테브난의 전압(V_{Th})과 저항(R_{Th}) 계산

① 테브난 전압(V_{Th}) 또는 개방전압(V_{ab})의 산출	② 테브난 저항(R_{Th}) 또는 합성저항(R_{ab})의 산출
① 부하 R_L 개방 ② 두 단자 a, b의 개방전압 $V_{ab} = V_{Th}$ - R_3에 걸린 전압	① 부하 R_L 개방 ② 내용 동일 ③ 두 단자 a, b에서 바라본 합성저항 $R_{ab} = R_{Th}$

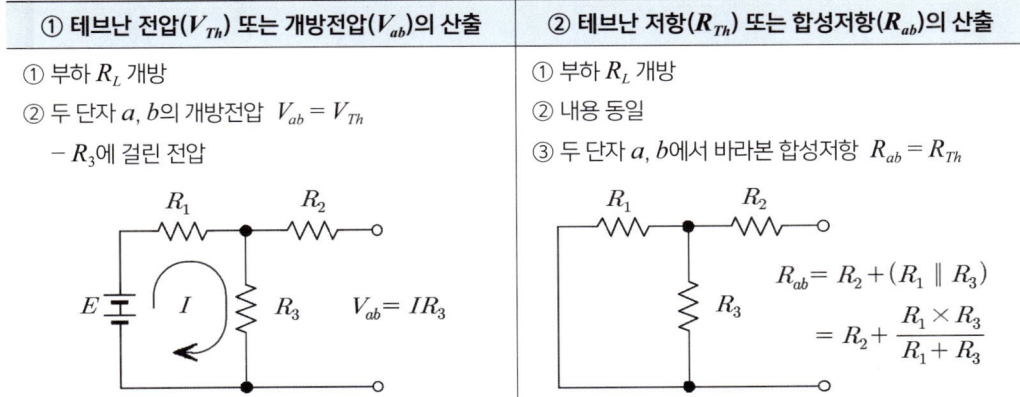

4 밀만의 정리

서로 다른 크기의 전압원을 2개 이상 병렬로 접속했을 때 회로의 두 단자전압을 측정할 때 사용

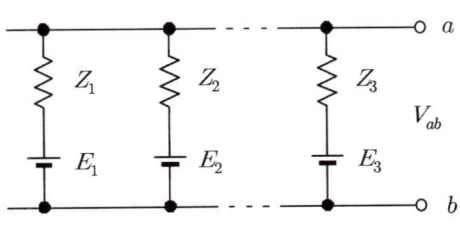

$$V_{ab} = Z_0 I_0 = \dfrac{I_0}{Y_0} = \dfrac{I_1 + I_2 + \cdots + I_n}{Y_1 + Y_2 + \cdots + Y_n}$$

$$= \dfrac{\dfrac{E_1}{Z_1} + \dfrac{E_2}{Z_2} + \cdots + \dfrac{E_n}{Z_n}}{\dfrac{1}{Z_1} + \dfrac{1}{Z_2} + \cdots + \dfrac{1}{Z_n}} \, [V]$$

제7장 | 4단자망 회로 해석

1 임피던스 회로

1. 일반화된 임피던스

① $R \Rightarrow R\ [\Omega]$ ② $L \Rightarrow SL\ [\Omega]$ ③ $C \Rightarrow \dfrac{1}{SC}\ [\Omega]$

2. 복소수

① $S = j\omega$ ② $S^2 = j^2\omega^2 = -\omega^2\ (j = \sqrt{-1},\ j^2 = -1)$

3. R, L, C 임피던스

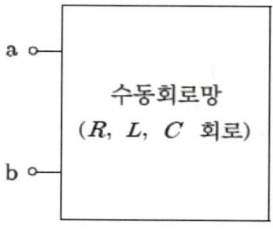 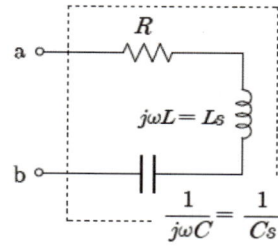 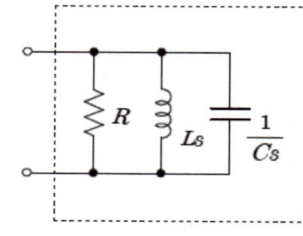

(a) 수동회로망   (b) 직렬접속   (c) 병렬접속

① 직렬회로 $Z = R + LS + \dfrac{1}{CS}$

② 병렬회로 $Z = \dfrac{1}{\dfrac{1}{R} + \dfrac{1}{LS} + CS}$

(참고 ①, ② 번과 같이 수식이 주어지고 회로를 찾으라고 시험에 등장)

2 영점과 극점

영점(zero)	극점(pole)
① 구동점 임피던스 $Z(s) = 0$이 되기 위한 s의 해 ($Z(s)$의 분자가 0이면 $Z(s) = 0$)	① 구동점 임피던스 $Z(s) = \infty$가 되기 위한 s의 해 ($Z(s)$의 분모가 0이면 $Z(s) = \infty$)
② 회로적 의미 : 단락(short) 상태	② 회로적 의미 : 개방(open) 상태

예제 구동점 임피던스 $Z(s) = \dfrac{(s+1)(s+3)}{s(s+4)(s+5)}$에서 영점과 극점은?

풀이 ① 영점 : $-1, -3$ ② 극점 : $0, -4, -5$

3 정저항 회로

1. 개요

주파수에 관계없이 항상 일정한 회로를 정저항 회로라고 한다. 즉, 리액턴스 성분을 0으로 만들면 된다.

2. 조건

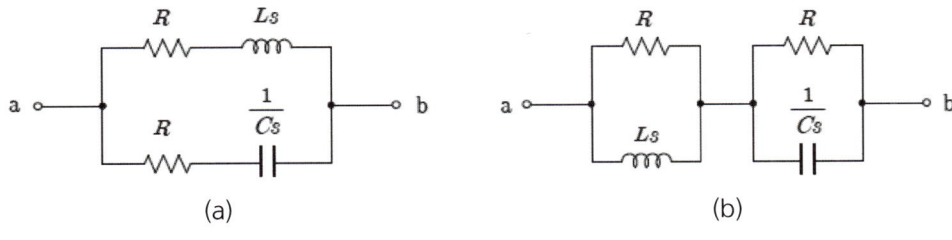

(a)   (b)

$$R^2 = Z_1 Z_2 \Rightarrow R = \sqrt{Z_1 Z_2} = \sqrt{\dfrac{L}{C}} \text{ (여기서 } Z_1 = LS, \ Z_2 = \dfrac{1}{CS} \text{)}$$

4 임피던스 파라미터

1. 개요

전압을 구하기 위한 기법

2. 임피던스 방정식

$V_1 = Z_{11}I_1 + Z_{12}I_2$

$V_2 = Z_{21}I_1 + Z_{22}I_2$

구분	T형 회로	변압기 회로(가동결합)
회로	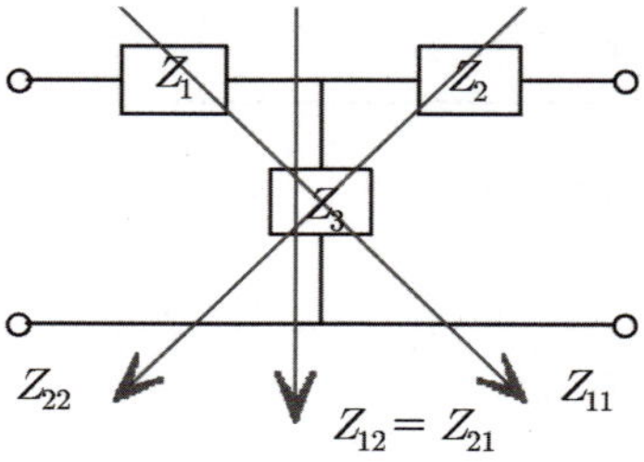 Z_{22}, $Z_{12} = Z_{21}$, Z_{11} (T형 회로 그림)	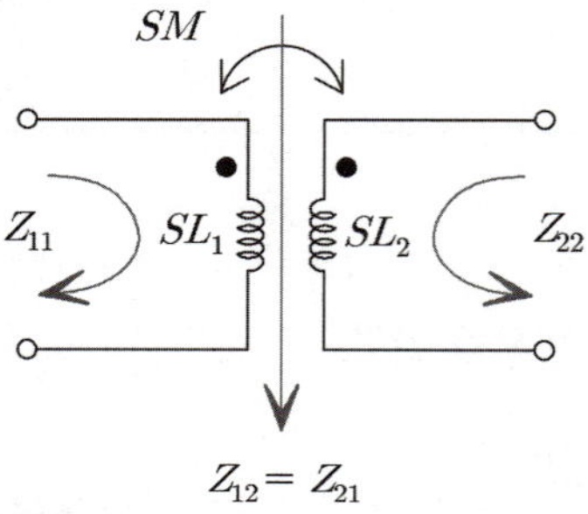 SM, Z_{11}, SL_1, SL_2, Z_{22}, $Z_{12} = Z_{21}$ (변압기 회로 그림)
임피던스 파라미터	① $Z_{11} = Z_1 + Z_3$ ② $Z_{12} = Z_{21} = Z_3$ ③ $Z_{22} = Z_2 + Z_3$	① $Z_{11} = SL_1$ ② $Z_{12} = Z_{21} = SM$ ③ $Z_{22} = SL_2$ 만약, 차동결합시 $Z_{12} = Z_{21} = -SM$

5 어드미턴스 파라미터

1. 개요

전류를 구하기 위한 기법

2. 어드미턴스 방정식

$I_1 = Y_{11}V_1 + Y_{12}V_2$

$I_2 = Y_{21}V_1 + Y_{22}V_2$

구분	T형 회로	π형 회로
회로	Y_{11} $-Y_{12}=Y_{21}$ Y_{22}	Y_{11} $-Y_{12}=Y_{21}$ Y_{22}
어드미턴스 파라미터	① $Y_{11} = \dfrac{Z_2 + Z_3}{k}$ ② $Y_{12} = Y_{21} = -\dfrac{Z_3}{k}$ ③ $Y_{22} = \dfrac{Z_1 + Z_3}{k}$ ※ $k = Z_1Z_2 + Z_2Z_3 + Z_3Z_1$	① $Y_{11} = Y_1 + Y_2$ ② $Y_{12} = Y_{21} = -Y_2$ ③ $Y_{22} = Y_2 + Y_3$

6 4단자 정수

1. 4단자 방정식

$$V_1 = AV_2 + BI_2 \rightarrow \begin{vmatrix} V_1 \\ I_1 \end{vmatrix} = \begin{vmatrix} A & B \\ C & D \end{vmatrix} \begin{vmatrix} V_2 \\ I_2 \end{vmatrix}$$

$$I_1 = CV_2 + DI_2$$

2. 4단자 정수

① $A = \dfrac{V_1}{V_2}\bigg|_{I_2=0}$ (2차측 개방) : 전압이득 차원

② $B = \dfrac{V_1}{I_2}\bigg|_{V_2=0}$ (2차측 단락) : 임피던스 차원

③ $C = \dfrac{I_1}{V_2}\bigg|_{I_2=0}$ (2차측 개방) : 어드미턴스 차원

④ $D = \dfrac{I_1}{I_2}\bigg|_{V_2=0}$ (2차측 단락) : 전류이득 차원

3. 4단자 정수의 만족 조건

$$AD - BC = 1$$

4. Z만의 회로

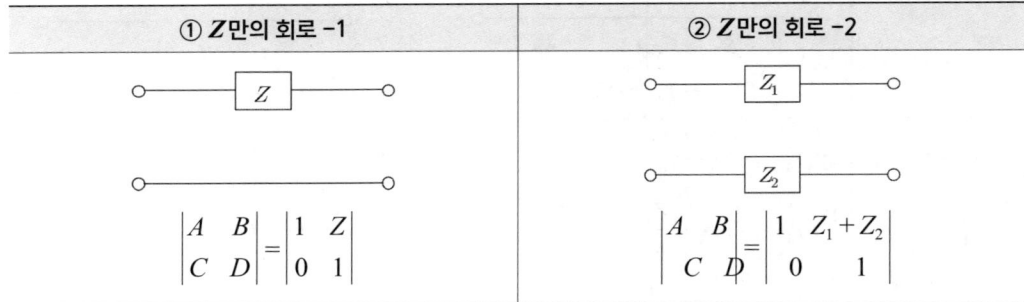

5. Y만의 회로

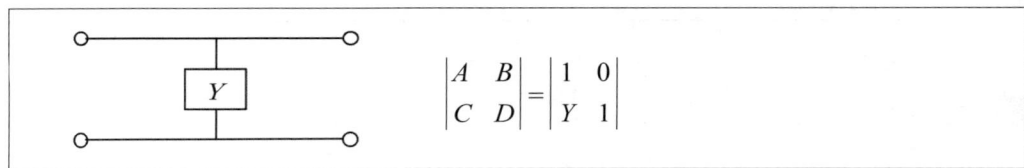

6. T형 회로

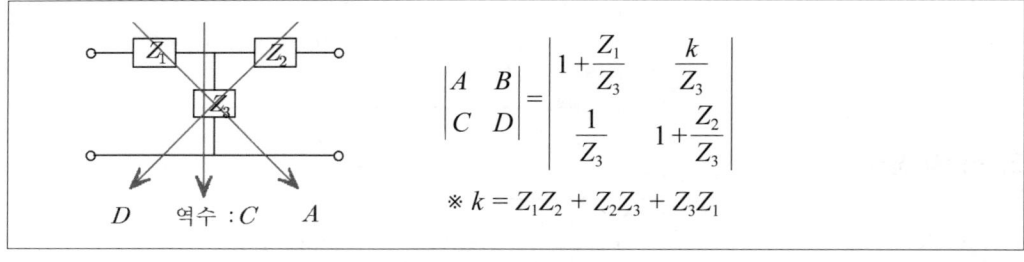

7. π형 회로

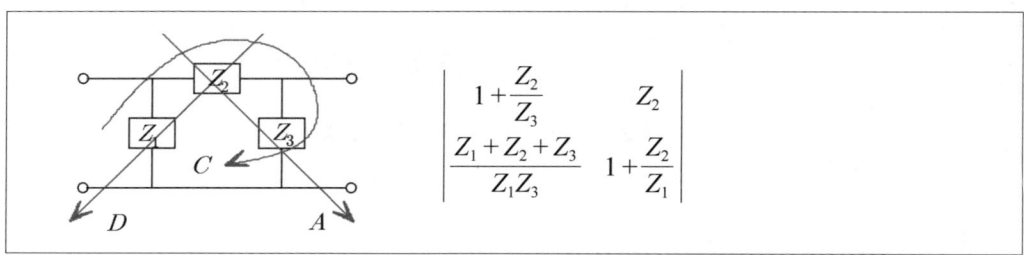

8. 두 4단자 정수의 곱

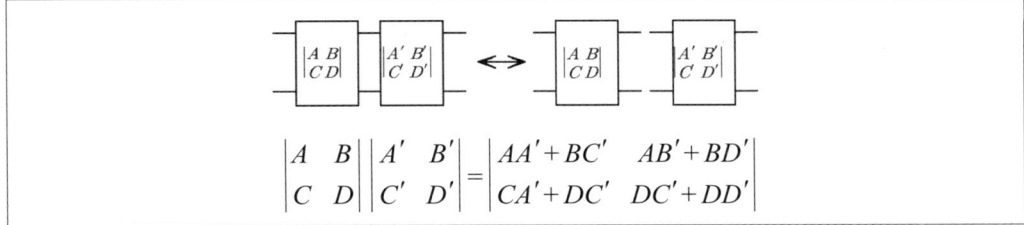

$$\begin{vmatrix} A & B \\ C & D \end{vmatrix} \begin{vmatrix} A' & B' \\ C' & D' \end{vmatrix} = \begin{vmatrix} AA'+BC' & AB'+BD' \\ CA'+DC' & DC'+DD' \end{vmatrix}$$

9. 변압기 회로

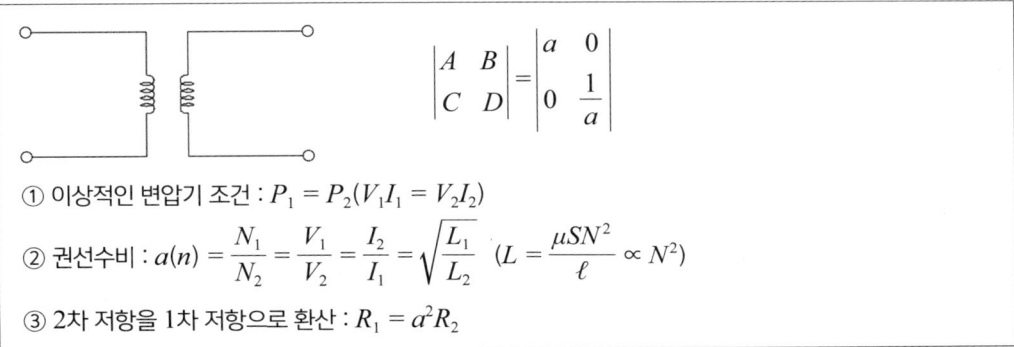

$$\begin{vmatrix} A & B \\ C & D \end{vmatrix} = \begin{vmatrix} a & 0 \\ 0 & \dfrac{1}{a} \end{vmatrix}$$

① 이상적인 변압기 조건 : $P_1 = P_2 (V_1 I_1 = V_2 I_2)$

② 권선수비 : $a(n) = \dfrac{N_1}{N_2} = \dfrac{V_1}{V_2} = \dfrac{I_2}{I_1} = \sqrt{\dfrac{L_1}{L_2}}$ $(L = \dfrac{\mu S N^2}{\ell} \propto N^2)$

③ 2차 저항을 1차 저항으로 환산 : $R_1 = a^2 R_2$

10. 발전기 회로

$$\begin{vmatrix} A & B \\ C & D \end{vmatrix} = \begin{vmatrix} 0 & a \\ \dfrac{1}{a} & 0 \end{vmatrix}$$

① 자이레이터 : $a = \dfrac{V_1}{I_2} = \dfrac{V_2}{I_1}$

② 1차 저항과 2차 저항의 관계 : $R_1 = \dfrac{V_1}{I_1} = \dfrac{aI_2}{\dfrac{V_2}{a}} = a^2 \dfrac{I_2}{V_2} = a^2 \dfrac{1}{R_2}$

$$\therefore R_1 R_2 = a^2$$

7 4단자 정수와 영상 파라미터

1. 선로측 저항과 부하측 저항을 4단자 정수로 보았을 때

① $Z_{01} = \sqrt{\dfrac{AB}{CD}}$ ② $Z_{02} = \sqrt{\dfrac{BD}{AC}}$ ③ $Z_{01} Z_{02} = \dfrac{B}{C}$ ④ $\dfrac{Z_{01}}{Z_{02}} = \dfrac{A}{D}$

2. 영상 임피던스

$$Z_{01} = Z_{02} = \sqrt{\dfrac{B}{C}}$$

① 개요 : 부하측 저항(Z_{01})과 선로측 저항(Z_{02})이 같았을 때의 Z_{01}, Z_{02}를 영상 임피던스라 한다.
② 영상 임피던스의 조건 : $A = D$

3. 영상 파라미터

① $A = \sqrt{\dfrac{Z_{01}}{Z_{02}}} \cosh\theta$ ② $B = \sqrt{Z_{01} Z_{02}} \sinh\theta$ ③ $C = \dfrac{1}{\sqrt{Z_{01} Z_{02}}} \sinh\theta$ ④ $D = \sqrt{\dfrac{Z_{02}}{Z_{01}}} \cosh\theta$

4. 영상 전달정수

$$\theta = \log_e |\sqrt{AD} + \sqrt{BC}| = \ln|\sqrt{AD} + \sqrt{BC}|$$

8 분포정수회로

1. 특성임피던스

$$Z_0 = \sqrt{\dfrac{Z}{Y}} = \sqrt{\dfrac{R + j\omega L}{G + j\omega C}}\,[\Omega]$$

2. 무손실($R = G = 0$) 선로에서의 특성임피던스

$$Z_0 = \sqrt{\dfrac{j\omega L}{j\omega C}} = \sqrt{\dfrac{L}{C}}\,[\Omega]$$

3. 무왜형 선로

① 정의 : 송전단에서 보낸 정현파 입력이 수전단에 전혀 일그러짐 없이 도달되는 회로

② 조건 : $LG = RC$

③ 무왜형 선로에서 특성 임피던스

$$Z_0 = \sqrt{\frac{R+j\omega L}{G+j\omega C}} = \sqrt{\frac{R+j\omega L}{\frac{C}{L}(R+j\omega L)}} = \sqrt{\frac{L}{C}}$$

4. 전파정수

$$\gamma = \sqrt{ZY} = \alpha + j\beta = \sqrt{RG} + j\omega\sqrt{LC} \quad (\alpha : \text{감쇠정수}, \ \beta : \text{위상정수})$$

5. 무손실 선로에서의 전파정수

$$\gamma = \sqrt{ZY} = \alpha + j\beta = j\omega\sqrt{LC}$$

6. 전파속도

$$v = \frac{1}{\sqrt{\epsilon\mu}} = \frac{1}{\sqrt{LC}} = \frac{\omega}{\beta} = 3 \times 10^8 \ [\text{m/sec}] \ (\epsilon\mu = LC)$$

제8장 | 과도현상

1. $R-L$, $R-C$ 직렬회로 암기법

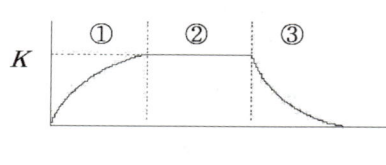

(a) 함수 형태

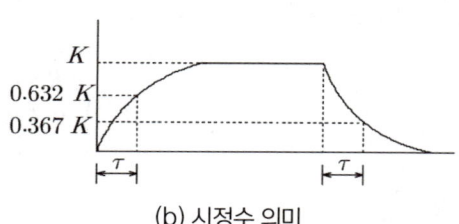

(b) 시정수 의미

(1) 파형에 따른 함수 형태

파형에 따른 함수 형태	문제 조건에 따른 상수 값
① 과도 상승 : $f(t) = K(1 - e^{pt})$	① 전류 구할 때 : $K = \dfrac{E}{R}$
② 정상 상태 : $f(t) = K$	② 전압 구할 때 : $K = E$
③ 과도 감쇠 : $f(t) = K e^{pt}$	③ 전하량 구할 때 : $K = CE$

(2) 특성근과 시정수

구분	특성근	시정수
$R-L$ 회로	$p = -\dfrac{R}{L}$	$\tau = \dfrac{L}{R}[s]$
$R-C$ 회로	$p = -\dfrac{1}{RC}$	$\tau = RC[s]$

① 시정수는 특성근의 절대값의 역수 관계가 된다. 즉, $\tau = \left|\dfrac{1}{p}\right|$

② $f(t) = K(1 - e^{pt})$에서 시정수 시간은 K에 63.2%의 도달하는 시간을 말한다.

③ $f(t) = K e^{pt}$에서 시정수 시간은 K의 37%까지 감소하는 시간을 말한다.

2. $R-L$ 직렬회로

$t=0$에서 스위치를 닫을 때	$t=0$에서 스위치를 개방할 때
① 과도 전류 : $i(t) = \dfrac{E}{R}\left(1 - e^{-\frac{R}{L}t}\right)$	① 과도 전류 : $i(t) = \dfrac{E}{R} e^{-\frac{R}{L}t}$
② $t=0$에서의 전류 : $i(0) = 0$	② $t=0$에서의 전류 : $i(0) = \dfrac{E}{R}$
③ $i(\tau) = \dfrac{E}{R}(1 - e^{-1}) = 0.632\dfrac{E}{R}$	③ $i(\tau) = \dfrac{E}{R} e^{-1} = 0.367\dfrac{E}{R}$
④ L의 전압강하 : $V_L = Ee^{-\frac{R}{L}t}$	

여기서, 시정수 전류 $i(\tau)$: 시정수 시간 $\tau = \dfrac{L}{R}$ [sec]에서의 전류의 크기

3. $R-C$ 직렬회로

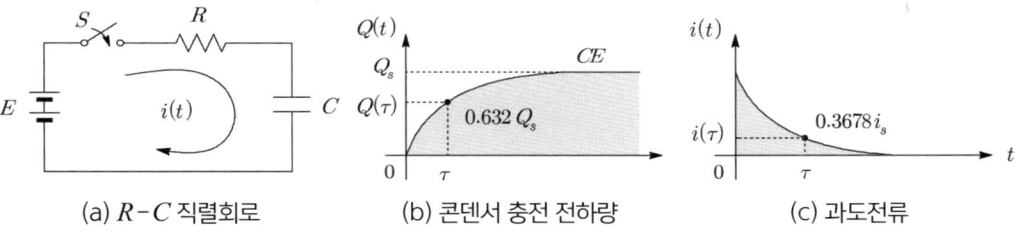

(a) $R-C$ 직렬회로　　(b) 콘덴서 충전 전하량　　(c) 과도전류

$t=0$에서 스위치를 닫을 때	$t=0$에서 스위치를 개방할 때
① 충전 전하량 : $Q(t) = CE\left(1 - e^{-\frac{1}{RC}t}\right)$	① 방전 전류 : $i(t) = -\dfrac{E}{R} e^{-\frac{1}{RC}t}$
② C의 단자전압 : $V_C = C\left(1 - e^{-\frac{1}{RC}t}\right)$	($-$는 충전전류와 반대방향을 의미)
③ 과도 전류 : $i(t) = \dfrac{E}{R} e^{-\frac{1}{RC}t}$	② $i(\tau) = \dfrac{E}{R} e^{-1} = 0.367\dfrac{E}{R}$
④ $i(\tau) = \dfrac{E}{R} e^{-1} = 0.367\dfrac{E}{R}$	

여기서, 시정수 전류 $i(\tau)$: 시정수 시간 $\tau = RC$[sec]에서의 전류의 크기

4. 시정수와 과도시간과의 관계

① 위 그림과 같이 시정수 시간은 정상의 63.2%까지 상승할 때 걸리는 시간 또는 36.7%까지 감소할 때 걸리는 시간을 의미한다.

② 따라서 시정수 시간이 길어지게 되면 과도시간도 길어진다는 것을 의미한다.

5. $R-L-C$ 직렬회로

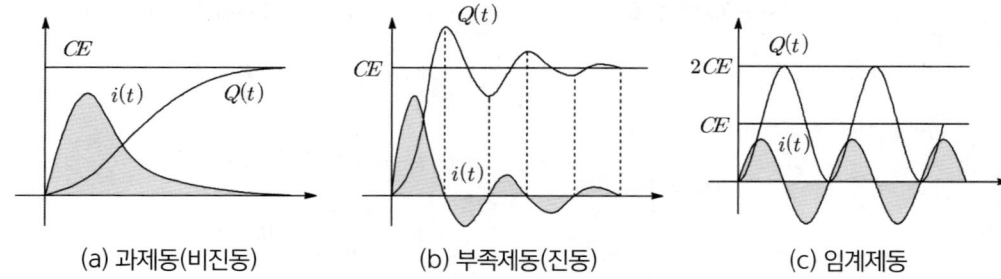

(a) 과제동(비진동)　　(b) 부족제동(진동)　　(c) 임계제동

① $\left(\dfrac{R}{2L}\right)^2 - \dfrac{1}{LC} < 0$ 또는 $R^2 < 4\dfrac{L}{C}$ 일 경우 : 부족제동(진동적)

② $\left(\dfrac{R}{2L}\right)^2 - \dfrac{1}{LC} = 0$ 또는 $R^2 = 4\dfrac{L}{C}$ 일 경우 : 임계제동(임계적)

③ $\left(\dfrac{R}{2L}\right)^2 - \dfrac{1}{LC} > 0$ 또는 $R^2 > 4\dfrac{L}{C}$ 일 경우 : 과제동(비진동적)

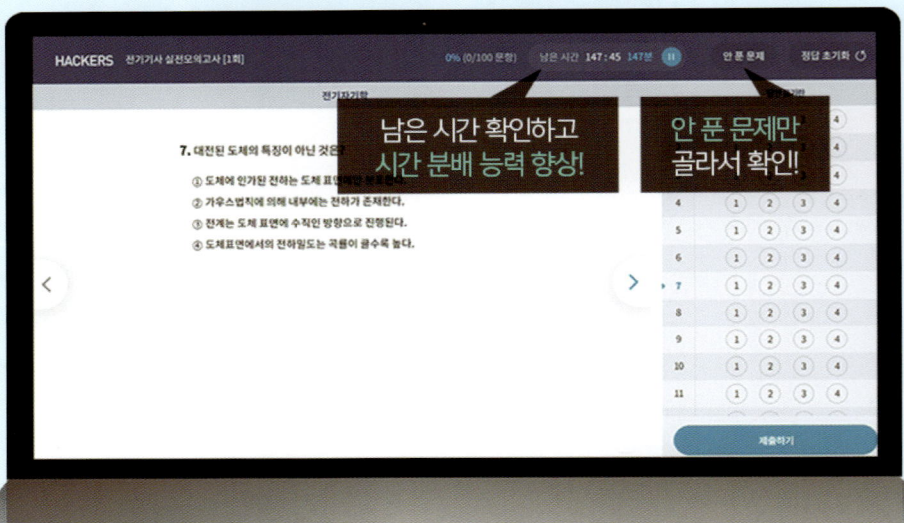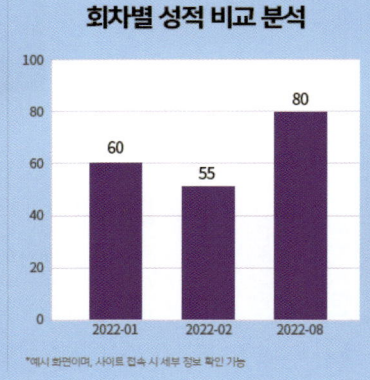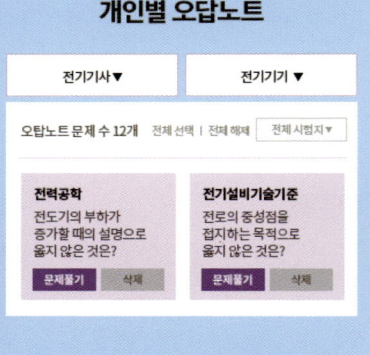

서문

전기기사·산업기사 필기 합격으로 직행하는 한 권의 기적!
해커스 전기기사·산업기사 필기 회로이론 한권완성
이론 + 최신기출 + 핵심노트

우리나라는 현대사회에 들어오면서 빠르게 산업화가 진행되고 눈부신 발전을 이룩하였는데, 그러한 원동력이 되어준 어떠한 힘, 에너지가 있다면 그것은 바로 전기라 생각합니다. 이러한 전기는 우리의 생활을 좀 더 편리하고 윤택하게 만들어주지만, 관리를 잘못하면 무서운 재앙으로 변할 수 있습니다. 따라서 전기를 안전하게 사용하기 위해서는 이에 관련된 지식을 습득해야 하며, 그 지식을 습득할 수 있는 방법이 바로 전기기사·산업기사 자격시험(이하 자격증)이라고 볼 수 있습니다.

현재 전기에 관련된 산업체에 입사하기 위해서는 자격증이 필수가 되고 전기설비를 관리하는 업무를 수행하기 위해서도 반드시 자격증이 있어야 가능하며, 전기사업법 시행규칙 제45조에서도 '전기안전관리자 선임 자격에 자격증을 소지한 자'라고 명시되어 있습니다. 이처럼 자격증은 전기인들에게는 필수이지만 자격증 취득이 어려워 전기인의 길을 포기하시는 분들이 많습니다.

이에 최단기간 내에 효과적으로 자격증을 취득할 수 있도록 본서를 출간하게 되었습니다.

본서가 전기를 입문하는 분들에게 조금이나마 도움이 되었으면 합니다. 『해커스 전기기사·산업기사 필기 회로이론 한권완성 이론 + 최신기출 + 핵심노트』는 다음과 같은 특징으로 구성되어 있습니다.

첫째. 본서를 완독하면 충분히 합격할 수 있도록 이론과 문제를 유기적으로 구성하였습니다.
둘째. 이론적 배경을 꼼꼼히 수록하여 교재만으로도 학습이 가능하도록 구성하였습니다.
셋째. 문제응용력을 높일 수 있도록 단원별 출제예상문제를 엄선하여 구성하였습니다.
넷째. 실전에 효과적으로 대비할 수 있도록 기출문제를 최대한 원문 그대로 수록하였습니다.

더불어 자격증 시험 전문 사이트 해커스자격증(pass.Hackers.com)에서 교재 학습 중 궁금한 점을 나누고 다양한 무료 학습자료를 함께 이용하여 학습 효과를 극대화할 수 있습니다.

이 책을 통해 합격의 영광이 함께하길 바라며, 또한 여러분의 앞날을 밝힐 수 있는 밑거름이 되기를 바랍니다. 앞으로도 더 좋은 도서를 만들기 위해 항상 연구하고 노력하겠습니다.

오우진

CONTENTS

이 책의 구성과 특징	6p
시험소개	8p
출제기준	10p

Chapter 01 | 직류회로의 이해

- 01 전압과 전류 … 16
- 02 전기저항과 옴의법칙 … 18
- 03 전력과 줄의 법칙 … 19
- 04 저항 접속법 … 20
- 05 배율기와 분류기 … 23
- 06 △-Y결선의 등가변환 … 24
- 핵심 요점정리 … 28
- 출제예상문제 … 29

Chapter 02 | 단상 교류회로의 이해

- 01 단상 교류의 발생 … 48
- 02 교류의 표시 방법 … 53
- 03 단일 회로 소자 … 56
- 04 복소수와 교류회로의 해석 … 62
- 05 임피던스 회로 해석 … 65
- 06 전력, 역률, 공진, 전압확대율 … 69
- 07 벡터궤적(vector locus) … 76
- 08 인덕턴스 접속법 … 78
- 핵심 요점정리 … 82
- 출제예상문제 … 84

Chapter 03 | 다상 교류회로의 이해

- 01 평형 3상 교류의 발생 … 128
- 02 평형 3상 회로의 특징 … 132
- 03 3상 전력 측정법 … 137
- 04 불평형 3상 회로 해석 … 140
- 핵심 요점정리 … 142
- 출제예상문제 … 143

Chapter 04 | 비정현파 교류회로의 이해

- 01 비정현파 교류회로의 개요 … 166
- 02 고조파의 분류와 특성 … 168
- 03 고조파의 푸리에 급수 해석 … 171
- 04 비정현파의 실효값과 전력 … 173
- 05 비정현파 회로 해석 … 174
- 06 고조파 관리기준 … 175
- 핵심 요점정리 … 177
- 출제예상문제 … 178

Chapter 05 | 대칭좌표법

- 01 대칭좌표법의 개요 … 192
- 02 대칭좌표법에 의한 고장계산 … 195
- 핵심 요점정리 … 200
- 출제예상문제 … 201

Chapter 06 | 회로망 해석

- 01 기하학적인 회로망 … 214
- 02 회로망 해석 … 215
- 핵심 요점정리 … 220
- 출제예상문제 … 221

Chapter 07 | 4단자망 회로 해석

- 01 2단자망 회로 … 240
- 02 4단자망 회로 … 242
- 03 영상 파라미터 … 250
- 핵심 요점정리 … 253
- 출제예상문제 … 256

Chapter 08 | 분포정수 회로

01 기초 방정식   284
02 진행파의 반사계수와 투과계수   287
핵심 요점정리   289
출제예상문제   290

Chapter 09 | 과도현상

01 개요   298
02 R-L 직렬회로   299
03 R-C 직렬회로   304
04 R-L-C 직렬회로   307
핵심 요점정리   310
출제예상문제   312

Chapter 10 | 라플라스 변환

01 라플라스 변환   324
02 시간추이정리   327
03 라플라스 역변환   331
핵심 요점정리   333
출제예상문제   335

Chapter 11 | 전달함수

01 제어계의 전달함수   354
02 보상기   358
03 물리계통의 전기적 유추   361
04 블록선도와 신호흐름선도   362
핵심 요점정리   368
출제예상문제   371

부록 | 기출문제(CBT)

2025년 제3회 전기기사   386
2025년 제2회 전기기사   390
2025년 제1회 전기기사   393
2024년 제3회 전기기사   396
2024년 제2회 전기기사   399
2024년 제1회 전기기사   402
2023년 제3회 전기기사   406
2023년 제2회 전기기사   409
2023년 제1회 전기기사   413
2025년 제3회 전기산업기사   416
2025년 제2회 전기산업기사   421
2025년 제1회 전기산업기사   427
2024년 제3회 전기산업기사   433
2024년 제2회 전기산업기사   439
2024년 제1회 전기산업기사   445
2023년 제3회 전기산업기사   450
2023년 제2회 전기산업기사   455
2023년 제1회 전기산업기사   460

무료 특강·학습 콘텐츠 제공
pass.Hackers.com

이 책의 구성과 특징

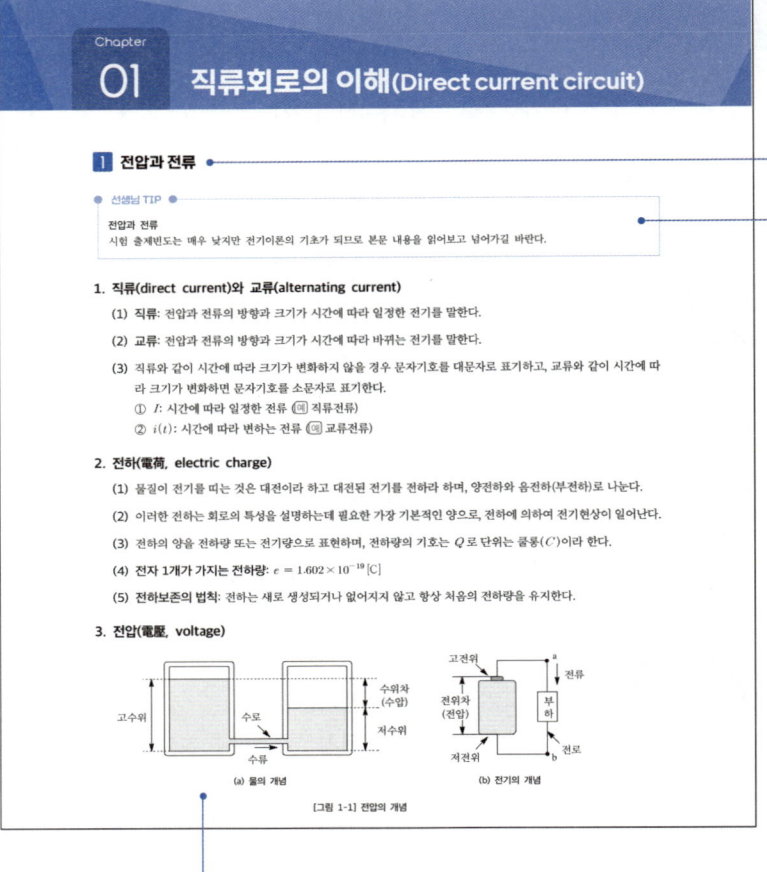

체계적인 이론 학습

시험에 자주 출제되는 핵심 이론을 체계적으로 정리하여, 복잡한 개념도 쉽고 명확하게 이해할 수 있습니다.

선생님 TIP

'선생님 TIP'을 수록하여 이론 학습을 보충하고, 효율적인 학습이 가능합니다.

시각 자료

다양한 그림과 사진 등을 수록하여 이를 통해 복잡하고 낯선 이론도 한 눈에 쉽게 이해할 수 있습니다.

해커스 **전기기사·산업기사 필기** 회로이론 한권완성
이론 + 최신기출 + 핵심노트

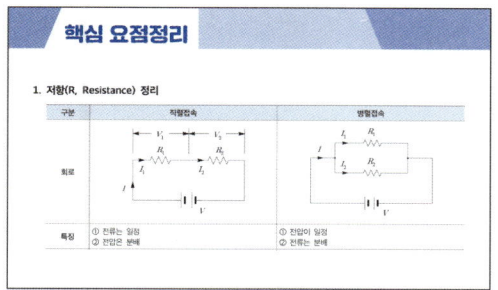

핵심 요점정리

매 단원마다 핵심 내용을 담은 요점정리를 수록하여, 학습한 내용을 바로 정리하고 암기할 수 있습니다.

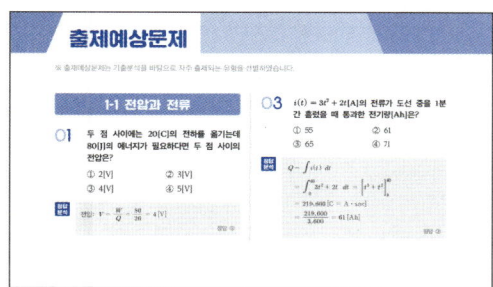

출제예상문제

출제예상문제를 통해 최신 출제경향을 익히고, 학습한 이론이 어떻게 출제되는지 확인할 수 있습니다.

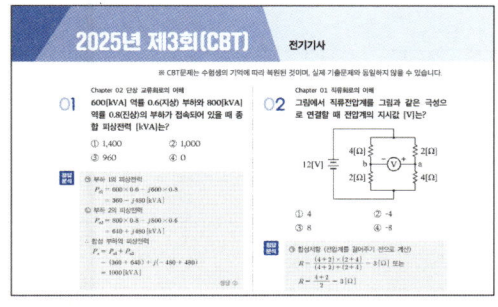

최신 3개년 기출문제

최근 3개년(2025~2023) 기출문제를 통해 최신 출제 경향을 파악하고, 실전 감각을 기를 수 있습니다.
※ CBT문제는 수험생의 기억에 따라 복원한 것이며, 실제 기출문제와 동일하지 않을 수 있습니다.

➕ 추가 학습 자료로 학습 실력 업그레이드!

언제 어디서나 핵심이론을 복습하고,
시험 직전 최종 점검까지 할 수 있는

'시험장에 꼭 가져가야 할 핵심노트'

시험 소개

■ 전기기사·산업기사란?
국가기술자격으로, 전기설비의 설계·감리·시공·운전·유지관리 전 과정에서 안전과 법규 준수, 효율적 운영을 담당하는 전문인력입니다.

■ 응시자격

전기기사	자격증, 경력	전기산업기사 자격증 + 실무경력 1년
		전기기능사 자격증 + 실무경력 3년
		실무경력 4년
	관련학과 졸업	4년제 대졸 또는 졸업 예정인 자
		3년제 대졸 + 실무경력 1년
		2년제 대졸 + 실무경력 2년
전기산업기사	자격증, 경력	전기기능사 자격증 + 실무경력 1년
		실무경력 2년
	관련학과 졸업	실무경력 2년

■ 검정방법

전기기사	필기	객관식 4지 택일형, 과목당 20문항(과목당 30분)
	실기	필답형(2시간 30분)
전기산업기사	필기	객관식 4지 택일형, 과목당 20문항(과목당 30분)
	실기	필답형(2시간)

■ 합격기준

필기	100점을 만점으로 하여 과목당 40점 이상, 전과목 평균 60점이상
실기	100점을 만점으로 하여 60점이상

해커스 **전기기사·산업기사 필기** 회로이론 한권완성
이론 + 최신기출 + 핵심노트

■ 시험 과목

구분	전기기사	전기산업기사
전기자기학	○	○
전력공학	○	○
전기기기	○	○
회로이론&제어공학	○	회로이론만 응시
전기설비기술기준	○	○

■ 필기 최근 6년간 검정현황

과목	구분	2025	2024	2023	2022	2021	2020
전기기사	응시자	44,084	57,417	51,630	52,187	60,500	56,376
	합격자	13,656	15,045	11,477	11,611	13,365	15,970
	합격률	31.1%	26.2%	22.2%	22.2%	22.1%	28.3%
산업기사	응시자	22,623	31,584	29,955	31,121	37,892	34,534
	합격자	5,214	6,189	5,577	6,692	6,991	8,706
	합격률	23.0%	19.6%	18.6%	21.5%	18.4%	25.2%

※ 2025년 검정현황은 1회, 2회 데이터만 집계

더 많은 내용이 알고 싶다면?

- 시험일정 및 자격증에 대한 더 자세한 사항은 해커스자격증(pass.Hackers.com) 또는 Q-net(www.Q-net.or.kr)에서 확인할 수 있습니다.
- 모바일의 경우 QR코드로 접속이 가능합니다.

모바일 해커스자격증
(pass.Hackers.com)
바로가기 ▶

출제기준

※ 회로이론 출제기준은 13p에서 확인 가능합니다.
※ 한국산업인력공단에 공시된 출제기준으로, 「해커스 전기기사·산업기사 필기 회로이론 한권완성 이론 + 최신기출 + 핵심노트」 교재의 전체 내용은 모두 아래 출제기준에 근거하여 제작되었습니다.

과목명	주요항목	세부항목	
전기자기학 (20문제)	1. 진공 중의 정전계	(1) 정전기 및 정전유도 (2) 전계 (3) 전기력선 (4) 전하	(5) 전위 (6) 가우스의 정리 (7) 전기쌍극자
	2. 진공 중의 도체계	(1) 도체계의 전하 및 전위분포 (2) 전위계수, 용량계수 및 유도계수 (3) 도체계의 정전에너지	(4) 정전용량 (5) 도체 간에 작용하는 정전력 (6) 정전차폐
	3. 유전체	(1) 분극도와 전계 (2) 전속밀도 (3) 유전체 내의 전계 (4) 경계조건	(5) 정전용량 (6) 전계의 에너지 (7) 유전체 사이의 힘 (8) 유전체의 특수현상
	4. 전계의 특수 해법 및 전류	(1) 전기영상법 (2) 정전계의 2차원 문제 (3) 전류에 관련된 제현상 (4) 저항률 및 도전율	
	5. 자계	(1) 자석 및 자기유도 (2) 자계 및 자위 (3) 자기쌍극자 (4) 자계와 전류 사이의 힘 (5) 분포전류에 의한 자계	
	6. 자성체와 자기회로	(1) 자화의 세기 (2) 자속밀도 및 자속 (3) 투자율과 자화율 (4) 경계면의 조건 (5) 감자력과 자기차폐	(6) 자계의 에너지 (7) 강자성체의 자화 (8) 자기회로 (9) 영구자석
	7. 전자유도 및 인덕턴스	(1) 전자유도 현상 (2) 자기 및 상호유도작용 (3) 자계에너지와 전자유도 (4) 도체의 운동에 의한 기전력 (5) 전류에 작용하는 힘	(6) 전자유도에 의한 전계 (7) 도체 내의 전류 분포 (8) 전류에 의한 자계에너지 (9) 인덕턴스
	8. 전자계	(1) 변위전류 (2) 맥스웰의 방정식 (3) 전자파 및 평면파 (4) 경계조건	(5) 전자계에서의 전압 (6) 전자와 하전입자의 운동 (7) 방전현상

과목명	주요항목	세부항목
전력공학 (20문제)	1. 발·변전 일반	(1) 수력발전 (2) 화력발전 (3) 원자력 발전 (4) 신재생에너지발전 (5) 변전방식 및 변전설비 (6) 소내전원설비 및 보호계전방식
	2. 송·배전선로의 전기적 특성	(1) 선로정수 (2) 전력원선도 (3) 코로나 현상 (4) 단거리 송전선로의 특성 (5) 중거리 송전선로의 특성 (6) 장거리 송전선로의 특성 (7) 분포정전용량의 영향 (8) 가공전선로 및 지중전선로
	3. 송·배전방식과 그 설비 및 운용	(1) 송전방식 (2) 배전방식 (3) 중성점접지방식 (4) 전력계통의 구성 및 운용 (5) 고장계산과 대책
	4. 계통보호방식 및 설비	(1) 이상전압과 그 방호 (2) 전력계통의 운용과 보호 (3) 전력계통의 안정도 (4) 차단보호방식
	5. 옥내배선	(1) 저압 옥내배선 (2) 고압 옥내배선 (3) 수전설비 (4) 동력설비
	6. 배전반 및 제어기기의 종류와 특성	(1) 배전반의 종류와 배전반 운용 (2) 전력제어와 그 특성 (3) 보호계전기 및 보호계전방식 (4) 조상설비 (5) 전압조정 (6) 원격조작 및 원격제어
	7. 개폐기류의 종류와 특성	(1) 개폐기 (2) 차단기 (3) 퓨즈 (4) 기타 개폐장치

출제기준

과목명	주요항목	세부항목	
전력공학 (20문제)	1. 직류기	(1) 직류발전기의 구조 및 원리 (2) 전기자 권선법 (3) 정류 (4) 직류발전기의 종류와 그 특성 및 운전 (5) 직류발전기의 병렬운전 (6) 직류전동기의 구조 및 원리 (7) 직류전동기의 종류와 특성 (8) 직류전동기의 기동, 제동 및 속도제어 (9) 직류기의 손실, 효율, 온도상승 및 정격 (10) 직류기의 시험	
	2. 동기기	(1) 동기발전기의 구조 및 원리 (2) 전기자 권선법 (3) 동기발전기의 특성 (4) 단락현상 (5) 여자장치와 전압조정 (6) 동기발전기의 병렬운전	(7) 동기전동기 특성 및 용도 (8) 동기조상기 (9) 동기기의 손실, 효율, 온도상승 및 정격 (10) 특수 동기기
	3. 전력변환기	(1) 정류용 반도체 소자 (2) 정류회로의 특성 (3) 제어정류기	
	4. 변압기	(1) 변압기의 구조 및 원리 (2) 변압기의 등가회로 (3) 전압강하 및 전압변동률 (4) 변압기의 3상 결선 (5) 상수의 변환 (6) 변압기의 병렬운전	(7) 변압기의 종류 및 그 특성 (8) 변압기의 손실, 효율, 온도상승 및 정격 (9) 변압기의 시험 및 보수 (10) 계기용변성기 (11) 특수변압기
	5. 유도전동기	(1) 유도전동기의 구조 및 원리 (2) 유도전동기의 등가회로 및 특성 (3) 유도전동기의 기동 및 제동 (4) 유도전동기제어 (5) 특수 농형유도전동기	(6) 특수유도기 (7) 단상유도전동기 (8) 유도전동기의 시험 (9) 원선도
	6. 교류정류자기	(1) 교류정류자기의 종류, 구조 및 원리 (2) 단상직권 정류자 전동기 (3) 단상반발 전동기 (4) 단상분권 전동기	(5) 3상 직권 정류자 전동기 (6) 3상 분권 정류자 전동기 (7) 정류자형 주파수 변환기
	7. 제어용 기기 및 보호기기	(1) 제어기기의 종류 (2) 제어기기의 구조 및 원리 (3) 제어기기의 특성 및 시험 (4) 보호기기의 종류	(5) 보호기기의 구조 및 원리 (6) 보호기기의 특성 및 시험 (7) 제어장치 및 보호장치

과목명	주요항목	세부항목	
회로이론 및 제어공학 (20문제)	1. 회로이론	(1) 전기회로의 기초 (2) 직류회로 (3) 교류회로 (4) 비정현파교류 (5) 다상교류 (6) 대칭좌표법	(7) 4단자 및 2단자 (8) 분포정수회로 (9) 라플라스변환 (10) 회로의 전달 함수 (11) 과도현상
	2. 제어공학	(1) 자동제어계의 요소 및 구성 (2) 블록선도와 신호흐름 선도 (3) 상태공간해석 (4) 정상오차와 주파수응답 (5) 안정도판별법 (6) 근궤적과 자동제어의 보상 (7) 샘플값제어 (8) 시퀀스제어	
전기설비 기술기준 (20문제)	전기설비기술기준 및 한국전기설비규정		
	1. 총칙	(1) 기술기준 총칙 및 KEC 총칙에 관한 사항 (2) 일반사항 (3) 전선 (4) 전로의 절연 (5) 접지시스템 (6) 피뢰시스템	
	2. 저압전기설비	(1) 통칙 (2) 안전을 위한 보호 (3) 전선로 (4) 배선 및 조명설비 (5) 특수설비	
	3. 고압, 특고압 전기설비	(1) 통칙 (2) 안전을 위한 보호 (3) 접지설비 (4) 전선로	(5) 기계, 기구 시설 및 옥내배선 (6) 발전소, 변전소, 개폐소 등의 전기설비 (7) 전력보안통신설비
	4. 전기철도설비	(1) 통칙 (2) 전기철도의 전기방식 (3) 전기철도의 변전방식 (4) 전기철도의 전차선로	(5) 전기철도의 전기철도차량 설비 (6) 전기철도의 설비를 위한 보호 (7) 전기철도의 안전을 위한 보호
	5. 분산형 전원설비	(1) 통칙 (2) 전기저장장치 (3) 태양광발전설비	(4) 풍력발전설비 (5) 연료전지설비

해커스자격증
pass.Hackers.com

Chapter 01

직류회로의 이해
(Direct current circuit)

1. 전압과 전류
2. 전기저항과 옴의법칙
3. 전력과 줄의 법칙
4. 저항 접속법
5. 배율기와 분류기
6. △-Y결선의 등가변환

핵심 요점정리

출제예상문제

Chapter 01 직류회로의 이해(Direct current circuit)

1 전압과 전류

> **선생님 TIP**
> 전압과 전류
> 시험 출제빈도는 매우 낮지만 전기이론의 기초가 되므로 본문 내용을 읽어보고 넘어가길 바란다.

1. 직류(direct current)와 교류(alternating current)
(1) **직류**: 전압과 전류의 방향과 크기가 시간에 따라 일정한 전기를 말한다.

(2) **교류**: 전압과 전류의 방향과 크기가 시간에 따라 바뀌는 전기를 말한다.

(3) 직류와 같이 시간에 따라 크기가 변화하지 않을 경우 문자기호를 대문자로 표기하고, 교류와 같이 시간에 따라 크기가 변화하면 문자기호를 소문자로 표기한다.
① I: 시간에 따라 일정한 전류 (예) 직류전류)
② $i(t)$: 시간에 따라 변하는 전류 (예) 교류전류)

2. 전하(電荷, electric charge)
(1) 물질이 전기를 띠는 것은 대전이라 하고 대전된 전기를 전하라 하며, 양전하와 음전하(부전하)로 나눈다.

(2) 이러한 전하는 회로의 특성을 설명하는데 필요한 가장 기본적인 양으로, 전하에 의하여 전기현상이 일어난다.

(3) 전하의 양을 전하량 또는 전기량으로 표현하며, 전하량의 기호는 Q로 단위는 쿨롱(C)이라 한다.

(4) **전자 1개가 가지는 전하량**: $e = 1.602 \times 10^{-19}$ [C]

(5) **전하보존의 법칙**: 전하는 새로 생성되거나 없어지지 않고 항상 처음의 전하량을 유지한다.

3. 전압(電壓, voltage)

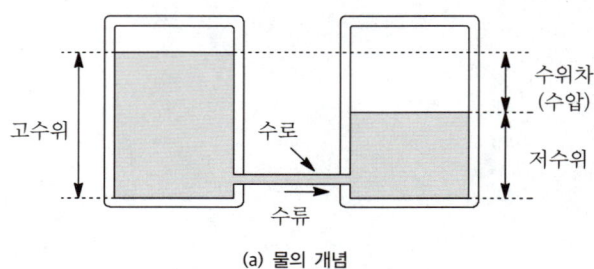
(a) 물의 개념

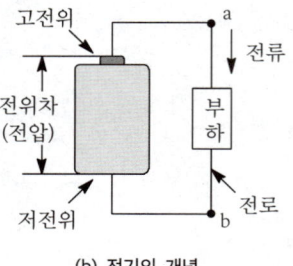
(b) 전기의 개념

[그림 1-1] 전압의 개념

(1) [그림 1-1](a)와 같이 두 물통에 수로를 연결하면 두 물통 사이에는 수위차(수압)가 발생하여 높은 수위에서 낮은 수위로 수류가 흐르게 된다. 이때 수류의 크기는 수위차에 비례하며, 등수위가 될 때까지 연속적으로 흐른다. 이는 마치 전기와 같다. 이에 대한 관계를 [그림 1-1](b)에 나타냈다.

(2) 전압은 두 전위의 차를 말하며, 단위전하(1 [C], unit charge)가 a에서 b 점까지 운반될 때 소비되는 에너지 W[J, 줄] 로 정의하며, 전압의 기호는 V, 단위는 볼트(V)라 한다.

(3) 즉, 1 [C] 의 전하가 a에서 b 점까지 운반될 때 10 [J] 만큼 소비되었다면 a, b 사이에 10 [V]가 인가되었다고 볼 수 있다.

(4) 정의 식: $V_{ab} = \dfrac{W}{Q}$ [J/C = V] ·· [식 1-1]

여기서, W: 전하가 운반될 때 소비되는 에너지 [J], Q: 전하량(전기량) [C]
V_{ab}: a, b 사이의 전압(전위차)

4. 전류(電流, current)

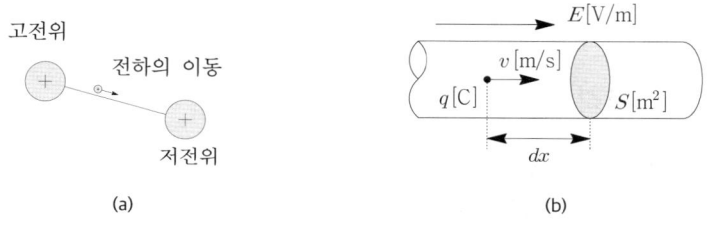

[그림 1-2] 전류의 정의

(1) [그림 1-2](a)와 같이 대전된 두 도체에 가느다란 도체(전선)를 연결하면 두 도체 사이에 전위차가 발생하여 전위가 높은 도체에서 낮은 도체로 전하가 이동하게 되는데, 이 전하의 이동을 전류(current)라 하고, 전류의 기호를 I, 단위를 암페어(A)라 한다.

(2) 전류의 크기는 [그림 1-2](b)와 같이 단면적이 S[m²] 인 도체에 직각인 단면을 단위시간에 통과하는 전하량으로 정의한다.

(3) 전류의 크기
① 일정한 비율로 t초 동안에 Q[C]의 전하가 이동한 경우
  ㉠ 전류의 크기: $I = \dfrac{Q}{t} = \dfrac{CV}{t}$ [C/s = A] ·· [식 1-2]
  ㉡ 전하량: $Q = It = CV$ [A·sec = C] ·· [식 1-3]
  여기서, C: 정전용량 [F, 패럿]
② 이동하는 전하량이 시간적으로 변화하는 경우
  ㉠ 전류의 크기: $i(t) = \dfrac{dq(t)}{dt} = C\dfrac{dV}{dt}$ [A] ·· [식 1-4]
  ㉡ 전하량: $Q(t) = \int dq(t) = \int_{t_1}^{t_2} i(t)\, dt$ ·· [식 1-5]

(4) 정전용량(capacity)

① 정전용량이란, 도체에 전위차 V를 주었을 때 도체 축적되는 전하량의 관계를 표시한 것으로 전위차와 전하량의 비례상수이다. 또는 콘덴서가 전하를 축적할 수 있는 능력을 말한다.

② 정전용량: $C = \dfrac{Q}{V} = \dfrac{전기량}{전위차}$ [F : 패럿]

③ 여기서, 콘덴서(condenser)란, 전하를 축적하는 장치를 말하며, 콘덴서가 전하를 저장할 수 있는 능력을 정전용량이라 한다.

● 선생님 TIP ●

적분 기초 공식

① $\int x^n \, dx = \dfrac{1}{n+1} x^{n+1} + C$ (여기서, C: 적분상수)

② $\int x^n + x^y \, dx = \int x^n \, dx + \int x^m \, dx$

③ $\int_2^4 x^2 \, dx = \left[\dfrac{1}{3} x^3 \right]_2^4 = \dfrac{1}{3}(4^3 - 2^3)$

---

2 전기저항과 옴의법칙

1. 전기저항(resistance)과 컨덕턴스(conductance)

(1) 전기저항은 전류의 흐름을 방해하는 성분으로 도체의 재질, 모양, 온도에 따라 변화한다.

(2) 저항의 역수를 컨덕턴스라 하고, 기호를 G, 단위를 모우[℧, mho] 또는 지멘스[S]로 표현한다. 이러한 컨덕턴스는 병렬 회로망 해석 시 유용하게 사용된다.

(3) 전기저항과 컨덕턴스

① 전기저항: $R = \rho \dfrac{\ell}{S} = \dfrac{\ell}{kS}$ [Ω] ·· [식 1-6]

② 컨덕턴스: $G = \dfrac{1}{R} = k \dfrac{S}{\ell} = \dfrac{S}{\rho \ell}$ [1/Ω] ·· [식 1-7]

여기서, ρ: 저항률 또는 고유저항[Ω·m], k (또는 σ): 도전율[(Ω·m)$^{-1}$]
S(또는 A): 도체의 단면적[m^2], ℓ: 도체의 길이[m]

2. 저항의 온도계수

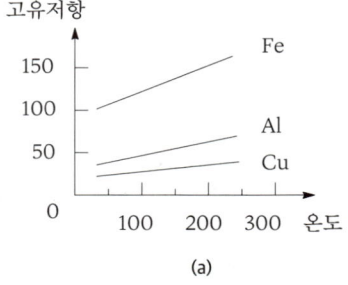
(a)

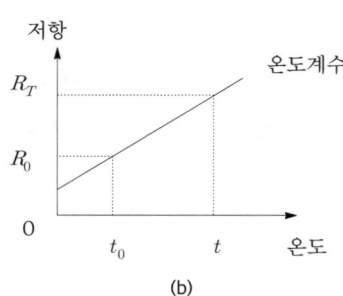
(b)

[그림 1-3] 저항의 온도계수

(1) 저항의 온도계수(temperature coefficient of resistance)는 [그림 1-3]과 같이 온도에 따라 변화하는 비율을 나타내는 것이다.

(2) 금속에서는 일반적으로 정특성 온도계수(온도 상승에 따라 저항이 증가), 전해액이나 반도체에서는 일반적으로 부특성 온도계수(온도 상승에 따라 저항이 감소)의 특성을 나타낸다.

(3) 온도계수란, 초기온도 t_0 에서의 저항 R_0 의 크기가 온도 1[℃] 상승할 때 변화되는 저항의 크기와 초기저항 R_0 의 비를 말한다.

① 구리의 온도계수: $\alpha = \dfrac{1}{234.5 + t_0}$ ·· [식 1-8]

② 온도변화에 따른 저항의 크기: $R_T = R_0 \left[1 + \alpha\left(t - t_0\right)\right]$ ························ [식 1-9]

여기서, t_0: 초기온도, R_0: t_0 에서의 저항의 크기, t: 변화된 온도

3. 옴의 법칙

(1) 1826년 독일학자 옴(Ohm)은 실험을 통해 전위차(전압)와 전류와의 관계를 다음과 같이 설명하였다. 도체에 흐르는 전류는 도체 양단간의 전위차 V 에 비례하고 도체의 저항 $R[\Omega]$ 에 반비례한다. 이를 옴의 법칙이라 한다.

(2) 옴의 법칙

① 옴의 법칙: $I = \dfrac{V}{R} = \dfrac{\ell E}{\ell/kS} = kES \; [\mathrm{V}/\Omega = \mathrm{A}]$ ·························· [식 1-10]

② 옴의 법칙의 미분형: $J = i = \dfrac{dI}{dS} = kE[\mathrm{A/m^2}]$ ·························· [식 1-11]

여기서, E: 전계의 세기[V/m]

> **선생님 TIP**
>
> 금속 내의 전자의 운동
>
>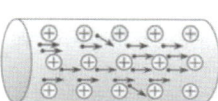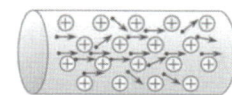
> (가) 저항이 작은 물질   (나) 저항이 큰 물질
>
> ① 금속의 종류가 다르면 원자들의 배열상태가 달라지므로 전자들의 충돌하는 모습도 달라진다.
> ② 저항이 큰 물질일수록 전자들이 이동할 때 원자들과의 충돌이 심해진다.
> ③ 금속에 열을 가하면 입자들은 제자리에서 떠는 운동을 한다. 따라서 전자의 충돌이 많아져 저항은 증가하게 된다.

3 전력과 줄의 법칙

1. 전력(電力, Power)

(1) 단위시간에 행한 전기적인 일을 전력(Power)이라 한다. 전력의 기호를 P, 그 단위를 와트(W)라 한다.

(2) 정의 식: $P = \dfrac{W}{t} = \dfrac{QV}{t} = \dfrac{ItV}{t} = VI[\mathrm{W}]$ ·· [식 1-12]

(3) [식 1-12]에 [식 1-10]을 대입하면 [식 1-13]과 같고, 직렬회로에서는 전류가 일정하므로 I^2R 을, 병렬회로에서는 전압이 일정하기 때문에 $\dfrac{V^2}{R}$ 공식을 사용하면 전력계산을 쉽게 풀이할 수 있다.

① 전력: $P = VI = I^2R = \dfrac{V^2}{R}$ [W] ··· [식 1-13]

② 전력량: $W = Pt = VIt = I^2Rt = \dfrac{V^2}{R}t$ [W·sec = J] ·· [식 1-14]

2. 줄열(Joule's heat)

(1) 도선에 전위차(전압)를 가하면 전하가 이동하면서(전류가 흐르면서) 에너지를 소비하게 된다. 이 에너지는 도선 내에서 열로 소비된다.

(2) 이것을 줄열(Joule's heat)이라 하고 단위를 줄[J, Joule] 이라 한다. 또한 줄열을 열량으로 환산하면 [식 1-15]와 같이 된다.

(3) 현장에서 전력량의 단위를 [kWh] 를 사용하며, 이를 [kcal] 로 환산하면 [식 1-16]과 같이 된다.

① $H = 0.24\,W = 0.24\,VIt = 0.24\,I^2Rt = 0.24\,\dfrac{V^2}{R}t$ [cal] ································· [식 1-15]

② $1\,[\text{kWh}] = 3600\,[\text{kWs} = \text{kJ}] = 3600 \times 0.24 ≒ 860\,[\text{kcal}]$ ······································· [식 1-16]

4 저항 접속법

1. 키르히호프의 법칙(Kirchhoff's law)

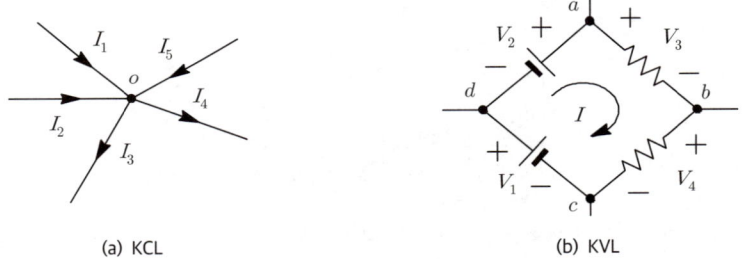

(a) KCL   (b) KVL

여기서, a, b, c, d 점을 마디(node)라 하며,
마디와 마디 사이$(a \sim b)$를 지로(branch)라 한다.

[그림 1-4] 키르히호프의 법칙

(1) 독일의 물리학자 키르히호프는 옴의 법칙을 통하여 두 가지 법칙을 발견했고, 이 법칙들은 복잡한 전기회로에서 지로에 흐르는 전류를 구할 때 사용된다.

(2) 수동부호의 규약([그림 1-4](b) 참고)
① 능동소자: 전류가 나가는 방향이 (+), 들어가는 방향이 (−)부호가 된다.
② 수동소자: 전류가 들어가는 방향이 (+), 나가는 방향이 (−)부호가 된다.
③ 능동소자는 전압원 또는 전류원을 말하며, 수동소자는 RLC 소자를 말한다.

(3) 제1법칙(전류법칙, KCL)
① 임의의 마디(node)에 유입되는 전류의 총합은 유출되는 전류의 총합과 같다.
② [그림 1-4](a)에 의해 다음과 같이 나타낼 수 있다.

$I_1 + I_2 + I_5 = I_3 + I_4$ 에서 $I_1 + I_2 + (-I_3) + (-I_4) + I_5 = 0$ 이므로

$$\therefore \text{제1법칙(KCL)}: \sum_{i=1}^{n} I_i = 0 \quad \text{[식 1-17]}$$

(4) 제2법칙(전압법칙, KVL)
① 임의의 폐회로(loop)내의 기전력의 총합은 저항에 의한 전압강하의 총합과 같다.
② [그림 1-4](b)에 의해 다음과 같이 나타낼 수 있다.
③ $V_1 + V_2 = V_3 + V_4$ 에서 $V_1 + V_2 + (-V_3) + (-V_4) = 0$ 이므로

$$\therefore \text{제2법칙(KVL)}: \sum_{i=1}^{n} V_i = 0 \quad \text{[식 1-18]}$$

2. 저항의 직렬접속

(1) 키르히호프의 법칙 적용
① KCL: $I = I_1 = I_2$ (전류 일정) [식 1-19]
② KVL: $V = V_1 + V_2$ (전압 일정) [식 1-20]

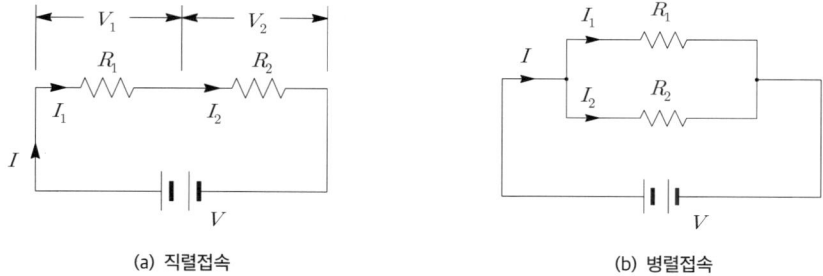

(a) 직렬접속 (b) 병렬접속

[그림 1-5] 저항 접속법

(2) 합성저항 구하기
① $V = V_1 + V_2 = I_1 R_1 + I_2 R_2$ 이고, KCL에 의해 $I = I_1 = I_2$ 이므로
② $V = I(R_1 + R_2)$ 이 되어 합성저항은

$$\therefore R = \frac{V}{I} = \frac{I(R_1 + R_2)}{I} = R_1 + R_2 \, [\Omega] \quad \text{[식 1-21]}$$

(3) 전압 분배 법칙

① $V_1 = I_1 R_1 = IR_1 = \frac{V}{R} \times R_1 = \frac{R_1}{R_1 + R_2} \times V$ [식 1-22]

② $V_2 = I_2 R_2 = IR_2 = \frac{V}{R} \times R_2 = \frac{R_2}{R_1 + R_2} \times V$ [식 1-23]

3. 저항의 병렬접속

(1) 키르히호프의 법칙 적용
① KCL: $I = I_1 + I_2$ (전류분배) ··· [식 1-24]
② KVL: $V = V_1 = V_2$ (전압일정) ··· [식 1-25]

(2) 합성저항 구하기
① $I = I_1 + I_2 = \dfrac{V_1}{R_1} + \dfrac{V_2}{R_2}$ 이고, KVL에 의해 $V = V_1 = V_2$ 이므로

② $I = V\left(\dfrac{1}{R_1} + \dfrac{1}{R_2}\right)$ 이 되어 합성저항은

$$\therefore R = \dfrac{V}{I} = \dfrac{1}{\dfrac{1}{R_1} + \dfrac{1}{R_2}} = \dfrac{R_1 \times R_2}{R_1 + R_2}\ [\Omega]$$ ·· [식 1-26]

③ 합성 컨덕턴스: $G = \dfrac{1}{R} = \dfrac{1}{R_1} + \dfrac{1}{R_2} = G_1 + G_2\ [\mho]$ ··································· [식 1-27]

④ [식 1-26]과 [식 1-27]에서 보듯이 병렬회로에서는 컨덕턴스를 이용하여 회로 해석하는 것이 상대적으로 편리하다.

(3) 전류 분배 법칙
① $I_1 = \dfrac{V_1}{R_1} = \dfrac{V}{R_1} = \dfrac{R}{R_1} \times I = \dfrac{R_2}{R_1 + R_2} \times I$ ·· [식 1-28]

$$= \dfrac{\dfrac{1}{G_2}}{\dfrac{1}{G_1} + \dfrac{1}{G_2}} \times I = \dfrac{\dfrac{1}{G_2}}{\dfrac{G_1 + G_2}{G_1 \times G_2}} \times I = \dfrac{G_1}{G_1 + G_2} \times I$$ ······································ [식 1-29]

② $I_2 = \dfrac{V_2}{R_2} = \dfrac{V}{R_2} = \dfrac{R}{R_2} \times I = \dfrac{R_1}{R_1 + R_2} \times I$ ·· [식 1-30]

$$= \dfrac{\dfrac{1}{G_1}}{\dfrac{1}{G_1} + \dfrac{1}{G_2}} \times I = \dfrac{\dfrac{1}{G_1}}{\dfrac{G_1 + G_2}{G_1 \times G_2}} \times I = \dfrac{G_2}{G_1 + G_2} \times I$$ ······································ [식 1-31]

(4) 크기가 같은 저항 n 개를 병렬로 접속할 경우 합성저항
① $R_0 = \dfrac{1}{\dfrac{1}{R_1} + \dfrac{1}{R_2} + \cdots + \dfrac{1}{R_n}} = \dfrac{1}{\dfrac{n}{R}} = \dfrac{R}{n}\ [\Omega]$ ···································· [식 1-32]

여기서, $R_1 = R_2 = R_3 = \cdots = R_n = R$

② 즉, 크기가 같은 저항을 병렬로 접속할 경우의 합성저항은 한 개의 저항의 크기를 병렬 회로 수(저항의 개수)로 나눈 것과 같다.

4. 휘스톤 브릿지 평형 회로

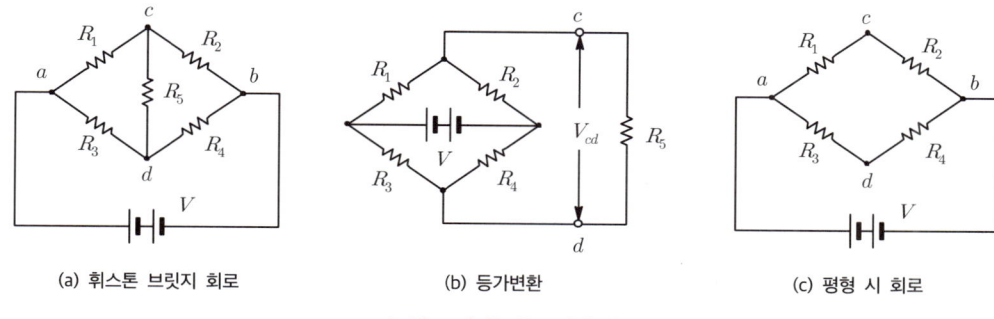

(a) 휘스톤 브릿지 회로 (b) 등가변환 (c) 평형 시 회로

[그림 1-6] 휘스톤 브릿지 회로

(1) [그림 1-6](b)로 등가변환하여 V_{cd} 의 단자전압을 구하면 다음과 같다.

① $V_c = \dfrac{R_2}{R_1 + R_2} \times V, \quad V_d = \dfrac{R_4}{R_3 + R_4} \times V$ ·················· [식 1-33]

② $V_{cd} = V_c - V_d = \dfrac{R_2 R_3 - R_1 R_4}{(R_1 + R_2)(R_3 + R_4)} \times V$ ·················· [식 1-34]

(2) 휘스톤 브릿지 평형조건
  ① $R_1 R_4 = R_2 R_3$ 의 조건을 만족하면 $V_{cd} = 0$ 이 되어 c, d 간의 지로(branch)에는 전류가 흐르지 않는다.
  ② 이를 휘스톤 브릿지 평형회로라 하며, 이 조건을 만족하면[그림 1-6] (c)와 같이 c, d 사이를 개방(open)한 회로로 해석할 수 있다.
  ③ 만약, $R_1 R_4 \neq R_2 R_3$ 와 같이 불평형인 경우에는 6장에서 학습할 테브난의 정리에 의해서 해석한다.

5 배율기와 분류기

1. 배율기(multiplier)

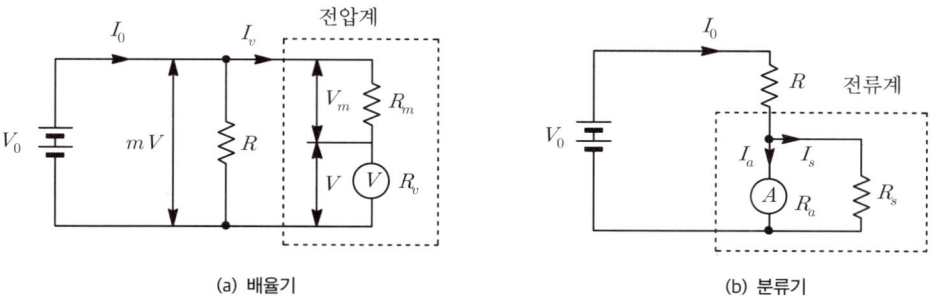

(a) 배율기 (b) 분류기

[그림 1-7] 배율기와 분류기

(1) 전압계의 측정범위를 m 배 만큼 확대하기 위하여 전압계와 직렬로 접속한 저항기 R_m 을 말하며, 전압분배 법칙을 이용하여 배율을 구할 수 있다.

(2) 배율의 크기와 배율저항

① 배율: $m = \dfrac{V_0}{V} = \dfrac{I_v(R_m + R_v)}{I_v R_v} = 1 + \dfrac{R_m}{R_v}$ .... [식 1-35]

(여기서, V_0: 측정전압, V: 전압계 인가전압, V_m: 분배전압,
R_m: 배율저항, R_v: 전압계 저압저항, I_v: R_v 통과전류)

② 배율저항: $R_m = R_v(m-1)\,[\Omega]$ .... [식 1-36]

2. 분류기(shunt)

(1) 전류계의 측정범위를 m배 만큼 확대하기 위하여 전류계와 병렬로 접속한 저항기 R_s를 말하며, 전류분배 법칙을 이용하여 배율을 구할 수 있다.

(2) 배율의 크기와 분류저항

① 배율: $m = \dfrac{I_0}{I_a} = \dfrac{I_a + I_s}{I_a} = 1 + \dfrac{I_s}{I_a} = 1 + \dfrac{R_a}{R_s}$ .... [식 1-37]

(여기서, I_0: 측정전류, I_a: 전류계 통과전류, I_s: 분류전류, R_s: 분류저항
R_a: 전류계 내부저항, $I_a = \dfrac{R_s}{R_a + R_s} \times I$, $I_s = \dfrac{R_a}{R_a + R_s} \times I$,)

② 분류저항: $R_s = \dfrac{R_a}{m-1}\,[\Omega]$ .... [식 1-38]

6 △-Y결선의 등가변환

1. △-Y결선의 등가변환 결과 식

(1) △와 Y결선된 회로에 동일한 단자전압을 인가했을 때 선에 흐르는 전류가 동일하면 두 회로는 등가회로라 할 수 있다. 등가변환 공식은 다음과 같다.

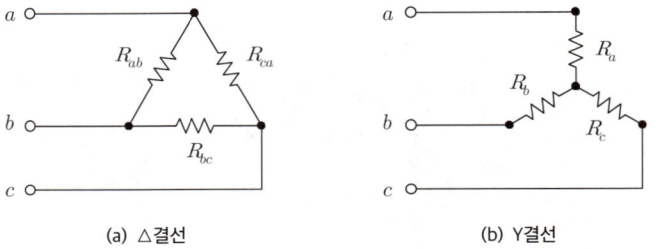

[그림 1-8] △-Y결선 등가변환

(2) △결선에서 Y결선으로 등가변환

① $R_a = \dfrac{R_{ab} \cdot R_{ca}}{R_{ab} + R_{bc} + R_{ca}}\,[\Omega]$ .... [식 1-39]

② $R_b = \dfrac{R_{ab} \cdot R_{bc}}{R_{ab} + R_{bc} + R_{ca}}\,[\Omega]$ .... [식 1-40]

③ $R_c = \dfrac{R_{bc} \cdot R_{ca}}{R_{ab} + R_{bc} + R_{ca}}\,[\Omega]$ .... [식 1-41]

(3) Y결선에서 △결선으로 등가변환

① $R_{ab} = \dfrac{R_a \cdot R_b + R_b \cdot R_c + R_c \cdot R_a}{R_c}\ [\Omega]$ ··· [식 1-42]

② $R_{bc} = \dfrac{R_a \cdot R_b + R_b \cdot R_c + R_c \cdot R_a}{R_a}\ [\Omega]$ ··· [식 1-43]

③ $R_{ca} = \dfrac{R_a \cdot R_b + R_b \cdot R_c + R_c \cdot R_a}{R_b}\ [\Omega]$ ··· [식 1-44]

2. △에서 Y결선으로 등가변환 증명

(1) a, b 단자에서 바라본 합성저항 $R_{ab}{'}$ 구하기

① △회로는 R_{ab} 와 $(R_{bc}+R_{ca})$ 가 병렬로, Y회로는 R_a 와 R_b 가 직렬로 접속된 회로와 같다.

② $R_{ab}{'} = \dfrac{R_{ab}(R_{bc}+R_{ca})}{R_{ab}+(R_{bc}+R_{ca})} = \dfrac{R_{ab}R_{bc}+R_{ca}R_{ab}}{R_{ab}+R_{bc}+R_{ca}} = R_a + R_b$ ··· [식 1-45]

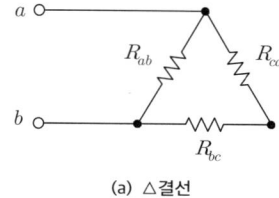
(a) △결선

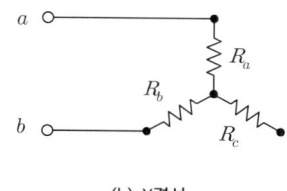
(b) Y결선

[그림 1-9] a, b 단자에서 바라본 합성저항

(2) b, c 단자에서 바라본 합성저항 $R_{bc}{'}$ 구하기

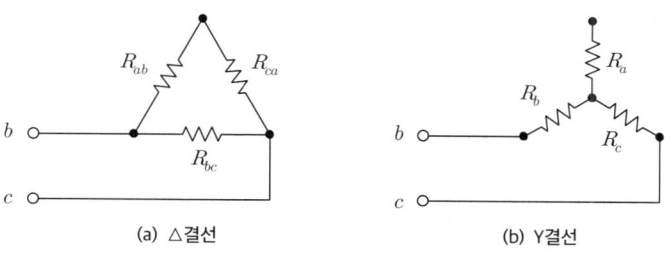

(a) △결선   (b) Y결선

[그림 1-10] b, c 단자에서 바라본 합성저항

① △회로는 R_{bc} 와 $(R_{ab}+R_{ca})$ 가 병렬로, Y회로는 R_b 와 R_c 가 직렬로 접속된 회로와 같다.

② $R_{bc}{'} = \dfrac{R_{bc}(R_{ab}+R_{ca})}{R_{bc}+(R_{ab}+R_{ca})} = \dfrac{R_{ab}R_{bc}+R_{bc}R_{ca}}{R_{ab}+R_{bc}+R_{ca}} = R_b + R_c$ ··· [식 1-46]

(3) c, a 단자에서 바라본 합성저항 R_{ca}' 구하기

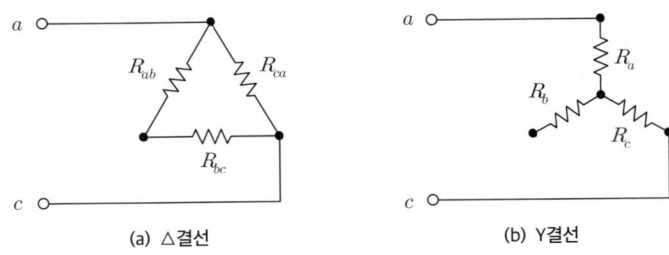

(a) △결선   (b) Y결선

[그림 1-11] c, a 단자에서 바라본 합성저항

① △회로는 R_{ca} 와 $(R_{ab}+R_{bc})$가 병렬로, Y회로는 R_a 와 R_c 가 직렬로 접속된 회로와 같다.

② $R_{ca}' = \dfrac{R_{ca}(R_{ab}+R_{bc})}{R_{ca}+(R_{ab}+R_{bc})} = \dfrac{R_{ca}R_{ab}+R_{bc}R_{ca}}{R_{ab}+R_{bc}+R_{ca}} = R_a + R_c$ ································ [식 1-47]

(4) R_a, R_b, R_c 의 산출

① [식 1-45], [식 1-46], [식 1-47]을 모두 더해 정리하면 다음과 같다.

$$\dfrac{R_{ab}R_{bc}+R_{bc}R_{ca}+R_{ca}R_{ab}}{R_{ab}+R_{bc}+R_{ca}} = R_a+R_b+R_c$$ ································ [식 1-48]

② [식 1-48]-[식 1-46]: $R_a = \dfrac{R_{ab} \cdot R_{ca}}{R_{ab}+R_{bc}+R_{ca}}\ [\Omega]$ ································ [식 1-49]

③ [식 1-48]-[식 1-47]: $R_b = \dfrac{R_{ab} \cdot R_{bc}}{R_{ab}+R_{bc}+R_{ca}}\ [\Omega]$ ································ [식 1-50]

④ [식 1-48]-[식 1-45]: $R_c = \dfrac{R_{bc} \cdot R_{ca}}{R_{ab}+R_{bc}+R_{ca}}\ [\Omega]$ ································ [식 1-51]

3. Y에서 △결선으로 등가변환 증명

(1) [식 1-49], [식 1-50], [식 1-51]을 이용하여 다음과 같이 정리한다.

① [식 1-49] × [식 1-50]: $R_aR_b = \dfrac{R_{ab}(R_{ab}R_{bc}R_{ca})}{(R_{ab}+R_{bc}+R_{ca})^2}\ [\Omega]$ ································ [식 1-52]

② [식 1-50] × [식 1-51]: $R_bR_c = \dfrac{R_{bc}(R_{ab}R_{bc}R_{ca})}{(R_{ab}+R_{bc}+R_{ca})^2}\ [\Omega]$ ································ [식 1-53]

③ [식 1-51] × [식 1-49]: $R_cR_a = \dfrac{R_{ca}(R_{ab}R_{bc}R_{ca})}{(R_{ab}+R_{bc}+R_{ca})^2}\ [\Omega]$ ································ [식 1-54]

④ [식 1-52], [식 1-53], [식 1-54]를 모두 더해 정리하면 다음과 같다.

$$R_aR_b+R_bR_c+R_cR_a = \dfrac{(R_{ab}+R_{bc}+R_{ca})(R_{ab}R_{bc}R_{ca})}{(R_{ab}+R_{bc}+R_{ca})^2}$$

$$R_aR_b+R_bR_c+R_cR_a = \dfrac{R_{ab}R_{bc}R_{ca}}{R_{ab}+R_{bc}+R_{ca}}\ [\Omega]$$ ································ [식 1-55]

(2) R_{ab}, R_{bc}, R_{ca} 의 산출

① [식 1-55] ÷ [식 1-51]: $R_{ab} = \dfrac{R_a R_b + R_b R_c + R_c R_a}{R_c}$ [Ω] ······················· [식 1-56]

② [식 1-55] ÷ [식 1-49]: $R_{bc} = \dfrac{R_a R_b + R_b R_c + R_c R_a}{R_a}$ [Ω] ······················· [식 1-57]

③ [식 1-55] ÷ [식 1-50]: $R_{ca} = \dfrac{R_a R_b + R_b R_c + R_c R_a}{R_b}$ [Ω] ······················· [식 1-58]

핵심 요점정리

1. 저항(R, Resistance) 정리

구분	직렬접속	병렬접속
회로	(직렬 회로도: R_1, R_2가 직렬로 연결, 전압 V_1, V_2, 전류 I_1, I_2, 전원 V)	(병렬 회로도: R_1, R_2가 병렬로 연결, 전류 I_1, I_2, 전원 V)
특징	① 전류는 일정 ② 전압은 분배	① 전압이 일정 ② 전류는 분배
합성 저항	① 저항이 2개 인 경우 $R_0 = R_1 + R_2 \; [\Omega]$ ② 저항이 n개 인 경우 $R_0 = R_1 + R_2 + \ldots + R_n \; [\Omega]$	① 저항이 2개인 경우 $R_0 = \dfrac{1}{\dfrac{1}{R_1} + \dfrac{1}{R_2}} = \dfrac{R_1 \times R_2}{R_1 + R_2} \; [\Omega]$ ② 저항이 n개인 경우 $R_0 = \dfrac{1}{\dfrac{1}{R_1} + \dfrac{1}{R_2} + \ldots + \dfrac{1}{R_n}} \; [\Omega]$ ③ 동일 크기의 저항 n개가 병렬인 경우 $R_0 = \dfrac{R}{n} \; [\Omega]$
분배 법칙	① $V_1 = \dfrac{R_1}{R_1 + R_2} \times V_0$ ② $V_2 = \dfrac{R_2}{R_1 + R_2} \times V_0$	① $I_1 = \dfrac{R_2}{R_1 + R_2} \times I_0$ ② $I_2 = \dfrac{R_1}{R_1 + R_2} \times I_0$

2. 컨덕턴스(G, Conductance) 정리

구분	직렬접속	병렬접속
합성 컨덕턴스	$G_0 = \dfrac{1}{\dfrac{1}{G_1} + \dfrac{1}{G_2}} = \dfrac{G_1 \times G_2}{G_1 + G_2} \; [\mho]$	$G_0 = G_1 + G_2 \; [\mho]$
분배 법칙	① $V_1 = \dfrac{G_2}{G_1 + G_2} \times V_0$ ② $V_2 = \dfrac{G_1}{G_1 + G_2} \times V_0$	① $I_1 = \dfrac{G_1}{G_1 + G_2} \times I_0$ ② $I_2 = \dfrac{G_2}{G_1 + G_2} \times I_0$

출제예상문제

※ 출제예상문제는 기출분석을 바탕으로 자주 출제되는 유형을 선별하였습니다.

1-1 전압과 전류

01 두 점 사이에는 20[C]의 전하를 옮기는데 80[J]의 에너지가 필요하다면 두 점 사이의 전압은?

① 2[V]　　　② 3[V]
③ 4[V]　　　④ 5[V]

 전압: $V = \dfrac{W}{Q} = \dfrac{80}{20} = 4\,[\text{V}]$

정답 ③

02 $i(t) = 2t^2 + 8t$[A]로 표시되는 전류가 도선에 3[sec]동안 흘렀을 때 통과한 전 전기량은 몇 [C]인가?

① 18　　　② 48
③ 54　　　④ 61

㉠ 적분 공식: $\displaystyle\int x^n\,dx = \dfrac{1}{n+1}x^{n+1} + C$
  여기서, C: 적분상수
㉡ 전류 정의식: $i(t) = \dfrac{dQ}{dt}$[A]
∴ 전기량
$Q = \displaystyle\int i(t)\,dt = \int_0^3 2t^2 + 8t\,dt$
$= \left[\dfrac{2}{3}t^3 + 4t^2\right]_0^3 = \dfrac{2}{3}\times 3^3 + 4\times 3^2$
$= 54\,[\text{C}]$

정답 ③

03 $i(t) = 3t^2 + 2t$[A]의 전류가 도선 중을 1분간 흘렀을 때 통과한 전기량[Ah]은?

① 55　　　② 61
③ 65　　　④ 71

$Q = \displaystyle\int i(t)\,dt$
$= \displaystyle\int_0^{60} 3t^2 + 2t\,dt = \left[t^3 + t^2\right]_0^{60}$
$= 219{,}600\,[\text{C} = \text{A}\cdot\text{sec}]$
$= \dfrac{219{,}600}{3{,}600} = 61\,[\text{Ah}]$

정답 ②

1-2 전기저항과 옴의 법칙

04 키르히호프의 전류 법칙(KCL) 적용에 대한 설명 중 틀린 것은?

① 이 법칙은 회로의 선형, 비선형에 관계 받지 않고 적용된다.
② 이 법칙은 선형소자로만 이루어진 회로에 적용된다.
③ 이 법칙은 회로의 시변, 시불변에 관계 받지 않고 적용된다.
④ 이 법칙은 집중정수회로에 적용된다.

정답 ②

05 고유저항의 M.K.S 단위는 무엇인가?

① [Ω·m]　② [1/Ω·m]
③ [Ω/m]　④ [℧·m]

전기저항 $R = \rho \dfrac{\ell}{S} [\Omega]$ 에서

∴ 고유저항: $\rho = \dfrac{RS}{\ell} [\Omega \cdot \text{m}^2/\text{m} = \Omega \cdot \text{m}]$

$= \dfrac{RS}{\ell} \times 10^6 [\Omega \cdot \text{mm}^2/\text{m}]$

정답 ①

07 굵기가 일정한 도체에서 체적은 변치 않고 지름을 $\dfrac{1}{n}$ 배로 늘렸다면 저항은 몇 배가 되겠는가?

① n^2　② $\dfrac{1}{n^2}$
③ n^4　④ n

㉠ 원통형 도체(전선)의 단면적
$S = \pi r^2 = \pi \left(\dfrac{d}{2}\right)^2 = \dfrac{\pi d^2}{4} [\text{m}^2]$

㉡ 직경을 $\dfrac{1}{n}$ 배 하면 단면적은 $\dfrac{1}{n^2}$ 배가 된다.

㉢ 도체 체적 $V = Sl [\text{m}^3]$ 이므로 체적이 변하지 않으려면 도체 길이 l 이 n^2 배가 된다.

㉣ 전기저항 $R = \rho \dfrac{l}{S}$ 에서 도체길이가 n^2 배 단면적이 $\dfrac{1}{n^2}$ 배가 되므로

∴ $R' = \rho \dfrac{l'}{S'} = \rho \dfrac{n^2 l}{\dfrac{S}{n^2}} = n^4 \rho \dfrac{\ell}{S} = n^4 R$

정답 ③

06 전선을 균일하게 2배의 길이로 당겨 늘렸을 때 전선의 체적이 불변이라면 저항은 몇 배가 되는가?

① 2　② 4
③ 6　④ 8

㉠ 전선의 체적 $V = S\ell [\text{m}^3]$ 에서 길이를 2배 했을 때 체적이 일정하려면 단면적 S 가 1/2배가 된다.

㉡ $R' = \rho \dfrac{l'}{S'} = \rho \dfrac{2l}{\dfrac{S}{2}} = 4 \times \rho \dfrac{\ell}{S} = 4R$

정답 ②

08 일정 전압의 직류 전원에 저항을 접속하고 전류를 흘릴 때 이 전류값을 20[%] 증가시키기 위해서는 저항값을 몇 배로 하여야 하는가?

① 1.25배　② 1.2배
③ 0.83배　④ 0.8배

㉠ 옴의 법칙 $I = \dfrac{V}{R}$ 에서 저항 $R = \dfrac{V}{I}$ 이므로 저항은 전류에 반비례한다.

㉡ 전류값을 20[%] 증가 (1.2 I)시키기 위한 저항값은 다음과 같다.

∴ $R_x = \dfrac{V}{1.2I} = 0.83 \dfrac{V}{I} = 0.83 R [\Omega]$

정답 ③

1-3 전력과 줄의 법칙

09 1[kg·m/s]는 몇 [W]인가?
(단, 여기서 [kg]는 질량이다.)

① 9.8   ② 98
③ 0.98   ④ 2

정답분석
㉠ 전력의 정의식
$$P = \frac{W}{t} [\text{J/s} = \text{W}]$$
㉡ $1[\text{kg} \cdot \text{m/sec}] = 9.8[\text{N} \cdot \text{m/sec}]$
$= 9.8[\text{J/sec}] = 9.8[\text{W}]$

정답 ①

10 100[V], 60[W]의 전구에 50[V]를 가했을 때의 전류는?

① 0.3[A]   ② 0.4[A]
③ 0.5[A]   ④ 0.6[A]

정답분석
㉠ 전력의 정의식: $P = \frac{V^2}{R}[\text{W}]$
㉡ 전구의 저항
$$R = \frac{V^2}{P} = \frac{100^2}{60} = 166.67[\Omega]$$
∴ $I = \frac{V}{R} = \frac{50}{166.67} = 0.3[\text{A}]$

정답 ①

11 정격전압에서 500[kW] 전력을 소비하는 저항에 정격의 95[%]의 전압을 가할 때의 전력 [W]은 얼마인가?

① 390   ② 410
③ 430   ④ 450

정답분석
㉠ 전력: $P = \frac{V^2}{R} = 500[\text{W}]$
㉡ 정격전압을 5[%] 낮추었을 때 전력:
$$P_x = \frac{(0.95V)^2}{R} = 0.95^2 \frac{V^2}{R}$$
$= 0.95^2 \times 500 = 450[\text{W}]$

정답 ④

12 정격 600[W] 전열기에 정격전압의 80[%]를 인가하면 전력은 몇 [W]로 되는가?

① 614   ② 545
③ 486   ④ 384

정답분석
㉠ 전력: $P = \frac{V^2}{R} = 600[\text{W}]$
㉡ 정격전압을 20[%] 낮추었을 때 전력
$$P_x = \frac{(0.8V)^2}{R} = 0.8^2 \frac{V^2}{R}$$
$= 0.64^2 \times 600 = 384[\text{W}]$

정답 ④

13 $\frac{9}{4}$[kW] 직류 전동기 2대를 매일 5시간씩 30일 동안 운전할 때 사용한 전력량은 약 몇 [kWh]인가? (단, 전동기는 전부하로 운전되는 것으로 하고 효율은 80[%]이다.)

① 650   ② 745
③ 844   ④ 980

정답분석
㉠ 전력량(출력)
$$W_o = Pt = \frac{9}{4} \times 2 \times 5 \times 30 = 675[\text{kWh}]$$
㉡ 효율: $\eta = \frac{출력}{입력} = \frac{W_o}{W_i}$
∴ 전동기가 사용한 전력량(입력)
$$W_i = \frac{W_o}{\eta} = \frac{675}{0.8} = 843.75[\text{kWh}]$$

정답 ③

14 120[V]의 전원에 20[Ω]의 저항을 가진 2개의 전열기 A, B를 직렬로 연결하여 사용하였다. 이때 A와 B에서 사용되는 전기적 에너지의 양은 A만을 단독으로 사용할 때와 비교하면 어떻게 되는가?

① A만을 사용할 때의 소비전력과 같다.
② A만을 사용할 때의 소비전력의 2배이다.
③ A만을 사용할 때의 소비전력 1/2배이다.
④ A사용할 때의 소비전력의 4배이다.

㉠ A, B를 사용한 경우
$P_1 = I^2 R = (\frac{120}{40})^2 \times 40 = 360 \,[W]$
㉡ A만을 사용한 경우
$P_2 = \frac{V^2}{R} = \frac{120^2}{20} = 720 \,[W]$
∴ A만을 사용할 때의 소비전력은 1/2배 된다.

정답 ③

1-4 저항 접속법

16 전하 보존의 법칙(conservation of charge)과 가장 관계가 있는 것은?

① 키르히호프의 전류 법칙
② 키르히호프의 전압 법칙
③ 옴의 법칙
④ 렌츠의 법칙

전하보존법칙이란, 전하는 새로 생성되거나 없어지지 않고 항상 처음의 저항량을 유지한다는 내용이므로 전기회로에서 이 법칙을 적용하면 임의의 마디에 들어가는 전하량과 나가는 전하량이 같다는 것을 의미한다. 이러한 법칙을 키르히호프 제1법칙(전류법칙)이라 한다.

정답 ①

15 백열전구 P, Q를 전압 E[V] 전원에 접속할 때 각각 W_1[W], W_2[W]의 전력을 소비한다. 이를 직렬로 E[V]의 전원에 연결할 때 어느 전구가 더 밝은가? (단, $W_1 > W_2$이고 밝기는 소비전력의 크기에 비례한다고 가정한다.)

① P가 더 밝다.
② 똑같다.
③ Q가 더 밝다.
④ 수시로 변한다.

㉠ P, Q 백열전구에 E[V]의 기전력을 각각 인가할 때의 소비전력
- P 백열전구: $W_1 = \frac{E^2}{R_P}$[W]
- Q 백열전구: $W_2 = \frac{E^2}{R_Q}$[W]

㉡ $W_1 > W_2$ 이면 $R_P < R_Q$ 가 된다.
㉢ P, Q 백열전구를 직렬로 접속하면 회로에 흐르는 전류는 일정하므로 부하의 소비전력($P = I^2 R$)은 저항에 비례하게 된다.
∴ Q 백열전구의 저항이 더 커서 소비전력이 크므로 Q 백열전구가 더 밝게 된다.

[참고] 백열전구를 직렬로 접속하면 정격용량이 작은 것이 밝고, 반대로 병렬접속 시에는 정격용량이 큰 것이 더 밝게 된다.

정답 ③

17 그림과 같은 회로에서 R_2 양단의 전압강하 E_2[V]는?

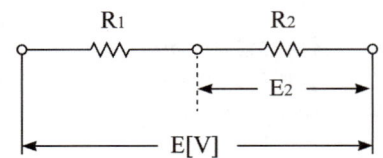

① $\frac{R_1}{R_1 + R_2} E$ ② $\frac{R_2}{R_1 + R_2} E$

③ $\frac{R_1 R_2}{R_1 + R_2} E$ ④ $\frac{R_1 + R_2}{R_1 R_2} E$

전압분배법칙: $E_2 = \frac{R_2}{R_1 + R_2} \times E$

정답 ②

18

24[Ω]인 저항에 미지저항 R_x를 직렬로 접속했을 때 R의 전압강하 E_R은 72[V]이고 미지저항 R_x의 전압강하 E_x는 45[V]라면 R_x의 값은 몇 [Ω]인가?

① 20　　② 15
③ 10　　④ 8

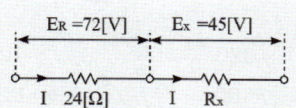

㉠ 전류: $I = \dfrac{E_R}{R} = \dfrac{72}{24} = 3\,[A]$

㉡ 직렬접속시 전류가 일정하므로 R_x를 통과하는 전류도 3[A]가 된다.

∴ $R_x = \dfrac{E_x}{I} = \dfrac{45}{3} = 15\,[\Omega]$

정답 ②

20

20[Ω]과 30[Ω]의 병렬회로에서 20[Ω]에 흐르는 전류가 6[A]이라면 전체 전류 [A]는?

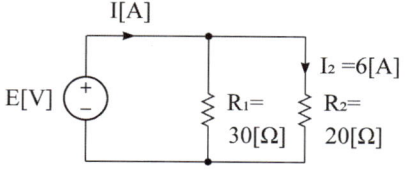

① 3[A]　　② 4[A]
③ 9[A]　　④ 10[A]

전류분배법칙: $I_2 = \dfrac{R_1}{R_1 + R_2} \times I$ 에서

∴ $I = \dfrac{R_1 + R_2}{R_1} \times I_2 = \dfrac{30 + 20}{30} \times 6 = 10\,[A]$

정답 ④

19

그림에서 a, b단자에 200[V]를 가할 때 저항 2[Ω]에 흐르는 전류는?

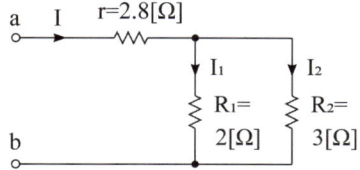

① 40[A]　　② 30[A]
③ 20[A]　　④ 10[A]

㉠ 합성저항

$R = r + \dfrac{R_1 \times R_2}{R_1 + R_2} = 2.8 + \dfrac{2 \times 3}{2 + 3} = 4\,[\Omega]$

㉡ 회로 전체 전류

$I = \dfrac{V}{R} = \dfrac{200}{4} = 50\,[A]$

∴ 전류 분배 법칙

$I_2 = \dfrac{R_1}{R_1 + R_2} \times I = \dfrac{3}{2+3} \times 50 = 30\,[A]$

정답 ②

21

다음 그림에서 $V_i = 24[V]$일 때 a와 b간의 $V_0[V]$의 값은?

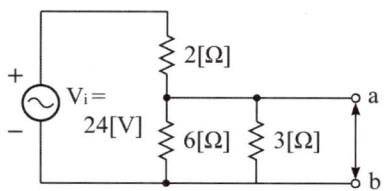

① 8　　② 12
③ 16　　④ 24

㉠ 합성저항: $R = 2 + \dfrac{3 \times 6}{3 + 6} = 4\,[\Omega]$

㉡ 전체 전류: $I = \dfrac{V_i}{R} = \dfrac{24}{4} = 6\,[A]$

㉢ 3[Ω]에 흐르는 전류

$I_3 = \dfrac{6}{6+3} \times 6 = 4\,[A]$

∴ $V_0 = I_3 \times R_3 = 4 \times 3 = 12\,[V]$

정답 ②

22
다음과 같은 회로에서 a, b의 단자전압 V_{ab}를 구하면?

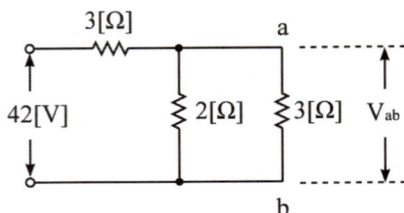

① 3[V] ② 6[V]
③ 12[V] ④ 24[V]

㉠ 합성저항: $R = 3 + \dfrac{2 \times 3}{2+3} = 4.2\,[\Omega]$
㉡ 전체 전류: $I = \dfrac{V}{R} = \dfrac{42}{4.2} = 10\,[A]$
㉢ 전류 분배 법칙: $I_2 = \dfrac{2}{2+3} \times 10 = 4\,[A]$
∴ a, b의 단자전압
$V_{ab} = 3\,I_2 = 3 \times 4 = 12\,[V]$

정답 ③

23
다음과 같은 회로에서 a, b의 단자전압 V_{ab}를 구하면?

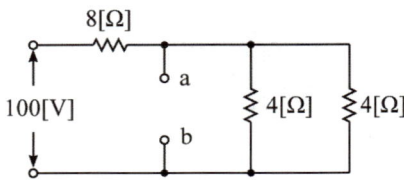

① 20[V] ② 40[V]
③ 60[V] ④ 80[V]

㉠ 합성저항: $R = 8 + \dfrac{4 \times 4}{4+4} = 10\,[\Omega]$
㉡ 전체 전류: $I = \dfrac{V}{R} = \dfrac{100}{10} = 10\,[A]$
∴ 단자전압
$V_{ab} = V - Ir = 100 - 10 \times 8 = 20\,[V]$

정답 ①

24
그림에서 절점 B의 전위 [V]는?

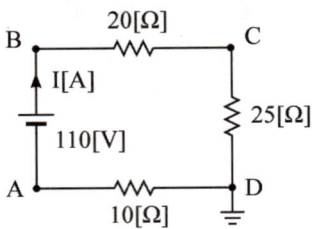

① 130 ② 110
③ 100 ④ 90

㉠ 회로 전류: $I = \dfrac{110}{20+25+10} = 2\,[A]$
㉡ 절점의 전위는 대지에서부터 절점까지의 전위를 말한다. 즉, B, D 사이의 전압강하 합을 말한다.
∴ B점 전위: $V_B = 2 \times (20+25) = 90\,[V]$

정답 ④

25
직류전압계를 그림과 같이 극성으로 연결할 때 전압계의 지시값 [V]는?

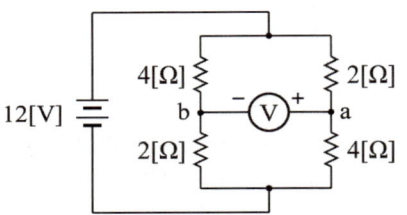

① 4 ② -4
③ 8 ④ -8

㉠ 합성저항 (전압계를 걸어주기 전으로 계산)
$R = \dfrac{(4+2) \times (2+4)}{(4+2)+(2+4)} = 3\,[\Omega]$ 또는
$R = \dfrac{4+2}{2} = 3\,[\Omega]$
㉡ 전체 전류: $I = \dfrac{V}{R} = \dfrac{12}{3} = 4\,[A]$
㉢ 각 지로의 전류: $I_1 = I_2 = \dfrac{4}{2} = 2\,[A]$
㉣ 각 마디 전압 $V_a = 4\,I_1 = 8\,[V]$,
$V_b = 2\,I_2 = 4\,[V]$
∴ a, b 양단의 전위차(전압)는 $V_{ab} = 4\,[V]$가 된다. (전압계 측정 시 높은 전위 측에 +, 낮은 전위 측에 - 단자를 접촉시켜야한다. 만약, 반대로 측정하면 -전압으로 표시된다.)

정답 ①

26 다음 그림과 같은 회로에서 R의 값은 얼마인가?

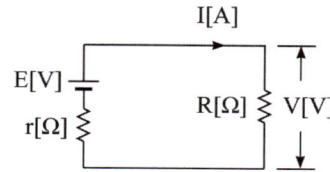

① $\dfrac{E-V}{E}r$ ② $\dfrac{E}{E-V}r$

③ $\dfrac{E-V}{V}r$ ④ $\dfrac{V}{E-V}r$

정답분석

㉠ 기전력: $E = I(r+R) = Ir + IR$
$= Ir + V = \dfrac{V}{R}r + V$ 에서

여기서, 부하 단자 전압: $V = IR$

㉡ $E - V = \dfrac{V}{R}r$ 이므로 부하저항은

∴ $R = \dfrac{V}{E-V} \times r$

정답 ④

27 다음 전지 2개와 전구 1개로 구성된 회로 중 전구가 점등되지 않는 회로는?

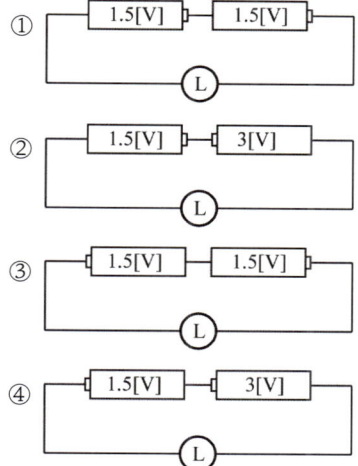

정답분석

① 두 전지의 극성이 같으므로 회로 전위차는 3[V]로 전류는 시계방향으로 흐른다.
② 두 전지의 극성이 반대이므로 회로 전위차는 1.5[V]로 전류는 반시계방향으로 흐른다.
③ 두 전지의 크기는 같고 극성이 반대로 접속되어 있어 회로 전위차는 0이 되어 전류가 흐르지 않는다.
④ 두 전지의 극성이 같으므로 회로 전위차는 4.5[V]로 전류는 반시계방향으로 흐른다.

정답 ③

28

기전력 2[V], 내부저항 0.5[Ω]인 전지 9개가 있다. 이것을 3개씩 직렬로 하여 3조 병렬 접속한 것에 부하저항 1.5[Ω]을 접속하면 부하 전류 [A]는?

① 1.5　　② 3
③ 4.5　　④ 5

정답분석

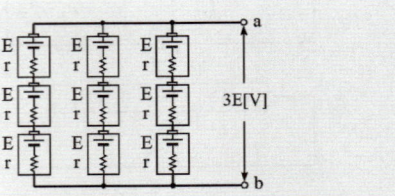

㉠ 전체 전압: $nE = 3 \times 2 = 6\,[V]$
㉡ 전체 내부저항: $nr = \dfrac{0.5 \times 3}{3} = 0.5\,[\Omega]$
∴ 부하전류
$I = \dfrac{nE}{nr + R} = \dfrac{6}{0.5 + 1.5} = 3\,[A]$

정답 ②

30

자동차 축전지의 무부하 전압을 측정하니 13.5[V]를 지시하였다. 이때 정격이 12[V], 55[W]인 자동차 전구를 연결하여 축전지의 단자 전압을 측정하니 12[V]를 지시하였다. 축전지의 내부 저항은 약 몇 [Ω]인가?

① 0.33　　② 0.45
③ 2.62　　④ 3.31

정답분석

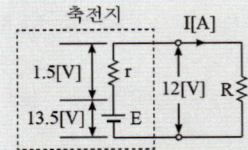

㉠ 자동차 전구 저항
$R = \dfrac{V^2}{P} = \dfrac{12^2}{55} = 2.62\,[\Omega]$
㉡ 축전지 내부 전압강하
$e = 13.5 - 12 = 1.5\,[V]$
㉢ 회로에 흐르는 전류
$I = \dfrac{12}{2.62} = \dfrac{1.5}{r}$
∴ 축전지의 내부 저항
$r = 1.5 \times \dfrac{2.62}{12} \fallingdotseq 0.33\,[\Omega]$

정답 ①

29

어떤 전지의 외부회로 저항은 5[Ω]이고 전류는 8[A]가 흐른다. 외부회로에 5[Ω]대신에 15[Ω]의 저항을 접속하면 전류는 4[A]로 떨어진다. 전지의 기전력은 몇 [V]인가?

① 80[V]　　② 50[V]
③ 15[V]　　④ 20[V]

정답분석

㉠ 기전력 $E = I(r + R)$에서
㉡ $R = 5$인 경우: $E = 8(r + 5)$
㉢ $R = 15$인 경우: $E = 4(r + 15)$
㉣ ㉡식과 ㉢식의 기전력은 동일하므로
$8(r + 5) = 4(r + 15)$에서
$2(r + 5) = r + 15$이므로
$r = 5\,[\Omega]$ 된다.
㉤ $r = 5\,[\Omega]$을 ㉡식에 대입하여 기전력을 구할 수 있다.
∴ $E = 8(r + 5) = 8(5 + 5) = 80\,[V]$

정답 ①

31

그림과 같은 회로에서 S를 열었을 때 전류계의 지시는 10[A]이었다. S를 닫을 때 전류계의 지시는 몇 [A]인가?

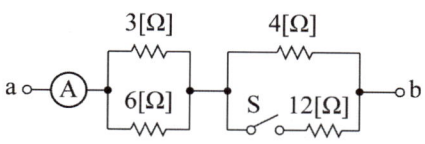

① 8　　　　② 10
③ 12　　　　④ 15

(1) 스위치(S) 개방 상태 해석
　㉠ 합성저항: $R_{ab} = \dfrac{3 \times 6}{3+6} + 4 = 6\,[\Omega]$
　㉡ 전체 전류(전류계 지시값): $I_o = 10\,[A]$
　㉢ a, b 양단의 기전력
　　$V_{ab} = I_o R_{ab} = 10 \times 6 = 60\,[V]$

(2) 스위치(S) 닫은 상태 해석
　㉠ 합성저항
　　$R_c = \dfrac{3 \times 6}{3+6} + \dfrac{4 \times 12}{4+12} = 5\,[\Omega]$
　㉡ a, b 양단의 기전력: $V_{ab} = 60\,[V]$
　㉢ 전류: $I_c = \dfrac{V_{ab}}{R_c} = \dfrac{60}{5} = 12\,[A]$

정답 ③

32

그림과 같은 회로에서 a, b단자 사이의 합성저항은 몇 [Ω]인가?

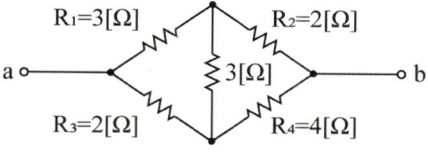

① 1　　　　② 2
③ 3　　　　④ 4

㉠ 휘트스톤 브릿지 평형($R_1 R_4 = R_2 R_3$)인 경우 3[Ω] 양 단자를 개방시킨 것과 같다.
㉡ 등가변환 회로

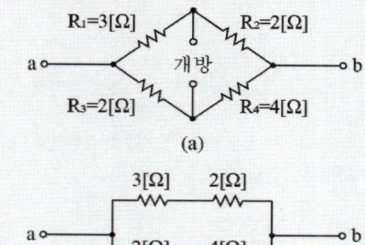

∴ 합성저항
$R_{ab} = \dfrac{(1+2) \times (2+4)}{(1+2)+(2+4)} = 2\,[\Omega]$

정답 ①

33
그림과 같은 회로에서 a, b단자 사이의 합성 저항은 몇 [Ω]인가?

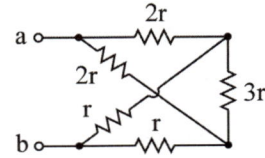

① r
② 1.5r
③ 0.5r
④ 3r

정답 분석

㉠ b단자를 우측으로 돌리면 아래 (a)와 같은 휘트스톤 브릿지 회로가 된다.

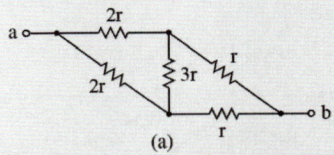

㉡ 휘트스톤 브릿지 평형 조건을 만족하므로 아래 (b)와 같이 등가변환 시킬 수 있다.

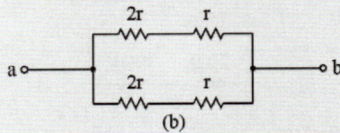

∴ 합성저항: $R_{ab} = \dfrac{3r}{2} = 1.5r$

정답 ②

34
다음 회로에서 전류 I는 몇 [A]인가?

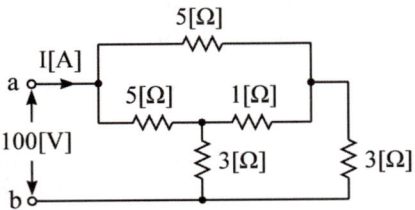

① 50[A]
② 25[A]
③ 12.5[A]
④ 10[A]

정답 분석

㉠ 문제의 그림은 아래와 같이 등가변환 된다.

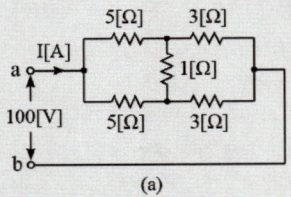

㉡ 휘트스톤 브릿지 평형회로이므로 아래와 같이 1[Ω]을 개방시킬 수 있다.

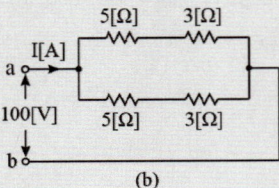

㉢ 합성저항: $R_0 = \dfrac{8 \times 8}{8 + 8} = 4\,[\Omega]$

∴ 회로 전류: $I = \dfrac{V}{R_0} = \dfrac{100}{4} = 25\,[A]$

정답 ②

35

내부저항이 15[kΩ]이고 최대눈금이 150[V]인 전압계와 내부저항이 10[kΩ]이고 최대눈금이 150[V]인 전압계가 있다. 두 전압계를 직렬 접속하여 측정하면 최대 몇 [V]까지 측정할 수 있는가?

① 200
② 250
③ 300
④ 375

정답분석

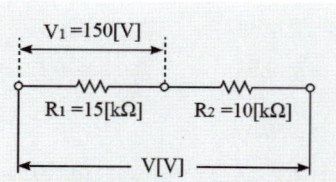

㉠ 직렬접속 시 저항이 큰 곳으로 전압이 많이 걸리므로 내부저항 15[kΩ]인 전압계에 150[V]가 걸렸을 때가 최대 측정전압이 된다.

㉡ 전압분배법칙 $V_1 = \dfrac{R_1}{R_1 + R_2} \times V$ 에서

$V_1 = 150[V]$ 일 때 전체 전압 V를 구하면

$\therefore V = \dfrac{R_1 + R_2}{R_1} \times V_1$

$= 150 \times \dfrac{15 + 10}{15} = 250[V]$

정답 ②

36

그림과 같은 회로에서 r_1, r_2에 흐르는 전류의 크기가 1:2의 비율이라면 r_1, r_2의 저항은 각각 몇 [Ω]인가?

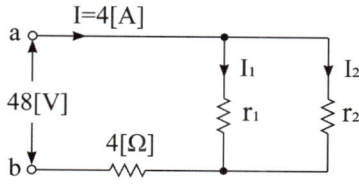

① $r_1 = 16$, $r_2 = 8$
② $r_1 = 24$, $r_2 = 12$
③ $r_1 = 6$, $r_2 = 3$
④ $r_1 = 8$, $r_2 = 4$

정답분석

㉠ $I_1 : I_2 = I_1 : 2I_1 = \dfrac{V}{r_1} : \dfrac{V}{r_2}$ 에서

$\dfrac{2VI_1}{r_1} = \dfrac{VI_1}{r_2}$ 이므로 $r_1 = 2r_2$ 가 된다.

㉡ 합성저항 $R = \dfrac{V}{I} = \dfrac{48}{4} = 12[\Omega]$ 또는

$R = 4 + \dfrac{r_1 \times r_2}{r_1 + r_2} = 4 + \dfrac{2r_2^2}{3r_2} = 4 + \dfrac{2}{3}r_2$ 이므로

$R = 12 = 4 + \dfrac{2}{3}r_2$ 에서

$\therefore r_2 = \dfrac{3}{2} \times (12 - 4) = 12[\Omega]$

$r_1 = 2r_2 = 24[\Omega]$

정답 ②

37 그림 a, b간에 40[V]의 전압을 가할 때 10[A]의 전류가 흐른다. r_1 및 r_2에 흐르는 전류비를 1 : 2로 하려면 r_1 및 r_2의 저항[Ω]은 각각 얼마인가?

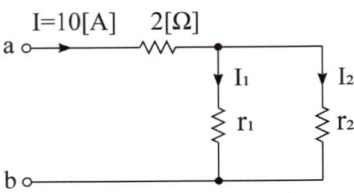

① $r_1 = 6$, $r_2 = 3$
② $r_1 = 3$, $r_2 = 6$
③ $r_1 = 4$, $r_2 = 2$
④ $r_1 = 2$, $r_2 = 4$

정답분석

㉠ $I_1 : I_2 = I_1 : 2I_1 = \dfrac{V}{r_1} : \dfrac{V}{r_2}$ 에서

$\dfrac{2VI_1}{r_1} = \dfrac{VI_1}{r_2}$ 이므로 $r_1 = 2r_2$가 된다.

㉡ 합성저항 $R = \dfrac{V}{I} = \dfrac{40}{10} = 4\,[\Omega]$ 또는

$R = 2 + \dfrac{r_1 \times r_2}{r_1 + r_2} = 2 + \dfrac{2r_2^2}{3r_2} = 2 + \dfrac{2}{3}r_2$ 이므로

$R = 4 = 2 + \dfrac{2}{3}r_2$ 에서

$\therefore r_2 = \dfrac{3}{2} \times (4-2) = 3\,[\Omega]$

$r_1 = 2r_2 = 6\,[\Omega]$

정답 ①

38 그림과 같은 회로에서 저항 $R_4 = 8[\Omega]$에 소비되는 전력은 약 몇 [W]인가?

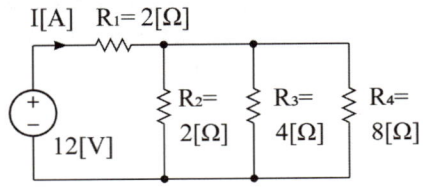

① 2.38
② 4.76
③ 9.53
④ 29.2

정답분석

㉠ 합성저항
$R = 2 + \dfrac{1}{\dfrac{1}{2} + \dfrac{1}{4} + \dfrac{1}{8}} = 3.14\,[\Omega]$

㉡ 전체 전류: $I = \dfrac{V}{R} = \dfrac{12}{3.14} = 3.82\,[A]$

㉢ R_1에 의한 전압강하
$V_1 = IR_1 = 3.82 \times 2 = 7.64\,[V]$

㉣ 각 병렬저항의 단자전압
$V_2 = V_3 = V_4 = 12 - 7.64 = 4.36\,[V]$

$\therefore R_4$의 소비전력
$P = \dfrac{V_4^2}{R_4} = \dfrac{4.36^2}{8} = 2.38\,[W]$

정답 ①

39
그림과 같은 회로에서 a, b단자 사이의 합성저항은 몇 [Ω]인가?

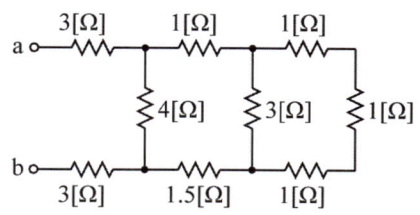

① 6
② 6.3
③ 8.3
④ 8

 정답분석

회로를 다음과 같이 등가변환 시킬 수 있다.

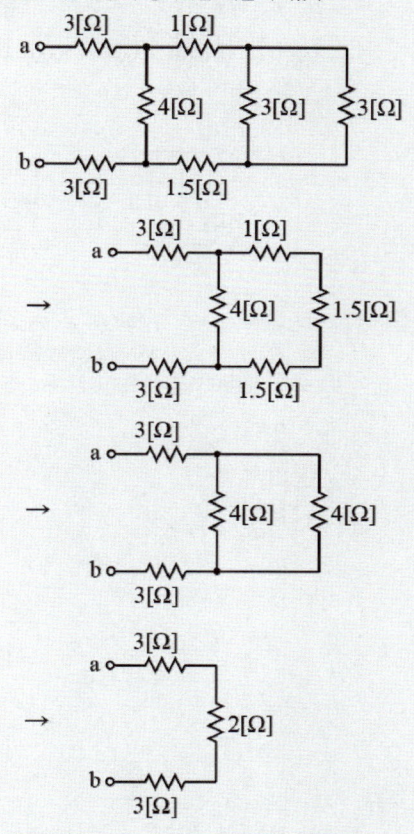

∴ 합성저항: $R_{ab} = 3 + 2 + 3 = 8\,[\Omega]$

정답 ④

40
그림의 사다리꼴 회로에서 출력전압 $V_L[V]$은?

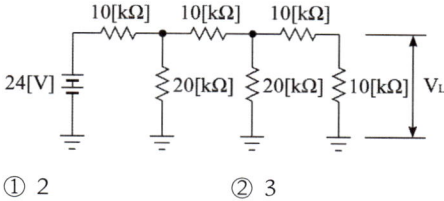

① 2
② 3
③ 4
④ 6

정답분석

㉠ 등가변환하면 각 마디를 통과할 때마다 전류는 1/2씩 분배된다.

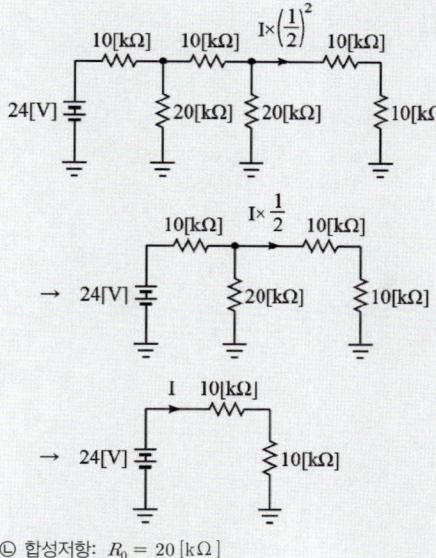

㉡ 합성저항: $R_0 = 20\,[k\Omega]$

㉢ 전체 전류
$$I = \frac{V}{R_0} = \frac{24}{20 \times 10^{-3}} = 1.2\,[mA]$$

㉣ 회로 말단에 흐르는 전류
$$2.4\,[mA] \times \left(\frac{1}{2}\right)^2 = 0.3\,[mA]$$

∴ 말단 부하의 단자전압
$$V_L = I \times R$$
$$= 0.3 \times 10^{-3} \times 10 \times 10^3 = 3\,[V]$$

정답 ②

41

다음 회로에서 $I[A]$는 얼마인가? (단, 저항치 단위는 $[\Omega]$이다.)

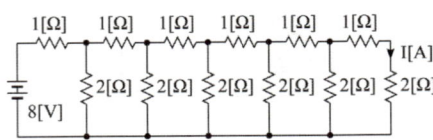

① 1　　　　② $\dfrac{1}{2}$

③ $\dfrac{1}{4}$　　　④ $\dfrac{1}{8}$

㉠ 계속 회로를 줄여나가면 합성저항은 $2[\Omega]$이 된다. 각 마디(node)를 통과할 때마다 지로에 흐르는 전류는 반으로 줄어드는 것을 알 수 있다.

㉡ 전체전류: $I_0 = \dfrac{V}{R} = \dfrac{8}{2} = 4[A]$

㉢ 회로 말단까지 5개의 마디를 통과하고, 각 마디를 통과할 때마다 전류는 반으로 줄어든다.

∴ 말단 $1[\Omega]$에 흐르는 전류

$4 \times \left(\dfrac{1}{2}\right)^5 = 4 \times \dfrac{1}{32} = \dfrac{1}{8}[A]$가 된다.

정답 ④

42

그림과 같이 $r=1[\Omega]$인 저항을 무한히 연결할 때 a, b의 합성저항은?

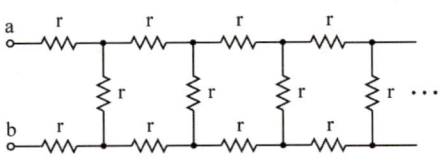

① 1　　　　② $1+\sqrt{3}$

③ $1-\sqrt{3}$　　④ ∞

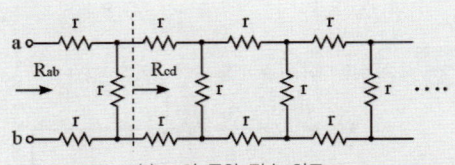

(a) r의 무한 접속 회로

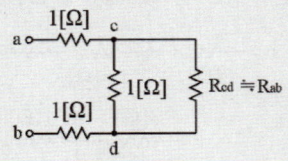

(b) 등가변환 회로

㉠ 저항이 무한히 접속된 회로이므로 a, b 단자에서의 합성저항 R_{ab}와 c, d 단자에서의 합성저항 R_{cd}는 거의 같으므로 그림 (b)와 같이 등가시킬 수 있다.

㉡ $R_{ab} = 2 + \dfrac{1 \times R_{ab}}{1 + R_{ab}}$에서

$R_{ab} - 2 = \dfrac{R_{ab}}{1 + R_{ab}}$

$(R_{ab} - 2)(R_{ab} + 1) = R_{ab}$

$R_{ab}^2 - R_{ab} - 2 = R_{ab}$ 이를 정리하면

$R_{ab}^2 - 2R_{ab} - 2 = 0$이 된다.

㉢ $R_{ab} = \dfrac{-b \pm \sqrt{b^2 - 4ac}}{2a}$

$= \dfrac{2 \pm \sqrt{(-2)^2 - 4 \times (-2)}}{2}$

$= \dfrac{2 \pm \sqrt{12}}{2} = \dfrac{2 \pm 2\sqrt{3}}{2}$

$= 1 \pm \sqrt{3}$

∴ 저항은 − 성분이 없으므로

$R_{ab} = 1 + \sqrt{3}\,[\Omega]$이 된다.

정답 ②

1-5 배율기와 분류기

43 최대눈금이 50[V]의 직류전압계가 있다. 이 전압계를 써서 150[V]의 전압을 측정하려면 몇 [Ω]의 저항을 배율기로 사용하여야 되는가? (단, 전압계의 내부저항은 5,000[Ω]이다.)

① 1,000　　② 2,500
③ 5,000　　④ 10,000

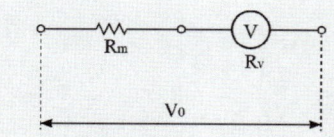

㉠ 전압계 측정전압: $V = \dfrac{R_v}{R_m + R_v} \times V_0$

→ $\dfrac{V_0}{V} = \dfrac{R_m + R_v}{R_v} = \dfrac{R_m}{R_v} + 1$

㉡ 배율: $m = \dfrac{V_0}{V} = \dfrac{150}{50} = 3$

∴ 배율기 저항
$R_m = \left(\dfrac{V_0}{V} - 1\right) R_v = (m-1) R_v$
$= (3-1) \times 5,000 = 10,000 [\Omega]$

정답 ④

45 분류기를 사용하여 전류를 측정하는 경우 전류계의 내부저항 0.12[Ω], 분류기의 저항이 0.04[Ω]이면 그 배율은?

① 3　　② 4
③ 5　　④ 6

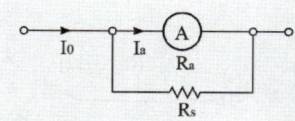

㉠ 전류계 측정전류: $I_a = \dfrac{R_s}{R_s + R_a} \times I_0$

→ $\dfrac{I_0}{I_a} = \dfrac{R_a + R_s}{R_s} = \dfrac{R_a}{R_s} + 1$

㉡ 배율
$m = \dfrac{I_0}{I_a} = \dfrac{R_a}{R_s} + 1 = \dfrac{0.12}{0.04} + 1 = 4$

정답 ②

44 어떤 전압계의 측정범위를 20배로 하려면 배율기의 저항 R_m을 전압계의 저항 R_V의 몇 배로 하여야 하는가?

① 30　　② 10
③ 19　　④ 29

배율기 배율
$m = \dfrac{E}{E_V} = \dfrac{R_m + R_V}{R_V} = 1 + \dfrac{R_m}{R_V} = 20$

∴ $\dfrac{R_m}{R_V} = m - 1 = 20 - 1 = 19$

정답 ③

1-6 △결선과 Y결선 등가변환

46 그림과 같은 Y결선 회로와 등가인 △결선 회로의 A, B, C 값은?

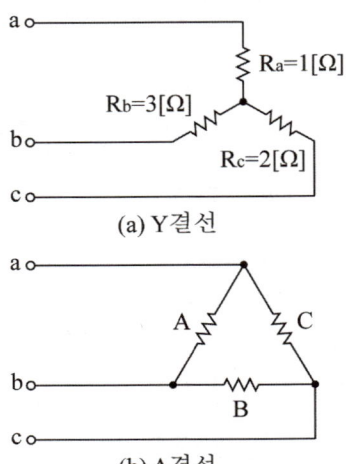

(a) Y결선

(b) △결선

① $A = \dfrac{11}{2}$, $B = 11$, $C = \dfrac{11}{3}$

② $A = \dfrac{7}{3}$, $B = 7$, $C = \dfrac{7}{2}$

③ $A = 11$, $B = \dfrac{11}{2}$, $C = \dfrac{11}{3}$

④ $A = 7$, $B = \dfrac{7}{2}$, $C = \dfrac{11}{3}$

정답분석

Y결선에서 △결선으로 등가변환하면

㉠ $A = \dfrac{R_a R_b + R_b R_c + R_c R_a}{R_c}$

$= \dfrac{1 \times 3 + 3 \times 2 + 2 \times 1}{2} = \dfrac{11}{2}\,[\Omega]$

㉡ $B = \dfrac{R_a R_b + R_b R_c + R_c R_a}{R_a}$

$= \dfrac{1 \times 3 + 3 \times 2 + 2 \times 1}{1} = 11\,[\Omega]$

㉢ $C = \dfrac{R_a R_b + R_b R_c + R_c R_a}{R_b}$

$= \dfrac{1 \times 3 + 3 \times 2 + 2 \times 1}{3} = \dfrac{11}{3}\,[\Omega]$

정답 ①

47 10[Ω]의 저항 3개를 Y로 결선한 것을 등가 △결선으로 환산한 저항의 크기는 [Ω]는?

① 20 ② 30
③ 40 ④ 50

정답분석

각 상의 저항의 크기가 동일한 경우
㉠ Y회로 → △회로
  각 상의 저항을 3배로 한다.
㉡ △회로 → Y회로
  각 상의 저항을 1/3배로 한다.
∴ $R_\triangle = 3R_Y = 3 \times 10 = 30\,[\Omega]$

정답 ②

48 6[Ω]의 저항 3개를 그림과 같이 연결하였을 때 a, b사이의 합성저항은 몇 [Ω]인가?

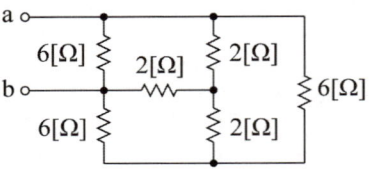

① 1[Ω] ② 2[Ω]
③ 3[Ω] ④ 4[Ω]

정답분석

㉠ 문제의 회로는 아래와 같이 표현할 수 있다.

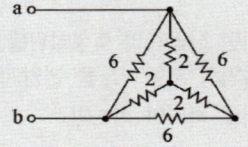

㉡ △결선으로 접속된 저항을 Y결선으로 등가변환하면 저항의 크기가 1/3이 된다.

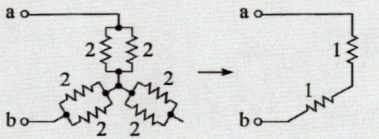

∴ a, b사이의 합성저항: $R_{ab} = 2\,[\Omega]$

정답 ②

49 3개의 같은 저항 $R[\Omega]$을 그림과 같이 △결선하고 기전력 $V[V]$, 내부저항 $r[\Omega]$인 전지를 n개 직렬 접속했다. 이때 전지 내를 흐르는 전류가 $I[A]$라면 R은 몇 $[\Omega]$인가?

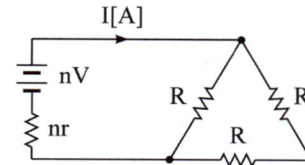

① $\dfrac{3n}{2}\left(\dfrac{V}{I}+r\right)$ ② $\dfrac{2n}{3}\left(\dfrac{V}{I}+r\right)$

③ $\dfrac{3n}{2}\left(\dfrac{V}{I}-r\right)$ ④ $\dfrac{2n}{3}\left(\dfrac{V}{I}-r\right)$

정답분석

㉠ 기전력: $nV = I\left(nr + \dfrac{2}{3}R\right)$

㉡ 위 ㉠식을 정리하면
$\dfrac{nV}{I} = nr + \dfrac{2}{3}R$ 에서 $\dfrac{2}{3}R = n\left(\dfrac{V}{I} - r\right)$

∴ 저항: $R = \dfrac{3n}{2}\left(\dfrac{V}{I} - r\right)[\Omega]$

정답 ③

50 단자 a-b에 30[V]의 전압을 가했을 때 전류 I는 3[A]가 흘렀다고 한다. 저항 $r[\Omega]$은 얼마인가?

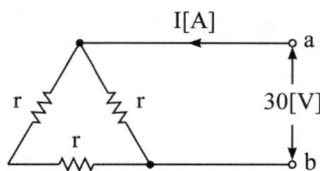

① 5 ② 10
③ 15 ④ 20

정답분석

㉠ 옴의 법칙으로 구한 합성저항
$R_0 = \dfrac{V}{I} = \dfrac{30}{3} = 10[\Omega]$

㉡ 직병렬 회로를 통한 합성저항
$R_0 = \dfrac{r \times 2r}{r + 2r} = \dfrac{2}{3}r$

㉢ 위 두 식을 통해 $\dfrac{2}{3}r = 10$ 되므로

∴ 저항: $r = 10 \times \dfrac{3}{2} = 15[\Omega]$

정답 ③

해커스자격증
pass.Hackers.com

해커스 **전기기사·산업기사 필기 회로이론** 한권완성 이론 + 최신기출 + 핵심노트

Chapter 02

단상 교류회로의 이해 (Single-Phase AC)

1. 단상 교류의 발생
2. 교류의 표시 방법
3. 단일 회로 소자
4. 복소수와 교류회로의 해석
5. 임피던스 회로 해석
6. 전력, 역률, 공진, 전압확대율
7. 벡터궤적(vector locus)
8. 인덕턴스 접속법

핵심 요점정리

출제예상문제

Chapter 02 단상 교류회로의 이해(Single-Phase AC)

1 단상 교류의 발생

> **선생님 TIP**
> 이번 단원은 출제 빈도가 낮으나, 전기이론의 기초가 되므로 본문내용을 읽어보고 넘어가길 바란다. 특히 주파수, 각속도, 각주파수는 반드시 기억하길 바란다.

1. 파형의 종류

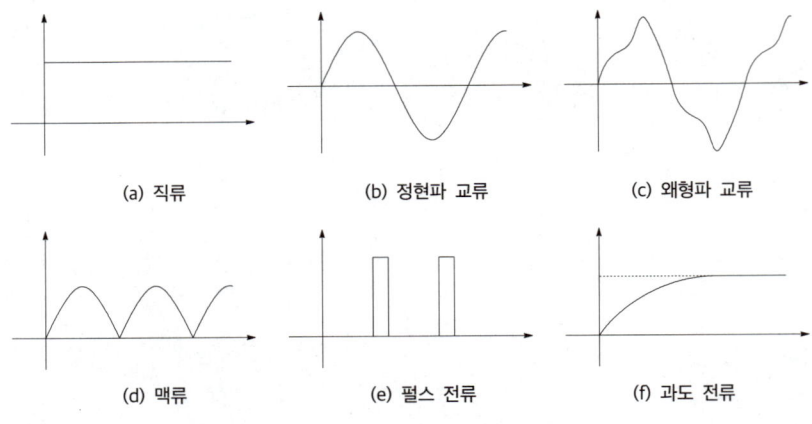

[그림 2-1] 전류의 여러 파형

(1) **직류**(direct current, DC)
① 시간의 변화에 따라 전압과 전류가 일정한 값을 유지하고, 전류의 이동 방향이 일정한 전류를 말한다.
② 직류의 기원은 이태리의 볼타가 1800년에 발명한 볼타전지에서 비롯되었다.

(2) **교류**(alternating current, AC)
① 시간의 변화에 따라 전압과 전류 파형의 크기와 방향이 주기적으로 변화하는 파형을 말한다.
② [그림 2-1](b)와 같이 사인(sine)곡선을 그리는 전류를 정현파(sine-wave 또는 sinusoidal-wave)라 한다.

(3) **왜형파 교류**(distorted wave)
① 크기와 방향이 주기적으로 변화하면 교류라 하며 [그림 2-1](c)와 같이 정현파가 일그러진 모양의 파형을 왜형파 또는 비정현파 교류라 한다.
② 왜형파 교류는 정현파 교류에 고조파(Harmonics)가 함유되어 파형이 일그러지며, 일반적으로 교류라 하면 정현파를 의미한다.

(4) 맥류(pulsating current 또는 ripple current)
① 시간의 변화에 따라 전류의 흐르는 방향은 일정하지만 크기의 변화가 계속 되풀이되는 전류를 말한다.
② 정류기(rectifier)에 의해 교류를 정류한 직류는 거의 맥류이며 그 맥동성분을 감소시키기 위해 각 종 평활회로를 사용한다.

(5) 펄스 전류(pulse current)
① 매우 짧은 시간 동안에 큰 진폭을 내는 전압이나 전류의 파형을 말한다.
② 1회의 경우를 임펄스(impulse, 충격파), 일정한 주기를 두고 흐르다 말다를 되풀이하는 경우를 펄스(pulse)로 구분한다.

(6) 과도 전류(transient current)
① 전기회로에서 전원의 개폐나 임피던스의 변화가 생겼을 때 정상전류로 되기 전까지 변화하는 전류를 말한다.
② 정상전류란 시간에 따라 크기와 주기가 일정한 전류를 말한다.

2. 교류의 발생 원리

1) 개요

(1) 교류의 발생 원리는 패러데이 전자유도법칙에 의한 플레밍의 오른손 법칙을 이용하는 것으로 [그림 2-3]과 같이 2극 발전기를 이용하여 만들 수 있다.

(2) 플레밍의 오른손 법칙이란 "자계 내에 있는 도체를 v [m/s] 의 속도로 운동하게 되면 도체에는 기전력이 유도된다."는 것이며 유도기전력의 방향과 크기는 다음과 같다.

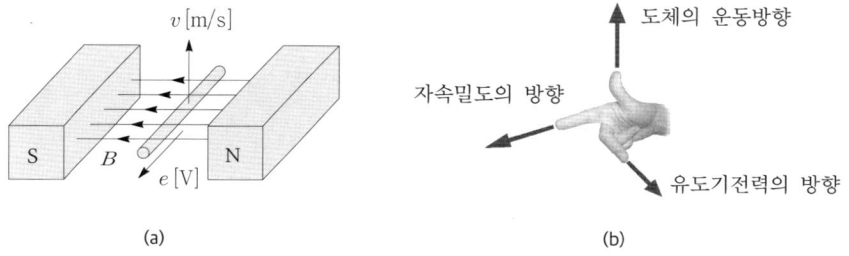

[그림 2-2] 플레밍의 오른손 법칙

① 오른손의 엄지, 검지, 중지를 직각으로 펼쳐서 엄지와 검지를 v, B 의 방향으로 하면 유도기전력 e 는 중지의 방향이 된다.
② **유도기전력의 크기**
$e = vB\ell \sin\theta$ [V] ·· [식 2-1]
여기서, θ 는 도체의 운동방향 v 와 자속밀도 B 가 이루는 각도를 말한다.
③ 운동방향 v 와 자속밀도 B 가 90°를 이룰 때 유도기전력은 최대가 된다.

2) 교류의 발생

(1) 정현파 교류 기전력을 발생하는 가장 간단한 장치는 아래와 같은 2극 발전기이며 평등자계 내의 도체가 외부 기계적인 힘을 받아 운동(회전)하게 되면 도체에는 기전력이 발생하게 된다.

① 도체 1에 유도되는 기전력: $e = vB\ell \sin\theta \, [V]$ ··· [식 2-2]

② 브러시 양단에 유도되는 기전력: $2e = 2vB\ell \sin\theta \, [V]$ ································· [식 2-3]

③ 브러시 양단에 유도되는 기전력은 도체 1과 도체 2가 직렬로 접속되어 있으므로 두 도체에서 발생된 기전력을 합하여 구할 수 있다.

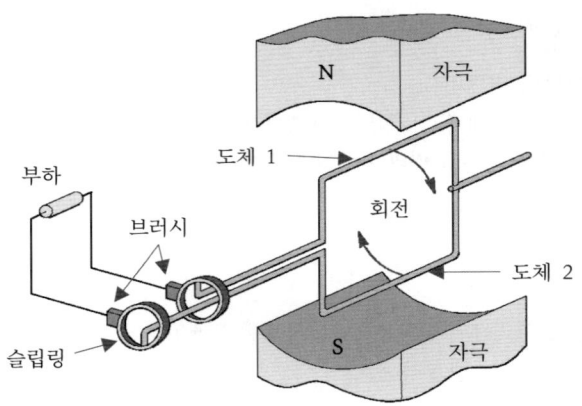

[그림 2-3] 단극 발전기의 구조

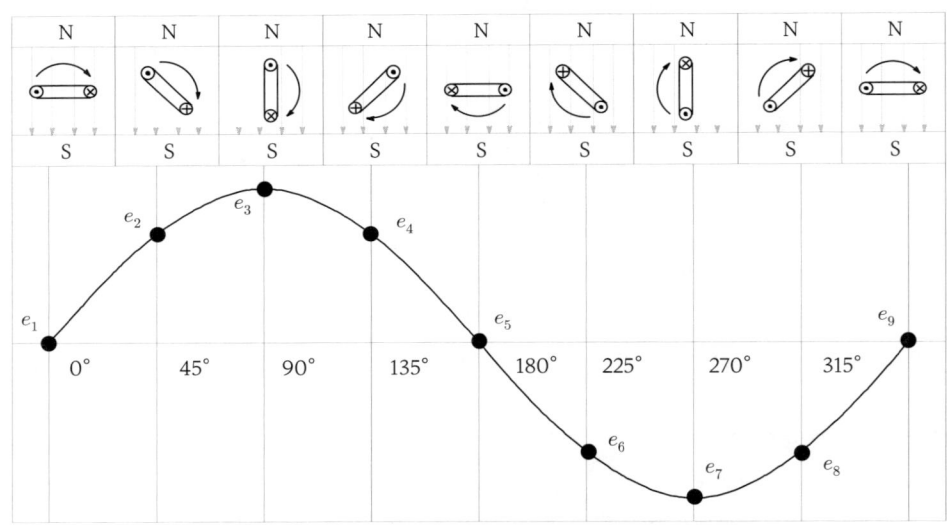

[그림 2-4] 교류의 발생원리

(2) 도체의 회전에 따른 유도기전력의 크기

① $e_1 = 2e = 2vB\ell \sin\theta = E_m \sin\theta = E_m \sin 0 = 0 \, [V]$

② $e_2 = 2vB\ell \sin\theta = E_m \sin 45° = \dfrac{\sqrt{2}}{2} E_m \, [V]$

③ $e_3 = 2vB\ell \sin\theta = E_m \sin 90° = E_m \, [V]$

④ $e_4 = 2vB\ell \sin\theta = E_m \sin 135° = \dfrac{\sqrt{2}}{2} E_m \, [V]$

⑤ $e_5 = 2vB\ell\sin\theta = E_m\sin 180° = 0\,[\text{V}]$

⑥ $e_6 = 2vB\ell\sin\theta = E_m\sin 225° = -\dfrac{\sqrt{2}}{2}E_m\,[\text{V}]$

⑦ $e_7 = 2vB\ell\sin\theta = E_m\sin 270° = -E_m\,[\text{V}]$

⑧ $e_8 = 2vB\ell\sin\theta = E_m\sin 315° = -\dfrac{\sqrt{2}}{2}E_m\,[\text{V}]$

⑨ $e_9 = 2vB\ell\sin\theta = E_m\sin 360° = E_m\sin 0° = 0\,[\text{V}]$

3) 주파수와 각주파수

(1) 주파수(frequency)

① 정의: 단위시간(1초 기준) 내에 주기적인 파형이 몇 번 발생하는 것을 나타내는 수를 말하며, 1초에 주기적인 파형이 60번 반복하면 60[Hz] 라 한다.

② 60[Hz]의 주파수를 발생시키기 위해서는 [그림 2-3]의 단극 발전기가 1초에 60 바퀴를 회전하여야 하므로 주파수와 발전기의 초당 회전수 n[rps] 은 같은 것으로 본다.

③ $f = 60$[Hz] 파형에서 주기(T)시간은 1/60[sec] 가 되므로 이는 $1/f$ 와 같다. 따라서 주기와 주파수는 역수($T = \dfrac{1}{f}$ [sec])의 관계를 갖는다.

(2) 호도법

① 정의: 원의 반지름 r 과 호의 길이 ℓ 가 같았을 때의 중심각의 크기를 1호도 또는 1[rad] 이라 하고, 1[rad] 을 육십분법으로 나타내면 약 57.3°가 된다.

② π[rad, 레디안] 은 육십분법으로 나타내면 180°가 되고, 2π[rad] 은 360°가 된다.

(3) 각속도와 각주파수

① 각속도

㉠ 정의: 회전 운동을 하는 물체의 속도를 알기 위해 단위 시간당 회전하는 각도를 나타내는 값을 말한다.

㉡ 각속도: $\omega = \dfrac{\theta}{t}$ [rad/sec] ·· [식 2-4]

② 각주파수

㉠ 각속도 공식에서 시간을 주기로 대입하여 전개하면 다음과 같다.

• $\omega = \dfrac{\theta}{t} = \dfrac{2\pi}{T} = 2\pi f$ [rad/sec] ·· [식 2-5]

㉡ 위와 같이 주기 T 대신 주파수를 대입하면 각주파수라 하고 60[Hz] 와 50[Hz] 일 때의 각주파수는 다음과 같다.

• $\omega_{60} = 2\pi \times 60 = 120\pi = 377$ [rad/sec] ·· [식 2-6]

• $\omega_{50} = 2\pi \times 50 = 100\pi = 314$ [rad/sec] ·· [식 2-7]

(4) 원주의 회전속도(주변속도)

① 각속도: $\omega = \dfrac{\theta}{t} = \dfrac{\ell}{t \times r} = \dfrac{v}{r}$ [rad/sec] ·· [식 2-8]

여기서 θ: 회전각, ℓ: 호의 길이, r: 원의 반지름, v: 주변속도

② 주변속도: $v = \omega r = 2\pi f r = D\pi f = D\pi n$ [m/sec] ·· [식 2-9]

여기서 D: 원의 직경, n: 초당 회전수[rps], f: 주파수[Hz]

● **선생님 TIP** ●

정류회로(recifier circuit)
다이오드를 활용하여 양방향성 파형을 단방향성 파형으로 변성시키는 회로

① 반파 정류회로

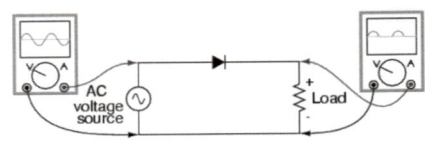

② 단상 브릿지 전파 정류회로

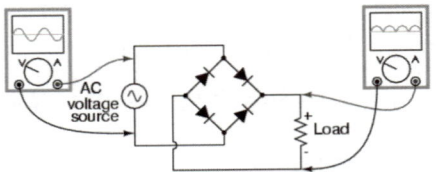

③ 삼상 브릿지 전파 정류회로

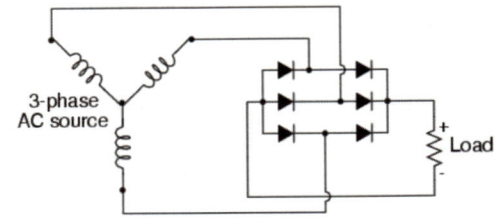
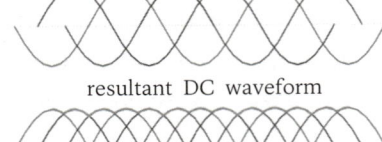

평활회로(smoothing circuit)
정류된 전류 중의 맥동분을 경감시키는 회로

① 평활회로의 개념: 그림과 같이 출력단에 Capacitor를 연결하여 C의 충전과 방전을 통해 맥동분을 경감시킨다.

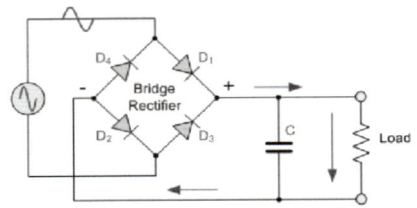
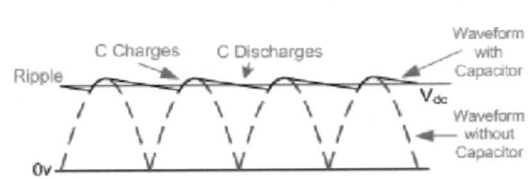

② 평활회로: 평활회로에 코일을 조합하여 사용하면 전류의 변화를 저지하려는 작용을 하여 더욱 안전한 직류전류를 얻을 수 있다.

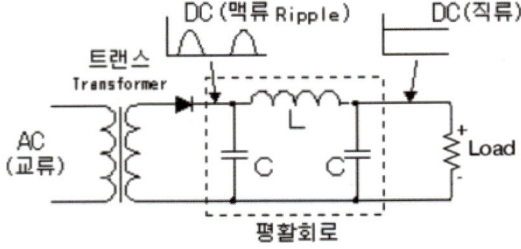

Ripple: 맥동
C Charges: C 충전
C Discharge: C 방전
Waveform with Capacitor: 출력 파형

2 교류의 표시 방법

1. 순시값(instantaneous value)

1) 순시값의 의미

순시값이란 시간적 변화에 따라 순간적으로 나타나는 정현파의 값을 의미하고, 일반적으로 기호는 소문자로 표시한다.

2) 순시값과 위상

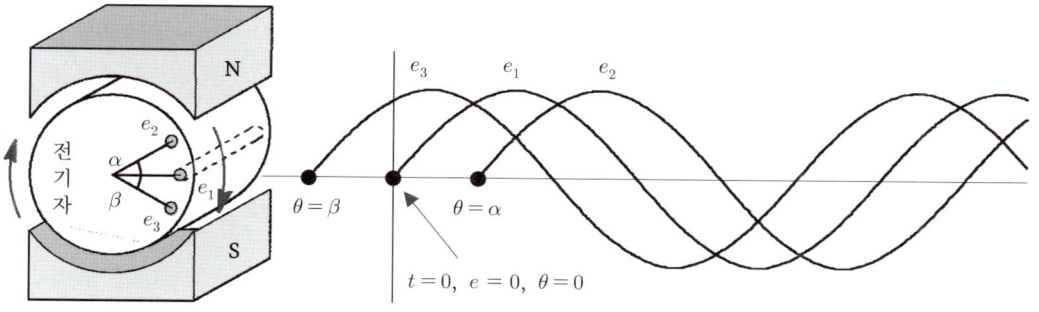

[그림 2-5] 정현파의 위상관계

(1) 위 그림과 같이 전기자(armature)를 회전운동하면 전기자 내에 있는 3개의 도체에는 모두 기전력이 유도된다.

(2) 도체 1(e_1을 발생시키는 도체)에 위치한 지점에서의 유도기전력은 0이므로 이를 기준점($t=0$, $\theta=0$)이라 하며, 이때의 상(相, phase)을 초기위상(initial phase), 초기각(initial angle) 또는 간단히 위상이라 한다.

(3) e_2는 e_1보다 위상이 $\theta = \alpha$ 만큼 뒤지므로 이를 지상(遲相, lagging phase)이라하며, e_3는 e_1보다 위상이 $\theta = \beta$ 만큼 앞서므로 이를 진상(進相, leading phase)이라고 한다.

(4) 위 기전력의 순시값은 다음과 같이 표현한다.
  ① 도체 1의 순시값: $e_1 = E_m \sin \omega t \, [\text{V}]$ ·· [식 2-10]
  ② 도체 2의 순시값: $e_2 = E_m \sin (\omega t - \alpha) \, [\text{V}]$ ································ [식 2-11]
  ③ 도체 3의 순시값: $e_3 = E_m \sin (\omega t + \beta) \, [\text{V}]$ ································ [식 2-12]

2. 평균값(average value 또는 mean value)

1) 개요

(1) [그림 2-6]과 같이 정현파 전류가 흘렀을 때의 전류의 평균값이란, $t=0$ 부터 주기(T) 만큼의 교류전류의 크기(적분해서 구한 면적값)를 주기로 나누어 구해진 산술적인 평균값을 의미한다.

(2) 하지만 정현파 교류의 경우 정(+)의 값과 부(-)의 값이 대칭적인 구조를 갖는 경우 한 주기($T = 2\pi$)의 적분은 0이 되므로 반주기($T = \pi$)를 주기로 하여 평균값을 구한다.

2) 정현파 전류에 대한 평균값

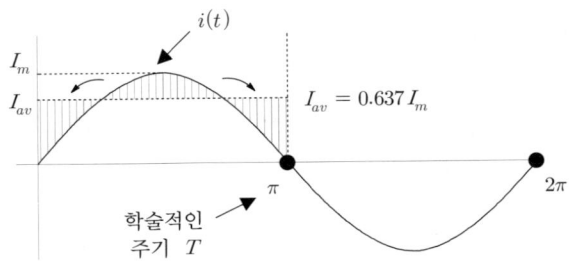

[그림 2-6] 정현파의 평균값

(1) 평균값: $I_{av} = \dfrac{1}{T} \int_0^T i(t)\ dt$ 또는 $I_{av} = \dfrac{1}{\pi} \int_0^\pi i(\omega t)\ d\omega t$ ················· [식 2-13]

(2) 정현파 전류 $i(t) = I_m \sin \omega t\,[\text{A}]$ 의 경우 평균값은 다음과 같다.

$$I_{av} = \frac{1}{\pi} \int_0^\pi i(\omega t)\ d\omega t = \frac{1}{\pi} \int_0^\pi I_m \sin \omega t\ d\omega t$$

$$= \frac{I_m}{\pi} \int_0^\pi \sin \omega t\ d\omega t = -\frac{I_m}{\pi} \left[\cos \omega t \right]_0^\pi = -\frac{I_m}{\pi} (\cos \pi - \cos 0)$$

$$= \frac{I_m}{\pi} \times 2 \simeq 0.637\,I_m\,[\text{A}] = 0.9\,I\,[\text{A}] \quad\cdots\cdots \text{[식 2-14]}$$

여기서, I_m: 전류의 최대값, I: 전류의 실효값($I_m = \sqrt{2}\,I$)

3. 실효값(effective value 또는 root mean square value)

1) 개요

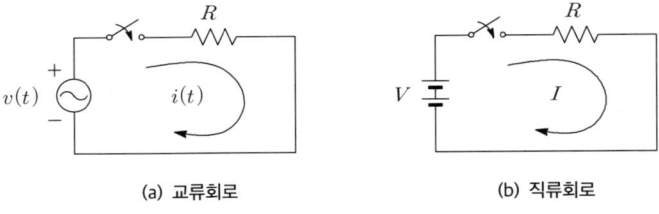

[그림 2-7] 정현파의 실효값

(1) 교류의 크기는 시간에 따라 변화하기 때문에 실효값이라는 개념을 잡아 교류의 크기를 표현하고 있다.

(2) 실효값은 [그림 2-7](a)와 같이 "교류를 인가했을 때 저항에서 발생되는 열량과 직류를 인가했을 때 발생하는 열량이 같다."라고 했을 때 그 직류회로에 흐르는 전류의 크기를 실효값 전류라 정의하고 있다.

(3) [식 2-14]에서와 같이 실효값은 전압 또는 전류의 평균값(mean) 자승(square)에 제곱근(root)을 취한 것과 같기 때문에 실효값을 r.m.s값(root mean square value)라 한다.

2) 정현파 전류에 대한 실효값

(1) 실효값 전류

① 실효값은 교류회로와 직류회로에서 저항의 발열량이 같았을 때의 조건이므로
$0.24 \int_0^T i^2(t) R \, dt = 0.24 I^2 R T$ 으로 나타낼 수 있다.

② 이때의 전류는 $I^2 = \dfrac{1}{T} \int_0^T i^2(t) \, dt$ 이므로

$$\therefore I_{rms} = I = \sqrt{\dfrac{1}{T} \int_0^T i^2(t) \, dt} \quad \cdots\cdots\cdots \text{[식 2-15]}$$

(2) 정현파 전류 $i(t) = I_m \sin \omega t \, [\text{A}]$ 의 경우 실효값은 다음과 같다.

$$I = \sqrt{\dfrac{1}{2\pi} \int_0^{2\pi} i^2(\omega t) \, d\omega t} = \sqrt{\dfrac{1}{2\pi} \int_0^{2\pi} I_m^2 \sin^2 \omega t \, d\omega t}$$

$$= \sqrt{\dfrac{I_m^2}{2\pi} \int_0^{\pi} \dfrac{1 - \cos 2\omega t}{2} \, d\omega t} = \sqrt{\dfrac{I_m^2}{4\pi} \int_0^{\pi} 1 - \cos 2\omega t \, d\omega t}$$

$$= \sqrt{\dfrac{I_m^2}{4\pi} \left[\omega t - \dfrac{1}{2} \sin 2\omega t \right]_0^{2\pi}} = \sqrt{\dfrac{I_m^2}{2}} = \dfrac{I_m}{\sqrt{2}} \quad \cdots\cdots\cdots \text{[식 2-16]}$$

4. 파형율과 파고율

(1) 교류의 크기는 보통 실효값으로 나타내는데 실효값만으로는 파형의 형태를 알 수 없으므로 파형의 개략적인 상태를 알기 위한 방법으로 파고율과 파형율이라는 계수를 사용하고 있으며, 다음과 같이 정의된다.

(2) 파고율(crest factor)과 파형율(form factor)

① 파고율 $= \dfrac{\text{최대값}}{\text{실효값}}$ $\cdots\cdots\cdots$ [식 2-17]

② 파형율 $= \dfrac{\text{실효값}}{\text{평균값}}$ $\cdots\cdots\cdots$ [식 2-18]

(3) 정현파 교류의 경우 파고율과 파형율

① 파고율 $= \dfrac{I_m}{I_{rms}} = \dfrac{I_m}{I_m / \sqrt{2}} = \sqrt{2} = 1.414$

② 파형율 $= \dfrac{I_{rms}}{I_{av}} = \dfrac{I_m / \sqrt{2}}{2 I_m / \pi} = \dfrac{\pi}{2\sqrt{2}} = 1.11$

(4) 여러 파형에 따른 표현법

종별	파형	실훗값		평균값		파형율	
		전파	반파	전파	반파	전파	전파
구형파		V_m	$\dfrac{V_m}{\sqrt{2}}$	V_m	$\dfrac{V_m}{2}$	1	1
정현파		$\dfrac{V_m}{\sqrt{2}}$	$\dfrac{V_m}{2}$	$\dfrac{V_m}{\pi} \times 2$	$\dfrac{V_m}{\pi}$	1.11	$\sqrt{2}$
삼각파		$\dfrac{V_m}{\sqrt{3}}$	$\dfrac{V_m}{\sqrt{6}}$	$\dfrac{V_m}{2}$	$\dfrac{V_m}{4}$	1.155	$\sqrt{3}$
제형파		$\dfrac{\sqrt{5}}{3} \times V_m$ (전파)		$\dfrac{2}{3} \times V_m$ (전파)		1.118	1.34

[표 2-1] 여러 파형에 따른 표현법

3 단일 회로 소자

1. 저항만의 회로

1) 전류의 순시값

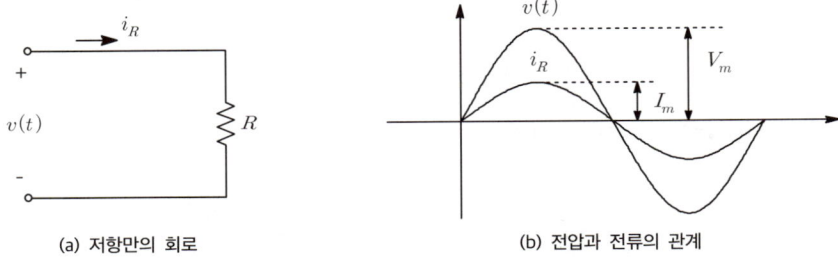

(a) 저항만의 회로　　(b) 전압과 전류의 관계

[그림 2-8] 저항회로의 전압과 전류의 관계

(1) 저항 $R\,[\Omega]$ 만을 가지는 회로에 정현파 전압 $v(t) = V_m \sin \omega t\,[\mathrm{V}]$ 을 인가했을 때 회로에 흐르는 전류는 옴의 법칙을 통해 구할 수 있다.

$$i_R = \frac{v}{R} = \frac{V_m}{R} \sin \omega t = I_m \sin \omega t\,[\mathrm{A}] \quad \text{[식 2-19]}$$

(2) i_R 의 특징
　① 전류의 크기는 저항 R 의 비(比)에 의해 결정된다.
　② 전류의 위상은 전압과 동상이며, 주파수도 변화하지 않는다.

2) 전력(electric power)과 에너지(electric energy)

(1) 전압 $v(t) = \sqrt{2}\,V \sin \omega t\,[\mathrm{V}]$, 전류 $i(t) = \sqrt{2}\,I \sin \omega t\,[\mathrm{A}]$일 때 순시전력과 평균전력을 구하면 다음과 같다.
　① 순시전력(instantaneous power)

$$p(t) = v(t)\,i(t) = 2\,VI \sin^2 \omega t = VI(1 - \cos 2\omega t)\,[\mathrm{W}] \quad \text{[식 2-20]}$$

② 평균전력(average power)

$$P = \frac{1}{T}\int_0^T p(t)\ dt = \frac{1}{2\pi}\int_0^{2\pi} VI(1-\cos 2\omega t)\ d\omega t = \frac{VI}{2\pi}\int_0^{2\pi} 1-\cos 2\omega t\ d\omega t$$

$$= \frac{VI}{2\pi}\left[\omega t - \frac{1}{2}\sin 2\omega t\right]_0^{2\pi} = \frac{VI}{2\pi}\times 2\pi = VI\,[\mathrm{W}] \quad\cdots\cdots\cdots\cdots\cdots\text{[식 2-21]}$$

(2) 에너지

① $w_R = \int_0^t p(t)\ dt = VI\int_0^t 1-\cos 2\omega t\ dt$

$= P\left(t - \frac{1}{2\omega}\sin 2\omega t\right) \fallingdotseq Pt = VIt\,[\mathrm{J}] \quad\cdots\cdots\cdots\cdots\cdots\text{[식 2-22]}$

② 일반적으로 $\frac{1}{2\omega}\sin 2\omega t \ll t$ 가 되므로 $\frac{1}{2\omega}\sin 2\omega t$ 을 무시할 수 있다.

2. 인덕턴스만의 회로

1) 전류의 순시값

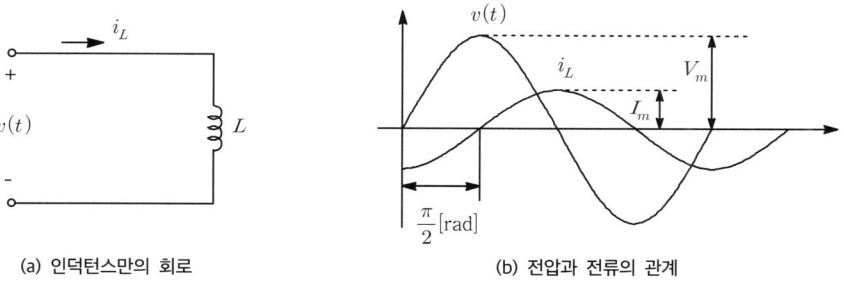

[그림 2-9] 인덕턴스회로의 전압과 전류의 관계

(1) 인덕턴스 $L\,[\mathrm{H}]$인 코일로 된 회로에 정현파 전압 $v(t) = V_m \sin \omega t\,[\mathrm{V}]$을 인가했을 때 회로에 흐르는 전류는 인덕턴스에 의하여 발생하는 전압강하를 이용하여 구할 수 있다.

(2) 전류의 순시값

① 전압강하 $V_L = L\dfrac{di_L}{dt}$ 에서 $di_L = \dfrac{1}{L}V_L\,dt = \dfrac{1}{L}v(t)\,dt$ 이 된다. 따라서

② 인덕턴스만의 회로에서의 전류 $i_L = \int di_L = \dfrac{1}{L}\int v(t)\ dt$ 이 된다.

$$i_L = \frac{1}{L}\int v(t)\ dt = \frac{1}{L}\int V_m \sin \omega t\ dt = \frac{V_m}{L}\int \sin \omega t\ dt$$

$$= -\frac{V_m}{\omega L}\cos \omega t = -\frac{V_m}{\omega L}\sin\left(\omega t + \frac{\pi}{2}\right)$$

$$= \frac{V_m}{\omega L}\sin\left(\omega t - \frac{\pi}{2}\right)\,[\mathrm{A}] \quad\cdots\cdots\cdots\cdots\cdots\text{[식 2-23]}$$

(3) i_L의 특징
   ① 전류의 크기는 ωL에 比의 의해 결정된다.
   ② 전류의 위상은 전압보다 90° 늦다. (지상전류, lag)
   ③ 전류와 전압은 동일 주파수의 정현파이다.

(4) 유도성 리액턴스(inductive reactance)
   ① 시간에 따라 변화하는 교류전류가 흐르면 회로에는 이에 반응하여 전류의 반대방향으로 기전력을 유도 $(e = -L\dfrac{di}{dt})$시키는데 이는 저항으로써 작용한다.
   ② 이러한 저항은 직류에서 발생하지 않기 때문에 교류저항이라 하고, 이를 유도성 리액턴스 X_L라 한다. (직류에서는 $X_L = 0$)
   ③ 유도성 리액턴스: $X_L = \omega L = 2\pi f L\,[\Omega]$ ················· [식 2-24]

2) 전력(electric power)과 에너지(electric energy)

(1) 전압 $v(t) = \sqrt{2}\,V\sin\omega t\,[\text{V}]$, 전류 $i(t) = \sqrt{2}\,I\sin\left(\omega t - \dfrac{\pi}{2}\right) = -\sqrt{2}\,I\cos\omega t\,[\text{A}]$ 일 때 순시전력과 평균전력을 구하면 다음과 같다.

① 순시전력(instantaneous power)
$$p(t) = v(t)\,i(t) = -2\,VI\sin\omega t\cos\omega t = -VI\sin 2\omega t\,[\text{W}] \quad \text{[식 2-25]}$$

② 평균전력(average power)
$$P = \dfrac{1}{T}\int_0^T p(t)\,dt = -\dfrac{VI}{2\pi}\int_0^{2\pi}\sin 2\omega t\,d\omega t$$
$$= \dfrac{VI}{4\pi}\left[\cos 2\omega t\right]_0^{2\pi} = 0 \quad \text{[식 2-26]}$$

(2) 에너지
① 인덕터에 순간적으로 축적되는 에너지
$$w_L = \int_0^t p\,dt = \int_0^t v\,i\,dt = \int_0^t L\dfrac{di}{dt}\,i\,dt = \int_0^i Li\,di$$
$$= \int_0^i Li\,di = \dfrac{1}{2}L\,i^2 = \dfrac{1}{2}L\,(\sqrt{2}\,I\sin\omega t)^2 = LI^2\sin^2\omega t$$
$$= \dfrac{1}{2}LI^2(1 - \cos 2\omega t)\,[\text{J}] \quad \text{[식 2-27]}$$

② 한 주기 동안 인덕터에 축적되는 평균에너지
$$W_L = \dfrac{1}{T}\int_0^T w_L\,dt = \dfrac{1}{T}\int_0^T \dfrac{1}{2}LI^2(1 - \cos 2\omega t)\,dt$$
$$= \dfrac{1}{2\pi}\int_0^{2\pi}\dfrac{1}{2}LI^2(1 - \cos 2\omega t)\,d\omega t = \dfrac{LI^2}{4\pi}\left[\omega t - \dfrac{1}{2}\sin 2\omega t\right]_0^{2\pi}$$
$$= \dfrac{1}{2}LI^2\,[\text{J}] \quad \text{[식 2-28]}$$

③ [식 2-26]과 [식 2-28]에서 볼 수 있듯이 인덕터는 에너지를 저장할 뿐, 자체적으로 소비는 하지 않는다는 것을 알 수 있다.

3. 커패시턴스만의 회로

1) 전류의 순시값

(1) 전류의 순시값

① 전류의 정의 식 $i_c = \dfrac{dQ}{dt}$ [A] 에서 콘덴서에 축적된 전하량은 $Q = CV$ 이므로

$$i_c = \frac{dQ}{dt} = C\frac{dV}{dt} = C\frac{dv(t)}{dt} \text{ [A] 이 된다.}$$

② 커패시턴스 C 에 $v(t) = V_m \sin \omega t$ [V] 를 인가했을 흐르는 전류는

$$i_c = C\frac{d}{dt}V_m \sin \omega t = CV_m \frac{d}{dt}\sin \omega t = \omega C V_m \cos \omega t$$

$$= \omega C V_m \sin\left(\omega t + \frac{\pi}{2}\right) = \frac{V_m}{1/\omega C}\sin\left(\omega t + \frac{\pi}{2}\right) \text{ [A]} \quad \cdots\cdots \text{[식 2-29]}$$

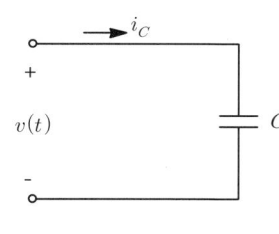
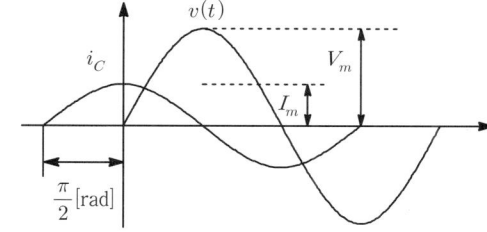

(a) 커패시턴스만의 회로   (b) 전압과 전류의 관계

[그림 2-10] 커패시턴스회로의 전압과 전류의 관계

(2) i_C 의 특징

① 전류의 크기는 $\dfrac{1}{\omega C}$ 에 比의 의해 결정된다.

② 전류의 위상은 전압보다 90° 빠르다. (진상전류, lead)

③ 전류와 전압은 동일 주파수의 정현파이다.

(3) 용량성 리액턴스(inductive reactance)

① 콘덴서의 충전전류는 유전체 내부에 속박되어 있던 구속전자의 전기적 변위에 의해 흐르는 변위전류라고 볼 수 있으며, 전기자기학 12장 전기장에서 자세히 다루고 있다.

② 용량성 리액턴스란, 콘덴서 사이에 있는 유전체의 저항비라고 볼 수 있으며 직류에서는 변위전류가 흐르지 않기 때문에 개방된 상태로 해석할 수 있다(직류에는 $X_C = \infty$).

③ **용량성 리액턴스**: $X_C = \dfrac{1}{\omega L} = \dfrac{1}{2\pi f C}$ [Ω] $\quad \cdots\cdots$ [식 2-30]

2) 전력(electric power)과 에너지(electric energy)

(1) 전류 $i(t) = \sqrt{2}\,V\sin \omega t$ [A], 전압 $v(t) = \sqrt{2}\,I\cos \omega t$ [V]일 때 순시전력과 평균전력을 구하면 다음과 같다.

① 순시전력(instantaneous power)

$$p(t) = v(t)\,i(t) = 2\,VI\sin \omega t \cos \omega t = VI\sin 2\omega t \text{ [W]} \quad \cdots\cdots \text{[식 2-31]}$$

② 평균전력(average power)

$$P = \frac{1}{T}\int_0^T p(t)\,dt = 0 \quad \cdots\cdots \text{[식 2-32]}$$

(2) 에너지

① $w_C = \int_0^t p\ dt = \int_0^t v\,i\ dt = \int_0^t v\,C\dfrac{dv}{dt}\ dt = \int_0^v Cv\ dv$

$\quad = \dfrac{1}{2}Cv^2 = \dfrac{1}{2}C(\sqrt{2}\,V\sin\omega t)^2 = CV^2\sin^2\omega t$

$\quad = \dfrac{1}{2}CV^2(1-\cos 2\omega t)\ [\text{J}]$ ································· [식 2-33]

② 한 주기 동안 커패시터에 축적되는 평균에너지

$W_C = \dfrac{1}{T}\int_0^T w_C\ dt = \dfrac{1}{T}\int_0^T \dfrac{1}{2}LI^2(1-\cos 2\omega t)\ dt$

$\quad = \dfrac{1}{2\pi}\int_0^{2\pi} \dfrac{1}{2}CV^2(1-\cos 2\omega t)\ d\omega t = \dfrac{CV^2}{4\pi}\left[\omega t - \dfrac{1}{2}\sin 2\omega t\right]_0^{2\pi}$

$\quad = \dfrac{1}{2}CV^2\ [\text{J}]$ ································· [식 2-34]

③ [식 2-32]와 [식 2-34]에서 볼 수 있듯이 커패시터는 에너지를 저장할 뿐 자체적으로 소비는 하지 않는다는 것을 알 수 있다.

4. R, L, C 회로의 전력 및 에너지 파형분석

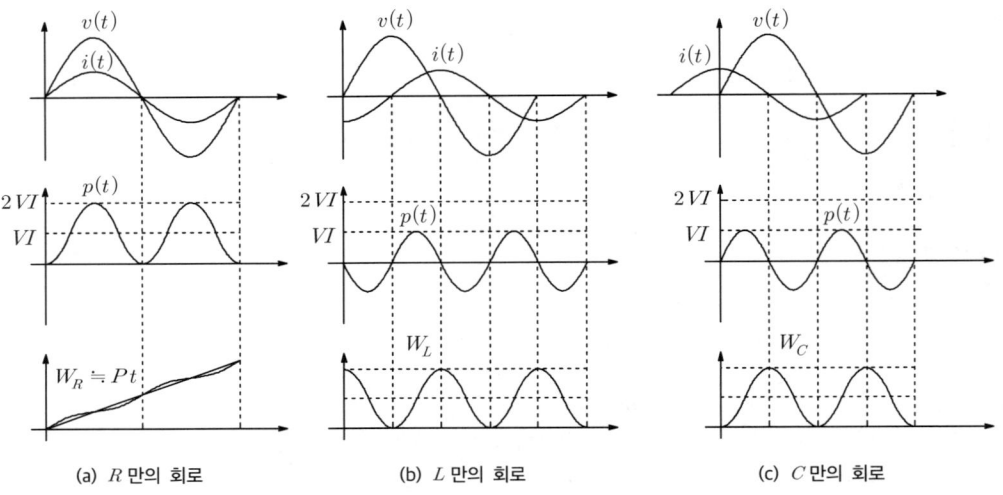

[그림 2-11] 전력 및 에너지 파형 분석

(1) R 만의 회로에서 순시전력 $p(t)$ 을 보면 100 [%] 소비만 하고

(2) L, C 만의 회로에서 순시전력 $p(t)$ 을 보면 $p > 0$ 일 때는 전원으로부터 소자에 전력이 공급되고, $p < 0$ 일 때에는 반대로 소자에서 전원측으로 전력을 반환하고 있다. 이것만 보더라도 L, C 소자에는 충전과 방전만을 반복할 뿐 전력소모가 없다는 것을 알 수 있다.

● 선생님 TIP ●

저항의 특성

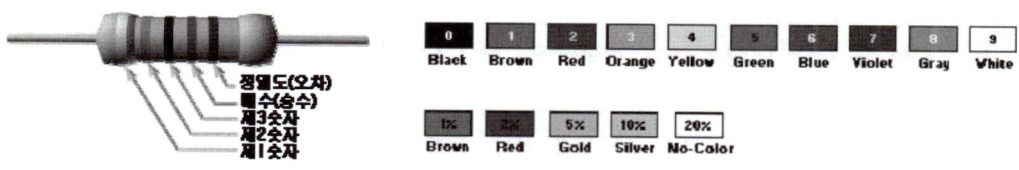

① 수동소자 전자부품의 하나이다.
② 저항은 전압강하를 일으키는 소자로 전류의 크기를 제한한다.
③ 저항에 전류가 흐르면 I^2R[W] 만큼 에너지를 소비하며, $0.24I^2Rt$[cal] 만큼 발열이 발생한다.
④ 저항의 크기

 $R = 12 \times 10^3\,[\Omega]$ (오차: ±5%)

 $R = 46 \times 10^8\,[\Omega]$ (오차: ±10%)

● 선생님 TIP ●

유도기(誘導器, inductor)의 특성

① 수동소자 전자부품의 하나이다.
② 시간에 따라 변화하는 전류가 유도기(인덕터)를 통과하면 전류변화를 방해하는 방향으로 기전력을 발생시켜 전류의 흐름을 방해한다.
③ 유도기전력: $e = -N\dfrac{d\phi}{dt} = -L\dfrac{di}{dt}$
④ 인덕턴스는 $L = \dfrac{\mu SN^2}{\ell}$ [H] 코일 권선수 제곱에 비례하므로 코일을 많이 감을수록 유도기의 성질은 커지게 된다.
⑤ 유도기에 전류가 흐르면, 코일 속에 자기장의 형태로 에너지 $\left(\dfrac{1}{2}LI^2\right)$가 일시적으로 저장된다.

● 선생님 TIP ●

콘덴서(condenser = capacitor)의 특성

① 수동소자 전자부품의 하나이다.
② 커패시터는 전류가 0일 때 에너지를 저장하는 소자이며, 직류전류는 차단시키는 역할을 한다.
③ 콘덴서에 103으로 표기된 경우 앞의 두자리가 제1숫자/제2숫자가 되며, 제3숫자는 승수가 된다.
  즉, 103은 $10 \times 10^3 = 10^4$ [pF] = 0.01 [μF], 222은 22×10^2 [pF] = 0.0022 [μF]이 된다.

4 복소수와 교류회로의 해석

1. 개요

(1) 교류회로의 크기는 시간에 따라 그 크기가 변화하므로 여러 정현파의 가감 연산을 하려면 상당히 복잡한 부분이 많이 있다.

(2) 따라서 교류회로를 정지벡터도로 표현하는 페이저(phasor)에 의한 방법으로 교류회로를 비교적 쉽게 해석할 수 있다.

(3) 페이저란, phase(위상)으로부터 유래된 말이며 정현파 교류를 크기와 위상으로 표현하여 여러 정현파의 가감 연산을 하는 방법을 말한다.

2. 복소수(complex number)의 연산

1) 복소수의 가감승제

(1) 복소수의 가감

① 가감법은 실수는 실수끼리, 허수는 허수끼리의 합 또는 차를 구하면 된다.

② $\dot{A} + \dot{B} = (a + jb) + (c + jd) = (a + c) + j(b + d)$ ······················· [식 2-35]

③ $\dot{A} - \dot{B} = (a + jb) - (c + jd) = (a - c) + j(b - d)$ ······················· [식 2-36]

(2) 복소수의 곱하기(乘法)

① 승법계산에서 허수의 단위크기 j 는 $\sqrt{-1}$ 이므로 $j^2 = -1$ 을 기본으로 승법을 구하면 된다.

② $\dot{A} \times \dot{B} = (a + jb) \times (c + jd) = ac + j(ad + bc) + j^2 bd$
$\quad\quad = (ac - bd) + j(ad + bc)$ ······················· [식 2-37]

(3) 복소수의 나누기(除法)

① 공액 복소수(conjugate complex number)

㉠ 복소평면(complex plane)에서 실수축에 대해 대칭관계에 있는 두 복소수 즉, $a + jb$ 와 $a - jb$ 상의 관계를 공액이라 하며, $\dot{A}$ 의 공액 복소수는 $\dot{A}^*$ 로 표시한다.

㉡ $\dot{A} + \dot{A}^* = (a + jb) + (a - jb) = 2a$

㉢ $\dot{A} - \dot{A}^* = (a + jb) - (a - jb) = j2b$

㉣ $\dot{A} \times \dot{A}^* = (a + jb) \times (a - jb) = a^2 + b^2$

② $\dfrac{\dot{A}}{\dot{B}} = \dfrac{a + jb}{c + jd} = \dfrac{(a + jb) \times (c - jd)}{(c + jd) \times (c - jd)} = \dfrac{ac + j(bc - ad) - j^2 bd}{c^2 + d^2}$
$\quad = \dfrac{ac + bd}{c^2 + d^2} + j \dfrac{bc - ad}{c^2 + d^2}$ ······················· [식 2-38]

2) 오일러의 급수

(1) 지수함수(exponential function)

① 지수함수 e 를 사용하면 삼각함수 연산을 보다 손쉽게 구할 수 있다.

② 지수함수: $e = \lim\limits_{x \to \infty} \left(1 + \dfrac{1}{x}\right)^2 \simeq 2.71828 \cdots$ ······················· [식 2-39]

(2) 매클로린 급수(Maclaurin series)

① $e^x = 1 + x + \dfrac{x^2}{2!} + \dfrac{x^3}{3!} + \ldots + \dfrac{x^n}{n!}$ ··· [식 2-40]

② $\sin x = x - \dfrac{x^3}{3!} + \dfrac{x^5}{5!} - \dfrac{x^7}{7!} + \cdots$ ··· [식 2-41]

③ $\cos x = 1 - \dfrac{x^2}{2!} + \dfrac{x^4}{4!} - \dfrac{x^6}{6!} + \cdots$ ··· [식 2-42]

(3) 오일러의 정리

① $e^{j\theta} = 1 + j\theta + \dfrac{(j\theta)^2}{2!} + \dfrac{(j\theta)^3}{3!} + \ldots + \dfrac{(j\theta)^n}{n!}$

$\quad = \left(1 - \dfrac{\theta^2}{2!} + \dfrac{\theta^4}{4!} - \ldots\right) + j\left(\theta - \dfrac{\theta^3}{3!} + \dfrac{\theta^5}{5!} - \ldots\right)$

$\quad = \cos\theta + j\sin\theta$ ·· [식 2-43]

② $A\angle\theta_1 \times B\angle\theta_2 = A(\cos\theta_1 + j\sin\theta) \times B(\cos\theta + j\sin\theta)$

$\quad = Ae^{j\theta_1} \times Be^{j\theta_2} = AB\,e^{j(\theta_1+\theta_2)} = AB\angle\theta_1+\theta_2$ ···················· [식 2-44]

③ $\dfrac{A\angle\theta_1}{B\angle\theta_2} = \dfrac{A\,e^{j\theta_1}}{B\,e^{j\theta_2}} = \dfrac{A}{B}e^{j\theta_1 - \theta_2} = \dfrac{A}{B}\angle\theta_1 - \theta_2$ ·· [식 2-45]

2. 페이저의 표시

1) 정현파의 페이저 표시

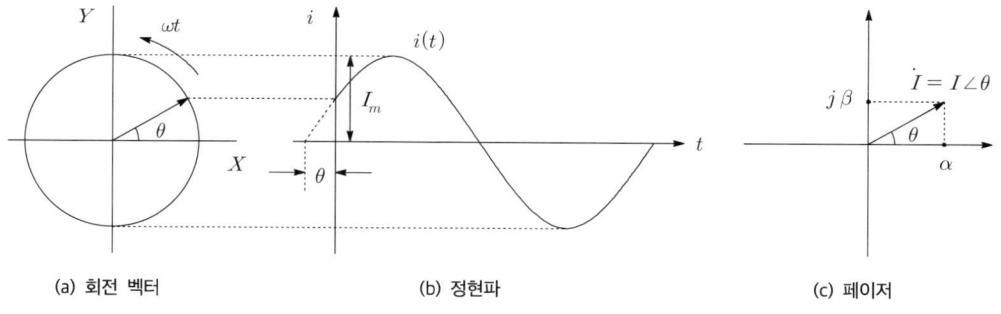

(a) 회전 벡터   (b) 정현파   (c) 페이저

[그림 2-12] 정현파의 페이저 표시

(1) 순시값 표현: $i(t) = I_m \sin(\omega t + \theta) = I\sqrt{2}\sin(\omega t + \theta)$ [A]

(여기서, I_m: 전류의 최대값, I: 전류의 실효값, θ: 위상각)

(2) 페이저 표현: $\dot{I} = I\angle\theta$ [A] $= \sqrt{\alpha^2 + \beta^2}\angle\tan^{-1}\dfrac{\beta}{\alpha}$ [A]

(3) 복소수 표현: $\dot{I} = \alpha + j\beta = I(\cos\theta + j\sin\theta)$ [A]

(4) 지수형식 표현: $\dot{I} = Ie^{j\theta}$ [A]

① 오일러 공식: $e^{j\theta} = \cos\theta + j\sin\theta$

② $e^{j\theta}$의 절대값(크기): $|e^{j\theta}| = \sqrt{\cos^2\theta + \sin^2\theta} = 1$

③ 따라서 크기가 I이고 위상각이 θ인 지수형식의 표현은 다음과 같다.

$$\dot{I} = I\angle\theta = I(\cos\theta + j\sin\theta) = Ie^{j\theta}\,[\text{A}] \quad\quad\quad\quad\quad [\text{식 2-46}]$$

2) 두 정현파 전류의 합성

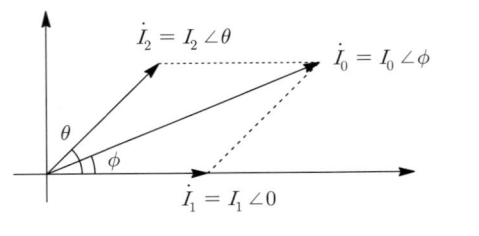
(a) 두 페이저의 합성

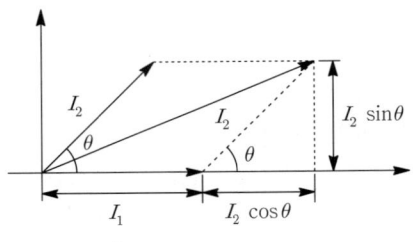
(b) $\dot{I}_o$ 의 실수와 허수 성분

[그림 2-13] 두 정현파 전류의 합성

(1) 합성 전류의 크기(실효값)

$$\begin{aligned}
|\dot{I}_0| = I_0 &= \sqrt{\text{실수}^2 + \text{허수}^2} = \sqrt{(I_1 + I_2\cos\theta)^2 + (I_2\sin\theta)^2}\\
&= \sqrt{I_1^2 + 2I_1 I_2 \cos\theta + I_2^2 \cos^2\theta + I_2^2 \sin^2\theta}\\
&= \sqrt{I_1^2 + I_2^2(\cos^2\theta + \sin^2\theta) + 2I_1 I_2 \cos\theta}\\
&= \sqrt{I_1^2 + I_2^2 + 2I_1 I_2 \cos\theta}
\end{aligned}$$

$$\therefore\ |\dot{I}_0| = I_0 = \sqrt{I_1^2 + I_2^2 + 2I_1 I_2 \cos\theta} \quad\quad\quad\quad\quad [\text{식 2-47}]$$

(2) 위상각: $\phi = \tan^{-1}\dfrac{\text{허수}}{\text{실수}} = \tan^{-1}\dfrac{I_2\sin\theta}{I_1 + I_2\cos\theta}$ ·········· [식 2-48]

(3) 합성 전류의 순시값: $\dot{I}_0 = I_0 \angle \phi = I_0 \sqrt{2}\sin(\omega t + \phi)\,[\text{A}]$ ·········· [식 2-49]

3. 페이저를 이용한 단일 소자 회로 전류

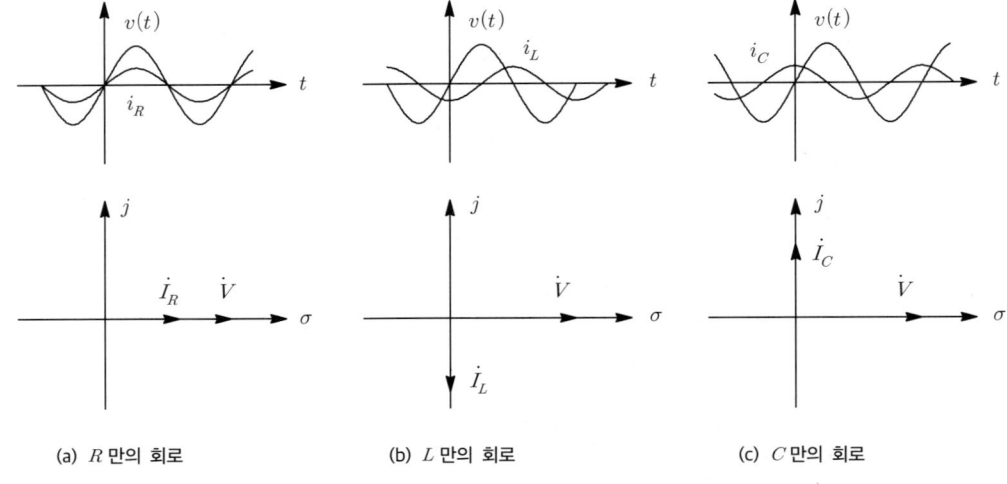

(a) R만의 회로   (b) L만의 회로   (c) C만의 회로

[그림 2-14] 순시값과 페이저 표시

(1) 앞에서도 설명한 것과 같이 R 만의 회로에서의 전류는 전압과 동위상이고, L 만의 회로에서는 전압보다 90° 늦은 지상전류가, C 만의 회로에서는 전압보다 90° 빠른 진상전류가 흐르게 된다. 이를 정리하면[그림 2-14]와 같이 그릴 수 있다.

(2) 저항비(복소 임피던스) 계산

① R 만의 회로: $\dfrac{\dot{V}}{\dot{I_R}} = \dfrac{V}{I_R} = R\,[\Omega]$ ·· [식 2-50]

② L 만의 회로: $\dfrac{\dot{V}}{\dot{I_L}} = \dfrac{V}{I_L \angle -90°} = \dfrac{V}{I_L} \angle 90° = jX_L\,[\Omega]$ ·· [식 2-51]

③ C 만의 회로: $\dfrac{\dot{V}}{\dot{I_C}} = \dfrac{V}{I_C \angle 90°} = \dfrac{V}{I_C} \angle -90° = -jX_C\,[\Omega]$ ·· [식 2-52]

(3) 복소 임피던스의 의미
① 복소 임피던스는 복소수 저항으로 순저항(resistance)과 허수저항 또는 교류저항(reactance)으로 구성된다.
② 복소 임피던스(complex impedance)는 편의상 임피던스라고 부르며, 이는 크기와 위상을 가지고 있는 저항의 차원을 말한다.
③ 리액턴스에는 용량성(X_C)과 유도성(X_L)이 있으며 부호가 서로 반대가 된다.
④ 허수 j 는 위상이 90° 빠르고, $-j$ 는 90° 느리다는 것을 의미한다.

(4) 페이저를 이용한 전류계산

① $I_R = \dfrac{V}{R} = \dfrac{V_m}{R}\sin\omega t\,[\mathrm{A}]$ ·· [식 2-53]

② $I_L = \dfrac{V}{jX_L} = -j\dfrac{V}{X_L} = \dfrac{V}{X_L}\angle -90° = \dfrac{V_m}{\omega L}\sin(\omega t - 90°)$ ·· [식 2-54]

③ $I_C = \dfrac{V}{-jX_C} = j\dfrac{V}{X_C} = \dfrac{V}{X_C}\angle 90° = \omega C V_m \sin(\omega t + 90°)$ ·· [식 2-55]

5 임피던스 회로 해석

1. $R-L$ 직렬회로

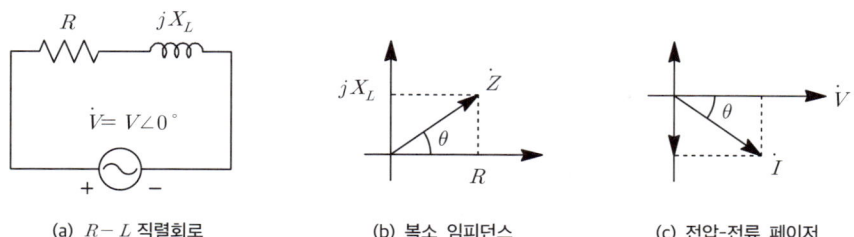

(a) $R-L$ 직렬회로   (b) 복소 임피던스   (c) 전압-전류 페이저

[그림 2-15] $R-L$ 직렬회로의 페이저 표시

(1) 복소 임피던스: $\dot{Z} = R + jX_L = \sqrt{R^2 + X_L^2} \angle \tan^{-1}\dfrac{X_L}{R}$

① 임피던스: $Z = \sqrt{R^2 + X_L^2} = \sqrt{R^2 + (\omega L)^2}\ [\Omega]$ ·················· [식 2-56]

② 상차각: $\theta = \tan^{-1}\dfrac{X_L}{R}$ ·················· [식 2-57]

(2) 전류

① 페이저: $\dot{I} = \dfrac{\dot{V}}{\dot{Z}} = \dfrac{V\angle 0}{Z\angle\theta} = \dfrac{V}{\sqrt{R^2 + X_L^2}}\angle -\tan^{-1}\dfrac{X_L}{R}$ ·················· [식 2-58]

② 순시값: $i(t) = \dfrac{V\sqrt{2}}{\sqrt{R^2 + X_L^2}}\sin\left(\omega t - \tan^{-1}\dfrac{X_L}{R}\right)\ [\text{A}]$ ·················· [식 2-59]

2. $R-C$ 직렬회로

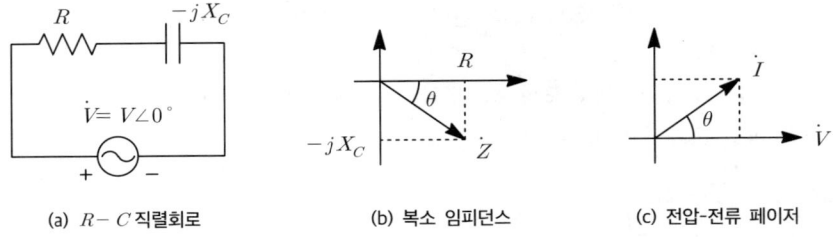

(a) $R-C$ 직렬회로   (b) 복소 임피던스   (c) 전압-전류 페이저

[그림 2-16] $R-C$ 직렬회로의 페이저 표시

(1) 복소 임피던스: $\dot{Z} = R - jX_C = \sqrt{R^2 + X_C^2} \angle -\tan^{-1}\dfrac{X_C}{R}$

① 임피던스: $Z = \sqrt{R^2 + X_C^2} = \sqrt{R^2 + \left(\dfrac{1}{\omega C}\right)^2}\ [\Omega]$ ·················· [식 2-60]

② 상차각: $\theta = -\tan^{-1}\dfrac{X_C}{R} = -\tan^{-1}\dfrac{1}{\omega CR}$ ·················· [식 2-61]

(2) 전류

① 페이저: $\dot{I} = \dfrac{\dot{V}}{\dot{Z}} = \dfrac{V\angle 0}{Z\angle\theta} = \dfrac{V}{\sqrt{R^2 + X_C^2}}\angle \tan^{-1}\dfrac{X_C}{R}$ ·················· [식 2-62]

② 순시값: $i(t) = \dfrac{V\sqrt{2}}{\sqrt{R^2 + X_C^2}}\sin\left(\omega t + \tan^{-1}\dfrac{X_C}{R}\right)\ [\text{A}]$ ·················· [식 2-63]

3. $R-L-C$ 직렬회로 (단, $X_L > X_C$)

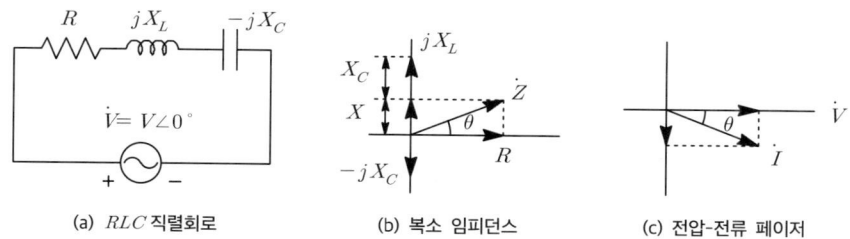

(a) RLC 직렬회로 (b) 복소 임피던스 (c) 전압-전류 페이저

[그림 2-16] $R-C$ 직렬회로의 페이저 표시

(1) 복소 임피던스: $\dot{Z} = R + j(X_L - X_C) = R + jX = \sqrt{R^2 + X^2} \angle \tan^{-1}\dfrac{X}{R}$

① 임피던스: $Z = \sqrt{R^2 + X^2} = \sqrt{R^2 + \left(\omega L - \dfrac{1}{\omega C}\right)^2}$ [Ω] .... [식 2-64]

② 상차각: $\theta = \tan^{-1}\dfrac{X}{R} = \tan^{-1}\dfrac{\omega L - \dfrac{1}{\omega C}}{R}$ .... [식 2-65]

(2) 전류

① 페이저: $\dot{I} = \dfrac{\dot{V}}{\dot{Z}} = \dfrac{V\angle 0}{Z\angle\theta} = \dfrac{V}{\sqrt{R^2+X^2}} \angle -\tan^{-1}\dfrac{X}{R}$ .... [식 2-66]

② 순시값: $i(t) = \dfrac{V\sqrt{2}}{\sqrt{R^2+X^2}} \sin\left(\omega t - \tan^{-1}\dfrac{X}{R}\right)$ [A] .... [식 2-67]

(3) 리액턴스 크기에 따른 특성

① $X_L > X_C$의 경우: 유도성 회로가 되어 뒤진 전류(지상전류)가 흐른다.
② $X_L < X_C$의 경우: 용량성 회로가 되어 앞선 전류가(진상전류) 흐른다.
③ $X_L = X_C$의 경우: 무유도성 회로가 되어 직렬 공진 상태가 된다.

4. $R-L$ 병렬회로

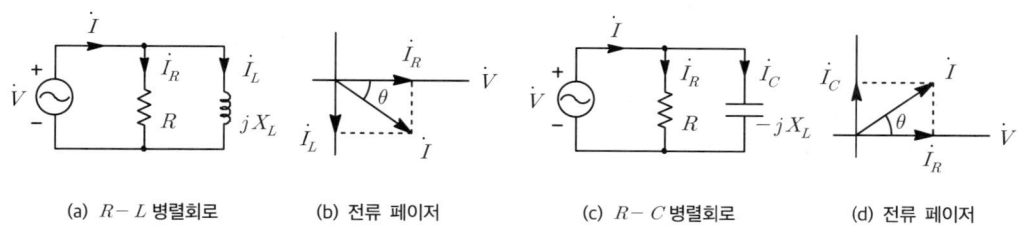

(a) $R-L$ 병렬회로 (b) 전류 페이저 (c) $R-C$ 병렬회로 (d) 전류 페이저

[그림 2-17] $R-L$, $R-C$ 병렬회로의 페이저 표시

(1) 복소 임피던스: $\dot{Z} = \dfrac{1}{\dfrac{1}{R} + \dfrac{1}{jX_L}} = \dfrac{jRX_L}{R+jX_L} = \dfrac{RX_L \angle 90°}{\sqrt{R^2+X_L^2} \angle \tan^{-1}\dfrac{X_L}{R}}$

$= \dfrac{RX_L}{\sqrt{R^2+X_L^2}} \angle 90° - \tan^{-1}\dfrac{X_L}{R}$

① 임피던스: $Z = \dfrac{RX_L}{\sqrt{R^2+X_L^2}} = \dfrac{\omega RL}{\sqrt{R^2+(\omega L)^2}}\,[\Omega]$ ······················ [식 2-68]

② 상차각: $\theta = 90° - \tan^{-1}\dfrac{X_L}{R} = \tan^{-1}\dfrac{R}{X_L}$ ······················ [식 2-69]

(2) 전류

① $\dot{I}_R = \dfrac{\dot{V}}{R} = \dfrac{V}{R}\,[A]$, $\dot{I}_L = \dfrac{\dot{V}}{jX_L} = -j\dfrac{V}{X_L} = -j\dfrac{V}{\omega L}\,[A]$ ······················ [식 2-70]

② 페이저: $\dot{I} = \dot{I}_R + \dot{I}_L = \dfrac{V}{R} - j\dfrac{V}{X_L}\,[A]$ ······················ [식 2-71]

5. $R-C$ 병렬회로

(1) 복소 임피던스: $\dot{Z} = \dfrac{1}{\dfrac{1}{R}+\dfrac{1}{-jX_C}} = \dfrac{-jRX_C}{R-jX_C} = \dfrac{RX_C \angle -90°}{\sqrt{R^2+X_C^2}\angle -\tan^{-1}\dfrac{X_C}{R}}$

$= \dfrac{RX_C}{\sqrt{R^2+X_C^2}} \angle -90° + \tan^{-1}\dfrac{X_C}{R}$

① 임피던스: $Z = \dfrac{RX_C}{\sqrt{R^2+X_C^2}} = \dfrac{R}{\sqrt{1+(\omega CR)^2}}\,[\Omega]$ ······················ [식 2-72]

② 상차각: $\theta = -90° + \tan^{-1}\dfrac{X_C}{R} = -\tan^{-1}\dfrac{R}{X_C}$ ······················ [식 2-73]

(2) 전류

① $\dot{I}_R = \dfrac{\dot{V}}{R} = \dfrac{V}{R}\,[A]$, $\dot{I}_C = \dfrac{\dot{V}}{-jX_C} = j\dfrac{V}{X_C} = j\omega CV\,[A]$ ······················ [식 2-74]

② 페이저: $\dot{I} = \dot{I}_R + \dot{I}_C = \dfrac{V}{R} - j\dfrac{V}{X_C}\,[A]$ ······················ [식 2-75]

6. $R-L-C$ 병렬회로

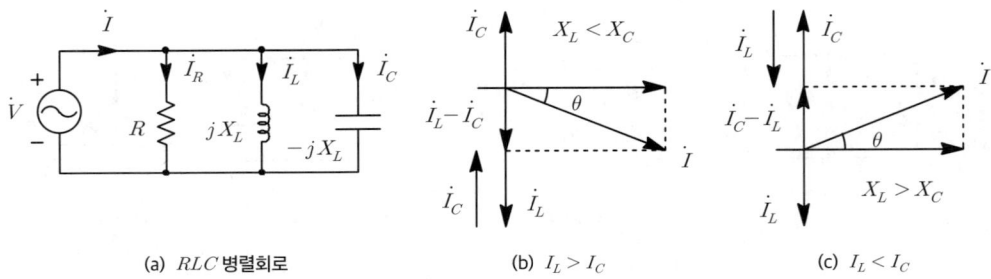

(a) RLC 병렬회로 (b) $I_L > I_C$ (c) $I_L < I_C$

[그림 2-18] $R-L-C$ 병렬회로의 페이저 표시

(1) $I_L > I_C$ ($X_L < X_C$): 유도성 회로가 되어 뒤진 전류(지상전류)가 흐른다.

(2) $I_L < I_C$ ($X_L > X_C$): 용량성 회로가 되어 앞선 전류(진상전류)가 흐른다.

(3) $I_L = I_C$ ($X_L = X_C$): 무유도성 회로가 되어 병렬 공진상태가 된다.

6 전력, 역률, 공진, 전압확대율

1. 피상전력, 유효전력, 무효전력

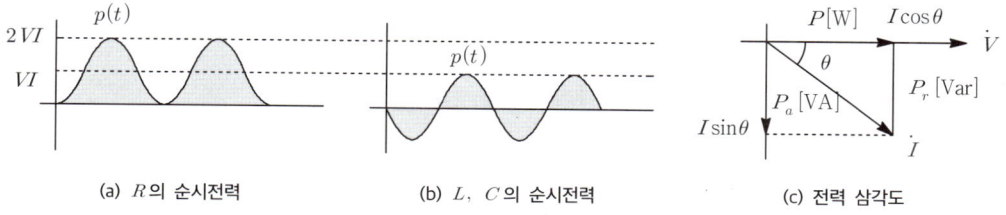

(a) R의 순시전력　　(b) L, C의 순시전력　　(c) 전력 삼각도

[그림 2-19] 유효전력과 무효전력

(1) 유효전력(active power)

　① R에서 발생되는 전력으로 [그림 2-19](a)와 같이 실제 소비하고 있는 전력을 말한다.

　② 유효전력은 평균전력에 기여하는 유효전류인 $I\cos\theta$와 전압 V의 곱으로 나타내고, 단위는 와트[W]를 사용한다.

　③ 유효전력: $P = VI\cos\theta = I^2 R = \dfrac{V^2}{R}$ [W] ·················· [식 2-76]

(2) 무효전력(reactive power)

　① L 또는 C에서 발생되는 전력으로 [그림 2-19](b)와 같이 에너지 저장만 할 뿐 소비하지 않는 전력을 말한다.

　② 무효전력은 평균전력에 전혀 기여하지 않는 무효전류인 $I\sin\theta$와 전압 V의 곱으로 나타내고, 단위는 바(voltampere reactive, Var)를 사용한다.

　③ 무효전력: $P_r = Q = VI\sin\theta = I^2 X = \dfrac{V^2}{X}$ [Var] ·················· [식 2-77]

(3) 피상전력(apparent power)

　① [그림 2-19](c)와 같이 유효전력 P와 무효전력 P_r의 합으로 회로 단자에 인가된 단자전압과 전류 실효값의 곱으로 나타내며, 단위는 볼트암페어[VA]를 사용한다.

　② 피상전력: $P_a = P + jP_r = \sqrt{P^2 + P_r^2} = VI\sqrt{\cos^2\theta + \sin^2\theta}$
　　　　　　　$= VI = I^2 Z = \dfrac{V^2}{Z}$ [VA] ·················· [식 2-78]

2. 복소전력(complex power)

(1) 전압과 전류가 복소수로 표현되어 있을 때 복소전력을 이용하면 유효전력, 무효전력, 피상전력, 역률 등을 편리하게 구할 수 있다.

(2) 유도과정

　① 전류가 $\dot{I} = a + jb$ [A]인 경우 전류의 실효값(크기)는 $I = |\dot{I}| = \sqrt{a^2 + b^2}$ [A]이 되므로 $I^2 = a^2 + b^2$이 된다.

　② 공액 복소수 공식을 이용하면 $\dot{I} \cdot \dot{I}^* = (a+jb) \times (a-jb) = a^2 + b^2 = I^2$의 관계를 얻는다. 여기서, $\dot{I}^*$는 $\dot{I}$의 공액복소수를 의미하며 컨쥬게이트(conjugate)라고 읽으면 된다. 따라서 피상전력은 다음과 같다.

　∴ $P_a = S = I^2 Z = \dot{I} \cdot \dot{I}^* Z = \dot{V} \dot{I}^*$ ·················· [식 2-79]

(3) 복소전력

① $P_a = \dot{V}I^* = P \pm jP_r$ 의 경우: $P_r > 0$ (유도성), $P_r < 0$ (용량성)

② $P_a = \dot{V}^*I = P \pm jP_r$ 의 경우: $P_r > 0$ (용량성), $P_r < 0$ (유도성)

③ 위 ②식과 같이 전류가 아닌 전압을 공액복소수하여 계산하면 허수의 부호가 반대가 되므로 ①과 ②식 중 하나만 기억하길 바란다.

3. 역률(力率, power factor)

(1) 정의

① 역률은 계통에서 공급되는 전압과 전류의 실효값의 곱(피상전력)에 대해서 실제 소비되고 있는 전력(유효전력)의 비율을 말한다.

② 즉, 역률은 다음과 같이 나타낼 수 있다.

$$\therefore 역률\ p.f = \cos\theta = \frac{P}{P_a} = \frac{유효전력}{피상전력} \quad \text{[식 2-80]}$$

(2) 역률의 특징

① 계통에는 전동기나 변압기와 같은 유도성 부하가 많기 때문에 일반적으로 지상전류(lag)가 흐른다. 그리고 이러한 유도성 부하가 많을수록 전류의 위상은 전압보다 더욱 느려지게 되는데 이것을 가지고 역률이 나쁘다라는 표현을 하게 된다.

② 역률이 나쁘다는 것은 실제 부하가 필요로 하는 전류보다 더 많은 전류를 공급해야 하므로 계통의 손실과 전압강하가 증가하여 전압변동률이 커지게 된다.

③ 이에 따라 전력회사에서는 역률을 $90[\%]$ 로 기준하여 이보다 작을 경우 전기요금에 할증을 부가하고, 기준보다 높을 경우 할인해주고 있다. 이는 한전 전기 공급약관 제43조에 기재되어 있다.

④ 따라서 역률을 개선하면(높이면) 변압기 및 배전선의 손실저감, 설비용량 이용률의 향상, 전압강하 감소, 전기요금 저감 등의 이점이 있다.

⑤ 그렇다고 역률이 무작정 높여 진상이 되면(전압보다 전류의 위상이 빠를 경우) 패란티 현상을 초래하여 수용가의 단자전압을 상승시키게 된다. 따라서 전력회사 측에서는 이 또한 전기요금에 할증을 부여한다.

(3) 직렬회로에서의 역률

① 직렬회로에서는 전류가 일정하므로 전력 식은 [식 2-81]와 같이 전류에 관한 식으로 정리하며, [식 2-56]을 이용하여 직렬회로에서의 역률을 다음과 같이 정리할 수 있다.

② $\cos\theta = \dfrac{I^2R}{I^2Z} = \dfrac{IR}{IZ} = \dfrac{V_R}{V} = \dfrac{R}{Z} = \dfrac{R}{\sqrt{R^2+X^2}}$ [식 2-81]

(4) 병렬회로에서의 역률

① 병렬회로에서는 전압이 일정하므로 전력 식은 [식 2-82]와 같이 전압에 관한 식으로 정리하며, [식 2-80]을 이용하여 병렬회로에서의 역률을 다음과 같이 정리할 수 있다.

② $\cos\theta = \dfrac{V^2/R}{V^2/Z} = \dfrac{V/R}{V/Z} = \dfrac{I_R}{I} = \dfrac{Z}{R} = \dfrac{X}{\sqrt{R^2+X^2}}$ [식 2-82]

4. 공진(共振, resonance)

(1) 개요
① 공진이란 전기회로에 인가되는 전원의 주파수가 회로 자체의 고유주파수와 일치하면 회로에 전기적 큰 진동이 발생하는 현상을 말한다.
② 공진에는 직렬공진, 병렬공진이 있으며 공진을 이용하여 필터(filter)를 설계할 수 있다.
③ 직렬공진 시에는 전류파형의 진동이 최대로 진동하고, 병렬공진 시에는 전압파형의 진동이 최대가 된다.

(2) 직렬공진

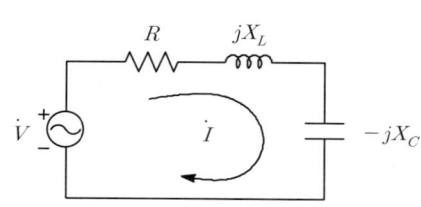

(a) RLC 직렬회로

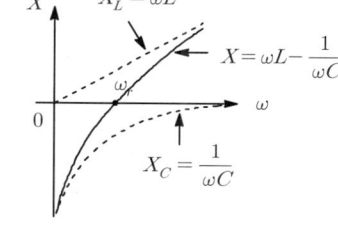

(b) 주파수변환에 따른 X

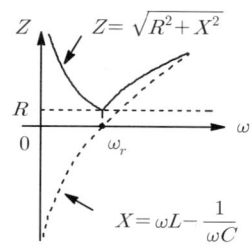

(c) 주파수변환에 따른 Z

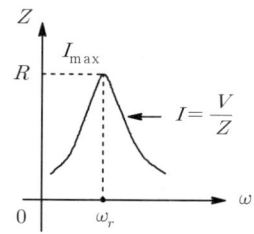

(d) 주파수변환에 따른 I

[그림 2-20] 직렬공진의 특징

① 직렬공진의 의미는 주파수 ω를 변화시켰을 때 회로의 리액턴스 성분이 0이 된다. 따라서 임피던스 Z가 최소가 되어 전류가 최대로 진동되는 현상을 말하며, 공진이 발생하면 전압과 전류의 위상이 같아지게 된다.
② 직렬 임피던스 $Z = R + j(X_L - X_C) = R + j\left(\omega L - \dfrac{1}{\omega C}\right)$ 에서 $X_L = X_C$ 가 되는 것을 공진조건이라 한다.
③ 공진주파수(resonance frequency)

㉠ $\omega L = \dfrac{1}{\omega C}$ 를 정리하면 $\omega_r^2 = \dfrac{1}{LC}$ 가 되고, 양변에 제곱근을 취하면

㉡ $\omega_r = \dfrac{1}{\sqrt{LC}}$ 이고, $\omega_r = 2\pi f_r$ 이므로

∴ 공진주파수: $f_r = \dfrac{1}{2\pi\sqrt{LC}}$ [Hz] ·· [식 2-83]

(3) 병렬공진

① 병렬공진의 의미는 주파수 ω 를 변화시켰을 때 회로의 서셉턴스($B = \frac{1}{X}$) 성분이 0 이 되어 어드미턴스 ($Y = \frac{1}{Z}$)가 최소가 되어 전압이 최대로 진동되는 현상을 말하며, 공진이 발생하면 전압과 전류의 위상이 같아지게 된다.

② 병렬공진이 발생하면 임피던스가 최대가 되어 전류는 최소가 된다.

③ 병렬 임피던스 $Z = \dfrac{1}{\dfrac{1}{R} + \dfrac{1}{jX_L} + \dfrac{1}{-jX_C}} = \dfrac{1}{G - jB_L + jB_C}$ 에서 병렬 어드미턴스는

$Y = \dfrac{1}{Z} = G + j(B_C - B_L)$ [℧] 가 되어 $B_L = B_C$ 가 되는 것을 공진조건이라 한다. 여기서, G 는 컨덕턴스라 한다.

④ 공진주파수(resonance frequency)

㉠ $\dfrac{1}{\omega L} = \omega C$ 를 정리하면 $\omega_r^2 = \dfrac{1}{LC}$ 가 되고, 양변을 제곱근을 취하면

㉡ $\omega_r = \dfrac{1}{\sqrt{LC}}$ 이고, $\omega_r = 2\pi f_r$ 이므로

∴ 공진주파수: $f_r = \dfrac{1}{2\pi\sqrt{LC}}$ [Hz] ··· [식 2-84]

5. 양호도(良好度, quality factor)

(1) 개요

① 양호도: $Q = \dfrac{P_r}{P} = \dfrac{무효전력}{유효전력}$ ·· [식 2-85]

② 직렬공진이 발생하면 회로에 흐르는 전류가 증가하여 L 및 C 의 단자전압이 일반적으로 인가전압 V 의 수십배 또는 그 이상으로 확대되는데 그 크기는 Q 에 의해 결정되므로 Q 를 전압확대율이라고 부른다.

③ 전압확대율 Q 는 첨예도(sharpness) S 와 동일한 값을 가지며, 첨예도는 선택도(selectivity)라고도 한다.

(2) 전압확대율 Q

① 공진 시 L 또는 C 의 단자전압은 $V_L = \omega_r L I_r$, $V_C = \dfrac{1}{\omega_r C} I_r$ 이 된다.

② L 의 전압확대율: $Q_L = \dfrac{V_L}{V} = \dfrac{\omega_r L I_r}{R I_r} = \dfrac{\omega_r L}{R}$ ································ [식 2-86]

③ C 의 전압확대율: $Q_C = \dfrac{V_C}{V} = \dfrac{\dfrac{1}{\omega_r C} I_r}{R I_r} = \dfrac{1}{\omega_r RC}$ ······················· [식 2-87]

④ 공진시 $\omega_r L = \dfrac{1}{\omega_r C}$ 이므로 $Q_L = Q_C = Q$ 의 관계가 된다. 따라서

∴ $V_L = V_C = Q_L V = Q_C V = QV$ ·· [식 2-88]

(3) 양호도의 의미

① [식 2-83]과 같이 L 와 C 의 단자전압은 인가전압의 Q 배가 된다.

② 따라서 공진 시 인덕터 양단에 걸리는 최대 단자전압은 $Q = \omega_r L$ 에 비례하므로 Q 가 인덕터의 양호도를 의미하는 것을 알 수 있다. 여기서, R 은 인덕터의 내부저항으로 바라본다.

(4) 직렬회로에서 전압확대율

① $Q = \dfrac{P_r}{P} = \dfrac{I_r^2 X_L}{I_r^2 R} = \dfrac{V_L}{V} = \dfrac{X_L}{R} = \dfrac{\omega_r L}{R} = \dfrac{2\pi f_r L}{R}$ 에서 공진주파는 $f_r = \dfrac{1}{2\pi\sqrt{LC}}$ 이므로

② 공진 시 전압확대율: $Q = \dfrac{1}{R}\sqrt{\dfrac{L}{C}}$ ··· [식 2-89]

6. 최대전력 전달조건

(1) 개요

① 전원과 부하계통 사이에 적당한 회로망을 삽입하여 전원측 내부 임피던스와 부하측 임피던스를 정합(impedance matching)시키면 부하에 최대전력을 전달할 수 있다.

② 전자, 통신 회로에서 널리 사용되고 있다.

(2) 전원측 내부 임피던스가 R_g 일 때 최대전력이 전달되기 위한 R_L 의 크기

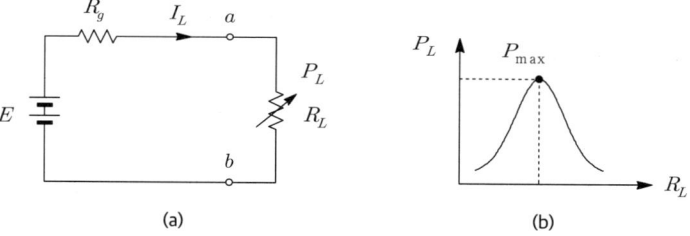

[그림 2-21] 최대전력 전달조건 1

① 부하전류: $I_L = \dfrac{E}{R_g + R_L}$ [A] ··· [식 2-90]

② 소비전력: $P_L = I_L^2 R_L = \dfrac{E^2}{(R_g + R_L)^2} \times R_L$ [W] ··· [식 2-91]

③ 최대전력 전달조건: $\dfrac{dP_L}{dR_L} = 0$ ··· [식 2-92]

$\dfrac{dP_L}{dR_L} = \dfrac{E^2(R_g + R_L)^2 - 2(R_g + R_L)E^2 R_L}{(R_g + R_L)^4} = 0$

$E^2(R_g + R_L)^2 = 2(R_g + R_L)E^2 R_L$ 에서 $R_g + R_L = 2R_L$ 이므로

∴ $R_L = R_g$ ··· [식 2-93]

④ 부하의 최대 출력

$P_{\max} = \dfrac{E^2}{(R_g + R_L)^2} \times R_L = \dfrac{E^2}{(2R_L)^2} \times R_L = \dfrac{E^2}{4R_L}$ [W] ··· [식 2-94]

(3) [그림 2-22](a)와 같이 전원측 내부 임피던스가 $Z_g = R_g + jX_g$ 일 때 최대전력이 전달되기 위한 부하 임피던스 R_L의 크기

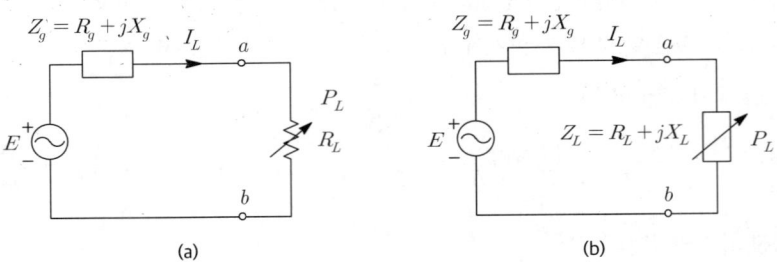

[그림 2-22] 최대전력 전달조건 2

① 부하전류: $I = \dfrac{E}{Z} = \dfrac{E}{\sqrt{(R+R_L)^2 + X_g^2}}$ [A] ·········· [식 2-95]

② 소비전력: $P = I^2 R_L = \dfrac{E^2 R_L}{(R+R_L)^2 + X_g^2}$ [W] ·········· [식 2-96]

③ 최대전력 전달조건: $\dfrac{dP_L}{dR_L} = 0$ ·········· [식 2-97]

$\dfrac{dP}{dR_L} = \dfrac{E^2\left[(R_g+R_L)^2 + X_g^2\right] - E^2 R_L \times 2(R_g+R_L)}{\left[(R_g+R_L)^2 + X_g^2\right]^2} = 0$

$E^2\left[(R_g+R_L)^2 + X_g^2\right] = 2E^2 R_L (R_g + R_L)$

$(R_g+R_L)^2 + X_g^2 = 2R_g R_L + 2R_L^2$

$R_g^2 + 2R_g R_L + R_L^2 + X_g^2 = 2R_g R_L + 2R_L^2$ 에서 $R_L^2 = R_g^2 + X_g^2$

∴ $R_L = \sqrt{R_g^2 + X_g^2}$ [Ω] ·········· [식 2-98]

(4) [그림 2-22](b)와 같이 전원측 내부 임피던스가 $Z_g = R_g + jX_g$ 일 때 최대전력이 전달되기 위한 부하 임피던스 $Z_L = R_L + jX_L$의 크기

① 부하전류: $I = \dfrac{E}{Z} = \dfrac{E}{\sqrt{(R_L+R_g)^2 + (X_L+X_g)^2}}$ [A] ·········· [식 2-99]

② 소비전력: $P = I^2 R_L = \dfrac{E^2 R_L}{(R+R_L)^2 + (X_L+X_g)^2}$ [W] ·········· [식 2-100]

③ 최대전력 전달조건: $\dfrac{dP_L}{dR_L} = 0$ ·········· [식 2-101]

㉠ R_L이 일정하고 X_L을 변화했을 경우

$\dfrac{dP}{dX_L} = \dfrac{-2(X_L + X_g) E^2 R_L}{\left[(R_L+R_g)^2 + (X_L+X_g)^2\right]^2} = 0$

$-2X_L E^2 R_L - 2X_g E^2 R_L = 0$ 에서 $2X_L E^2 R_L = -2X_g E^2 R_L$

∴ $X_L = -X_g$ ·········· [식 2-102]

ⓒ X_L 이 일정하고 R_L 을 변화했을 경우

$$\frac{dP}{dR_L} = \frac{E^2(R_L+R_g)^2 - 2(R_L+R_g)E^2 R_L}{\left[(R_L+R_g)^2 + (X_L+X_g)^2\right]^2} = 0$$

$E^2(R_L+R_g)^2 = 2(R_L+R_g)E^2 R_L$ 에서 $R_L+R_g = 2R_L$

∴ $R_L = R_g$ .... [식 2-103]

ⓒ 최대전력 전달조건: $Z_L = Z_g^* = R_g - jX_g$ .... [식 2-104]

④ [식 2-102], [식 2-103]와 같이 전원측과 부하측의 임피던스가 공액복소수의 관계에 있을 때 최대전력이 전달된다.

7. 단상 교류 전력의 측정

(1) 3 전압계법

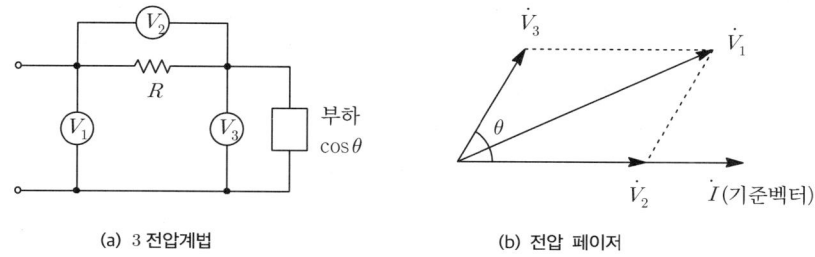

(a) 3 전압계법   (b) 전압 페이저

[그림 2-23] 3 전압계법

① 3 전압계법은 전압계 3 개와 저항 R 1 개를 이용하여 부하의 역률과 유효전력을 측정하는 방법이다.
② 부하전류 $\dot{I}$ 를 기준벡터로 하여 전압 페이저를 그리면[그림 2-23](b)와 같이 그려진다.
  ⊙ $\dot{V_2}$ 는 R 양단에 걸린 전압으로 전류 $\dot{I}$ 와 동위상을 갖는다.
  ⓒ 일반적인 부하는 $R+jX_L$ 의 형태이므로 부하 단자전압 $\dot{V_3} = \dot{I}(R+jX_L)$ 이 되어 전류 $\dot{I}$ 보다 위상이 빠르다.
  ⓒ $\dot{V_1}$ 는 $\dot{V_1} = \dot{V_2} + \dot{V_3}$ 에 의해서 구할 수 있다.

③ $\dot{V_1}$ 은 [식 2-47]에 의해서 $V_1^2 = V_2^2 + V_3^2 + 2V_2 V_3 \cos\theta$ 이 되어 이 식을 정리하면 역률 $\cos\theta$ 를 구할 수 있다.

$$\therefore 역률: \cos\theta = \frac{V_1^2 - V_2^2 - V_3^2}{2V_2 V_3} \quad \text{[식 2-105]}$$

④ 유효전력: $P = VI\cos\theta = V_3 \times \dfrac{V_2}{R} \times \dfrac{V_1^2 - V_2^2 - V_3^2}{2V_2 V_3}$

$$= \frac{1}{2R}(V_1^2 - V_2^2 - V_3^2) \text{ [W]} \quad \text{[식 2-106]}$$

(2) 3 전류계법

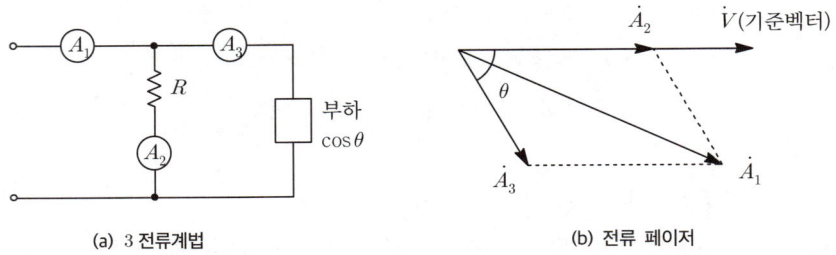

(a) 3 전류계법   (b) 전류 페이저

[그림 2-24] 3 전류계법

① 3 전류계법은 전류계 3 개와 저항 R 1 개를 이용하여 부하의 역률과 유효전력을 측정하는 방법이다.
② 부하 단자전압 $\dot{V}$ 를 기준벡터로 하여 전류 페이저를 그리면[그림 2-24](b)와 같이 그려진다.
  ㉠ A_2 는 R 에 흐르는 전류로 전압 $\dot{V}$ 와 동위상을 갖는다.
  ㉡ 부하($R+jX_L$)를 통과하는 전류는 지상전류이므로 $\dot{A}_3$ 는 $\dot{V}$ 보다 위상이 느리다.
  ㉢ A_1 는 $\dot{A}_1 = \dot{A}_2 + \dot{A}_3$ 에 의해서 구할 수 있다.
③ $\dot{A}_1$ 는 [식 2-47]에 의해서 $A_1^2 = A_2^2 + A_3^2 + 2V_2 A_3 \cos\theta$ 이 되어 이 식을 정리하면 역률 $\cos\theta$ 를 구할 수 있다.

$$\therefore 역률: \cos\theta = \frac{A_1^2 - A_2^2 - A_3^2}{2A_2 A_3} \quad \cdots\cdots\cdots\cdots\cdots\cdots [식\ 2\text{-}107]$$

④ 유효전력: $P = VI\cos\theta = RA_2 \times A_3 \times \dfrac{A_1^2 - A_2^2 - A_3^2}{2A_2 A_3}$

$$= \frac{R}{2}(A_1^2 - A_2^2 - A_3^2)\ [\text{W}] \quad \cdots\cdots\cdots\cdots\cdots\cdots [식\ 2\text{-}108]$$

7 벡터궤적(vector locus)

1. 직렬회로

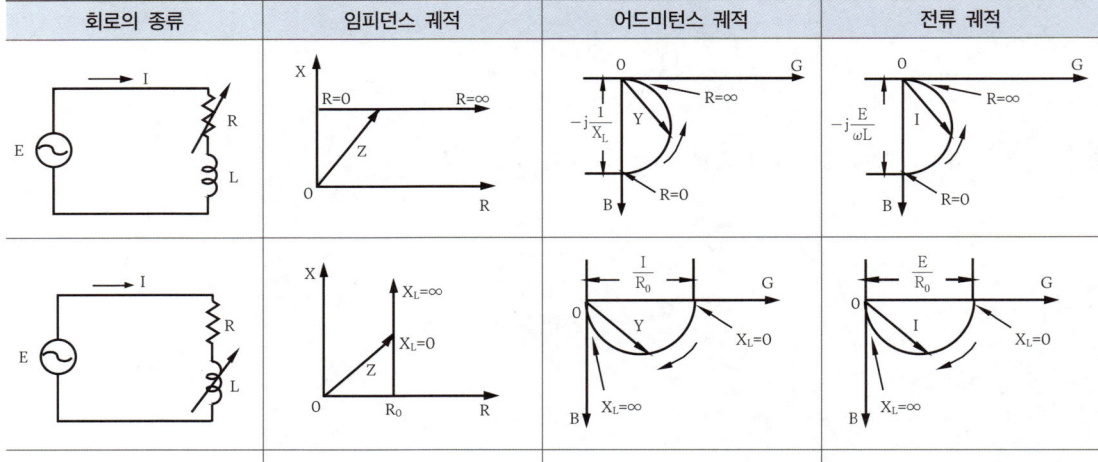

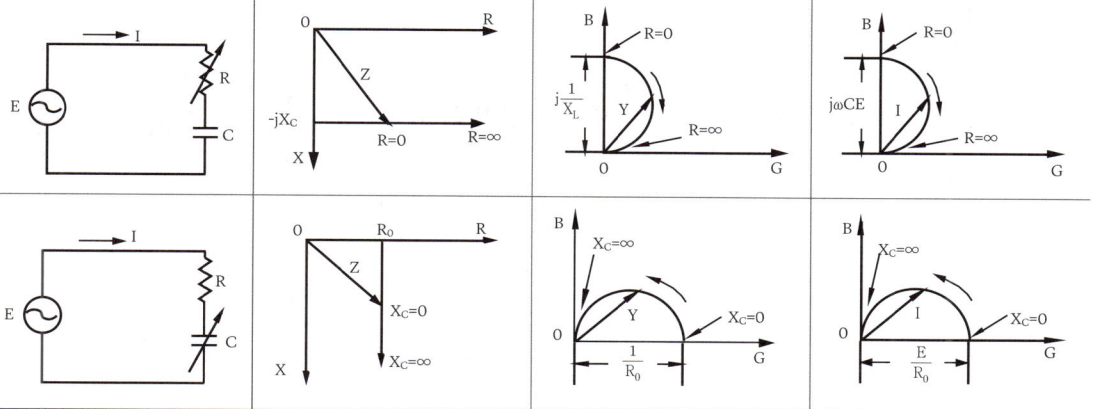

2. 병렬회로

회로의 종류	임피던스 궤적	어드미턴스 궤적	전류 궤적

8 인덕턴스 접속법

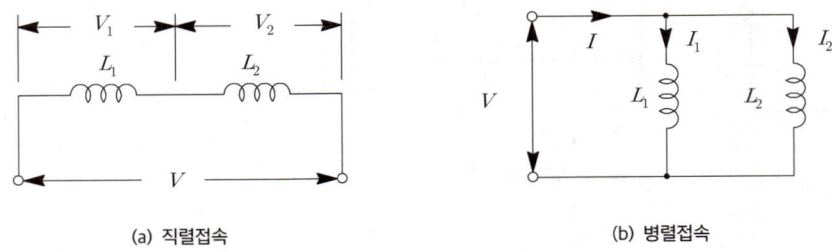

(a) 직렬접속 (b) 병렬접속

[그림 2-25] 인덕턴스 접속법

1. 직렬접속

(1) 상호 인덕턴스가 없는 L_1 과 L_2 를 [그림 2-55](a)와 같이 직렬로 연결하면 전류는 일정하고 전압이 분배되므로 다음과 같이 정리된다.

① $V = V_1 + V_2 = L_1 \dfrac{di}{dt} + L_2 \dfrac{di}{dt} = L \dfrac{di}{dt}$ [V] .... [식 2-109]

② 합성 인덕턴스: $L = L_1 + L_2$ [H] .... [식 2-110]

(2) 만약, 두 코일 사이에 상호 인덕턴스가 존재할 경우 각 인덕턴스에 인가된 전압은 $V_1 = L_1 \dfrac{di}{dt} \pm M \dfrac{di}{dt}$, $V_2 = L_2 \dfrac{di}{dt} \pm M \dfrac{di}{dt}$ 가 된다. 여기서, 상호 인덕턴스가 $+M$ 인 경우에는 가동결합(가극성), $-M$ 은 차동결합(감극성)이라 한다.

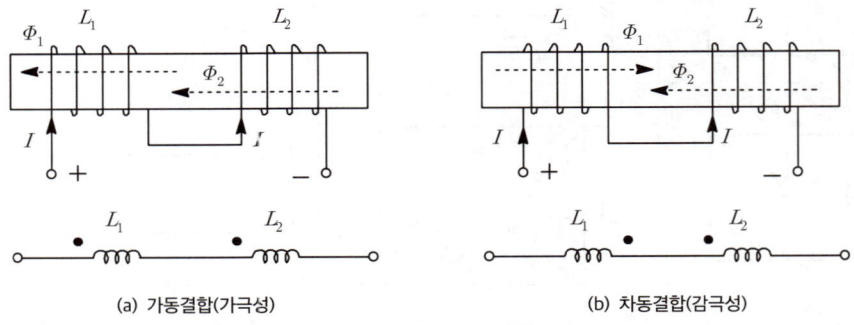

(a) 가동결합(가극성) (b) 차동결합(감극성)

[그림 2-26] L 의 직렬 접속

① 가동결합 $L_+ = L_1 + L_2 + 2M$ [H] .... [식 2-111]
② 차동결합 $L_- = L_1 + L_2 - 2M$ [H] .... [식 2-112]

(3) 상호 인덕턴스

① [식 2-111]과 [식 2-112]을 빼면 $L_+ - L_- = 4M$ 이 된다. 따라서

② 상호 인덕턴스: $M = \dfrac{L_+ - L_-}{4}$ [H] .... [식 2-113]

2. 병렬접속

(1) 상호 인덕턴스가 없는 L_1 과 L_2 를[그림 2-25](b)와 같이 병렬로 연결하면 전압은 일정하고 전류가 분배되므로 다음과 같이 정리된다.

① $V = V_1 = V_2$ 이므로 $L\dfrac{di}{dt} = L_1 \dfrac{di_1}{dt} = L_2 \dfrac{di_2}{dt}$ 이 된다.

② 위 식에서 $\dfrac{di_1}{dt} = \dfrac{V}{L_1}$ 이 되고, $\dfrac{di_2}{dt} = \dfrac{V}{L_2}$ 가 된다. 따라서

③ $V = L\dfrac{di}{dt} = L\left(\dfrac{di_1}{dt} + \dfrac{di_2}{dt}\right) = L\left(\dfrac{V}{L_1} + \dfrac{V}{L_2}\right)$ 이므로 $\dfrac{1}{L} = \dfrac{1}{L_1} + \dfrac{1}{L_2}$ 이 된다.

∴ 합성 인덕턴스: $L = \dfrac{1}{\dfrac{1}{L_1} + \dfrac{1}{L_2}} = \dfrac{L_1 L_2}{L_1 + L_2}$ [H] ·· [식 2-114]

(2) 만약, 두 코일 사이에 상호 인덕턴스가 존재하면

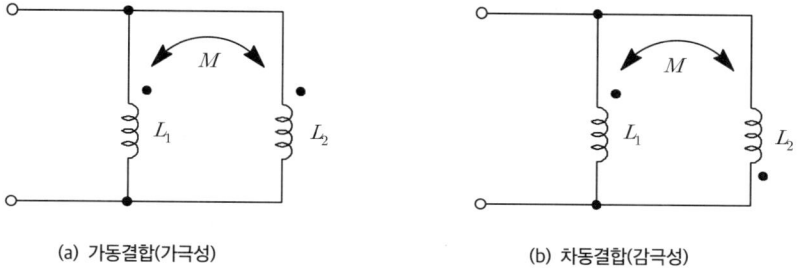

(a) 가동결합(가극성)　　　　　　　(b) 차동결합(감극성)

[그림 2-27] L의 병렬 접속

① 가동결합 $L_+ = \dfrac{L_1 L_2 - M^2}{L_1 + L_2 - 2M}$ [H] ·· [식 2-115]

② 차동결합 $L_- = \dfrac{L_1 L_2 - M^2}{L_1 + L_2 + 2M}$ [H] ·· [식 2-116]

3. 병렬접속 접속 증명

(1) 가동결합 등가변환

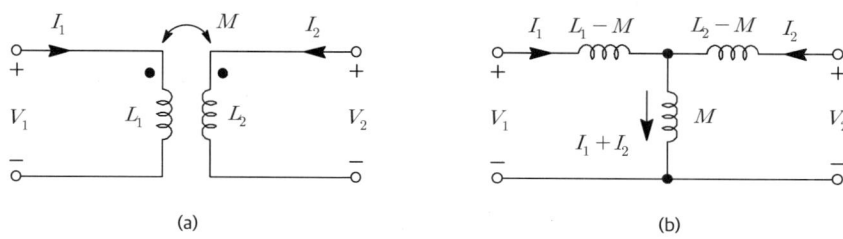

[그림 2-28] 가동결합 등가변환

① [그림 2-28](a)와 같이 인덕턴스에 표시된 점측으로 전류가 들어가면 가동결합이라 한다. 또는 두 인덕턴스 모두 점측 반대로 전류가 들어가도 가동결합으로 본다.

② 가동결합시에는 변압기 각 단자전압은 다음과 같다.

　㉠ $V_1 = L_1 \dfrac{dI_1}{dt} + M \dfrac{dI_2}{dt} = j\omega L_1 I_1 + j\omega M I_2$ ·· [식 2-117]

　㉡ $V_2 = L_2 \dfrac{dI_2}{dt} + M \dfrac{dI_1}{dt} = j\omega L_2 I_2 + j\omega M I_1$ ·· [식 2-118]

③ 위 식은 아래와 같이 변형시킬 수 있다.

　㉠ $V_1 = j\omega L_1 I_1 + j\omega M I_2 + j\omega M I_1 - j\omega M I_1$
　　　 $= j\omega (L_1 - M) I_1 + j\omega M (I_1 + I_2)$ ·· [식 2-119]

　㉡ $V_2 = j\omega L_2 I_2 + j\omega M I_1 + j\omega M I_2 - j\omega M I_2$
　　　 $= j\omega (L_2 - M) I_2 + j\omega M (I_1 + I_2)$ ·· [식 2-120]

④ [식 2-119]와 [식 2-120]을 통해[그림 2-28](b)와 같이 등가변환 시킬 수 있다.

(2) 차동결합 등가변환

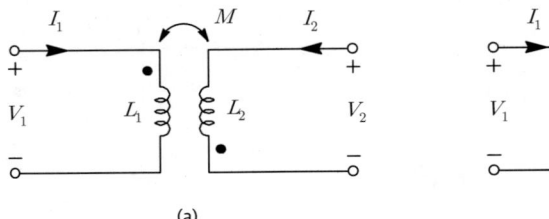
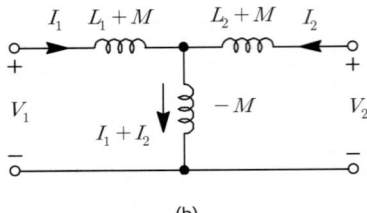

[그림 2-29] 차동결합 등가변환

① [그림 2-29](a)와 같이 한쪽의 인덕턴스는 점측으로 전류가 들어가고, 반대쪽 인덕턴스 점측 반대로 전류가 들어가면 차동결합이라 한다.

② 차동결합시에는 변압기 각 단자전압은 다음과 같다.

　㉠ $V_1 = L_1 \dfrac{dI_1}{dt} - M \dfrac{dI_2}{dt} = j\omega L_1 I_1 - j\omega M I_2$ ·· [식 2-121]

　㉡ $V_2 = L_2 \dfrac{dI_2}{dt} - M \dfrac{dI_1}{dt} = j\omega L_2 I_2 - j\omega M I_1$ ·· [식 2-122]

③ 위 식은 아래와 같이 변형시킬 수 있다.

　㉠ $V_1 = j\omega L_1 I_1 - j\omega M I_2 + j\omega M I_1 - j\omega M I_1$
　　　 $= j\omega (L_1 + M) I_1 - j\omega M (I_1 + I_2)$ ·· [식 2-123]

　㉡ $V_2 = j\omega L_2 I_2 - j\omega M I_1 + j\omega M I_2 - j\omega M I_2$
　　　 $= j\omega (L_2 + M) I_2 - j\omega M (I_1 + I_2)$ ·· [식 2-124]

④ [식 2-123]과 [식 2-124]를 통해[그림 2-29](b)와 같이 등가변환 시킬 수 있다.

(3) 가동결합 풀이

① [그림 2-30](a)는 (b)와 같이 등가변환할 수 있으면 최종적으로 (c)와 같이 변환이 가능하다.

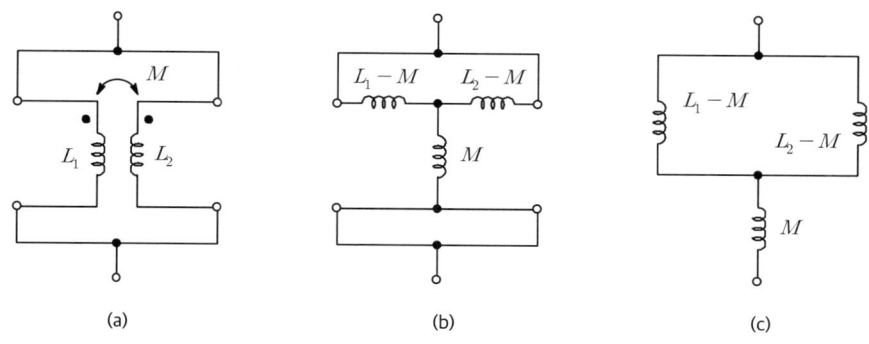

[그림 2-30] 가동결합 등가변환

② $L_+ = \dfrac{(L_1 - M) \times (L_2 - M)}{(L_1 - M) + (L_2 - M)} + M = \dfrac{L_1 L_2 - M(L_1 + L_2) + M^2}{L_1 + L_2 - 2M} + M$

$= \dfrac{L_1 L_2 - M(L_1 + L_2) + M^2}{L_1 + L_2 - 2M} + \dfrac{M(L_1 + L_2 - 2M)}{L_1 + L_2 - 2M}$

∴ 가동결합 $L_+ = \dfrac{L_1 L_2 - M^2}{L_1 + L_2 - 2M}$ [H] ································· [식 2-125]

(4) 차동결합 풀이

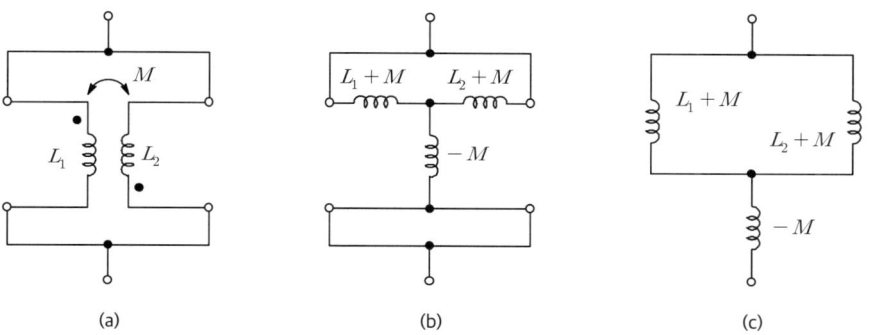

[그림 2-31] 차동결합 등가변환

① [그림 2-31](a)는 (b)와 같이 등가변환할 수 있으면 최종적으로 (c)와 같이 변환이 가능하다.

② $L_- = \dfrac{(L_1 + M) \times (L_2 + M)}{(L_1 + M) + (L_2 + M)} - M = \dfrac{L_1 L_2 + M(L_1 + L_2) + M^2}{L_1 + L_2 + 2M} - M$

$= \dfrac{L_1 L_2 + M(L_1 + L_2) + M^2}{L_1 + L_2 + 2M} - \dfrac{M(L_1 + L_2 + 2M)}{L_1 + L_2 + 2M}$

∴ 차동결합 $L_- = \dfrac{L_1 L_2 - M^2}{L_1 + L_2 + 2M}$ [H] ································· [식 2-126]

핵심 요점정리

1. 교류의 표시법

(1) 정현파의 평균값
① 한주기를 평균내면 수학적으로 0이 되므로 반주기로 평균값을 구한다.

② 평균값: $I_{av} = \dfrac{1}{T}\displaystyle\int_0^T i(t)\,dt = \dfrac{I_m}{\pi}\times 2 = 0.637 I_m = 0.9 I$

(2) 정현파의 실효값
① 부하에서 소비되는 열량을 기준으로 교류를 직류로 환산한 값

② $I = \sqrt{\dfrac{1}{T}\displaystyle\int_0^T i(t)^2\,dt} = \dfrac{I_m}{\sqrt{2}}$

(3) 각 종 파형에 따른 실효값과 평균값

종별	파형	실효값		평균값		파형율	
		전파	반파	전파	반파	전파	전파
구형파		V_m	$\dfrac{V_m}{\sqrt{2}}$	V_m	$\dfrac{V_m}{2}$	1	1
정현파		$\dfrac{V_m}{\sqrt{2}}$	$\dfrac{V_m}{2}$	$\dfrac{V_m}{\pi}\times 2$	$\dfrac{V_m}{\pi}$	1.11	$\sqrt{2}$
삼각파		$\dfrac{V_m}{\sqrt{3}}$	$\dfrac{V_m}{\sqrt{6}}$	$\dfrac{V_m}{2}$	$\dfrac{V_m}{4}$	1.155	$\sqrt{3}$

2. R, L, C 회로 특성

구분	R만의 회로	L만의 회로	C만의 회로
페이저도			
정지 벡터도			
특징	① $I_R = \dfrac{V}{R}$ [A] ② 전류는 전압과 동위상	① $I_L = \dfrac{V}{X_L} = \dfrac{V}{\omega L}$ [A] ② 전류는 전압보다 위상이 90° 늦다.	① $I_C = \dfrac{V}{X_C} = \omega C V$ [A] ② 전류는 전압보다 위상이 90° 빠르다.

3. R-X 직렬회로

구분	회로가 유도성의 경우	회로가 용량성의 경우
합성 임피던스	$Z = R + jX_L = \sqrt{R^2 + X_L^2}$ $= \sqrt{R^2 + (\omega L)^2}\,[\Omega]$	$Z = R - jX_C = \sqrt{R^2 + X_C^2}$ $= \sqrt{R^2 + \left(\dfrac{1}{\omega C}\right)^2}\,[\Omega]$
상차각 (부하각)	$\theta = \tan^{-1}\dfrac{X_L}{R} = \tan^{-1}\dfrac{\omega L}{R}$	$\theta = -\tan^{-1}\dfrac{X_C}{R} = -\tan^{-1}\dfrac{1}{\omega CR}$

4. R-X 병렬회로

구분	회로가 유도성의 경우	회로가 용량성의 경우
합성 임피던스	$Z = \dfrac{1}{\dfrac{1}{R} + \dfrac{1}{jX_L}} = \dfrac{jRX_L}{R + jX_L}$ $= \dfrac{RX_L}{\sqrt{R^2 + X_L^2}} = \dfrac{\omega RL}{\sqrt{R^2 + (\omega L)^2}}\,[\Omega]$	$Z = \dfrac{1}{\dfrac{1}{R} + \dfrac{1}{-jX_C}} = \dfrac{-jRX_C}{R - jX_C}$ $= \dfrac{RX_C}{\sqrt{R^2 + X_C^2}}\,[\Omega]$

5. 역률 $\left(\cos\theta = \dfrac{P}{P_a} = \dfrac{유효전력}{피상전력}\right)$ 과 공진

구분	직렬회로	병렬회로
역률의 크기	$\cos\theta = \dfrac{R}{\sqrt{R^2 + X^2}} = \dfrac{V_R}{V_0}$	$\cos\theta = \dfrac{X}{\sqrt{R^2 + X^2}} = \dfrac{I_R}{I_0}$
공진의 특징	① 공진 조건: $X_L = X_C$ ② 공진 주파수: $f_r = \dfrac{1}{2\pi\sqrt{LC}}$ ③ 임피던스 최소 ④ 전류는 최대	① 공진 조건: $B_L = B_C$ ② 공진 주파수: $f_r = \dfrac{1}{2\pi\sqrt{LC}}$ ③ 어드미턴스 최소 ④ 전류는 최소

6. 전력 공식

① 피상전력: $P_a = S = VI = I^2 Z = \dfrac{V^2}{Z}\,[\text{VA}]$

② 유효전력(소비전력): $P = VI\cos\theta = I^2 R = \dfrac{V^2}{R}\,[\text{W}]$

③ 무효전력: $P = VI\sin\theta = I^2 X = \dfrac{V^2}{X}\,[\text{Var}]$

④ 복소전력: $P_a = S = \overline{V}I = P \pm jP_r\,[\text{VA}]$ 여기서, $+jP_r$: 용량성, $-jP_r$: 유도성

$$V = a + jb \text{ 일 때 } \overline{V} = a - jb$$

출제예상문제

※ 출제예상문제는 기출분석을 바탕으로 자주 출제되는 유형을 선별하였습니다.

2-1 단상 교류의 발생

01 900[rpm]의 원동기에 직결된 발전기의 극수가 8이다. 발생하는 교류의 주파수는 몇 [Hz]인가?

① 50 ② 60
③ 100 ④ 120

정답분석
동기속도 $N_s = \dfrac{120f}{P}$ [rpm] 에서
$\therefore f = \dfrac{P}{120} \times N_s = \dfrac{8}{120} \times 900 = 60$ [Hz]

정답 ②

2-2 교류의 크기 표시 방법

02 $v = 141 \sin\left(377t - \dfrac{\pi}{6}\right)$ [V]의 파형의 주파수는 몇 [Hz]인가?

① 50 ② 60
③ 100 ④ 377

정답분석
각주파수 $\omega = 2\pi f = 2\pi \times 60 = 377$ 에서
$\therefore$ 주파수: $f = \dfrac{377}{2\pi} = 60$ [Hz]

정답 ②

03 $i_1 = I_m \sin \omega t$ 와 $i_2 = I_m \cos \omega t$의 두 교류 전류의 위상차는 몇 도인가?

① 0° ② 60°
③ 30° ④ 90°

정답분석
$i_2 = I_m \cos \omega t = I_m \sin(\omega t + 90°)$ 이므로
$\therefore i_2$ 전류가 i_1 보다 90° 만큼 앞선다.

정답 ④

04 그림과 같은 파형의 순시값은?

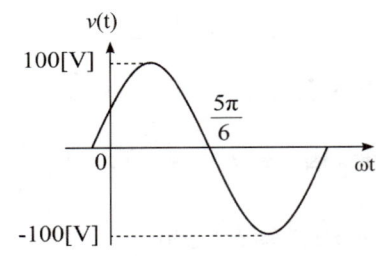

① $v = 100\sqrt{2} \sin \omega t$
② $v = 100\sqrt{2} \cos \omega t$
③ $v = 100 \sin\left(\omega t + \dfrac{\pi}{6}\right)$
④ $v = 100 \sin\left(\omega t - \dfrac{\pi}{6}\right)$

정답분석
순시값 = 최댓값 $\sin(\omega t \pm$ 위상차$)$
 = $\sqrt{2}$ 실횻값 $\sin(\omega t \pm$ 위상차$)$
 = 실횻값 $\angle \pm$ 위상차
$\therefore v = 100 \sin\left(\omega t + \dfrac{\pi}{6}\right)$ [V]

정답 ③

05

아래와 같이 2개의 교류전압이 있다. 다음 중 옳게 설명한 것은?

$$v_1 = 100\sqrt{2}\sin\left(377t + \frac{\pi}{3}\right) [\text{V}]$$
$$v_2 = 100\sqrt{2}\cos\left(377t + \frac{\pi}{3}\right) [\text{V}]$$

① v_1과 v_2의 주기는 모두 $\frac{1}{60}$ [sec] 이다.

② v_1과 v_2의 주파수는 377 [Hz] 이다.

③ v_1과 v_2는 동상이다.

④ v_1과 v_2의 실횻값은 100 [V], $100\sqrt{2}$ [V] 이다.

 정답분석

㉠ v_1과 v_2의 주파수
$$f = \frac{\omega}{2\pi} = \frac{377}{2 \times 3.14} = 60 [\text{Hz}]$$
㉡ v_1과 v_2의 주기: $T = \frac{1}{f} = \frac{1}{60}$ [sec]
㉢ v_2는 v_1보다 위상이 90° 앞선다.
㉣ v_1과 v_2의 실횻값은 모두 100 [V] 이고, 최댓값은 $100\sqrt{2}$ [V] 이다.

정답 ①

06

$i = 10\sin\left(\omega t - \frac{\pi}{3}\right)$ [A]로 표시되는 전류파형 보다 위상이 30°만큼 앞서고 최대치가 100[V]되는 전압파형 v를 식으로 나타내면 어떤 것인가?

① $v = 100\sin\left(\omega t - \frac{\pi}{3}\right)$

② $v = 100\sqrt{2}\sin\left(\omega t - \frac{\pi}{6}\right)$

③ $v = 100\sin\left(\omega t - \frac{\pi}{6}\right)$

④ $v = 100\sqrt{2}\cos\left(\omega t - \frac{\pi}{6}\right)$

 정답분석

위상이 30° 진상이므로
$$\therefore v = 100\sin(\omega t - 60 + 30)$$
$$= 100\sin\left(\omega t - \frac{\pi}{6}\right) [\text{V}]$$

정답 ③

07

최대치 100[V], 주파수 60[Hz]인 정현파 전압이 있다. t=0에서 순시값이 50[V]이고 이 순간에 전압이 감소하고 있을 경우의 정현파의 순시값은?

① $v = 100\sin(120\pi t + 45°)$

② $v = 100\sin(120\pi t + 135°)$

③ $v = 100\sin(120\pi t + 150°)$

④ $v = 100\sin(120\pi t + 30°)$

정답분석

㉠ $v = 100\sin\omega t$에서 순시값이 50 [V]가 되기 위한 $\theta = \omega t = 30°$가 되어야 한다.
(여기서, $\sin 30° = 0.5$)

㉡ 아래 그림과 같이 순시값이 50 [V]인 점을 30°와 150°이며, 전압이 감소하는 부분은 150° 지점이다.

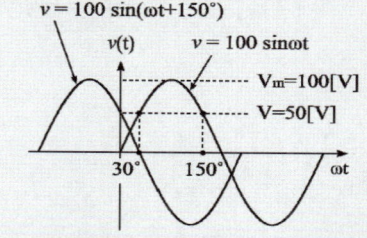

㉢ $t = 0$에서 순시값이 50 [V]이고 이 순간에 전압이 감소하려면 진상 150°가 되어야 한다.
$$\therefore v = 100\sin(120\pi t + 150°) [\text{V}]$$

정답 ③

08

아래 2개의 교류전압의 위상차를 시간으로 표시하면 몇 초인가?

$$e_1 = 141\sin(120\pi t - 30°)$$
$$e_2 = 150\cos(120\pi t - 30°)$$

① $\frac{1}{60}$ ② $\frac{1}{120}$

③ $\frac{1}{240}$ ④ $\frac{1}{360}$

 정답분석

$\sin\omega t$과 $\cos\omega t$의 위상차는 $90° = \frac{\pi}{2}$ [rad]이고, 각주파수 $\omega = \frac{\theta}{t} = 2\pi f$ [rad/s]이므로

$$\therefore \text{시간: } t = \frac{\theta}{2\pi f} = \frac{\pi/2}{120\pi} = \frac{1}{240} [\text{sec}]$$

정답 ③

09 t=3[ms]에서 최댓값 5[V]에 도달하는 60[Hz]의 정현파 전압 $e(t)$[V]를 시간 함수로 표시하면?

① $5\sin(376.8t+25.2°)$
② $5\sin(376.8t+35.2°)$
③ $5\sqrt{2}\sin(376.8t+25.2°)$
④ $5\sqrt{2}\sin(376.8t+35.2°)$

정답분석
㉠ 3[ms]를 위상각으로 변환하면
$\theta = \omega t = 2\pi f t = 120\pi t$
$= 120 \times 180° \times 3 \times 10^{-3} = 64.8°$
㉡ 3[ms]에서 최댓값이 되기 위해서는
$\theta = 90° - 64.8° = 25.2°$ 만큼 파형이 앞서야 한다.
$\therefore e(t) = 5\sin(\omega t + 25.2°)$[V]
(여기서, $\omega t = 2\pi f t = 120\pi t = 376.8t$)

정답 ①

10 교류 전류는 크기 및 방향이 주기적으로 변한다. 한 주기의 평균값은?

① 0
② $\dfrac{2}{\pi}$
③ $\dfrac{2I_m}{\pi}$
④ $\dfrac{I_m}{2}$

정답분석
대칭 정현파의 경우 한주기를 반주기로 보고, 비대칭파의 경우에는 한주기를 그대로 본다.
$\therefore I_a = \dfrac{1}{T}\int_0^T I_m \sin\omega t \, dt$
$= \dfrac{1}{\pi}\int_0^\pi I_m \sin\omega t \, d\omega t = \dfrac{2I_m}{\pi}$
$= 0.637 I_m = 0.9 I$[A]
여기서, I_m: 최댓값, I: 실훗값

정답 ③

11 어떤 교류전압의 실훗값이 314[V]일 때 평균값은?

① 약 142[V]
② 약 283[V]
③ 약 365[V]
④ 약 382[V]

정답분석
평균값: $V_a = \dfrac{2V_m}{\pi} = 0.637 V_m$
$= 0.637 \times \sqrt{2} V$
$= 0.9 V = 0.9 \times 314 = 282.6$[V]

정답 ②

12 $i = 3\sqrt{2}\sin(377t-30°)$[A]의 평균값?

① 5.7[A]
② 4.3[A]
③ 3.9[A]
④ 2.7[A]

정답분석
평균값: $I_a = \dfrac{2I_m}{\pi} = 0.637 I_m$
$= 0.637 \times \sqrt{2} I = 0.9 I$
$= 0.9 \times 3 = 2.7$[A]

정답 ④

13 어떤 정현파 전압의 평균값이 191[V]이면 최댓값은?

① 약 150[V]
② 약 250[V]
③ 약 300[V]
④ 약 400[V]

정답분석
평균값 $V_a = \dfrac{2V_m}{\pi} = 0.637 V_m$ 에서
$\therefore$ 최댓값: $V_m = \dfrac{V_a}{0.637} = \dfrac{191}{0.637} = 299$[V]

정답 ③

14 정현파 교류회로의 실효치를 계산하는 식은?

① $I = \dfrac{1}{T^2}\displaystyle\int_0^T i^2\, dt$

② $I^2 = \dfrac{2}{T}\displaystyle\int_0^T i\, dt$

③ $I^2 = \dfrac{1}{T}\displaystyle\int_0^T i^2\, dt$

④ $I = \sqrt{\dfrac{2}{T}\displaystyle\int_0^T i^2\, dt}$

정답분석

실효값: $I = \sqrt{\dfrac{1}{T}\displaystyle\int_0^T i^2\, dt}$
$= \dfrac{I_m}{\sqrt{2}} = 0.707\, I_m$

정답 ③

15 정현파 교류의 실효값은 평균값의 몇 배가 되는가?

① $\dfrac{\pi}{2\sqrt{2}}$ ② $\dfrac{2}{\sqrt{3}}$

③ $\dfrac{\sqrt{3}}{2}$ ④ $\dfrac{2\sqrt{2}}{\pi}$

정답분석

㉠ 평균값: $I_a = \dfrac{2I_m}{\pi}$ → 최댓값: $I_m = \dfrac{\pi}{2} I_a$

㉡ 실효값: $I = \dfrac{I_m}{\sqrt{2}} = \dfrac{\pi}{2\sqrt{2}} \times I_a$

정답 ①

16 그림과 같이 횡축에 대칭인 삼각파 교류전압의 평균치는?

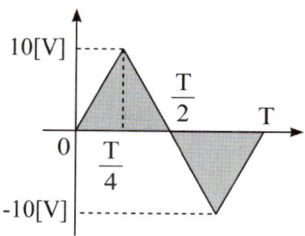

① 8 ② 5
③ 10 ④ 6

정답분석

각 종 파형에 따른 실효값과 평균값

파형		실효값		평균값	
		전파	반파	전파	반파
구형파		V_m	$\dfrac{V_m}{\sqrt{2}}$	V_m	$\dfrac{V_m}{2}$
정현파		$\dfrac{V_m}{\sqrt{2}}$	$\dfrac{V_m}{2}$	$\dfrac{2V_m}{\pi}$	$\dfrac{V_m}{\pi}$
삼각파		$\dfrac{V_m}{\sqrt{3}}$	$\dfrac{V_m}{\sqrt{6}}$	$\dfrac{V_m}{2}$	$\dfrac{V_m}{4}$

여기서, V_m: 전압의 최댓값

$V_a = \dfrac{V_m}{2} = \dfrac{10}{2} = 5[\text{V}]$

정답 ②

17 그림과 같은 톱니파형의 실효치는?

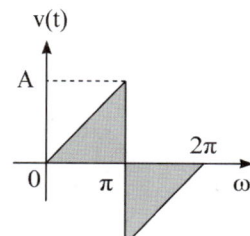

① $\dfrac{A}{\sqrt{3}}$ ② $\dfrac{A}{\sqrt{2}}$

③ $\dfrac{A}{3}$ ④ $\dfrac{A}{2}$

정답분석

㉠ 삼각파(톱니파)의 평균값: $V_a = \dfrac{V_m}{2} = \dfrac{A}{2}$

㉡ 삼각파(톱니파)의 실효값: $V = \dfrac{V_m}{\sqrt{3}} = \dfrac{A}{\sqrt{3}}$

정답 ①

18
그림과 같은 톱니파형의 실효치는?

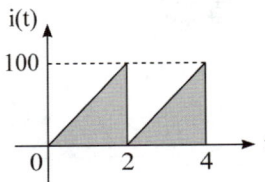

① 47.7 ② 57.7
③ 67.7 ④ 77.5

정답분석

톱니파(삼각파)의 실횻값

$I = \dfrac{I_m}{\sqrt{3}} = \dfrac{100}{\sqrt{3}} = 57.7\,[A]$

정답 ②

19
그림과 같은 $e = E_m \sin \omega t\,[V]$인 정현파 교류의 반파정류파형 실횻값은?

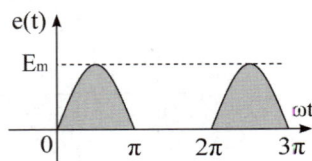

① E_m ② $\dfrac{E_m}{\sqrt{2}}$
③ $\dfrac{E_m}{2}$ ④ $\dfrac{E_m}{\sqrt{3}}$

정답분석

㉠ 반파 정현파의 평균값: $E_a = \dfrac{E_m}{\pi}$

㉡ 반파 정현파의 실횻값: $E = \dfrac{E_m}{2}$

정답 ③

20
그림과 같은 파형을 가진 맥류전류의 평균값이 10[A]이라면 전류의 실횻값은 얼마인가?

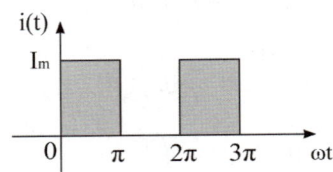

① 10 ② 14
③ 20 ④ 28

정답분석

㉠ 반파 구형파의 평균값: $I_a = \dfrac{I_m}{2}$

㉡ 최댓값: $I_m = 2I = 2 \times 10 = 20\,[A]$

∴ 실횻값: $I = \dfrac{I_m}{\sqrt{2}} = \dfrac{20}{\sqrt{2}} = 14.14\,[A]$

정답 ②

21
그림과 같은 제형파의 평균값은?

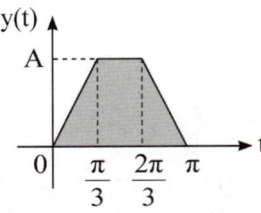

① $\dfrac{1}{2}A$ ② $\dfrac{3}{2}A$
③ $\dfrac{1}{3}A$ ④ $\dfrac{2}{3}A$

정답분석

㉠ 제형파의 평균값: $V_a = \dfrac{2}{3}V_m$

㉡ 제형파의 실횻값: $V = \dfrac{\sqrt{5}}{3}V_m$

(여기서, 제형파의 최댓값: $V_m = A$)

정답 ④

22 그림과 같은 전압 파형의 실훗값은?

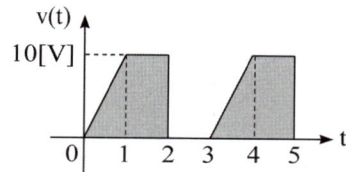

① 5.67   ② 6.67
③ 7.57   ④ 8.57

정답분석 실훗값

$$V = \sqrt{\frac{1}{3}\left(\int_0^1 (10t)^2 dt + \int_1^2 10^2 dt\right)}$$

$$= \sqrt{\frac{1}{3}\left[\frac{100}{3}t^3\right]_0^1 + \frac{1}{3}\left[100t\right]_1^2} = 6.67\,[\text{V}]$$

정답 ②

23 다음과 같은 왜형파의 실훗값은?

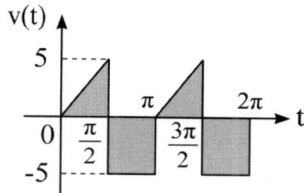

① $5\sqrt{2}$ ② $\dfrac{10}{\sqrt{6}}$
③ 15   ④ 35

정답분석 실훗값

$$V = \sqrt{\frac{1}{T}\int_0^T v^2(t)\,dt}$$

$$= \sqrt{\frac{1}{\pi}\left\{\int_0^{\frac{\pi}{2}}\left(\frac{10}{\pi}t\right)^2 d\omega t + \int_{\frac{\pi}{2}}^{\pi}(-5)^2 d\omega t\right\}}$$

$$= \sqrt{\frac{1}{\pi}\left\{\left[\frac{100}{\pi^2}\times\frac{t^3}{3}\right]_0^{\frac{\pi}{2}} + \left[25t\right]_{\frac{\pi}{2}}^{\pi}\right\}}$$

$$= \sqrt{\frac{1}{\pi}\left\{\frac{100\pi}{24} + \frac{25\pi}{2}\right\}}$$

$$= \sqrt{\frac{25}{6} + \frac{75}{6}} = \sqrt{\frac{100}{6}} = \frac{10}{\sqrt{6}}$$

[별해]
㉠ 삼각 반파의 실훗값: $V = \dfrac{5}{\sqrt{6}}$

㉡ 구형 반파의 실훗값: $V = \dfrac{5}{\sqrt{2}}$

∴ 문제 파형의 실훗값

$$V = \sqrt{\left(\frac{5}{\sqrt{6}}\right)^2 + \left(\frac{5}{\sqrt{2}}\right)^2}$$

$$= \sqrt{\frac{25}{6} + \frac{25}{2}} = \sqrt{\frac{100}{6}} = \frac{10}{\sqrt{6}}$$

정답 ②

24 처음 10초간은 50[A]의 전류를 흘리고 다음 20초간은 40[A]의 전류를 흘리면 전류의 실효치는 약 얼마인가? (단, 주기는 30초라 한다.)

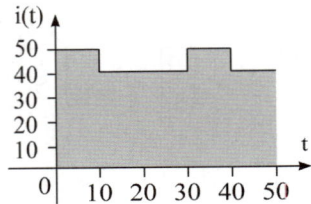

① 38.7　　② 43.6
③ 46.8　　④ 51.5

실횻값: $I = \sqrt{\dfrac{1}{T}\int_0^T i^2\, dt}$
$= \sqrt{\dfrac{50^2 \times 10 + 40^2 \times 20}{30}}$
$= 43.6\,[A]$

정답 ②

25 전류 파형에 있어서 0으로부터 π까지의 사이는 $i = I_m \sin \omega t\,[A]$로 π에서부터 2π까지는 $-\dfrac{I_m}{2}$로 주어진다. $I_m = 5\,[A]$라 할 때 전류의 평균치는?

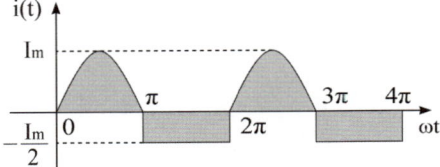

① 0.234　　② 0.342
③ 0.432　　④ 0.5

㉠ 반파 정현파(정류파)의 평균값
$I_{a1} = \dfrac{I_m}{\pi} = \dfrac{5}{\pi} = 1.592\,[A]$
㉡ 반파 구형파(맥류파)의 평균값
$I_{a2} = \dfrac{I_m}{2} = \dfrac{1}{2} \times \dfrac{-5}{2} = -1.25\,[A]$
∴ 전류의 평균값
$I_a = I_{a1} + I_{a2} = 1.592 - 1.25 = 0.342\,[A]$

정답 ②

26 그림과 같이 $e = 100 \sin \omega t\,[V]$의 정현파 교류전압의 반파 정류파에 있어서 사선부분의 평균치는 약 몇 [V]인가?

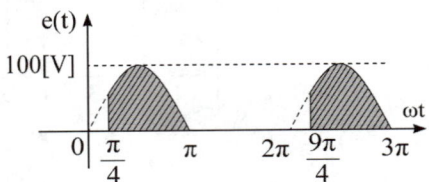

① 27.17　　② 200/π
③ 70.7　　④ 4.7

$E_a = \dfrac{1}{T}\int_0^T i(t)\, dt$
$= \dfrac{1}{2\pi}\int_{\pi/4}^{\pi} 100 \sin \omega t\, d\omega t$
$= \dfrac{100}{2\pi}\int_{\pi/4}^{\pi} \sin \omega t\, d\omega t$
$= \dfrac{100}{2\pi}\left[-\cos \omega t\right]_{\pi/4}^{\pi}$
$= \dfrac{100}{2\pi}\left(\cos\dfrac{\pi}{4} - \cos\pi\right) = 27.17\,[V]$

정답 ①

27 그림과 같은 주기 전압파에 있어서 0으로부터 0.02[sec]의 사이에서는 $e = 5 \times 10^4 (t-0.02)^2$ [V]로 표시되고 0.02[sec]에서 부터 0.04[sec]까지는 $e = 0$ 이다. 전압의 평균치는 약 얼마인가?

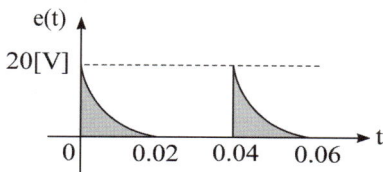

① 2.2
② 3.3
③ 4
④ 5.5

 평균값

$$E_a = \frac{1}{T}\int_0^T i(t)\, dt$$
$$= \frac{1}{0.04}\int_0^{0.02} 5 \times 10^4 (t-0.02)^2\, dt$$
$$= \frac{5 \times 10^4}{0.04}\int_0^{0.02} (t-0.02)^2\, dt$$
$$= 125 \times 10^4 \int_0^{0.02} (t^2 - 0.04t + 0.02^2)\, dt$$
$$= 3.3\,[V]$$

정답 ②

28 그림과 같은 파형의 맥동전류를 열선형 계기로 측정한 결과 10[A]이었다. 이를 가동 코일형 계기로 측정할 때 전류의 값은 몇[A]인가?

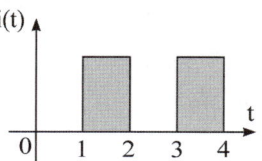

① 7.07
② 10
③ 14.14
④ 17.32

 ㉠ 열선형 계기로 측정하면 실효치를, 가동코일형 계기로 측정하면 평균치를 지시한다.

㉡ 반파 구형파의 실횻값: $I = \frac{I_m}{\sqrt{2}}$

∴ 평균값: $I_a = \frac{I_m}{2} = \frac{\sqrt{2}}{2} \times I$
$= \frac{\sqrt{2}}{2} \times 10 = 7.07\,[A]$

정답 ①

29 무유도 저항 부하에 그림 (a)와 같이 정현파 교류를 정류한 맥류전류가 흐를 때 그림 (b)와 같이 접속된 가동 코일형 전압계 및 전류계의 지시치 V_a, I_a에 의하여 부하의 전력 [W]을 구하면?

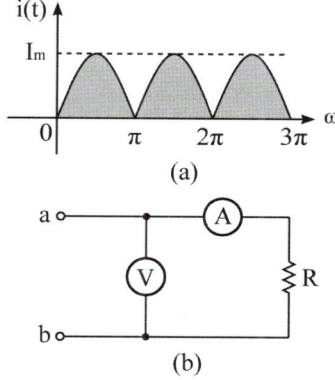

① $\frac{\pi^2}{8} V_a I_a$
② $\frac{\pi^2}{4} V_a I_a$
③ $\frac{1}{2} V_a I_a$
④ $V_a I_a$

㉠ 정류파의 평균값: $V_a = \frac{2V_m}{\pi}$

㉡ 정류파의 최댓값: $V_m = \frac{\pi}{2} \times V_a$

㉢ 정류파의 실횻값: $V = \frac{V_m}{\sqrt{2}}$
$= \frac{\pi}{2\sqrt{2}} \times V_a$

∴ 부하전력: $P = VI$
$= \frac{\pi}{2\sqrt{2}} V_a \times \frac{\pi}{2\sqrt{2}} I_a$
$= \frac{\pi^2}{8} V_a I_a\,[W]$

정답 ①

30 정현파 교류의 실횻값을 구하는 식이 잘못된 것은?

① 실효치 = $\sqrt{\dfrac{1}{T}\displaystyle\int_0^T i^2 dt}$

② 실효치 = 파고율×평균치

③ 실효치 = $\dfrac{최대치}{\sqrt{2}}$

④ 실효치 = $\dfrac{\pi}{2\sqrt{2}} \times 평균치$

정답분석
㉠ 파고율 = $\dfrac{최댓값}{실횻값}$
㉡ 실횻값 = $\dfrac{최댓값}{파고율}$

정답 ②

31 교류의 파형율이란?

① $\dfrac{최댓값}{실횻값}$ ② $\dfrac{실횻값}{최댓값}$

③ $\dfrac{평균값}{실횻값}$ ④ $\dfrac{실횻값}{평균값}$

정답분석
㉠ 파고율 = $\dfrac{최댓값}{실횻값}$
㉡ 파형율 = $\dfrac{실횻값}{평균값}$

정답 ④

32 파형율, 파고율이 다같이 1인 파형은?

① 고조파   ② 삼각파
③ 구형파   ④ 사인파

정답분석
각 파형(전파)의 파고율과 파형율

파형	실횻값	평균값	파고율	파형율
구형파	V_m	V_m	1	1
정현파	$\dfrac{V_m}{\sqrt{2}}$	$\dfrac{2V_m}{\pi}$	$\sqrt{2}$	1.11
삼각파	$\dfrac{V_m}{\sqrt{3}}$	$\dfrac{V_m}{2}$	$\sqrt{3}$	1.155

정답 ③

33 그림과 같은 파형의 파고율은?

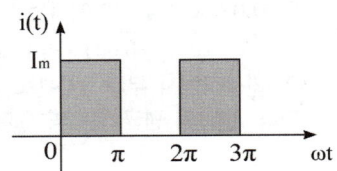

① 0.707   ② 1.414
③ 1.732   ④ 2.000

정답분석
㉠ 반파 구형파의 실횻값: $I = \dfrac{I_m}{\sqrt{2}}$
㉡ 파고율 = $\dfrac{최대값}{실횻값} = \dfrac{I_m}{\dfrac{I_m}{\sqrt{2}}} = \sqrt{2}$

정답 ②

34 정현파의 파고율은?

① 1.0   ② 1.414
③ 1.732   ④ 2.0

정답확인 정답 ②

35 파고율 값이 1.414인 것은 어떤 파인가?

① 반파정류파   ② 직사각형파
③ 정현파   ④ 톱니파

정답확인 정답 ③

36 반파 정류파의 파고율은?

① 2   ② 1
③ $\sqrt{3}$ ④ $\sqrt{2}$

정답확인 정답 ①

37 파고율이 2가 되는 파는?

① 정현파　　② 톱니파
③ 반파 정류파　　④ 전파 정류파

정답분석
㉠ 정현 반파 실횻값: $V = \dfrac{V_m}{2}$
㉡ 파고율 $= \dfrac{\text{최 댓값}}{\text{실 횻값}} = \dfrac{V_m}{\dfrac{V_m}{2}} = 2$

정답 ③

38 삼각파의 파고율은 얼마인가?

① $\dfrac{1}{\sqrt{3}}$　　② $\dfrac{2}{\sqrt{3}}$
③ $\sqrt{3}$　　④ $\sqrt{6}$

정답분석
각 파형(전파)의 파고율과 파형율

파형	실횻값	평균값	파고율	파형율
구형파	V_m	V_m	1	1
정현파	$\dfrac{V_m}{\sqrt{2}}$	$\dfrac{2V_m}{\pi}$	$\sqrt{2}$	1.11
삼각파	$\dfrac{V_m}{\sqrt{3}}$	$\dfrac{V_m}{2}$	$\sqrt{3}$	1.155

여기서, 삼각파와 톱니파의 실횻값, 평균값, 파고율, 파형율은 모두 동일하다.

정답 ③

39 톱니파에서 파형률 값은?

① 0.577　　② 1.414
③ 1.155　　④ 2

정답 ③

40 파형의 파형율 값이 잘못된 것은?

① 정현파의 파형율은 1.414이다.
② 톱니파의 파형율은 1.155이다.
③ 전파 정류파의 파형율은 1.11이다.
④ 반파 정류파의 파형율은 1.571이다.

정답분석
정현파의 파형율은 1.11이다.

정답 ①

41 그림과 같은 회로에서 부하 R에 흐르는 직류전류는 몇 [A]인가?
(단, $R = 5\,[\Omega]$, $e = 314 \sin \omega t\,[\mathrm{V}]$이다.)

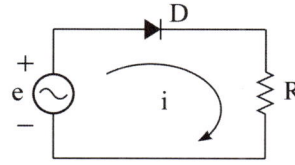

① 31.4　　② 5
③ 10　　④ 20

정답분석
다이오드(D)를 거치면 반파 정류파(정현파)가 되고, 직류값은 평균값을 의미하므로
∴ 직류전류: $I_a = \dfrac{V_a}{R} = \dfrac{314/\pi}{5}$
　　　　　$= \dfrac{100}{5} = 20\,[\mathrm{A}]$

정답 ④

42 단상 전파 파형을 만들기 위해 전원은 어떤 단자에 연결해야 하는가?

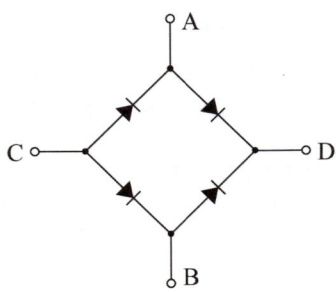

① A-B ② C-D
③ A-C ④ B-D

㉠ 입력 단자: A-B
㉡ 출력 단자: C-D

정답 ①

2-3 단일 회로 소자

43 어떤 회로 소자에 $e = 125\sin 377t\,[V]$를 가했을 때 전류 $i = 25\sin 377t\,[A]$가 흐른다. 이 소자는 어떤 것인가?

① 다이오드 ② 순저항
③ 유도 리액턴스 ④ 용량 리액턴스

전압과 전류의 위상관계

구분	전류 위상
R만의 회로	㉠ 전압과 동위상 ㉡ $i_R(t) = I_R\sqrt{2}\sin\omega t$ ㉢ 전류 실횻값: $I_R = \dfrac{V}{R}$
L만의 회로	㉠ 전압보다 90° 느리다. (지상) ㉡ $i_L(t) = I_L\sqrt{2}\sin(\omega t - 90°)$ ㉢ $I_L = \dfrac{V}{X_L} = \dfrac{V}{\omega L} = \dfrac{V}{2\pi f L}$
C만의 회로	㉠ 전압보다 90° 빠르다. (진상) ㉡ $i_C(t) = I_C\sqrt{2}\sin(\omega t + 90°)$ ㉢ $I_C = \dfrac{V}{X_C} = \omega CV = 2\pi fCV$

여기서, 전압: $v(t) = V\sqrt{2}\sin\omega t\,[V]$

정답 ②

44 어떤 회로 소자에 $e = 125\cos 377t\,[V]$ 가했을 때 전류 $i = 50\sin 377t\,[A]$가 흐른다. 이 소자는 어떤 것인가?

① 저항성분 ② 용량성
③ 무유도성 ④ 유도성

전류의 위상이 전압보다 90° 지상이므로 유도 리액턴스만의 회로이다.

정답 ④

45 어떤 회로 소자에 $e = 125\sin 377t\,[V]$ 가했을 때 전류 $i = 50\cos 377t\,[A]$가 흐른다. 이 소자는 어떤 것인가?

① 순저항 ② 다이오드
③ 용량 리액턴스 ④ 유도 리액턴스

전류의 위상이 전압보다 90° 진상이므로 용량 리액턴스만의 회로이다.

정답 ③

46 다음 그래프에서 기울기는 무엇을 나타내는가?

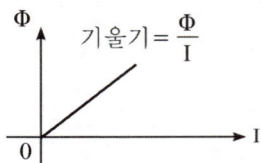

① 저항 R ② 인덕턴스 L
③ 커패시턴스 G ④ 컨덕턴스 G

㉠ 쇄교자속: $\Phi = N\phi = LI$
㉡ 인덕턴스: $L = \dfrac{\Phi}{I} = \dfrac{N}{I}\times\phi\,[H]$

정답 ②

47 어떤 코일에 흐르는 전류가 0.01[sec]사이에 일정하게 50[A]에서 10[A]로 변할 때 20[V]의 기전력이 발생한다고 하면 자기 인덕턴스는?

① 20[mH]   ② 33[mH]
③ 40[mH]   ④ 5[mH]

L의 단자전압 $V_L = L\dfrac{di}{dt}$ 에서 자기 인덕턴스

$\therefore L = \dfrac{V_L}{\dfrac{di}{dt}} = \dfrac{20}{\dfrac{50-10}{0.01}} = \dfrac{20}{\dfrac{40}{0.01}}$

$= 5 \times 10^{-3}[H] = 5[mH]$

정답 ④

48 두 코일이 있다. 한 코일의 전류가 매초 20[A]의 비율로 변화할 때 다른 코일에는 10[V]의 기전력이 발생하였다면 두 코일의 상호인덕턴스 [H]는 얼마인가?

① 0.25   ② 0.5
③ 0.75   ④ 1.25

2차 코일의 유도기전력 $e_2 = -M\dfrac{di_1}{dt}$ 에서

2차 단자전압은 $V_2 = M\dfrac{di_1}{dt}$ 이 된다.

$\therefore$ 상호 인덕턴스: $M = \dfrac{V_2}{\dfrac{di_1}{dt}} = \dfrac{10}{20} = 0.5[H]$

정답 ②

49 인덕터의 특성을 요약한 것 중 잘못된 것은?

① 인덕터는 직류에 대해서 단락회로로 작용한다.
② 일정한 전류가 흐를 때 전압은 무한대이지만 일정량의 에너지가 축적된다.
③ 인덕터의 전류가 불연속적으로 급격히 변화하면 전압이 무한대가 되어야 하므로 인덕터 전류가 불연속적으로 급격히 변할 수 없다.
④ 인덕터는 에너지를 축적하지만 소모하지는 않는다.

① 인덕터의 리액턴스는 $X_L = 2\pi fL[\Omega]$에서 직류는 $f = 0$이므로 $X_L = 0$(단락회로)이 된다.
② 일정 전류(직류)가 흐르면 $V = IX_L = 0$이 되고, 에너지 $W_L = \dfrac{1}{2}LI^2[J]$를 축적한다.
③ 인덕터 단자전압 $V_L = L\dfrac{di}{dt}$ 이므로 전류가 급격히 변하면 전압이 무한대가 되므로, 전류는 급변할 수 없다.

정답 ②

50 인덕턴스에서 급격히 변할 수 없는 것은?

① 전압   ② 전류
③ 전압과 전류   ④ 정답이 없다.

㉠ 인덕턴스는 전류가 급변할 수 없다.
㉡ 정전용량은 전압이 급변할 수 없다.

정답 ②

51

그림과 같은 회로에서 $i_1 = I_m \sin \omega t$ [A]일 때, 개방된 2차 단자에 나타나는 유기기전력 e_2는 몇 [V]인가?

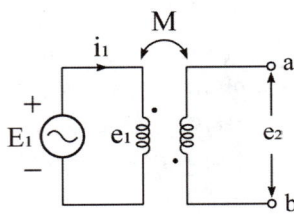

① $e_2 = \omega M I_m \sin(\omega t - 90°)$
② $e_2 = \omega M I_m \cos(\omega t + 90°)$
③ $e_2 = \omega M I_m \cos \omega t$
④ $e_2 = -\omega M I_m \sin \omega t$

정답분석

유도기전력

$$e_2 = -M\frac{di_1}{dt} = -M\frac{d}{dt}I_m \sin \omega t$$
$$= -MI_m \frac{d}{dt}\sin \omega t$$
$$= -\omega M I_m \cos \omega t$$
$$= -\omega M I_m \sin(\omega t + 90°)$$
$$= \omega M I_m \sin(\omega t - 90°) \text{ [V]}$$

정답 ①

52

60[Hz]에서 리액턴스 값이 10[Ω]인 경우 인덕턴스 값 [mH]와 정전용량 [μF]은?

① 26.53[mH]   295.37[μF]
② 18.37[mH]   265.25[μF]
③ 18.37[mH]   295.37[μF]
④ 26.53[mH]   265.25[μF]

정답분석

㉠ 유도 리액턴스 $X_L = \omega L = 2\pi f L$ 에서
$$L = \frac{X_L}{2\pi f} = \frac{10}{2\pi \times 60}$$
$$= 0.02653 \text{ [H]} = 26.53 \text{ [mH]}$$

㉡ 용량 리액턴스 $X_C = \frac{1}{\omega C} = \frac{1}{2\pi f C}$ 에서
$$C = \frac{1}{2\pi f X_C} = \frac{1}{2\pi \times 60 \times 10}$$
$$= 0.00026526 \text{ [F]} = 265.26 \text{ [μF]}$$

정답 ④

53

1000[Hz]인 정현파 교류에서 5[mH]인 유도 리액턴스와 같은 용량 리액턴스를 갖는 C의 크기는 몇 [μF]인가?

① 5.07   ② 4.07
③ 3.07   ④ 2.07

정답분석

$\omega L = \frac{1}{\omega C}$ 이므로 정전용량은
$$\therefore C = \frac{1}{\omega^2 L} = \frac{1}{(2\pi \times 1000)^2 \times 5 \times 10^{-3}}$$
$$= 5.07 \times 10^{-6} \text{ [F]} = 5.07 \text{ [μF]}$$

정답 ①

54

0.1[H]인 코일의 리액턴스가 377[Ω]일 때 주파수는 몇 [Hz]인가?

① 600   ② 360
③ 120   ④ 60

정답분석

유도 리액턴스 $X_L = \omega L = 2\pi f L$ [Ω] 에서
$$\therefore \text{주파수: } f = \frac{X_L}{2\pi L} = \frac{377}{2\pi \times 0.1} = 600 \text{ [Hz]}$$

정답 ①

55

자기 인덕턴스 0.1[H]인 코일에 실훗값 100[V], 60[Hz], 위상각 0°인 교류전압을 가하였을 때 흐르는 전류의 실훗값 [A]은?

① 37.7[A]   ② 47.7[A]
③ 2.65[A]   ④ 5.46[A]

정답분석

L만의 회로에 흐르는 전류
$$I_L = \frac{V}{X_L} = \frac{V}{\omega L} = \frac{V}{2\pi f L}$$
$$= \frac{100}{2\pi \times 60 \times 0.1 \times 10^{-3}} = 2.65 \text{ [A]}$$

정답 ③

56 실횻값 200[V], 50[Hz]인 교류전압을 인덕턴스 20[H]인 코일에 가했을 때 흐르는 전류의 실횻값은?

① 10π ② $\dfrac{\pi}{10}$
③ $\dfrac{1}{10\pi}$ ④ $\dfrac{10}{\pi}$

$$I = \dfrac{V}{X_L} = \dfrac{V}{2\pi f L} = \dfrac{200}{2\pi \times 50 \times 20}$$
$$= \dfrac{1}{10\pi}\,[A]$$

정답 ③

57 인덕턴스 $L = 20\,[mH]$인 코일에 실효치 $V = 50\,[V]$, $f = 60\,[Hz]$인 정현파 전압을 인가했을 때 코일에 축적되는 평균 자기에너지 $W_L\,[J]$은?

① 0.44 ② 4.4
③ 0.63 ④ 63

㉠ L만의 회로에 흐르는 전류
$$I_L = \dfrac{V}{X_L} = \dfrac{V}{\omega L} = \dfrac{V}{2\pi f L}$$
$$= \dfrac{50}{2\pi \times 60 \times 20 \times 10^{-3}} = 6.63\,[A]$$
㉡ 코일에 축적되는 자기에너지
$$W_L = \dfrac{1}{2}LI^2$$
$$= \dfrac{1}{2} \times 20 \times 10^{-3} \times 6.63^2 = 0.44\,[J]$$

정답 ①

58 정전용량 $C\,[F]$의 회로에 기전력 $v = V_m \sin \omega t\,[V]$를 가할 때 흐르는 전류 $i\,[A]$는?

① $i = \dfrac{V_m}{\omega C}\sin(\omega t + 90°)$
② $i = \dfrac{V_m}{\omega C}\sin(\omega t - 90°)$
③ $i = \omega C V_m \sin(\omega t + 90°)$
④ $i = \omega C V_m \cos(\omega t + 90°)$

콘덴서에 흐르는 전류
$$i_C = C\dfrac{dV}{dt} = C\dfrac{d}{dt}V_m \sin \omega t$$
$$= CV_m \dfrac{d}{dt}\sin \omega t = \omega C V_m \cos \omega t$$
$$= \omega C V_m \sin(\omega t + 90°)$$
$$= j\omega C V_m \sin \omega t$$
$$= j\omega C V = j\dfrac{V}{\frac{1}{\omega C}} = j\dfrac{V}{X_C} = \dfrac{V}{-jX_C}$$

정답 ③

59 100[μF]인 콘덴서의 양단에 전압을 30[V/ms]의 비율로 변화시킬 때 콘덴서에 흐르는 전류의 크기 [A]는?

① 0.03 ② 0.3
③ 3 ④ 30

C만의 회로에 흐르는 전류
$$i = C\dfrac{dV}{dt} = 100 \times 10^{-6} \times \dfrac{30}{10^{-3}}$$
$$= 3000 \times 10^{-3} = 3\,[A]$$

정답 ③

60 $C[F]$의 콘덴서에 $V[V]$의 전압을 가하니 $Q[C]$의 전기량이 충전되었다. 저장 에너지 $W[J]$ 공식이 잘못된 것은?

① $\frac{1}{2}QV$ ② $\frac{1}{2}CV^2$

③ $\frac{1}{2}QV^2$ ④ $\frac{Q^2}{2C}$

정답분석 콘덴서에 축적되는 전기에너지
$$W_C = \frac{1}{2}CV^2 = \frac{1}{2}QV = \frac{Q^2}{2C}[J]$$
정답 ③

61 어떤 콘덴서를 300[V]로 충전하는데 9[J]의 에너지가 필요했다. 이 콘덴서의 정전용량은 몇 [μF]인가?

① 100   ② 200
③ 300   ④ 400

정답분석 $W_C = \frac{1}{2}CV^2$ 에서 정전용량은
$$\therefore C = \frac{2W_C}{V^2} = \frac{2 \times 9}{300^2} = 2 \times 10^{-4}[F]$$
$$= 200[\mu F]$$
정답 ②

62 정전용량에 관한 설명으로 잘못된 것은?

① C의 단위에는 [F], [μF], [pF] 등이 사용된다.
② 정전용량의 역(逆)을 엘라스턴스(elastance)라고 한다.
③ 엘라스턴스(elastance)의 단위에는 다래프(daraf)가 사용된다.
④ 정전용량계 C의 단자전압은 순간적으로 변화시킬 수 있다.

정답분석 콘덴서 전류 $i_c = C\frac{dV}{dt}$ 이므로 전압가 급변하면 전류가 무한대가 된다. 따라서 콘덴서 회로에서 전압이 급변할 수 없다.
정답 ④

2-4 복소수와 교류회로의 해석

63 정현파 전압 및 전류를 복소수로 표시하는 페이저 기호 방법 중 옳지 않은 것은?

① 정현파 전압 또는 전류를 복소수 평면에 있어서의 페이저로서 표시한다.
② 정현파 전압 또는 전류는 순시값을 구할 때에는 복소수의 허수부를 취급하지 않는다.
③ 그 회전 페이저를 정지 페이저로서 취급한다.
④ 최대값 대신 실효값을 쓰기도 한다.

정답분석 정현파 전압 또는 전류는 순시값을 구할 때 크기와 위상을 계산하여야 하므로 복소수의 실수부와 허수부를 모두 구하여야 한다.
정답 ②

64 $e^{j\frac{2\pi}{3}}$와 같은 것은?

① $-\frac{1}{2} - j\frac{\sqrt{3}}{2}$ ② $\frac{1}{2} - j\frac{\sqrt{3}}{2}$

③ $-\frac{1}{2} + j\frac{\sqrt{3}}{2}$ ④ $\frac{1}{2} + j\frac{\sqrt{3}}{2}$

정답분석
$$e^{j\frac{2\pi}{3}} = e^{j120} = 1\angle 120°$$
$$= \cos 120° + \sin 120°$$
$$= -\frac{1}{2} + j\frac{\sqrt{3}}{2}$$
정답 ③

65 복소전압 $E = -20\, e^{j\frac{3\pi}{2}}$ 를 정현파의 순시값으로 나타내면 어떻게 되는가?

① $e = -20 \sin\left(\omega t + \dfrac{\pi}{2}\right)$ [V]

② $e = 20 \sin\left(\omega t + \dfrac{2\pi}{3}\right)$ [V]

③ $e = -20\sqrt{2} \sin\left(\omega t - \dfrac{3\pi}{2}\right)$ [V]

④ $e = 20\sqrt{2} \sin\left(\omega t + \dfrac{\pi}{2}\right)$ [V]

정답분석 교류의 순시값은 페이저 표현법에 의해 다음과 같이 정리할 수 있다.
$e = E\sqrt{2} \sin(\omega t + \theta) = E \angle \theta$
$\quad = E e^{j\theta} = E(\cos\theta + j\sin\theta)$
여기서, E : 전압의 실횻값
$\therefore E = -20\, e^{j\frac{3\pi}{2}} = -20 \angle \dfrac{3\pi}{2}$
$\quad = 20 \angle \dfrac{\pi}{2} = 20\sqrt{2} \sin\left(\omega t + \dfrac{\pi}{2}\right)$ [V]
(좌표에서 $\dfrac{3\pi}{2} = 270°$의 반대방향(-)은 $\dfrac{\pi}{2} = 90°$가 된다.)

정답 ④

66 $i(t) = \sqrt{32} \sin\left(\omega t + \dfrac{\pi}{6}\right)$ [A]를 복소수로 나타내면?

① $2(\sqrt{3} + j1)$ ② $2(\sqrt{6} + j\sqrt{2})$
③ $2(1 + j\sqrt{3})$ ④ $2(\sqrt{2} + j\sqrt{6})$

정답분석
$\dot{I} = \dfrac{\sqrt{32}}{\sqrt{2}} \angle \dfrac{\pi}{6} = 4(\cos 30° + j \sin 30°)$
$\quad = 2(\sqrt{3} + j)$ [A]

정답 ①

67 아래 두 벡터의 $\dot{A}_3 = \dot{A}_1 / \dot{A}_2$의 값은?

$$\dot{A}_1 = 20\left(\cos\dfrac{\pi}{3} + j\sin\dfrac{\pi}{3}\right)$$
$$\dot{A}_2 = 5\left(\cos\dfrac{\pi}{6} + j\sin\dfrac{\pi}{6}\right)$$

① $\dot{A}_3 = 10\left(\cos\dfrac{\pi}{3} + j\sin\dfrac{\pi}{3}\right)$

② $\dot{A}_3 = 10\left(\cos\dfrac{\pi}{6} + j\sin\dfrac{\pi}{6}\right)$

③ $\dot{A}_3 = 4\left(\cos\dfrac{\pi}{3} + j\sin\dfrac{\pi}{3}\right)$

④ $\dot{A}_3 = 4\left(\cos\dfrac{\pi}{6} + j\sin\dfrac{\pi}{6}\right)$

정답분석
㉠ $\dot{A}_1 = 20\left(\cos\dfrac{\pi}{3} + j\sin\dfrac{\pi}{3}\right)$
$\quad = 20\, e^{j60} = 20 \angle 60°$
㉡ $\dot{A}_2 = 5\left(\cos\dfrac{\pi}{6} + j\sin\dfrac{\pi}{6}\right)$
$\quad = 5\, e^{j30} = 5 \angle 30°$
$\therefore \dot{A}_3 = \dfrac{\dot{A}_1}{\dot{A}_2} = \dfrac{20 \angle 60°}{5 \angle 30°} = 4 \angle 30°$
$\quad = 4 \angle \dfrac{\pi}{6} = 4\left(\cos\dfrac{\pi}{6} + j\sin\dfrac{\pi}{6}\right)$

정답 ④

68 어느 기준벡터에 대하여 30°앞선 200[V]의 전압 V_1과 90°뒤진 200[V]의 전압 V_2가 있을 때 이 두 전압의 차는 얼마인가?

① $100(\sqrt{3} + j)$
② $100(\sqrt{3} - j)$
③ $100(\sqrt{3} + j3)$
④ $100(\sqrt{3} - j3)$

정답분석
㉠ $\dot{V}_1 = 200 \angle 30°$
$\quad = 200(\cos 30° + j\sin 30°)$
$\quad = 100\sqrt{3} + j100$ [V]
㉡ $\dot{V}_2 = 200 \angle -90°$
$\quad = 200(\cos 90° - j\sin 90°)$
$\quad = -j200$ [V]
$\therefore \dot{V} = \dot{V}_1 - \dot{V}_2$
$\quad = (100\sqrt{3} + j100) - (-j200)$
$\quad = 100\sqrt{3} + j300$
$\quad = 100(\sqrt{3} + j3)$ [V]

정답 ③

69 $e_1 + e_2$의 실횻값은 몇 [V]인가?

$$e_1 = 30\sqrt{2}\sin\omega t \,[V]$$
$$e_2 = 40\sqrt{2}\cos\left(\omega t - \frac{\pi}{6}\right)[V]$$

① 50 ② 70
③ $10\sqrt{2}$ ④ $10\sqrt{37}$

두 정현파의 합성(실횻값)
$E = \sqrt{E_1^2 + E_2^2 + 2E_1E_2\cos\theta}$
$= \sqrt{30^2 + 40^2 + 2\times 30 \times 40 \times \cos 60°}$
$= 10\sqrt{37}\,[V]$

정답 ④

70 아래 두 합성 전압의 순시값은?

$$e_1 = 10\sqrt{2}\sin\left(\omega t + \frac{\pi}{3}\right)[V]$$
$$e_2 = 20\sqrt{2}\sin\left(\omega t + \frac{\pi}{6}\right)[V]$$

① 약 $29.1\sqrt{2}\sin(\omega t + 40°)$
② 약 $20.6\sqrt{2}\sin(\omega t + 40°)$
③ 약 $29.1\sqrt{2}\sin(\omega t + 50°)$
④ 약 $20.6\sqrt{2}\sin(\omega t + 50°)$

㉠ 페이저 표현법

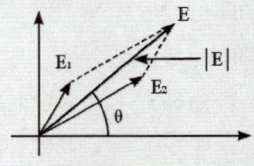

$\dot{E}_1 = 10\angle 60°,\ \dot{E}_2 = 20\angle 30°$

㉡ 실횻값 전압
$|E| = \sqrt{E_1^2 + E_2^2 + 2E_1E_2\cos\theta}$
$= \sqrt{10^2 + 20^2 + 2\times 10 \times 20 \times \cos 30°}$
$= 29.1\,[V]$

㉢ 위상각
$\theta = \tan^{-1}\frac{10\sin 60° + 20\sin 30°}{10\cos 60° + 20\cos 30°} = 40°$

∴ 합성 전압의 순시값
$e = 29.1\sqrt{2}\sin(\omega t + 40°)[V]$

정답 ①

71 아래 두 전류의 차에 상당하는 전류는?

$$i_1 = \sqrt{72}\sin(\omega t - \phi)[A]$$
$$i_2 = \sqrt{32}\sin(\omega t - \phi - 180°)[A]$$

① 2[A] ② 6[A]
③ 10[A] ④ 12[A]

㉠ $\dot{I}_1 = \sqrt{36}\angle -\phi = 6\angle -\phi$
㉡ $\dot{I}_2 = \sqrt{16}\angle -\phi - 180° = 4\angle -\phi - 180°$

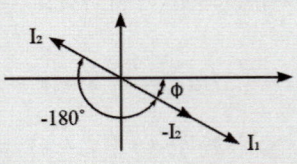

∴ $I = \dot{I}_1 - \dot{I}_2 = \dot{I}_1 + (-\dot{I}_2) = 10\angle -\phi\,[A]$

정답 ③

72 어떤 회로의 단자 전압 및 전류의 순시값이 다음과 같을 때, 복소 임피던스는 약 몇 [Ω]인가?

$$v(t) = 220\sqrt{2}\sin\left(377t + \frac{\pi}{4}\right)[V]$$
$$i(t) = 5\sqrt{2}\sin\left(377t + \frac{\pi}{3}\right)[A]$$

① $42.5 - j11.4$ ② $42.5 - j9$
③ $50 + j11.4$ ④ $50 - j11.4$

㉠ $\dot{V} = 220\angle\frac{\pi}{4} = 220\angle 45°$
㉡ $\dot{I} = 5\angle\frac{\pi}{3} = 5\angle 60°$

∴ 임피던스
$\dot{Z} = \frac{\dot{V}}{\dot{I}} = \frac{220\angle 45°}{5\angle 60°} = 44\angle -15°$
$= 44(\cos 15° - j\sin 15°)$
$≒ 42.5 - j11.4\,[\Omega]$

정답 ①

73 복소수 $\dot{I} = \dot{I}_1 + \dot{I}_2$ 는 얼마인가?

$$\dot{I}_1 = 10 \angle \tan^{-1} \frac{4}{3}$$
$$\dot{I}_2 = 10 \angle \tan^{-1} \frac{3}{4}$$

① $42.5 - j11.4$ ② $42.5 - j9$
③ $50 + j11.4$ ④ $50 - j11.4$

 정답분석

㉠ $\dot{I}_1 = 10 \angle \tan^{-1} \frac{4}{3} = 10 \angle 53.13°$
$= 10(\cos 53.13° + j\sin 53.13°)$
$= 8 + j6 \,[\text{A}]$

㉡ $\dot{I}_2 = 10 \angle \tan^{-1} \frac{3}{4} = 10 \angle 36.87°$
$= 10(\cos 36.87° + j\sin 36.87°)$
$= 6 + j8 \,[\text{A}]$

∴ 합성 전류
$\dot{I} = \dot{I}_1 + \dot{I}_2 = (8 + j6) + (6 + j8)$
$= 14 + j14 \,[\text{A}]$

정답 ②

2-5 임피던스 회로 해석

74 저항과 리액턴스의 직렬회로에 $E = 14 + j38\,[\text{V}]$인 교류전압을 가하니 $I = 6 + j2\,[\text{A}]$의 전류가 흐른다. 이 회로의 저항과 리액턴스는 얼마인가?

① $R = 4\,[\Omega]$, $X_L = 5\,[\Omega]$
② $R = 5\,[\Omega]$, $X_L = 4\,[\Omega]$
③ $R = 6\,[\Omega]$, $X_L = 3\,[\Omega]$
④ $R = 7\,[\Omega]$, $X_L = 2\,[\Omega]$

 정답분석

임피던스
$Z = \frac{E}{I} = \frac{14 + j38}{6 + j2}$
$= \frac{14 + j38}{6 + j2} \times \frac{6 - j2}{6 - j2} = \frac{160 + j200}{6^2 + 2^2}$
$= 4 + j5 = R + jX_L\,[\Omega]$

여기서, $+jX$는 유도성 리액턴스,
$-jX$는 용량성 리액턴스가 된다.

정답 ①

75 저항과 리액턴스의 직렬회로에 $e = 100\sin 120\pi t\,[\text{V}]$의 전압을 인가 시 $i = 2\sin(120\pi t + 45°)\,[\text{A}]$의 전류가 흐르도록 하려면 저항 R은?

① 25 ② 35.4
③ 50 ④ 70.7

 정답분석

㉠ 임피던스
$Z = \frac{E}{I} = \frac{100 \angle 0}{2 \angle 45}$
$= 50 \angle -45 = 50(\cos 45 - j\sin 45)$
$= 25\sqrt{2} - j25\sqrt{2} = R - jX_C$

㉡ 임피던스의 실수부를 저항 R, 허수부를 리액턴스 X라 한다.
∴ $R = 25\sqrt{2} = 35.4\,[\Omega]$

정답 ②

76 어드미턴스 $Y = G + jB\,[\mho]$에서 B는?

① 저항 ② 콘덕턴스
③ 서셉턴스 ④ 리액턴스

 정답분석

㉠ 임피던스 Z의 역수: 어드미턴스 Y
㉡ 저항 R의 역수: 콘덕턴스 G
㉢ 리액턴스 X의 역수: 서셉턴스 B

정답 ③

77 $R = 25\,[\Omega]$, $X_L = 5\,[\Omega]$, $X_C = 10\,[\Omega]$를 병렬로 접속한 회로의 어드미턴스 $Y\,[\mho]$는?

① $0.4 - j0.1$ ② $0.4 + j0.1$
③ $0.04 + j0.1$ ④ $0.04 - j0.1$

 정답분석

어드미턴스 $Y = \frac{1}{R} + \frac{1}{jX_L} + \frac{1}{-jX_C}$
$= \frac{1}{R} - j\frac{1}{X_L} + j\frac{1}{X_C}$
$= \frac{1}{25} - j\frac{1}{5} + j\frac{1}{10}$
$= 0.04 - j0.1\,[\mho]$

여기서, 어드미턴스 $Y = G \pm jB$
G는 컨덕턴스, B는 서셉턴스가 된다.
($+jB$: 용량성, $-jB$: 유도성)

정답 ④

78 R과 L의 병렬회로의 합성 임피던스는?

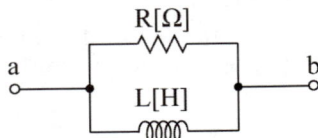

① $R\left(1+j\dfrac{\omega L}{R}\right)$ ② $R\left(1-j\dfrac{1}{\omega L}\right)$

③ $\dfrac{R}{1-j\dfrac{R}{\omega L}}$ ④ $\dfrac{R}{1+j\dfrac{R}{\omega L}}$

$$Z=\dfrac{1}{\dfrac{1}{R}+\dfrac{1}{j\omega L}}=\dfrac{1}{\dfrac{1}{R}-j\dfrac{1}{\omega L}}$$
$$=\dfrac{1}{\dfrac{1}{R}\left(1-j\dfrac{R}{\omega L}\right)}=\dfrac{R}{1-j\dfrac{R}{\omega L}}\,[\Omega]$$

정답 ③

80 회로의 총 어드미턴스 값은 몇 [℧]인가?

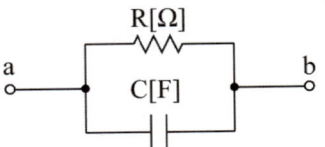

① $j\dfrac{R}{\omega CR-j}$ ② $\dfrac{1}{R}(1+j\omega CR)$

③ $R-j\dfrac{1}{\omega C}$ ④ $\dfrac{1}{R}-j\dfrac{1}{\omega C}$

㉠ 임피던스
$$Z=\dfrac{1}{\dfrac{1}{R}+\dfrac{1}{-jX_C}}=\dfrac{1}{\dfrac{1}{R}+j\dfrac{1}{X_C}}\,[\Omega]$$
㉡ 어드미턴스
$$Y=\dfrac{1}{Z}=\dfrac{1}{R}+j\dfrac{1}{X_C}=\dfrac{1}{R}+j\omega C$$
$$=\dfrac{1}{R}(1+j\omega CR)\,[\text{℧}]$$

정답 ②

79 그림과 같은 RC 병렬회로에서 양단에 인가된 전원전압이 $e(t)=3e^{-5t}$[V]인 경우 이 회로의 임피던스는?

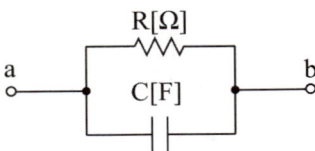

① $\dfrac{1}{R}(1-j\omega CR)$

② $\dfrac{1}{R}(1+j\omega CR)$

③ $\dfrac{R}{1+j\omega CR}$

④ $\dfrac{R}{1-j\omega CR}$

$$Z=\dfrac{1}{\dfrac{1}{R}+\dfrac{1}{-jX_C}}=\dfrac{1}{\dfrac{1}{R}+j\dfrac{1}{X_C}}$$
$$=\dfrac{1}{\dfrac{1}{R}+j\omega C}=\dfrac{R}{1+j\omega CR}\,[\Omega]$$

정답 ③

81 그림과 같은 회로의 합성 임피던스 Z_{ab}는?

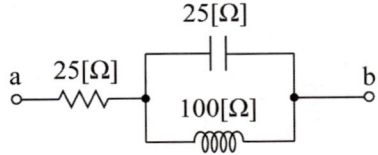

① $25+j\dfrac{100}{5}$ ② $25-j\dfrac{100}{5}$

③ $25+j\dfrac{100}{3}$ ④ $25-j\dfrac{100}{3}$

$$Z_{ab}=25+\dfrac{-j25\times j100}{-j25+j100}$$
$$=25+\dfrac{2500}{j75}=25-j\dfrac{100}{3}\,[\Omega]$$

정답 ④

82
그림(a)의 병렬회로를 그림 (b)와 같이 등가 직렬회로로 고친 등가 임피던스 $Z[\Omega]$는 얼마인가?

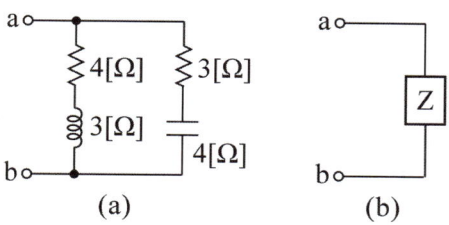

① $0.12 + j10.16$
② $0.28 + j0.04$
③ $3.5 - j0.5$
④ $4 - j3$

정답분석

합성 임피던스

$Z = \dfrac{Z_1 \times Z_2}{Z_1 + Z_2} = \dfrac{(4+j3)\times(3-j4)}{(4+j3)+(3-j4)}$

$= \dfrac{24-j7}{7-j} = \dfrac{24-j7}{7-j} \times \dfrac{7+j}{7+j}$

$= \dfrac{175-j25}{7^2+1^2} = 3.5 - j0.5\,[\Omega]$

정답 ③

83
그림에서 $R = 10\,[\Omega]$, $X_L = 20\,[\Omega]$일 때, $B_C[\mho]$가 얼마이면 입력 어드미턴스가 순 컨덕턴스로 되는가?

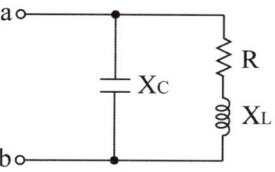

① 0.04
② 0.02
③ 0.4
④ 0.2

정답분석

㉠ 합성 어드미턴스

$Y = \dfrac{1}{-jX_C} + \dfrac{1}{R+jX_L}$

$= jB_C + \dfrac{1}{10+j20}$

$= jB_C + (0.02 - j0.04)\,[\mho]$

㉡ 합성 어드미턴스 $Y = G \pm jB$에서 순 콘덕턴스가 되려면 $B_C = 0.04$가 되어야 한다.

정답 ①

84
$8\,[\Omega]$의 저항과 $6\,[\Omega]$의 용량 리액턴스 직렬회로에 $E = 28 - j4\,[V]$인 전압을 가했을 때 흐르는 전류 [A]는?

① $3.5 - j0.5$
② $2.48 + j1.36$
③ $2.8 - j0.4$
④ $5.3 + j2.21$

정답분석

전류: $I = \dfrac{E}{Z} = \dfrac{E}{R - jX_C} = \dfrac{28-j4}{8-j6}$

$= \dfrac{28-j4}{8-j6} \times \dfrac{8+j6}{8+j6}$

$= 2.48 + j1.36\,[A]$

정답 ②

85
$15\,[\Omega]$의 저항과 $4\,[\Omega]$의 유도 리액턴스 직렬회로에 $i = 10(2+j)\,[A]$를 흘리는데 필요한 전압 $V[V]$을 구하시오.

① $10(26+j23)$
② $10(34+j23)$
③ $10(30+j4)$
④ $10(15+j8)$

정답분석

전압: $V = IZ = I(R+jX_L)$

$= (20+j10)\times(15+j4)$

$= 260 + j230 = 10(26+j23)\,[V]$

정답 ①

86
$4\,[H]$ 인덕터에 $E = 8\angle -50°\,[V]$의 전압을 가하였을 때 흐르는 전류의 순시값 [A]은? (단, ω는 $100\,[\text{rad/s}]$, $E = 8\,[V]$은 최댓값이다.)

① $i = \sin(100t - 140°)\,[A]$
② $i = 0.02\sin(100t - 140°)\,[A]$
③ $i = \cos(100t - 140°)\,[A]$
④ $i = 0.02\cos(100t + 140°)\,[A]$

정답분석

㉠ 임피던스

$Z = jX_L = j\omega L = j100 \times 4$

$= j400 = 400\angle 90°\,[\Omega]$

㉡ 전류의 극형식

$I = \dfrac{E}{Z} = \dfrac{8\angle -50°}{400\angle 90°} = 0.02\angle -140°$

∴ 전류의 순시값

$i = 0.02\sin(\omega t - 140°)\,[A]$

정답 ②

87 저항 20[Ω], 인덕턴스 56[mH]의 직렬회로에 141.4[V], 60[Hz]의 전압을 가할 때 이 회로 전류의 순시값은?

① 약 $i = 4.86 \sin(377t + 46°)$ [A]
② 약 $i = 4.86 \sin(377t - 54°)$ [A]
③ 약 $i = 6.9 \sin(377t - 46°)$ [A]
④ 약 $i = 6.9 \sin(377t - 54°)$ [A]

 정답분석

㉠ 유도 리액턴스
$X_L = \omega L = 2\pi f L$
$= 2\pi \times 60 \times 56 \times 10^{-3} = 21.1$ [Ω]

㉡ 임피던스
$Z = R + jX_L = 20 + j21.1$
$= \sqrt{20^2 + 21.2^2} \angle \dfrac{21.1}{20} = 29 \angle 46.53$ [Ω]

㉢ 전류
$I = \dfrac{V}{Z} = \dfrac{141.4}{29 \angle 46.53} = 4.875 \angle -46.53$
∴ $i(t) = 4.875\sqrt{2} \sin(377t - 46.53)$ [A]

정답 ③

88 R=100[Ω], C=30[μF]의 직렬회로에 V=100[V], f=60[Hz]의 교류전압을 가할 때 전류[A]는?

① 약 88.4
② 약 133.5
③ 약 75
④ 약 0.75

 정답분석

㉠ 용량 리액턴스
$X_C = \dfrac{1}{2\pi f C} = \dfrac{1}{2\pi \times 60 \times 30 \times 10^{-6}}$
$= 88.42$ [Ω]

㉡ 임피던스: $Z = R - jX_C$
$= 100 - j88.42$
$= \sqrt{100^2 + 88.42^2} \angle \dfrac{88.42}{100}°$
$= 133.48 \angle -41.48°$

㉢ 전류: $I = \dfrac{V}{Z} = \dfrac{100}{133.48 \angle -41.48}$
$= 0.75 \angle 41.48$ [A]

∴ 전류의 실횻값: $I = 0.75$ [A]

정답 ④

89 저항 8[Ω]과 용량 리액턴스 X_C[Ω]이 직렬로 접속된 회로에 100[V], 60[Hz]의 교류를 가하니 10[A]의 전류가 흐른다. 이때 X_C[Ω]의 값은?

① 10
② 8
③ 6
④ 4

 정답분석

㉠ 임피던스: $Z = \dfrac{V}{I} = \dfrac{100}{10} = 10$ [Ω]

㉡ $Z^2 = R^2 + X_C^2$ 에서 용량 리액턴스는
∴ $X_C = \sqrt{Z^2 - R^2} = \sqrt{10^2 - 8^2} = 6$ [Ω]

정답 ③

90 코일에 $e = 211 \sin \omega t$ [V]인 교류 전압이 가해졌을 때 오실로스코프에 의하여 전류의 최댓값이 10[A]임을 알 수 있었다. 만일 코일의 내부 저항이 10[Ω]임이 알려져 있었다면 코일의 인덕턴스는 약 몇 [mH]인가? (단, 주파수는 60[Hz]이다.)

① 39
② 49
③ 59
④ 69

 정답분석

㉠ 임피던스
$Z = \dfrac{V_m}{I_m} = \dfrac{211}{10} = 21.1 = \sqrt{R^2 + X_L^2}$ [Ω]
(여기서, $Z^2 = R^2 + X_L^2$)

㉡ 유도 리액턴스
$X_L = \sqrt{Z^2 - R^2}$
$= \sqrt{21.1^2 - 10^2} = 18.58$ [Ω]
(여기서, $X_L = \omega L = 2\pi f L$ [Ω])

∴ 인덕턴스 $L = \dfrac{X_L}{2\pi f} = \dfrac{18.58}{2\pi \times 60}$
$= 0.049$ [H] $= 49$ [mH]

정답 ②

91 저항 30[Ω], 용량성 리액턴스 40[Ω]의 병렬회로에 120[V]의 정현파 교번전압을 가할 때 전 전류 [A]는?

① 3 ② 4
③ 5 ④ 6

정답분석

㉠ 회로도

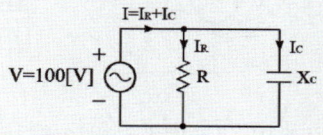

㉡ 전류 벡터도

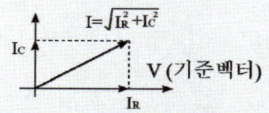

㉢ 저항에 흐르는 전류 (전압과 동위상)
$I_R = \dfrac{V}{R} = \dfrac{120}{30} = 4\,[A]$

㉣ 콘덴서에 흐르는 전류 (전압보다 90° 진상)
$I_C = \dfrac{V}{-jX_C} = j\dfrac{120}{40} = j3\,[A]$

∴ 전체 전류의 실횻값
$I = I_R + I_C = \sqrt{I_R^2 + I_C^2}$
$= \sqrt{4^2 + 3^2} = 5\,[A]$

정답 ③

92 $Z_1 = 3 + j10\,[\Omega]$, $Z_2 = 3 - j2\,[\Omega]$ 두 임피던스를 직렬로 하고 양단에 100[V]의 전압을 가했을 때 각 임피던스 양단의 전압은?

① $V_1 = 98 + j36$, $V_2 = 2 + j36$
② $V_1 = 98 - j36$, $V_2 = 2 + j36$
③ $V_1 = 98 + j36$, $V_2 = 2 - j36$
④ $V_1 = 98 - j36$, $V_2 = 2 - j36$

정답분석

㉠ 합성 임피던스
$Z = Z_1 + Z_2 = (3+j10) + (3-j2)$
$= 6 + j8\,[\Omega]$

㉡ 전류
$I = \dfrac{V}{Z} = \dfrac{100}{6+j8} = \dfrac{100}{6+j8} \times \dfrac{6-j8}{6-j8}$
$= \dfrac{100(6-j8)}{6^2 + 8^2} = 6 - j8\,[A]$

㉢ Z_1의 단자전압
$V_1 = IZ_1 = (6-j8) \times (3+j10)$
$= 98 + j36\,[V]$

㉣ Z_2의 단자전압
$V_2 = IZ_2 = (6-j8) \times (3-j2)$
$= 2 - j36\,[V]$

정답 ③

93 두 개의 코일 A, B가 있다. A코일의 저항과 유도리액턴스가 각각 3[Ω], 5[Ω], B코일은 각각 5[Ω], 1[Ω]이다. 두 코일을 직렬로 접속하여 100[V]의 전압을 인가할 때 흐르는 전류[A]는 어떻게 표현되는가?

① 10∠37°   ② 10∠-37°
③ 10∠57°   ④ 10∠-57°

정답분석

㉠ 합성 임피던스
$Z = R_1 + jX_{L1} + R_2 + jX_{L2}$
$= R_1 + R_2 + j(X_{L1} + X_{L2})$
$= 3 + 5 + j(5+1) = 8 + j6\,[\Omega]$

㉡ 임피던스의 극형식 표현
$Z = 8 + j6$
$= \sqrt{8^2 + 6^2} \angle \tan^{-1}\dfrac{6}{8} = 10 \angle 36.87°$

∴ 전류: $I = \dfrac{V}{Z} = \dfrac{100}{10 \angle 37°} = 10 \angle -37°$

정답 ②

94 $R = 200\,[\Omega]$, $L = 1.59\,[H]$, $C = 3.315\,[\mu F]$를 직렬로 연결한 회로에 $e = 141.4\sin 377t\,[V]$를 인가할 때 C의 단자전압은 약 얼마인가?

① 71   ② 212
③ 283   ④ 401

정답분석

㉠ 유도 리액턴스
$$X_L = \omega L = 377 \times 1.59 = 600\,[\Omega]$$

㉡ 용량 리액턴스
$$X_C = \frac{1}{\omega C} = \frac{1}{377 \times 3.315 \times 10^{-6}}$$
$$= 800\,[\Omega]$$

㉢ 임피던스
$$Z = R + j(X_L - X_C)$$
$$= 200 + j(600 - 800)$$
$$= 200 - j200 = 282.84 \angle -45\,[\Omega]$$

㉣ 전류: $I = \dfrac{V}{Z} = \dfrac{100}{282.84 \angle -45°}$
$$= 0.354 \angle 45°\,[A]$$

∴ 콘덴서 단자전압
$$V_C = I \times (-jX_C)$$
$$= 0.354 \angle 45° \times 800 \angle -90°$$
$$= 283 \angle -45°\,[V]$$

정답 ③

95 그림과 같은 회로에서 전류 i의 순시값을 표시하는 식은? (단, $Z_1 = 3 + j10\,[\Omega]$, $Z_2 = 3 - j2\,[\Omega]$, $v = 100\sqrt{2}\sin 120\pi t\,[V]$이다.)

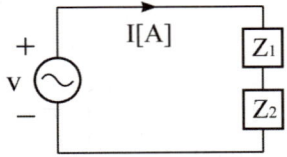

① $i = 10\sqrt{2}\sin\left(377t + \tan^{-1}\dfrac{4}{3}\right)[A]$

② $i = 14.1\sin\left(377t + \tan^{-1}\dfrac{3}{4}\right)[A]$

③ $i = 141\sin\left(120\pi t - \tan^{-1}\dfrac{3}{4}\right)[A]$

④ $i = 10\sqrt{2}\sin\left(120\pi t - \tan^{-1}\dfrac{4}{3}\right)[A]$

정답분석

㉠ 합성 임피던스
$$Z = Z_1 + Z_2 = (3 + j10) + (3 - j2)$$
$$= 6 + j8 = \sqrt{6^2 + 8^2} \angle \tan^{-1}\dfrac{8}{6}$$
$$= 10 \angle \tan^{-1}\dfrac{4}{3}\,[\Omega]$$

㉡ 전류의 극형식
$$I = \dfrac{V}{Z} = \dfrac{100}{10 \angle \tan^{-1}\dfrac{4}{3}}$$
$$= 10 \angle -\tan^{-1}\dfrac{4}{3}$$

∴ 전류의 순시값
$$i = 10\sqrt{2}\sin\left(\omega t - \tan^{-1}\dfrac{4}{3}\right)[A]$$
(여기서, $\omega = 2\pi f = 2\pi \times 60 = 120\pi$)

정답 ④

96 정현파 교류전원 $e = E_m \sin(\omega t + \theta)$ [V]가 인가된 $R-L-C$ 직렬회로에 있어서 $\omega L > \dfrac{1}{\omega C}$ 일 경우, 이 회로에 흐르는 전류 i [A]는 인가전압 e 보다 위상이 어떻게 되는가?

① $\tan^{-1} \dfrac{\omega L - \dfrac{1}{\omega C}}{R}$ 앞선다.

② $\tan^{-1} \dfrac{\omega L - \dfrac{1}{\omega C}}{R}$ 뒤진다.

③ $\tan^{-1} R\left(\dfrac{1}{\omega L} - \omega C\right)$ 앞선다.

④ $\tan^{-1} R\left(\dfrac{1}{\omega L} - \omega C\right)$ 뒤진다.

정답분석

㉠ 임피던스: $Z = R + j(X_L - X_C)$
$\qquad\quad = R + j\left(\omega L - \dfrac{1}{\omega C}\right)$

㉡ 임피던스의 크기
$\qquad |Z| = \sqrt{R^2 + \left(\omega L - \dfrac{1}{\omega C}\right)^2}$

㉢ 부하각: $\alpha = \tan^{-1} \dfrac{\omega L - \dfrac{1}{\omega C}}{R}$

∴ 유도성 부하($\omega L > \dfrac{1}{\omega C}$)의 경우 전류의 위상은 전압 위상보다 부하각 α 만큼 늦어진다. (지상, 뒤진다.)

정답 ②

97 $R-L$ 직렬회로의 $V_R = 100$ [V]이고, $V_L = 173$ [V]이다. 전원전압이 $v = \sqrt{2}\,V \sin \omega t$ [V]일 때 리액턴스 양단 전압의 순시값 v_L [V]은?

① $173\sqrt{2} \sin(\omega t + 60°)$
② $173\sqrt{2} \sin(\omega t + 30°)$
③ $173\sqrt{2} \sin(\omega t - 60°)$
④ $173\sqrt{2} \sin(\omega t - 30°)$

정답분석

㉠ 전류의 위상차
$\theta = \tan^{-1} \dfrac{X_L}{R} = \tan^{-1} \dfrac{V_L}{V_R}$
$\quad = \tan^{-1} \dfrac{173}{100} = 60°$ (지상 전류)

㉡ 리액턴스 양단에 걸린 전압의 위상은 전류보다 90° 앞서므로(진상) $\theta = -60° + 90° = 30°$가 된다.

∴ 리액턴스 양단 전압의 순시값
$v_L(t) = 173\sqrt{2} \sin(\omega t + 30°)$ [V]

정답 ②

98 다음 회로 중 저항 1[MΩ]에서 0.5[sec] 동안 소비되는 에너지 [J]는 얼마인가? (여기서, $e = 100 \sin 2\pi f t$ [V]이다.)

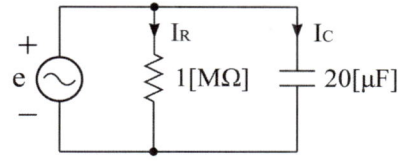

① 2.8
② 2.5×10^{-2}
③ 2.5×10^{-3}
④ 2.5×10^{-4}

정답분석

㉠ 저항에 흐르는 전류
$I_R = \dfrac{E}{R} = \dfrac{100/\sqrt{2}}{10^6} = \dfrac{10^{-4}}{\sqrt{2}}$ [A]

㉡ 소비되는 에너지
$W_L = I_R^2 R t = \left(\dfrac{10^{-4}}{\sqrt{2}}\right)^2 \times 10^6 \times 0.5$
$\quad = 0.25 \times 10^{-2}$ [J]

정답 ③

99

R=20[Ω], L=0.1[H]의 직렬회로에 115[V], 60[Hz]의 교류전압이 인가되어 있다. 인덕턴스에 축적되는 자기에너지의 평균값은 몇 [J]인가?

① 0.365　　② 3.64
③ 0.752　　④ 4.52

정답분석

㉠ 유도 리액턴스
$X_L = 2\pi f L = 2\pi \times 60 \times 0.1 = 37.68 [\Omega]$
㉡ 전류의 실횻값
$I = \dfrac{V}{Z} = \dfrac{V}{\sqrt{R^2 + X_L^2}} = \dfrac{115}{\sqrt{20^2 + 37.68^2}}$
$= 2.695 [A]$
∴ 인덕턴스에 축적되는 자기에너지
$W_L = \dfrac{1}{2} L I^2 = \dfrac{1}{2} \times 0.1 \times 2.695^2$
$= 0.363 [J]$

정답 ①

100

저항과 콘덴서를 병렬로 접속한 회로에 직류 100[V]를 가하면 5[A]가 흐르고, 교류 300[V]로 가하면 25[A]가 흐른다. 이때 콘덴서의 리액턴스[Ω]는?

① 7　　② 10
③ 14　　④ 15

정답분석

㉠ 직류전압($f = 0$)을 인가하면 용량 리액턴스는
$X_C = \dfrac{1}{2\pi f C} = \infty$ 가 되어 개방상태가 되고 저항 R 만의 회로로 볼 수 있다.
$R = \dfrac{V_0}{I_0} = \dfrac{100}{5} = 20 [\Omega]$
㉡ 교류전압을 인가했을 때 R 에 흐르는 전류
$I_R = \dfrac{V}{R} = \dfrac{300}{20} = 15 [A]$
㉢ 교류회로 전류

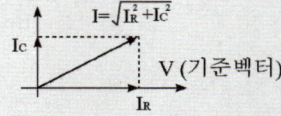

$I = \sqrt{I_R^2 + I_C^2} = 25 [A]$
㉣ 콘덴서에 흐르는 전류
$I_C = \sqrt{I^2 - I_R^2} = \sqrt{25^2 - 15^2} = 20 [A]$
∴ 용량 리액턴스 $X_C = \dfrac{V}{I_C} = \dfrac{300}{20} = 15 [\Omega]$

정답 ④

2-6 전력, 역률, 공진, 전압확대율

101

역률 0.8, 800[kW]를 2시간 사용할 때 소비전력량 [kWh]은?

① 1,000　　② 1,200
③ 1,400　　④ 1,600

정답분석

소비전력량
$W = Pt = 800 \times 2 = 1,600 [kWh]$

정답 ④

102

어떤 회로에서 유효전력 80[W], 무효전력 60[Var]일 때 역률은 몇 [%]인가?

① 100　　② 95
③ 90　　④ 80

정답분석

역률: $\cos\theta = \dfrac{P}{P_a} = \dfrac{P}{\sqrt{P^2 + Q^2}}$
$= \dfrac{80}{\sqrt{80^2 + 60^2}} = \dfrac{80}{100} = 0.8$
$= 80 [\%]$

정답 ④

103

100[V] 전원에 1[kW]의 선풍기를 접속하니 12[A]의 전류가 흘렀다. 선풍기의 무효율 [%]은?

① 50　　② 55
③ 83　　④ 91

정답분석

㉠ 역률: $\cos\theta = \dfrac{P}{P_a} = \dfrac{P}{VI}$
$= \dfrac{1000}{100 \times 12} = 0.833$
㉡ $\sin^2\theta + \cos^2\theta = 1$ 에서 무효율은
∴ $\sin\theta = \sqrt{1 - \cos^2\theta}$
$= \sqrt{1 - 0.833^2} = 0.55 = 55 [\%]$

정답 ②

104 역률 60[%] 부하의 유효전력이 120[kW]이면 무효전력은 몇 [kVar]인가?

① 40 ② 80
③ 120 ④ 160

㉠ 역률 $\cos\theta = \dfrac{P}{P_a}$ 에서 피상전력

$P_a = \dfrac{P}{\cos\theta} = \dfrac{120}{0.6} = 200\,[\text{kVA}]$

㉡ 무효전력

$P_r = VI\sin\theta = VI\sqrt{1-\cos^2\theta}$
$\quad = 200\sqrt{1-0.6^2} = 160\,[\text{kVar}]$

[별해]

$\tan\theta = \dfrac{P_r}{P} = \dfrac{\sin\theta}{\cos\theta}$ 에서 무효전력

$P_r = P \times \dfrac{\sin\theta}{\cos\theta} = 120 \times \dfrac{\sqrt{1-0.6^2}}{0.6}$
$\quad = 160\,[\text{kVar}]$

정답 ④

105 22[kVA]의 부하가 역률 0.8이라면 무효전력 [kVar]은?

① 16.6 ② 17.6
③ 15.2 ④ 13.2

㉠ 무효율: $\sin\theta = \sqrt{1-\cos^2\theta}$
$\qquad\qquad = \sqrt{1-0.8^2} = 0.6$

㉡ 무효전력

$P_r = VI\sin\theta = P_a \sin\theta$
$\quad = 22 \times 0.6 = 13.2\,[\text{kVar}]$

정답 ④

106 100[V], 800[W], 역률 80[%]인 회로의 리액턴스 [Ω]는?

① 12 ② 10
③ 8   ④ 6

㉠ 유효전력 $P = VI\cos\theta\,[\text{W}]$ 에서 전류

$I = \dfrac{P}{V\cos\theta} = \dfrac{800}{100 \times 0.8} = 10\,[\text{A}]$

㉡ 무효율: $\sin\theta = \sqrt{1-\cos^2\theta}$
$\qquad\qquad = \sqrt{1-0.8^2} = 0.6$

㉢ 무효전력 $P_r = VI\sin\theta = I^2 X$ 에서

$\therefore$ 리액턴스: $X = \dfrac{V\sin\theta}{I} = \dfrac{100 \times 0.6}{10}$
$\qquad\qquad = 6\,[\Omega]$

정답 ④

107 어떤 소자에 걸리는 전압와 소자에 흐르는 전류가 다음과 같을 때 소비되는 전력[W]은?

$$v = 100\sqrt{2}\cos\left(314t + \dfrac{\pi}{6}\right)[\text{V}]$$
$$i = 3\sqrt{2}\cos\left(314t - \dfrac{\pi}{6}\right)[\text{A}]$$

① 100 ② 150
③ 250 ④ 600

㉠ 전압과 전류의 위상차(상차각)

$\theta = 30 - (-30) = 60°$

㉡ 유효전력(소비전력=평균전력)

$P = VI\cos\theta = 100 \times 3 \times \cos 60°$
$\quad = 150\,[\text{W}]$

정답 ②

108 어떤 회로에 $E = 100 \angle 45°$[V]의 전압을 가할 때 전류 $I = 5 \angle -15°$[A]가 흘렀다. 이 회로의 소비전력 [W]은?

① 250 ② 500
③ 950 ④ 1,200

㉠ 전압과 전류의 위상차(상차각)
$\theta = 45° - (-15°) = 60°$
㉡ 유효전력(소비전력=평균전력)
$P = VI\cos\theta = 100 \times 3 \times \cos 60°$
$= 250$ [W]

정답 ①

110 저항 $R = 12$ [Ω], 인덕턴스 $L = 13.3$ [mH]인 $R-L$ 직렬회로에 실효치 $E = 130$ [V], $f = 60$ [Hz]인 전압을 가했을 때 이 회로의 무효전력[kVar]은?

① 500 ② 0.5
③ 5 ④ 50

㉠ 유도 리액턴스
$X_L = \omega L = 2\pi f L$
$= 2\pi \times 60 \times 13.3 \times 10^{-3} = 5$ [Ω]
㉡ 임피던스
$Z = \sqrt{R^2 + X_L^2} = \sqrt{12^2 + 5^2}$
$= 13$ [Ω]
㉢ 전류의 실횻값: $I = \dfrac{E}{Z} = \dfrac{130}{13} = 10$ [A]
∴ 무효전력: $P_r = I^2 X_L = 10^2 \times 5$
$= 500$ [Var] $= 0.5$ [kVar]

정답 ②

109 어느 회로에 있어서 전압과 전류가 다음과 같을 때 무효전력 [Var]은 얼마인가?

$e = 50 \sin(\omega t + \theta)$ [V]
$i = 4 \sin(\omega t + \theta - 30°)$ [A]

① 100 ② 86.6
③ 70.7 ④ 50

$Q = P_r = VI\sin\theta = \dfrac{V_m}{\sqrt{2}} \times \dfrac{I_m}{\sqrt{2}} \sin\theta$
$= \dfrac{1}{2} V_m I_m \sin\theta = \dfrac{1}{2} \times 50 \times 4 \times \sin 30°$
$= 50$ [Var]

정답 ④

111 저항 R, 리액턴스 X의 직렬회로에 단상 교류전압 V를 가했을 때 소비되는 전력은?

① $\dfrac{V^2 R}{\sqrt{R^2 + X^2}}$ ② $\dfrac{V}{\sqrt{R^2 + X^2}}$
③ $\dfrac{V^2 R}{R^2 + X^2}$ ④ $\dfrac{X}{R^2 + X^2}$

㉠ 직렬 임피던스: $Z = \sqrt{R^2 + X^2}$ [Ω]
㉡ 전류: $I = \dfrac{V}{Z} = \dfrac{V}{\sqrt{R^2 + X^2}}$ [A]
∴ 소비전력(유효전력)
$P = I^2 R = \dfrac{V^2 R}{R^2 + X^2}$ [W]

정답 ③

112 저항 $R = 3[\Omega]$, 유도 리액턴스 $X_L = 4[\Omega]$이 직렬로 연결된 회로에서 $e = 100\sqrt{2}\sin\omega t$ [V] 인 전압을 가하였다. 이 회로에서 소비되는 전력 [kW]은 얼마인가?

① 1.2 ② 2.2
③ 3.5 ④ 4.2

 정답분석

㉠ 직렬 임피던스
$$Z = \sqrt{R^2 + X^2} = \sqrt{3^2 + 4^2} = 5[\Omega]$$
㉡ 전류: $I = \dfrac{V}{Z} = \dfrac{100}{5} = 20[A]$

∴ 소비전력(유효전력)
$$P = I^2 R = 20^2 \times 3 = 1200[W] = 1.2[kW]$$

정답 ①

---

113 저항 $R = 40[\Omega]$, 임피던스 $Z = 50[\Omega]$의 직렬 유도부하에서 $100[V]$가 인가될 때 소비되는 무효전력[Var]은?

① 120 ② 160
③ 200 ④ 250

 정답분석

㉠ 임피던스 $Z = \sqrt{R^2 + X^2}$ 에서
$Z^2 = R^2 + X^2$ 이므로 리액턴스는
$X = \sqrt{Z^2 - R^2} = \sqrt{50^2 - 40^2} = 30[\Omega]$
㉡ 전류: $I = \dfrac{V}{Z} = \dfrac{100}{50} = 2[A]$

∴ 무효전력
$$P_r = I^2 X = 2^2 \times 30 = 120[Var]$$

정답 ①

---

114 $R-L$ 병렬회로의 양단에 $e = E_m \sin(\omega t + \theta)$ [V]의 전압이 가해졌을 때 소비되는 유효전력 [W]은?

① $\dfrac{E_m^{\,2}}{2R}$ ② $\dfrac{E^2}{2R}$

③ $\dfrac{E_m^2}{\sqrt{2}\,R}$ ④ $\dfrac{E^2}{\sqrt{2}\,R}$

 정답분석

$$P = \dfrac{E^2}{R} = \dfrac{1}{R}\left(\dfrac{E_m}{\sqrt{2}}\right)^2 = \dfrac{E_m^2}{2R}[W]$$

여기서, E: 전압의 실효값
E_m: 전압의 최댓값

정답 ①

---

115 $R-C$ 병렬회로에 $60[Hz]$, $100[V]$를 가했더니 유효전력 $800[W]$, 무효전력 $600[Var]$가 유입했다. 저항 $R[\Omega]$, 정전용량 $C[\mu F]$의 값은 각각 얼마인가?

① $R = 12.5[\Omega]$, $C = 159[\mu F]$
② $R = 15.5[\Omega]$, $C = 180[\mu F]$
③ $R = 18.5[\Omega]$, $C = 189[\mu F]$
④ $R = 20.5[\Omega]$, $C = 219[\mu F]$

 정답분석

㉠ 유효전력 $P = \dfrac{V^2}{R}$ [W] 에서 저항
$$R = \dfrac{V^2}{P} = \dfrac{100^2}{800} = 12.5[\Omega]$$

㉡ 무효전력 $P_r = \dfrac{V^2}{X_C} = \dfrac{V^2}{\dfrac{1}{\omega C}} = \omega C V^2$
$= 2\pi f C V^2$ [Var] 에서 정전용량
$$C = \dfrac{Q}{2\pi f V^2} = \dfrac{600}{2\pi \times 60 \times 100^2}$$
$$= 159 \times 10^{-6}[F] = 159[\mu F]$$

정답 ①

116 교류회로에서 역률이란 무엇인가?

① 전압과 전류의 위상차의 정현
② 전압과 전류의 위상차의 여현
③ 임피던스와 리액턴스의 위상차의 여현
④ 임피던스와 저항의 위상차의 정현

 역률이란 전압과 전류의 위상차로 피상전력과 유효전력의 비를 말한다. 또한 역률은 전력삼각형에서 여현($\cos\theta$)으로 표현할 수 있다.

정답 ②

117 $R = 50\,[\Omega]$, $L = 200\,[\text{mH}]$의 직렬회로에 주파수 $50\,[\text{Hz}]$의 교류전원에 대한 역률[%]은?

① 62.3 ② 72.3
③ 82.3 ④ 92.3

 ㉠ 유도 리액턴스
$X_L = \omega L = 2\pi f L = 2\pi \times 50 \times 200 \times 10^{-3}$
$= 62.8\,[\Omega]$
㉡ 직렬회로 시 역률
$\cos\theta = \dfrac{R}{\sqrt{R^2 + X_L^2}} = \dfrac{50}{\sqrt{50^2 + 62.8^2}}$
$= 0.623 = 62.3\,[\%]$

정답 ①

118 저항 R, 리액턴스 X와의 직렬회로에 있어서 $\dfrac{X}{R} = \dfrac{1}{\sqrt{2}}$일 때 회로의 역률은?

① 12 ② $\dfrac{1}{\sqrt{3}}$
③ $\dfrac{\sqrt{2}}{\sqrt{3}}$ ④ $\dfrac{\sqrt{3}}{2}$

 직렬회로 시 역률
$\cos\theta = \dfrac{R}{Z} = \dfrac{R}{\sqrt{R^2 + X_L^2}}$
$= \dfrac{\sqrt{2}}{\sqrt{(\sqrt{2})^2 + 1^2}} = \dfrac{\sqrt{2}}{\sqrt{3}}$

정답 ③

119 저항 R과 유도리액턴스 X_L이 병렬로 연결된 회로의 역률은?

① $\dfrac{\sqrt{R^2 + X_L^2}}{R}$ ② $\dfrac{\sqrt{R^2 + X_L^2}}{X_L}$
③ $\dfrac{R}{\sqrt{R^2 + X_L^2}}$ ④ $\dfrac{X_L}{\sqrt{R^2 + X_L^2}}$

 ㉠ 직렬 시 역률
$\cos\theta = \dfrac{R}{\sqrt{R^2 + X_L^2}} = \dfrac{V_R}{V}$
㉡ 병렬 시 역률
$\cos\theta = \dfrac{X_L}{\sqrt{R^2 + X_L^2}} = \dfrac{I_R}{I}$
여기서, V: 전체 전압
V_R: R의 단자전압
I: 전체 전류
I_R: R 통과 전류

정답 ④

120 다음 그림에서 각 분로의 전류가 각각 $I_L = 3 - j6\,[\text{A}]$, $I_C = 5 + j2\,[\text{A}]$일 때 전원에서의 역률은?

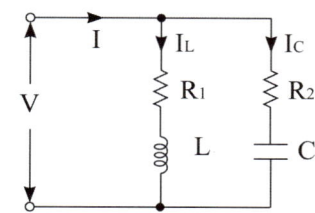

① $\dfrac{1}{\sqrt{17}}$ ② $\dfrac{4}{\sqrt{17}}$

③ $\dfrac{1}{\sqrt{5}}$ ④ $\dfrac{2}{\sqrt{5}}$

정답분석

㉠ 전체 전류
$I = I_L + I_C = (3 - j6) + (5 + j2)$
$\quad = 8 - j4\,[\text{A}]$

㉡ 병렬회로 시 역률
$\cos\theta = \dfrac{I_R}{I} = \dfrac{8}{\sqrt{8^2 + 4^2}} = \dfrac{8}{\sqrt{80}}$
$\quad\quad\;\; = \dfrac{8}{4\sqrt{5}} = \dfrac{2}{\sqrt{5}}$

정답 ④

121 $R = 15\,[\Omega]$, $X_L = 12\,[\Omega]$, $X_C = 30\,[\Omega]$가 병렬로 접속된 회로에 $120\,[\text{V}]$의 교류전압을 가하면 전원에 흐르는 전류와 역률은?

① 22[A], 85[%]
② 22[A], 80[%]
③ 22[A], 60[%]
④ 10[A], 80[%]

정답분석

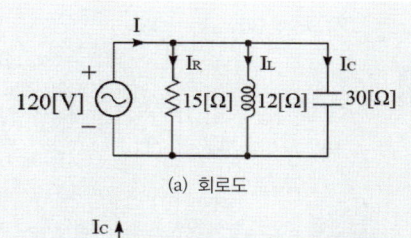

(a) 회로도

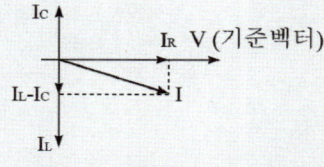

(b) 전류 벡터도

㉠ 저항에 흐르는 전류
$I_R = \dfrac{V}{R} = \dfrac{120}{15} = 8\,[\text{A}]$

㉡ 코일에 흐르는 전류
$I_L = \dfrac{V}{jX_L} = -j\dfrac{V}{X_L} = -j\dfrac{120}{12}$
$\quad = -j10\,[\text{A}]$

㉢ 콘덴서에 흐르는 전류
$I_C = \dfrac{V}{-jX_C} = j\dfrac{V}{X_C} = j\dfrac{120}{30} = j4\,[\text{A}]$

㉣ 부하전류
$I = I_R - j(I_L - I_C) = 8 - j6$
$\quad = \sqrt{8^2 + 6^2} = 10\,[\text{A}]$

㉤ 병렬회로 시 역률
$\cos\theta = \dfrac{I_R}{I} = \dfrac{8}{10} = 0.8$

정답 ④

122 어떤 코일의 임피던스를 측정하고자 직류 전압 100[V]를 가했더니 500[W]가 소비되고, 교류 전압 150[V]를 가했더니 720[W]가 소비되었다. 코일의 저항[Ω]과 리액턴스[Ω]는 각각 얼마인가?

① $R = 20, X = 15$
② $R = 15, X = 20$
③ $R = 25, X = 20$
④ $R = 30, X = 25$

㉠ 직류 전압을 가하면 $f=0$이 되어 유도 리액턴스 $X = 2\pi f L = 0[\Omega]$이 된다. 따라서 코일은 저항 성분만 남기 때문에
$R = \dfrac{V^2}{P} = \dfrac{100^2}{500} = 20[\Omega]$이 된다.

㉡ 교류 전압을 인가하면 코일은 저항과 유도 리액턴스가 직렬로 접속된 것으로 해석되므로 전류
$I = \dfrac{V}{\sqrt{R^2 + X_L^2}}$[A]이 된다.

㉢ 교류 전압 인가 시 소비전력
$P = I^2 R = \dfrac{V^2}{R^2 + X_L^2} \times R$ [W]
$\therefore X_L = \sqrt{\dfrac{V^2 R}{P} - R^2}$
$= \sqrt{\dfrac{150^2 \times 20}{720} - 20^2} = 15[\Omega]$

정답 ①

123 그림과 같은 회로에서 각 계기들의 지시값은 다음과 같다. ⓥ는 240[V], ⓐ는 5[A], ⓦ는 720[W]이다. 이때의 인덕턴스 L[H]은 얼마인가? (단, 주파수는 60[Hz])

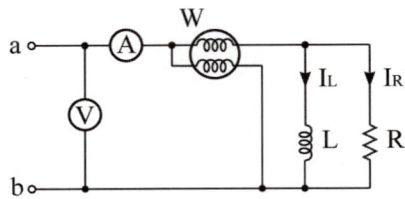

① $\dfrac{1}{2\pi}$ ② $\dfrac{1}{3\pi}$
③ 2π ④ 3π

㉠ 피상전력
$P_a = VI = 240 \times 5 = 1200$ [VA]
㉡ 무효전력
$P_r = \sqrt{P_a^2 - P^2} = \sqrt{1200^2 - 720^2}$
$= 960$ [Var]
㉢ 유도 리액턴스
$X_L = 2\pi f L = \dfrac{V^2}{P_r} = \dfrac{240^2}{960} = 60[\Omega]$
$\therefore$ 인덕턴스
$L = \dfrac{X_L}{2\pi f} = \dfrac{60}{2\pi \times 60} = \dfrac{1}{2\pi}$ [H]

정답 ①

124 어떤 회로의 전압 E, 전류 I일 때 $P_a = \overline{E}I = P + jP_r$에서 $P_r > 0$이다. 이 회로는 어떤 부하인가? (단, $\overline{E}$는 E의 공액 복소수이다.)

① 유도성   ② 무유도성
③ 용량성   ④ 정저항

복소전력 공식
㉠ $P_a = E^* I = P \pm jP_r$ 의 경우
 $P_r > 0$ (용량성), $P_r < 0$ (유도성)
㉡ $P_a = EI^* = P \pm jP_r$ 의 경우
 $P_r > 0$ (유도성), $P_r < 0$ (용량성)

정답 ③

125 어떤 부하에 $V = 80 + j60$ [V]의 전압을 가하여 $I = 4 + j2$ [A]의 전류가 흘렀을 경우, 이 부하의 역률과 무효율은?

① 0.8, 0.6
② 0.894, 0.448
③ 0.916, 0.401
④ 0.984, 0.179

정답분석

㉠ 복소전력
$$P_a = \overline{V}I = (80 - j60)(4 + j2)$$
$$= 440 - j80 = \sqrt{440^2 + 80^2} \angle \frac{-60}{440}$$
$$= 447.2 \angle -10.3 \text{[VA]}$$
㉡ 유효전력: $P = 440$ [W]
㉢ 무효전력: $P_r = 80$ [Var]
㉣ 피상전력: $P_a = 447.2$ [VA]
㉤ 부하각: $\theta = -10.3$

∴ 역률: $\cos\theta = \dfrac{P}{P_a} = \dfrac{440}{447.2} = 0.984$

무효율: $\sin\theta = \dfrac{P_r}{P_a} = \dfrac{80}{447.2} = 0.179$

정답 ④

126 어떤 회로에 $E = 100 \angle \dfrac{\pi}{3}$ [V]의 전압을 가하니 $I = 10\sqrt{3} + j10$ [A]의 전류가 흘렀다. 이 회로의 무효전력 [kVar]은?

① 0
② 1000
③ 1732
④ 2000

정답분석

㉠ 전압: $E = 100 \angle \dfrac{\pi}{3} = 100 \angle 60°$
$$= 100(\cos 60° + j\sin 60°)$$
$$= 50 + j50\sqrt{3} \text{ [V]}$$
㉡ 복소전력
$$P_a = E^* I$$
$$= (50 - j50\sqrt{3})(10\sqrt{3} + j10)$$
$$= 1732 - j1000 \text{ [VA]}$$
㉢ 유효전력: $P = 1732$ [kW]
㉣ 무효전력: $P_r = 1000$ [kVar]
㉤ 피상전력
$$P_a = \sqrt{1732^2 + 1000^2} = 2000 \text{ [kVA]}$$

정답 ②

127 다음의 회로에서 $I_1 = 2e^{-j\frac{\pi}{6}}$ [A],

$I_2 = 5e^{j\frac{\pi}{6}}$ [A] $I_3 = 5.0$ [A], $Z_3 = 1$ [Ω]일 때 부하(Z_1, Z_2, Z_3) 전체에 대한 복소전력은 약 몇 [VA]인가?

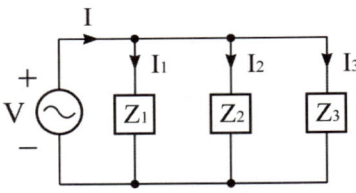

① $55.3 - j7.5$ ② $55.3 + j7.5$
③ $45 - j26$ ④ $45 + j26$

정답분석

㉠ Z_1에 흐르는 전류
$I_1 = 2e^{-j\frac{\pi}{6}} = 2\left(\cos\frac{\pi}{6} - j\sin\frac{\pi}{6}\right)$
$= \sqrt{3} - j$ [A]

㉡ Z_2에 흐르는 전류
$I_2 = 5e^{j\frac{\pi}{6}} = 5\left(\cos\frac{\pi}{6} + j\sin\frac{\pi}{6}\right)$
$= 2.5\sqrt{3} + j2.5$ [A]

㉢ 부하전류(전체전류)
$I = I_1 + I_2 + I_3 = 11.06 + j1.5$ [A]

㉣ 복소전력
$P_a = VI^* = (I_3 \times Z_3) \times (11.06 - j1.5)$
$= 5 \times (11.06 - j1.5)$
$= 55.3 - j7.5$ [VA]

정답 ①

128 600[kVA] 역률 0.6(지상) 부하와 800[kVA] 역률 0.8(진상)의 부하가 접속되어 있을 때 종합 피상전력 [kVA]는?

① 1,400   ② 1,000
③ 960   ④ 0

정답분석

㉠ 부하 1의 피상전력
$P_{a1} = 600 \times 0.6 - j600 \times 0.8$
$= 360 - j480$ [kVA]

㉡ 부하 2의 피상전력
$P_{a2} = 800 \times 0.8 - j800 \times 0.6$
$= 640 + j480$ [kVA]

∴ 합성 부하의 피상전력
$P_a = P_{a1} + P_{a2}$
$= (360 + 640) + j(-480 + 480)$
$= 1000$ [kVA]

정답 ②

129 100[V] 전압에 대하여 늦은 역률 0.8로서 10[A]의 전류가 흐르는 부하와 앞선 역률 0.8로서 20[A]의 전류가 흐르는 부하가 병렬로 연결되어 있다. 전전류에 대한 역률은 약 얼마인가?

① 0.66   ② 0.76
③ 0.87   ④ 0.97

정답분석

㉠ $\dot{I}_1 = 10(\cos\theta - j\sin\theta)$
$= 10(0.8 - j0.6) = 8 - j6$ [A]

㉡ $\dot{I}_2 = 20(\cos\theta + j\sin\theta)$
$= 20(0.8 + j0.6) = 16 + j12$ [A]

㉢ 전전류: $\dot{I}_0 = \dot{I}_1 + \dot{I}_2$
$= (8 - j6) + (16 + j12)$
$= 24 + j6$ [A]

∴ 역률: $\cos\theta = \dfrac{I_R}{I} = \dfrac{24}{\sqrt{24^2 + 6^2}} = 0.97$

정답 ④

130 코일에 단상 100[V]의 전압을 가하면 30[A]의 전류가 흐르고 1.8[kW]의 전력을 소비한다고 한다. 이 코일과 병렬로 콘덴서를 접속하여 회로의 합성 역률을 100[%]로 하기 위한 용량 리액턴스 [Ω]는 대략 얼마인가?

① 4.17
② 5.17
③ 6.32
④ 10.1

정답분석

㉠ 유효전력 $P = I^2R$[W]에서 저항
$R = \dfrac{P}{I^2} = \dfrac{1800}{30^2} = 2\,[\Omega]$

㉡ 회로 임피던스
$Z = \dfrac{V}{I} = \dfrac{100}{30} = 3.33\,[\Omega]$

㉢ 역률을 100[%]로 하기 위한 무효전력
$Q = I^2 X_L = 30^2 \times 2.67 = 2400\,[\text{Var}]$

∴ 용량 리액턴스
$X_C = \dfrac{V^2}{Q} = \dfrac{100^2}{2400} = 4.17\,[\Omega]$

정답 ①

131 $R = 5[\Omega]$, $L = 10[\text{mH}]$, $C = 1[\mu\text{F}]$의 직렬회로에서 공진주파수 f_r[Hz]는 약 얼마인가?

① 3,181
② 1,820
③ 1,591
④ 1,432

정답분석

공진주파수
$f_r = \dfrac{1}{2\pi\sqrt{LC}} = \dfrac{1}{2\pi \times \sqrt{10 \times 10^{-3} \times 1 \times 10^{-6}}}$
$= 1591\,[\text{Hz}]$

정답 ③

132 직렬 공진회로에서 최대가 되는 것은?

① 전류
② 저항
③ 리액턴스
④ 임피던스

정답분석

㉠ RLC 직렬회로

㉡ 직렬접속 시 합성 임피던스
$Z = R + j(X_L + X_C)\,[\Omega]$

㉢ 공진 조건: $X_L = X_C$

㉣ 공진 시 합성 임피던스
$Z = R$ (전압과 전류는 동위상)

∴ 직렬 공진 시 임피던스는 최소, 전류는 최대가 된다.

정답 ①

133 RLC 직렬회로에서 공진 시의 전류는 공급전압에 대하여 어떤 위상차를 갖는가?

① 0°
② 90°
③ 180°
④ 270°

정답분석

$Z = R + j(X_L - X_C)\,[\Omega]$에서 공진 시
$Z = R$이 되어 전압과 전류가 동위상 된다.

정답 ①

134 어떤 RLC 병렬회로가 병렬공진 되었을 때 합성전류는?

① 최대가 된다.
② 최소가 된다.
③ 전류는 흐르지 않는다.
④ 전류는 무한대가 된다.

정답분석

㉠ 병렬회로의 합성 어드미턴스
$Y = G + j(B_C - B_L)\,[\mho]$

㉡ 공진 조건: $B_C = B_L$

∴ 병렬 공진 시 어드미턴스는 최소가 되어 전류는 최소가 된다.

정답 ②

135 그림과 같이 주파수 f[Hz]인 교류회로에 있어서 전류 I와 I_R이 같은 값으로 되는 조건은?

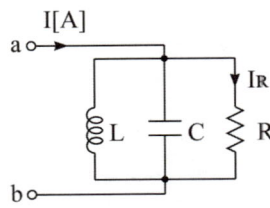

① $f = \dfrac{1}{\sqrt{LC}}$ ② $f = \dfrac{2\pi}{\sqrt{LC}}$

③ $f = \dfrac{1}{2\pi\sqrt{LC}}$ ④ $f = 2\pi(\sqrt{LC})^2$

LC 병렬회로에서 공진 시 임피던스는 무한대가 되어 회로의 모든 전류는 R 측으로만 흐르게 된다. ($I = I_R$)

∴ 병렬 공진 주파수: $f = \dfrac{1}{2\pi\sqrt{LC}}$ [Hz]

정답 ③

---

136 다음 회로에서 일정한 전류 I_1, I_2가 똑같은 전류를 흘릴 때 전원 V의 주파수는?

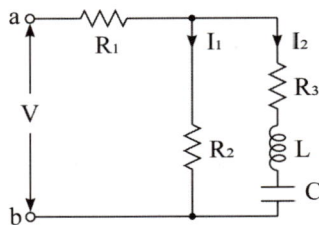

① $2\pi\sqrt{LC}$ ② $\dfrac{1}{2\pi\sqrt{LC}}$

③ $\dfrac{r_1}{2\pi\sqrt{LC}}$ ④ $\dfrac{r_1 r_2}{r_1 + r_2} / 2\pi\sqrt{LC}$

㉠ LC 직렬 공진시 임피던스: $Z = 0$
㉡ $I_1 = I_2$가 되기 위해서는 LC 공진이 일어나고 $R_2 = R_3$이 되어야 한다.

∴ 공진 주파수: $f = \dfrac{1}{2\pi\sqrt{LC}}$ [Hz]

정답 ②

---

137 그림의 회로에서 공진시의 어드미턴스는?

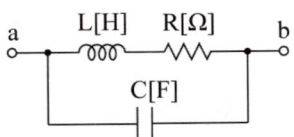

① $\dfrac{1}{CR}$ ② $\dfrac{R}{CL}$

③ $\dfrac{LR}{C}$ ④ $\dfrac{CR}{L}$

㉠ 합성 어드미턴스
$Y = \dfrac{1}{R + j\omega L} + j\omega C$
$= \dfrac{R}{R^2 + (\omega L)^2} + j\left(\omega C - \dfrac{\omega L}{R^2 + (\omega L)^2}\right)$

㉡ 공진 조건은 허수부가 0이 되어야 하므로
$\omega C = \dfrac{\omega L}{R^2 + (\omega L)^2}$ 에서
$\dfrac{1}{R^2 + (\omega L)^2} = \dfrac{C}{L}$ 이 된다.

∴ 공진 시 임피던스
$Y = \dfrac{R}{R^2 + (\omega L)^2} = \dfrac{RC}{L}$

정답 ④

---

138 직렬공진 회로의 Q가 갖는 물리적 의미와 관계없는 것은?

① 공진회로의 저항에 대한 리액턴스 비
② 공진시의 전압 상승비
③ 공진속도의 첨예도
④ 공진회로에서 에너지의 소비능률

직렬회로의 선택도
$Q = \dfrac{P_r}{P} = \dfrac{I^2 X}{I^2 R} = \dfrac{E_X}{E} = \dfrac{X}{R}$

정답 ④

139
자체 인덕턴스 L=0.02[mH]와 선택도 Q=60일 때 코일의 주파수 f=2[MHz]였다. 이 코일의 저항은 몇 [Ω]인가?

① 2.2 ② 3.2
③ 4.2 ④ 5.2

 정답분석

직렬회로의 선택도 $Q = \dfrac{X}{R} = \dfrac{2\pi fL}{R}$ 에서

∴ 저항: $R = \dfrac{2\pi fL}{Q}$

$= \dfrac{2\pi \times 2 \times 10^6 \times 0.02 \times 10^{-3}}{60}$

$= 4.18\,[\Omega]$

정답 ③

140
R=10[Ω], L=10[mH], C=1[μF]인 직렬회로에 100[V] 전압을 가했을 때 공진의 첨예도(선택도) Q는 얼마인가?

① 1 ② 10
③ 100 ④ 1,000

 정답분석

직렬공진 시 선택도는 다음과 같다.

$Q = \dfrac{X_L}{R} = \dfrac{2\pi fL}{R} = \dfrac{2\pi L}{R} \times \dfrac{1}{2\pi\sqrt{LC}}$

$= \dfrac{1}{R}\sqrt{\dfrac{L}{C}}$

∴ $Q = \dfrac{1}{R}\sqrt{\dfrac{L}{C}} = \dfrac{1}{10} \times \sqrt{\dfrac{10 \times 10^{-3}}{1 \times 10^{-6}}} = 10$

정답 ②

141
$R = 5\,[\Omega]$, $L = 20\,[\mathrm{mH}]$및 가변용량 C로 구성된 R, L, C 직렬회로에 주파수 $1000\,[\mathrm{Hz}]$인 교류를 가한 다음 C를 가변하여 직렬공진시켰다. C의 값과 선택도 Q는?

① $C = 2.277\,[\mu\mathrm{F}]$, $Q = 3.413$
② $C = 1.268\,[\mu\mathrm{F}]$, $Q = 3.413$
③ $C = 2.277\,[\mu\mathrm{F}]$, $Q = 25.12$
④ $C = 1.268\,[\mu\mathrm{F}]$, $Q = 25.12$

정답분석

㉠ 직렬공진 조건 $\omega L = \dfrac{1}{\omega C}$ 에서 정전용량은

$C = \dfrac{1}{\omega^2 L} = \dfrac{1}{(2\pi \times 1000)^2 \times 10 \times 10^{-3}}$

$= 1.268 \times 10^{-6}\,[\mathrm{F}]$

$= 1.268\,[\mu\mathrm{F}]$

㉡ 직렬공진 시 선택도

$Q = \dfrac{1}{R}\sqrt{\dfrac{L}{C}}$

$= \dfrac{1}{5} \times \sqrt{\dfrac{20 \times 10^{-3}}{1.268 \times 10^{-6}}} = 25.12$

정답 ④

142 그림의 회로에서 공진시의 임피던스는? (단, $Q = \dfrac{\omega L}{R}$ 이다.)

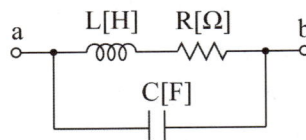

① $R(1+Q^2)$ ② Q^2
③ $R+Q^2$ ④ ∞

㉠ 합성 어드미턴스
$$Y = \dfrac{1}{R+j\omega L} + j\omega C$$
$$= \dfrac{R}{R^2+(\omega L)^2} + j\left(\omega C - \dfrac{\omega L}{R^2+(\omega L)^2}\right)$$

㉡ 공진 시에는 허수부가 0 이므로
$\omega C = \dfrac{\omega L}{R^2+(\omega L)^2}$ 에서
$\dfrac{1}{R^2+(\omega L)^2} = \dfrac{C}{L}$ 이 된다.

∴ 공진 시 임피던스
$$Z = \dfrac{1}{Y} = \dfrac{R^2+(\omega L)^2}{R} = R + \dfrac{(\omega L)^2}{R}$$
$$= R + RQ^2 = R(1+Q^2)\,[\Omega]$$

정답 ①

143 R, L, C병렬 공진회로에 관한 설명 중 옳지 않은 것은?

① 공진 시 입력 어드미턴스는 매우 작아진다.
② 공진 주파수 이하에서의 입력전류는 전압보다 위상 뒤진다.
③ R가 작을수록 Q가 높다.
④ 공진 시 L 또는 C를 흐르는 전류는 입력 전류 크기의 Q배가 된다.

병렬회로의 선택도
$$Q = \dfrac{P_r}{P} = \dfrac{\dfrac{V^2}{X}}{\dfrac{V^2}{R}} = \dfrac{I_X}{I_R} = \dfrac{R}{X} = \dfrac{R}{\omega L}$$
$$= \omega CR \text{ 이므로}$$
∴ R 이 작을수록 선택도 Q 는 감소한다.

정답 ④

144 그림과 같이 전압 E와 저항 R로 되는 회로 단자 a, b간에 적당한 저항 R_L을 접속하여 R_L에서 소비되는 전력을 최대로 하게 했다. 이때 R_L에서 소비되는 전력 P는 얼마인가?

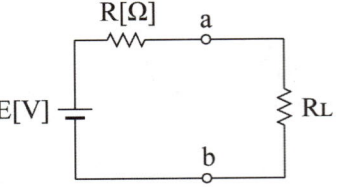

① $\dfrac{E^2}{4R}$ ② $\dfrac{E^2}{2R}$
③ R ④ $2R$

㉠ 최대전력 전달조건: $R_L = R$
㉡ 전류: $I = \dfrac{E}{R+R_L} = \dfrac{E}{2R}\,[\text{A}]$
∴ R_L에서 소비되는 최대전력
$$P = I^2 R_L = \left(\dfrac{E}{2R}\right)^2 \times R = \dfrac{E^2}{4R}\,[\text{W}]$$

정답 ①

145 최댓값 E_m, 내부 임피던스 $Z = R + jX(R > 0)\,[\Omega]$인 전원에서 공급할 수 있는 최대전력은?

① $\dfrac{E_m^2}{8R}$ ② $\dfrac{E_m^2}{4R}$
③ $\dfrac{E_m^2}{2R}$ ④ $\dfrac{E_m^2}{\sqrt{2}\,R+0}$

㉠ 최대전력 전달조건: $Z_L = Z^* = R - jX$
㉡ 전류의 실횻값
$$I = \dfrac{E}{Z+Z_L} = \dfrac{E}{(R+jX)+(R-jX)}$$
$$= \dfrac{E_m/\sqrt{2}}{2R} = \dfrac{E_m}{2\sqrt{2}\,R}\,[\text{A}]$$
여기서, E: 전압의 실횻값
∴ Z_L에서 소비되는 최대전력
$$P = I^2 R = \left(\dfrac{E_m}{2\sqrt{2}\,R}\right)^2 \times R = \dfrac{E_m^2}{8R}\,[\text{W}]$$

정답 ①

146

$Z_g = 0.3 + j2\,[\Omega]$인 발전기 임피던스에 $Z_l = 1.7 + j3\,[\Omega]$인 선로를 연결하여 부하에 전력을 공급한다. 부하 임피던스 Z_L이 어떤 값을 취할 때 부하에 최대전력이 전송되겠는가?

① $2 - j5$ ② $2 + j5$
③ 2 ④ $\sqrt{2^2 + 5}$

정답분석

전원측 임피던스 $Z_s = Z_g + Z_l = 2 + j5\,[\Omega]$이므로 최대전력 전달조건은 다음과 같다.
∴ $Z_L = Z_s{}^* = 2 - j5\,[\Omega]$

정답 ①

148

전원의 내부임피던스가 순저항 R과 리액턴스 X로 구성되고 외부에 부하저항 R_L을 연결하여 최대전력을 소모시키려면 이때의 R_L의 값은?

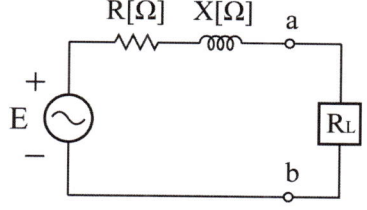

① $R_L = R$ ② $R_L = R + X$
③ $R_L = \sqrt{R^2 - X^2}$ ④ $R_L = \sqrt{R^2 + X^2}$

정답분석

전원측 임피던스 $Z = R + jX\,[\Omega]$인 경우 최대전력 전달 조건
㉠ 부하가 Z_L인 경우: $Z_L = Z^* = R - jX$
㉡ 부하가 R_L인 경우: $R_L = \sqrt{R^2 + X^2}$

정답 ④

147

그림과 같은 회로에서 부하 임피던스 $\dot{Z}_L$을 얼마로 할 때 이에 최대전력 공급되는가?

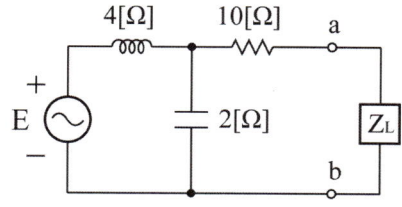

① $10 + j1.3$ ② $10 - j1.3$
③ $10 + j4$ ④ $10 - j4$

정답분석

전원 측 합성 임피던스
$Z_{ab} = 10 + \dfrac{j4 \times (-j2)}{j4 + (-j2)} = 10 + \dfrac{8}{j2}$
$= 10 - j4\,[\Omega]$
∴ 최대전력 전달조건
$Z_L = \overline{Z_{ab}} = 10 + j4\,[\Omega]$
여기서, Z_{ab}: a, b 단자에서 전원측 임피던스$[\Omega]$

정답 ③

149 그림과 같은 회로에서 전압계 3개로 단상전력을 측정하고자 할 때의 유효전력은?

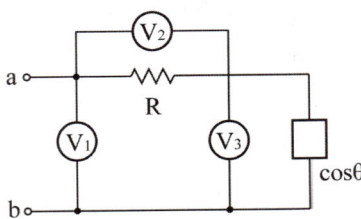

① $\dfrac{1}{2R}(V_1^2 - V_2^2 - V_3^2)$

② $\dfrac{1}{2R}(V_1^2 - V_3^2)$

③ $\dfrac{R}{2}(V_1^2 - V_2^2 - V_3^2)$

④ $\dfrac{R}{2}(V_2^2 - V_1^2 - V_3^2)$

㉠ 역률: $\cos\theta = \dfrac{V_1^2 - V_2^2 - V_3^2}{2V_2V_3}$

㉡ 유효전력(소비전력)
$P = VI\cos\theta$
$= V_3 \times \dfrac{V_2}{R} \times \dfrac{V_1^2 - V_2^2 - V_3^2}{2V_2V_3}$
$= \dfrac{1}{2R}(V_1^2 - V_2^2 - V_3^2)$ [W]

정답 ①

150 그림과 같이 전류계 A_1, A_2, A_3, $25[\Omega]$의 저항 R을 접속하였다. 전류계의 지시는 $A_1 = 10[A]$, $A_2 = 4[A]$, $A_3 = 7[A]$이다. 부하의 전력 [W]와 역률은 얼마인가?

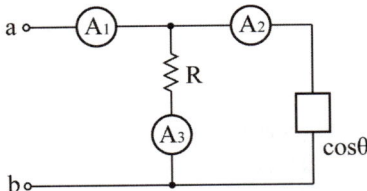

① $P = 437.5[W]$, $\cos\theta = 0.625$
② $P = 437.5[W]$, $\cos\theta = 0.545$
③ $P = 507.5[W]$, $\cos\theta = 0.647$
④ $P = 507.5[W]$, $\cos\theta = 0.747$

㉠ 역률: $\cos\theta = \dfrac{A_1^2 - A_2^2 - A_3^2}{2A_2A_3}$
$= \dfrac{10^2 - 4^2 - 7^2}{2 \times 4 \times 7} = 0.625$

㉡ 유효전력(소비전력)
$P = VI\cos\theta$
$= \dfrac{R}{2}(A_1^2 - A_2^2 - A_3^2)$
$= \dfrac{25}{2}(10^2 - 4^2 - 7^2) = 437.5$ [W]

정답 ①

2-7 인덕턴스 접속법

151 그림과 같은 결합 회로의 합성 인덕턴스는?

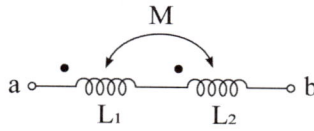

① $L_1 + L_2 + 2M$
② $L_1 + L_2 - 2M$
③ $L_1 + L_2 + M$
④ $L_1 + L_2 - M$

L_1, L_2는 가동결합이(dot가 같은 방향)된다.
∴ 합성 인덕턴스: $L = L_1 + L_2 + 2M$

정답 ①

153 그림과 같은 결합 회로의 합성 인덕턴스는?

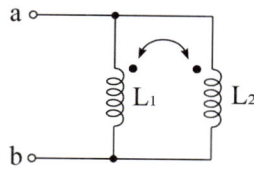

① $\dfrac{L_1 L_2 - M^2}{L_1 + L_2 - 2M}$
② $\dfrac{L_1 L_2 + M^2}{L_1 + L_2 - 2M}$
③ $\dfrac{L_1 L_2 - M^2}{L_1 + L_2 + 2M}$
④ $\dfrac{L_1 L_2 + M^2}{L_1 + L_2 + 2M}$

L_1, L_2는 가동결합이(dot가 같은 방향)된다.
∴ 합성 인덕턴스: $L_{ab} = \dfrac{L_1 L_2 - M^2}{L_1 + L_2 - 2M}$

정답 ①

152 그림에서 합성인덕턴스 L을 구하시오.
(단, $L_1 = 5\,[\mathrm{H}]$, $M = 3\,[\mathrm{H}]$, $L_2 = 2\,[\mathrm{H}]$)

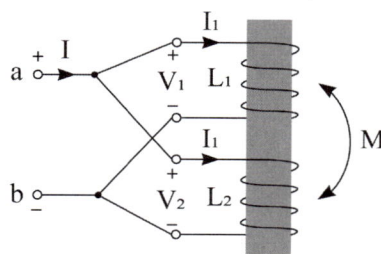

① $L = 13\,[\mathrm{H}]$
② $L = 15\,[\mathrm{H}]$
③ $L = 12\,[\mathrm{H}]$
④ $L = 1\,[\mathrm{H}]$

그림은 가동결합이므로
∴ $L = L_1 + L_2 + 2M$
$= 5 + 2 + 2 \times 3 = 13\,[\mathrm{H}]$

정답 ①

154 그림과 같은 회로의 단자 a, b에서 본 합성 인덕턴스는 얼마인가?

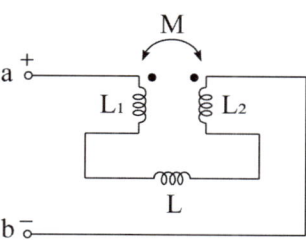

① $L_{ab} = L_1 + L_2 + 2M$
② $L_{ab} = L_1 + L_2 - 2M$
③ $L_{ab} = L + L_1 + L_2 + 2M$
④ $L_{ab} = L + L_1 + L_2 - 2M$

L_1, L_2는 차동결합이(dot가 반대 방향)된다.
∴ 합성 인덕턴스: $L = L + L_1 + L_2 - 2M$

정답 ④

155 다음 회로의 a, b 간의 합성 임피던스는?

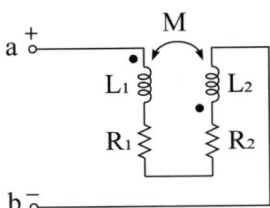

① $R_1 + R_2 + j\omega M$
② $R_1 + R_2 - j\omega M$
③ $R_1 + R_2 + j\omega(L_1 + L_2 + 2M)$
④ $R_1 + R_2 + j\omega(L_1 + L_2 - 2M)$

L_1, L_2는 가동결합이(dot가 같은 방향)된다.
∴ 합성 임피던스
$Z_{ab} = R_1 + R_2 + jX_L$
$= R_1 + R_2 + j\omega L$
$= R_1 + R_2 + j\omega(L_1 + L_2 + 2M)\,[\Omega]$

정답 ③

156 그림과 같이 고주파 브리지를 가지고 상호 인덕턴스를 측정하고자 한다. 그림 (a)와 같이 접속하면 합성 자기 인덕턴스는 30[mH]이고, (b)와 같이 접속하면 14[mH]이다. 상호 인덕턴스 [mH]는?

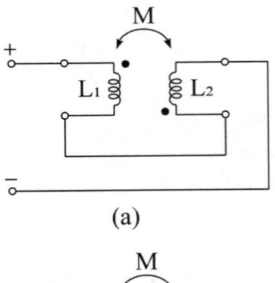
(a)

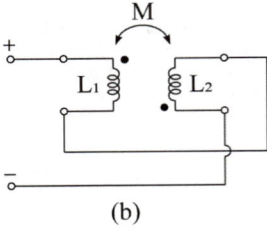
(b)

① 2 ② 4
③ 8 ④ 16

㉠ (a) 가동결합: $L_a = L_1 + L_2 + 2M = 30$
㉡ (b) 차동결합: $L_b = L_1 + L_2 - 2M = 14$
㉢ $L_a - L_b = 4M$ 에서 상호 인덕턴스는
∴ $M = \dfrac{L_a - L_b}{4} = \dfrac{30 - 14}{4} = 4\,[\text{mH}]$

정답 ②

157 두 개의 코일 a, b가 있다. 두 개를 직렬로 접속하였더니 합성 인덕턴스가 119[mH], 극성을 반대로 접속 하였더니 합성 인덕턴스가 11[mH]이다. 코일 a의 자기 인덕턴스가 20[mH]라면 결합계수 k는 얼마인가?

① 0.6 ② 0.7
③ 0.8 ④ 0.9

정답분석

㉠ (a) 가동결합: $L_a = L_1 + L_2 + 2M = 119$
㉡ (b) 차동결합: $L_b = L_1 + L_2 - 2M = 11$
㉢ $L_a - L_b = 4M$ 에서 상호 인덕턴스는
$$M = \frac{L_a - L_b}{4} = \frac{119 - 11}{4} = 27\,[\text{mH}]$$
㉣ M을 ㉠식에 대입하여 L_2를 구하면
$$L_b = L_a - 2M - L_1$$
$$= 119 - 2 \times 27 - 20 = 45\,[\text{mH}]$$
∴ 결합계수
$$k = \frac{M}{\sqrt{L_1 L_2}} = \frac{27}{\sqrt{20 \times 45}} = 0.9$$

정답 ④

158 5[mH]의 두 자기인덕턴스가 있다. 결합계수를 0.2로 부터 0.8까지 변화시킬 수 있다면 이것을 접속시켜 얻을 수 있는 합성인덕턴스의 최댓값, 최솟값은?

① 18[mH] 2[mH]
② 18[mH] 8[mH]
③ 20[mH] 2[mH]
④ 20[mH] 8[mH]

정답분석

㉠ 결합계수: $k = \frac{M}{\sqrt{L_1 L_2}} = \frac{M}{5} = 0.2 \sim 0.8$
㉡ 상호 인덕턴스의 범위
$M = k\sqrt{L_1 L_2} = 1 \sim 4\,[\text{mH}]$
㉢ 가동결합 $L_a = L_1 + L_2 + 2M$ 이고,
차동결합 $L_b = L_1 + L_2 - 2M$ 이므로
상호 인덕턴스 $M = 4$ 를 대입해야 최댓값과 최솟값을 구할 수 있다.
∴ 최댓값: $L_a = L_1 + L_2 + 2M$
$= 5 + 5 + 2 \times 4 = 18\,[\text{mH}]$
최솟값: $L_b = L_1 + L_2 - 2M$
$= 5 + 5 - 2 \times 4 = 2\,[\text{mH}]$

정답 ①

159 그림의 회로에서 전원 주파수가 일정할 경우 평형조건은?

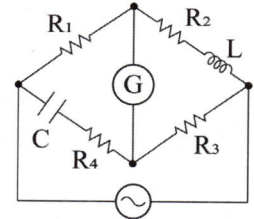

① $R_1 R_3 - R_2 R_4 = \frac{L}{C}$, $\frac{R_4}{R_2} = \frac{1}{\omega^2 LC}$

② $\frac{R_4}{R_2} = \frac{1}{\omega^2 LC}$, $\frac{R_4}{R_2} = \frac{1}{\omega^2 LC}$

③ $R_1 R_2 - R_2 R_4 = \frac{L}{C}$, $\frac{R_4}{R_2} = \frac{L}{C}$

④ $R_1 R_3 + R_2 R_4 = \frac{1}{\omega^2 LC}$, $\frac{R_4}{R_2} = \frac{L}{C}$

정답분석

㉠ 휘트스톤 브리지 평형조건
$$R_1 R_3 = (R_2 + j\omega L)\left(R_4 + \frac{1}{j\omega C}\right)$$
㉡ ㉠을 정리하면 다음과 같다.
$$R_1 R_3 = R_2 R_4 + \frac{L}{C} + j\left(\omega L R_4 - \frac{R_2}{\omega C}\right)$$
㉢ 평형조건은 허수가 0이고 실수가 같아야 한다.
∴ 허수부: $\frac{R_4}{R_2} = \frac{1}{\omega^2 LC}$

실수부: $R_1 R_3 - R_2 R_4 = \frac{L}{C}$

정답 ①

해커스자격증
pass.Hackers.com

해커스 **전기기사·산업기사 필기 회로이론** 한권완성 이론 + 최신기출 + 핵심노트

Chapter 03

다상 교류회로의 이해
(Polyphase AC)

1 평형 3상 교류의 발생
2 평형 3상 회로의 특징
3 3상 전력 측정법
4 불평형 3상 회로 해석

핵심 요점정리

출제예상문제

Chapter 03 다상 교류회로의 이해(Polyphase AC)

1 평형 3상 교류의 발생

1. 개요

(1) 단상교류와 다상교류
  ① **단상 교류**: 전압 또는 전류가 1개인 교류 파형
  ② **다상 교류**: 주파수는 같지만 위상이 서로 다른 여러 개의 전압 또는 전류의 교류 파형으로 대칭 다상의 경우 각각의 파형 크기와 위상차가 동일한 교류를 말한다.

(2) 3상 교류를 사용하는 목적
  ① 단상은 교번자계이나 3상은 회전자계를 발생시킨다.
  ② 회전자계를 이용하면 전동기의 구조를 간단하게 할 수 있으며, 이를 이용한 전동기를 3상 유도전동기이라 한다.
  ③ 대칭 3상 교류는 순시전력이 총합은 항상 일정하고, 안정적인 회전자계를 얻을 수 있으므로 3상 유도전동기 운전 시 소음과 진동이 매우 작다.
  ④ 3상을 사용하는 목적에는 송전선의 비용에 절약에도 있다. 단상의 경우 2가닥의 케이블을 통해서 공급해야 하고, 3상은 6가닥의 케이블을 통해 보내야하나 3상 결선법(Y결선 또는 Δ결선)을 통해 3가닥만으로도 3상을 보낼 수 있는 이점과 3상을 이용하면 전력손실을 줄일 수 있어 발전, 송전, 배전 등 거의 모든 계통에서 3상을 사용하고 있다.

2. 3상 벡터 오퍼레이터(vector operator)

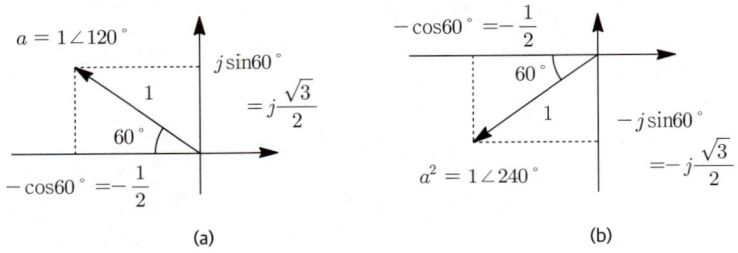

[그림 3-1] 3상 벡터 오퍼레이터

(1) 벡터 오퍼레이터를 사용하면 3상 교류의 계산이 다소 편리해진다.

(2) 벡터 오퍼레이터 a

① $a = 1\angle 120° = 1\angle -240° = -\dfrac{1}{2} + j\dfrac{\sqrt{3}}{2}$ ································· [식 3-1]

② $a^2 = 1\angle 240° = 1\angle -120° = -\dfrac{1}{2} - j\dfrac{\sqrt{3}}{2}$ ································· [식 3-2]

③ $a^3 = 1\angle 360° = 1\angle 0° = 1 = a^0$ ································· [식 3-3]

④ $a^4 = 1\angle 480° = 1\angle 120° = a^1$ ································· [식 3-4]

⑤ $a^5 = 1\angle 600° = 1\angle 240° = a^2$ ································· [식 3-5]

⑥ $a + a^2 = \left(-\dfrac{1}{2} + j\dfrac{\sqrt{3}}{2}\right) + \left(-\dfrac{1}{2} - j\dfrac{\sqrt{3}}{2}\right) = -1$ 이므로

$\therefore 1 + a + a^2 = 0$ ································· [식 3-6]

3. 대칭 3상 교류(symmetrical three-phase AC)

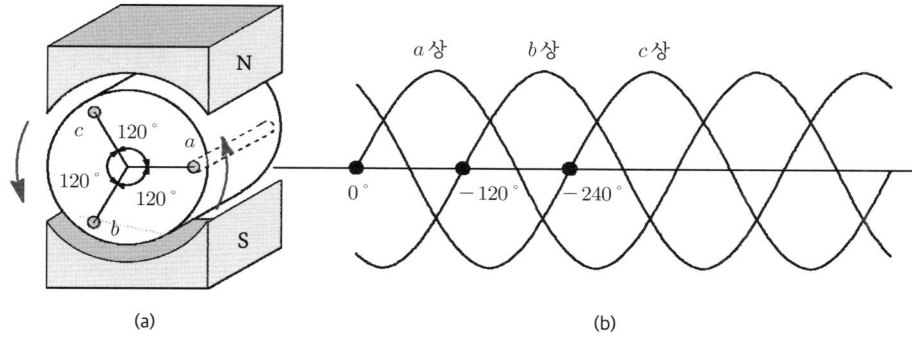

[그림 3-2] 3상 교류 발전기와 phase

(1) 개요

① 전기자(armature)에 도체 3개를[그림 3-2](a)와 같이 120°마다 위치한 다음 전기자를 발전(회전)하면[그림 3-2](b)와 같은 3개의 상(phase)을 얻을 수 있다.

② 이와 같이 크기는 같고 각상의 위상차가 120°인 3상을 대칭 3상 교류라 하며, 처음 발전되는 상을 기준으로 a, b, c 또는 L_1, L_2, L_3 순으로 부른다.

(2) 대칭 3상 교류의 순시값

① $v_a(t) = V_m \sin\omega t = V\sqrt{2}\sin\omega t\,[\text{V}]$ ································· [식 3-7]

② $v_b(t) = V_m \sin(\omega t - 120°) = V\sqrt{2}\sin\left(\omega t - \dfrac{2\pi}{3}\right)[\text{V}]$ ································· [식 3-8]

③ $v_c(t) = V_m \sin(\omega t - 240°) = V\sqrt{2}\sin\left(\omega t - \dfrac{4\pi}{3}\right)[\text{V}]$ ································· [식 3-9]

(3) 대칭 3상 교류의 페이저 표현

① $\dot{V}_a = V \angle 0° = V[V]$ ··· [식 3-10]

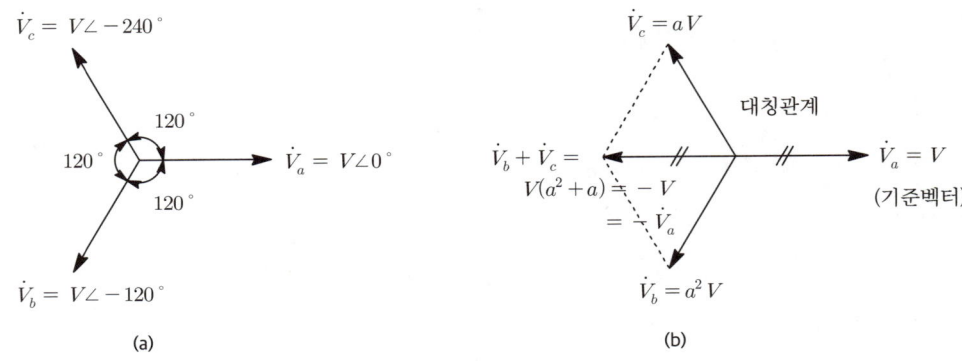

(a)　　　　　　　　　　　　　　(b)

[그림 3-3] 3상 교류의 정지벡터도

② $\dot{V}_b = V \angle -120° = V \angle 240° = a^2 V[V]$ ··· [식 3-11]

③ $\dot{V}_c = V \angle -240° = V \angle 120° = a V[V]$ ··· [식 3-12]

④ $\dot{V}_b + \dot{V}_c = V(a^2 + a) = -V = -\dot{V}_a$ 이 되어 [그림 3-3] (b)와 같이 3상 대칭관계가 되므로 이를 대칭 3 상 또는 평형 3상 교류라 한다.

> **● 선생님 TIP ●**
>
> 유도전동기 (induction motor)
>
>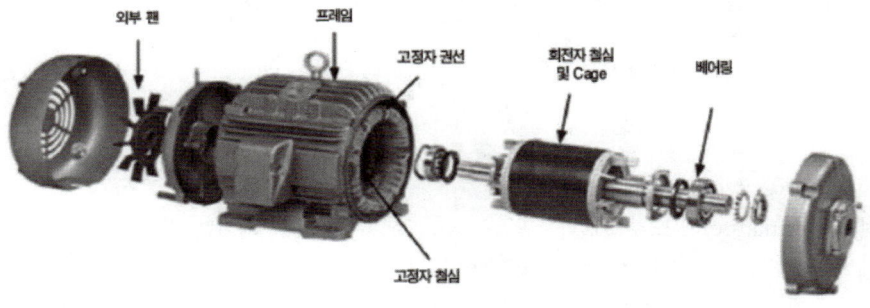
>
> ① 유도전동기는 1883년 테슬라가 제작하였으며, 구조가 단순하고 내구성이 강하여 공작기계, 컨베이어 벨트 등 다양한 기기들을 움직이는데 폭넓게 사용하게 된다.
> ② 유도전동기는 정밀한 속도제어나 낮은 속도의 기동이 필요한 기기(컴퓨터 디스크 드라이브, 레이저 프린터 등)에는 적합하지 않고, 이러한 기기에는 직류전동기를 사용한다.
> ③ 유도전동기는 아르고 원판의 원리를 이용한 것으로, 고정자 권선에서 발생된 회전자계에 의해 회전자 철심에 와전류가 유도된다.
> 　이때, 유도된 와전류와 고정자권선의 회전자계에 의해 플레밍 왼손법칙이 적용되어 전동기가 회전하는 원리를 갖는다.

● 선생님 TIP ●

교번자계(Alternation Magnetic Field)

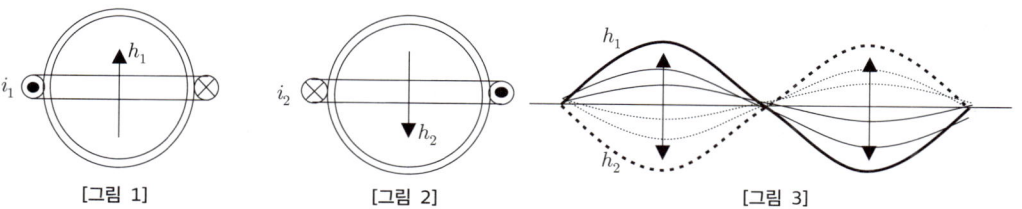

[그림 1]　　　　　[그림 2]　　　　　[그림 3]

① 권수 N, 반경 a 인 코일에 전류 I인 전류가 흐를 때 코일 중심부에 생기는 자계는 비오-사바르 법칙에 의해 $H = \dfrac{NI}{2a}$ [AT/m] 가 발생된다.
② 단상교류 전류에 의해 발생하는 자계는 그림과 같이 세기와 방향이 주기적으로 바뀐다.
③ 순수 단상 유도전동기는 교번자계만으로는 회전력이 발생하지 않는다.

● 선생님 TIP ●

회전자계(Rotating Magnetic Field)

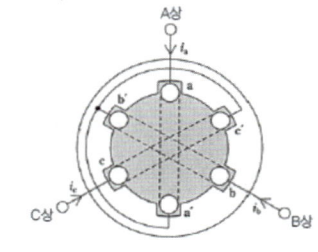 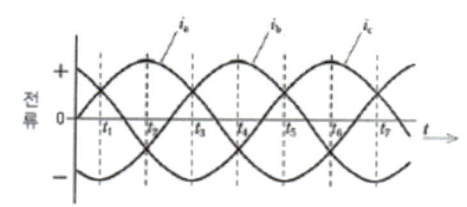

[그림 1] 모터의 권선 구조　　　　　[그림 2] 3상 교류의 전류 파형

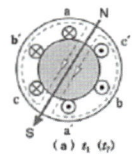 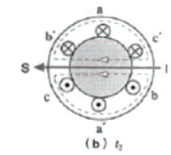 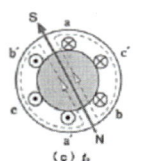 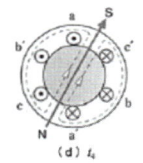 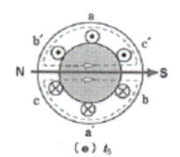 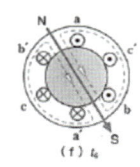
　(a) t_1 (t_7)　　(b) t_2　　(c) t_3　　(d) t_4　　(e) t_5　　(f) t_6

[그림 3] 회전자계

① 크기와 권수가 동일한 3개의 코일 A, B, C를 각각 $\dfrac{2\pi}{3}$ [rad]씩 간격으로 배치하여 3상 대칭교류를 흘린다.
② [그림 2, 3] 와 같이 시간이 $t_1 \to t_2 \to t_3 \to \cdots$ 로 변화함에 따라 자계가 60°씩 상순으로 회전하는 것을 알 수 있다.
③ 이 회전자계는 회전자의 자극(N, S극)에 작용하여 회전자에 회전하는 힘을 가한다.

Chapter 03 다상 교류회로의 이해(Polyphase AC)

2 평형 3상 회로의 특징

1. 성상결선(성형결선, 스타결선)

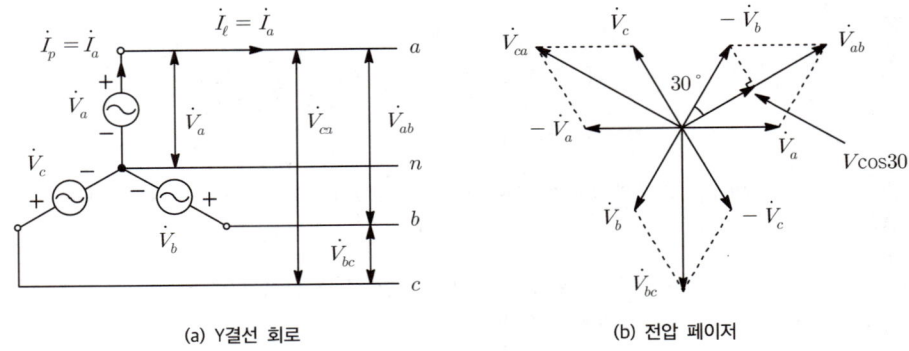

(a) Y결선 회로 (b) 전압 페이저

[그림 3-4] 성형결선(Y결선)

(1) 개요

① 다상교류결선 방식 중 [그림 3-4](a)와 같이 각 상의 (−)단자를 모두 연결하는 방식을 성형결선(스타결선)이라 하고, 그 중 3상 결선 모양이 Y와 같아 Y결선이라 부르며 우리나라 설비 중 대부분의 일반부하(조명설비, 전열설비)는 Y결선을 많이 취하고 있다.

② Y결선의 특징은 상전류(phase current, $\dot{I}_p$)와 선전류(line current, $\dot{I}_\ell$)는 크기와 위상이 모두 같고, 선간전압(line to line voltage, $\dot{V}_{ab}$, $\dot{V}_{bc}$, $\dot{V}_{ca}$)은 상전압(phase voltage, $\dot{V}_a$, $\dot{V}_b$, $\dot{V}_c$)보다 크기는 $\sqrt{3}$ 배 커지고, 위상은 30° 앞서게 된다. 즉, 아래와 같이 정리할 수 있다.

㉠ $I_\ell = I_p \angle 0°$ ··· [식 3-13]

㉡ $V_\ell = \sqrt{3}\,V_p \angle 30°$ ·· [식 3-14]

③ Y결선을 취하면 상전압이 $\sqrt{3}$ 배 작아지기 때문에 변압기와 같은 기기의 절연비용을 줄일 수 있고, 또한 220[V]와 $220\sqrt{3} = 380$[V]을 동시에 사용할 수 있는 이점이 있다.

(2) [그림 3-4] (b)에서 상전압과 선간전압의 관계는 다음과 같다.

① $\dot{V}_{ab} = \dot{V}_a - \dot{V}_b = \dot{V}_a + (-\dot{V}_b) = V_a \cos 30° \times 2$

$\quad = V_a \times \dfrac{\sqrt{3}}{2} \times 2 = V_a\sqrt{3} \angle 30° = V_{ab} \angle 30°$ ··················· [식 3-15]

② $\dot{V}_{bc} = \dot{V}_b - \dot{V}_c = \dot{V}_b + (-\dot{V}_c) = V_b\sqrt{3} \angle 30° = V_{bc} \angle -90°$ ············ [식 3-16]

③ $\dot{V}_{ca} = \dot{V}_c - \dot{V}_a = \dot{V}_c + (-\dot{V}_a) = V_c\sqrt{3} \angle 30° = V_{ca} \angle -210°$ ············ [식 3-17]

(3) Y결선 시 전력공식

① 단상과 3상의 전력 차는 3배가 된다. 이때 일반적으로 정격은 선간전압과 선전류로 표기하므로 공식을 변환하면 아래와 같이 정리된다.

$P_3 = 3P_1 = 3V_p I_p = 3 \times \dfrac{V_\ell}{\sqrt{3}} \times I_\ell = \dfrac{3}{\sqrt{3}} \times \dfrac{\sqrt{3}}{\sqrt{3}}\,V_\ell I_\ell$

$\quad = \sqrt{3}\,V_\ell I_\ell = \sqrt{3}\,VI$ ·· [식 3-18]

② 피상전력: $P_a = \sqrt{3}\, VI = 3 I_Z^2 Z = 3 \dfrac{V_Z^2}{Z}$ [VA] .... [식 3-19]

③ 유효전력: $P = \sqrt{3}\, VI\cos\theta = 3 I_R^2 R = 3 \dfrac{V_R^2}{R}$ [W] .... [식 3-20]

④ 무효전력: $P = \sqrt{3}\, VI\sin\theta = 3 I_X^2 X = 3 \dfrac{V_X^2}{X}$ [Var] .... [식 3-21]

⑤ 아래첨자 없이 그냥 V, I 하면 선간전압에 선전류를 의미하고, I_Z, I_R, I_X 라고 표기하면 Z, R, X를 통과하는 전류(상전류)를 V_Z, V_R, V_X 라고 표기하면 Z, R, X 양단에 인가된 단자전압(상전압)을 의미다. 따라서 $I_R^2 R$ 은 단상 전력이 되므로 3상 전력이 $3 I_R^2 R$ 은 된다.

2. 환상결선(환형결선)

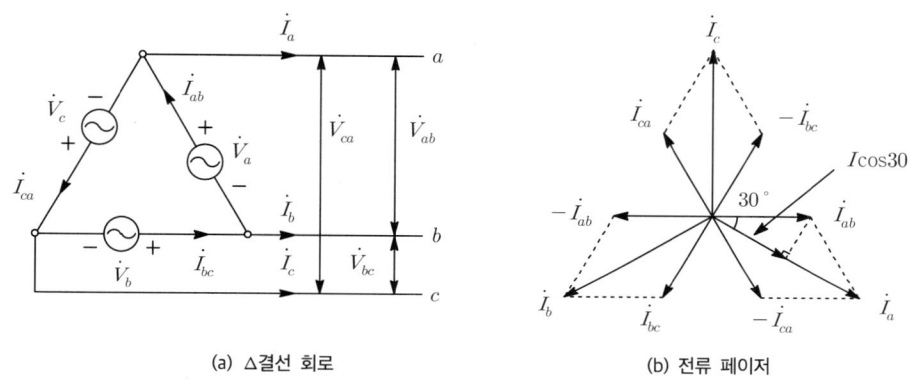

(a) △결선 회로 (b) 전류 페이저

[그림 3-5] 환상결선(△결선)

(1) 개요

① 다상교류결선 방식 중 [그림 3-5](a)와 같이 전원을 고리형태로 만드는 결선을 환상결선이라 하고, 그 중 3상 결선 모양이 △와 같아 △결선이라 부르며 우리나라 설비 중 동력부하에 △결선을 많이 취하고 있다.

② △결선의 특징은 상전압과 선간전압의 크기와 위상이 모두 같고, 선전류는 상전류보다 크기는 $\sqrt{3}$ 배 커지고, 위상은 $30°$ 뒤지게 된다. 즉, 아래와 같이 정리할 수 있다.

㉠ $V_\ell = V_p \angle 0°$ .... [식 3-22]

㉡ $I_\ell = \sqrt{3}\, I_p \angle -30°$ .... [식 3-23]

③ △결선을 취하면 선전류가 $\sqrt{3}$ 배 커지기 때문에 대전류 부하(전동기 등)에 용이하며, 또한 △결선은 제3고조파 전류의 순환통로로 작용하므로 부하 측에서 유입된 제3 고조파 전류를 계통 측으로 흐르지 못하도록 차단하여 계통의 파형이 왜곡되는 것을 방지시키는 역할을 한다.

(2) [그림 3-5](b)에서 선전류와 상전류의 관계는 다음과 같다.

① $\dot{I}_a = \dot{I}_{ab} - \dot{I}_{ca} = \dot{I}_{ab} + (-\dot{I}_{ca}) = I_{ab}\cos 30° \times 2$

$= I_{ab} \times \dfrac{\sqrt{3}}{2} \times 2 = I_{ab}\sqrt{3} \angle -30° = I_a \angle -30°$ .... [식 3-24]

② $\dot{I}_b = \dot{I}_{bc} - \dot{I}_{ab} = \dot{I}_{bc} + (-\dot{I}_{ab}) = I_{bc}\sqrt{3} \angle -30° = I_b \angle -150°$ .... [식 3-25]

③ $\dot{I}_c = \dot{I}_{ca} - \dot{I}_{bc} = \dot{I}_{ac} + (-\dot{I}_{bc}) = I_{ca}\sqrt{3} \angle -30° = I_c \angle -270°$ .... [식 3-26]

(3) △결선 시 전력공식

① △결선도 Y결선과 동일하게 상기즌의 전력식을 정격(선간전압, 선전류)로 변환하면

$P_3 = 3P_1 = 3V_p I_p = 3 \times V_\ell \times \dfrac{I_\ell}{\sqrt{3}} = \sqrt{3}\,VI$와 같이 되어 Y결선과 동일한 결과를 얻을 수 있다.

② [식 3-19], [식 3-20], [식 3-21]을 동일하게 적용할 수 있다.

(4) Y결선과 △결선 정리

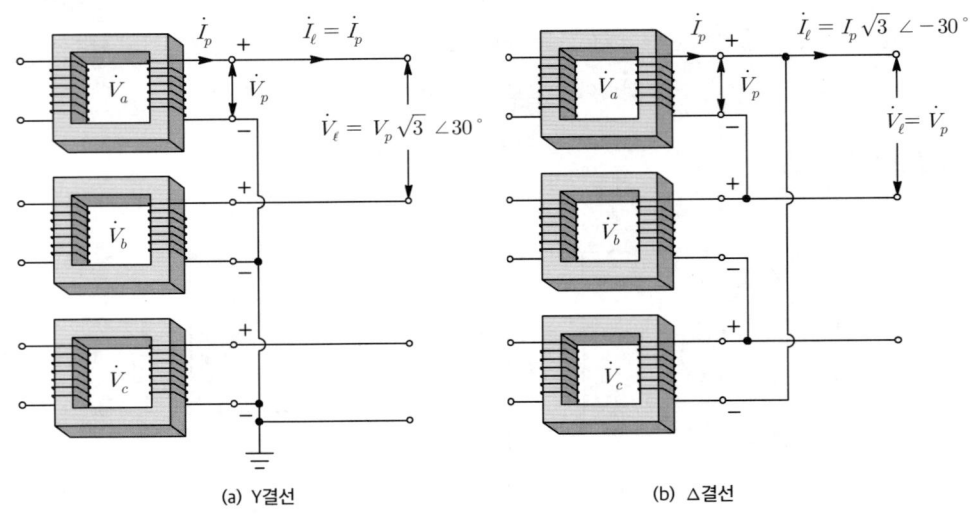

[그림 3-6] 변압기에서 Y, △결선

3. Y결선과 △ 결선의 선전류와 유효전력의 비교

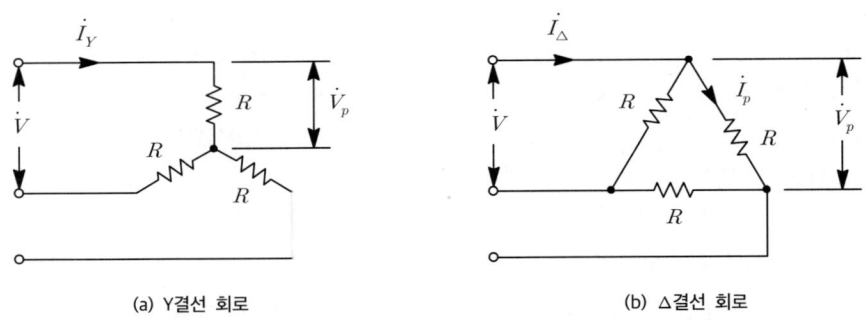

[그림 3-7] Y, △ 결선의 비교

(1) 선전류의 비교

① [그림 3-7] 와 같이 동일 크기의 부하 R 을 Y와 △결선으로 각각 결선했을 때 선에 흐르는 전류는 다음과 같다.

② **Y결선**: $I_Y = \dfrac{V_p}{R} = \dfrac{V}{R\sqrt{3}}$ [A] ⋯⋯⋯⋯⋯⋯⋯⋯⋯⋯⋯⋯⋯⋯⋯⋯⋯⋯⋯⋯⋯⋯⋯⋯ [식 3-27]

③ **△결선**: $I_\triangle = \sqrt{3}\,I_p = \sqrt{3}\,\dfrac{V_p}{R} = \dfrac{\sqrt{3}\,V}{R}$ [A] ⋯⋯⋯⋯⋯⋯⋯⋯⋯⋯⋯⋯⋯⋯⋯⋯⋯ [식 3-28]

∴ $\dfrac{I_Y}{I_\triangle} = \dfrac{1}{3}$ 또는 $I_Y = \dfrac{1}{3}I_\triangle$ ⋯⋯⋯⋯⋯⋯⋯⋯⋯⋯⋯⋯⋯⋯⋯⋯⋯⋯⋯⋯⋯⋯⋯⋯⋯⋯⋯ [식 3-29]

④ [식 3-29]와 같이 Y결선하면 △결선 때보다 3배 낮은 전류를 흘릴 수 있다. 이를 이용하여 전동기의 기동전류를 낮출 수 있는 효과를 볼 수 있다. 즉, 전동기는 기동 시에 전류가 크게 흐르므로 기동 시 전동기 결선을 Y로, 기동 완료 후에는 △로 운전하여 기동전류를 제한하고 있으며 현장에서 가장 많이 사용되고 있는 기동방식이다.

(2) 소비전력(유효전력)의 비교

① [그림 3-7]과 같이 동일 크기의 부하 R을 Y와 △결선으로 각각 결선했을 때 부하의 소비전력은 다음과 같다.

② Y결선: $P_Y = 3\dfrac{V_R^2}{R} = \dfrac{3V_p^2}{R} = \dfrac{3\left(\dfrac{V}{\sqrt{3}}\right)^2}{R} = \dfrac{V}{R}$ [W] .... [식 3-30]

③ △결선: $P_\triangle = 3\dfrac{V_R^2}{R} = \dfrac{3V_p^2}{R} = \dfrac{3V}{R}$ [W] .... [식 3-31]

∴ $\dfrac{P_Y}{P_\triangle} = \dfrac{1}{3}$ 또는 $P_Y = \dfrac{1}{3}P_\triangle$ .... [식 3-32]

④ [식 3-29], [식 3-32]과 같이 Y결선하면 △결선 때보다 선전류와 소비전력을 모두 3배로 낮출 수 있는 이점이 있으나 토크(전동기 회전하는 힘)가 3배 낮은 단점을 가지고 있어 운전은 △결선을 많이 이용한다.

4. V결선의 특징

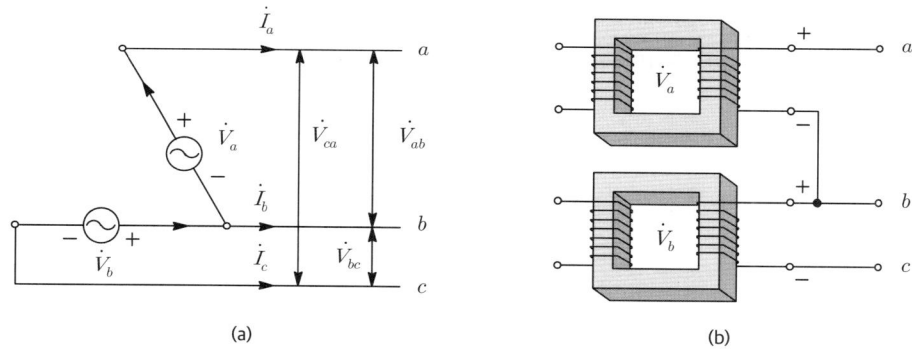

[그림 3-8] V 결선

(1) 개요

① [그림 3-6](b)와 같이 3대의 변압기를 △결선으로 운전하던 중 변압기 1대가 고장 또는 보수로 인하여 변압기 2대로 3상을 공급하는 방식을 말한다.
② V결선의 벡터해석은 다소 복잡할 수 있으므로 증명과정을 생략하고 필요한 내용만 정리하도록 한다.

(2) V결선의 특징

① V결선의 출력은 단상 변압기 1대 용량에 $\sqrt{3}$ 배가 된다. 따라서

∴ $P_V = \sqrt{3}\,P_1$ [kVA] .... [식 3-33]

여기서, P_1: 변압기 1대 용량(출력) [kVA]

② 이용률이란 변압기 2대의 출력량과 V결선 시 출력량을 비교하는 것이므로

∴ 이용률: $\epsilon_1 = \dfrac{P_V}{P_2} = \dfrac{\sqrt{3}\,P_1}{2P_1} = 0.866 = 86.6\,[\%]$ .... [식 3-34]

③ 출력비란 Δ결선 시와 V결선 시의 출력량을 비교하는 것이므로

$$\therefore \text{출력비}: \epsilon_2 = \frac{P_V}{P_\Delta} = \frac{\sqrt{3}\,P_1}{3\,P_1} = 0.577 = 57.7\,[\%] \quad \text{[식 3-35]}$$

5. 다상 교류 결선의 특징

(1) 성형결선(스타결선)

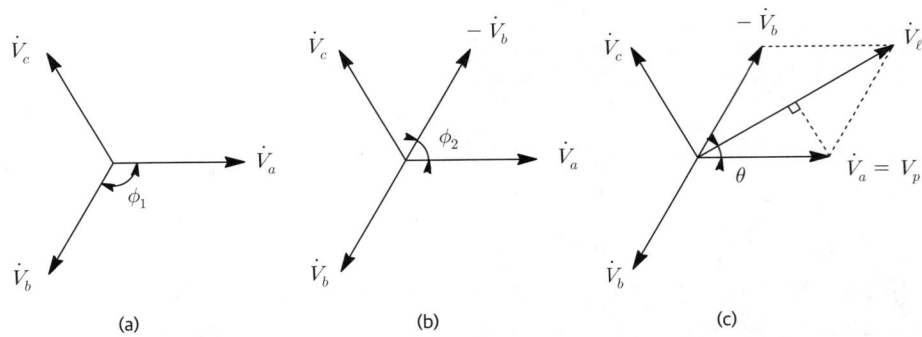

[그림 3-9] 다상교류의 성형결선 전압 페이저

① 성형결선은 상전류와 선전류가 같다. 즉,

$$\therefore I_\ell = I_p \angle 0° \quad \text{[식 3-36]}$$

② 선간전압과 상전압의 관계를 알아보기 위해[그림 3-9]와 같이 3상 전압 페이저를 이용한다. 여기서, n 는 상수를 말한다.

㉠ $\phi_1 = 120° = \dfrac{2\pi}{n}\,[\text{rad}]$ [식 3-37]

㉡ $\phi_2 = 180° - \phi_1 = \pi - \phi_1\,[\text{rad}]$ [식 3-38]

㉢ $\theta = \dfrac{1}{2}\phi_2 = \dfrac{\pi}{2} - \dfrac{\pi}{n} = \dfrac{\pi}{2}\left(1 - \dfrac{2}{n}\right)\,[\text{rad}]$ [식 3-39]

㉣ $V_\ell = V_p \cos\left(\dfrac{\pi}{2} - \dfrac{\pi}{n}\right) \times 2 = 2\sin\dfrac{\pi}{n}\,V_p\,[\text{V}]$ [식 3-40]

$$\therefore \dot{V}_\ell = 2\sin\dfrac{\pi}{n}\,V_p \angle \left(\dfrac{\pi}{2} - \dfrac{\pi}{n}\right)\,[\text{V}] \quad \text{[식 3-41]}$$

③ 성형결선 시 상전압과 선간전압의 관계

㉠ $n = 3$ 상: $\dot{V}_\ell = \sqrt{3}\,V_p \angle 30°$ [식 3-42]

㉡ $n = 4$ 상: $\dot{V}_\ell = \sqrt{2}\,V_p \angle 45°$ [식 3-43]

㉢ $n = 5$ 상: $\dot{V}_\ell = 1.17\,V_p \angle 54°$ [식 3-44]

㉣ $n = 6$ 상: $\dot{V}_\ell = V_p \angle 60°$ [식 3-45]

(2) 환상결선

① 환형결선은 상전압과 선간전압이 같다. 즉,

$$\therefore V_\ell = V_p \angle 0°$$ .... [식 3-46]

② 선전류와 상전류의 관계는 다음과 같다.

$$\therefore \dot{I}_\ell = 2\sin\frac{\pi}{n} I_p \angle -\left(\frac{\pi}{2} - \frac{\pi}{n}\right) [\text{A}]$$ .... [식 3-47]

③ 시험에서 선전류와 상전류의 위상차는 $\frac{\pi}{2} - \frac{\pi}{n} = \frac{\pi}{2}\left(1 - \frac{2}{n}\right)$ 로 선전류의 위상이 늦어진다는 개념(-부호)은 적용시키고 있지 않는다. 주의하길 바란다.

3 3상 전력 측정법

> **● 선생님 TIP ●**
>
> 이번 단원에서 학습할 2전력계법은 필기시험에서는 출제빈도가 낮지만, 실기시험에서는 출제빈도가 다소 높은 편이다. [식 3-55]부터 [식 3-60]까지 정확히 암기하고 있으면 필기, 실기시험에 대비 가능하다.

1. 3 전력계법

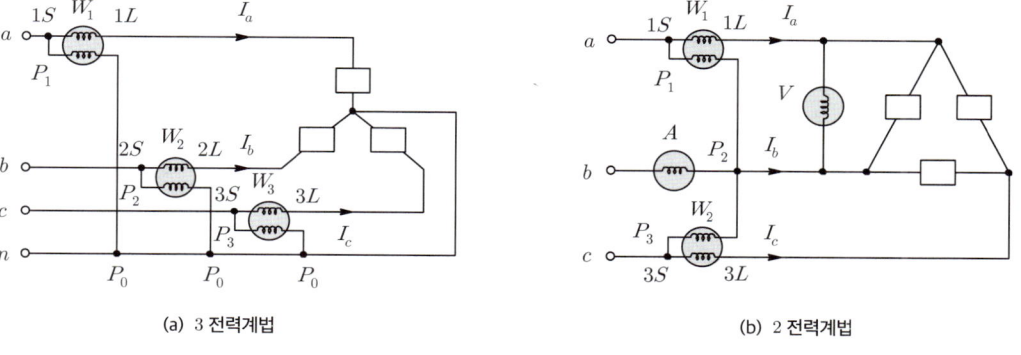

[그림 3-10] 3상 전력 측정

(1) 개요

① 3 전력계법이란, 말 그대로 단상 전력계 3개를 이용하여 3상 전력을 측정하는 방법으로 Y계통에서 주로 활용한다.

② 단상 전력계를 접속할 때에는[그림 3-10] (a)와 같이 상전압과 상전류를 각각 접속하여야 한다. Y결선의 특징은 상전류와 선전류가 같으므로 상전류 대신 선전류를 연결해도 관계없다.

③ Y계통에서 2 전력계법으로 측정하면 영상분이 측정이 안 돼 오차가 발생할 수 있다.

(2) 3상 유효전력

$$\therefore P = W_1 + W_2 + W_3 [\text{W}]$$ .... [식 3-48]

2. 2 전력계법

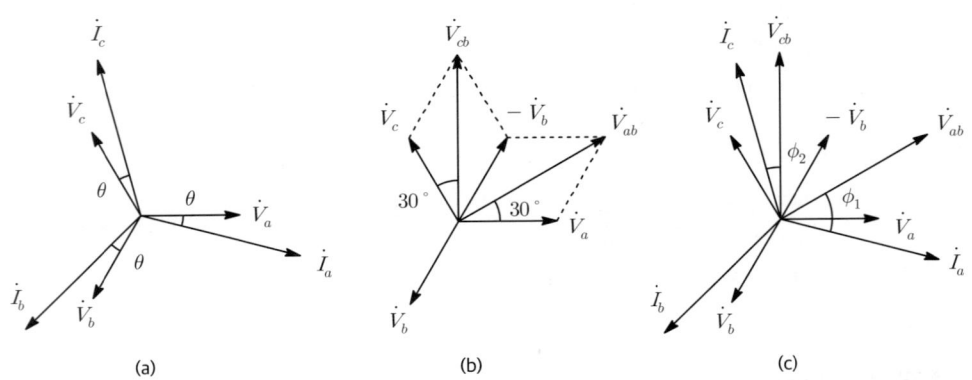

[그림 3-11] 2 전력계법 전압-전류 페이저

(1) 개요
① 2 전력계법이란, 단상 전력계 2 개를 이용하여 3 상 전력을 측정하는 방법으로 영상분이 존재하지 않는 Δ 결선에서 활용한다.
② 단상 전력계를 접속할 때에는 [그림 3-10](b)와 같이 선간전압과 선전류를 각각 접속하여야 한다.
③ 만약, 순저항(R)만의 회로라면, Y결선에서도 2 전력계법을 활용할 수 있다.

(2) 2 전력계법 벡터해석
① [그림 3-11](a)와 같이 대칭 3 상 전압을 인가하면 θ 만큼 늦은 지상전류가 흐르게 된다.
② 단상 전력계에서 측정된 선간전압은 [그림 3-11](b)와 같다.
  ㉠ $\dot{V}_{ab} = \dot{V}_a - \dot{V}_b = \dot{V}_a + (-\dot{V}_b) = V\angle 30°$ ...... [식 3-49]
  ㉡ $\dot{V}_{cb} = \dot{V}_c - \dot{V}_b = \dot{V}_c + (-\dot{V}_b) = V\angle 90°$ ...... [식 3-50]
  ㉢ 대칭 3 상 교류이므로 $V_{ab} = V_{cb} = V$ 가 된다.
③ 단상 전력계에서 측정된 유효전력
  ㉠ $W_1 = \dot{V}_{ab}\dot{I}_a \cos\phi_1 = VI\cos(30° + \theta)$
     $= VI[\cos 30° \cos\theta - \sin 30° \sin\theta]\,[\text{W}]$ ...... [식 3-51]
  ㉡ $W_2 = \dot{V}_{cb}\dot{I}_c \cos\phi_2 = VI\cos(30° - \theta)$
     $= VI[\cos 30° \cos\theta + \sin 30° \sin\theta]\,[\text{W}]$ ...... [식 3-52]

(3) 유효전력
① 유효전력은 [식 3-51]과 [식 3-52]를 더해서 구할 수 있다.
② $W_1 + W_2 = VI(2\cos 30° \cos\theta) = VI\left(2 \times \dfrac{\sqrt{3}}{2} \times \cos\theta\right) = \sqrt{3}\,VI\cos\theta$
  $\therefore P = W_1 + W_2 = \sqrt{3}\,VI\cos\theta\,[\text{W}]$ ...... [식 3-53]

(4) 무효전력

① [식 3-52]에서 [식 3-51]을 빼면

② $W_2 - W_1 = VI(2\sin 30° \cos\theta) = VI\left(2 \times \dfrac{1}{2} \times \sin\theta\right) = VI\cos\theta$ 이 되므로 양변에 $\sqrt{3}$ 을 곱해서 3상 무효전력을 구할 수 있다.

$$\therefore P_r = \sqrt{3}\,(W_2 - W_1) = \sqrt{3}\,VI\sin\theta\,[\mathrm{Var}] \quad \text{[식 3-54]}$$

(5) 피상전력

① 피상전력은 $P_a = P \pm jP_r = \sqrt{P^2 + P_r^2}$ 에 의해서 구할 수 있다.

② $P_a = \sqrt{(W_1 + W_2)^2 + [\sqrt{3}\,(W_2 - W_1)]^2}$

$= \sqrt{W_1^2 + 2W_1W_2 + W_2^2 + 3(W_2 - W_1)^2}$

$= \sqrt{W_1^2 + 2W_1W_2 + W_2^2 + 3W_2^2 - 3W_1W_2 + 3W_2^2}$

$= \sqrt{4W_1^2 + 4W_2^2 - 4W_1W_2} = 2\sqrt{W_1^2 + W_2^2 - W_1W_2}$

$$\therefore P_a = 2\sqrt{W_1^2 + W_2^2 - W_1W_2} = \sqrt{3}\,VI\,[\mathrm{VA}] \quad \text{[식 3-55]}$$

(6) 역률: $\cos\theta = \dfrac{W_1 + W_2}{2\sqrt{W_1^2 + W_2^2 - W_1W_2}} = \dfrac{W_1 + W_2}{\sqrt{3}\,VI}$ .... [식 3-56]

① W_1, W_2 둘 중 하나의 측정량이 0 일 경우 ($W_2 = 0$ 의 경우)

$$\cos\theta = \dfrac{W_1}{2 \times W_1} = \dfrac{1}{2} = 0.5 \quad \text{[식 3-57]}$$

② W_1, W_2 둘의 측정량이 같은 경우 ($W_1 = 1,\ W = 1$ 의 경우)

$$\cos\theta = \dfrac{2}{2\sqrt{1 + 1^2 - 1}} = \dfrac{2}{2\sqrt{1}} = 1 \quad \text{[식 3-58]}$$

③ W_1, W_2 둘 중 하나가 측정량이 2배일 경우 ($W_1 = 1,\ W = 2$ 의 경우)

$$\cos\theta = \dfrac{3}{2\sqrt{1 + 2^2 - 2}} = \dfrac{3}{2\sqrt{3}} = 0.866 \quad \text{[식 3-59]}$$

④ W_1, W_2 둘 중 하나가 측정량이 3배일 경우 ($W_1 = 1,\ W = 3$ 의 경우)

$$\cos\theta = \dfrac{4}{2\sqrt{1 + 3^2 - 3}} = \dfrac{4}{2\sqrt{7}} = 0.756 \quad \text{[식 3-60]}$$

4 불평형 3상 회로 해석

> **선생님 TIP**
> 이번 단원 또한 출제빈도가 매우 낮다. 따라서 정상적으로 해석하기 보다는 6장에서 밀만의 정리를 이해하고 난 다음, 밀만의 정리를 이용하여 불평형 회로를 해석하는 것이 수월하다.

1. 개요

(1) 3상을 해석할 때에는 대부분 전원과 부하측 모두 평형 3상을 가정하여 계산한다.

(2) 평형 3상인 상태가 가장 이상적이나 실제로 계통사고, 부하 불평형 또는 고조파 및 서지 등에 의해 평형 3상이 되기란 정말 어려운 일이다.

(3) 이러한 불평형 회로를 해석하기 위한 기법은 5장 대칭좌표법에서 상세히 다루고 이번 장에서는 불평형에 의해 중성점 간의 전압과 중성선에 흐르는 전류에 대해서 알아본다.

2. 불평형 회로 해석

(1) 3상 4선식 회로

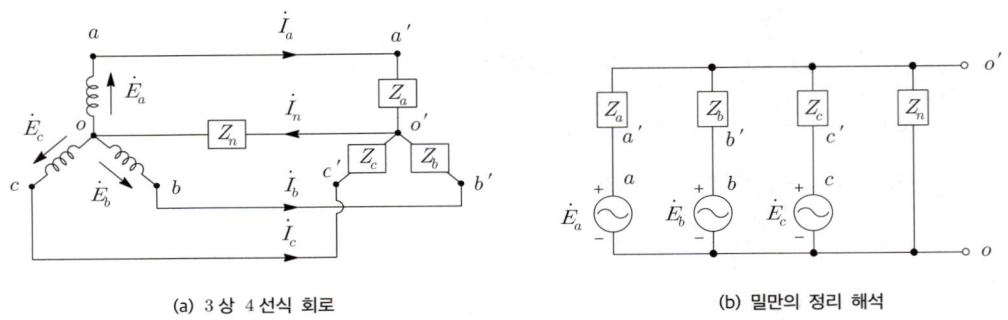

(a) 3상 4선식 회로 (b) 밀만의 정리 해석

[그림 3-12] 3상 4선식 불평형 회로

① a상 선전류: $I_a = \dfrac{E_a - V_n}{Z_a} = Y_a(E_a - V_n)$ [A] ·· [식 3-61]

② b상 선전류: $I_b = \dfrac{E_b - V_n}{Z_b} = Y_b(E_b - V_n)$ [A] ·· [식 3-62]

③ c상 선전류: $I_c = \dfrac{E_c - V_n}{Z_c} = Y_c(E_c - V_n)$ [A] ·· [식 3-63]

④ 중성선 전류: $I_n = I_a + I_b + I_c = \dfrac{V_n}{Z_n} = Y_n V_n$ [A] ·· [식 3-64]

⑤ 위 식들을 정리하면 다음과 같다.

$$I_n = Y_a(E_a - V_n) + Y_b(E_b - V_n) + Y_c(E_c - V_n) = Y_n V_n$$

$$I_n = Y_a E_a - Y_a V_n + Y_b E_b - Y_b V_n + Y_c E_c - Y_c V_n - Y_n V_n = 0$$

$$Y_a E_a + Y_b E_b + Y_c E_b = V_n(Y_a + Y_b + Y_c + Y_n)$$ 이므로

∴ 중성점 간의 전압

$$V_n = \frac{E_a Y_a + E_b Y_b + E_c Y_c}{Y_a + Y_b + Y_c + Y_n} = \frac{\dfrac{E_a}{Z_a} + \dfrac{E_b}{Z_b} + \dfrac{E_c}{Z_c}}{\dfrac{1}{Z_a} + \dfrac{1}{Z_b} + \dfrac{1}{Z_c} + \dfrac{1}{Z_n}} \text{ [V]} \quad \cdots\cdots\cdots\cdots\cdots \text{[식 3-65]}$$

(2) 밀만의 정리에 의한 해석

① 제6장 회로망 해석에서 사용되는 밀만의 정리를 이용하면 이와 같이 불평형 회로의 개방전압(V_n)을 손쉽게 구할 수 있다.

② 중성점 간의 전압

$$: V_n = \frac{\displaystyle\sum_{i=1}^{n} E_i Y_i}{\displaystyle\sum_{i=1}^{n} Y_i} = \frac{E_a Y_a + E_b Y_b + E_c Y_c}{Y_a + Y_b + Y_c + Y_n}$$

$$= \frac{\dfrac{E_a}{Z_a} + \dfrac{E_b}{Z_b} + \dfrac{E_c}{Z_c}}{\dfrac{1}{Z_a} + \dfrac{1}{Z_b} + \dfrac{1}{Z_c} + \dfrac{1}{Z_n}} \text{ [V]} \quad \cdots\cdots\cdots\cdots\cdots \text{[식 3-66]}$$

핵심 요점정리

1. 대칭 3상 교류

(1) $v_a = \sqrt{2}\,V\sin\omega t = V\angle 0 = V$

(2) $v_b = \sqrt{2}\,V\sin(\omega t - 120°) = V\angle -120° = V\angle 240° = a^2 V$

(3) $v_c = \sqrt{2}\,V\sin(\omega t - 240°) = V\angle -240° = V\angle 120° = aV$

$\therefore v_a + v_b + v_c = V + a^2 V + aV = V(1 + a^2 + a) = 0$

2. 3상 교류의 결선법

구분	Y결선	△결선	V결선
특징	① $I_\ell = I_p \angle 0$ ② $V_\ell = \sqrt{3}\,V_p \angle 30$ ③ $V_\ell = 2\sin\dfrac{\pi}{n} V_p \angle \left(\dfrac{\pi}{2} - \dfrac{\pi}{n}\right)$	① $V_\ell = V_p \angle 0$ ② $I_\ell = \sqrt{3}\,I_p \angle -30$ ③ $I_\ell = 2\sin\dfrac{\pi}{n} I_p \angle -\left(\dfrac{\pi}{2} - \dfrac{\pi}{n}\right)$	① 출력: $P_V = \sqrt{3}\,P$ ② 이용율: 86.6% ③ 출력비: 57.7%

여기서, V_ℓ: 선간전압, V_p: 상전압, I_ℓ: 선전류, I_p: 상전류, n: 교류의 상수

3. 3상 교류 전력

(1) 피상전력: $P_a = S = \sqrt{3}\,V_\ell I_\ell = 3 I_Z^2 Z = 3\dfrac{V_Z^2}{Z}\,[\text{VA}]$

(2) 유효전력: $P = \sqrt{3}\,V_\ell I_\ell \cos\theta = 3 I_R^2 R = 3\dfrac{V_R^2}{R}\,[\text{W}]$

(3) 무효전력: $P_r = Q = \sqrt{3}\,V_\ell I_\ell \sin\theta = 3 I_X^2 X = 3\dfrac{V_X^2}{X}\,[\text{Var}]$

4. 2전력계법

(1) 피상전력: $P_a = \sqrt{P^2 + P_r^2} = 2\sqrt{W_1^2 + W_2^2 - W_1 W_2} = \sqrt{3}\,VI\,[\text{VA}]$

(2) 유효전력: $P = W_1 + W_2 = \sqrt{3}\,VI\cos\theta\,[\text{W}]$

(3) 무효전력: $P_r = \sqrt{3}\,(W_2 - W_1) = \sqrt{3}\,VI\sin\theta\,[\text{Var}]$

(4) 역률: $\cos\theta = \dfrac{W_1 + W_2}{2\sqrt{W_1^2 + W_2^2 - W_1 W_2}} = \dfrac{W_1 + W_2}{\sqrt{3}\,VI}$

　① 무유도 부하인 경우($W_1 = W_2 = W$): $\cos\theta = 1$

　② W_1과 W_2의 측정량이 2배인 경우: $\cos\theta = 0.866$

　③ W_1과 W_2의 측정량이 3배인 경우: $\cos\theta = 0.759$

　④ 측정 전력이 둘 중 하나가 0인 경우: $\cos\theta = 0.5$

출제예상문제

※ 출제예상문제는 기출분석을 바탕으로 자주 출제되는 유형을 선별하였습니다.

3-1 3상 교류의 개요

01 $a + a^2$의 값은? (단, $a = e^{j120}$이다.)

① 0   ② -1
③ 1   ④ a^3

정답분석

벡터 오퍼레이터(vector operator)
㉠ $a = 1 \angle 120°$
　　$= \cos 120° + j \sin 120°$
　　$= -\frac{1}{2} + j\frac{\sqrt{3}}{2}$
㉡ $a^2 = 1 \angle 240°$
　　$= \cos 240° + j \sin 240°$
　　$= -\frac{1}{2} - j\frac{\sqrt{3}}{2}$
∴ $a + a^2 = -1$

정답 ②

02 대칭 3상 교류에서 순시값의 벡터 합은?

① 0   ② 40
③ 0.577   ④ 86.6

정답분석

㉠ $v_a = V_m \sin \omega t = V \angle 0° = V$
㉡ $v_b = V_m \sin(\omega t - 120°)$
　　$= V_m \sin(\omega t + 240°)$
　　$= V \angle 240° = a^2 V$
㉢ $v_c = V_m \sin(\omega t - 240°)$
　　$= V_m \sin(\omega t + 120°)$
　　$= V \angle 120° = a V$
∴ $v_a + v_b + v_c = V(1 + a^2 + a) = 0$

정답 ①

3-2 3상 교류의 결선법

03 권수비 $\frac{n_1}{n_2} = 30$인 단상 변압기 3개를 1차 △결선, 2차 Y결선하고 1차 선간에 3000[V]를 가했을 때 무부하 2차 선간전압[V]은?

① $\frac{100}{\sqrt{3}}$ [V]   ② $\frac{190}{\sqrt{3}}$ [V]
③ 100 [V]   ④ $100\sqrt{3}$ [V]

정답분석

㉠ △-Y결선 3상 변압기

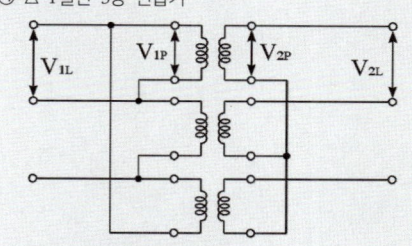

㉡ 변압기 1차측(△결선) 상전압
　$V_{1p} = V_{1l} = 3000 [V]$
㉢ 권선수 비 $a = \frac{n_1}{n_2} = \frac{V_{1p}}{V_{2p}}$ 이므로 변압기 2차측 상전압
　$V_{2p} = \frac{V_{1p}}{a} = \frac{3000}{30} = 100 [V]$
∴ 2차측(Y결선) 선간전압
　$V_{2l} = \sqrt{3} V_{2p} = 100\sqrt{3} [V]$

정답 ④

04 Y-Y결선 회로에서 선간 전압이 200[V] 일 때 상전압은 약 몇 [V]인가?

① 100[V]   ② 115[V]
③ 120[V]   ④ 135[V]

정답분석

3상 Y결선의 특징
㉠ 선간전압: $V_l = \sqrt{3} V_p$
㉡ 선전류: $I_l = I_p$
∴ 상전압: $V_p = \frac{V_l}{\sqrt{3}} = \frac{200}{\sqrt{3}} = 115 [V]$

정답 ②

05 대칭 3상 Y부하에서 각 상의 임피던스가 $Z = 3 + j4 [\Omega]$이고, 부하전류가 20[A]일 때 이 부하의 선간전압[V]은 얼마인가?

① 14.3 ② 151
③ 173 ④ 193

정답분석

㉠ 각 상의 임피던스의 크기

$Z = \sqrt{3^2 + 4^2} = 5 [\Omega]$

㉡ Y결선 시 선전류와 상전류의 크기는 같다.
상전압: $V_P = I_P \times Z = 20 \times 5 = 100 [V]$
∴ Y결선 시 선간전압은 상전압의 $\sqrt{3}$ 배
$V_l = \sqrt{3} \, V_P = \sqrt{3} \times 100 = 173.2 [V]$

정답 ③

07 그림과 같은 평형 Y형 결선에서 각 상이 8[Ω]의 저항과 6[Ω]의 리액턴스가 직렬로 접속된 부하에 걸린 선간전압이 $100\sqrt{3}$ [V]이다. 이때 선전류는 몇 [A]인가?

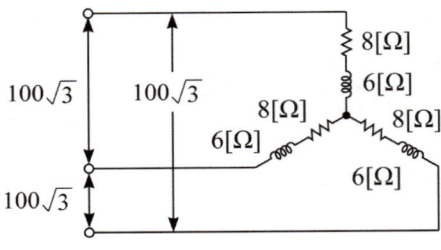

① 5 ② 10
③ 15 ④ 20

정답분석

㉠ 각 상의 임피던스의 크기
$Z = \sqrt{8^2 + 6^2} = 10 [\Omega]$

㉡ 상전압: $V_P = \dfrac{V_l}{\sqrt{3}} = \dfrac{100\sqrt{3}}{\sqrt{3}} = 100 [V]$

∴ 선전류: $I_l = I_P = \dfrac{V_P}{Z} = \dfrac{100}{10} = 10 [A]$

정답 ②

06 대칭 3상 Y결선부하에서 각 상의 임피던스가 $Z = 16 + j12 [\Omega]$이고, 부하전류가 10[A]일 때 이 부하의 선간전압[V]은?

① 152.6 ② 229.1
③ 346.4 ④ 445.1

정답분석

㉠ 각 상의 임피던스의 크기
$Z = \sqrt{16^2 + 12^2} = 20 [\Omega]$
㉡ 상전압: $V_P = I_P \times Z = 10 \times 20 = 200 [V]$
∴ 선간전압
$V_l = \sqrt{3} \, V_P = \sqrt{3} \times 200 = 346.4 [V]$

정답 ③

08 대칭 3상 Y결선(성형결선) 부하에서 선간전압이 $100\sqrt{3}$ [V]이고, 각 상의 임피던스 $Z = 30 + j40 [\Omega]$의 평형 부하일 때 선전류 [A]는?

① 2 ② $2\sqrt{3}$
③ 5 ④ $5\sqrt{3}$

정답분석

㉠ 각 상의 임피던스의 크기
$Z = \sqrt{30^2 + 40^2} = 50 [\Omega]$

㉡ 상전압: $V_P = \dfrac{V_l}{\sqrt{3}} = 100 [V]$

∴ 선전류: $I_l = I_P = \dfrac{V_P}{Z} = \dfrac{100}{50} = 2 [A]$

정답 ①

09

평형 3상 3선식 회로가 있다. 부하는 Y결선이고 $V_{AB} = 100\sqrt{3} \angle 0°[\text{V}]$일 때 $I_A = 20 \angle -120°[\text{A}]$이었다. Y결선된 부하 한 상의 임피던스는?

① $5 \angle 60°$
② $5\sqrt{3} \angle 60°$
③ $5 \angle 90°$
④ $5\sqrt{3} \angle 90°$

정답분석

Y결선 시 $V_l = \sqrt{3}\, V_P \angle 30°$이므로 상전압

$V_P = \dfrac{V_l}{\sqrt{3}} \angle -30° = 100 \angle -30°$가 된다.

∴ 각 상의 임피던스

$Z = \dfrac{V_P}{I_P} = \dfrac{100 \angle -30°}{20 \angle 120°}$

$= 5 \angle 90° = j5 = jX_L[\Omega]$

정답 ③

10

그림과 같은 대칭 3상 회로가 있다. I_a의 크기 및 I_c의 위상각은? (단, $E_a = 120 \angle 0°$, $Z_l = 4 + j6$, $Z = 20 + j12$이다.)

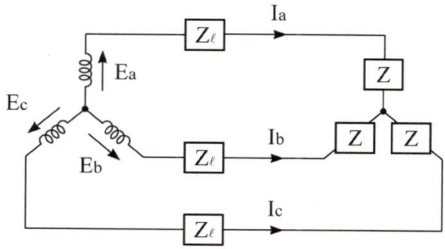

① $4,\ \tan^{-1}\dfrac{3}{4}$
② $4,\ -\tan^{-1}\dfrac{3}{4} + 120°$
③ $8,\ -\tan^{-1}\dfrac{3}{4}$
④ $8,\ \tan^{-1}\dfrac{3}{4} - 120°$

정답분석

㉠ 각 상의 임피던스의 크기

$Z_a = Z_l + Z = 24 + j18$

$= \sqrt{24^2 + 18^2} \angle \tan^{-1}\dfrac{18}{24}$

$= 30 \angle \tan^{-1}\dfrac{3}{4}$

㉡ a상의 선전류

$I_a = \dfrac{E_a}{Z_a} = \dfrac{120 \angle 0°}{30 \angle \tan^{-1}\dfrac{3}{4}}$

$= 4 \angle -\tan^{-1}\dfrac{3}{4}\,[\text{A}]$

㉢ c상의 선전류 I_c는 I_a와 크기는 같고, 위상은 240° 느리다 (또는 120° 빠르다.)

∴ $I_c = 4 \angle -\tan^{-1}\dfrac{3}{4} - 240°$

$= 4 \angle -\tan^{-1}\dfrac{3}{4} + 120°\,[\text{A}]$

정답 ②

11 그림과 같은 회로에 대칭 3상 전압 220[V]를 가할 때 a, a'선이 단선되었다고 하면 선전류는?

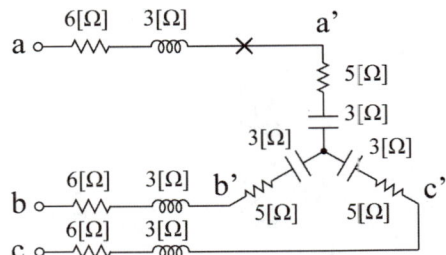

① 5[A]　　　　② 10[A]
③ 15[A]　　　 ④ 20[A]

정답분석
3상에서 a선이 끊어지면 b, c상에 의해 단상 전원이 공급되므로 b, c상에 흐르는 전류는

$$\therefore I = \frac{V_{bc}}{Z_{bc}}$$

$$= \frac{220}{6+j3+5-j3-j3+5+j3+6}$$

$$= \frac{220}{22} = 10\,[A]$$

정답 ②

12 전원과 부하가 다같이 △결선(환상결선)된 3상 평형회로가 있다. 전원전압이 200[V], 부하 임피던스가 $Z = 6+j8\,[\Omega]$인 경우 부하전류[A]는?

① 20　　　　② $\dfrac{20}{\sqrt{3}}$
③ $20\sqrt{3}$　　④ $10\sqrt{3}$

정답분석
㉠ 각 상의 임피던스의 크기

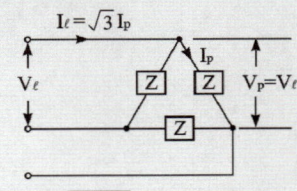

$Z = \sqrt{8^2+6^2} = 10\,[\Omega]$

㉡ 전원전압은 선간전압을 의미하고, △결선 시 상전압과 선간전압의 크기는 같다.
㉢ 상전류(환상전류)

$$I_P = \frac{V_P}{Z} = \frac{200}{10} = 20\,[A]$$

∴ 선전류(부하전류)

$$I_\ell = \sqrt{3}\,I_P = 20\sqrt{3}\,[A]$$

정답 ③

13 그림과 같은 평형 3상 회로에 선간전압 100[V]를 가했을 때 흐르는 선전류는?

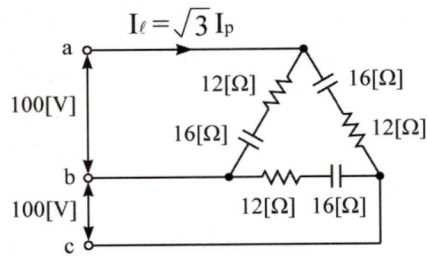

① 3.6[A]　　　② $3.6\sqrt{3}$[A]
③ 5[A]　　　　④ $5\sqrt{3}$[A]

정답분석
㉠ 각 상의 임피던스의 크기
$Z = \sqrt{12^2+16^2} = 20\,[\Omega]$

㉡ 상전류: $I_p = \dfrac{V_p}{Z} = \dfrac{100}{20} = 5\,[A]$

∴ 선전류: $I_\ell = \sqrt{3}\,I_p = 5\sqrt{3}\,[A]$

정답 ④

14 전원과 부하가 △-△결선인 평형 3상회로의 전원전압이 220[V], 선전류가 30[A]이었다면 부하 1상의 임피던스[Ω]는?

① 9.7　　　　② 10.7
③ 11.7　　　 ④ 12.7

정답분석
한 상의 임피던스

$$Z = \frac{V_P}{I_P} = \frac{V_\ell}{I_\ell/\sqrt{3}} = \frac{220}{30/\sqrt{3}}$$

$$= \frac{220\sqrt{3}}{30} = 12.7\,[\Omega]$$

정답 ④

15 3상 3선식에서 선간전압이 100[V]인 송전선에 $5\angle 45°[\Omega]$의 부하를 △접속할 때의 선전류[A]는?

① $20\angle -75°$ ② $20\angle -15°$
③ $34.6\angle -75°$ ④ $34.6\angle -15°$

정답분석

상전류: $I_P = \dfrac{V_P}{Z} = \dfrac{100\angle 0°}{5\angle 45°}$
$= 20\angle -45°\,[A]$

∴ 선전류(부하전류)
$I_\ell = \sqrt{3}\,I_P\angle -30° = 20\sqrt{3}\angle -75°$
$= 34.6\angle -75°[A]$

정답 ③

16 그림과 같은 회로의 단자 a, b, c에 대칭 3상 전압을 가하여 각 선전류를 같게 하려면 R의 값은?

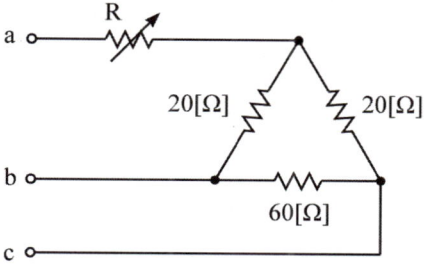

① 2[Ω] ② 8[Ω]
③ 16[Ω] ④ 24[Ω]

정답분석

△결선을 Y결선으로 등가변환하면 다음과 같다.

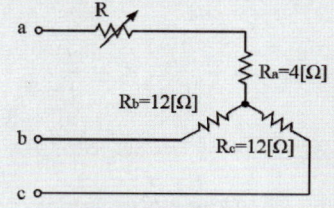

㉠ $R_a = \dfrac{R_{ab}\times R_{ca}}{R_{ab}+R_{bc}+R_{ca}} = \dfrac{20\times 20}{20+60+20}$
$= 4\,[\Omega]$

㉡ $R_b = \dfrac{R_{ab}\times R_{bc}}{R_{ab}+R_{bc}+R_{ca}} = \dfrac{20\times 60}{20+60+20}$
$= 12\,[\Omega]$

㉢ $R_c = \dfrac{R_{bc}\times R_{ca}}{R_{ab}+R_{bc}+R_{ca}} = \dfrac{60\times 20}{20+60+20}$
$= 12\,[\Omega]$

∴ 각 선전류가 같으려면 각 상의 임피던스가 평형이 되어야 하므로 $R = 8\,[\Omega]$이 되어야 한다.

정답 ②

17 같은 저항 $r[\Omega]$를 그림과 같이 결선하고 대칭 3상 전압 $E[V]$를 가했을 때 전류 I_1, $I_2[A]$는?

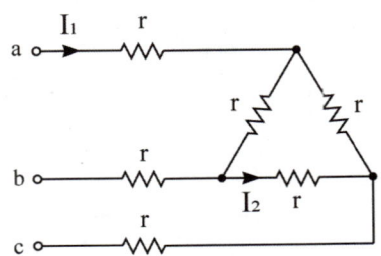

① $I_1 = \dfrac{\sqrt{3}}{4E}$, $I_2 = \dfrac{rE}{4}$

② $I_1 = \dfrac{4E}{\sqrt{3}}$, $I_2 = \dfrac{4r}{E}$

③ $I_1 = \dfrac{\sqrt{3}E}{4}$, $I_2 = \dfrac{E}{4r}$

④ $I_1 = \dfrac{\sqrt{3}E}{4r}$, $I_2 = \dfrac{E}{4r}$

정답분석

△결선을 Y결선으로 등가변환하면 다음과 같다.

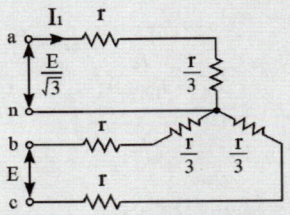

㉠ 각 상의 합성저항: $R = r + \dfrac{r}{3} = \dfrac{4r}{3}[\Omega]$

㉡ 선전류(부하전류)

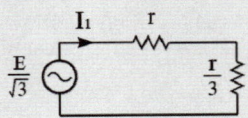

$I_1 = \dfrac{V_p}{R} = \dfrac{\frac{E}{\sqrt{3}}}{\frac{4r}{3}} = \dfrac{3E}{4r\sqrt{3}} = \dfrac{\sqrt{3}E}{4r}[A]$

∴ 상전류: $I_2 = \dfrac{I_1}{\sqrt{3}} = \dfrac{E}{4r}[A]$

정답 ④

18 $r[\Omega]$인 6개의 저항을 그림과 같이 접속하고 평형 3상 전압 E를 가했을 때 전류 I는 몇 [A]인가? (단 $r = 3[\Omega]$, $E = 60[V]$이다.)

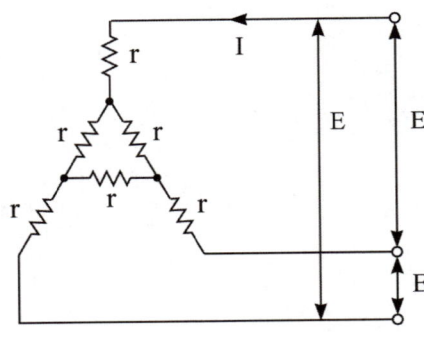

① 8.66 ② 9.56
③ 10.8 ④ 10.39

정답분석

㉠ △결선을 Y결선으로 등가변환

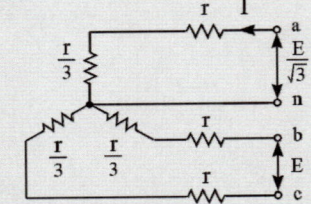

㉡ 단상회로의 등가변환

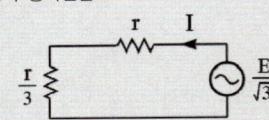

∴ 선전류(부하전류)

$I = \dfrac{V_p}{R} = \dfrac{\frac{E}{\sqrt{3}}}{\frac{4r}{3}} = \dfrac{3E}{4r\sqrt{3}} = \dfrac{3 \times 60}{4 \times 3\sqrt{3}}$

$= 8.66[A]$

정답 ①

19 그림과 같이 △로 접속된 부하에서 각 선로에서 저항은 $r = 1\,[\Omega]$이고 부하의 임피던스는 $Z = 6 + j12\,[\Omega]$이다. 단자 a, b, c간에 200[V]의 평형 3상 전압을 가할 때 부하의 상전류 [A]는?

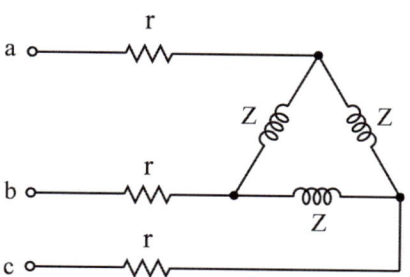

① 23.09[A] ② 40.26[A]
③ 13.33[A] ④ 69.28[A]

정답분석

㉠ △결선을 Y결선으로 등가변환 했을 때의 각 상의 임피던스

$$Z = r + \frac{Z}{3} = 3 + j4\,[\Omega]$$

㉡ 선전류(부하전류)

$$I_l = \frac{V_p}{Z} = \frac{\frac{V_l}{\sqrt{3}}}{\sqrt{3^2 + 4^2}} = \frac{\frac{200}{\sqrt{3}}}{5} = \frac{40}{\sqrt{3}}$$

∴ 상전류: $I_p = \frac{I_l}{\sqrt{3}} = \frac{40}{3} = 13.33\,[A]$

정답 ③

20 그림과 같은 △회로를 등가인 Y회로로 환산하면 a의 임피던스는?

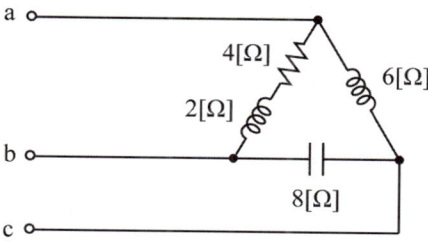

① $3 + j6\,[\Omega]$ ② $-3 + j6\,[\Omega]$
③ $6 + j6\,[\Omega]$ ④ $-6 + j6\,[\Omega]$

정답분석

$$Z_a = \frac{Z_{ab} \times Z_{ca}}{(Z_{ab} + Z_{bc} + Z_{ca})}$$

$$= \frac{(4 + j2) \times j6}{(4 + j2) + (-j8) + j6}$$

$$= \frac{-12 + j24}{4} = -3 + j6\,[\Omega]$$

정답 ②

21

그림과 같은 부하에 선간전압이 $V_{ab} = 100 \angle 30°[V]$인 평형 3상 전압을 가했을 때 선전류 $I_a[A]$는?

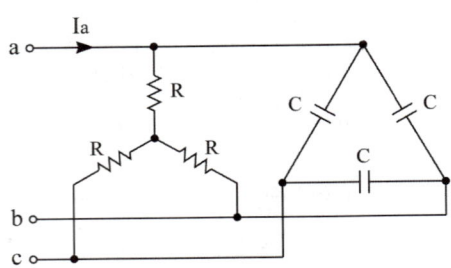

① $\dfrac{100}{\sqrt{3}} \left(\dfrac{1}{R} + j3\omega C \right)$

② $100 \left(\dfrac{1}{R} + j\sqrt{3}\omega C \right)$

③ $\dfrac{100}{\sqrt{3}} \left(\dfrac{1}{R} + j\omega C \right)$

④ $100 \left(\dfrac{1}{R} + j\omega C \right)$

정답 분석

㉠ △결선을 Y결선으로 등가변환하면 다음과 같다.
(임피던스 크기를 1/3로 변환)

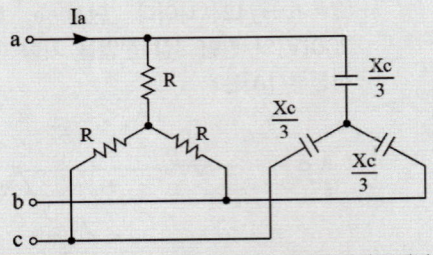

㉡ 저항과 정전용량은 병렬관계이므로 아래와 같이 등가변환 시킬 수 있다.

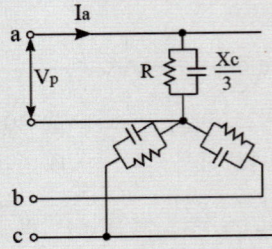

㉢ 합성 임피던스

$$Z = \dfrac{1}{\dfrac{1}{R} + \dfrac{1}{-jX_C/3}} = \dfrac{1}{\dfrac{1}{R} + j\dfrac{3}{X_C}}$$

$$= \dfrac{1}{\dfrac{1}{R} + j3\omega C}$$

여기서, 용량 리액턴스: $X_C = \dfrac{1}{\omega C}$

㉣ 상전압: $V_P = \dfrac{V_l}{\sqrt{3}} \angle -30 = \dfrac{100}{\sqrt{3}} \angle 0$

㉤ Y결선은 상전류와 선전류가 동일하므로

$$I_a = \dfrac{V_P}{Z} = \dfrac{100}{\sqrt{3}} \left(\dfrac{1}{R} + j3\omega C \right)$$

정답 ①

22 전압 200[V]의 3상 회로에 그림과 같은 평형부하를 접속했을 때 선전류 I[A]는?

(단, $R = 9\,[\Omega]$, $X_C = \dfrac{1}{\omega C} = 4\,[\Omega]$)

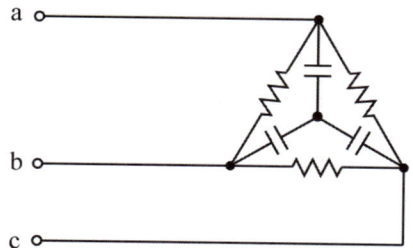

① 48.1　　② 38.5
③ 28.9　　④ 115.5

㉠ △결선으로 접속된 저항 R을 Y결선으로 등가변환하면 그 크기가 1/3배로 줄어든다.

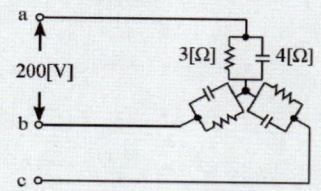

㉡ 한 상의 임피던스

$$Z = \dfrac{RX}{\sqrt{R^2 + X^2}}$$
$$= \dfrac{3 \times 4}{\sqrt{3^2 + 4^2}} = \dfrac{12}{5}\,[\Omega]$$

∴ Y결선은 선전류와 상전류가 같으므로

$$I_l = I_p = \dfrac{V_p}{Z} = \dfrac{\dfrac{V_l}{\sqrt{3}}}{Z} = \dfrac{\dfrac{200}{\sqrt{3}}}{\dfrac{12}{5}}$$

$$= \dfrac{200 \times 5}{12\sqrt{3}} = 48.1\,[\text{A}]$$

정답 ①

23 저항 R[Ω] 3개를 Y로 접속한 회로에 전압 200[V]의 3상 교류전원을 인가시 선전류가 10[A]라면 이 3개의 저항을 △로 접속하고 동일전원을 인가시 선전류는 몇 [A]인가?

① 10　　② $10\sqrt{3}$
③ 30　　④ $30\sqrt{3}$

㉠ 저항을 Y로 접속한 경우

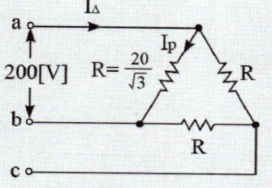

저항: $R = \dfrac{V_p}{I_Y} = \dfrac{200/\sqrt{3}}{10} = \dfrac{20}{\sqrt{3}}\,[\Omega]$

㉡ 저항을 △로 접속한 경우

상전류: $I_p = \dfrac{V_p}{R} = \dfrac{200}{\dfrac{20}{\sqrt{3}}} = 10\sqrt{3}\,[\text{A}]$

∴ 선전류: $I_l = \sqrt{3}\,I_p = 30\,[\text{A}]$

정답 ③

24 저항 R[Ω] 3개의 저항을 같은 전원에 △결선에 접속시킬 때와 Y결선으로 접속시킬 때 선전류의 크기 비 $(I_\triangle / I_Y)$는?

① $\dfrac{1}{3}$　　② $\sqrt{6}$
③ $\sqrt{3}$　　④ 3

△결선으로 접속된 부하를 Y결선으로 변경 시 선전류와 소비전력이 모두 1/3배로 감소된다.

∴ $I_Y = \dfrac{1}{3} I_\triangle \rightarrow \dfrac{I_\triangle}{I_Y} = 3$

정답 ④

25

△결선된 부하를 Y결선으로 바꾸면 소비전력은 어떻게 되는가? (단, 선간전압은 일정하다.)

① $\frac{1}{3}$배　　② 6배

③ $\frac{1}{\sqrt{3}}$배　　④ $\frac{1}{\sqrt{6}}$배

정답분석

㉠ 부하를 Y로 접속했을 때 소비전력

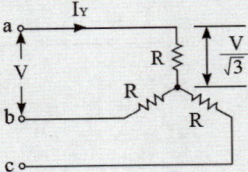

$$P_Y = 3 \times \frac{E^2}{R} = 3 \times \frac{\left(\frac{V}{\sqrt{3}}\right)^2}{R} = \frac{V^2}{R} [\text{W}]$$

㉡ 부하를 △로 접속했을 때 소비전력

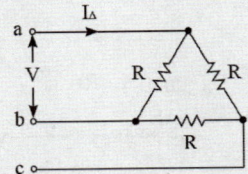

$$P_\triangle = 3 \times \frac{E^2}{Z} = 3 \times \frac{V^2}{R} = 3\frac{V^2}{R} [\text{W}]$$

$$\therefore \frac{P_Y}{P_\triangle} = \frac{1}{3}$$

정답 ①

26

그림에서 저항 R이 접속되고 여기에 3상 평형 전압 V[V]가 가해져 있다. 지금 ×표의 곳에서 1선이 단선 되었다고 하면 소비전력은 처음의 몇 배로 되는가?

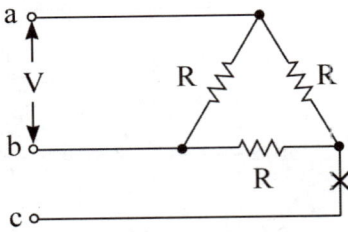

① 1　　② 0.5
③ 0.25　　④ 0.7

정답분석

㉠ 단선되기 전 소비전력: $P_\triangle = \frac{3V^2}{R}$ [W]

㉡ c선이 단선 후 소비전력

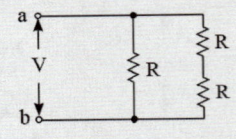

합성저항: $R_{ab} = \frac{R \times 2R}{R + 2R} = \frac{2}{3}R [\Omega]$

소비전력: $P_x = \frac{V^2}{R_{ab}} = \frac{3V^2}{2R}$ [W]

$$\therefore \frac{P_x}{P_\triangle} = \frac{\frac{3V^2}{2R}}{\frac{3V^2}{R}} = \frac{1}{2} = 0.5배$$

정답 ②

27

선간전압 100[V], 역률 60[%]인 평형 3상 부하에서 소비전력 P=10[kW]일 때 선전류 [A]는?

① 99.4[A]　　② 96.2[A]
③ 86.2[A]　　④ 76.4[A]

정답분석

$$I = \frac{P}{\sqrt{3}\,V\cos\theta} = \frac{10 \times 10^3}{\sqrt{3} \times 100 \times 0.6}$$
$$= 96.2\,[\text{A}]$$

정답 ②

28 3상 유도전동기의 출력이 3마력, 전압이 200[V], 효율 80[%], 역률 90[%]일 때 전동기에 유입하는 선전류의 값은 약 몇 [A]인가?

① 7.18[A]   ② 9.18[A]
③ 6.84[A]   ④ 8.97[A]

유효전력 $P = \sqrt{3}\,VI\cos\theta\,\eta\,[\text{W}]$에서

(여기서, 효율 $\eta = \dfrac{출력}{입력}$, $1[\text{HP}] = 746[\text{W}]$)

$\therefore$ 선전류: $I = \dfrac{P}{\sqrt{3}\,V\cos\theta\,\eta}$

$= \dfrac{3 \times 746}{\sqrt{3} \times 200 \times 0.9 \times 0.8}$

$= 8.97\,[\text{A}]$

정답 ④

---

30 3상 평형부하에 선간전압 200[V]의 평형 3상 정현파 전압을 인가했을 때 선전류는 8.6[A]가 흐르고, 무효전력이 1,788[Var]이었다. 역률은?

① 0.6   ② 0.7
③ 0.8   ④ 0.9

무효전력 $P_r = Q = \sqrt{3}\,VI\sin\theta\,[\text{Var}]$에서

$\sin\theta = \dfrac{Q}{\sqrt{3}\,VI} = \dfrac{1788}{\sqrt{3} \times 200 \times 8.6} = 0.6$

$\therefore$ 역률 $\cos\theta = \sqrt{1 - \sin^2\theta}$

$= \sqrt{1 - 0.6^2} = 0.8$

정답 ③

---

29 부하 단자전압이 220[V]인 15[kW]의 3상 대칭 부하에 3상 전력을 공급하는 선로 임피던스가 $3 + j2\,[\Omega]$일 때, 부하가 뒤진 역률 60[%]이면 선전류 [A]는?

① 약 $26.2 - j19.7$
② 약 $39.36 - j52.48$
③ 약 $39.39 - j29.54$
④ 약 $19.7 - j26.4$

㉠ 선전류의 크기

$I = \dfrac{P}{\sqrt{3}\,V\cos\theta} = \dfrac{15 \times 10^3}{\sqrt{3} \times 220 \times 0.6}$

$= 65.61\,[\text{A}]$

㉡ 전류 벡터도 (뒤진 역률 60%)

```
         I_R = Icosθ
        ────────────►
       /θ|
      /  |   V (기준벡터)
     /   |
    ▼    
-jI_L = -jIsinθ   I = 65.61[A]
```

$\therefore$ 선전류: $\dot{I} = I(\cos\theta - j\sin\theta)$

$= 65.61\,(0.6 - j0.8)$

$= 39.36 - j52.48\,[\text{A}]$

정답 ②

---

31 평형 3상 Y결선의 부하에서 상전압과 선전류의 실횻값이 각각 60[V], 10[A]이고, 부하의 역률이 0.8일 때 무효전력[Var]은?

① 1440   ② 1080
③ 624   ④ 831

㉠ 역률: $\sin\theta = \sqrt{1 - \cos\theta}$

$= \sqrt{1 - 0.8^2} = 0.6$

㉡ 무효전력: $P_r = \sqrt{3}\,VI\sin\theta$

$= \sqrt{3} \times 60 \times 10 \times 0.6$

$= 623.53 ≒ 624\,[\text{Var}]$

정답 ③

32 한 상의 임피던스 $Z = 6 + j8\,[\Omega]$인 평형 Y 부하에 평형 3상 전압 200[V]를 인가할 때 무효전력은 약 몇 [Var]인가?

① 1,330 ② 1,848
③ 2,381 ④ 3,200

정답 분석
㉠ 각 상의 임피던스
$Z = \sqrt{R^2 + X^2} = \sqrt{6^2 + 8^2} = 10\,[\Omega]$
㉡ 선전류
$I_l = I_p = \dfrac{V_p}{Z} = \dfrac{V_l/\sqrt{3}}{Z}$
$= \dfrac{200/\sqrt{3}}{10} = \dfrac{20}{\sqrt{3}}\,[A]$
∴ 무효전력
$P_r = Q = 3I_p^2 X = 3I^2 X$
$= 3 \times \left(\dfrac{20}{\sqrt{3}}\right)^2 \times 8 = 3200\,[\text{Var}]$

정답 ④

33 대칭 3상 Y부하에서 각상의 임피던스가 $Z = 3 + j4\,[\Omega]$이고 부하전류가 20[A]일 때 이 부하에서 소비되는 전력 [W]은?

① 1,200 ② 1,400
③ 1,600 ④ 3,600

정답 분석
Y결선은 선전류(부하전류)와 상전류의 크기가 같으므로 소비전력은 다음과 같다.
∴ $P = 3I_p^2 R = 3 \times 20^2 \times 3 = 3600\,[W]$

정답 ④

34 임피던스 3개를 그림과 같이 평형으로 성형 접속하여 a, b, c단자 200[V]의 대칭 3상 전압을 가했을 때 흐르는 전류와 전력은 얼마인가?

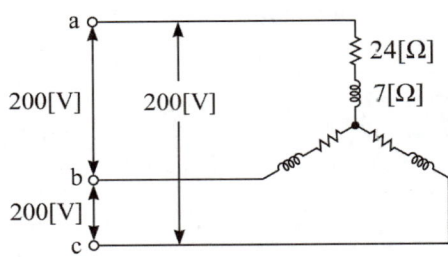

① $I = 4.6\,[A]$, $P = 1536\,[W]$
② $I = 6.4\,[A]$, $P = 1636\,[W]$
③ $I = 5.0\,[A]$, $P = 1500\,[W]$
④ $I = 6.4\,[A]$, $P = 1346\,[W]$

정답 분석
㉠ 한 상에 흐르는 전류
$I_p = \dfrac{V_p}{Z} = \dfrac{200/\sqrt{3}}{\sqrt{24^2 + 7^2}} = 4.6\,[A]$
㉡ 소비전력(=유효전력)
$P = 3I_p^2 R = 3 \times 4.6^2 \times 24 = 1536\,[W]$

정답 ①

35 3상 평형 부하가 있다. 이것의 선간전압은 200[V], 선전류는 10[A]이고, 부하의 소비전력은 4[kW]이다. 이 부하의 등가 Y회로의 각 상의 저항 [Ω]은 얼마인가?

① 8   ② 13.3
③ 15.6 ④ 18.3

정답 분석
소비전력 $P = 3I^2 R\,[W]$에서
∴ $R = \dfrac{P}{3I^2} = \dfrac{4000}{3 \times 10^2} = 13.3\,[\Omega]$

정답 ②

36 각 상의 임피던스가 각각 $Z = 6 + j8\,[\Omega]$인 평형 △부하에 선간전압이 220[V]인 대칭 3상 전압을 인가할 때의 부하전류는 약 몇 [A]인가?

① 27.2[A] ② 38.1[A]
③ 22[A]   ④ 12.7[A]

㉠ 각 상의 임피던스
$Z = \sqrt{R^2 + X^2} = \sqrt{6^2 + 8^2} = 10\,[\Omega]$
㉡ 상전류: $I_p = \dfrac{V_p}{Z} = \dfrac{220}{10} = 22\,[A]$
∴ 선전류: $I_l = \sqrt{3}\,I_p = 22\sqrt{3} = 38.1\,[A]$

정답 ②

37 평형 3상 △결선 부하의 각 상의 임피던스가 $Z = 8 + j6\,[\Omega]$인 회로에 대칭 3상 전원 전압 100[V]를 가할 때 무효율과 무효전력[Var]은?

① 무효율: 0.6, 무효전력: 1800
② 무효율: 0.6, 무효전력: 2400
③ 무효율: 0.8, 무효전력: 1800
④ 무효율: 0.8, 무효전력: 2400

㉠ 각 상의 임피던스
$Z = \sqrt{R^2 + X^2} = \sqrt{8^2 + 6^2} = 10\,[\Omega]$
㉡ 상전류: $I_p = \dfrac{V_p}{Z} = \dfrac{100}{10} = 10\,[A]$
㉢ 무효율: $\sin\theta = \dfrac{X}{Z} = \dfrac{6}{10} = 0.6$
∴ 무효전력: $P_r = 3I^2 X = 3 \times 10^2 \times 6 = 1800\,[Var]$

정답 ①

38 한상의 임피던스가 각각 $Z = 6 + j8\,[\Omega]$인 △부하에 대칭 선간전압이 200[V]를 인가 시 3상 전력은 몇 [W]인가?

① 2,400   ② 4,157
③ 7,200   ④ 12,470

상전류 $I_p = \dfrac{V_p}{Z} = \dfrac{200}{\sqrt{6^2 + 8^2}} = 20\,[A]$
∴ 유효전력
$P = 3I_p^2 R = 3 \times 20^2 \times 6 = 7200\,[W]$

정답 ③

39 대칭 3상 △부하에서 각 상의 임피던스가 $Z = 3 + j4\,[\Omega]$이고 부하전류가 20[A]일 때 피상전력 [VA]는?

① 1,800   ② 2,000
③ 2,400   ④ 2,800

피상전력
$P_a = S = 3I_p^2 Z$
$= 3 \times \left(\dfrac{20}{\sqrt{3}}\right)^2 \times \sqrt{3^2 + 4^2} = 2000\,[VA]$

정답 ②

40 △결선된 대칭 3상 부하가 있다. 역률이 0.8 (지상)이고 소비전력이 1,800[W]이다. 선로의 저항 0.5[Ω]에서 발생하는 선로의 손실이 50[W]이면 부하 단자전압[V]은?

① 627   ② 525
③ 326   ④ 225

㉠ 선로 손실 $P_l = 3I^2 R$
㉡ $I = \sqrt{\dfrac{P_l}{3R}} = \sqrt{\dfrac{50}{3 \times 0.5}} = \dfrac{10}{\sqrt{3}}\,[A]$
∴ 부하 단자전압
$V = \dfrac{P}{\sqrt{3}\,I\cos\theta}$
$= \dfrac{1800}{\sqrt{3} \times \dfrac{10}{\sqrt{3}} \times 0.8} = \dfrac{180}{0.8}$
$= 225\,[V]$

정답 ④

41

성형(Y)결선의 부하가 있다. 선간전압 300[V]의 3상 교류를 인가했을 때 선전류가 40[A]이고 역률이 0.8이라면 리액턴스는 약 몇 [Ω]인가?

① 2.6[Ω]   ② 4.3[Ω]
③ 16.6[Ω] ④ 35.6[Ω]

정답분석

㉠ 한 상의 임피던스
$$Z = \frac{V_p}{I_p} = \frac{\frac{V_l}{\sqrt{3}}}{I_l} = \frac{\frac{300}{\sqrt{3}}}{40} = 4.33\,[\Omega]$$

㉡ 무효율
$$\sin\theta = \sqrt{1-\cos^2\theta} = \sqrt{1-0.8^2} = 0.6$$

㉢ 임피던스 삼각형

$X = Z\sin\theta$
$R = Z\cos\theta$

∴ 리액턴스
$$X = Z\sin\theta = 4.33 \times 0.6 = 2.598\,[\Omega]$$

정답 ①

42

그림과 같은 선간전압 200[V]의 3상 전원에 대칭 부하를 접속할 때 부하 역률은?
(단, $R = 9\,[\Omega]$, $X_C = \dfrac{1}{\omega C} = 4\,[\Omega]$)

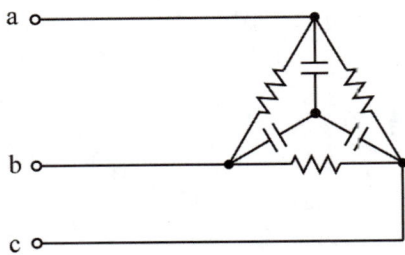

① 0.6   ② 0.7
③ 0.8   ④ 0.9

정답분석

△결선으로 접속된 저항 R을 Y결선으로 등가변환하면 그 크기가 1/3배로 줄어든다.

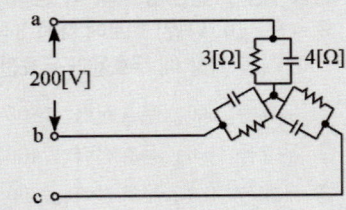

∴ 병렬회로의 역률
$$\cos\theta = \frac{X}{\sqrt{R^2+X^2}} = \frac{4}{\sqrt{3^2+4^2}} = 0.8$$

정답 ③

43

단상변압기 3대(100[kVA]×3)로 △결선하여 운전 중 1대 고장으로 V결선한 경우의 출력 [kVA]은?

① 100   ② 173
③ 245   ④ 300

정답분석

V결선 출력
$$P_V = \sqrt{3}\,P = \sqrt{3} \times 100 = 173.2\,[kVA]$$

정답 ②

44 3대의 변압기를 △결선으로 운전하던 중 변압기 1대가 고장으로 제거하여 V결선으로 한 경우 공급할 수 있는 전력과 고장전 전력과의 비율[%]은 얼마인가?

① 86.8　　② 75.0
③ 66.7　　④ 57.7

V결선의 특징
㉠ 3상 출력: $P_V = \sqrt{3}\,P\,[kVA]$
(여기서, P: 변압기 1대 용량)
㉡ 이용률
$$\frac{V결선의\ 출력}{변압기\ 2개\ 용량} = \frac{\sqrt{3}\,P}{2P} = \frac{\sqrt{3}}{2}$$
$$= 0.866 = 86.6\,[\%]$$
㉢ 출력비
$$\frac{P_V}{P_\triangle} = \frac{\sqrt{3}\,P}{3P} = \frac{\sqrt{3}}{3}$$
$$= 0.577 = 57.7\,[\%]$$

정답 ④

45 변압기 2대를 V결선 했을 때의 이용률은 몇 [%]인가?

① 57.7[%]　　② 70.7[%]
③ 86.6[%]　　④ 100[%]

정답 ③

46 용량 30[kW]의 단상변압기 2대를 V결선하여 역률 0.8, 전력 20[kW]의 평형 3상 부하에 전력을 공급할 때 변압기 1대가 분담하는 피상전력은 얼마인가?

① 14.4[kVA]　　② 15[kVA]
③ 20[kVA]　　④ 30[kVA]

3상 출력 $P = \sqrt{3}\,VI\cos\theta$ 에서 변압기 1대가 분담하는 피상전력은 VI 이므로
$$\therefore VI = \frac{P}{\sqrt{3}\cos\theta} = \frac{20}{\sqrt{3}\times 0.8}$$
$$= 14.14\,[kVA]$$

정답 ①

3-3 다상 교류의 결선법

47 다음의 대칭 다상 교류에 의한 회전자계 중 잘못된 것은?

① 대칭 3상 교류에 의한 회전자계는 원형 회전자계이다.
② 대칭 2상 교류에 의한 회전자계는 타원형 회전자계이다.
③ 3상 교류에서 어느 두 코일의 전류의 상순을 바꾸면 회전자계의 방향도 바뀐다.
④ 회전자계의 회전속도는 일정 각속도 ω이다.

㉠ 대칭 다상 교류에 의한 회전자계: 원형 회전자계
㉡ 비대칭 다상 교류에 의한 회전자계: 타원형 회전자계

정답 ②

48 대칭 n상 성산결선에서 선간전압의 크기는 성상 전압의 몇 배인가?

① $\sin\dfrac{\pi}{n}$　　② $\cos\dfrac{\pi}{n}$
③ $2\sin\dfrac{\pi}{n}$　　④ $2\cos\dfrac{\pi}{n}$

성형결선에서 선간전압과 상전압의 관계
㉠ 선간전압: $V_l = 2\sin\dfrac{\pi}{n}\,V_p$
㉡ 위상차: $\theta = \dfrac{\pi}{2} - \dfrac{\pi}{n} = \dfrac{\pi}{2}\left(1 - \dfrac{2}{n}\right)$
㉢ 성형결선 시 상전류와 선전류는 같다.
여기서, n: 상수

정답 ③

49 다상 교류회로 설명 중 잘못된 것은?
(단, n은 상수)

① 평형 3상 교류에서 Δ결선의 상전류는 선전류의 $\frac{1}{\sqrt{3}}$과 같다.

② n상전력 $P = \frac{1}{2\sin\frac{\pi}{n}} V_l I_l \cos\theta$ 이다.

③ 성형결선에서 선간전압과 상전압과의 위상차는 $\frac{\pi}{2}(1-\frac{2}{n})$ [rad] 이다.

④ 비대칭 다상교류가 만드는 회전자계는 타원 회전자계이다.

㉠ 성형결선에서 선전류와 상전류의 크기와 위상은 모두 같다.
㉡ 성형결선에서 선간전압
$V_l = 2\sin\frac{\pi}{n} V_p \angle (\frac{\pi}{2} - \frac{\pi}{n})$
㉢ n상 전력
$P = n V_p I_p \cos\theta$
$= n \times \frac{V_l}{2\sin\frac{\pi}{n}} \times I_l \cos\theta$
$= \frac{n}{2\sin\frac{\pi}{n}} V_l I_l \cos\theta$

정답 ②

50 대칭 n상에서 선전류와 환상전류 사이의 위상차는 어떻게 되는가?

① $\frac{n}{2}(1-\frac{\pi}{2})$ ② $\frac{\pi}{2}(1-\frac{n}{2})$
③ $2(1-\frac{2}{n})$ ④ $\frac{\pi}{2}(1-\frac{2}{n})$

환상결선에서 선전류와 상전류의 관계
㉠ 선전류: $I_l = 2\sin\frac{\pi}{n} I_p$
㉡ 위상차: $\theta = \frac{\pi}{2} - \frac{\pi}{n} = \frac{\pi}{2}(1-\frac{2}{n})$
㉢ 환상결선 시 선간전압과 상전압은 같다.
여기서, n: 상수

정답 ④

51 대칭 5상 교류에서 선간전압과 상전압 간의 위상차는 몇 도 인가?

① 27°   ② 36°
③ 54°   ④ 72°

$\theta = \frac{\pi}{2} - \frac{\pi}{n} = \frac{\pi}{2}(1-\frac{2}{n}) = \frac{180}{2}(1-\frac{2}{5})$
$= 54°$

정답 ③

52 대칭 6상 성형(star) 결선에서 상전압이 200[V]일 때 선간전압은?

① 200[V]   ② 150[V]
③ 100[V]   ④ 50[V]

㉠ 성형결선 시 선간전압
$V_l = 2\sin\frac{\pi}{n} V_p = 2\sin\frac{\pi}{6} V_p = V_p$
㉡ 대칭 6상 성형결선에서 선간전압(V_l)과 상전압(V_p)의 크기는 같다.
∴ 선간전압 $V_l = V_p = 200$[V]

정답 ①

53 대칭 6상 성형(star) 결선에서 선간전압과 상전압의 위상차는?

① 120°   ② 60°
③ 30°   ④ 15°

㉠ 성형결선 시 선간전압
$V_l = 2\sin\frac{\pi}{n} V_p = 2\sin\frac{\pi}{6} V_p = V_p$
㉡ 대칭 6상 성형결선에서 선간전압(V_l)과 상전압(V_p)의 크기는 같다.
∴ 선간전압 $V_l = V_p = 200$[V]

정답 ①

54

대칭 10상식의 선간전압이 100[V]일 때 성상전압[V]은? (단, sin18°=0.309이다.)

① 161.8[V] ② 172[V]
③ 183.1[V] ④ 193[V]

정답분석

㉠ 성형결선 시 선간전압
$$V_l = 2\sin\frac{\pi}{n}V_p = 2\sin\frac{\pi}{6}V_p = V_p$$

㉡ 상전압: $V_p = \dfrac{V_\ell}{2\sin\dfrac{\pi}{10}} = \dfrac{100}{2\sin 18°}$

$$= \frac{100}{2 \times 0.309} = 161.8\,[\text{V}]$$

정답 ①

55

대칭 12상 star결선 상전압이 100[V]일 때, 단자전압 [V]은?

① 75.88[V] ② 51.76[V]
③ 100[V]   ④ 25.88[V]

정답분석

성형결선 시 선간전압
$$V_L = 2\sin\frac{\pi}{n}V_P = 2\sin\frac{\pi}{12} \times 100$$
$$= 51.76\,[\text{V}]$$

정답 ②

3-4 2전력계법

56

2개의 전력계를 사용하여 평형부하의 3상 회로에 역률을 측정하고자 한다. 전력계의 지시값이 각각 W_1, W_2일 때 이 회로의 역률은?

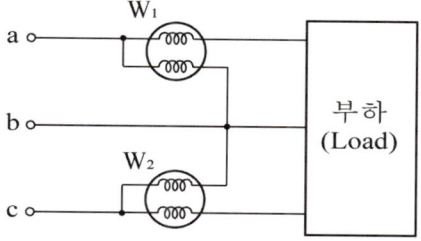

① $W_1 + W_2$

② $\sqrt{3}\,(W_1 - W_2)$

③ $\dfrac{2\sqrt{W_1^2 + W_2^2 - W_1 W_2}}{W_1 + W_2}$

④ $\dfrac{W_1 + W_2}{2\sqrt{W_1^2 + W_2^2 - W_1 W_2}}$

정답분석

2전력계법에 의한 전력 측정

㉠ 유효전력
$$P = W_1 + W_2 = \sqrt{3}\,VI\cos\theta\,[\text{W}]$$

㉡ 무효전력
$$P_r = \sqrt{3}\,(W_2 - W_1) = \sqrt{3}\,VI\sin\theta\,[\text{Var}]$$

㉢ 피상전력
$$P_a = 2\sqrt{W_1^2 + W_2^2 - W_1 W_2} = \sqrt{3}\,VI\,[\text{VA}]$$

∴ 역률
$$\cos\theta = \frac{P}{P_a} = \frac{W_1 + W_2}{2\sqrt{W_1^2 + W_2^2 - W_1 W_2}}$$
$$= \frac{W_1 + W_2}{\sqrt{3}\,VI}$$

정답 ④

57 2전력계법을 써서 대칭 평형 3상전력을 측정하였더니 각 전력계가 500[W], 300[W]를 지시하였다. 전 전력은 얼마인가? (단, 부하의 위상각은 60°보다 크며 90°보다 작다고 한다.)

① 200[W] ② 300[W]
③ 500[W] ④ 800[W]

유효전력(소비전력)
$P = W_1 + W_2 = 500 + 300 = 800\,[\text{W}]$

정답 ④

58 대칭 3상 전압을 공급한 3상 유도전동기에서 각 계기의 지시는 다음과 같다. 유도전동기의 역률은? (단, W_1=2.36[kW], W_2=5.97 [kW], V=200[V], I=30[A])

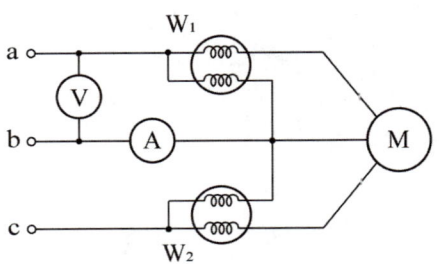

① 0.60 ② 0.80
③ 0.65 ④ 0.86

역률
$\cos\theta = \dfrac{P}{P_a} = \dfrac{W_1 + W_2}{2\sqrt{W_1^2 + W_2^2 - W_1 W_2}}$
$= \dfrac{W_1 + W_2}{\sqrt{3}\,VI} = \dfrac{2360 + 5970}{\sqrt{3}\times 200 \times 30} = 0.8$

정답 ②

59 대칭 3상 전압이 공급되는 3상 유도전동기에서 각 계기의 지시는 다음과 같다. 유도전동기의 역률은 약 얼마인가?

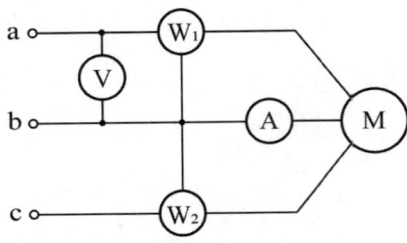

전력계(W_1): 2.84[kW]
전력계(W_2): 6[kW]
전압계(V): 200[V]
전류계(A): 30[A]

① 0.70 ② 0.75
③ 0.80 ④ 0.85

역률
$\cos\theta = \dfrac{P}{P_a} = \dfrac{W_1 + W_2}{2\sqrt{W_1^2 + W_2^2 - W_1 W_2}}$
$= \dfrac{W_1 + W_2}{\sqrt{3}\,VI} = \dfrac{2840 + 6000}{\sqrt{3}\times 200 \times 30} = 0.85$

정답 ④

60 단상전력계 2개로 3상 전력을 측정하고자 한다. 전력계의 지시가 각각 200[W], 100 [W]를 가리켰다고 한다. 부하의 역률은?

① 94.8[%] ② 86.6[%]
③ 50.0[%] ④ 31.6[%]

$\cos\theta = \dfrac{P}{P_a} = \dfrac{W_1 + W_2}{2\sqrt{W_1^2 + W_2^2 - W_1 W_2}}$
$= \dfrac{200 + 100}{2\sqrt{200^2 + 100^2 - 200 \times 100}} = 0.866$

정답 ②

61
 2개의 전력계로 평형 3상 부하의 전력을 측정하였더니 한쪽의 지시가 다른 쪽 전력계 지시의 3배였다면 부하의 역률 cosθ는?

① 0.76　　② 1
③ 3　　　 ④ 0.4

정답분석

2전력계법 시험패턴
㉠ 측정 전력이 동일($W_1 = W_2$)한 경우
　$\cos\theta = 1$
　(R만의 부하의 경우 $W_1 = W_2$ 이 된다.)
㉡ 측정 전력이 2배($W_1 = 2W_2$) 차이나는 경우
　$\cos\theta = 0.86 = 86[\%]$
㉢ 측정 전력이 3배($W_1 = 3W_2$) 차이나는 경우
　$\cos\theta = 0.76 = 76[\%]$
㉣ 측정 전력이 4배($W_1 = 4W_2$) 차이나는 경우
　$\cos\theta = 0.69 = 69[\%]$
㉤ 측정 전력이 둘 중 하나가 0인 경우
　$\cos\theta = 0.5 = 50[\%]$

정답 ①

62
 3상 전력을 측정하는데 두 전력계 중에서 하나가 0이었다. 이때의 역률은 어떻게 되는가?

① 0.5　　② 0.8
③ 0.6　　④ 0.4

정답확인

정답 ①

63
 대칭 3상 4선식 전력계통이 있다. 단상 전력계 2개로 전력을 측정하였더니 각 전력계의 값이 각각 -301[W] 및 1327[W]이다. 이때 역률은 약 얼마인가?

① 0.94　　② 0.75
③ 0.62　　④ 0.34

정답분석

2전력계법의 역률
$\cos\theta = \dfrac{W_1 + W_2}{2\sqrt{W_1^2 + W_2^2 - W_1 W_2}}$
$= \dfrac{-301 + 1327}{2\sqrt{(-301)^2 + 1327^2 - (-301)\times 1327}}$
$= 0.34$

정답 ④

64
 선간전압 V[V]의 평형 전원에 대칭부하 R[Ω]의 그림과 같이 접속되어있을 때 a, b두 상간에 접속된 전력계의 지시 c상의 전류 [A]는?

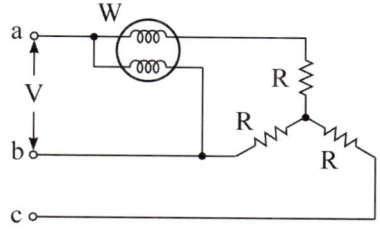

① $\dfrac{W}{3V}$　　② $\dfrac{2W}{3V}$
③ $\dfrac{2W}{\sqrt{3}\,V}$　　④ $\dfrac{\sqrt{3}\,W}{V}$

정답분석

㉠ 2전력계법에 의한 유효전력
　$P = W_1 + W_2 = \sqrt{3}\,VI\cos\theta\,[W]$
㉡ 평형 3상의 R만의 부하인 경우
　$W_1 = W_2$, $\cos\theta = 1$ 이 된다.
∴ 선전류: $I = \dfrac{W_1 + W_2}{\sqrt{3}\,V\cos\theta} = \dfrac{2W}{\sqrt{3}\,V}\,[A]$

정답 ③

3-5 불평형 3상 회로 해석

65 그림의 성형 불평형 회로에 각 상전압이 E_a, E_b, $E_c[V]$이고, 부하는 Z_a, Z_b, $Z_c[\Omega]$이라면, 중성선 임피던스가 Z_n일 때 중성점 간의 전위는 어떻게 되는가?

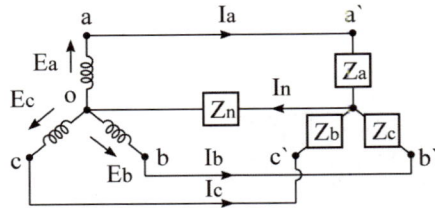

① $V_n = \dfrac{E_a + E_b + E_c}{Z_a + Z_b + Z_c}$

② $V_n = \dfrac{E_a + E_b + E_c}{Z_a + Z_b + Z_c + Z_n}$

③ $V_n = \dfrac{\dfrac{E_a}{Z_a} + \dfrac{E_b}{Z_b} + \dfrac{E_c}{Z_c}}{\dfrac{1}{Z_a} + \dfrac{1}{Z_b} + \dfrac{1}{Z_c} + \dfrac{1}{Z_n}}$

④ $V_n = \dfrac{\dfrac{E_a}{Z_a} + \dfrac{E_b}{Z_b} + \dfrac{E_c}{Z_c}}{\dfrac{1}{Z_a} + \dfrac{1}{Z_b} + \dfrac{1}{Z_c}}$

> **정답분석**
>
> 중성점의 전위
>
> $V_n = \dfrac{E_a Y_a + E_b Y_b + E_c Y_c}{Y_a + Y_b + Y_c + Y_n}$
>
> $= \dfrac{\dfrac{E_a}{Z_a} + \dfrac{E_b}{Z_b} + \dfrac{E_c}{Z_c}}{\dfrac{1}{Z_a} + \dfrac{1}{Z_b} + \dfrac{1}{Z_c} + \dfrac{1}{Z_n}}$ [V]
>
> 정답 ③

pass.Hackers.com

해커스자격증
pass.Hackers.com

해커스 **전기기사·산업기사 필기 회로이론** 한권완성 이론 + 최신기출 + 핵심노트

Chapter 04

비정현파 교류회로의 이해
(Non-sinusoidal wave)

1. 비정현파 교류회로의 개요
2. 고조파의 분류와 특성
3. 고조파의 푸리에 급수 해석
4. 비정현파의 실효값과 전력
5. 비정현파 회로 해석
6. 고조파 관리기준

핵심 요점정리

출제예상문제

Chapter 04 비정현파 교류회로의 이해(Non-sinusoidal wave)

1 비정현파 교류회로의 개요

> **선생님 TIP**
> 이번 단원은 시험 출제 빈도가 낮다. 따라서 '5. 고조파의 크기와 위상 관계'만 기억하고 넘어가길 바란다. 만약 현장에서 전기관련 업무를 하고 있다면 고조파의 발생원 정도는 읽어보길 바란다.

1. 개요

(1) 지금까지 교류회로라고 하면 60 [Hz] 의 주파수를 가진 전압과 전류라고 하여 회로를 해석했지만, 정확히 분석해 보면 완벽한 정현파는 존재할 수 없다.

(2) 교류발전기의 경우 정현파가 만들어지도록 설계하지만, 부하전류에 의해 발생되는 전기자 반작용, 누설자속 등에 의한 영향으로 정현파를 만들 수 없다.

(3) 그리고 공급전원이 정현파일지라도 부하 단에서 고조파 발생장치(전력용 반도체 소자, 단상 OA 기기 등)를 사용함으로써 정현파에 고조파가 섞여 파형은 왜곡된다.

(4) 또한 최근에는 정보통신기기, 정밀제어기기, 사무자동화기기(OA) 등에 마이크로프로세서 및 전력용반도체 소자의 사용량이 많아지면서 고조파에 대한 영향이 점차 심각해지고 있다.

2. 고조파 함유에 따른 파형의 비교

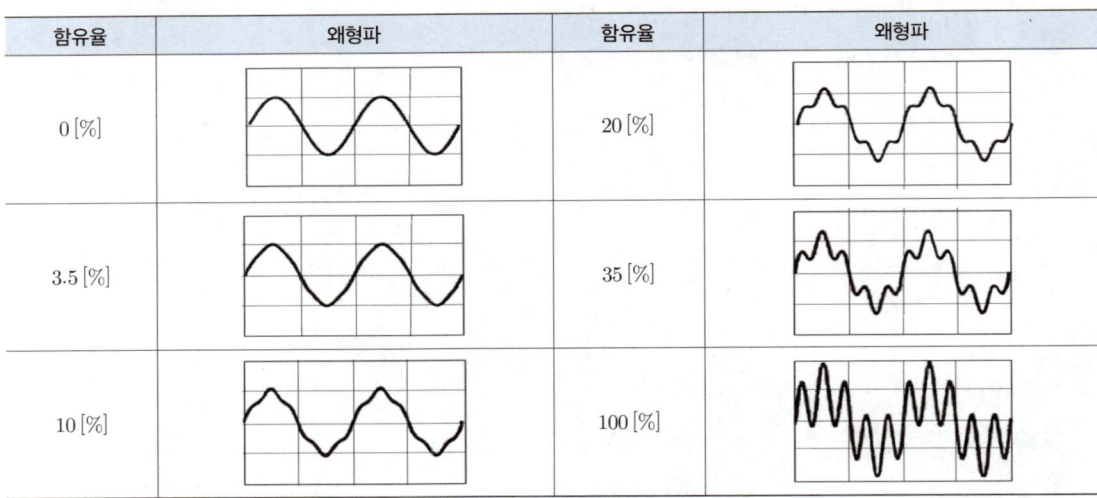

[표 4-1] 고조파 함유율에 따른 파형의 비교 (출처: 한국전기기술인협회)

3. 고조파(Harmonics) 개요

(1) 고조파는 60[Hz] 기본파의 정수배 주파수를 가진 성분을 말하며, 기본파에 이러한 고조파가 함유되면 파형은 왜형파(distorted wave)가 된다.

(2) JIS 8106에서는 고조파를 주기적 복합파의 각 합성 중 기본파 이외의 것을 말하며, 제2고조파는 기본파의 2배의 주파수를 가지는 것이라고 규정하고 있다.

(3) 고조파는 50차수(3[kHz])까지를 말하고 그 이상은 고주파수(High Frequency)라 한다.

4. 고조파 발생 원리(Mechanism)

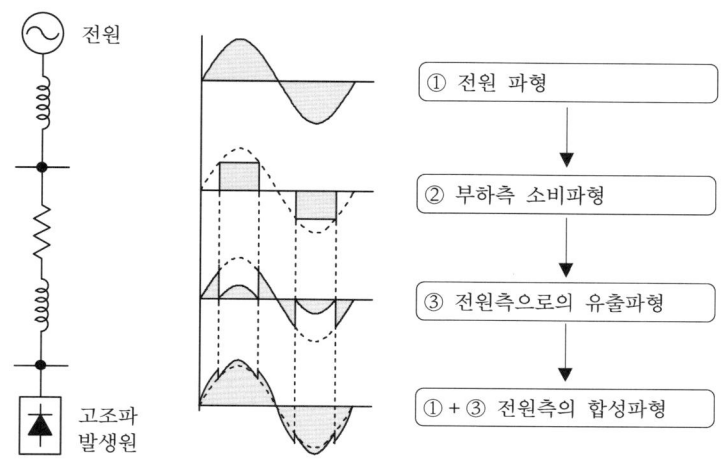

[그림 4-1] 고조파 발생 원리

(1) [그림 4-1]과 같이 상용주파수를 공급하는 전원계통에서 부하의 사이리스터(SCR)가 방형파 전류를 필요로 하는 경우 사인파와 방형파 차이에 해당하는 전류가 전원측 정현파와 합성되어 고조파 전류의 형태를 지니게 된다.

(2) 고조파 전류 발생원은 대부분 전력전자소자(Power Electronic: Diode, SCR 등)을 사용하는 기기, 전기로 등 비선형 부하기기 및 변압기 등 철심의 자기포화 특성 기기에서 발생된다.

(3) 고조파의 발생원
  ① 사이리스터를 사용한 전력변환장치(인버터, 컨버터, UPS, VVVF 등)
  ② 전기로, 아크로, 용접기 등 비선형 부하의 기기
  ③ 변압기, 회전기 등 철심의 자기포화특성 기기
  ④ 형광등, 전자기기 등 콘덴서의 병렬공진
  ⑤ 이상전압 등의 과도현상에 의한 것

5. 고조파의 크기와 위상 관계

(1) 제 n고조파는 [그림 4-2]와 같이 기본파 한주기(T)동안 파형이 n 번 발생되며 그 크기는 $\frac{1}{n}$ 배, 주파수와 위상은 n 배가 된다.

(2) 기본파 전류와 고조파 전류의 크기

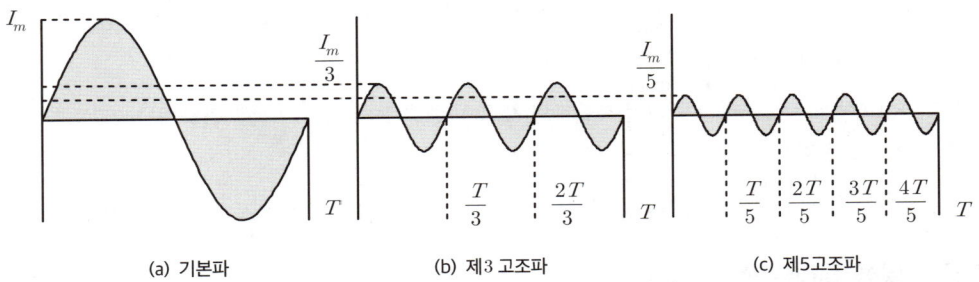

(a) 기본파   (b) 제3 고조파   (c) 제5고조파

[그림 4-2] 고조파의 크기와 위상 관계

① 기본파: $i = I_m \sin(\omega t \pm \theta)$ [A] ·· [식 4-1]

② 제3고조파: $i_3 = \dfrac{I_m}{3} \sin 3(\omega t \pm \theta)$ [A] ······························ [식 4-2]

③ 제5고조파: $i_5 = \dfrac{I_m}{5} \sin 5(\omega t \pm \theta)$ [A] ······························ [식 4-3]

④ 제7고조파: $i_7 = \dfrac{I_m}{7} \sin 7(\omega t \pm \theta)$ [A] ······························ [식 4-4]

⑤ 제n고조파: $i_n = \dfrac{I_m}{n} \sin n(\omega t \pm \theta)$ [A] ····························· [식 4-5]

2 고조파의 분류와 특성

1. 고조파 차수에 따른 분류

(1) 고조파 차수: $h = 2, 3, 4, 5, 6, 7, 8, 9, 10, 11, 12 \ldots$

(2) 분류 (여기서, $n = 1, 2, 3, 4, 5 \ldots$)

① 영상분: $3n = 3, 6, 9, 12 \ldots$

② 정상분: $3n + 1 = 4, 7, 10, 13 \ldots$

③ 역상분: $3n - 1 = 2, 5, 8, 11 \ldots$

2. 고조파 각 성분에 따른 특성

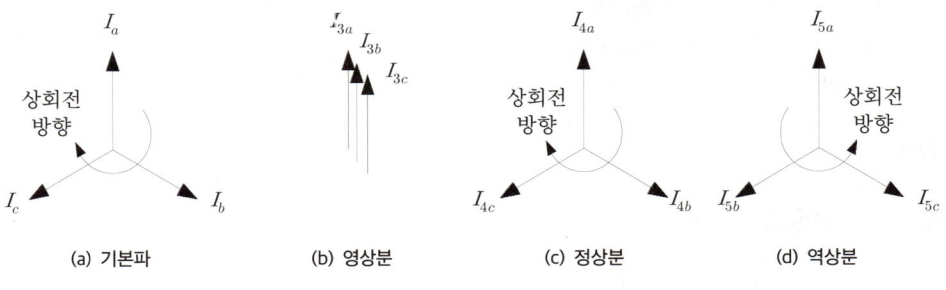

(a) 기본파   (b) 영상분   (c) 정상분   (d) 역상분

[그림 4-3] 각 고조파에 따른 전류 페이저

(1) 기본파 전류

    ① a상 전류: $I_a = I_m \sin \omega t = I \angle 0° = I$

    ② b상 전류: $I_b = I_m \sin(\omega t - 120°) = I \angle -120° = I \angle 240° = a^2 I$

    ③ c상 전류: $I_c = I_m \sin(\omega t - 240°) = I \angle -240° = I \angle 120° = a I$

    ④ $I_a + I_b + I_c = I(1 + a^2 + a) = 0$ ·································· [식 4-6]

(2) 제3 고조파 전류: 영상분 전류 I_0

    ① a상 전류: $I_{3a} = \dfrac{I_m}{3} \sin 3\omega t = I_0 \angle 0° = I_0$

    ② b상 전류: $I_{3b} = \dfrac{I_m}{3} \sin(3\omega t - 360°) = I_0 \angle 0° = I_0$

    ③ c상 전류: $I_{3c} = \dfrac{I_m}{3} \sin(3\omega t - 720°) = I_0 \angle 0° = I_0$

    ④ $I_{3a} + I_{3b} + I_{3c} = I_0 + I_0 + I_0 = 3 I_0$ ·································· [식 4-7]

    ⑤ [그림 4-3](b)와 같이 각 상에 위상차가 0 이므로 영상분이라 한다.

(3) 제5고조파 전류: 역상분 전류 I_2

    ① a상 전류: $I_{5a} = \dfrac{I_m}{5} \sin 5\omega t = I_2 \angle 0° = I_2$

    ② b상 전류: $I_{5b} = \dfrac{I_m}{5} \sin(5\omega t - 600°) = I_2 \angle -240° = I_2 \angle 120° = a I_2$

    ③ c상 전류: $I_{5c} = \dfrac{I_m}{5} \sin(5\omega t - 1200°) = I_2 \angle -120° = I_2 \angle 240° = a^2 I_2$

    여기서, $600° = 360° + 240°$, $1200° = 360° \times 3 + 120°$

    ④ $I_{5a} + I_{5b} + I_{5c} = I_2(1 + a + a^2) = 0$ ·································· [식 4-8]

    ⑤ [그림 4-3](c)와 같이 상회전 방향이 기본파와 반대이므로 역상분이라 한다.

(4) 제7고조파 전류: 정상분 전류 I_1

    ① a상 전류: $I_{7a} = \dfrac{I_m}{7} \sin 7\omega t = I_1 \angle 0° = I_1$

    ② b상 전류: $I_{7b} = \dfrac{I_m}{7} \sin(7\omega t - 840°) = I_1 \angle -120° = I_1 \angle 240° = a^2 I_1$

    ③ c상 전류: $I_{7c} = \dfrac{I_m}{7} \sin(7\omega t - 1680°) = I_1 \angle -240° = I_1 \angle 120° = a I_1$

    여기서, $840° = 360° \times 2 - 120°$, $1680° = 360° \times 4 + 240°$

    ④ $I_{7a} + I_{7b} + I_{7c} = I_1(1 + a^2 + a) = 0$ ·································· [식 4-9]

    ⑤ [그림 4-3](d)와 같이 상회전 방향이 기본파와 동일하므로 정상분이라 한다.

(5) 영상분 고조파의 특성

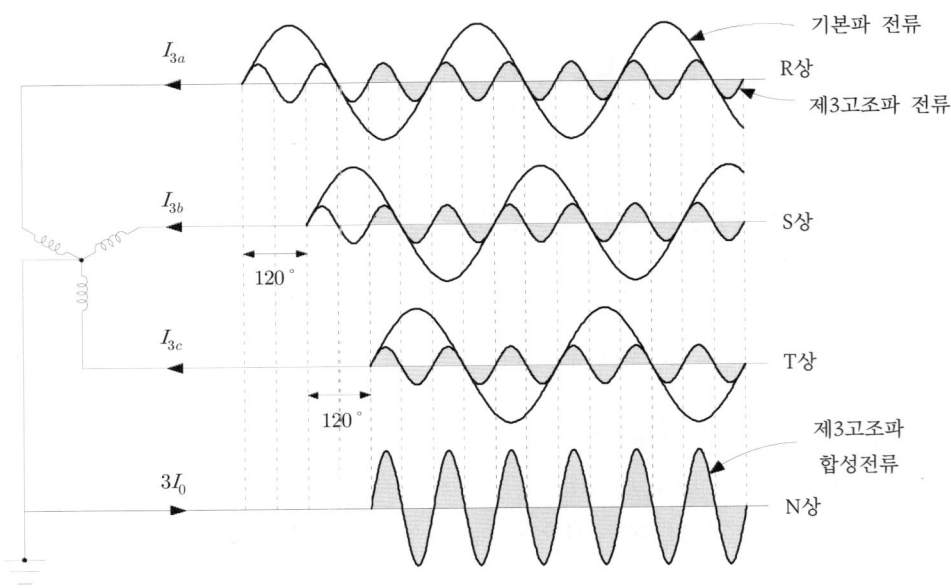

[그림 4-4] 중성선에 흐르는 고조파 전류

① [식 4-6], [식 4-8], [식 4-9]와 같이 기본파, 정상분, 역상분은 각 상의 총 합은 0이 되므로 중성선에 흐르지 않는다.
② [식 4-7]과 같이 영상분은 크기와 위상이 모두 동일하므로[그림 4-4]와 같이 $3I_0$로 합성되어 흐르게 된다.
③ 최근 고조파의 급증으로 인하여 상에 흐르는 선전류보다 중성선에 흐르는 전류가 더욱 커지는 사례가 나타나고 있다.

(6) 고조파가 전기기기에 미치는 영향 (출처: 한국전기기술인협회)

대상 기기	기기에 미치는 영향
커패시터 및 직렬리액터	고조파 전류에 대한 회로의 임피던스가 공진현상 등에 의해 감소하여 과대전류가 유입하고 과열, 소손 또는 진동, 소음의 발생
케이블	3상4선식 회로의 중성선에 고조파 전류 유입에 의한 중성선 과열
변압기	• 고조파 전류에 의한 철심의 자화현상으로 소음 발생 • 고조파 전류·전압에 의한 철손·동손의 증가로 용량 감소
형광등	고조파 전류에 다한 임피던스 감소로 과전류가 역률개선용 캐패시터나 초크코일에 유입됨으로 인한 과열·소손
통신선	전자유도에 의한 잡음 전압의 발생
유도 전동기	• 고조파 전류 때문에 정상 진동토크가 발생하여 회전수가 주기적으로 변동 • 철손·동손 등 손실 증가
계기용 변성기	계기용변성기에 초기위상오차 있는 경우 $\pm \delta \tan\phi$ (ϕ는 사이리스터 위상제어등 제어전류의 위상각)의 영향으로 측정 정밀도 저하
적산 전력계	• 유효자속이 비선형 특성으로 자속변화가 완전히 적응하지 못하므로 측정오차 발생 • 고조파 전류의 과대한 유입에 의한 전류코일 소손
음향기기 (TV, Radio)	• 고조파 전류·전압에 의한 다이오드, 트랜지스터, 캐패시터 등 부품의 고장, 수명저하, 성능의 열화 • 잡음, 영상이 흔들림
보호계전기	• 고조파 전류 혹은 전압에 의한 설정레벨의 초과 • 위상변화에 의한 오동작·오부동작
Power Fuse	과대한 고조파 전류에 의한 용단

MCCB	과대한 고조파 전류에 의한 오동작
전자 계산기	계산기 동작 악영향
정류기 각종 제어장치	제어신호의 위상 어긋남에 의한 오제어 등
비상용 발전기	회전자 제동권선의 과열, 소손, 계자권선의 과열
지시 계기	제어신호의 교란에 의한 수신기의 오·부동작
부하집중 제어장치	제어신호의 교란에 의한 수신기의 오·부동작

[표 4-2] 고조파가 전기기기에 미치는 영향

3 고조파의 푸리에 급수 해석

1. 개요

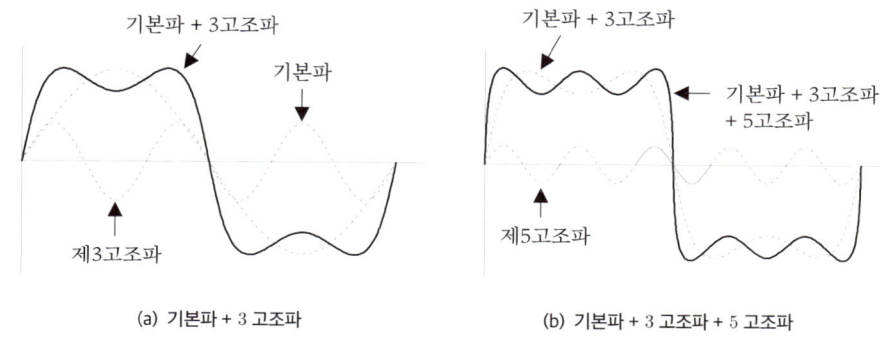

(a) 기본파 + 3 고조파   (b) 기본파 + 3 고조파 + 5 고조파

[그림 4-5] 각 고조파에 따른 전류 페이저

(1) 주기를 갖는 왜형파는 [그림 4-5]와 같이 여러 개의 정현파(sin)와 여현파(cos)의 합성으로 나타낼 수 있고 주파수가 60[Hz]인 파형을 기본파, 이에 정수배의 주파수를 갖는 파를 고조파(Harmonics)라 한다.

(2) 이와 같이 왜형파를 주기적인 여러 정현파로 분해하여 해석하는 것을 푸리에 급수라 한다.

(3) 왜형파 중 주기가 없는 파형을 노이즈(noise)라 한다.

2. 푸리에 급수(fourier series)

(1) 푸리에 급수 일반식

① $f(t) = a_0 + a_1 \cos\omega t + a_2 \cos 2\omega t + a_3 \cos 3\omega t + ... + a_n \cos n\omega t$
$+ b_1 \sin\omega t + b_2 \sin 2\omega t + b_3 \sin 3\omega t + ... + b_n \sin n\omega t$

$$\therefore f(t) = a_o + \sum_{n=1}^{\infty} a_n \cos n\omega t + \sum_{n=1}^{\infty} b_n \sin n\omega t \quad \text{[식 4-10]}$$

여기서, 홀수 고조파를 기수 고조파라 하고, 짝수 고조파를 우수 고조파라 한다.

② 직류항 상수: $a_0 = \dfrac{1}{2\pi} \displaystyle\int_0^{2\pi} f(\omega t)\, d\omega t$ ········ [식 4-11]

③ 여현항(cos) 상수: $a_n = \dfrac{1}{\pi} \displaystyle\int_0^{2\pi} f(\omega t) \cos n\omega t\, d\omega t$ ········ [식 4-12]

④ 정현항(sin) 상수: $b_n = \dfrac{1}{\pi} \displaystyle\int_0^{2\pi} f(\omega t) \sin n\omega t\, d\omega t$ ········ [식 4-13]

(2) 구형파(방형파)의 푸리에 급수 해석

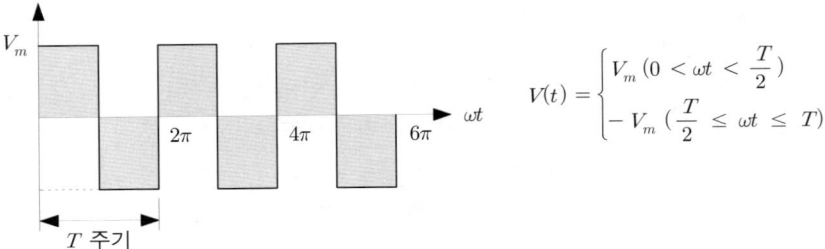

[그림 4-6] 구형파의 푸리에 급수 해석

① 직류분: $a_0 = 0$ (대칭파의 한주기 평균값은 0이 된다.)

② 여현항 상수

$$a_n = \frac{1}{\pi} \int_0^{2\pi} V(t) \cos n\omega t \, d\omega t$$

$$= \frac{1}{\pi} \left[\int_0^{2\pi} V_m \cos n\omega t \, d\omega t + \int_\pi^{2\pi} -V_m \cos n\omega t \, d\omega t \right] = 0$$

③ 정현항 상수

$$b_n = \frac{2}{T} \int_0^T f(t) \sin n\omega t \, dt$$

$$= \frac{1}{\pi} \left[\int_0^\pi V_m \sin n\omega t \, d\omega t + \int_\pi^{2\pi} -V_m \sin n\omega t \, d\omega t \right]$$

$$= \frac{V_m}{\pi} \left[\left(\frac{-1}{n} \cos n\omega t \right)_0^\pi + \left(\frac{1}{n} \cos n\omega t \right)_\pi^{2\pi} \right]$$

$$= \frac{V}{n\pi} \left[\left(\cos n\omega t \right)_\pi^0 + \left(\cos n\omega t \right)_\pi^{2\pi} \right\}$$

$$= \frac{V_m}{n\pi} \left[-(\cos n\pi - \cos 0) + (\cos 2n\pi - \cos n\pi) \right]$$

$$= \frac{V_m}{n\pi} \left[1 - 2\cos n\pi + \cos 2n\pi \right]$$

㉠ $n = $ 짝수(우수) 일 때: $b_n = \frac{V_m}{n\pi}(1 - 2 + 1) = 0$

㉡ $n = $ 홀수(기수) 일 때: $b_n = \frac{V_m}{n\pi}(1 + 2 + 1) = \frac{4V_m}{n\pi}$

$$\therefore f(t) = a_0 + \sum_{n=1}^\infty a_n \cos n\omega t + \sum_{n=1}^\infty b_n \sin n\omega t = \frac{4V_m}{n\pi} \sum_{n=1}^\infty \sin n\omega t$$

$$= \frac{4V_m}{\pi} \left(\sin \omega t + \frac{1}{3} \sin 3\omega t + \frac{1}{5} \sin 5\omega t + \frac{1}{7} \sin 7\omega t + \cdots \right)$$

즉, 구형파를 푸리에 급수로 전개하면 무수히 많은 주파수 성분을 갖는다.

4 비정현파의 실효값과 전력

1. 개요

(1) 회로에 아래와 같이 비정현파 기전력 $e(t)$ 를 가할 때 전류 $i(t)$ 가 흘렀다.

① 비정현파 기전력: $e(t) = E_0 + \sum_{n=1}^{\infty} E_{mn} \sin n\omega t \, [\text{V}]$ ················· [식 4-14]

② 비정현파 전류: $i(t) = I_0 + \sum_{n=1}^{\infty} I_{mn} \sin(n\omega t + \theta_n) \, [\text{A}]$ ················· [식 4-15]

(2) [식 4-14], [식 4-15]의 실효값, 전력, 역률, 왜형율은 다음과 같다.

2. 실효값(r.m.s)

(1) 비정현파의 실효값은 각 파의 실효값의 제곱의 합의 제곱근을 취한 값

(2) 전압과 전류의 실효값

① 실효값 전압: $|E| = \sqrt{\dfrac{1}{T} \int_0^T e^2(t) \, dt}$

$= \sqrt{E_0^2 + |E_1|^2 + |E_2|^2 + \cdots + |E_n|^2}$ ················· [식 4-16]

② 실효값 전류: $|I| = \sqrt{\dfrac{1}{T} \int_0^T i^2(t) \, dt}$

$= \sqrt{I_0^2 + |I_1|^2 + |I_2|^2 + \cdots + |I_n|^2}$ ················· [식 4-17]

3. 전력(power)과 역률(power factor)

(1) 피상전력: $P_a = |E||I| \, [\text{VA}]$ ················· [식 4-18]

(2) 유효전력: $P = E_0 I_0 + \sum_{n=1}^{m} V_n I_n \cos \theta_n \, [\text{W}]$ ················· [식 4-19]

(3) 무효전력: $P_r = \sum_{n=1}^{m} V_n I_n \sin \theta_n \, [\text{Var}]$ ················· [식 4-20]

(4) 역률: $\cos \theta = \dfrac{P}{P_a} = \dfrac{E_0 I_0 + \sum_{n=1}^{m} V_n I_n \cos \theta_n}{|E||I|}$ ················· [식 4-21]

(5) 참고

① 직류분은 유효전력만 존재하므로 무효전력 공식에서 직류분(E_0, I_0)은 포함하지 않는다.

② [식 4-19], [식 4-20]과 같이 주파수가 동일한 성분끼리 전력을 각각 구하여 모두 더해 유효전력과 무효전력을 구할 수 있다.

③ 만약, 전압과 전류의 주파수가 서로 다르다면 전력은 0이 된다.

5 비정현파 회로 해석

1. 고조파 유입에 따른 임피던스의 변환

(1) 개요

① $R-L-C$ 직렬회로에서 임피던스는 $Z = R + j\left(\omega L - \dfrac{1}{\omega C}\right)[\Omega]$ 이 된다.

② 위 임피던스 공식과 같이 리액턴스 성분은 주파수에 영향을 받는 함수이므로 계통에 고조파가 유입되면 리액턴스의 크기가 변화하여 계통 전체의 임피던스 값에 영향을 주게 된다.

(2) 리액턴스의 크기변화

① 유도성 리액턴스는 $X_L = \omega L = 2\pi f L$ 이므로 X_L 은 주파수에 비례한다. 따라서 고조파가 많은 계통에 X_L 를 삽입하면 고조파 전류가 감소하는 효과를 볼 수 있다.

② 용량성 리액턴스 $X_C = \dfrac{1}{\omega C} = \dfrac{1}{2\pi f C}$ 이므로 X_C 는 주파수에 반비례한다. 따라서 고조파가 많은 계통에 콘덴서가 설치되어 있으면 고조파 전류가 확대되는 현상이 발생된다.

2. 고조파가 포함된 회로의 계산

(1) 고조파를 포함한 전류 계산

① $R-L$ 직렬회로

$$i(t) = \sum_{n=0}^{m} \dfrac{E_n \sqrt{2}}{\sqrt{R^2 + (n\omega L)^2}} \sin\left(n\omega t + \theta_n - \tan^{-1}\dfrac{n\omega L}{R}\right) [A] \quad \text{[식 4-22]}$$

② $R-C$ 직렬회로

$$i(t) = \sum_{n=0}^{m} \dfrac{E_n \sqrt{2}}{\sqrt{R^2 + \left(\dfrac{1}{n\omega C}\right)^2}} \sin\left(n\omega t + \theta_n + \tan^{-1}\dfrac{1}{n\omega CR}\right) [A] \quad \text{[식 4-23]}$$

(2) 고조파 공진 주파수

① 직렬공진을 일으키면 임피던스가 최소가 되는 특성을 이용하여 특정 주파수(차수)의 고조파 전류를 흡수할 수 있는 수동필터를 설계할 수 있다.

② 공진조건은 $X_{nL} = X_{nC}$ 이므로 $n\omega L = \dfrac{1}{n\omega C}$ 의 관계가 되어 이를 정리하면 다음과 같다.

$\therefore$ 고조파 공진 주파수: $f_n = \dfrac{1}{2\pi n \sqrt{LC}}$ [Hz] \quad [식 4-24]

6 고조파 관리기준

1. 개요

(1) 최근 전력전자소자를 사용하는 전력변환기기(정류기, 인버터 등)의 증가로 인하여 계통으로 고조파 유입이 증대되고 있는 실정이다.

(2) 따라서 IEC(국제전기표준위원회), IEEE(전기·전자 기술자 협회), KS C 등에서 고조파 전압, 전류의 제한치를 설정하여 전력품질 개선에 노력하고 있다.

2. 고조파 관리를 위한 계수

(1) 종합고조파 왜형율(THD: Total Harmonics Distortion)
  ① 기본파의 실효값과 고조파의 실효값의 비율 값
  ② 왜형율: $THD = \dfrac{\text{고조파만의 실효치}}{\text{기본파의 실효치}}$ ················· [식 4-25]

(2) 전류 고조파 기준치(TDD: Total Demand Distortion)
  ① 최대부하전류 대비 고조파 전류의 함유율로써 고조파 전류 규제치의 판단기준으로 사용된다.
  ② $I_{TDD} = \dfrac{\sqrt{I_2^2 + I_3^2 + I_4^2 + \cdots + I_n^2}}{I_L} \times 100\,[\%]$ ················· [식 4-26]

  여기서, $I_L = I_{1peak}$(기본파의 최대부하전류): 12개월 월 평균 최대 부하 전류

(3) 등가방해전류(EDC: Equivalent Disturbing Current)
  ① 전력계통의 고조파 전류에 의한 인접 통신선에의 유도장해를 규제하기 위하여 등가방해전류를 규정하고 있으며 다음과 같이 정의한다.
  ② 등가방해전류: $EDC = \sqrt{\sum_{n=1}^{\infty}(S_{fn}^2 \cdot I_n^2)}$ ················· [식 4-27]

  여기서 S_{fn}: 통신선 유도계수, I_n: 영상분 고조파 전류

3. 고조파 관리 기준

1) 국내 기준

(1) 한전 전기 공급 약관

항목 전압	지중선로가 있는 S/S에서 공급하는 고객		가공선로가 있는 S/S에서 공급하는 고객	
	전압왜형율	등가방해전류	전압왜형율	등가방해전류
66kV 이하	3%	-	3%	-
154kV 이상	1.5%	3.8A	1.5%	-

(2) 고조파 전류 허용한도 (국내기준)

구분	KSC 4310 무정전전원장치(UPS)		KSC 8100 형광램프용 전자식 안정기	
	입력 (1차)	출력 (1차)	저 고조파 함유량	고 고조파 함유량
전류 THD	15% 이하	5% 이하	20% 이하	30% 이하

2) IEEE 519 관리기준

(1) 전압 고조파 기준치(THD)

계통 전압	각 차수별 최대치	THD
1kV 이하	5.0%	8.0%
1kV ~ 69kV 이하	3.0%	5.0%
69kV ~ 161kV 이하	1.5%	2.5%
161kV 넘는 것	1.0%	1.5%

(2) 전류 고조파 기준치(TDD)

$SCR = \dfrac{I_{SC}}{I_L}$	h < 11차	11 < h < 17	17 < h < 23	23 < h < 35	35 < h	TDD
20 이하	4.0%	2.0%	1.5%	0.6%	0.3%	5.0%
20 ~ 50	7.0%	3.5%	2.5%	1.0%	0.5%	8.0%
50 ~ 100	10.0%	4.5%	4.0%	1.5%	0.7%	12.0%
100 ~ 1000	12.0%	5.5%	5.0%	2.0%	1.0%	15.0%
1000 이상	15.0%	7.0%	6.0%	2.5%	1.4%	20.0%

① 우수(짝수) 고조파의 제한치는 기수(홀수) 고조파의 25% 이다.
② SCR: Short Circuit Ratio (단락비)
③ I_L: 공동 접속점에서의 기본파 최대 부하전류(Demand Current)
④ h: 고조파 차수

핵심 요점정리

1. **푸리에 급수**

   (1) 비정현파의 성분: 직류분 + 기본파 + 고조파

   (2) 일반식: $f(t) = a_o + \sum_{n=1}^{\infty} a_n \cos n\omega t + \sum_{n=1}^{\infty} b_n \sin n\omega t$

구분	대칭 조건	푸리에 계수
우함수(여현대칭)	$f(t) = f(-t)$	$b_n = 0$ 이고, a_0, a_n 존재
기함수(정현대칭)	$f(t) = -f(-t)$	$a_0 = a_n = 0$ 이고, b_n 존재
반파대칭	$f(t) = f(-t)$	홀수(기수)차 고조파만 남는다.

   여기서, a_0: 직류항 상수, a_n: 여현항($\cos$) 상수, b_n: 정현항($\sin$) 상수

2. **비정현파의 실효값**

   (1) 각 파의 실효값의 제곱의 합에 다시 제곱근을 취한 값

   (2) 전압의 실효값: $|E| = \sqrt{|E_0|^2 + |E_1|^2 + |E_2|^2 + \cdots + |E_n|^2}$

   ① 직류성분은 그 자체가 실효값이 된다.

   ② 예, $v(t) = 50 + 100\sin\omega t + 50\sin 3\omega t + 20\sin(5\omega t - 30)$의 경우 실효값은
   $$|V| = \sqrt{50^2 + \left(\frac{100}{\sqrt{2}}\right)^2 + \left(\frac{50}{\sqrt{2}}\right)^2 + \left(\frac{20}{\sqrt{2}}\right)^2} = \sqrt{50^2 + \frac{1}{2}(100^2 + 50^2 + 20^2)}$$

3. **비정현파의 전력**

   (1) 피상전력: $P_a = S = |V||I|$ [VA] (여기서, $|V|$, $|I|$ 는 전압과 전류의 실효값)

   (2) 유효전력: $P = V_0 I_0 + \sum_{i=1}^{n} V_i I_i \cos\theta_i$ [W] (여기서, V_0, I_0 는 직류성분)

   (3) 무효전력: $P_r = Q = \sum_{i=1}^{n} V_i I_i \sin\theta_i$ [Var]

4. **비정현파의 회로 해석**

   (1) n 고조파 임피던스: $Z_n = R + j\left(n\omega L - \dfrac{1}{n\omega C}\right) = R + j\left(nX_L - \dfrac{X_C}{n}\right)$ [Ω]

   ① n 고조파의 주파수는 기본파 주파수의 n 배가 된다.

   ② 즉, X_L의 크기는 n 배가 되고, X_c의 크기는 $\dfrac{1}{n}$ 배가 된다.

   (2) 고조파 공진

   ① 공진 조건: $n\omega L = \dfrac{1}{n\omega C}$ ② 공진 주파수: $f_n = \dfrac{1}{2\pi n \sqrt{LC}}$

Chapter 04 비정현파 교류회로의 이해(Non-sinusoidal wave)

출제예상문제

※ 출제예상문제는 기출분석을 바탕으로 자주 출제되는 유형을 선별하였습니다.

4-1 푸리에 급수 해석

01 비정현파를 여러 개의 정현파의 합으로 표시하는 방법은?

① Kirchhoff의 법칙
② Norton의 정리
③ Fourier분석
④ Taylor의 분석

정답 ③

02 다음은 비정현파의 성분을 표시한 것이다. 가장 맞는 것은?

① 교류분 + 고조파 + 기본파
② 직류분 + 기본파 + 고조파
③ 기본파 + 고조파 - 직류분
④ 직류분 + 고조파 - 기본파

㉠ 비정현파의 성분: 직류분 +기본파+고조파
㉡ 푸리에 급수 일반식
$$f = a_o + \sum_{n=1}^{\infty} a_n \cos n\omega t + \sum_{n=1}^{\infty} b_n \sin n\omega t$$

정답 ②

03 어떤 함수 $f(t)$를 비정현파의 푸리에급수에 의한 전개를 옳게 나타낸 것은?

① $\sum_{n=1}^{\infty} a_n \sin n\omega t + \sum_{n=1}^{\infty} b_n \sin n\omega t$

② $\sum_{n=1}^{\infty} a_n \sin n\omega t + \sum_{n=1}^{\infty} b_n \cos n\omega t$

③ $a_0 + \sum_{n=1}^{\infty} a_n \cos n\omega t + \sum_{n=1}^{\infty} b_n \cos n\omega t$

④ $a_0 + \sum_{n=1}^{\infty} a_n \sin n\omega t + \sum_{n=1}^{\infty} b_n \cos n\omega t$

㉠ 직류분
$$a_0 = \frac{1}{T}\int_0^T f(t)\ d\omega t = \frac{1}{2\pi}\int_0^{2\pi} f(t)\ d\omega t$$
㉡ 정현파 상수
$$a_n = \frac{2}{T}\int_0^T f(t) \cdot \sin n\omega t\ d\omega t$$
$$= \frac{1}{\pi}\int_0^{2\pi} f(t) \cdot \sin n\omega t\ d\omega t$$
㉢ 여현파 상수
$$b_n = \frac{2}{T}\int_0^T f(t) \cdot \cos n\omega t\ d\omega t$$
$$= \frac{1}{\pi}\int_0^{2\pi} f(t) \cdot \cos n\omega t\ d\omega t$$

정답 ④

04 주기적인 구형파의 신호는 그 성분이?

① 교류합성을 갖지 않는다.
② 직류분만으로 합성된다.
③ 무수히 많은 주파수의 합성이다.
④ 성분분석이 불가능하다.

주기적인 구형파 신호를 푸리에 급수로 전개하면 다음과 같이 무수히 많은 주파수 성분의 합성으로 표현할 수 있다.

정답 ③

05 $i = 2 + 5\sin(100t + 30°) + 10\sin(200t - 10°) - 5\cos(400t + 10°)$ [A]와 파형이 동일하나 기본파의 위상이 20° 늦은 비정현 전류파의 순시치를 나타내는 식은?

① $i = 2 + 5\sin(100t + 10°)$
$\quad + 10\sin(200t - 30°)$
$\quad - 5\cos(400t - 10°)$ [A]

② $i = 2 + 5\sin(100t + 10°)$
$\quad + 10\sin(200t - 50°)$
$\quad - 5\cos(400t - 10°)$ [A]

③ $i = 2 + 5\sin(100t + 10°)$
$\quad + 10\sin(200t - 30°)$
$\quad - 5\cos(400t - 70°)$ [A]

④ $i = 2 + 5\sin(100t + 10°)$
$\quad + 10\sin(200t - 50°)$
$\quad - 5\cos(400t - 70°)$ [A]

정답분석

㉠ 고조파 전류 $i_n(t) = \dfrac{I_m}{n}\sin n(\omega t \pm \theta)$ [A]이므로 제 n 고조파에 대해서 전류는 크기는 $1/n$ 배, 그리고 주파수와 위상이 각각 n 배가 된다.

㉡ 기본파 위상이 20° 늦어지면 제2고조파는 $20° \times 2 = 40°$, 제4고조파는 $20° \times 4 = 80°$만큼 늦어지게 된다.

$\therefore i = 2 + 5\sin(100t + 10°)$
$\quad + 10\sin(200t - 50°)$
$\quad - 5\cos(400t - 70°)$ [A]

정답 ④

06 그림과 같은 정현파 교류를 푸리에 급수로 전개할 때 직류분은?

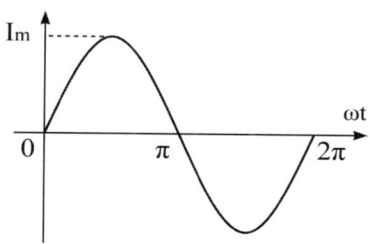

① I_m 　　② $\dfrac{I_m}{2}$

③ $\dfrac{I_m}{\sqrt{2}}$ 　　④ $\dfrac{2I_m}{\pi}$

정답분석

직류분 (교류의 평균값으로 해석)

$a_0 = \dfrac{1}{T}\int_0^T f(t)\,dt$

$= \dfrac{1}{\pi}\int_0^\pi I_m \sin\omega t = \dfrac{2I_m}{\pi}$

정답 ④

07 ωt가 0에서 π까지 $i = 10$ [A], π에서 2π까지는 $i = 0$ [A]인 파형을 푸리에 급수로 전개하면 a_0는?

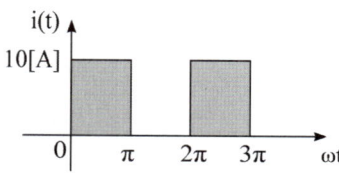

① 14.14　　② 10
③ 7.07　　④ 5

정답분석

직류분 (교류의 평균값으로 해석)

$a_0 = \dfrac{1}{T}\int_0^T f(t)\,dt$

$= \dfrac{1}{2\pi}\int_0^\pi 10\,d\omega t = \left[\dfrac{10}{2\pi}\omega t\right]_0^\pi = \dfrac{10}{2}$

$= 5$ [A]

[별해]

구형반파의 평균값 $I_{av} = \dfrac{I_m}{2} = 5$ [A]

정답 ④

08 비정현파에 있어서 정현 대칭의 조건은 어느 것인가?

① $f(t) = f(-t)$
② $f(t) = -f(t)$
③ $f(t) = -f(-t)$
④ $f(t) = -f\left(t + \dfrac{T}{2}\right)$

 푸리에 계수 정리

$\left(f(t) = a_0 + \sum\limits_{n=1}^{\infty} b_n \sin n\omega t + \sum\limits_{n=1}^{\infty} a_n \cos n\omega t\right)$

구분	대칭 조건	푸리에 계수
우함수 (여현대칭)	$f(t) = f(-t)$	$b_n = 0$ $a_0,\ a_n$ 존재
기함수 (정현대칭)	$f(t) = -f(-t)$	$a_0 = a_n = 0$, b_n 존재
반파대칭	$f(t) = f(-t)$	홀수(기수)차 고조파만 남는다.

정답 ③

09 $f_e(t)$가 우함수이고, $f_o(t)$가 기함수일 때 주기함수 $f(t) = f_e(t) + f_o(t)$에 대한 다음 식 중 틀린 것은?

① $f_e(t) = f_e(-t)$
② $f_o(t) = -f_o(-t)$
③ $f_o(t) = \dfrac{1}{2}\left[f_o(t) - f_o(-t)\right]$
④ $f_e(t) = \dfrac{1}{2}\left[f_e(t) - f_e(-t)\right]$

 ㉠ 함수의 대칭 조건

구분	대칭 조건
우함수 (여현대칭)	$f_e(t) = f_e(-t)$
기함수 (정현대칭)	$f_o(t) = -f_o(-t)$

㉡ $\dfrac{1}{2}\left[f_e(t) - f_e(-t)\right] = 0$
㉢ $\dfrac{1}{2}\left[f_e(t) + f_e(-t)\right] = f_e(t)$

정답 ④

10 푸리에 급수에서 직류항은?

① 우함수이다.
② 기함수이다.
③ 우수함 + 기함수
④ 우수함 × 기함수이다.

 푸리에 급수에서 직류항(a_0)이 존재하면 우함수가 된다.

정답 ①

4-2 비정현파 회로 해석

11 비사인파의 실횻값은?

① 최대파의 실횻값
② 각 고조파의 실횻값의 합
③ 각 고조파의 실횻값의 합의 제곱근
④ 각 파의 실횻값의 제곱의 합의 제곱근

정답 ④

12 어떤 회로에 흐르는 전류가 아래와 같은 경우 실횻값[A]은?

$i(t) = 5 + 10\sqrt{2}\sin\omega t$
$\quad + 5\sqrt{2}\sin\left(3\omega t + \dfrac{\pi}{3}\right)$[A]

① 12.2[A]　② 13.6[A]
③ 14.6[A]　④ 16.6[A]

 전류의 실횻값

$|I| = \sqrt{I_0^2 + |I_1|^2 + |I_3|^3}$
$\quad = \sqrt{5^2 + 10^2 + 5^2} = 12.24$ [A]

정답 ①

13 어떤 회로에 흐르는 전류가 아래와 같은 경우 실횻값[A]은?

$$i(t) = 30\sin\omega t + 40\sin(3\omega t + 45°) \,[\text{A}]$$

① 25[A]　　② 25$\sqrt{2}$ [A]
③ 35$\sqrt{2}$ [A]　　④ 50[A]

$$|I| = \sqrt{|I_1|^2 + |I_3|^2} = \sqrt{\left(\frac{30}{\sqrt{2}}\right)^2 + \left(\frac{40}{\sqrt{2}}\right)^2}$$
$$= \sqrt{\frac{1}{2}(30^2 + 40^2)} = \frac{50}{\sqrt{2}}$$
$$= \frac{50}{\sqrt{2}} \times \frac{\sqrt{2}}{\sqrt{2}} = 25\sqrt{2} \,[\text{A}]$$

정답 ②

14 전압이 아래와 같을 때 실횻값[V]은?

$$v(t) = 100\sin\left(\omega t + \frac{\pi}{18}\right) + 50\sin\left(3\omega t + \frac{\pi}{3}\right) + 25\sin\left(5\omega t + \frac{7\pi}{18}\right)$$

① 71[V]　　② 81[V]
③ 91[V]　　④ 101[V]

$$|V| = \sqrt{V_0^2 + |V_1|^2 + |V_3|^2}$$
$$= \sqrt{\left(\frac{100}{\sqrt{2}}\right)^2 + \left(\frac{50}{\sqrt{2}}\right)^2 + \left(\frac{25}{\sqrt{2}}\right)^2}$$
$$= 81\,[\text{V}]$$

정답 ②

15 어떤 회로의 전압이 아래와 같은 경우 실횻값 [V]은?

$$e(t) = 10\sqrt{2} + 10\sqrt{2}\sin\omega t + 10\sqrt{2}\sin3\omega t \,[\text{V}]$$

① 10　　② 15
③ 20　　④ 25

전류의 실횻값
$$|E| = \sqrt{E_0^2 + |E_1|^2 + |E_3|^2}$$
$$= \sqrt{(10\sqrt{2})^2 + 10^2 + 10^2} = 20\,[\text{V}]$$

정답 ③

16 그림과 같은 비정현파의 실횻값 [V]은?

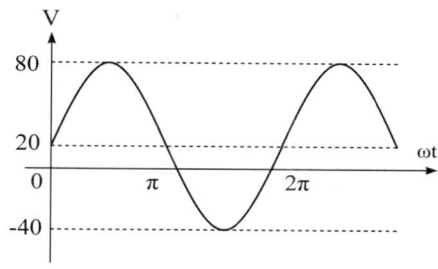

① 46.9[V]　　② 51.6[V]
③ 56.6[V]　　④ 63.3[V]

㉠ 전압의 순시값
$$v = 20 + 60\sin\omega t \,[\text{V}]$$
㉡ 전압의 실횻값
$$|V| = \sqrt{20^2 + \frac{60^2}{2}} = 46.9\,[\text{V}]$$

정답 ①

17 비정현파의 전력식에서 잘못된 것은?

① $P = V_0 I_0 + \sum_{n=1}^{\infty} V_n I_n \cos\theta_n \,[\text{W}]$

② $P_a = VI \,[\text{VA}]$

③ $\cos\theta = \dfrac{P}{VI}$

④ $P_r = \sum_{n=1}^{\infty} V_n I_n \cos\theta_n \,[\text{Var}]$

무효전력: $P_r = \sum_{n=1}^{\infty} V_n I_n \sin\theta_n \,[\text{Var}]$

정답 ④

18 어느 저항에
$v_1 = 220\sqrt{2}\sin(2\pi \cdot 60t - 30°)$ [V]와
$v_2 = 100\sqrt{2}\sin(3 \cdot 2\pi \cdot 60t - 30°)$ [V]의
전압이 각각 걸릴 때 올바른 것은?

① v_1이 v_2보다 위상이 15°앞선다.
② v_1이 v_2보다 위상이 15°뒤진다.
③ v_1이 v_2보다 위상이 75°앞선다.
④ v_1이 v_2의 위상 관계는 의미가 없다.

v_1, v_2는 주파수가 다르기 때문에 파형의 위상차는 의미가 없다.

정답 ④

19 어떤 회로에 전압과 전류가 아래와 같을 때 평균전력은 몇 [W]인가? (단, $\omega_1 \neq \omega_2$)

$$e = 100\sqrt{2}\sin\left(\omega_1 t + \frac{\pi}{3}\right) [V]$$
$$i = 100\sqrt{2}\sin(\omega_2 t + \theta) [A]$$

① 0 ② 10,000
③ 5,000 ④ $5,000\sqrt{3}$

전압과 전류의 주파수(ω_1, ω_2)가 서로 다르므로 평균전력은 0이 된다.

정답 ①

20 어떤 회로에 전압과 전류가 아래와 같을 때 평균전력은 몇 [W]인가?

$$v(t) = V(\sin\omega t - \sin 3\omega t) [V]$$
$$i(t) = I\sin\omega t [A]$$

① $\int_0^{2\pi} VI\, dt$ ② $\frac{1}{2}VI$
③ $\frac{1}{2}VI\sin\omega t$ ④ $\frac{2}{\sqrt{3}}VI$

제3고조파 전류가 없으므로 기본파에 의해서만 전력이 발생된다.
∴ $P = \frac{V}{\sqrt{2}} \times \frac{I}{\sqrt{2}} \times \cos 0° = \frac{1}{2}VI$ [W]
(여기서, V, I: 전압과 전류의 최댓값)

정답 ②

21 다음과 같은 비정현파 기전력 및 전류에 의한 전력 [W]은?

$$e(t) = 100\sqrt{2}\sin(\omega t + 30°)$$
$$\quad + 50\sqrt{2}\sin(5\omega t + 60°) [V]$$
$$i(t) = 15\sqrt{2}\sin(3\omega t + 30°)$$
$$\quad + 10\sqrt{2}\sin(5\omega t + 30°) [A]$$

① $250\sqrt{3}$ [W] ② 1,000[W]
③ $1,000\sqrt{3}$ [W] ④ 2,000[W]

평균전력 $P = V_0 I_0 + \sum_{i=1}^{n} V_i I_i \cos\theta_i$ [W]에서 주파수가 동일한 전압, 전류는 제5고조파 뿐이므로 제5고조파에 의한 전력만이 존재한다.
∴ $P = V_5 I_5 \cos\theta_5$
$= 50 \times 10 \times \cos 30° = 250\sqrt{3}$ [W]

정답 ①

22 다음과 같은 비정현파 전압과 전류에 의한 소비전력 [W]은?

$$e = 100 + 50\sin 377t \text{ [V]}$$
$$i = 10 + 3.54\sin(377t - 45°) \text{ [A]}$$

① 562.6[W] ② 1062.5[W]
③ 1250.5[W] ④ 1385.5[W]

정답분석

소비전력 $P = V_0 I_0 + \sum_{i=1}^{n} V_i I_i \cos\theta_i \text{[W]}$ 에서
㉠ 직류분 소비전력
$P_0 = V_0 I_0 = 100 \times 10 = 1000 \text{ [W]}$
㉡ 기본파 소비전력
$P_1 = V_1 I_1 \cos\theta_1 = \frac{1}{2} V_{m1} I_{m1} \cos\theta_1$
$= \frac{1}{2} \times 50 \times 3.54 \times \cos 45° = 62.58 \text{ [W]}$
$\therefore P = P_0 + P_1 = 1062.58 \text{ [W]}$

정답 ②

24 다음과 같은 비정현파 교류 전압과 전류에 의한 평균전력은 약 몇 [W]인가?

$$e(t) = 200\sin 100\pi t + 80\sin\left(300\pi t - \frac{\pi}{2}\right) \text{ [V]}$$
$$i(t) = \frac{1}{5}\sin\left(100\pi t - \frac{\pi}{3}\right)$$
$$+ \frac{1}{10}\sin\left(300\pi t - \frac{\pi}{4}\right) \text{ [A]}$$

① 6.414 ② 8.586
③ 12.83 ④ 24.21

정답분석

㉠ 기본파 소비전력
$P_1 = \frac{1}{2} V_{m1} I_{m1} \cos\theta_1$
$= \frac{1}{2} \times 200 \times \frac{1}{5} \times \cos 60° = 10 \text{ [W]}$
㉡ 제3고조파 소비전력
$P_3 = \frac{1}{2} V_{m3} I_{m3} \cos\theta_3$
$= \frac{1}{2} \times 80 \times \frac{1}{10} \times \cos 45° = 2.83 \text{ [W]}$
$\therefore P = P_1 + P_3 = 12.83 \text{ [W]}$

정답 ③

23 다음과 같은 왜형파 전압 및 전류에 의한 전력 [W]은?

$$v(t) = 80\sin(\omega t + 30°) - 50\sin(3\omega t + 60°)$$
$$+ 25\sin 5\omega t \text{ [V]}$$
$$i(t) = 16\sin(\omega t - 30°) + 15\sin(3\omega t + 30°)$$
$$+ 10\cos(5\omega t - 60°) \text{ [A]}$$

① 67[W] ② 103.5[W]
③ 536.5[W] ④ 753[W]

정답분석

㉠ 기본파 소비전력
$P_1 = \frac{1}{2} V_{m1} I_{m1} \cos\theta_1$
$= \frac{1}{2} \times 80 \times 16 \times \cos 60° = 320 \text{ [W]}$
㉡ 제3고조파 소비전력
$P_3 = \frac{1}{2} V_{m3} I_{m3} \cos\theta_3$
$= \frac{1}{2} \times (-50) \times 15 \times \cos 30°$
$= -324.76 \text{ [W]}$
㉢ 제5고조파 소비전력
$P_5 = \frac{1}{2} \times 25 \times 10 \times \cos 30° = 108.25 \text{ [W]}$
$\therefore P = P_1 + P_3 + P_5 = 103.49 \text{ [W]}$

정답 ②

25 어떤 회로의 단자전압이 $e = 20\sin\omega t + 10\sin 3\omega t \text{ [V]}$이고 전압강하의 방향으로 흐르는 전류가 $i = 10\sin\omega t + 20\sin 3\omega t \text{ [A]}$일 때 회로의 역률은 몇 [%]인가?

① 60 ② 80
③ 96 ④ 98

정답분석

㉠ 전압, 전류의 최댓값
$V_m = I_m = \sqrt{20^2 + 10^2} = \sqrt{500}$
㉡ 피상전력
$P_a = S = VI = \frac{1}{2} V_m I_m = 250 \text{ [VA]}$
㉢ 유효전력
$P = \frac{1}{2} \times 20 \times 10 \times \cos 0°$
$+ \frac{1}{2} \times 10 \times 20 \times \cos 0° = 200 \text{ [W]}$
$\therefore$ 역률: $\cos\theta = \frac{P}{P_a} = \frac{200}{250} = 0.8$

정답 ②

26
어떤 회로에 비정현파 전압을 가하여 흐른 전류가 다음과 같을 때 이 회로의 역률은 약 몇 [%]인가?

$$v(t) = 20 + 220\sqrt{2}\sin 120\pi t + 40\sqrt{2}\sin 360\pi t \text{ [V]}$$
$$i(t) = 2.2\sqrt{2}\sin(120\pi t + 36.87°) + 0.49\sqrt{2}\sin(360\pi t + 14.04°) \text{ [A]}$$

① 75.8   ② 80.4
③ 86.3   ④ 89.7

정답분석

㉠ 전압의 실횻값
$$V = \sqrt{20^2 + 220^2 + 40^2} = 224.5 \text{ [V]}$$
㉡ 전류의 실횻값
$$I = \sqrt{2.2^2 + 0.49^2} = 2.25 \text{ [A]}$$
㉢ 피상전력
$$P_a = VI = 224.5 \times 2.25 = 505.125 \text{ [VA]}$$
㉣ 유효전력
$$P = V_1 I_1 \cos\theta_1 + V_3 I_3 \cos\theta_3$$
$$= 220 \times 2.2 \times \cos 36.87°$$
$$+ 40 \times 0.49 \times \cos 14.04° = 406.21 \text{ [W]}$$
∴ 역률: $\cos\theta = \dfrac{P}{P_a} \times 100$
$$= \dfrac{406.21}{505.125} \times 100 = 80.42 \text{ [\%]}$$

정답 ②

27
100[Ω]의 저항에 흐르는 전류가 $i = 5 + 14.14\sin t + 7.07\sin 2t$ [A]일 때 저항에서 소비하는 평균전력 [W]은?

① 20,000[W]   ② 15,000[W]
③ 10,000[W]   ④ 7,500[W]

정답분석

전류의 실횻값
$$I = \sqrt{I_0^2 + I_1^2 + I_3^2}$$
$$= \sqrt{5^2 + \left(\dfrac{14.14}{\sqrt{2}}\right)^2 + \left(\dfrac{7.07}{\sqrt{2}}\right)^2} = 12.24 \text{ [A]}$$
∴ 평균전력: $P = I^2 R$
$$= 12.24^2 \times 100 = 15,000 \text{ [W]}$$

정답 ②

28
$e = 100\sqrt{2}\sin\omega t + 75\sqrt{2}\sin 3\omega t + 20\sqrt{2}\sin 5\omega t$ [V]인 전압을 RL 직렬회로에 가할 때 제3고조파 전류의 실효치는? (단, R=4[Ω], ωL=1[Ω]이다.)

① $\dfrac{75}{\sqrt{17}}$ ② 15
③ 17   ④ 20

정답분석

제3고조파 임피던스
$$Z_{h3} = \sqrt{R^2 + (3\omega L)^2} = \sqrt{4^2 \times 3^2} = 5 \text{ [\Omega]}$$
∴ 제3고조파 전류의 실효치
$$I_{h3} = \dfrac{E_{h3}}{Z_{h3}} = \dfrac{75}{5} = 15 \text{ [A]}$$

정답 ②

29
그림과 같은 RC 직렬회로에 비정현파 전압 $v = 20 + 220\sqrt{2}\sin 120\pi t + 40\sqrt{2}\sin 360\pi t$ [V]를 가할 때 제3고조파 전류 i_3[A]는 약 얼마인가?

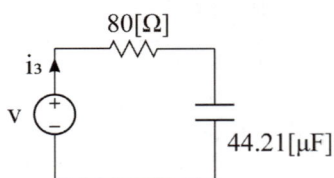

① $0.49\sin(360\pi t - 14.04°)$
② $0.49\sqrt{2}\sin(360\pi t - 14.04°)$
③ $0.49\sin(360\pi t + 14.04°)$
④ $0.49\sqrt{2}\sin(360\pi t + 14.04°)$

정답분석

제3고조파 임피던스
$$Z_{h3} = R - j\dfrac{1}{3\omega C}$$
$$= 80 - j\dfrac{1}{360\pi \times 44.21 \times 10^{-6}}$$
$$= 80 - j20 = 82.46 \angle -14.04° \text{ [\Omega]}$$
∴ 제3고조파 전류의 실효치
$$I_{h3} = \dfrac{V_{h3}}{Z_{h3}} \fallingdotseq \dfrac{40\sqrt{2} \angle 0}{82.46 \angle -14.04}$$
$$= 0.49\sqrt{2} \angle 14.04°$$
$$= 0.49\sqrt{2}\sin(360\pi t + 14.04°) \text{ [A]}$$

정답 ④

30 $R=3[\Omega]$, $\omega L=4[\Omega]$의 직렬회로에 $e = 100\sqrt{2}\sin\omega t + 50\sqrt{2}\sin 3\omega t$ [V]를 가할 때 이 회로의 소비전력 [W]은?

① 1,414[W] ② 1,500[W]
③ 1,703[W] ④ 2,000[W]

 정답분석

㉠ 기본파 전류의 실횻값
$$I_1 = \frac{E_1}{Z_1} = \frac{E_1}{\sqrt{R^2+(\omega L)^2}} = \frac{100}{\sqrt{4^2+3^2}} = 20[A]$$

㉡ 제3고조파 전류의 실횻값
$$I_3 = \frac{E_3}{Z_3} = \frac{E_3}{\sqrt{R^2+(3\omega L)^2}} = \frac{50}{\sqrt{4^2+9^2}} = 5.08[A]$$

㉢ 전류의 실횻값
$$I = \sqrt{I_1^2 + I_3^2} = \sqrt{20^2 + 5.08^2} = 20.64[A]$$

∴ 소비전력: $P = I^2 R$
$$= 20.64^2 \times 4 = 1703[W]$$

정답 ③

31 $R=3[\Omega]$, $\omega L=4[\Omega]$의 직렬회로에 $e = 200\sin(\omega t+10°) + 50\sin(3\omega t+30°) + 30\sin(5\omega t+50°)$ [V]를 인가 하면 소비전력은 몇 [W]인가?

① 2427.8[W] ② 2327.8[W]
③ 2227.8[W] ④ 2127.8[W]

 정답분석

각 고조파 차수에 따른 전류의 실횻값을 구하면 다음과 같다.

㉠ 기본파 전류
$$I_1 = \frac{V_1}{Z_1} = \frac{200}{\sqrt{2}\times 5} = 28.28[A]$$

㉡ 제3고조파 전류
$$I_3 = \frac{V_3}{Z_3} = \frac{50}{\sqrt{2}\times\sqrt{3^2+12^2}} = 2.86[A]$$

㉢ 제5고조파 전류
$$I_5 = \frac{V_5}{Z_5} = \frac{30}{\sqrt{2}\times\sqrt{3^2+20^2}} = 1.05[A]$$

㉣ 전류의 실횻값
$$I = \sqrt{28.28^2 + 2.86^2 + 1.05^2} = 28.44[A]$$

∴ 소비전력(유효전력)
$$P = I^2 R = 28.44^2 \times 3 = 2427.8[W]$$

정답 ①

32 전류가 1[H]의 인덕터를 흐르고 있을 때 인덕터에 축적되는 에너지[J]는 얼마인가?

$$i = 5 + 10\sqrt{2}\sin 100t + 5\sqrt{2}\sin 200t \text{ [A]}$$

① 150[J] ② 100[J]
③ 75[J]   ④ 50[J]

 정답분석

전류의 실횻값
$$I = \sqrt{5^2 + 10^2 + 5^2} = 12.25[A] \text{ 이므로}$$

∴ 인덕터에 축적되는 에너지
$$W_L = \frac{1}{2}LI^2 = \frac{1}{2}\times 1\times 12.25^2 = 75[J]$$

정답 ③

33 $R-L$ 직렬회로에 $i(t) = I_1\sin\omega t + I_3\sin 3\omega t$ [A]인 전류를 흘리는데 필요한 단자전압 e [V]는?

① $e(t) = (R\sin\omega t + \omega L\cos\omega t)I_1 + (R\sin 3\omega t + 3\omega L\cos 3\omega t)I_3$ [V]

② $e(t) = (R\sin\omega t + \omega L\cos 3\omega t)I_1 + (R\sin 3\omega t + 3\omega L\cos\omega t)I_3$ [V]

③ $e(t) = (R\sin 3\omega t + \omega L\cos 3\omega t)I_1 + (R\sin\omega t + 3\omega L\cos 3\omega t)I_3$ [V]

④ $e(t) = (R\sin 3\omega t + \omega L\cos 3\omega t)I_1 + (R\sin\omega t + 3\omega L\cos\omega t)I_3$ [V]

 정답분석

㉠ 기본파 전류에 의한 단자전압
$$e_1 = I_1 Z_1 = I_1(R + j\omega L)$$
$$= RI_1 + j\omega LI_1$$
$$= RI_1\sin\omega t + \omega LI_1(\sin\omega t + 90°)$$
$$= (R\sin\omega t + \omega L\cos\omega t)I_1$$

㉡ 제3고조파 전류에 의한 단자전압
$$e_3 = I_3 Z_3 = I_3(R + j3\omega L)$$
$$= RI_3 + j3\omega LI_3$$
$$= (R\sin 3\omega t + 3\omega L\cos 3\omega t)I_3$$

∴ 단자전압
$$e = e_1 + e_2 = (R\sin\omega t + \omega L\cos\omega t)I_1 + (R\sin 3\omega t + 3\omega L\cos 3\omega t)I_3$$

정답 ①

34 $C[\text{F}]$인 용량을 $e(t) = E_1 \sin(\omega t + \theta_1) + E_3 \sin(3\omega t + \theta_3)$ [V]인 전압으로 충전할 때 몇 [A]의 전류(실효치)가 필요한가?

① $\dfrac{1}{\sqrt{2}}\sqrt{E_1^2 + 9E_3^2}$
② $\dfrac{1}{\sqrt{2}}\sqrt{E_1^2 + E_3^2}$
③ $\dfrac{\omega C}{\sqrt{2}}\sqrt{E_1^2 + 9E_3^2}$
④ $\dfrac{\omega C}{\sqrt{2}}\sqrt{E_1^2 + E_3^2}$

정답분석
㉠ 전류의 순시값
$i_C(t) = \omega C E_1 \sin(\omega t + \theta_1 + 90°) + 3\omega C E_3 \sin(3\omega t + \theta_3 + 90°)$ [A]
㉡ 전류의 실횻값
$|I_C| = \sqrt{\left(\dfrac{\omega C E_1}{\sqrt{2}}\right)^2 + \left(\dfrac{3\omega C E_3}{\sqrt{2}}\right)^2} = \dfrac{\omega C}{\sqrt{2}}\sqrt{E_1^2 + 9E_3^2}$ [A]

정답 ③

35 RLC 직렬공진 회로에서 제n고조파의 공진주파수 f[Hz]는?

① $\dfrac{1}{2\pi\sqrt{LC}}$
② $\dfrac{1}{2\pi\sqrt{nLC}}$
③ $\dfrac{1}{2\pi n\sqrt{LC}}$
④ $\dfrac{1}{2\pi n^2\sqrt{LC}}$

정답분석
㉠ RLC 직렬회로의 임피던스
$Z_n = R + j\left(n\omega L - \dfrac{1}{n\omega C}\right)$ [Ω]
㉡ 직렬 공진 조건: $n\omega L = \dfrac{1}{n\omega C}$
∴ 공진주파수: $f_n = \dfrac{1}{2\pi n\sqrt{LC}}$ [Hz]

정답 ③

36 RLC 직렬공진 회로에서 제3고조파의 공진주파수 f[Hz]는?

① $\dfrac{1}{2\pi\sqrt{LC}}$
② $\dfrac{1}{3\pi\sqrt{LC}}$
③ $\dfrac{1}{6\pi\sqrt{LC}}$
④ $\dfrac{1}{9\pi\sqrt{LC}}$

정답분석
제3고조파의 공진주파수
$f_3 = \dfrac{1}{2\pi n\sqrt{LC}}\bigg|_{n=3} = \dfrac{1}{6\pi\sqrt{LC}}$ [Hz]

정답 ③

4-3 고조파 관리기준

37 기본파의 전압이 100[V], 제3고조파 전압이 40[V], 제5고조파 전압이 30[V]일 때 이 전압파의 왜형률은?

① 10[%]
② 20[%]
③ 30[%]
④ 50[%]

정답분석
고조파 왜형율(Total Harmonics Distortion)
$V_{THD} = \dfrac{\text{고조파만의 실횻값}}{\text{기본파의 실횻값}}$
$= \dfrac{\sqrt{40^2 + 30^2}}{100} = 0.5 = 50$ [%]

정답 ④

38 $e(t) = 50 + 100\sqrt{2}\sin\omega t + 50\sqrt{2}\sin 2\omega t + 30\sqrt{2}\sin 3\omega t$ [V]의 왜형율을 구하면?

① 1.0
② 0.58
③ 0.8
④ 0.3

정답분석
고조파 왜형율(Total Harmonics Distortion)
$V_{THD} = \dfrac{\text{고조파만의 실횻값}}{\text{기본파의 실횻값}}$
$= \dfrac{\sqrt{50^2 + 30^2}}{100} = 0.58 = 58$ [%]

정답 ②

39 기본파의 40[%]인 제3고조파와 30[%]인 제5고조파를 포함한 전압파 왜형율(歪刑律)은 얼마인가?

① 30[%]   ② 50[%]
③ 70[%]   ④ 90[%]

정답분석
고조파 왜형율(Total Harmonics Distortion)

$$V_{THD} = \frac{\text{고조파만의 실횻값}}{\text{기본파의 실횻값}}$$
$$= \frac{\sqrt{(0.4E)^2 + (0.3E)^2}}{E}$$
$$= \sqrt{0.4^2 + 0.3^2} = 0.5 = 50[\%]$$

정답 ②

4-4 고조파의 분류와 특성

42 다음은 3상 교류 대칭전압 중에 포함되는 고조파에서 상순이 기본파와 같은 것은?

① 제3고조파   ② 제5고조파
③ 제7고조파   ④ 제9고조파

정답분석
㉠ 영상분: 3n 고조파 (3, 6, 9, 12…)
  → a, b, c 성분의 크기와 위상이 같음
㉡ 정상분: 3n+1 고조파 (4, 7, 10, 13…)
  → 기본파와 상회전 방향이 동일
㉢ 역상분: 3n-1 고조파 (2, 5, 8, 11…)
  → 기본파와 상회전 방향이 반대

정답 ③

---

40 가정용 전원의 기본파가 100[V]이고 제7고조파가 기본파의 4[%], 제11고조파가 기본파의 3[%]이었다면 이 전원의 일그러짐율은 몇 [%]인가?

① 11[%]   ② 10[%]
③ 7[%]   ④ 5[%]

정답분석
고조파 왜형율(Total Harmonic Distortion)

$$V_{THD} = \frac{\text{고조파만의 실횻값}}{\text{기본파의 실횻값}}$$
$$= \frac{\sqrt{(0.04E)^2 + (0.03E)^2}}{E}$$
$$= \sqrt{0.04^2 + 0.03^2} = 0.05 = 5[\%]$$

정답 ④

---

43 일반적으로 대칭 3상 회로의 전압 전류에 포함되는 전압 전류의 고조파를 임의의 정수로 하여 3n+1일 때의 상회전은 어떻게 되는가?

① 상회전은 기본파와 반대
② 정지상태
③ 상회전은 기본파와 동일
④ 각 상 동위상

정답분석
㉠ 영상분: 3n 고조파 (3, 6, 9, 12…)
  → a, b, c 성분의 크기와 위상이 같음
㉡ 정상분: 3n+1 고조파 (4, 7, 10, 13…)
  → 기본파와 상회전 방향이 동일
㉢ 역상분: 3n-1 고조파 (2, 5, 8, 11…)
  → 기본파와 상회전 방향이 반대

정답 ③

---

41 비정현 주기파 중 고조파의 감소율이 가장 적은 것은?

① 반파정류파   ② 삼각파
③ 전파정류파   ④ 구형파

정답분석
고조파 감소율이 작다는 것은 계통에 고조파 함유율이 매우 크다는 것을 의미한다. 따라서 정현파에 무수히 많은 고조파(주파수 성분)가 포함되면 파형은 구형파의 형태가 된다.

정답 ④

44 대칭 3상회로가 있다. Y결선된 전원 한 상의 전압의 순시값이
$v(t) = 220\sqrt{2}\sin\omega t + 50\sqrt{2}\sin(3\omega t + 30°)$ [V]일 때 상전압 및 선간전압의 실횻값 [V]은?

① 225.61 [V], 390.77 [V]
② 225.61 [V], 381.05 [V]
③ 270 [V], 467.65 [V]
④ 270 [V], 390.77 [V]

 제3고조파는 각 상의 전압의 크기와 위상이 동일하므로 선간전압은 나타지 않는다.
㉠ 상전압의 실횻값
$E_P = \sqrt{220^2 + 50^2} = 225.61$ [V]
㉡ 선간전압의 실횻값
$E_L = \sqrt{3} \times 220 = 381.05$ [V]

정답 ②

46 대칭 3상 전압이 있을 때 한상의 Y전압의 순시치가 아래와 같다면 선간전압에 대한 상전압의 실효치 비율 [%]은?

$v = 1000\sqrt{2}\sin\omega t + 500\sqrt{2}\sin(3\omega t + 20°) + 100\sqrt{2}\sin(5\omega t + 30°)$ [V]

① 약 65[%]   ② 약 85[%]
③ 약 95[%]   ④ 약 55[%]

 ㉠ 상전압의 실횻값
$E_P = \sqrt{1000^2 + 500^2 + 100^2} = 1122.5$ [V]
㉡ 선간전압의 실횻값
$E_L = \sqrt{3} \times \sqrt{1000^2 + 100^2} = 1740.69$ [V]
$\therefore \dfrac{E_P}{E_L} = \dfrac{1122.5}{1740.69} \times 100 = 64.5$ [%]

정답 ①

45 그림과 같은 Y결선에서 기본파와 제3고조파 전압만이 존재한다고 할 때 전압계의 눈금이 $V_1 = 150$[V], $V_2 = 220$[V]로 나타낼 때 제3고조파 전압을 구하면 몇 [V]인가?

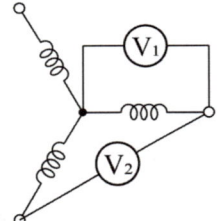

① 약 145.4[V]   ② 약 150.4[V]
③ 약 127.2[V]   ④ 약 79.9[V]

 Y결선에서 선간전압은 제3고조파 성분이 포함되지 않는다. 따라서 전압계 V2 에는 기본파 상전압의 $\sqrt{3}$ 배의 전압 ($V_2 = \sqrt{3}\,V_p$)이 측정된다.
㉠ 상전압: $V_p = \dfrac{V_2}{\sqrt{3}} = \dfrac{220}{\sqrt{3}}$ [V]
㉡ 전압계 V1 측정 전압 $V_1 = \sqrt{V_p^2 + V_3^2}$ [V]이므로 제3고조파 전압(V_3)는
$\therefore V_3 = \sqrt{V_1^2 - V_p^2}$
$= \sqrt{150^2 - \left(\dfrac{220}{\sqrt{3}}\right)^2} = 79.9$ [V]

정답 ④

pass.Hackers.com

해커스자격증
pass.Hackers.com

해커스 **전기기사·산업기사 필기 회로이론** 한권완성 이론 + 최신기출 + 핵심노트

대칭좌표법
(Symmetrical coordinates)

1 대칭좌표법의 개요
2 대칭좌표법에 의한 고장계산

핵심 요점정리

출제예상문제

Chapter 05 대칭좌표법(Symmetrical coordinates)

1 대칭좌표법의 개요

1. 개요

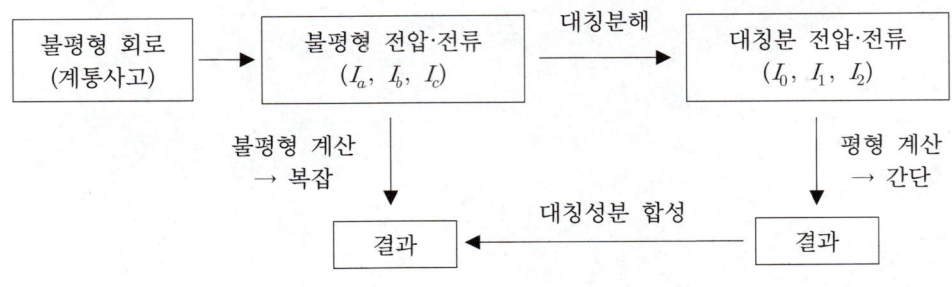

[그림 5-1] 대칭좌표법 사용목적

(1) 계통에 1선 지락, 선간 단락, 3상 단락 등의 고장이 발생하면 계통의 전압과 전류는 불평형 상태가 되고 이를 계산하기란 쉬운 것이 아니다.

(2) 따라서 불평형 3상을 대칭성분(영상, 정상, 역상)으로 분해하여 해석하면 계산이 편리해지는 장점을 얻을 수 있다.

2. 불평형 3상의 대칭분해

(1) 정상분, 영상분, 역상분

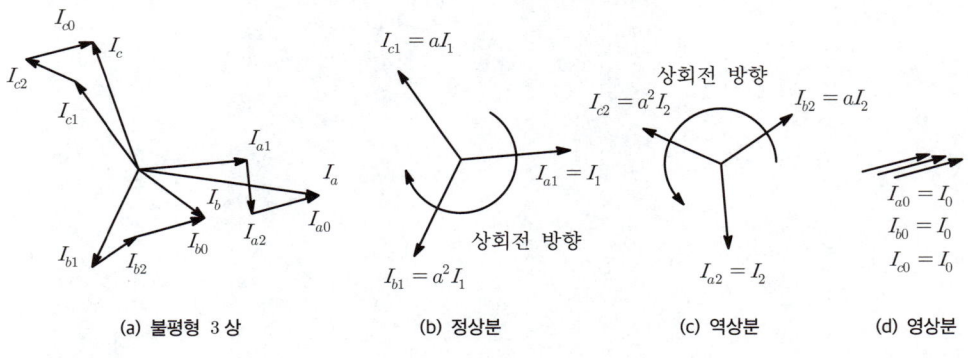

(a) 불평형 3상 (b) 정상분 (c) 역상분 (d) 영상분

[그림 5-2] 대칭 분해 성분

① 계통에 사고가 발생하면[그림 5-2] (a)와 같이 불평형 3상이 되며, 이를 정상분, 역상분, 영상분의 합성으로 해석할 수 있다.
② 고조파 차수에 따른 분류는 다음과 같다.
  ㉠ **영상분**: $3n = 3, 6, 9, 12 \ldots$
  ㉡ **정상분**: $3n + 1 = 4, 7, 10, 13 \ldots$
  ㉢ **역상분**: $3n - 1 = 2, 5, 8, 11 \ldots$

(2) 불평형 전류의 대칭분해

① a상 전류: $I_a = I_{a0} + I_{a1} + I_{a2} = I_0 + I_1 + I_2$ ················· [식 5-1]
② b상 전류: $I_b = I_{b0} + I_{b1} + I_{b2} = I_0 + a^2 I_1 + a I_2$ ················· [식 5-2]
③ c상 전류: $I_c = I_{c0} + I_{c1} + I_{c2} = I_0 + a I_1 + a^2 I_2$ ················· [식 5-3]

(3) 영상분 전류

① [식 5-1]+[식 5-2]+[식 5-3]를 통해서 구할 수 있다.
② $I_a + I_b + I_c = (I_0 + I_1 + I_2) + (I_0 + a^2 I_1 + a I_2) + (I_0 + a I_1 + a^2 I_2)$
$\quad = 3I_0 + I_1(1 + a^2 + a) + I_2(1 + a + a^2) = 3I_0$

∴ 영상분: $I_0 = \dfrac{1}{3}(I_a + I_b + I_c)$ ················· [식 5-4]

여기서, $1 + a + a^2 = 0$

③ 영상분은 a, b, c에 공통으로 들어간 성분으로 계통에 지락사고 발생시 영상분이 발생한다.

(4) 정상분 전류

① [식 5-1]+ a[식 5-2]+ a^2[식 5-3]를 통해서 구할 수 있다.
② $I_a + a I_b + a^2 I_c = (I_0 + I_1 + I_2) + (a I_0 + a^3 I_1 + a^2 I_2) + (a^2 I_0 + a^3 I_1 + a^4 I_2)$
$\quad = I_0(1 + a + a^2) + I_1(1 + a^3 + a^3) + I_2(1 + a^2 + a^4) = 3I_1$

∴ 정상분: $I_1 = \dfrac{1}{3}(I_a + a I_b + a^2 I_c)$ ················· [식 5-5]

여기서, $a^3 = 1 \angle 360° = 1 = a^0$, $a^4 = 1 \angle 480° = 1 \angle 120° = a$

③ 정상분은 상회전 방향이 기본파와 동일하므로 전동기의 회전력과 토크를 상승시키는 역할을 한다.

(5) 역상분 전류

① [식 5-1]+ a^2[식 5-2]+ a[식 5-3]을 통해서 구할 수 있다.
② $I_a + a^2 I_b + a I_c = (I_0 + I_1 + I_2) + (a^2 I_0 + a^4 I_1 + a^3 I_2) + (a I_0 + a^2 I_1 + a^3 I_2)$
$\quad = I_0(1 + a^2 + a) + I_1(1 + a^4 + a^2) + I_2(a^3 + a^3 + a^3) = 3I_2$

∴ 역상분: $I_2 = \dfrac{1}{3}(I_a + a^2 I_b + a I_c)$ ················· [식 5-6]

③ 역상분은 상회전 방향이 기본파와 반대이므로 전동기의 회전력과 토크를 감소시키는 역할을 한다. 또한 역상전류가 심할 경우 전동기 및 발전기의 기동실패가 발생할 수 있다.

3. 대칭 3상의 경우 대칭 분해 성분

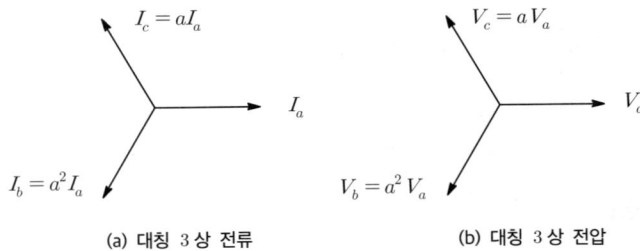

[그림 5-3] 대칭 3상 전압, 전류

(1) [그림 5-3]과 같이 대칭 3상 I_a, $I_b = a^2 I_a$, $I_c = a I_a$ 또는 V_a, $V_b = a^2 V_a$, $V_c = a V_a$ 일 때 a 상을 기준으로 한 각 대칭분은 다음과 같다.

① 영상분: $I_0 = \dfrac{1}{3}(I_a + I_b + I_c) = \dfrac{1}{3}(I_a + a^2 I_a + a I_a)$

$= \dfrac{1}{3} I_a (1 + a^2 + a) = 0$ ·· [식 5-7]

② 정상분: $I_1 = \dfrac{1}{3}(I_a + a I_b + a^2 I_c) = \dfrac{1}{3}(I_a + a^3 I_a + a^3 I_a)$

$= \dfrac{1}{3}(I_a + I_a + I_a) = I_a$ ·· [식 5-8]

③ 역상분: $I_2 = \dfrac{1}{3}(I_a + a^2 I_b + a I_c) = \dfrac{1}{3}(I_a + a^4 I_a + a^2 I_a)$

$= \dfrac{1}{3}(I_a + a I_a + a^2 I_a) = \dfrac{1}{3} I_a (1 + a + a^2) = 0$ ·· [식 5-9]

(2) 위와 같이 평형 3상(정상상태)에는 영상분과 역상분은 존재하지 않고, 정상분만($I_1 = I_a$, $V_1 = V_a$) 존재한다.

4. 불평형율과 중성선에 흐르는 전류

(1) 계통에 불평형이 발생하면 이를 정상분, 영상분, 역상분으로 대칭분해 할 수 있으며, 그 중 정상분과 역상분의 비율을 불평형율(unbalanced factor)라 한다.

$\therefore$ 불평형율 $= \dfrac{역상분}{정상분} = \dfrac{I_2}{I_1} = \dfrac{V_2}{V_1}$ ·· [식 5-10]

(2) 중성선에 흐르는 전류

① 평형상태: $I_a + I_b + I_c = I_1(1 + a^2 + a) = 0$ ·· [식 5-11]

② 불평형상태: $I_a + I_b + I_c = 3I_0$ ·· [식 5-12]

③ 3상 평형의 경우 중성선에는 전류가 흐르지 않으나, 불평형이 발생하면 중성선에 전류가 흐르게 되고, 이 성분이 영상분이라는 것을 알 수 있다.

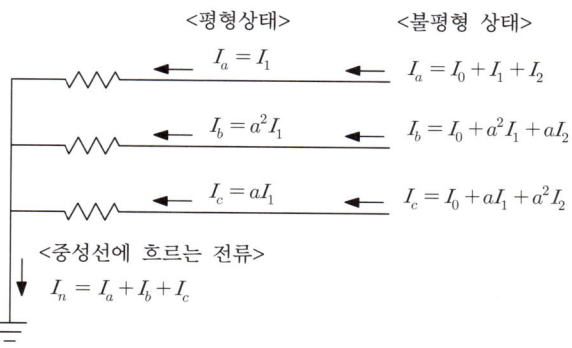

[그림 5-4] 중성선에 흐르는 전류

2 대칭좌표법에 의한 고장계산

1. 발전기 기본식

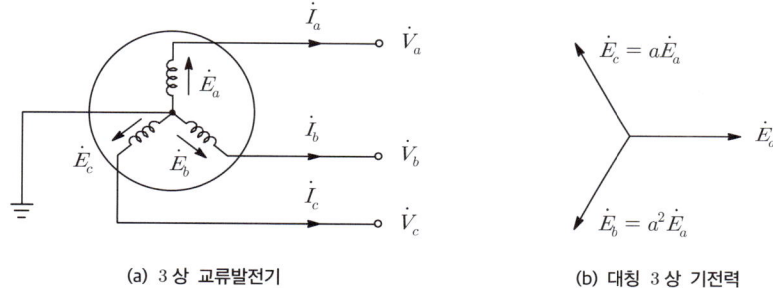

(a) 3상 교류발전기   (b) 대칭 3상 기전력

[그림 5-5] 대칭 3상 교류발전기

(1) 발전기 단자전압 V_a, V_b, V_c

① $\dot{V}_a = \dot{E}_a - \dot{v}_a$ ··· [식 5-13]

② $\dot{V}_b = \dot{E}_b - \dot{v}_b = a^2 \dot{E}_a - \dot{v}_b$ ································ [식 5-14]

③ $\dot{V}_c = \dot{E}_c - \dot{v}_c = a \dot{E}_a - \dot{v}_c$ ·································· [식 5-15]

여기서, $\dot{E}_a$, $\dot{E}_b$, $\dot{E}_c$: 발전기 기전력, $\dot{v}_a$, $\dot{v}_b$, $\dot{v}_c$: 각 상의 전압강하

(2) 단자전압의 대칭분 성분

① 영상분: $\dot{V}_0 = \dfrac{1}{3}(\dot{V}_a + \dot{V}_b + \dot{V}_c) = \dfrac{1}{3}(\dot{E}_a + a^2\dot{E}_a + a\dot{E}_a - \dot{v}_a - \dot{v}_b - \dot{v}_c)$

$\qquad = -\dfrac{1}{3}(\dot{v}_a + \dot{v}_b + \dot{v}_c)$ ································· [식 5-16]

② 정상분: $\dot{V}_1 = \dfrac{1}{3}(\dot{V}_a + a\dot{V}_b + a^2\dot{V}_c)$

$\qquad = \dfrac{1}{3}(\dot{E}_a + a^3\dot{E}_a + a^3\dot{E}_a - \dot{v}_a - a\dot{v}_b - a^2\dot{v}_c)$

$\qquad = \dot{E}_a - \dfrac{1}{3}(\dot{v}_a + a\dot{v}_b + a^2\dot{v}_c)$ ··················· [식 5-17]

③ 역상분: $\dot{V}_2 = \dfrac{1}{3}\left(\dot{V}_a + a^2\dot{V}_b + a\dot{V}_c\right)$

$\quad\quad\quad\quad\quad = \dfrac{1}{3}\left(\dot{E}_a + a^4\dot{E}_a + a^2\dot{E}_a - \dot{v}_a - a^2\dot{v}_b - a\dot{v}_c\right)$

$\quad\quad\quad\quad\quad = -\dfrac{1}{3}\left(\dot{v}_a + a^2\dot{v}_b + a\dot{v}_c\right)$ ·· [식 5-18]

(3) 전압강하를 대칭분 전류와 임피던스로 표현하면 다음과 같다.

① $\dot{v}_a = \dot{I}_0\dot{Z}_0 + \dot{I}_1\dot{Z}_1 + \dot{I}_2\dot{Z}_2$ ·· [식 5-19]

② $\dot{v}_b = \dot{I}_0\dot{Z}_0 + a^2\dot{I}_1\dot{Z}_1 + a\dot{I}_2\dot{Z}_2$ ·· [식 5-20]

③ $\dot{v}_c = \dot{I}_0\dot{Z}_0 + a^2\dot{I}_1\dot{Z}_1 + a\dot{I}_2\dot{Z}_2$ ·· [식 5-21]

④ $\dot{v}_a + \dot{v}_b + \dot{v}_c = 3\dot{I}_0\dot{Z}_0$ ··· [식 5-22]

⑤ $\dot{v}_a + a\dot{v}_b + a^2\dot{v}_c = 3\dot{I}_1\dot{Z}_1$ ·· [식 5-23]

⑥ $\dot{v}_a + a^2\dot{v}_b + a\dot{v}_c = 3\dot{I}_2\dot{Z}_2$ ·· [식 5-24]

(4) [식 5-16], [식 5-17], [식 5-18]에 [식 5-22], [식 5-23], [식 5-24]를 대입하여 단자전압의 대칭분 즉, 발전기 기본식을 정리할 수 있다.

① $\dot{V}_0 = -\dfrac{1}{3}\left(\dot{v}_a + \dot{v}_b + \dot{v}_c\right) = -\dot{Z}_0\dot{I}_0$ ·· [식 5-25]

② $\dot{V}_1 = \dot{E}_a - \dfrac{1}{3}\left(\dot{v}_a + a\dot{v}_b + a^2\dot{v}_c\right) = \dot{E}_a - \dot{Z}_1\dot{I}_1$ ·· [식 5-26]

③ $\dot{V}_2 = -\dfrac{1}{3}\left(\dot{v}_a + a^2\dot{v}_b + a\dot{v}_a\right) = -\dot{Z}_2\dot{I}_2$ ·· [식 5-27]

2. 무부하 발전기의 a 상 지락 시 지락전류 계산

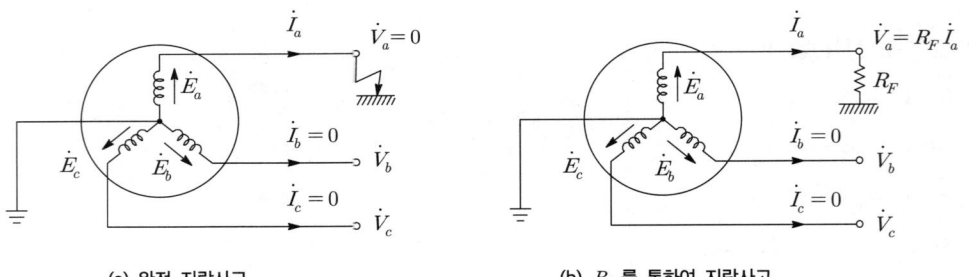

(a) 완전 지락사고   (b) R_F를 통하여 지락사고

[그림 5-6] a 상 지락사고 계산

1) [그림 5-6] (a)와 같이 1선 완전 지락이 발생한 경우

(1) 고장 조건

① $I_b = I_c = 0$

② a 상이 완전 지락이므로 $V_a = 0$

(2) 대칭 분해

① 영상분: $I_0 = \dfrac{1}{3}(I_a + I_b + I_c) = \dfrac{1}{3}I_a$ ··· [식 5-28]

② 정상분: $I_1 = \dfrac{1}{3}(I_a + aI_b + a^2 I_c) = \dfrac{1}{3}I_a$ ······································ [식 5-29]

③ 역상분: $I_2 = \dfrac{1}{3}(I_a + a^2 I_b + aI_c) = \dfrac{1}{3}I_a$ ······································ [식 5-30]

∴ $I_0 = I_1 = I_2 = \dfrac{1}{3}I_a$, $I_g = I_a = 3I_0$ ··· [식 5-31]

(3) 영상전류와 지락전류 계산

① 발전기 기본식 $V_0 = -Z_0 I_0$ $V_1 = E_a - Z_1 I_1$, $V_2 = -Z_2 I_2$을 이용하여 영상전류를 구할 수 있다.

② $V_a = V_0 + V_1 + V_2 = -Z_0 I_0 + E_a - Z_1 I_1 - Z_2 I_2$
$= E_a - I_0(Z_0 + Z_1 + Z_2) = 0$에서 $E_a = I_0(Z_0 + Z_1 + Z_2)$이므로

③ 영상전류: $I_0 = \dfrac{E_a}{Z_0 + Z_1 + Z_2}$ [A] ··· [식 5-32]

④ 1선 지락전류: $I_g = 3I_0 = \dfrac{3E_a}{Z_0 + Z_1 + Z_2}$ [A] ······························ [식 5-33]

2) [그림 5-6] (b)와 같이 R_F를 통하여 지락이 발생한 경우

(1) 고장 조건

① $I_b = I_c = 0$ 이므로 대칭 분해성분의 결과는 [식 5-31]과 동일하게 된다.

② 그리고, a 상이 완전 지락이 아니므로 $V_a = I_a R_F = I_g R_F$ 이 된다.

(2) 영상전류와 지락전류 계산

① 발전기 기본식을 이용하여 a 상의 전위를 구하면 다음과 같다.

② $V_a = V_0 + V_1 + V_2 = -Z_0 I_0 + E_a - Z_1 I_1 - Z_2 I_2$
$= E_a - I_0(Z_0 + Z_1 + Z_2) = I_a R_F = 3I_0 R_F$에서
$E_a = I_0(Z_0 + Z_1 + Z_2 + 3R_F)$ 이므로

③ 영상전류: $I_0 = \dfrac{E_a}{Z_0 + Z_1 + Z_2 + 3R_F}$ [A] ································ [식 5-34]

④ 1선 지락전류: $I_g = 3I_0 = \dfrac{3E_a}{Z_0 + Z_1 + Z_2 + 3R_F}$ [A] ····················· [식 5-35]

3. 발전기 계통에 단락사고 시 단락전류

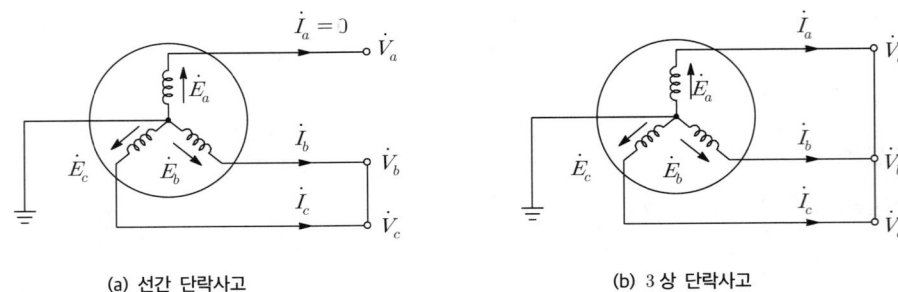

(a) 선간 단락사고   (b) 3상 단락사고

[그림 5-7] 단락사고 계산

1) [그림 5-7] (a)와 같이 선간단락사고가 발생한 경우

(1) 고장 조건
  ① $V_b = V_c$
  ② $I_a = 0$ 및 $I_b = -I_c$

(2) 대칭 분해

  ① $I_0 = \dfrac{1}{3}(I_a + I_b + I_c) = 0$ ·· [식 5-36]

  ② $I_1 = \dfrac{1}{3}(I_a + aI_b + a^2 I_c) = \dfrac{1}{3} I_b (a - a^2)$ ··· [식 5-37]

  ③ $I_2 = \dfrac{1}{3}(I_a + a^2 I_b + a I_c) = \dfrac{1}{3} I_b (a^2 - a) = -I_1$ ······························· [식 5-38]

  ④ $V_1 = \dfrac{1}{3}(V_a + a V_b + a^2 V_c) = \dfrac{1}{3}\left[V_a + (a + a^2) V_b\right]$ ······················ [식 5-39]

  ⑤ $V_2 = \dfrac{1}{3}(V_a + a^2 V_b + a V_c) = \dfrac{1}{3}\left[V_a + (a^2 + a) V_b\right] = V_1$ ············· [식 5-40]

  ∴ $I_0 = 0$, $I_1 = -I_2$, $V_0 = -Z_0 I_0 = 0$, $V_1 = V_2$ ······························· [식 5-41]

(3) 선간 단락사고 시 단락전류 계산

  ① [식 5-41]에 $V_1 = V_2$ 와 $I_1 = -I_2$ 에 의해 다음과 같이 정리할 수 있다.

  ② $E_a - Z_1 I_1 = -Z_2 I_2 = Z_2 I_1$ 에서 $E_a = I_1 (Z_1 + Z_2)$ 이므로

  ③ 정상전류: $I_1 = \dfrac{E_a}{Z_1 + Z_2}$ [A] ·· [식 5-42]

  ④ 선간 단락전류: $I_b = I_0 + a^2 I_1 + a I_2 = I_1(a^2 - a)$

                     $= \dfrac{(a^2 - a) E_a}{Z_1 + Z_2} = -I_c$ [A] ·· [식 5-43]

2) [그림 5-7] (b)와 같이 3상 단락사고가 발생한 경우

(1) 고장 조건
① $V_a = V_b = V_c = 0$
② $V_0 = V_1 = V_2 = 0$

(2) 발전기 기본식을 이용해 대칭분 계산
① $V_0 = -Z_0 I_0 = 0 \quad \therefore I_0 = 0$ .... [식 5-44]
② $V_1 = E_a - Z_1 I_1 = 0 \quad \therefore I_1 = \dfrac{E_a}{Z_1}$ .... [식 5-45]
③ $V_2 = -Z_2 I_2 = 0 \quad \therefore I_2 = 0$ .... [식 5-46]
∴ 3상 단락사고 시 영상분과 역상분은 0이고, 정상분만 발생한다.

(3) 3상 단락사고 시 단락전류 계산
① $I_a = I_0 + I_1 + I_2 = \dfrac{E_a}{Z_1}$ [A] .... [식 5-47]
② $I_b = I_0 + a^2 I_1 + a I_2 = a^2 \dfrac{E_a}{Z_1}$ [A] .... [식 5-48]
③ $I_c = I_0 + a I_1 + a^2 I_2 = a \dfrac{E_a}{Z_1}$ [A] .... [식 5-49]
∴ 각 상에 흐르는 단락전류의 크기는 같고, 위상차만 120°씩 발생한다.

3) 3상 단락전류와 선간 단락전류의 비교

(1) 단락전류의 크기는 다음과 같다.
① $a^2 - a = \left(-\dfrac{1}{2} + j\dfrac{\sqrt{3}}{2}\right) - \left(-\dfrac{1}{2} - j\dfrac{\sqrt{3}}{2}\right) = j\sqrt{3}$ 이고, 선간 단락사고 시
$Z_1 ≒ Z_2 ≒ Z_s$ (Z_s: 동기 임피던스)이므로 선간 단락전류는 다음과 같다.
$\therefore I_{2s} = \left|\dfrac{(a^2-a)E_a}{Z_1 + Z_2}\right| = \left|\dfrac{j\sqrt{3}\,E_a}{2Z_s}\right| = \dfrac{\sqrt{3}\,E_a}{2Z_s}$ [A] .... [식 5-50]

② 3상 단락전류: $I_{3s} = \dfrac{E_a}{Z_1} = \dfrac{E_a}{Z_s}$ [A] .... [식 5-51]

(2) $\dfrac{I_{2s}}{I_{3s}} = \dfrac{\sqrt{3}}{2} = 0.866$ 이므로 선간 단락전류는 3상 단락전류의 86.6[%]에 해당된다.

핵심 요점정리

1. 고조파 차수의 특성

구분	고조파 차수	특징
영상분 I_0	$3n$: 3, 6, 9...	① a, b, c 상의 크기와 위상이 모두 같다. ② 비접지 계통에서는 존재하지 않는다. ③ 중성선에 $3I_0$로 흐르게 된다.
정상분 I_1	$3n+1$: 4, 7, 10...	① 기본파와 상회전 방향이 같다. ② 회전기의 속도와 토크를 상승시킨다.
역상분 I_2	$3n-1$: 2, 5, 8...	① 기본파와 상회전 방향과 반대이다. ② 회전기의 속도와 토크를 감소시킨다.

2. 3상 대칭 분해

선전류	대칭분 전류
① a상 선전류: $I_a = I_0 + I_1 + I_2$ ② b상 선전류: $I_b = I_0 + a^2 I_1 + a I_2$ ③ c상 선전류: $I_c = I_0 + a I_1 + a^2 I_2$ ∴ 각 상의 공통 성분: 영상분	① 영상분: $I_0 = \frac{1}{3}(I_a + I_b + I_c)$ ② 정상분: $I_1 = \frac{1}{3}(I_a + a I_b + a^2 I_c)$ ③ 역상분: $I_2 = \frac{1}{3}(I_a + a^2 I_b + a I_c)$

3. 대칭(평형) 3상 인 경우의 대칭 성분

(1) 대칭 조건; $I_a = I$, $I_b = a^2 I$, $I_c = aI$ 이므로 $I_a + I_b + I_c = 0$ 가 성립하는 경우

(2) 대칭 성분
  ① 영상분: $I_0 = 0$
  ② 정상분: $I_1 = I_a$
  ③ $I_2 = 0$

4. 불평형율

(1) 불평형율 $= \frac{역상분}{정상분} \times 100\%$

(2) 불평형 대책: 중성점 접지

(3) 중성선 제거 조건: 불평형이 발생하지 않을 경우 즉, $I_a + I_b + I_c = 0$ 일 때

5. 발전기 기본식

(1) 영상분: $V_0 = -I_0 Z_0$

(2) 정상분: $V_1 = E_a - I_1 Z_1$

(3) 역상분: $V_2 = -I_2 Z_2$

출제예상문제

※ 출제예상문제는 기출분석을 바탕으로 자주 출제되는 유형을 선별하였습니다.

5-1 대칭좌표법의 개요

01 3상 대칭분을 I_0, I_1, I_2라 하고 선전류 I_a, I_b, I_c라 할 때 I_b는?

① $I_0 + a^2 I_1 + a I_2$
② $\dfrac{1}{3}(I_0 + I_1 + I_2)$
③ $I_0 + I_1 + I_2$
④ $I_0 + a I_1 + a^2 I_2$

 정답분석

대칭좌표법에서 선전류
㉠ a상 전류: $I_a = I_0 + I_1 + I_2 \, [\text{A}]$
㉡ b상 전류: $I_b = I_0 + a^2 I_1 + a I_2 \, [\text{A}]$
㉢ c상 전류: $I_c = I_0 + a I_1 + a^2 I_2 \, [\text{A}]$

정답 ①

02 대칭좌표법을 이용하여 3상 회로의 각 상전압을
$V_a = V_0 + V_1 + V_2$,
$V_b = V_0 + a^2 V_1 + a V_2$,
$V_c = V_0 + a V_1 + a^2 V_2$와 같이 표시될 때 정상분 전압 V_1을 올바르게 나타낸 것은?
(단, 상순은 a, b, c이다.)

① $\dfrac{1}{3}(V_a + V_b + V_c)$
② $\dfrac{1}{3}(V_a + V_b \angle +120° + V_c \angle -120°)$
③ $\dfrac{1}{3}(V_a + V_b \angle -120° + V_c \angle +120°)$
④ $\dfrac{1}{3}(V_a \angle +120° + V_b + V_c \angle -120°)$

 정답분석

대칭좌표법에서 대칭분 전압
㉠ 영상분: $V_0 = \dfrac{1}{3}(V_a + V_b + V_c)$
㉡ 정상분: $V_1 = \dfrac{1}{3}(V_a + a V_b + a^2 V_c)$
㉢ 역상분: $V_2 = \dfrac{1}{3}(V_a + a^2 V_b + a V_c)$
(여기서, $a = 1 \angle 120° = 1 \angle -240°$
$a^2 = 1 \angle 240° = 1 \angle -120°$)

정답 ②

03
상순이 a, b, c인 불평형 3상 전류 I_a, I_b, I_c의 대칭분을 I_0, I_1, I_2라 하면 이때 대칭분과의 관계식 중 옳지 못한 것은?

① $\frac{1}{3}(I_a + I_b + I_c)$
② $\frac{1}{3}(I_a + I_b \angle +120° + I_c \angle -120°)$
③ $\frac{1}{3}(I_a + I_b \angle -120° + I_c \angle +120°)$
④ $\frac{1}{3}(-I_a - I_b - I_c)$

정답 분석
㉠ 영상분: $I_0 = \frac{1}{3}(I_a + I_b + I_c)$
㉡ 정상분: $I_1 = \frac{1}{3}(I_a + aI_b + a^2I_c)$
㉢ 역상분: $I_2 = \frac{1}{3}(I_a + a^2I_b + aI_c)$

정답 ④

05
3상 불평형 전압을 V_a, V_b, V_c라고 할 때, 역상전압 V_2는 얼마인가?

① $V_2 = \frac{1}{3}(V_a + V_b + V_c)$
② $V_2 = \frac{1}{3}(V_a + a^2V_b + aV_c)$
③ $V_2 = \frac{1}{3}(V_a + aV_b + a^2V_c)$
④ $V_2 = \frac{1}{3}(V_a + a^2V_b + a^2V_c)$

정답 확인

정답 ②

04
대칭좌표법에 대칭분을 각 상전압으로 표시한 것 중 틀린 것은?

① $V_0 = \frac{1}{3}(V_a + V_b + V_c)$
② $V_1 = \frac{1}{3}(V_a + aV_b + a^2V_c)$
③ $V_1 = \frac{1}{3}(V_a + a^2V_b + a^2V_c)$
④ $V_2 = \frac{1}{3}(V_a + a^2V_b + aV_c)$

정답 분석
㉠ 영상분: $V_0 = \frac{1}{3}(V_a + V_b + V_c)$
㉡ 정상분: $V_1 = \frac{1}{3}(V_a + aV_b + a^2V_c)$
㉢ 역상분: $V_2 = \frac{1}{3}(V_a + a^2V_b + aV_c)$

정답 ③

06
3상 회로의 각 상전압이 $V_a, V_b = a^2V_a, V_c = aV_a$일 때 a상 기준으로 한 각 대칭분 V_0, V_1, V_2은? (단, $a = -\frac{1}{2} + j\frac{\sqrt{3}}{2}$)

① $0, V_a, 0$
② $a^2V_a, V_a, 0$
③ $-V_a, V_a, 0$
④ $0, a^2V_a, aV_a$

정답 분석
영상분, 정상분, 역상분 공식에 대칭 3상 조건 ($V_a, V_b = a^2V_a, V_c = aV_a$)을 대입하면 다음 같이 정리할 수 있다.
㉠ 영상분
$V_0 = \frac{1}{3}(V_a + V_b + V_c)$
$= \frac{1}{3}(V_a + a^2V_a + aV_a) = 0$
㉡ 정상분
$V_1 = \frac{1}{3}(V_a + aV_b + a^2V_c)$
$= \frac{1}{3}(V_a + a^3V_a + a^3V_a) = V_a$
㉢ 역상분
$V_2 = \frac{1}{3}(V_a + a^2V_b + aV_c)$
$= \frac{1}{3}(V_a + a^4V_a + a^2V_a) = 0$
∴ 대칭 3상의 경우(사고가 안 난 계통) 영상분과 역상분은 0이고 정상분만 존재한다.
→ $V_0 = V_2 = 0, V_1 = V_a$

정답 ①

07 어떤 3상 회로의 각 상전압이 $V_a = V$, $V_b = a^2 V$, $V_c = a V$이다. a상을 기준으로 한 대칭분 V_0, V_1, V_2은? (단, V_0는 영상분, V_1은 정상분, V_2는 역상분이다.)

① $0, V, -V$
② $0, -V, V$
③ $-V, V, 0$
④ $0, V, 0$

 정답분석
대칭 3상의 경우(사고가 안 난 계통) 영상분과 역상분은 0이고 정상분만 존재한다.
∴ $V_0 = V_2 = 0$, $V_1 = V_a$

정답 ④

08 대칭 3상 전압이 a상 V_a[V], b상 $V_b = a^2 V_a$[V], c상 $V_c = a V_a$[V]일 때 a상 기준으로 한 대칭분 전압 중 정상분 V_1[V]은 어떻게 표시되는가?

① 0
② V_a
③ $a V_a$
④ $a^2 V_a$

 정답분석
대칭 3상의 경우(사고가 안 난 계통) 영상분과 역상분은 0이고 정상분만 존재한다.
∴ $V_0 = V_2 = 0$, $V_1 = V_a$

정답 ②

09 대칭 3상 전압이 V_a, $V_b = a^2 V_a$, $V_c = a V_a$일 때 a상을 기준으로 한 대칭분을 구할 때 영상분은?

① V_a
② $\frac{1}{3} V_a$
③ 0
④ $V_a + V_b + V_c$

 정답분석
영상분 전압
$V_0 = \frac{1}{3}(V_a + V_b + V_c)$
$= \frac{1}{3}(V_a + a^2 V_a + a V_a) = 0$

정답 ③

10 대칭좌표법에서 사용되는 용어중 공통인 성분을 표시하는 것은?

① 영상분
② 정상분
③ 역상분
④ 공통분

 정답분석
대칭 좌표법에서 각 상에 공통으로 포함되어 있는 성분은 영상분이다.

정답 ①

11 3상4선식에서 중성선이 필요하지 않아서 중성선을 제거하여 3상 3선식을 만들기 위한 중성선에서의 조건식은 어떻게 되는가?
(단, I_a, I_b, I_c는 각상의 전류이다.)

① 불평형 3상 $I_a + I_b + I_c = 1$
② 불평형 3상 $I_a + I_b + I_c = \sqrt{3}$
③ 불평형 3상 $I_a + I_b + I_c = 3$
④ 평형 3상 $I_a + I_b + I_c = 0$

 정답분석
3상 회로에서 불평형 발생시 불평형 전류가 다른 상에 영향을 주는 것을 방지하기 위해 중성선 접지를 실시한다. 따라서 불평형을 발생시키지 않는 평형 3상일 때 중성선을 제거할 수 있다.
∴ 평형 3상 조건: $I_a + I_b + I_c = 0$

정답 ④

12 3상 3선식에서는 회로의 평형, 불평형 또는 부하의 △, Y에 불구하고, 세 선전류의 합은 0이므로 선전류의 (   )은 0이다. (   ) 안에 들어갈 말은?

① 영상분
② 정상분
③ 역상분
④ 상전압

 정답분석
영상분 전류 $I_0 = \frac{1}{3}(I_a + I_b + I_c)$ 이므로
$I_a + I_b + I_c = 0$ 이면 $I_0 = 0$ 이 된다.

정답 ①

13 대칭 3상 △부하(비접지)에서 각 선전류를 I_a, I_b, I_c라 하면 전류의 영상분은 얼마인가?

① ∞ ② -1
③ 1 ④ 0

 중성선이 없는 3상 3선식 회로에서는
$I_a + I_b + I_c = 0$ 이므로 영상분 $I_0 = 0$ 이 된다.

정답 ④

14 불평형 회로에서 영상분이 존재하는 3상 회로 구성은?

① △-△결선의 3상 3선식
② △-Y결선의 3상 3선식
③ Y-Y결선의 3상 3선식
④ Y-Y결선의 3상 4선식

 영상분이 존재하려면 3상 4선식의 중성점 접지방식일 경우이다.

정답 ④

15 대칭좌표법에 관한 설명 중 잘못된 것은?

① 대칭좌표법은 일반적인 비대칭 n상 교류회로의 계산에도 이용된다.
② 대칭 3상 전압의 영상분과 역상분은 0이고, 정상분만 남는다.
③ 비대칭 n상 교류회로는 영상분, 역상분 및 정상분의 3성분으로 해석한다.
④ 비대칭 3상 회로의 접지식 회로에는 영상분이 존재하지 않는다.

 비대칭 3상 회로에서 접지식 회로에서는 영상분이 존재한다.

정답 ④

16 대칭 좌표법에 관한 설명으로 틀린 것은?

① 불평형 3상 Y결선의 접지식 회로에서는 영상분이 존재한다.
② 불평형 3상 Y결선의 비접지식 회로에서는 영상분이 존재한다.
③ 평형 3상 전압에서 영상분은 0이다.
④ 평형 3상 전압에서 정상분만 존재한다.

 비접지식 회로에서는 영상분이 존재하지 않는다.

정답 ②

17 대칭좌표법에 의하여 3상 회로에 대한 해석 중 잘못된 것은?

① △결선이든 Y결선이든 세 선전류의 합이 영이면 영상분도 영이다.
② 선간전압의 합이 영이면 그 영상분은 항상 영이다.
③ 선간전압이 평형이고 상순이 $a-b-c$이면 Y결선에서 상전압의 역상분은 영이 아니다.
④ Y결선 중성점 접지시에 중성선 정상분의 선전류에 대하여서 ∞의 임피던스를 나타낸다.

 대칭 3상 회로에서는 영상분과 역상분은 영이고, 정상분만 존재한다.

정답 ③

18 3상 회로에 있어서 대칭분 전압이
$\dot{V}_0 = -8 + j3 \,[\text{V}]$, $\dot{V}_1 = 6 - j8 \,[\text{V}]$
$\dot{V}_2 = 8 + j12 \,[\text{V}]$일 때 a상의 전압 [V]는?

① $6 + j7$ ② $-32.3 + j2.73$
③ $2.3 + j0.73$ ④ $2.3 + j0.73$

 a상 전압
$V_a = V_0 + V_1 + V_2$
$= (-8 + j3) + (6 - j8) + (8 + j12)$
$= 6 + j7 \,[\text{V}]$

정답 ①

19 각 상의 전류가 아래와 같을 때 영상 대칭분 전류[A]는?

$$i_a = 30\sin\omega t \,[\text{A}]$$
$$i_b = 30\sin(\omega t - 90°)\,[\text{A}]$$
$$i_c = 30\sin(\omega t + 90°)\,[\text{A}]$$

① $10\sin\omega t$ ② $30\sin\omega t$
③ $\dfrac{30}{\sqrt{3}}\sin\omega t$ ④ $\dfrac{10}{3}\sin\omega t$

 정답분석

$$V_0 = \frac{1}{3}(V_a + V_b + V_c)$$
$$= \frac{1}{3}(30 + 30\angle +90° + 30\angle -90°)$$
$$= \frac{30}{3}\angle 0° = 10\sin\omega t \,[\text{V}]$$

정답 ①

20 불평형 3상 전류가 아래와 같을 때 영상분 전류[A]는?

$$I_a = 16 + j2\,[\text{A}]$$
$$I_b = -20 - j9\,[\text{A}]$$
$$I_c = -2 + j10\,[\text{A}]$$

① $-2 + j\,[\text{A}]$ ② $-6 + j3\,[\text{A}]$
③ $-9 + j6\,[\text{A}]$ ④ $-18 + j9\,[\text{A}]$

 정답분석

$$I_0 = \frac{1}{3}(I_a + I_b + I_c)$$
$$= \frac{1}{3}(16 + j2 - 20 - j9 - 2 + j10)$$
$$= \frac{1}{3}(-6 + j3) = -2 + j\,[\text{A}]$$

정답 ①

21 $V_a = 3\,[\text{V}]$, $V_b = 2 - j3\,[\text{V}]$, $V_c = 4 + j3\,[\text{V}]$를 3상 불평형 전압이라고 할 때 영상전압은?

① $3\,[\text{V}]$ ② $9\,[\text{V}]$
③ $27\,[\text{V}]$ ④ $0\,[\text{V}]$

 정답분석

$$V_0 = \frac{1}{3}(V_a + V_b + V_c)$$
$$= \frac{1}{3}(3 + 2 - j3 + 4 + j3) = 3\,[\text{V}]$$

정답 ①

22 3상 부하가 Y결선으로 되어 있다. 각 상의 임피던스는 $Z_a = 3\,[\Omega]$, $Z_b = 3\,[\Omega]$, $Z_c = j3\,[\Omega]$이다. 이 부하의 영상 임피던스는 얼마인가?

① $6 + j3\,[\Omega]$ ② $2 + j\,[\Omega]$
③ $3 + j3\,[\Omega]$ ④ $3 + j6\,[\Omega]$

 정답분석

$$Z_0 = \frac{1}{3}(Z_a + Z_b + Z_c)$$
$$= \frac{1}{3}(3 + 3 + j3) = 2 + j\,[\Omega]$$

정답 ②

23 3상 부하가 △결선으로 되어 있다. 컨덕턴스가 a상에 0.3[℧], b상에 0.3[℧]이고, 유도 서셉턴스가 c상에 0.3[℧]가 연결되어 있을 때 이 부하의 영상 어드미턴스는 몇 0.3[℧]인가?

① $0.2 - j0.1$ ② $0.2 + j0.1$
③ $0.6 - j0.3$ ④ $0.6 + j0.3$

정답분석

$$Y_0 = \frac{1}{3}(Y_a + Y_b + Y_c)$$
$$= \frac{1}{3}(0.3 + 0.3 - j0.3) = 0.2 - j0.1 [\text{℧}]$$

[참고] 리액턴스와 서셉턴스의 관계
㉠ 유도 리액턴스: jX_L
㉡ 유도 서셉턴스: $\frac{1}{jX_L} = -j\frac{1}{X_L} = -jB_L$
㉢ 용량 리액턴스: $-jX_C$
㉣ 용량 서셉턴스: $\frac{1}{-jX_C} = j\frac{1}{X_C} = jB_C$

정답 ①

25 불평형 3상 전류가 $I_a = 15 + j2[\text{A}]$, $I_b = -20 - j14[\text{A}]$, $I_c = -3 + j10[\text{A}]$일 때 역상분 전류 I_2는?

① $1.91 + j6.24[\text{A}]$
② $15.74 - j3.57[\text{A}]$
③ $-2.67 - j0.67[\text{A}]$
④ $2.67 - j0.67[\text{A}]$

정답분석

$$I_2 = \frac{1}{3}(I_a + a^2I_b + aI_c)$$
$$= \frac{1}{3}\Big[(15+j2) + (-\frac{1}{2} - j\frac{\sqrt{3}}{2})(-20 - j14) + (-\frac{1}{2} + j\frac{\sqrt{3}}{2})(-3 + j10)\Big]$$
$$= 1.91 + j6.24[\text{A}]$$

정답 ①

24 불평형 3상 교류회로에서 각 상의 전류가 각각 $i_a = 7 + j2[\text{A}]$, $i_b = -8 - j10[\text{A}]$, $i_c = -4 + j6[\text{A}]$일 때 전류의 대칭분 중 정상분 전류는?

① 약 8.95[A] ② 약 7.75[A]
③ 약 3.76[A] ④ 약 2.53[A]

정답분석

$$I_1 = \frac{1}{3}(I_a + aI_b + a^2I_c)$$
$$= \frac{1}{3}\Big[7 + j2 + (-\frac{1}{2} + j\frac{\sqrt{3}}{2})(-8 - j10) + (-\frac{1}{2} - j\frac{\sqrt{3}}{2})(-4 + j6)\Big]$$
$$= 8.95 + j0.18[\text{A}]$$
$$\therefore |I_1| = \sqrt{8.95^2 + 0.18^2} = 8.95[\text{A}]$$

정답 ①

26 전압 대칭분을 각각 V_0, V_1, V_2 전류의 대칭분을 각각 I_0, I_1, I_2라 할 때 대칭분으로 표시되는 전 전력은 얼마인가?

① $V_0I_1 + V_1I_2 + V_2I_0$
② $V_0I_0 + V_1I_1 + V_2I_2$
③ $3V_0I_1 + 3V_1I_2 + 3V_2I_0$
④ $3V_0I_0 + 3V_1I_1 + 3V_2I_2$

정답분석

대칭좌표법에 의한 전력표시
$$P_a = P + jP_r = \overline{V_a}I_a + \overline{V_b}I_b + \overline{V_c}I_c$$
$$= (\overline{V_0} + \overline{V_1} + \overline{V_2})I_a + (\overline{V_0} + \overline{a^2}\,\overline{V_1} + \overline{a}\,\overline{V_2})I_b$$
$$+ (\overline{V_0} + \overline{a}\,\overline{V_1} + \overline{a^2}\,\overline{V_2})I_c$$
$$= (\overline{V_0} + \overline{V_1} + \overline{V_2})I_a + (\overline{V_0} + a\overline{V_1} + a^2\overline{V_2})I_b$$
$$+ (\overline{V_0} + a^2\overline{V_1} + a\overline{V_2})I_c$$
$$= \overline{V_0}(I_a + I_b + I_c) + \overline{V_1}(I_a + aI_b + a^2I_c)$$
$$+ \overline{V_2}(I_a + a^2I_b + aI_c)$$
$$= 3\overline{V_0}I_0 + 3\overline{V_1}I_1 + 3\overline{V_2}I_2$$

정답 ④

27 3상 불평형 전압에서 불평형율이란?

① $\dfrac{영상분}{정상분} \times 100$ ② $\dfrac{정상분}{역상분} \times 100$

③ $\dfrac{정상분}{영상분} \times 100$ ④ $\dfrac{역상분}{정상분} \times 100$

정답 ④

28 3상 불평형 전압에서 역상전압이 25[V]이고, 정상전압이 100[V], 영상전압이 10[V]라 할 때 전압의 불평형률은?

① 0.25 ② 0.4
③ 4   ④ 10

불평형률
$\% U = \dfrac{V_2}{V_1} \times 100 = \dfrac{25}{100} \times 100 = 25[\%]$
여기서, V_1: 정상분, V_2: 역상분

정답 ①

29 3상 불평형 전압에서 역상전압이 50[V], 정상전압이 200[V], 영상전압이 10[V]라 할 때 전압의 불평형률[%]은?

① 1   ② 5
③ 25   ④ 50

불평형률
$\% U = \dfrac{V_2}{V_1} \times 100 = \dfrac{50}{200} \times 100 = 25[\%]$
여기서, V_1: 정상분, V_2: 역상분

정답 ③

30 3상회로의 선간전압이 각각 80, 50, 50[V] 일 때의 전압의 불평형률[%]은 대략 얼마인가?

① 22.7[%] ② 39.6[%]
③ 45.3[%] ④ 57.3[%]

3상 회로의 각 상전압은 다음과 같다.

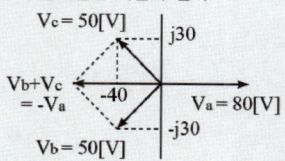

- $V_a = 80[V]$
- $V_b = -40 - j30[V]$
- $V_c = -40 + j30[V]$

㉠ 정상분 전압
$V_1 = \dfrac{1}{3}(V_a + a V_b + a^2 V_c)$
$= \dfrac{1}{3}\left[80 + \left(-\dfrac{1}{2} + j\dfrac{\sqrt{3}}{2}\right)(-40 - j30)\right.$
$\left. + \left(-\dfrac{1}{2} - j\dfrac{\sqrt{3}}{2}\right)(-40 + j30)\right]$
$= 57.3[V]$

㉡ 역상분 전압
$V_2 = \dfrac{1}{3}(V_a + a^2 V_b + a V_c)$
$= \dfrac{1}{3}\left[80 + \left(-\dfrac{1}{2} - j\dfrac{\sqrt{3}}{2}\right)(-40 - j30)\right.$
$\left. + \left(-\dfrac{1}{2} + j\dfrac{\sqrt{3}}{2}\right)(-40 + j30)\right]$
$= 22.7[V]$

∴ 불평형률
$\% U = \dfrac{V_2}{V_1} \times 100 = \dfrac{22.7}{57.3} \times 100 = 39.6[\%]$

정답 ②

31 3상 불평형 전압이 $V_a = 80\,[\text{V}]$, $V_b = -40 - j30\,[\text{V}]$, $V_c = -40 + j30\,[\text{V}]$이라고 할 때, 대칭분 전압 중 역상전압 V_2는?

① 0[V]　　② 22.7[V]
③ 57.3[V]　④ 68.1[V]

정답분석

역상분 전압
$$V_2 = \frac{1}{3}(V_a + a^2 V_b + a V_c)$$
$$= \frac{1}{3}\left[80 + \left(-\frac{1}{2} - j\frac{\sqrt{3}}{2}\right)(-40 - j30)\right.$$
$$\left.+ \left(-\frac{1}{2} + j\frac{\sqrt{3}}{2}\right)(-40 + j30)\right]$$
$$= 22.7\,[\text{V}]$$

정답 ②

32 3상회로의 선간전압이 각각 120, 100, 100 [V]이었다. 이때의 역상전압 V_2 [V]은?

① 9.8[V]　　② 13.8[V]
③ 96.2[V]　④ 106.2[V]

정답분석

3상 회로의 각 상전압은 다음과 같다.

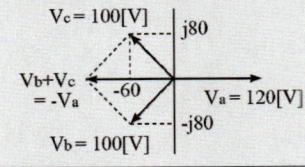

- $V_a = 120\,[\text{V}]$
- $V_b = -60 - j80\,[\text{V}]$
- $V_c = -60 + j80\,[\text{V}]$

∴ 역상분 전압
$$V_2 = \frac{1}{3}(V_a + a^2 V_b + a V_c)$$
$$= \frac{1}{3}\left[120 + \left(-\frac{1}{2} - j\frac{\sqrt{3}}{2}\right)(-60 - j80)\right.$$
$$\left.+ \left(-\frac{1}{2} + j\frac{\sqrt{3}}{2}\right)(-60 + j80)\right]$$
$$= 13.8\,[\text{V}]$$

정답 ②

5-2 대칭좌표법에 의한 고장전류

33 대칭 3상 교류 발전기의 기본식 중 알맞게 표현된 것은? (단, V_0는 영상분 전압, V_1은 정상분 전압, V_2는 역상분 전압이다.)

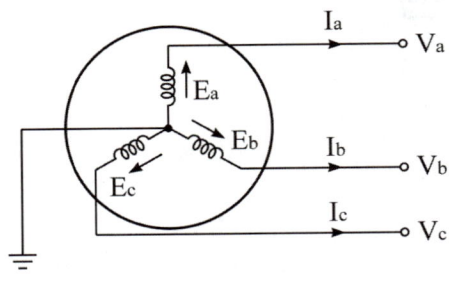

① $V_0 = E_0 - Z_0 I_0$
② $V_1 = Z_1 I_1$
③ $V_2 = Z_2 I_2$
④ $V_1 = E_a - Z_1 I_1$

정답분석

3상 교류발전기 기본식
㉠ 영상분: $V_0 = -Z_0 I_0$
㉡ 정상분: $V_1 = E_a - Z_1 I_1$
㉢ 역상분: $V_2 = -Z_2 I_2$

정답 ④

34 전류의 대칭분을 I_0, I_1, I_2 유기기전력 및 단자전압의 대칭분을 E_a, E_b, E_c 및 V_0, V_1, V_2라 할 때 교류 발전기의 기본식 중 역상분 V_2 값은?

① $-Z_0 I_0$　　② $-Z_2 I_2$
③ $E_a - Z_1 I_1$　④ $E_b - Z_2 I_2$

정답분석

3상 교류발전기 기본식
㉠ 영상분: $V_0 = -Z_0 I_0$
㉡ 정상분: $V_1 = E_a - Z_1 I_1$
㉢ 역상분: $V_2 = -Z_2 I_2$

정답 ②

35 그림과 같이 대칭 3상 교류발전기의 a상이 임피던스 Z를 통하여 지락 되었을 때 흐르는 지락전류 I_g는 얼마인가?

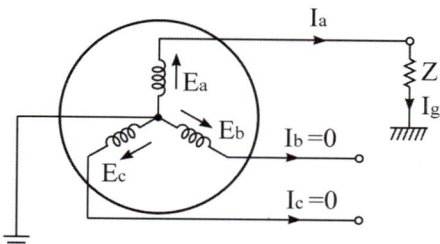

① $\dfrac{3E_a}{Z_0+Z_1+Z_2+Z}$

② $\dfrac{E_a}{Z_0+Z_1+Z_2+Z}$

③ $\dfrac{3E_a}{Z_0+Z_1+Z_2+3Z}$

④ $\dfrac{E_a}{Z_0+Z_1+Z_2+3Z}$

정답분석

Z에 의한 1선 지락사고

㉠ 영상전류: $I_0 = \dfrac{E_a}{Z_0+Z_1+Z_2+3Z}$

㉡ 지락전류: $I_g = 3I_0 = \dfrac{3E_a}{Z_0+Z_1+Z_2+3Z}$

정답 ③

36 그림과 같이 평형 3상 교류 발전기의 b, c상의 직접 단락되었을 때의 단락전류 I_b의 값은? (단, Z_0는 영상임피던스, Z_1는 정상임피던스, Z_2는 역상임피던스이다.)

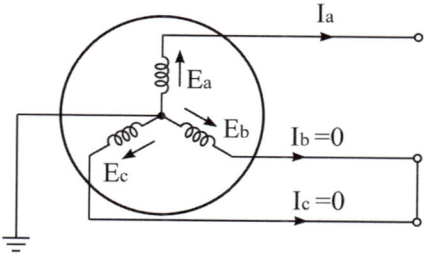

① $\dfrac{(a^2-a)E_a}{Z_1+Z_2}$

② $\dfrac{3E_a}{Z_0+Z_1+Z_2}$

③ $\dfrac{3E_a}{Z_1+Z_2}$

④ $\dfrac{3E_a}{Z_0+Z_1+Z_2+3Z}$

정답분석

선간 단락사고 시 $I_a=0$, $I_b=-I_c$, $I_0=0$
$V_b=V_c=0$, $V_1=V_2$ 의 조건을 가진다.

∴ 선간 단락전류: $I_{2s}=\dfrac{(a^2-a)E_a}{Z_1+Z_2}$ [A]

정답 ①

37 단자전압의 각 대칭분 $\dot{V}_0$, $\dot{V}_1$, $\dot{V}_2$가 0이 아니고 같게 되는 고장의 종류는?

① 1선 지락
② 선간 단락
③ 2선 지락
④ 3선 단락

정답분석

2선(b상, c상) 지락 고장시 대칭분해성분
(여기서, 고장 조건: $V_b = V_c = 0$, $I_a = 0$)

㉠ 영상분 전압
$$V_0 = \frac{1}{3}(V_a + V_b + V_c) = \frac{1}{3}V_a$$

㉡ 정상분 전압
$$V_1 = \frac{1}{3}(V_a + aV_b + a^2V_c) = \frac{1}{3}V_a$$

㉢ 역상분 전압
$$V_2 = \frac{1}{3}(V_a + a^2V_b + aV_c) = \frac{1}{3}V_a$$

∴ 2선 지락사고가 발생하면 각 대칭분 $\dot{V}_0$, $\dot{V}_1$, $\dot{V}_2$가 0이 아니고 같게 된다.

정답 ③

pass.Hackers.com

해커스자격증
pass.Hackers.com

회로망 해석
(Network Analysis)

1 기하학적인 회로망
2 회로망 해석

핵심 요점정리

출제예상문제

Chapter 06 회로망 해석(Network Analysis)

1 기하학적인 회로망

1. 개요

(1) 회로망 해석의 목표는 통상 회로망을 구성하고 있는 각 소자에서의 전류 또는 전압분포를 구하는 것이라 할 수 있다.

(2) [그림 6-1]의 회로망 내의 모든 지로를 하나의 선분으로 대치한 후 이들을 절점을 통해 연결하여 [그림 6-2]와 같은 회로망 그래프를 만들 수 있다.

(3) 이와 같이 회로망의 연결 관계를 기하학적으로 변경시켜 회로방정식을 이용하면 회로망 해석이 편리해지는 장점이 있다.

(4) 여기서는 회로 용어 정리만 하고 기하학적인 회로망 해석에 대해서는 생략하도록 한다.

2. 회로 용어

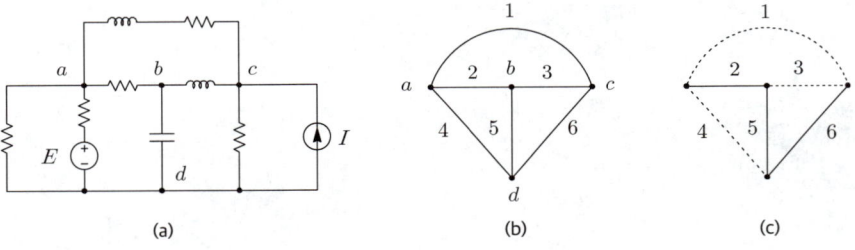

[그림 6-1] 기하학적 회로망

(1) 마디(node): a, b, c, d 와 같이 회로가 접속되는 점으로 절점(節點) 또는 접속점이라고도 한다.

(2) 가지(branch): 1, 2, 3, 4, 5, 6 과 같이 두 마디를 연결하는 선을 말하며 지로(支路)라고도 한다.

(3) 나무(tree)
   ① 모든 마디를 연결하고 폐로를 만들지 않는 가지의 집합을 말한다.
   ② [그림 6-1] (c)의 경우 나무는 (2, 5, 6)이 된다.

(4) 보목(link 또는 cotree)
   ① 나무 이외의 가지를 말한다.
   ② [그림 6-1] (c)의 경우 보목은 (1, 3, 4)가 된다.

(5) 폐로(loop): 마디에서 가지가 출발하여 처음 마디로 돌아오는 폐회로를 말한다. 단, 보목이 하나만 포함된 폐회로여야 한다.

(6) 컷-세트(cut-set): 나무를 구성하는 가지 1개를 절단하며 루프를 나누는 가지의 최소집합을 컷-세트라 한다.

2 회로망 해석

1. 전압원과 전류원의 등가변환

(1) 개요
① [그림 6-2] 과 같이 직렬로 접속된 전압원과 저항은 병렬로 접속된 전류원과 저항으로 변환이 가능하다.
② 이 관계는 [식 6-1]에서 정의하고 있고 이러한 등가변환을 통하여 지로에 흐르는 전류와 단자전압을 간단하게 구할 수 있다.

(2) 전압원과 전류원

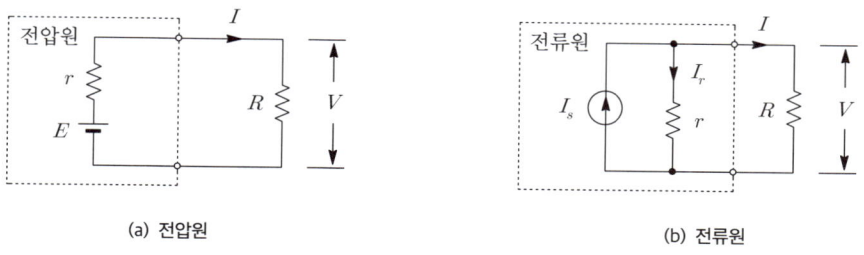

[그림 6-2] 전압원과 전류원

① 전압원은[그림 6-2] (a)와 같이 내부저항 r 이 직렬로 접속된 회로로 표현할 수 있으며, 이때 이상적인 전압원은 내부저항 $r=0$ 이 되어 전류변화와 상관없이 항상 일정한 단자전압을 나타내는 전압원을 말한다.
② 전류원은[그림 6-2] (b)와 같이 내부저항 r 이 병렬로 접속된 회로로 표현할 수 있으며, 이때 이상적인 전류원은 내부저항 $r=\infty$ 이 되어 단자전압의 크기는 변할지라도, 전류는 항상 일정한 전류원을 말한다.
③ 회로적인 측면에서 $r=0$ 는 단락(short), $r=\infty$ 는 개방(open)된 것과 같이 해석할 수 있다.

(2) 전압원과 전류원의 등가변환
① 전압원은 아래와 같은 수식에 의해서 전류원으로 등가 변환할 수 있다.
$E = I(r+R) = Ir + IR = Ir + V$ 에서
$E - V = Ir$ 이므로 $\dfrac{E}{r} - \dfrac{V}{r} = I$ 이 된다.
$\therefore \dfrac{E}{r} = \dfrac{V}{r} + I \rightarrow I_s = I_r + I$ ·· [식 6-1]

② [그림 6-2]와 같이 직렬로 접속된 전압원과 저항은 병렬로 접속된 전류원과 저항으로 변환이 가능하다. 이때 [식 6-1]과 같이 저항의 크기는 동일한 것을 알 수 있고, 등가전류의 크기는 $I_s = \dfrac{E}{r}$ 이 된다.

2. 중첩의 정리(superposition's theorem)

(1) 개요
① 중첩의 정리란, 다수의 전원을 포함하는 회로망에서 회로 내의 임의의 두 점 사이의 전류 또는 전위차는 각각의 전원이 단독으로 있을 때의 전류 또는 전압의 합과 같다.
② 중첩의 정리는 선형회로망에서만 적용된다.

(2) 중첩의 정리의 개념

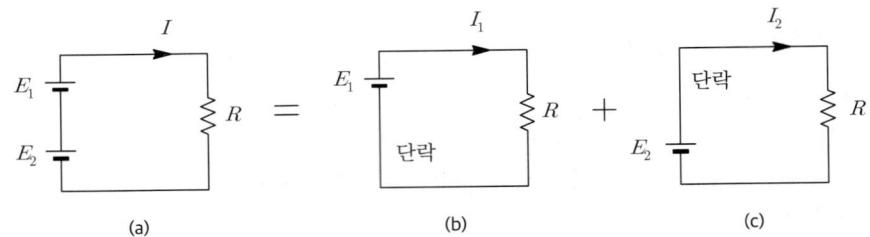

[그림 6-3] 중첩의 정리의 개념

① [그림 6-3] (a)에서 회로에 흐르는 전류는 아래와 같다.

$$I = \frac{E_1 + E_2}{R} = \frac{E_1}{R} + \frac{E_2}{R} = I_1 + I_2 \,[\text{A}] \quad \cdots\cdots\cdots\cdots\cdots\cdots\cdots\cdots\cdots\cdots\cdots\cdots\text{[식 6-2]}$$

② [식 6-2]에 의해[그림 6-3] (a)의 회로를 (b), (c)와 같이 E_1, E_2만의 독립된 회로로 분해하여 해석할 수 있다.
③ [그림 6-3] (b)와 같이 E_1 만의 회로로 해석할 때에는 다른 전압원 E_2 는 단락($r=0$)시킨 후 해석한 것을 알 수 있다. 이는 전압원 E_2 를 하나의 독립된 저항으로 바라본 것으로 이상적인 관계에서 $r=0$이 된 것이다.
④ 만약 다른 전원이 전류원 이었다면 개방($r=\infty$)시켜 해석한다.
⑤ [그림 6-3] 와 같이 R 이 선형 소자가 아닌 비선형 소자였다면 전압의 크기에 따라 전류의 크기가 변하기 때문에 중첩의 정리를 적용할 수 없다.

3. 테브난과 노튼의 정리

(1) 개요
① 회로의 임의의 두 점 사이의 전류 또는 전위차를 구하는 방법으로 테브난과 노튼의 정리가 있다.
② 테브난의 정리는[그림 6-4] (b)와 같이 두 점 a, b 에서 전원측의 능동 회로망(network)을 하나의 전압원으로 대치하고,
③ 노튼의 정리는[그림 6-4] (c)와 같이 능동 회로망(network)을 하나의 전류원 대치하여 해석하는 것을 말한다.

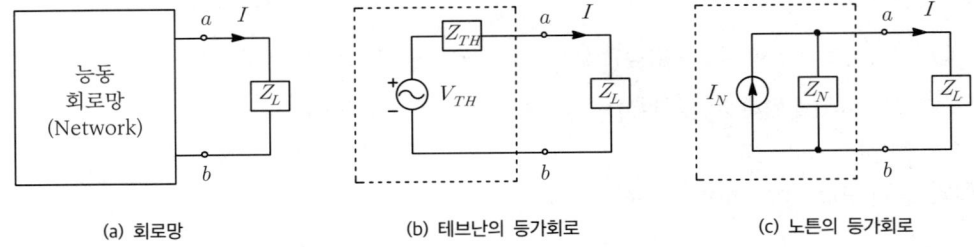

(a) 회로망 (b) 테브난의 등가회로 (c) 노튼의 등가회로

[그림 6-4] 테브난과 노튼의 등가회로 관계

(2) 회로망에서 부하전류는 일반적으로 다음과 같이 계산된다.

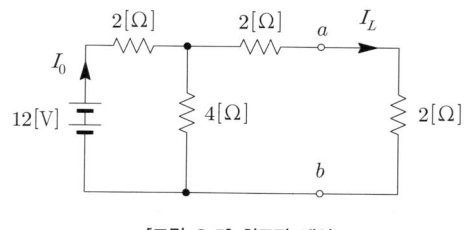

[그림 6-5] 회로망 해석

① 합성 저항: $R_0 = 2 + \dfrac{4 \times 4}{4+4} = 4\,[\Omega]$

② 전체 전류: $I_0 = \dfrac{V}{R_0} = \dfrac{12}{4} = 3\,[A]$

③ 부하 전류: $I_L = \dfrac{I_0}{2} = 1.5\,[A]$

(3) 테브난의 정리(Thevenin's theorem)

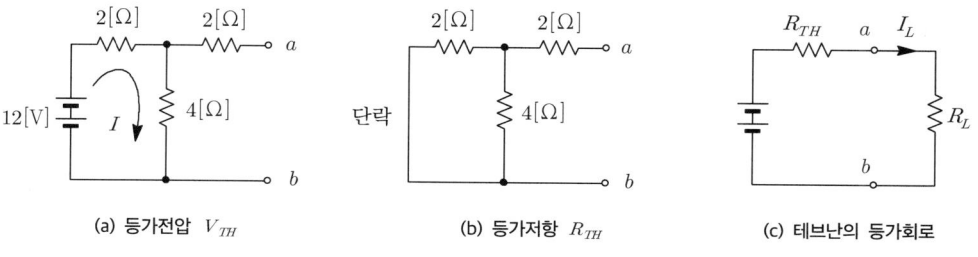

(a) 등가전압 V_{TH} (b) 등가저항 R_{TH} (c) 테브난의 등가회로

[그림 6-6] 테브난의 정리

① 등가전압은[그림 6-6] (a)와 같이 부하 R_L을 개방시킨 상태에서 두 단자 a, b에 걸리는 전압을 말한다.

∴ $V_{TH} = 4I = 4 \times \dfrac{12}{2+4} = 8\,[V]$

② 등가 저항은[그림 6-6] (b)와 같이 부하 R_L을 개방시킨 상태에서 두 단자 a, b에서 바라본 합성저항을 말하며, 이때 전압원과 전류원이 있으면 전압원은 단락, 전류원은 개방하여 해석한다.

∴ $R_{TH} = 2 + \dfrac{2 \times 4}{2+4} = 2 + \dfrac{4}{3} = \dfrac{10}{3}\,[\Omega]$

③ 부하 전류는[그림 6-6] (c)와 같이 등가 변환하여 구할 수 있다.

∴ $I_L = \dfrac{V_{TH}}{R_{TH} + R_L} = \dfrac{8}{2 + \dfrac{10}{3}} = \dfrac{8 \times 3}{6+10} = 1.5\,[A]$

(4) 노튼의 정리(Norton's theorem)

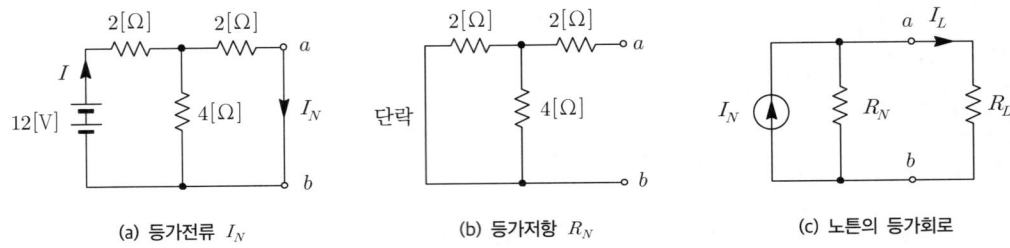

(a) 등가전류 I_N (b) 등가저항 R_N (c) 노튼의 등가회로

[그림 6-7] 노튼의 정리

① 등가전류는[그림 6-7] (a)와 같이 두 단자 $a,\ b$를 단락시켰을 때 흐르는 전류를 말한다.

$$\therefore I_N = \frac{4}{4+2} \times I = \frac{4}{6} \times \frac{12}{2+\dfrac{2\times 4}{2+4}} = 2.4\,[\mathrm{A}]$$

② 등가 저항은 테브난의 등가저항 구하는 방법과 동일하다.

$$\therefore R_{TH} = 2 + \frac{2\times 4}{2+4} = 2 + \frac{4}{3} = \frac{10}{3}\,[\Omega]$$

③ 부하 전류는[그림 6-7] (c)와 같이 등가 변환하여 구할 수 있다.

$$\therefore I_L = \frac{R_N}{R_N + R_L} \times I_N = \frac{\dfrac{10}{3}}{\dfrac{10}{3}+2} \times 2.4 = \frac{10}{10+6} \times 2.4 = 1.5\,[\mathrm{A}]$$

4. 밀만의 정리(Millman's theorem)

(1) 개요
① 회로 내의 동일 주파수 전압원이 여러 개 병렬로 접속되어 있는 경우에 하나의 등가 전원으로 대치하거나 임의의 두 점간의 전위차(개방전압)를 구할 때 사용된다.
② 두 점간의 전위차를 구하는 방법에는 중첩의 정리, 테브난의 정리, 노튼의 정리 등이 있지만 밀만의 정리를 이용하는 것이 가장 편리하다.

(2) 밀만의 정리의 개념

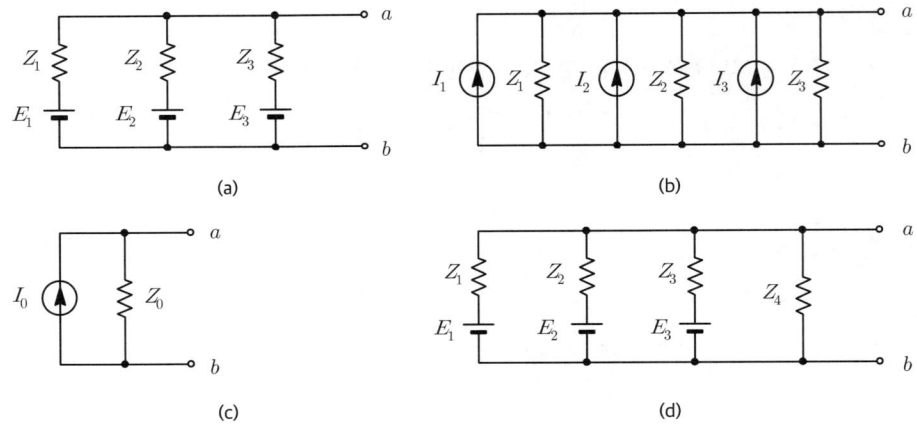

[그림 6-8] 밀만의 정리의 개념

① [그림 6-8] (a)를 전류원으로 등가변환하면 [그림 6-6] (b)와 같이 변환된다.

㉠ $I_1 = \dfrac{E_1}{Z_1} = Y_1 E_1$, $I_2 = \dfrac{E_2}{Z_2} = Y_2 E_2$, $I_3 = \dfrac{E_3}{Z_3} = Y_3 E_3$

㉡ $I_0 = I_1 + I_2 + I_3$, $Z_0 = \dfrac{1}{\dfrac{1}{Z_1} + \dfrac{1}{Z_2} + \dfrac{1}{Z_3}}$

② [그림 6-8] (b)는 [그림 6-6] (c)와 같이 등가 변환하여 a, b 단자 사이의 개방전압을 구할 수 있다.

$$\therefore V_{ab} = I_0 Z_0 = \dfrac{\dfrac{E_1}{Z_1} + \dfrac{E_2}{Z_2} + \dfrac{E_3}{Z_3}}{\dfrac{1}{Z_1} + \dfrac{1}{Z_2} + \dfrac{1}{Z_3}} = \dfrac{Y_1 E_1 + Y_2 E_2 + Y_3 E_3}{Y_1 + Y_2 + Y_3}$$

$$= \sum_{n=1}^{m} \dfrac{Y_n E_n}{Y_n} \quad \cdots\cdots\cdots\cdots\cdots\cdots\cdots\cdots\cdots\cdots\cdots\cdots\cdots\cdots\cdots\cdots\cdots\cdots\cdots\cdots\cdots\cdots\cdots\cdots\cdots\cdots\cdots\cdots\cdots\text{[식 6-3]}$$

③ [그림 6-8] (d)의 a, b 단자 사이의 개방전압은 다음과 같다.

$$\therefore V_{ab} = I_0 Z_0 = \dfrac{\dfrac{E_1}{Z_1} + \dfrac{E_2}{Z_2} + \dfrac{E_3}{Z_3}}{\dfrac{1}{Z_1} + \dfrac{1}{Z_2} + \dfrac{1}{Z_3} + \dfrac{1}{Z_4}} = \dfrac{Y_1 E_1 + Y_2 E_2 + Y_3 E_3}{Y_1 + Y_2 + Y_3 + Y_4}$$

핵심 요점정리

1. 전압원과 전류원의 등가 변환

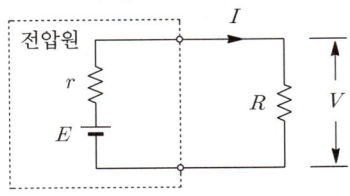

(a) 전압원 $E = I_s r$ [V]

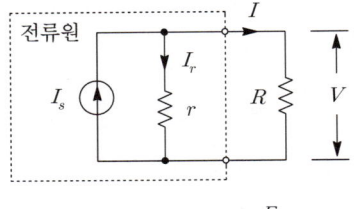

(b) 전류원 $I_s = \dfrac{E}{r}$ [A]

① 이상적인 전압원: $r = 0$ (회로적 의미: 단락상태)
② 이상적인 전류원: $r = \infty$ (회로적 의미: 개방상태)

2. 중첩의 정리

(1) 다수의 전원을 포함하는 회로망에서 회로 내의 임의의 두 점 사이의 전류 또는 전위차는 각각의 전원이 단독으로 있을 때의 전류 또는 전압의 합과 같다.

(2) 중첩의 정리는 반드시 선형소자에서만 적용이 가능하다.

(3) 중첩의 정리를 적용할 때에는 기준이 되는 소스를 제외하고는 전압원은 단락, 전류원을 개방시킨 상태에서 해석해야 한다.

3. 테브난의 정리

(1) 테브난과 노튼의 정리는 쌍대의 관계를 갖는다.

(2) 테브난의 등가변환 방법
  ① 전압원과 임피던스가 직렬로 접속된 회로로 등가변환시킬 수 있다.
  ② 전압원 산출: 두 단자에서의 개방전압
  ③ 임피던스 산출: 두 단자에서 회로를 바라봤을 때의 합성 임피던스
    단, 전압원은 단락, 전류원은 개방시켜 구해야 한다.

4. 밀만의 정리

(1) 서로 다른 크기의 전압원이 병렬로 접속되어 있을 때 회로의 두 단자전압을 구할 때 사용된다.

(2) 단자전압 방법 중 가장 유용한 방법이다.

출제예상문제

※ 출제예상문제는 기출분석을 바탕으로 자주 출제되는 유형을 선별하였습니다.

6-1 기하학적인 회로망

01 다음 회로망 그래프에서 기본 루프(loop)가 아닌 것은? 단, 실선은 나무(tree), 점선은 보목가지(link 또는 cotree)를 나타낸다.

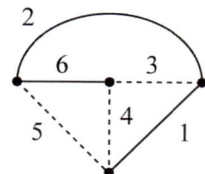

① [2, 6, 3]   ② [1, 3, 4]
③ [1, 2, 6, 4]   ④ [1, 2, 5]

정답분석
기본 루프는 보목가지(점선)를 하나만 포함하는 폐회로를 의미한다.

정답 ②

02 어떤 그래프의 가지(branch, 지로)의 수는 14개이고 마디(node)의 수는 7개이다. 보목의 수는 몇 개인가?

① 10   ② 8
③ 7   ④ 12

정답분석
보목의 수
$N = b - (n-1) = 14 - (7-1) = 8$ 개

정답 ②

6-2 회로망 해석

03 다음 용어에 대한 설명으로 옳은 것은?

① 능동소자는 나머지 회로에 에너지를 공급하는 소자이며, 그 값은 양과 음의 값을 갖는다.
② 종속전원은 회로 내의 다른 변수에 종속되어 전압 또는 전류를 공급하는 전원이다.
③ 선형소자는 중첩의 원리와 비례의 법칙을 만족할 수 있는 다이오드 등을 말한다.
④ 개방 회로는 두 단자 사이에 흐르는 전류가 양단자에 전압과 관계없이 무한대값을 갖는다.

정답분석
① 능동소자: 회로를 만드는 부품 중에서 트랜지스터와 같이 외부에서 에너지의 공급을 받아 증폭이나 발진 등의 작용을 할 수 있는 소자를 말하며, 일반적으로 전원은 회로의 구성요소로 보지 않는다.
③ 선형소자는 중첩의 원리와 옴의법칙을 만족할 수 있는 R, L, C 소자 등을 말한다. 다이오드와 철심에 감겨진 코일 등은 비선형 소자이다.
④ 개방 회로의 임피던스는 무한대이므로 전압과 관계없이 전류가 흐르지 않는다.

정답 ②

04 이상적 전압·전류원에 관하여 옳은 것은?

① 전압원의 내부저항은 ∞이고 전류원의 내부저항은 0이다.
② 전압원의 내부저항은 0이고 전류원의 내부저항은 ∞이다.
③ 전압원 전류원의 내부저항은 흐르는 전류에 따라 변한다.
④ 전압원의 내부저항은 일정하고 전류원의 내부저항은 일정하지 않다.

정답 ②

05 그림의 회로 (a), (b)가 등가가 되기 위한 I_s, R의 값은?

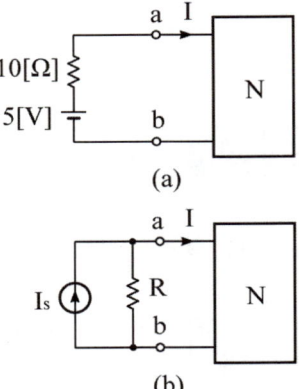

① 0.5[A], 10[Ω]
② 0.5[A], 1/10[Ω]
③ 5[A], 10[Ω]
④ 10[A], 10[Ω]

정답분석

전압원과 전류원의 등가변환
㉠ 전류원 내부저항: $R = r = 10\,[\Omega]$
   (전압원의 내부저항과 크기는 같다.)
㉡ 전류원 등가전류
    $= \dfrac{E}{r} = \dfrac{5}{10} = 0.5\,[A]$
   (전압원 a, b 단자를 단락시켰을 때 흐르는 전류,
   r: 전압원 내부저항)

정답 ①

06 그림의 회로에서 단자 a, b에 3[Ω]의 저항을 연결할 때 이 저항에서의 소비전력의 몇 [W]인가?

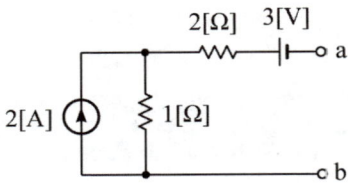

① 1/12
② 1/3
③ 1
④ 12

정답분석

㉠ 전류원 2[A]를 전압원으로 등가변화하고 부하를 접속하면 아래와 같이 그릴 수 있다.

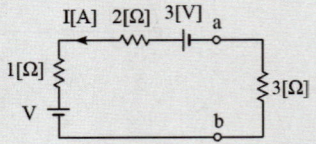

㉡ 등가전압: $V = IR = 1 \times 2 = 2\,[V]$
㉢ 전류: $I = \dfrac{V}{R} = \dfrac{3-2}{1+2+3} = \dfrac{1}{6}\,[A]$
∴ 소비전력: $P = I^2 R = \left(\dfrac{1}{6}\right)^2 \times 3 = \dfrac{1}{12}\,[W]$

정답 ①

07 회로에서 중첩의 원리를 이용하여 I를 구하면 몇 [A]는?

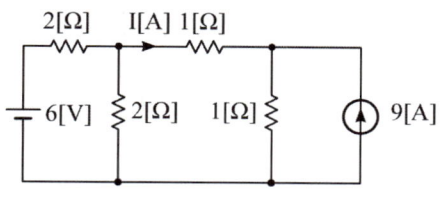

① 2[A]   ② -2[A]
③ -1[A] ④ 4[A]

정답분석

  전압원 6[V]를 전류원으로 변환

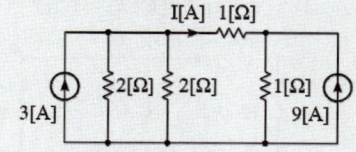

  병렬로 접속된 2개의 저항(2[Ω])의 합성

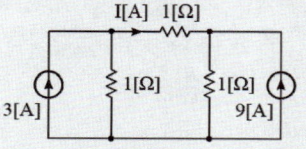

  3[A], 9[A] 전류원을 전압원으로 변환

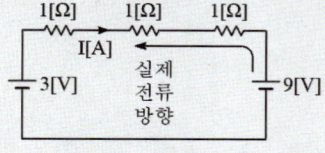

$$\therefore I = \frac{3-9}{1+1+1} = -2\,[A]$$

(여기서, -는 문제에 제시된 전류와 반대방향을 의미한다.)

정답 ②

08 회로에서 저항 0.5[Ω]에 걸리는 전압 [V]은?

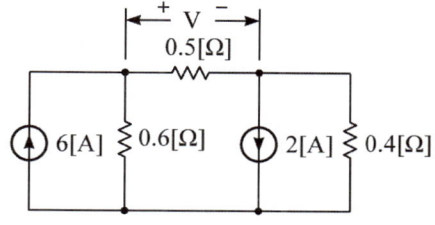

① 0.62   ② 0.93
③ 1.47   ④ 1.68

정답분석

  전류원을 전압원으로 등가변환

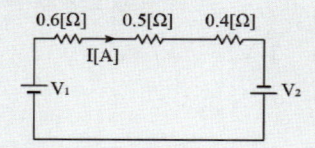

  $V_1 = IR = 6 \times 0.6 = 3.6\,[V]$
  $V_2 = IR = 2 \times 0.4 = 0.8\,[V]$
  $I = \dfrac{V_1 + V_2}{R} = \dfrac{3.6 + 0.8}{0.6 + 0.5 + 0.4} = 2.93\,[A]$

$\therefore V = 0.5I = 0.5 \times 2.93 = 1.47\,[V]$

정답 ③

09 그림과 같은 회로에서 단자 a, b간의 전압 V_{ab}[V]는?

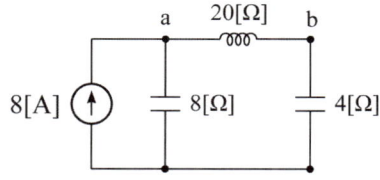

① $-j160\,[V]$ ② $40\,[V]$
③ $j160\,[V]$ ④ $40\,[V]$

정답분석

  a, b 사이에 흐르는 전류는

$$I = \frac{-j8}{-j8 + (j20 - j4)} \times 8 = -8\,[A]\text{ 이므로}$$

$\therefore V_{ab} = j20\,I = j20 \times (-8) = -j160\,[V]$

정답 ①

10 그림과 같은 회로에서 $V-I$ 관계식은?

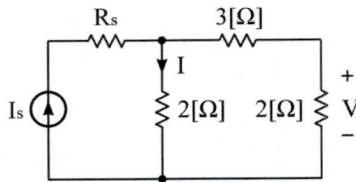

① $V = 0.8I$ ② $V = I_s R_s - 2I$
③ $V = 3 + 0.2I$ ④ $V = 2I$

정답분석
V 측으로 흐르는 전류를 I_x 라 하면
$I : I_x = 5 : 2$ 의 관계에 의해 $I_x = \dfrac{2}{5} I$ 이 된다.
∴ $V = 2I_x = \dfrac{4}{5} I = 0.8 I$

정답 ①

11 선형회로에 가장 관계가 있는 것은?
① 키르히호프의 법칙
② 옴의 법칙
③ 패러데이의 전자유도법칙
④ 중첩의 원리

정답분석 중첩의 원리는 선형회로에서만 적용할 수 있다.

정답 ④

12 그림과 같은 회로에서 미지의 저항 R의 값을 구하면 몇 [Ω]인가?

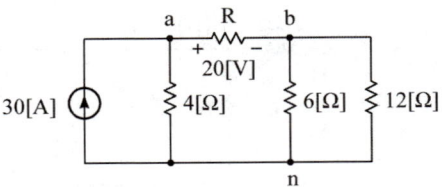

① 2.5[Ω] ② 2[Ω]
③ 1.6[Ω] ④ 1[Ω]

정답분석
㉠ 전류원을 전압원으로 등가변환
  (6[Ω]과 12[Ω]의 병렬합성: 4[Ω])

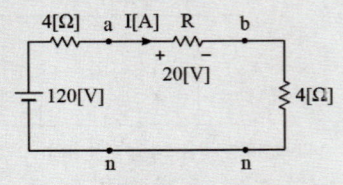

㉡ $V_R = IR = \dfrac{120}{4+4+R} \times R = 20\,[V]$ 에서
$120R = 20(8+R)$
$120R = 160 + 20R$
$100R = 160$
∴ $R = \dfrac{160}{100} = 1.6\,[\Omega]$

정답 ③

13 회로의 V_{30}과 V_{15}는 얼마인가?

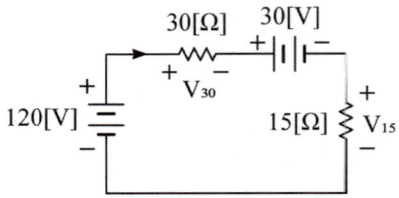

① 60[V], 30[V]
② 70[V], 40[V]
③ 80[V], 50[V]
④ 50[V], 40[V]

정답분석
㉠ 회로 전류: $I = \dfrac{V}{R} = \dfrac{120-30}{30+15} = 2\,[A]$
㉡ $V_{30} = 30I = 30 \times 2 = 60\,[V]$
㉢ $V_{15} = 15I = 15 \times 2 = 30\,[V]$

정답 ①

14
다음 회로에서 120[V], 30[V] 전압원의 전력은?

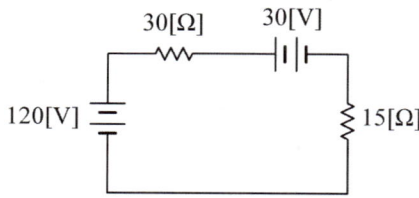

① 240[W], 60[W]
② 240[W], -60[W]
③ -240[W], 60[W]
④ -240[W], -60[W]

㉠ 회로 전류: $I = \dfrac{V}{R} = \dfrac{120-30}{30+15} = 2\,[A]$

㉡ 120[V] 전압원의 전력
$P_1 = V_1 I = 120 \times 2 = 240\,[W]$

㉢ 30[V] 전압원의 전력
$P_2 = -V_2 I = -30 \times 2 = -60\,[W]$

정답 ②

16
회로에서 7[Ω]의 저항 양단의 전압은 몇 [V]인가?

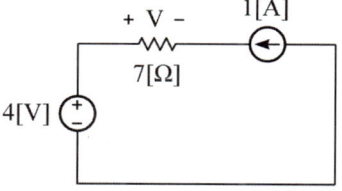

① 7[V] ② -7[V]
③ 4[V] ④ -4[V]

중첩의 정리를 이용하여 풀이할 수 있다.
㉠ 4[V] 만의 회로해석: $I_1 = 0\,[A]$
(전류원은 개방이 되므로 전류는 흐르지 않는다.)
㉡ 1[A] 만의 회로해석: $I_2 = 1\,[A]$
(전압원은 단락이 되므로 회로에는 1[A] 가 흐른다.)
㉢ 전류 $I = I_1 + I_2 = 1\,[A]$ 이고, 수동소자는 +극으로 전류가 들어가 -로 나가므로(수동부호규약)
∴ $V = 7I = 7 \times (-1) = -7\,[V]$

정답 ②

15
두 전원 E_1와 E_2를 그림과 같이 접속했을 때 흐르는 전류 $I[A]$는?

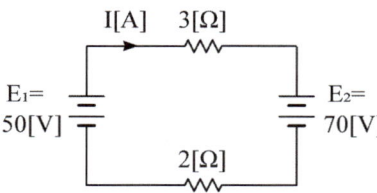

① 4[A] ② -4[A]
③ 24[A] ④ -24[A]

전류는 높은 전위에서 낮은 전위로 흐르므로 E_2에서 E_1으로 흐른다. 따라서 전류는 문제에 제시된 방향과 반대로 (-)로 흐른다.

∴ 전류: $I = \dfrac{V}{R} = \dfrac{50-70}{3+2} = -4\,[A]$

정답 ②

17 그림과 같은 회로의 a, b단자 간의 전압 [V]는?

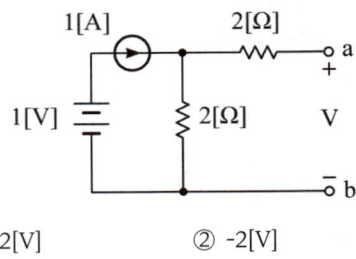

① 2[V]　　　② -2[V]
③ -4[V]　　 ④ 4[V]

정답분석
중첩의 정리를 이용하여 풀이할 수 있다.
㉠ 전압원 1[V] 만의 회로해석: $I_1 = 0$

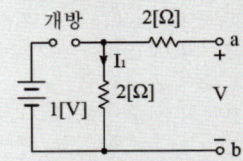

㉡ 전류원 1[A] 만의 회로 해석: $I_2 = 1\,[A]$

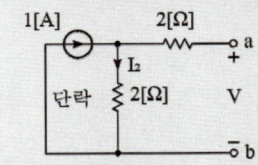

㉢ 2[Ω] 통과 전류: $I = I_1 + I_2 = 1\,[A]$
∴ 개방전압: $V = 2I = 2 \times 1 = 2\,[V]$

정답 ①

18 그림의 회로에서 단자 a, b에 걸리는 전압 V_{ab}는 몇 [V]인가?

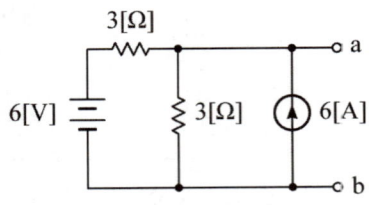

① 12[V]　　② 18[V]
③ 24[V]　　④ 36[V]

정답분석
중첩의 정리를 이용하여 풀이할 수 있다.
㉠ 전압원 6[V] 만의 회로해석
$I_1 = \dfrac{6}{3+3} = 1\,[A]$

㉡ 전류원 6[A] 만의 회로 해석
$I_2 = \dfrac{6}{2} = 3\,[A]$

㉢ 3[Ω] 통과 전류: $I = I_1 + I_2 = 4\,[A]$
∴ 개방전압: $V = 3I = 3 \times 4 = 12\,[V]$

정답 ①

19 그림과 같은 회로에서 i_x는 몇 [A]인가?

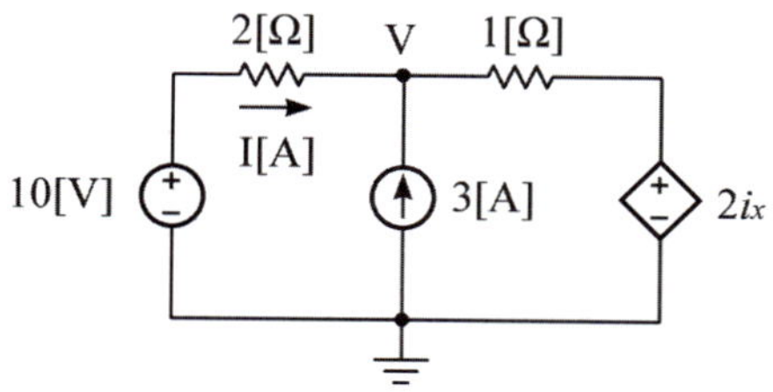

① 3.2[A] ② 2.6[A]
③ 2.0[A] ④ 1.4[A]

정답 분석

중첩의 정리를 이용하여 풀이할 수 있다.

㉠ 전압원 10[V] 만의 회로해석

$$I_1 = \frac{10}{2+1}[A]$$

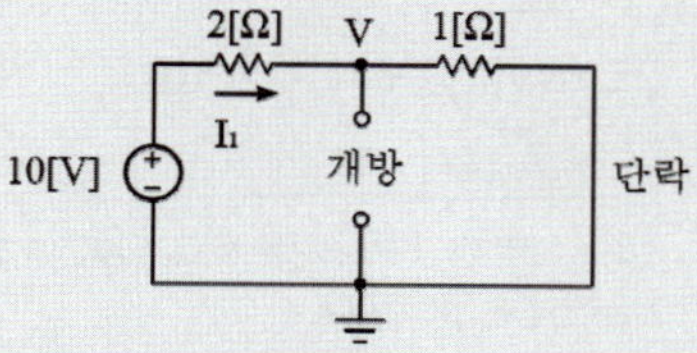

㉡ 전류원 3[A] 만의 회로 해석

$$I_2 = \frac{1}{2+1} \times 3 = \frac{3}{3}[A]$$

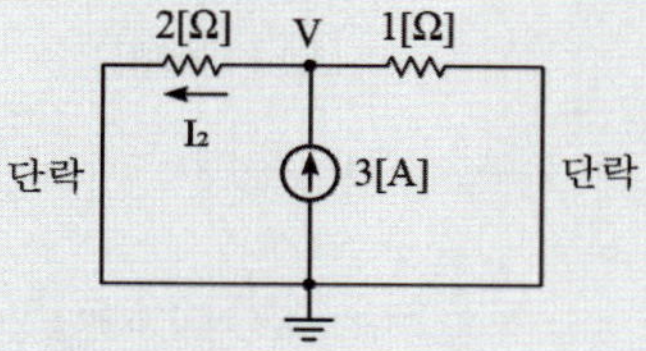

㉢ 전압원 i_x 만의 회로 해석: $I_3 = \frac{2i_x}{3}[A]$

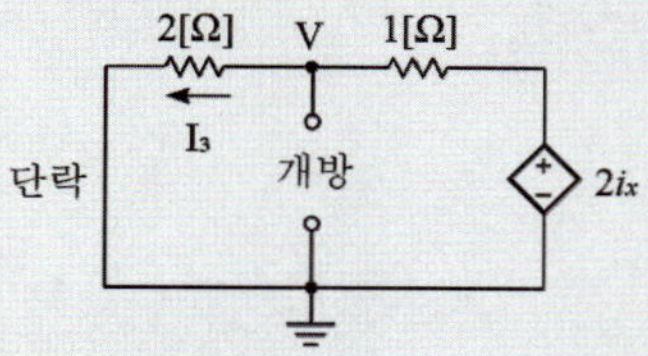

㉣ 2[Ω] 통과 전류

$I_x = I_1 + I_2 + I_3 = \frac{10}{3} - \frac{1}{2+1} \times 3 - \frac{2i_x}{3}$에서

$i_x + \frac{2i_x}{3} = \frac{5i_x}{3} = \frac{7}{3}$ 이므로 $5i_x = 7$ 이 된다.

$\therefore i_x = \frac{7}{5} = 1.4[A]$

정답 ④

20 그림과 같은 회로에서 1[Ω]의 단자전압 [V]은?

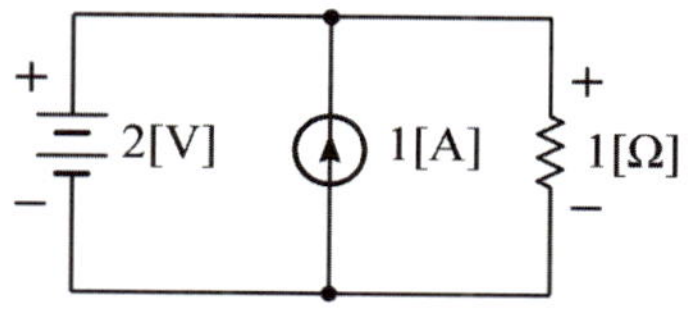

① 1.5[V] ② 3[V]
③ 2[V] ④ 1[V]

정답 분석

중첩의 정리를 이용하여 풀이할 수 있다.

㉠ 전압원 2[V] 만의 회로해석

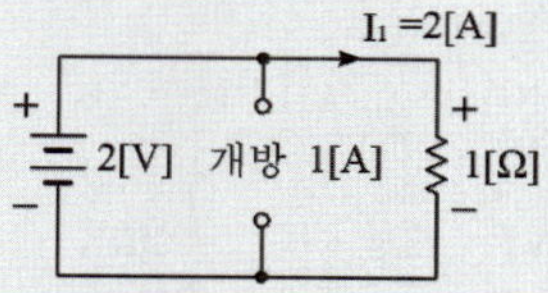

$I_1 = \frac{2}{1} = 2[A]$

㉡ 전류원 1[A] 만의 회로 해석

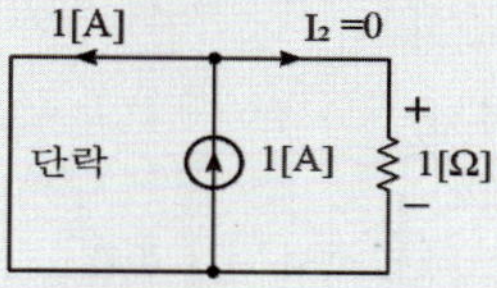

$I_2 = \frac{0}{0+1} \times 1 = 0[A]$

㉢ 1[Ω] 통과 전류: $I = I_1 + I_2 = 2[A]$

∴ 단자전압: $V = IR = 2 \times 1 = 2[V]$

정답 ③

21 그림과 같은 회로에서 2[Ω]의 단자전압 [V]은?

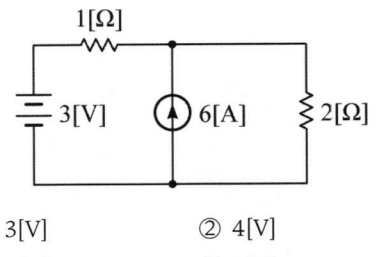

① 3[V]　　② 4[V]
③ 6[V]　　④ 8[V]

정답분석

중첩의 정리를 이용하여 풀이할 수 있다.
㉠ 전압원 3[V] 만의 회로해석

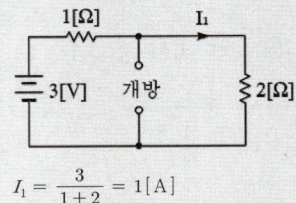

$I_1 = \dfrac{3}{1+2} = 1\,[\mathrm{A}]$

㉡ 전류원 6[A] 만의 회로 해석

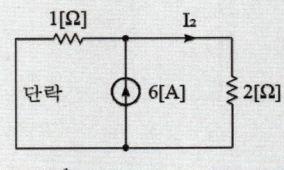

$I_2 = \dfrac{1}{1+2} \times 6 = 2\,[\mathrm{A}]$

㉢ 2[Ω] 통과 전류: $I = I_1 + I_2 = 3\,[\mathrm{A}]$
∴ 개방전압: $V = 2I = 2 \times 3 = 6\,[\mathrm{V}]$

정답 ③

22 그림과 같은 회로에서 5[Ω]에 흐르는 전류는 몇 [A]인가?

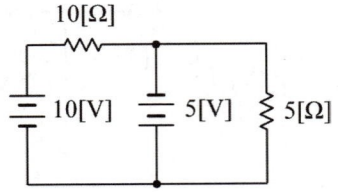

① 1/2[A]　　② 2/3[A]
③ 1[A]　　④ 5/3[A]

정답분석

중첩의 정리를 이용하여 풀이할 수 있다.
㉠ 전압원 10[V] 만의 회로해석: $I_1 = 0$

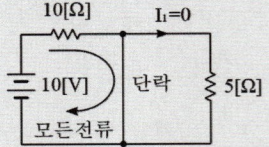

전류는 단락된 곳으로 모두 흐르기 때문에 5[Ω]을 통과하는 전류는 0이 된다.

㉡ 전압원 5[V] 만의 회로 해석

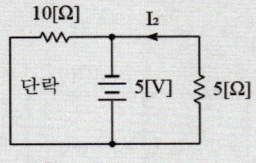

$I_2 = \dfrac{V}{R} = \dfrac{5}{5} = 1\,[\mathrm{A}]$

병렬 시에는 전압이 일정하기 때문에 5[Ω], 10[Ω]의 단자전압은 모두 5[V]가 된다.
∴ 5[Ω] 통과 전류: $I = I_1 + I_2 = 1\,[\mathrm{A}]$

정답 ③

23
다음 그림에서 a, b 간의 선간전압 V_{ab}는?

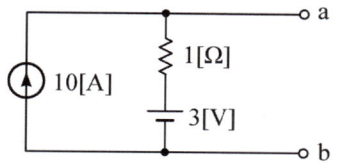

① 10[V]　　② 3[V]
③ 7[V]　　④ 13[V]

중첩의 정리를 이용하여 풀이할 수 있다.
㉠ 전류원 10[A] 만의 회로해석: $I_1 = 10$

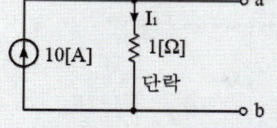

㉡ 전류원 6[A] 만의 회로 해석: $I_2 = 0$

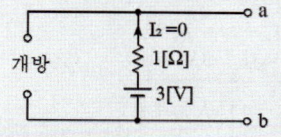

㉢ 1[Ω] 통과 전류: $I = I_1 + I_2 = 10\,[\text{A}]$
㉣ 1[Ω] 단자전압: $V_R = 1 \times 10 = 10\,[\text{V}]$
∴ 개방전압: $V = V_R + 3 = 13\,[\text{V}]$

정답 ④

24
그림에서 10[Ω]의 저항에 흐르는 전류는 몇 [A]인가?

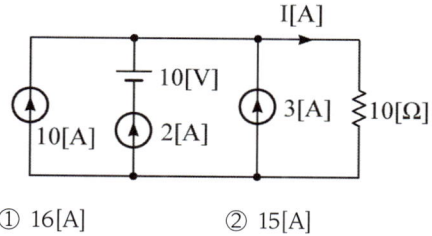

① 16[A]　　② 15[A]
③ 14[A]　　④ 13[A]

중첩의 정리를 이용하여 풀이할 수 있다.
㉠ 전류원 10[A] 만의 회로해석: $I_1 = 10\,[\text{A}]$

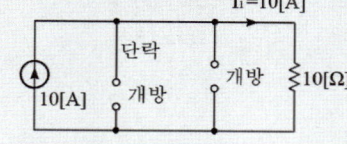

㉡ 전압원 10[V] 만의 회로해석: $I_2 = 0\,[\text{A}]$

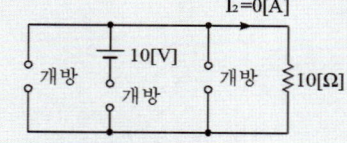

㉢ 전류원 2[A] 만의 회로해석: $I_3 = 2\,[\text{A}]$

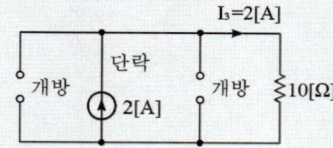

㉣ 전류원 3[A] 만의 회로해석: $I_4 = 3\,[\text{A}]$

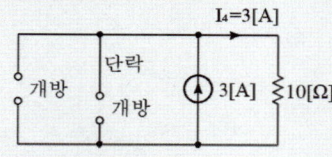

∴ 10[Ω] 통과 전류
$I = I_1 + I_2 + I_3 + I_4$
$= 10 + 0 + 2 + 3 = 15\,[\text{A}]$

정답 ②

25 그림에서 10[Ω]의 저항에 흐르는 전류는 몇 [A]인가?

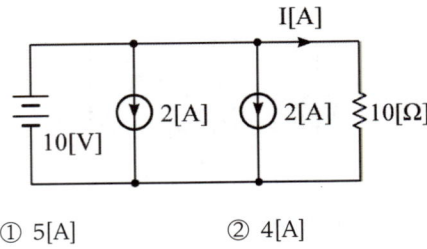

① 5[A]　　② 4[A]
③ 2[A]　　④ 1[A]

 전압원을 단락시키면($Z=0$)으로만 전류원은 도두 단락된 곳으로만 흐르므로 10[Ω]에 흐르는 전류는 오직 전압원에 의해서만 결정된다.

$$\therefore I = \frac{V}{R} = \frac{10}{10} = 1\,[A]$$

정답 ④

26 그림과 같은 회로의 컨덕턴스 G_2에 흐르는 전류 [A]는?

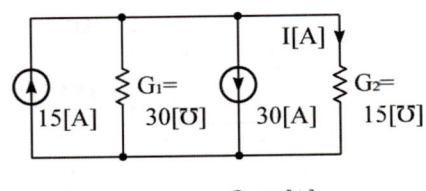

① 5[A]　　② 10[A]
③ -3[A]　　④ -5[A]

 중첩의 정리를 이용하여 풀이할 수 있다.
㉠ 전류원 15[A] 만의 회로해석

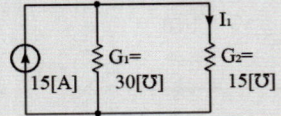

$$I_1 = \frac{G_2}{G_1 + G_2} \times I = \frac{15}{30+15} \times 15 = 5\,[A]$$

㉡ 전압원 10[V] 만의 회로해석

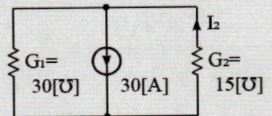

$$I_2 = \frac{G_2}{G_1 + G_2} \times I = \frac{15}{30+15} \times 30 = 10\,[A]$$

∴ 15[℧] 통과 전류
$$I = I_1 - I_2 = 5 - 10 = -5\,[A]$$

정답 ④

27 전류가 전압에 비례한다는 것을 가장 잘 나타낸 것은?

① 테브난의 정리　　② 상반의 정리
③ 밀만의 정리　　　④ 중첩의 정리

 정답 ①

28. 테브난의 정리와 쌍대의 관계가 있는 것은?

① 밀만의 정리　② 중첩의 원리
③ 노튼의 정리　④ 보상의 정리

정답분석
테브난 정리는 등가 전압원의 정리이다. 쌍대관계에 있는 것을 등가전류원의 정리로서 노튼의 정리를 말한다.

정답 ③

30. 그림과 같은 (a)의 회로를 그림 (b)와 같은 등가회로로 구성하고자 한다. 이때 V 및 R 의 값은?

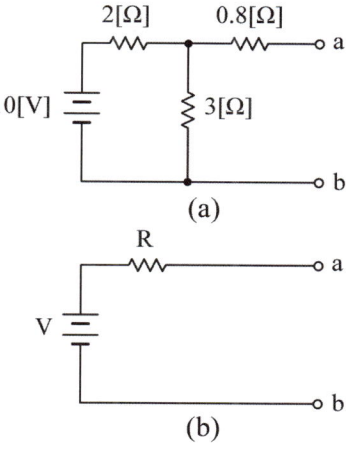

① 2[V], 3[Ω]　② 3[V], 2[Ω]
③ 6[V], 2[Ω]　④ 2[V], 6[Ω]

정답분석
테브난의 등가변환
㉠ 개방전압: a, b 양단의 단자전압
$$V = 3I = 3 \times \frac{10}{2+3} = 6\,[V]$$
㉡ 등가저항: 전압원을 단락시킨 상태에서 a, b에서 바라본 합성저항
$$R = 0.8 + \frac{2 \times 3}{2+3} = 2\,[\Omega]$$

정답 ③

29. 그림에서 a, b 단자의 전압이 50[V] a, b 단자에서 본 능동 회로망의 임피던스가 $Z = 6 + j8\,[\Omega]$일 때 a, b 단자에 임피던스 $Z_L = 2 - j2\,[\Omega]$을 접속하면 이 임피던스에 흐르는 전류 [A]는 얼마인가?

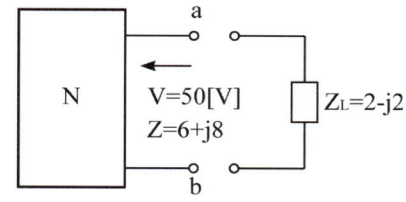

① $4 - j3$ [A]
② $4 + j3$ [A]
③ $3 - j4$ [A]
④ $3 + j4$ [A]

정답분석
테브난 정리에 의해 풀이 수 있다.

$$I = \frac{V}{Z + Z_L} = \frac{50}{(6+j8)+(2-j2)}$$
$$= \frac{50}{8+j6} = \frac{50(8-j6)}{8^2 + 6^2} = 4 - j3\,[A]$$

정답 ①

31 회로 (a)를 회로 (b)와 로 하여 테브난의 정리를 이용하면 임피던스 R_{Th}의 값과 전압 V_{Th}의 값은 얼마인가?

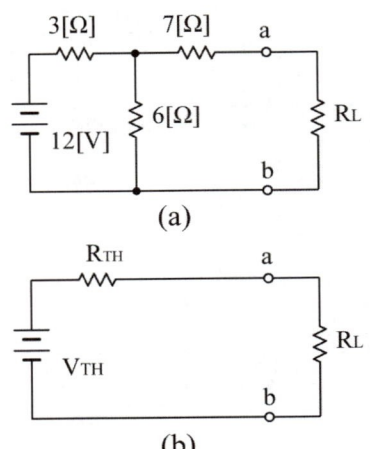

① 4[V], 13[Ω]   ② 8[V], 2[Ω]
③ 8[V], 9[Ω]   ④ 4[V], 9[Ω]

정답분석 테브난의 등가변환
㉠ 개방전압: a, b 양단의 단자전압
$V_{Th} = 6I = 6 \times \dfrac{12}{3+6} = 8\,[\text{V}]$
㉡ 등가저항: 전압원을 단락시킨 상태에서 a, b에서 바라본 합성저항
$R_{Th} = 7 + \dfrac{3 \times 6}{3+6} = 9\,[\Omega]$

정답 ③

32 그림과 같은 직류 회로에서 저항 $R[\Omega]$의 값은?

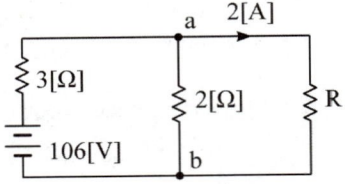

① 10[Ω]   ② 20[Ω]
③ 30[Ω]   ④ 40[Ω]

정답분석 테브난의 등가변환

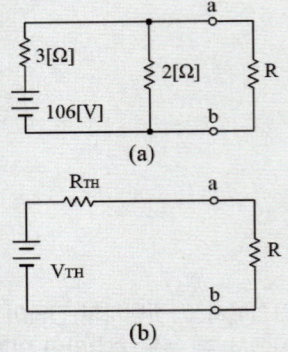

㉠ 개방전압: a, b 양단의 단자전압
$V_{Th} = 2I = 2 \times \dfrac{106}{3+2} = 42.4\,[\text{V}]$
㉡ 등가저항: 전압원을 단락시킨 상태에서 a, b에서 바라본 합성저항
$R_{Th} = \dfrac{3 \times 2}{3+2} = 1.2\,[\Omega]$
㉢ 부하전류: $I = \dfrac{V_{Th}}{R_{Th}+R} = 2\,[\text{A}]$
∴ $R = \dfrac{V_{Th}}{I} - R_{Th} = \dfrac{42.4}{2} - 1.2 = 20\,[\Omega]$

정답 ②

33

회로를 테브난(Thevenin)의 등가회로로 변화하려고 한다. 이때 테브난의 등가저항 R_T 와 등가전압 V_T [V]는?

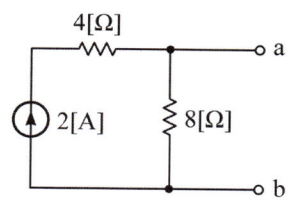

① $R_T = \dfrac{8}{3}$, $V_T = 8$

② $R_T = 6$, $V_T = 12$

③ $R_T = 8$, $V_T = 16$

④ $R_T = \dfrac{8}{3}$, $V_T = 16$

 테브난의 등가변환

㉠ 개방전압: a, b 양단의 단자전압
$V_T = 8I = 8 \times 2 = 16\,[\mathrm{V}]$

㉡ 등가저항: 전류원을 개방시킨 상태에서 a, b에서 바라본 합성저항

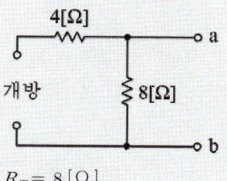

$R_T = 8\,[\Omega]$

정답 ③

34

그림 (a)와 (b)의 회로가 등가회로가 되기 위한 전류원 I[A]와 임피던스 Z[Ω]의 값은?

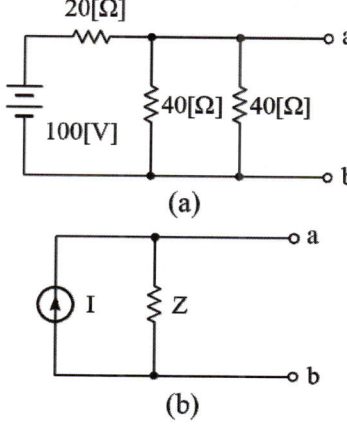

① 5[A], 10[Ω]   ② 2.5[A], 10[Ω]
③ 5[A], 20[Ω]   ④ 2.5[A], 20[Ω]

㉠ 병렬로 접속된 2개의 40[Ω]을 합성하면
$R = \dfrac{40}{2} = 20\,[\Omega]$ 이 되어 아래와 같이 다시 그릴 수 있다.

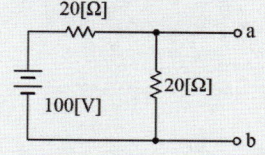

㉡ 노튼의 등가저항: 전압원을 단락시킨 상태에서 a, b에서 바라본 합성저항

$R_N = \dfrac{20}{2} = 10\,[\Omega] = Z$

㉢ 노튼의 전류: a, b 단자를 단락시켜 이곳을 통과하는 전류

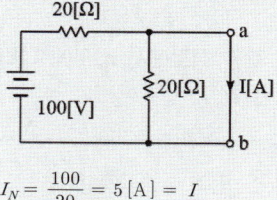

$I_N = \dfrac{100}{20} = 5\,[\mathrm{A}] = I$

정답 ①

35

회로망 출력 단자 a, b에서 바라본 등가 임피던스는? (단, $V_1 = 6\,[\text{V}]$, $V_2 = 3\,[\text{V}]$, $I_1 = 10\,[\text{A}]$, $R_1 = 15\,[\Omega]$, $R_2 = 10\,[\Omega]$, $L = 2\,[\text{H}]$, $j\omega = s$이다.)

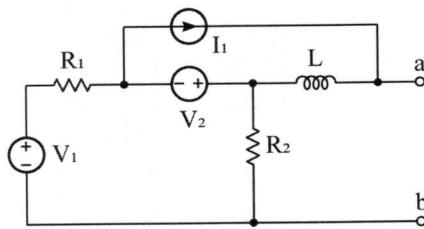

① $\dfrac{1}{s+3}$ ② $s + 15$

③ $\dfrac{3}{s+2}$ ④ $2s + 6$

 등가 임피던스를 구할 때 전압원은 단락($Z=0$), 전류원은 개방($Z=\infty$)하여 구한다.

$$\therefore Z_{ab} = Ls + \dfrac{R_1 R_2}{R_1 + R_2}$$

$$= 2s + \dfrac{15 \times 10}{15 + 10} = 2s + 6$$

정답 ④

36

그림과 같은 회로에서 a, b에 나타나는 전압 몇 [V]인가?

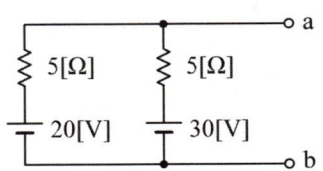

① 20[V]   ② 23[V]
③ 25[V]   ④ 26[V]

 밀만의 정리에 의해서 구할 수 있다.

$$\therefore V_{ab} = \dfrac{\sum I}{\sum Y} = \dfrac{\dfrac{20}{5} + \dfrac{30}{5}}{\dfrac{1}{5} + \dfrac{1}{5}} = \dfrac{50}{2} = 25\,[\text{V}]$$

정답 ③

37

그림과 같은 회로에서 a, b에 나타나는 전압 몇 [V]인가?

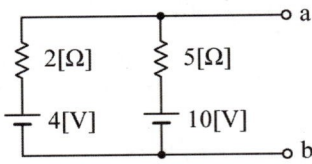

① 5.7[V]   ② 6.5[V]
③ 4.3[V]   ④ 3.4[V]

 밀만의 정리에 의해서 구할 수 있다.

$$\therefore V_{ab} = \dfrac{\sum I}{\sum Y} = \dfrac{\dfrac{4}{2} + \dfrac{10}{5}}{\dfrac{1}{2} + \dfrac{1}{5}} = \dfrac{\dfrac{40}{10}}{\dfrac{7}{10}} = 5.7\,[\text{V}]$$

정답 ①

38

그림과 같은 회로에서 a, b에 나타나는 전압 몇 [V]인가?

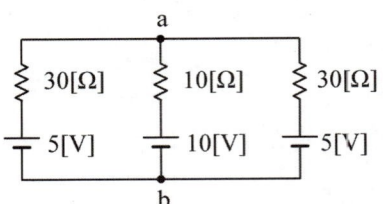

① 2[V]   ② 4[V]
③ 6[V]   ④ 8[V]

 밀만의 정리에 의해서 구할 수 있다.

$$\therefore V_{ab} = \dfrac{\sum I}{\sum Y} = \dfrac{\dfrac{5}{30} + \dfrac{10}{10} + \dfrac{5}{30}}{\dfrac{1}{30} + \dfrac{1}{10} + \dfrac{1}{30}} = 8\,[\text{V}]$$

정답 ④

39
그림과 같은 회로에서 a, b에 나타나는 전압 몇 [V]인가?

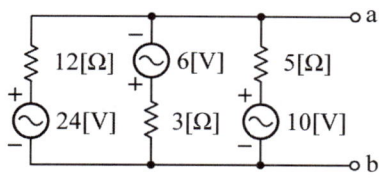

① $\dfrac{360}{37}$ [V] ② $\dfrac{120}{37}$ [V]
③ 28 [V] ④ 40 [V]

정답분석 밀만의 정리에 의해서 구할 수 있다.

$$\therefore V_{ab} = \dfrac{\sum I}{\sum Y} = \dfrac{\dfrac{24}{12} - \dfrac{6}{3} + \dfrac{10}{5}}{\dfrac{1}{12} + \dfrac{1}{3} + \dfrac{1}{5}}$$

$$= \dfrac{\dfrac{240 - 240 + 240}{12}}{\dfrac{10 + 40 + 24}{120}} = \dfrac{240}{74} = \dfrac{120}{37} \text{ [V]}$$

정답 ②

40
그림과 같은 회로에서 5[Ω]에 흐르는 전류는 몇 [A]인가?

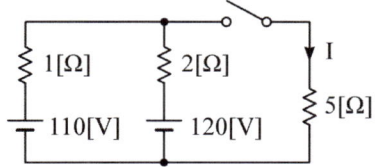

① 30[A] ② 40[A]
③ 20[A] ④ 33.3[A]

정답분석 밀만의 정리에 의해서 구할 수 있다.
㉠ 개방전압 (5[Ω]의 단자전압)

$$V_{ab} = \dfrac{\sum I}{\sum Y} = \dfrac{\dfrac{110}{1} + \dfrac{120}{2}}{\dfrac{1}{1} + \dfrac{1}{2} + \dfrac{1}{5}} = 100 \text{ [V]}$$

㉡ 5[Ω]에 흐르는 전류: $I = \dfrac{100}{5} = 20$ [A]

정답 ③

41
그림의 성형 불평형 회로에 각 상전압이 E_a, E_b, E_c[V]이고, 부하는 Z_a, Z_b, Z_c[Ω] 이라면, 중성선 임피던스가 Z_n일 때 중성점 간의 전위는 어떻게 되는가?

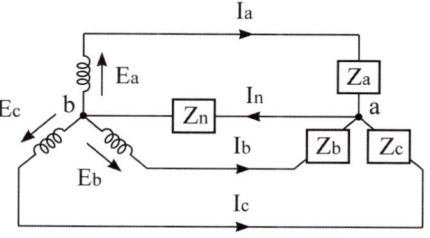

① $V_n = \dfrac{E_a + E_b + E_c}{Z_a + Z_b + Z_c}$

② $V_n = \dfrac{E_a + E_b + E_c}{Z_a + Z_b + Z_c + Z_n}$

③ $V_n = \dfrac{\dfrac{E_a}{Z_a} + \dfrac{E_b}{Z_b} + \dfrac{E_c}{Z_c}}{\dfrac{1}{Z_a} + \dfrac{1}{Z_b} + \dfrac{1}{Z_c} + \dfrac{1}{Z_n}}$

④ $V_n = \dfrac{\dfrac{E_a}{Z_a} + \dfrac{E_b}{Z_b} + \dfrac{E_c}{Z_c}}{\dfrac{1}{Z_a} + \dfrac{1}{Z_b} + \dfrac{1}{Z_c}}$

정답분석 ㉠ 회로를 아래와 같이 등가변환 할 수 있다.

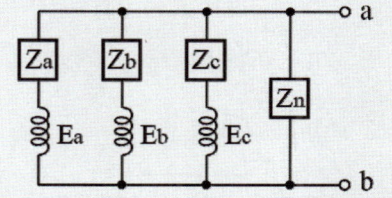

㉡ 중성점 간의 전위(a, b의 개방전압)은 밀만의 정리에 의해서 구할 수 있다.

$$V_n = \dfrac{\sum I}{\sum Y} = \dfrac{E_a Y_a + E_b Y_b + E_c Y_c}{Y_a + Y_b + Y_c + Y_n}$$

$$= \dfrac{\dfrac{E_a}{Z_a} + \dfrac{E_b}{Z_b} + \dfrac{E_c}{Z_c}}{\dfrac{1}{Z_a} + \dfrac{1}{Z_b} + \dfrac{1}{Z_c} + \dfrac{1}{Z_n}} \text{ [V]}$$

정답 ③

6-3 회로망 응용 문제

42 그림과 같은 회로에서 0.2[Ω]의 저항에 흐르는 전류는 몇 [A]인가?

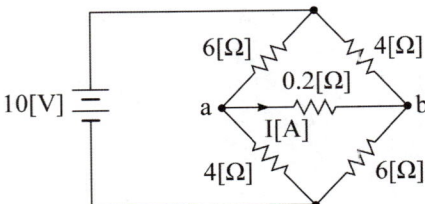

① 0.1[A]   ② 0.2[A]
③ 0.3[A]   ④ 0.4[A]

정답분석 테브난의 등가변환으로 풀이할 수 있다.
㉠ 개방전압
$$V_{TH} = V_b - V_a = \left(\frac{6}{6+4} \times 10\right) - \left(\frac{4}{6+4} \times 10\right) = 2\,[V]$$

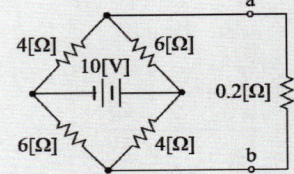

㉡ 합성저항
$$R_{TH} = \frac{6 \times 4}{6+4} + \frac{6 \times 4}{6+4} = 4.8\,[\Omega]$$

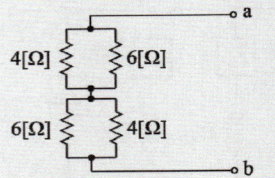

∴ 0.2[Ω]에 흐르는 전류 (테브난 등가변환)
$$I = \frac{V_{TH}}{R_{TH} + 0.2} = \frac{2}{4.8 + 0.2} = 0.4\,[A]$$

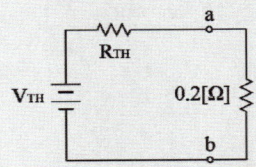

정답 ④

43 그림과 같은 회로에 흐르는 전류는 몇 [A]인가?

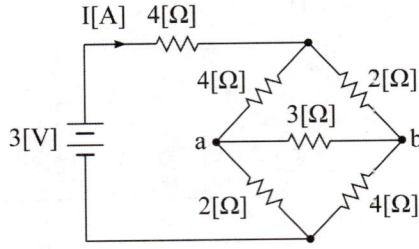

① 0.44[A]   ② 0.53[A]
③ 0.62[A]   ④ 0.89[A]

정답분석 △회로를 Y회로로 변환하여 구할 수 있다.

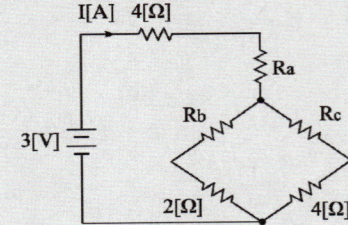

㉠ $R_a = \dfrac{4 \times 2}{4+3+2} = \dfrac{8}{9} = 0.89\,[\Omega]$

㉡ $R_b = \dfrac{4 \times 3}{4+3+2} = \dfrac{12}{9} = 1.33\,[\Omega]$

㉢ $R_c = \dfrac{2 \times 3}{4+3+2} = \dfrac{6}{9} = 0.67\,[\Omega]$

㉣ 합성저항
$$R_0 = 4 + R_a + \frac{(R_b + 2) \times (R_c + 4)}{(R_b + 2) + (R_c + 4)}$$
$$= 4.89 + \frac{3.33 \times 4.67}{3.33 + 4.67} = 6.83\,[\Omega]$$

∴ 전류: $I = \dfrac{V}{R_0} = \dfrac{3}{6.83} = 0.439\,[A]$

정답 ①

44 그림과 같은 회로에서 I_a를 구하기 위해서 폐로 전류를 그림과 같이 설정하고 방정식을 세우면 아래와 같을 때 a_{11}, a_{12}, a_{13}, a_{23}, a_{33}을 차례로 나열하면?

$$a_{11}I_1 + a_{12}I_2 + a_{13}I_3 = 10$$
$$-2I_1 + 5I_2 + a_{23}I_3 = 0$$
$$-2I_1 - I_2 + a_{33}I_3 = 0$$

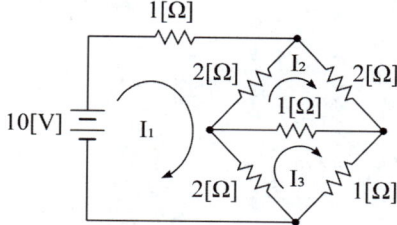

① 3, -2, -2, 1, -4
② 5, 2, 2, 1, 4
③ 5, -2, -2, -1, 4
④ 3, -2, -2, -1, 4

정답분석

각 루프에 흐르는 전류를 이용하여 회로방정식을 세울 수 있다.

㉠ $I_1 + 2(I_1 - I_2) + 2(I_1 - I_3)$
  $= 5I_1 - 2I_2 - 2I_3 = 10 \,[\text{V}]$

㉡ $2(I_2 - I_1) + 2I_2 + (I_2 - I_3)$
  $= -2I_1 + 5I_2 - I_3 = 0 \,[\text{V}]$

㉢ $2(I_3 - I_1) + (I_3 - I_2) + I_3$
  $= -2I_1 - I_2 + 4I_3 = 0 \,[\text{V}]$

∴ 위 ㉠~㉢의 연립방정식을 행렬로 나타내면 다음과 같다.

$$\begin{bmatrix} a_{11} & a_{12} & a_{13} \\ a_{21} & a_{22} & a_{23} \\ a_{31} & a_{32} & a_{33} \end{bmatrix} \begin{bmatrix} I_1 \\ I_2 \\ I_3 \end{bmatrix} = \begin{bmatrix} V_1 \\ V_2 \\ V_3 \end{bmatrix} \rightarrow$$

$$\begin{bmatrix} 5 & -2 & -2 \\ -2 & 5 & -1 \\ -2 & -1 & 4 \end{bmatrix} \begin{bmatrix} I_1 \\ I_2 \\ I_3 \end{bmatrix} = \begin{bmatrix} 10 \\ 0 \\ 0 \end{bmatrix}$$

정답 ③

해커스자격증
pass.Hackers.com

해커스 전기기사·산업기사 필기 회로이론 한권완성 이론 + 최신기출 + 핵심노트

Chapter 07

4단자망 회로 해석
(4 Terminal network)

1 2단자망 회로
2 4단자망 회로
3 영상 파라미터

핵심 요점정리

출제예상문제

Chapter 07 4단자망 회로 해석(4 Terminal network)

1 2단자망 회로

1. 구동점 임피던스

(1) 개요

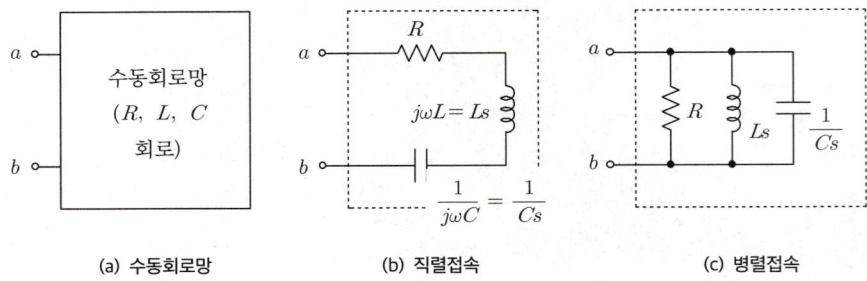

[그림 7-1] 구동점 임피던스

① 구동점 임피던스는 두 단자 a, b에서 수동회로망을 보았을 때의 합성 임피던스를 의미하며, 계산의 편의를 위해 $j\omega$ 대신 s로 대치한다.
② 수동회로망은 전원(전압원 또는 전류원)이 포함되지 않는 R, L, C 소자만의 회로를 의미하며, 능동회로망은 전원을 포함한 회로를 말한다.

(2) 구동점 임피던스 $Z(s) = Z(j\omega)$

① [그림 7-1] (b)와 같이 직렬 회로에서의 구동점 임피던스

$$\therefore Z(s) = R + Ls + \frac{1}{Cs} \ [\Omega] \quad \text{[식 7-1]}$$

② [그림 7-1] (c)와 같이 병렬 회로에서의 구동점 임피던스

$$\therefore Z(s) = \frac{1}{\frac{1}{R} + \frac{1}{Ls} + Cs} \ [\Omega] \quad \text{[식 7-2]}$$

2. 영점과 극점

(1) 영점(zero point)

① 영점이란, 복소함수를 0으로 만드는 점들로 $Z(s)$가 0이 되기 위한 s의 해를 말하며, s평면에 ○으로 표기한다.
② $Z(s)$가 0이 되려면 $Z(s)$의 분자가 0이 되어야 한다.
③ 따라서 회로적인 측면에서는 영점은 단락회로와 같은 의미를 갖는다.

(2) 극점(pole point)

① 극점이란, 복소함수를 ∞ 으로 만드는 점들로 $Z(s)$가 ∞ 가 되기 위한 s의 해를 말하며, s 평면에 ×으로 표기한다.
② $Z(s)$가 ∞ 가 되려면 $Z(s)$의 분모가 0 되어야 한다.
③ 따라서 회로적인 측면에서는 극점은 개방회로와 같은 의미를 갖는다.
④ 복소함수 분모를 0으로 한 방정식을 특성방정식이라고 하며, 이때의 해를 특성근이라 한다. 따라서 특성근을 극점이라 한다.

3. 정저항 회로

(1) 정의

① 2단자 임피던스가 주파수에 관계없이 항상 일정하게 되는 회로를 정저항 회로라 하며, $R^2 = Z_1 Z_2$ 일 때 합성 임피던스는 R 이 된다.
② 정저항 회로에는 위상각이 존재하지 않으며 전압과 전류의 위상차도 없다. 또한 회로는 $jw = 0$ 이 되므로 주파수에 항상 무관한 회로로 작용한다.

(2) 정저항 회로 조건

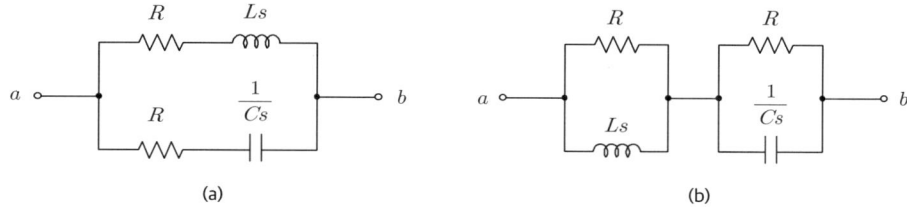

[그림 7-2] 정저항 회로

① 계산의 편의상 $Ls = Z_1$ 으로 $\frac{1}{Cs} = Z_2$ 로 대치하여 연산한다.

② [그림 7-2] (a) 회로의 정저항 조건

$$Z(s) = (R+Z_1) \| (R+Z_2) = \frac{(R+Z_1) \times (R+Z_2)}{(R+Z_1)+(R+Z_2)} = R$$

$$Z(s) = \frac{R^2 + Z_1 R + Z_2 R + Z_1 Z_2}{2R + Z_1 + Z_2} = R \text{ 에서 양변을 } R \text{ 로 나누어 정리하면}$$

$$Z(s) = R + Z_1 + Z_2 + \frac{Z_1 Z_2}{R} = 2R + Z_1 + Z_2 \text{ 이 되고 다시 이를 정리하면}$$

$$\therefore R^2 = Z_1 Z_2 = \frac{L}{C} \quad \text{.. [식 7-3]}$$

③ [그림 7-2] (b) 회로의 정저항 조건

$$Z(s) = \frac{RZ_1}{R+Z_1} + \frac{RZ_2}{R+Z_2} = R \text{ 에서 } Z(s) = \frac{Z_1}{R+Z_1} + \frac{Z_2}{R+Z_2} = 1$$

$$Z(s) = \frac{Z_1(R+Z_2) + Z_2(R+Z_1)}{(R+Z_1)(R+Z_2)} = 1 \text{ 에서 이를 정리하면}$$

$$Z(s) = Z_1 R + Z_1 Z_2 + Z_2 R + Z_1 Z_2 = R^2 + Z_1 R + Z_2 R + Z_1 Z_2 \text{ 이 되므로}$$

$$\therefore R^2 = Z_1 Z_2 = \frac{L}{C} \quad \text{.. [식 7-4]}$$

2 4단자망 회로

1. 개요

(1) 지금까지 회로 해석은 2개의 단자(1-port)를 갖는 회로망을 해석했지만, 전기회로는 4개의 단자(2-port)를 갖는 회로를 많이 사용하고 있다.

(2) 4단자 회로망에는 전송선로, 변압기, 증폭기, 필터 등이 대표적이다.

2. 임피던스 파라미터

1) 개요

① 임피던스 파라미터는 4단자망 회로 1, 2차 단자전압을 구하기 위한 계수로 키르히호프의 법칙을 이용하여 구할 수 있다.

② 전송선로는 T형 또는 π 형 회로로 해석할 수 있으며 여기서는 T형 회로망을 중심으로 설명하겠다.

2) 키르히호프의 법칙을 이용하여 임피던스 파라미터 산출

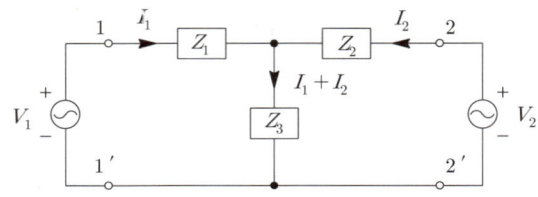

[그림 7-3] 임피던스 파라미터

① $V_1 = Z_1 I_1 + Z_3 (I_1 + I_2) = Z_1 I_1 - Z_3 I_1 + Z_3 I_2$
   $= (Z_1 + Z_3) I_1 + Z_3 I_2 = Z_{11} I_1 + Z_{12} I_2$ ·· [식 7-5]

② $V_2 = Z_2 I_2 + Z_3 (I_1 + I_2) = Z_3 I_1 - Z_2 I_2 + Z_3 I_2$
   $= Z_3 I_1 + (Z_2 + Z_3) I_2 = Z_{21} I_1 + Z_{22} I_2$ ·· [식 7-6]

③ $Z_{11} = Z_1 + Z_3, \quad Z_{12} = Z_{21} = Z_3, \quad Z_{22} = Z_2 + Z_3$ ·················· [식 7-7]

3) 4단자 기본식을 이용한 임피던스 파라미터 산출

(1) [식 7-5]와 [식 7-6]의 결과식을 4단자 기본식으로 두어[그림 7-4] 와 같이 T형 회로 1, 2차측을 개방시켜 임피던스 파라미터 Z_{11}, Z_{12}, Z_{21}, Z_{22} 를 손쉽게 구할 수 있다.

(2) 4단자 기본식(전압 방정식)

① $V_1 = Z_{11} I_1 + Z_{12} I_2$ ·· [식 7-8]

② $V_2 = Z_{21} I_1 + Z_{22} I_2$ ·· [식 7-9]

③ $\begin{bmatrix} V_1 \\ V_2 \end{bmatrix} = \begin{bmatrix} Z_{11} & Z_{12} \\ Z_{12} & Z_{22} \end{bmatrix} \begin{bmatrix} I_1 \\ I_2 \end{bmatrix}$ ·· [식 7-10]

(3) 임피던스 파라미터(구동점 임피던스)

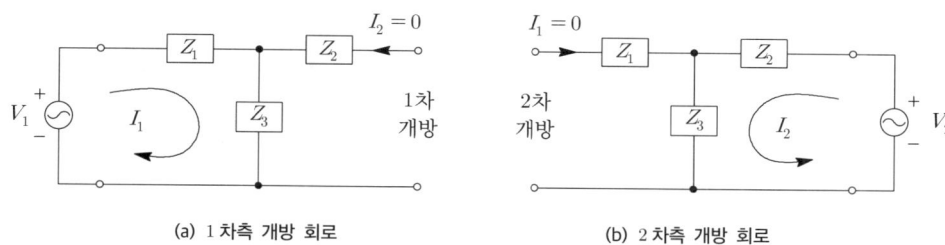

(a) 1차측 개방 회로　　　　　　(b) 2차측 개방 회로

[그림 7-4] 1, 2차 개방 회로

① $Z_{11} = \dfrac{V_1}{I_1}\bigg|_{I_2=0}$ (2차측 개방) ·· [식 7-11]

② $Z_{12} = \dfrac{V_1}{I_2}\bigg|_{I_1=0}$ (1차측 개방) ·· [식 7-12]

③ $Z_{21} = \dfrac{V_2}{I_1}\bigg|_{I_2=0}$ (2차측 개방) ·· [식 7-13]

④ $Z_{22} = \dfrac{V_2}{I_2}\bigg|_{I_1=0}$ (1차측 개방) ·· [식 7-14]

(4) 2차측 개방 시 임피던스 파라미터

① $Z_{11} = \dfrac{V_1}{I_1} = \dfrac{I_1(Z_1+Z_3)}{I_1} = Z_1+Z_3$ ·· [식 7-15]

② $Z_{21} = \dfrac{V_2}{I_1} = \dfrac{I_1 Z_3}{I_1} = Z_3$ ·· [식 7-16]

(5) 1차측 개방 시 임피던스 파라미터

① $Z_{12} = \dfrac{V_1}{I_2} = \dfrac{I_2 Z_3}{I_2} = Z_3$ ·· [식 7-17]

② $Z_{22} = \dfrac{V_2}{I_2} = \dfrac{I_2(Z_2+Z_3)}{I_2} = Z_2+Z_3$ ·· [식 7-18]

2. 어드미턴스 파라미터

1) 개요

① 어드미턴스 파라미터는 4단자망 회로 1, 2차에 흐르는 전류를 구하기 위한 계수로 중첩의 정리를 이용하여 구할 수 있다.
② [그림 7-3]의 T형 회로를 동일하게 적용하여 어드미턴스 파라미터를 산출한다.

2) 중첩의 정리를 이용하여 어드미턴스 파라미터 산출

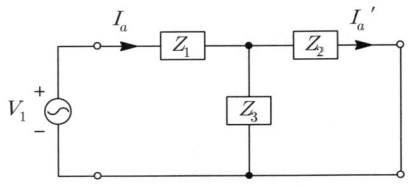
(a) V_1 에 의한 전류

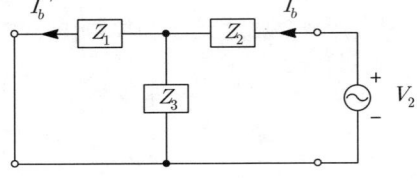
(b) V_2 에 의한 전류

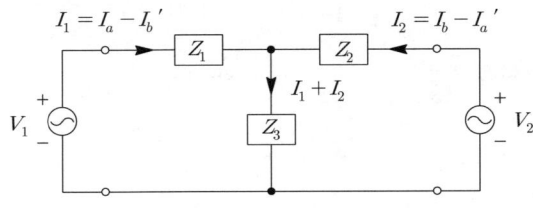
(c) 중첩의 정리를 이용한 회로 전류

[그림 7-5] 어드미턴스 파라미터

(1) V_1 에 의한 전류 (V_2 는 단락)

① 합성 임피던스: $Z_0 = Z_1 + \dfrac{Z_2 \times Z_3}{Z_2 + Z_3} = \dfrac{Z_1 Z_2 + Z_2 Z_3 + Z_3 Z_1}{Z_2 + Z_3}$ ················ [식 7-19]

② $I_a = \dfrac{V_1}{Z_0} = \dfrac{Z_2 + Z_3}{Z_1 Z_2 + Z_2 Z_3 + Z_3 Z_1} \times V_1$ ················ [식 7-20]

③ $I_a{}' = \dfrac{Z_3}{Z_2 + Z_3} \times I_a = \dfrac{Z_3}{Z_1 Z_2 + Z_2 Z_3 + Z_3 Z_1} \times V_1$ ················ [식 7-21]

(2) V_2 에 의한 전류 (V_1 는 단락)

① 합성 임피던스: $Z_0 = Z_2 + \dfrac{Z_1 \times Z_3}{Z_1 + Z_3} = \dfrac{Z_1 Z_2 + Z_2 Z_3 + Z_3 Z_1}{Z_1 + Z_3}$ ················ [식 7-22]

② $I_b = \dfrac{V_2}{Z_0} = \dfrac{Z_1 + Z_3}{Z_1 Z_2 + Z_2 Z_3 + Z_3 Z_1} \times V_2$ ················ [식 7-23]

③ $I_b{}' = \dfrac{Z_3}{Z_1 + Z_3} \times I_b = \dfrac{Z_3}{Z_1 Z_2 + Z_2 Z_3 + Z_3 Z_1} \times V_2$ ················ [식 7-24]

(3) 전류 산출

① $I_1 = I_a - I_b{}' = \dfrac{Z_2 + Z_3}{Z_1 Z_2 + Z_2 Z_3 + Z_3 Z_1} \times V_1 - \dfrac{Z_3}{Z_1 Z_2 + Z_2 Z_3 + Z_3 Z_1} \times V_2$

$= Y_{11} V_1 + Y_{12} V_2$ ················ [식 7-25]

② $I_2 = I_b - I_a{}' = \dfrac{Z_1 + Z_3}{Z_1 Z_2 + Z_2 Z_3 + Z_3 Z_1} \times V_2 - \dfrac{Z_3}{Z_1 Z_2 + Z_2 Z_3 + Z_3 Z_1} \times V_1$

$= -\dfrac{Z_3}{Z_1 Z_2 + Z_2 Z_3 + Z_3 Z_1} \times V_1 + \dfrac{Z_1 + Z_3}{Z_1 Z_2 + Z_2 Z_3 + Z_3 Z_1} \times V_2$

$= Y_{21} V_1 + Y_{22} V_2$ ················ [식 7-26]

③ $Y_{11} = \dfrac{Z_2 + Z_3}{K}$, $Y_{12} = Y_{21} = \dfrac{-Z_3}{K}$, $Y_{22} = \dfrac{Z_1 + Z_3}{K}$ ················ [식 7-27]

여기서, $K = Z_1 Z_2 + Z_2 Z_3 + Z_3 Z_1$

3) 4단자 기본식을 이용한 어드미턴스 파라미터 산출

(1) [식 7-25]와 [식 7-26]의 결과식을 4단자 기본식으로 두어 [그림 7-6]과 같이 T형 회로 1, 2차측을 단락시켜 어드미턴스 파라미터 Y_{11}, Y_{12}, Y_{21}, Y_{22}를 손쉽게 구할 수 있다.

(2) 4단자 기본식(전류 방정식)

① $I_1 = Y_{11} V_1 + Y_{12} V_2$ ·· [식 7-28]

② $I_2 = Y_{21} V_1 + Y_{22} V_2$ ·· [식 7-29]

③ $\begin{bmatrix} I_1 \\ I_2 \end{bmatrix} = \begin{bmatrix} Y_{11} & Y_{12} \\ Y_{12} & Y_{22} \end{bmatrix} \begin{bmatrix} V_1 \\ V_2 \end{bmatrix}$ ·· [식 7-30]

(3) 어드미턴스 파라미터

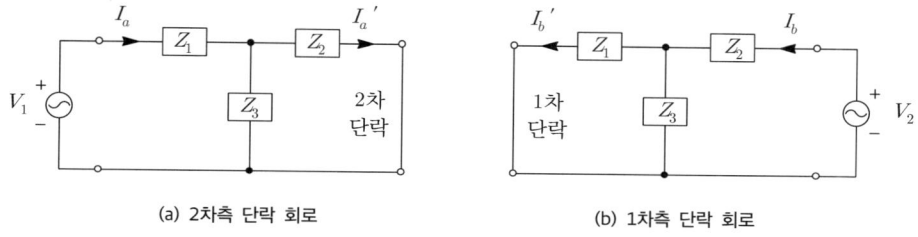

(a) 2차측 단락 회로 (b) 1차측 단락 회로

[그림 7-6] 1, 2차 단락 회로

① $Y_{11} = \dfrac{I_1}{V_1} \bigg|_{V_2=0}$ (2차측 단락) ··· [식 7-31]

② $Y_{12} = \dfrac{I_1}{V_2} \bigg|_{V_1=0}$ (1차측 단락) ··· [식 7-32]

③ $Y_{21} = \dfrac{I_2}{V_1} \bigg|_{V_2=0}$ (2차측 단락) ··· [식 7-33]

④ $Y_{22} = \dfrac{I_2}{V_2} \bigg|_{V_1=0}$ (1차측 단락) ··· [식 7-34]

(4) 2차측 단락 시 어드미턴스 파라미터

① $Y_{11} = \dfrac{I_1}{V_1} = \dfrac{I_a}{I_a \times Z_0} = \dfrac{1}{Z_0} = \dfrac{1}{Z_1 + \dfrac{Z_2 \times Z_3}{Z_2 + Z_3}}$

$= \dfrac{Z_2 + Z_3}{Z_1 Z_2 + Z_2 Z_3 + Z_3 Z_1} = \dfrac{Z_2 + Z_3}{K}$ ··· [식 7-35]

② $Y_{21} = \dfrac{I_2}{V_1} = \dfrac{-I_a'}{V_1} = -\dfrac{I_a}{V_1} \times \dfrac{Z_3}{Z_2+Z_3} = -\dfrac{I_a}{I_a Z_0} \times \dfrac{Z_3}{Z_2+Z_3}$

$= -\dfrac{I_1}{I_1\left(Z_1+\dfrac{Z_2 \times Z_3}{Z_2+Z_3}\right)} \times \dfrac{Z_3}{Z_2+Z_3} = -\dfrac{Z_2+Z_3}{Z_1Z_2+Z_2Z_3+Z_3Z_1} \times \dfrac{Z_3}{Z_2+Z_3}$

$= -\dfrac{Z_3}{Z_1Z_2+Z_2Z_3+Z_3Z_1} = \dfrac{-Z_3}{K}$ ··· [식 7-36]

여기서, [그림 7-3]에서 I_2 와 [그림 7-6]에서 I_a' 을 보면 전류의 방향이 서로 반대가 되므로 $I_2 = -I_a'$ 의 관계를 갖는다.

(5) 1차측 단락 시 어드미턴스 파라미터

① $Y_{12} = \dfrac{I_1}{V_2} = \dfrac{-I_b'}{V_2} = -\dfrac{I_b}{V_2} \times \dfrac{Z_3}{Z_1+Z_3} = -\dfrac{I_b}{I_b Z_0} \times \dfrac{Z_3}{Z_1+Z_3}$

$= -\dfrac{I_b}{I_b\left(Z_2+\dfrac{Z_1 \times Z_3}{Z_1+Z_3}\right)} \times \dfrac{Z_3}{Z_1+Z_3} = -\dfrac{Z_1+Z_3}{Z_1Z_2+Z_2Z_3+Z_3Z_1} \times \dfrac{Z_3}{Z_1+Z_3}$

$= -\dfrac{Z_3}{Z_1Z_2+Z_2Z_3+Z_3Z_1} = \dfrac{-Z_3}{K}$ ··· [식 7-37]

여기서, [그림 7-3]에서 I_1 와 [그림 7-6]에서 I_b' 을 보면 전류의 방향이 서로 반대가 되므로 $I_1 = -I_b'$ 의 관계를 갖는다.

② $Y_{22} = \dfrac{I_2}{V_2} = \dfrac{I_b}{I_b \times Z_0} = \dfrac{1}{Z_0} = \dfrac{1}{Z_2+\dfrac{Z_1 \times Z_3}{Z_1+Z_3}}$

$= \dfrac{Z_1+Z_3}{Z_1Z_2+Z_2Z_3+Z_3Z_1} = \dfrac{Z_1+Z_3}{K}$ ··· [식 7-38]

3. $ABCD$ 파라미터

1) 개요

① 신호전송 문제를 다룰 때에는 한 쪽 단자의 전압·전류를 다른 쪽 단자에서의 전압·전류로 표시해야 할 경우가 있다.
② 2차측 전압·전류를 이용하여 1차측 전압·전류를 구하기 위한 계수로 $ABCD$ 파라미터(4단자 정수)를 이용한다.
③ 전력공학에서는 $ABCD$ 파라미터(4단자 정수)를 키르히호프의 법칙을 이용하여 구하지만, 여기서는 어드미턴스 파라미터를 활용해서 얻어진 4단자 방정식을 이용하여 구하도록 한다.

2) 어드미턴스 파라미터에 의한 해석

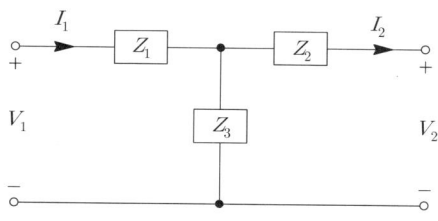

[그림 7-7] 임피던스 파라미터

① [식 7-29]를 이용하여 V_1 를 구할 수 있으며 [그림 7-3]과 [그림 7-7]의 I_2 의 방향이 반대이므로 [식 7-29]에서 I_2 에 -부호를 붙인다.

$$-I_2 = Y_{21} V_1 + Y_{22} V_2 \text{ 에서 } Y_{21} V_1 = -Y_{22} V_2 - I_2$$

$$V_1 = -\frac{Y_{22}}{Y_{21}} V_2 - \frac{1}{Y_{21}} I_2 = -\frac{\frac{Z_1+Z_3}{K}}{-\frac{Z_3}{K}} V_2 - \frac{1}{-\frac{Z_3}{K}} I_2 = \frac{Z_1+Z_3}{Z_3} V_2 + \frac{K}{Z_3} I_2$$

$$\therefore V_1 = A V_2 + B I_2 \quad \cdots \quad [식 7-39]$$

② [식 7-28]를 이용하여 I_1 을 구한다.

$$I_1 = Y_{11} V_1 + Y_{12} V_2 = Y_{11}\left(-\frac{Y_{22}}{Y_{21}} V_2 - \frac{1}{Y_{21}} I_2\right) + Y_{12} V_2$$

$$= -\frac{Y_{11} Y_{22}}{Y_{21}} V_2 - \frac{Y_{11}}{Y_{21}} I_2 + \frac{Y_{12} Y_{21}}{Y_{21}} V_2 = \left(\frac{Y_{12} Y_{21}}{Y_{21}} - \frac{Y_{11} Y_{22}}{Y_{21}}\right) V_2 - \frac{Y_{11}}{Y_{21}} I_2$$

$$= \left(Y_{12} - \frac{\frac{(Z_1+Z_3)(Z_2+Z_3)}{K^2}}{-\frac{Z_3}{K}}\right) V_2 - \frac{Z_2+Z_3}{-Z_3} I_2$$

$$= \left(-\frac{Z_3}{K} + \frac{K+Z_3^2}{Z_3 K}\right) V_2 + \frac{Z_2+Z_3}{Z_3} I_2 = \frac{1}{Z_3} V_2 + \frac{Z_2+Z_3}{Z_3} I_2$$

$$\therefore I_1 = C V_2 + D I_2 \quad \cdots \quad [식 7-40]$$

③ $A = \dfrac{Z_1+Z_3}{Z_3}, \ B = \dfrac{K}{Z_3}, \ C = \dfrac{1}{Z_3}, \ D = \dfrac{Z_2+Z_3}{Z_3}$ ········· [식 7-41]

여기서, $K = Z_1 Z_2 + Z_2 Z_3 + Z_3 Z_1$

3) 4단자 기본식을 이용한 $ABCD$ 파라미터 산출

(1) [식 7-39]와 [식 7-40]의 결과식을 4단자 기본식으로 두어 [그림 7-8]과 같이 2차측 개방·단락시험을 통해 $ABCD$ 파라미터를 손쉽게 구할 수 있다.

(2) 4단자 기본식(4단자 방정식)

① $V_1 = A V_2 + B I_2$ ········· [식 7-42]

② $I_1 = C V_2 + D I_2$ ········· [식 7-43]

③ $\begin{bmatrix} V_1 \\ I_1 \end{bmatrix} = \begin{bmatrix} A & B \\ C & D \end{bmatrix} \begin{bmatrix} V_2 \\ I_2 \end{bmatrix}$ ········· [식 7-44]

(3) $ABCD$ 파라미터

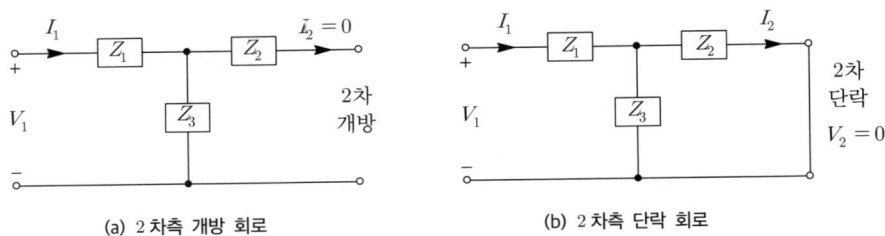

[그림 7-8] 2차 개방·단락 회로

① $A = \dfrac{V_1}{V_2}\bigg|_{I_2=0}$ (2차측 개방, 역방향 전압 이득) ·········· [식 7-45]

② $B = \dfrac{V_1}{I_2}\bigg|_{V_2=0}$ (2차측 단락, 역방향 전달 임피던스) ·········· [식 7-46]

③ $C = \dfrac{I_1}{V_2}\bigg|_{I_2=0}$ (2차측 개방, 역방향 전달 어드미턴스) ·········· [식 7-47]

④ $D = \dfrac{I_1}{I_2}\bigg|_{V_2=0}$ (2차측 단락, 역방향 전류 이득) ·········· [식 7-48]

(4) 2차측 개방($I_2 = 0$) 시 4단자 정수

① $A = \dfrac{V_1}{V_2} = \dfrac{I_1(Z_1+Z_3)}{I_1 Z_3} = \dfrac{Z_1+Z_3}{Z_3} = 1 + \dfrac{Z_1}{Z_3}$ ·········· [식 7-49]

② $C = \dfrac{I_1}{V_2} = \dfrac{I_1}{I_1 Z_3} = \dfrac{1}{Z_3}$ ·········· [식 7-50]

(5) 2차측 단락($V_2 = 0$) 시 4단자 정수

① $I_1 = \dfrac{V_1}{Z_0} = \dfrac{V_1}{Z_1 + \dfrac{Z_2 \times Z_3}{Z_2 + Z_3}} = \dfrac{Z_2+Z_3}{Z_1 Z_2 + Z_2 Z_3 + Z_3 Z_1} V_1$ ·········· [식 7-51]

② $I_2 = \dfrac{Z_3}{Z_2+Z_3} \times I_1 = \dfrac{Z_3}{Z_1 Z_2 + Z_2 Z_3 + Z_3 Z_1} V_1$ ·········· [식 7-52]

③ $B = \dfrac{V_1}{I_2} = \dfrac{Z_1 Z_2 + Z_2 Z_3 + Z_3 Z_1}{Z_3} = \dfrac{K}{Z_3}$ ·········· [식 7-53]

④ $D = \dfrac{I_1}{I_2} = \dfrac{Z_2+Z_3}{Z_3} = 1 + \dfrac{Z_2}{Z_3}$ ·········· [식 7-54]

(6) [식 7-41]과 같이 4단자 정수는 $AD - BC = 1$이 관계가 성립되며, 회로망이 대칭($Z_1 = Z_2$)이면 $A = D$가 된다.

4. 변압기와 발전기의 4단자 정수

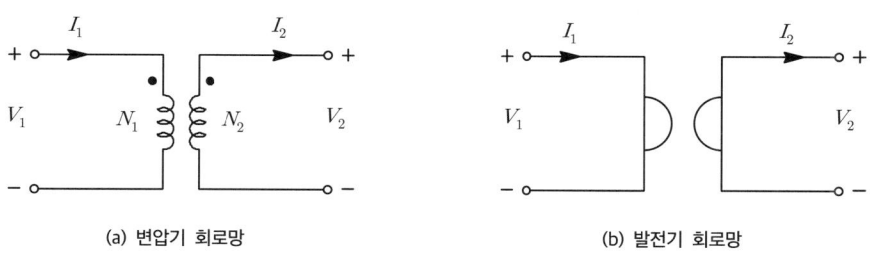

(a) 변압기 회로망   (b) 발전기 회로망

[그림 7-9] 변압기·발전기 회로망

1) 이상적인 변압기의 4단자 정수

(1) 개요

① 이상적인 변압기는 내부 임피던스 및 어드미턴스가 0인 변압기로 입력측 전력과 출력측 전력이 같다. 즉, $V_1 I_1 = V_2 I_2$ 이 관계를 갖는다.

② 변압기 권선수비를 이용하여 4단자 정수를 구할 수 있다. 권선수비 a 는 아래와 같다.

$$a = \frac{N_1}{N_2} = \frac{V_1}{V_2} = \frac{I_2}{I_1} = \sqrt{\frac{L_1}{L_2}} = \sqrt{\frac{Z_1}{Z_2}} \quad \text{[식 7-55]}$$

여기서, 유도기전력 $e = -V = -N\frac{d\phi}{dt}$ 에서 $V \propto N$

인덕턴스 $L = \frac{\mu S N^2}{\ell}$ 에서 $L \propto N^2$

(2) 변압기 4단자 정수

① 권선수비를 4단자 방정식의 형태로 정리하면 다음과 같다.

$$\begin{aligned} V_1 &= a V_2 + 0 I_2 \\ I_1 &= 0 V_2 + \frac{1}{a} I_2 \end{aligned} \rightarrow \begin{bmatrix} V_1 \\ I_1 \end{bmatrix} = \begin{bmatrix} a & 0 \\ 0 & \frac{1}{a} \end{bmatrix} \begin{bmatrix} V_2 \\ I_2 \end{bmatrix} \quad \text{[식 7-56]}$$

② $A = a, \quad B = 0, \quad C = 0, \quad D = \frac{1}{a}$ .... [식 7-57]

(3) 임피던스 환산

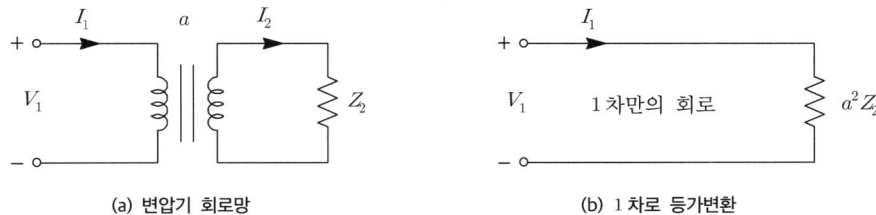

(a) 변압기 회로망   (b) 1차로 등가변환

[그림 7-10] 임피던스 환산

① $Z_1 = \dfrac{V_1}{I_1} = \dfrac{a V_2}{\frac{1}{a} I_2} = a^2 Z_2$ .... [식 7-58]

② 변압기 1, 2차 임피던스는 [식 7-58]과 같이 a^2 의 관계를 갖는다. 즉, 변압기 2차에 연결된 임피던스를 1차로 환산할 경우 a^2 를 곱해주면 된다.

2) 발전기의 4단자 정수

(1) 개요

① 발전기 회로에서는 자이레이터 a 를 이용하여 4단자 정수를 구한다.

② 자이레이터는 다음과 같다.

$$a = \frac{V_1}{I_2} = \frac{V_2}{I_1}$$ .... [식 7-59]

(2) 발전기 4 단자 정수

① 자이레이터를 4단자 방정식의 형태로 정리하면 다음과 같다.

$$\begin{aligned} V_1 &= 0\,V_2 + a\,I_2 \\ I_1 &= \frac{1}{a}\,V_2 + 0\,I_2 \end{aligned} \rightarrow \begin{bmatrix} V_1 \\ I_1 \end{bmatrix} = \begin{bmatrix} 0 & a \\ \frac{1}{a} & 0 \end{bmatrix} \begin{bmatrix} V_2 \\ I_2 \end{bmatrix}$$ .... [식 7-60]

② $A=0,\quad B=a,\quad C=\dfrac{1}{a},\quad D=0$ .... [식 7-61]

3 영상 파라미터

1. 개요

(1) 지금까지 $ABCD$ 파라미터는 전원측과 부하측 임피던스를 고려하지 않고 오직 전송선로에 대해서만 해석했지만

(2) 실제 회로망에서는 전송선로 외부에 임피던스를 접속해서 해석해야 하고 이러한 부분을 고려하여 사용하는 계수가 영상 파라미터다.

(3) 영상 파라미터를 이용하면 임피던스 정합(impedance matching)과 필터설계 등에 활용할 수 있다.

2. 영상 임피던스(image impedance)

(1) 정의

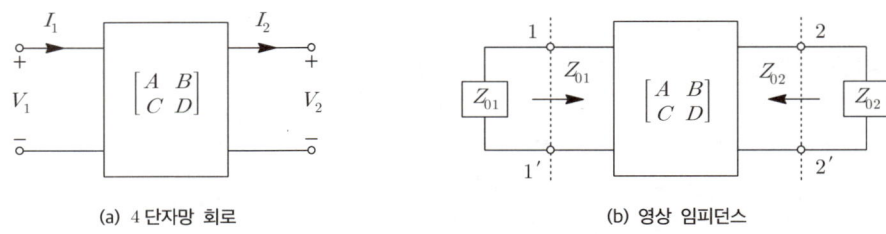

(a) 4 단자망 회로 (b) 영상 임피던스

[그림 7-11] 영상 임피던스

① [그림 7-11] 와 같이 4단자 회로에 입력단자 $1-1'$ 에 임피던스 Z_{01} 를 접속하고 출력단자 $2-2'$ 에 임피던스 Z_{02} 를 연결한 경우 $1-1'$ 단자에서 우측으로 본 임피던스나 좌측으로 본 임피던스가 같다고 하면 이들의 관계 $Z_{01},\ Z_{02}$ 를 영상 임피던스라 한다.

② [그림 7-11] (b)와 같이 영상 임피던스가 입출력에 접속된 회로망을 가지고 영상 정합(image matching)되어 있다고 한다.

(2) 4단자 방정식

① $\begin{aligned} V_1 &= AV_2 + BI_2 \\ I_1 &= CV_2 + DI_2 \end{aligned} \rightarrow \begin{bmatrix} V_1 \\ I_1 \end{bmatrix} = \begin{bmatrix} A & B \\ C & D \end{bmatrix} \begin{bmatrix} V_2 \\ I_2 \end{bmatrix}$ ...... [식 7-62]

② $\begin{bmatrix} V_2 \\ I_2' \end{bmatrix} = \begin{bmatrix} A & B \\ C & D \end{bmatrix}^{-1} \begin{bmatrix} V_1 \\ I_1' \end{bmatrix} \rightarrow \begin{bmatrix} V_2 \\ -I_2 \end{bmatrix} = \begin{bmatrix} D & -B \\ -C & A \end{bmatrix} \begin{bmatrix} V_1 \\ -I_1 \end{bmatrix}$

여기서, $I_1' = -I_1$, $I_2' = -I_2$, $AD - BC = 1$

$$\begin{bmatrix} A & B \\ C & D \end{bmatrix}^{-1} = \frac{1}{AD-BC}\begin{bmatrix} D & -B \\ -C & A \end{bmatrix} = \begin{bmatrix} D & -B \\ -C & A \end{bmatrix}$$

$$I_2' = -I_2 = -CV_1 + AI_1' = -CV_1 - AI_1$$

$\therefore \begin{aligned} V_1 &= AV_2 + BI_2 \\ I_1 &= CV_2 + DI_2 \end{aligned}$, $\begin{aligned} V_2 &= DV_1 + BI_1 \\ I_2 &= CV_1 + AI_1 \end{aligned}$ ...... [식 7-63]

(3) 영상 임피던스(image impedance)

① $Z_{01} = \dfrac{V_1}{I_1} = \dfrac{AV_2 + BI_2}{CV_2 + DI_2} = \dfrac{AZ_{02} + B}{CZ_{02} + D}$

$\therefore CZ_{01}Z_{02} + DZ_{01} = AZ_{02} + B$ ...... [식 7-64]

② $Z_{02} = \dfrac{V_2}{I_2} = \dfrac{DV_1 + BI_1}{CV_1 + AI_1} = \dfrac{DZ_{01} + B}{CZ_{01} + A}$

$CZ_{01}Z_{02} + AZ_{02} = DZ_{01} + B$

$\therefore CZ_{01}Z_{02} - DZ_{01} = -AZ_{02} + B$ ...... [식 7-65]

③ [식 7-64]에서 [식 7-65]을 더해서 정리하면 다음과 같다.

$2CZ_{01}Z_{02} = 2B$ 에서

$\therefore Z_{01}Z_{02} = \dfrac{B}{C}$ ...... [식 7-66]

④ [식 7-64]에서 [식 7-65]을 빼주어 정리하면 다음과 같다.

$2DZ_{01} = 2AZ_{02}$ 에서

$\therefore \dfrac{Z_{01}}{Z_{02}} = \dfrac{A}{D}$ ...... [식 7-67]

⑤ [식 7-66]과 [식 7-67]을 곱해서 영상 임피던스 Z_{01}을 구할 수 있다.

$\therefore$ **영상 임피던스**: $Z_{01} = \sqrt{\dfrac{AB}{CD}}$ ...... [식 7-68]

⑥ [식 7-66]과 [식 7-67]을 나누어 영상 임피던스 Z_{02}을 구할 수 있다.

$\therefore$ **영상 임피던스**: $Z_{02} = \sqrt{\dfrac{BD}{AC}}$ ...... [식 7-69]

⑦ 영상 임피던스 조건은 대칭관계이므로 $A = D$ 되어 $Z_{01} = Z_{02}$ 이 된다.

$\therefore$ **영상 임피던스**: $Z_{01} = Z_{02} = \sqrt{\dfrac{B}{C}}$ ...... [식 7-70]

3. 영상 전달정수(image transfer constant)

(1) 이득 비

① $\dfrac{V_1}{V_2} = A + B\dfrac{I_2}{V_2} = A + \dfrac{B}{Z_{02}} = A + B\sqrt{\dfrac{AC}{BD}} = A + \sqrt{\dfrac{ABC}{D}}$

$= \sqrt{\dfrac{A}{D}}\left(\sqrt{AD} + \sqrt{BC}\right)$ .... [식 7-71]

② $\dfrac{I_1}{I_2} = C\dfrac{V_2}{I_2} + D = CZ_{02} + D = C\sqrt{\dfrac{BD}{AC}} + D = \sqrt{\dfrac{BCD}{A}} + D$

$= \sqrt{\dfrac{D}{A}}\left(\sqrt{AD} + \sqrt{BC}\right)$ .... [식 7-72]

(2) 영상 전달정수 θ

① 영상정합이 되었을 때 $e^\theta = \sqrt{\dfrac{V_1 I_1}{V_2 I_2}}$ 에 의해 정의되는 θ 를 영상 전달정수라 한다.

② $e^\theta = \sqrt{\dfrac{V_1 I_1}{V_2 I_2}} = \sqrt{AD} + \sqrt{BC}$ .... [식 7-73]

③ $e^{-\theta} = \dfrac{1}{e^\theta} = \sqrt{AD} - \sqrt{BC}$ .... [식 7-74]

④ 영상 전달정수는 [식 7-73] 양변에 자연로그를 취해서 구할 수 있다.

$\log_e e^\theta = \theta = \log_e\left(\sqrt{AD} + \sqrt{BC}\right)$

∴ 영상 전달정수: $\theta = \log_e\left(\sqrt{AD} + \sqrt{BC}\right)$ .... [식 7-75]

(3) 영상 파라미터와 4 단자 정수의 관계

① $e^\theta + e^{-\theta} = 2\sqrt{AD}$

∴ $\sqrt{AD} = \dfrac{1}{2}(e^\theta + e^{-\theta}) = \cosh\theta$ .... [식 7-76]

② $e^\theta - e^{-\theta} = 2\sqrt{BC}$

∴ $\sqrt{BC} = \dfrac{1}{2}(e^\theta - e^{-\theta}) = \sinh\theta$ .... [식 7-77]

③ $\dfrac{Z_{01}}{Z_{02}} = \dfrac{A}{D}$, $Z_{01}Z_{02} = \dfrac{B}{C}$, $\cosh\theta = \sqrt{AD}$, $\sinh\theta = \sqrt{BC}$의 관계에서 4 단자 정수를 표현할 수 있다.

㉠ $A = \sqrt{\dfrac{A}{D}} \cdot \sqrt{AD} = \sqrt{\dfrac{Z_{01}}{Z_{02}}}\cosh\theta$ .... [식 7-78]

㉡ $B = \sqrt{\dfrac{B}{C}} \cdot \sqrt{BC} = \sqrt{Z_{01}Z_{02}}\sinh\theta$ .... [식 7-79]

㉢ $C = \sqrt{\dfrac{C}{B}} \cdot \sqrt{BC} = \dfrac{1}{\sqrt{Z_{01}Z_{02}}}\sinh\theta$ .... [식 7-80]

㉣ $D = \sqrt{\dfrac{D}{A}} \cdot \sqrt{AD} = \sqrt{\dfrac{Z_{02}}{Z_{01}}}\cosh\theta$ .... [식 7-81]

핵심 요점정리

1. 영점과 극점

영점(zero)	극점(pole)
① 구동점 임피던스 $Z(s) = 0$이 되기 위한 s의 해 ② 회로적 의미: 단락(short) 상태	① 구동점 임피던스 $Z(s) = \infty$이 되기 위한 s의 해 ② 회로적 의미: 개방(open) 상태

2. 정저항 회로

(1) 주파수에 관계없이 항상 일정한 회로로 리액턴스 성분을 0으로 만들면 된다.

(2) 조건: $R^2 = Z_1 Z_2 \Rightarrow R = \sqrt{Z_1 Z_2} = \sqrt{\dfrac{L}{C}}$ (여기서 $Z_1 = LS$, $Z_2 = \dfrac{1}{CS}$)

3. 4단자 기본식

구분	4단자 기본식	행렬식 표현
임피던스 파라미터	$V_1 = Z_{11} I_1 + Z_{12} I_2$ $V_2 = Z_{21} I_1 + Z_{22} I_2$	$\begin{bmatrix} V_1 \\ V_2 \end{bmatrix} = \begin{bmatrix} Z_{11} & Z_{12} \\ Z_{21} & Z_{22} \end{bmatrix} \begin{bmatrix} I_1 \\ I_2 \end{bmatrix}$
어드미턴스 파라미터	$I_1 = Y_{11} V_1 + Y_{12} V_2$ $I_2 = Y_{21} V_1 + Y_{22} V_2$	$\begin{bmatrix} I_1 \\ I_2 \end{bmatrix} = \begin{bmatrix} Y_{11} & Y_{12} \\ Y_{21} & Y_{22} \end{bmatrix} \begin{bmatrix} V_1 \\ V_2 \end{bmatrix}$
4단자 파라미터	$V_1 = A V_2 + B I_2$ $I_1 = C V_2 + D I_2$	$\begin{bmatrix} V_1 \\ I_1 \end{bmatrix} = \begin{bmatrix} A & B \\ C & D \end{bmatrix} \begin{bmatrix} V_2 \\ I_2 \end{bmatrix}$

4. 임피던스 파라미터

회로	임피던스 파라미터
T형 회로 (Z_1, Z_2, Z_3)	① $Z_{11} = Z_1 + Z_3$ ② $Z_{12} = Z_{21} = Z_3$ ③ $Z_{22} = Z_2 + Z_3$
변압기 회로 (SL_1, SL_2, $-SM$)	① $Z_{11} = SL_1$ ② $Z_{12} = Z_{21} = -SM$ ③ $Z_{22} = SL_2$

5. 어드미턴스 파라미터

회로	어드미턴스 파라미터
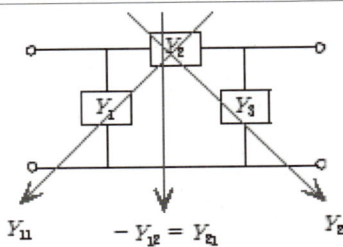	① $Y_{11} = \dfrac{Z_2 + Z_3}{k}$ ② $Y_{12} = Y_{21} = -\dfrac{Z_3}{k}$ ③ $Y_{22} = \dfrac{Z_1 + Z_3}{k}$ ※ $k = Z_1 Z_2 + Z_1 Z_3 + Z_2 Z_3$
	① $Y_{11} = Y_1 + Y_2$ ② $Y_{12} = Y_{21} = -Y_2$ ③ $Y_{22} = Y_2 + Y_3$

6. ABCD 파라미터(4단자 정수)

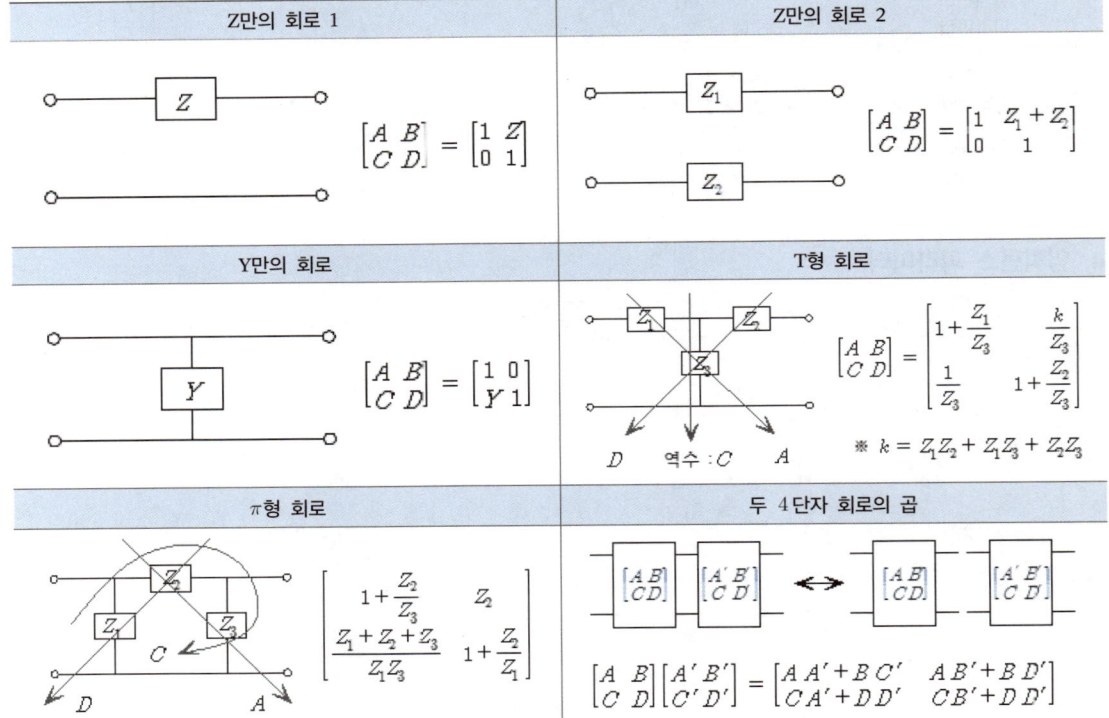

변압기 회로	발전기 회로
$\begin{bmatrix} A & B \\ C & D \end{bmatrix} = \begin{bmatrix} a & 0 \\ 0 & \dfrac{1}{a} \end{bmatrix}$	$\begin{bmatrix} A & B \\ C & D \end{bmatrix} = \begin{bmatrix} 0 & a \\ \dfrac{1}{a} & 0 \end{bmatrix}$
① 이상적인 변압기 조건 : $P_1 = P_2\,(V_1 I_1 = V_2 I_2)$	① 자이레이터 $a = \dfrac{V_1}{I_2} = \dfrac{V_2}{I_1}$
② 권선수비 : $a(n) = \dfrac{N_1}{N_2} = \dfrac{V_1}{V_2} = \dfrac{I_2}{I_1} = \sqrt{\dfrac{L_1}{L_2}}$ ($L = \dfrac{\mu S N^2}{\ell} \propto N^2$)	② 1차 저항과 2차 저항의 관계 $R_1 = \dfrac{V_1}{I_1} = \dfrac{a I_2}{\dfrac{V_2}{a}} = a^2 \dfrac{I_2}{V_2} = a^2 \dfrac{1}{R_2}$
③ 2차 저항을 1차 저항으로 환산 : $R_1 = a^2 R_2$	$\therefore R_1 R_2 = a^2$

7. 영상 파라미터

(1) 영상 임피던스

① $Z_{01} = \sqrt{\dfrac{AB}{CD}}$

② $Z_{02} = \sqrt{\dfrac{BD}{AC}}$

③ $Z_{01} Z_{02} = \dfrac{B}{C}$

④ $\dfrac{Z_{01}}{Z_{02}} = \dfrac{A}{D}$

⑤ $A = D$ 의 경우: $Z_{01} = Z_{02} = \sqrt{\dfrac{B}{C}}$

(2) 영상 전달정수

① 영상 전달정수: $\theta = \log_e\left(\sqrt{AD} + \sqrt{BC}\right) = \ln\left(\sqrt{AD} + \sqrt{BC}\right)$

② $\sqrt{AD} = \cosh\theta$ 에서 영상 전달정수: $\theta = \cosh^{-1}\sqrt{AD}$

③ $\sqrt{BC} = \sinh\theta$ 에서 영상 전달정수: $\theta = \sinh^{-1}\sqrt{BC}$

(3) 영상 파라미터에 의해 4단자 정수

① $A = \sqrt{\dfrac{Z_{01}}{Z_{02}}} \cosh\theta$

② $B = \sqrt{Z_{01} Z_{02}} \sinh\theta$

③ $C = \dfrac{1}{\sqrt{Z_{01} Z_{02}}} \sinh\theta$

④ $D = \sqrt{\dfrac{Z_{02}}{Z_{01}}} \cosh\theta$

출제예상문제

※ 출제예상문제는 기출분석을 바탕으로 자주 출제되는 유형을 선별하였습니다.

7-1 3상 교류의 개요

01 그림과 같은 2단자망에서 구동점 임피던스를 구하면?

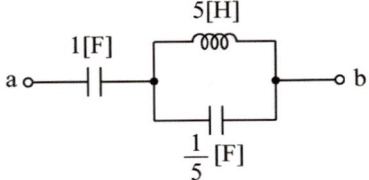

① $\dfrac{6s^2+1}{s(s^2+1)}$ ② $\dfrac{6s+1}{6s^2+1}$

③ $\dfrac{6s^2+1}{(s+1)(s+2)}$ ④ $\dfrac{s+2}{6s(s+1)}$

정답분석

구동점 임피던스

$$Z(s) = \dfrac{1}{C_1 s} + \dfrac{Ls \times \dfrac{1}{C_2 s}}{Ls + \dfrac{1}{C_2 s}}$$

$$= \dfrac{1}{C_1 s} + \dfrac{Ls}{LCs^2 + 1}$$

$$= \dfrac{1}{s} + \dfrac{5s}{s^2+1} = \dfrac{6s^2+1}{s(s^2+1)}$$

정답 ①

02 그림과 같은 회로의 구동점 임피던스[Ω]는?

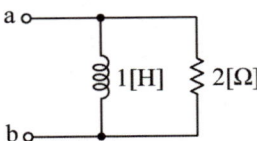

① $2+j\omega$ ② $\dfrac{2\omega^2+j4\omega}{3}$

③ $\dfrac{\omega^2+j8\omega}{4+\omega^2}$ ④ $\dfrac{2\omega^2+j4\omega}{4+\omega^2}$

정답분석

구동점 임피던스

$$Z(j\omega) = \dfrac{2 \times j\omega}{2+j\omega} = \dfrac{j2\omega}{2+j\omega} \times \dfrac{2-j\omega}{2-j\omega}$$

$$= \dfrac{2\omega^2+j4\omega}{4+\omega^2}$$

정답 ④

03 그림과 같은 회로의 구동점 임피던스[Ω]는?

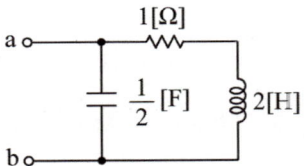

① $\dfrac{2(2s+1)}{2s^2+s+2}$ ② $\dfrac{2s+1}{2s^2+s+2}$

③ $\dfrac{2(2s-1)}{2s^2+s+2}$ ④ $\dfrac{2s^2+s+2}{2(2s+1)}$

정답분석

$$Z(s) = \dfrac{\dfrac{1}{Cs} \times (Ls+R)}{\dfrac{1}{Cs} + (Ls+R)}$$

$$= \dfrac{Ls+R}{LCs^2+RCs+1} = \dfrac{2s+1}{s^2+\dfrac{1}{2}s+1}$$

$$= \dfrac{4s+2}{2s^2+s+2} = \dfrac{2(2s+1)}{2s^2+s+2}$$

정답 ①

04
그림과 같은 회로의 2단자 임피던스 $Z(s)$는? (단, $s = j\omega$라 한다.)

① $\dfrac{s^3+1}{3s^2(s+1)}$ ② $\dfrac{3s^2(s+1)}{s^3+1}$

③ $\dfrac{s(3s^2+1)}{s^4+2s^2+1}$ ④ $\dfrac{s^4+4s^2+1}{s(3s^2+1)}$

정답분석

$$Z(s) = \dfrac{1}{C_1 s} + \dfrac{\left(L_1 s + \dfrac{1}{C_2 s}\right) \times L_2 s}{\left(L_1 s + \dfrac{1}{C_2 s}\right) + L_2 s}$$

$$= \dfrac{1}{C_1 s} + \dfrac{L_1 L_2 s^2 + \dfrac{L_2}{C_2}}{(L_1+L_2)s + \dfrac{1}{C_2 s}}$$

$$= \dfrac{1}{C_1 s} + \dfrac{L_1 L_2 C_2 s^3 + L_2 s}{(L_1+L_2)C_s s^2 + 1}$$

$$= \dfrac{1}{s} + \dfrac{s^3+s}{3s^2+1} = \dfrac{s^4+4s^2+1}{s(3s^2+1)}$$

여기서, $C_1 = 1\,[F]$, $C_2 = 2\,[F]$,
$L_1 = 0.5\,[H]$, $L_2 = 1\,[H]$

정답 ④

05
그림과 같은 회로의 구동점 임피던스는?

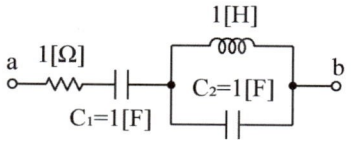

① $1 + \dfrac{1}{s} - \dfrac{1}{\dfrac{s+1}{s}}$

② $1 + \dfrac{1}{s} + \dfrac{1}{s + \dfrac{1}{s}}$

③ $1 + \dfrac{1}{s} + \dfrac{s}{\dfrac{s+1}{s}}$

④ $1 - \dfrac{1}{s} + \dfrac{s}{\dfrac{s+1}{s}}$

정답분석

RLC 회로의 합성 임피던스

$$Z(s) = R + \dfrac{1}{C_1 s} + \dfrac{1}{Ls + \dfrac{1}{C_2 s}}$$

$$= 1 + \dfrac{1}{s} + \dfrac{1}{s + \dfrac{1}{s}}$$

여기서, $R = 1\,[\Omega]$, $L = 1\,[H]$
$C_1 = C_2 = 1\,[F]$

정답 ②

06
그림과 같은 회로의 임피던스 함수 $Z(s)$는?

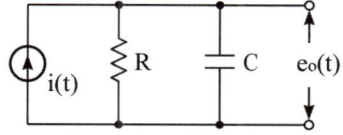

① $\dfrac{1}{\dfrac{1}{R} + Cs}$ ② $\dfrac{1}{R + Cs}$

③ $\dfrac{1}{R + \dfrac{1}{Cs}}$ ④ $R + \dfrac{1}{Cs}$

정답분석

$$Z(s) = \dfrac{1}{\dfrac{1}{R} + \dfrac{1}{1/Cs}} = \dfrac{1}{\dfrac{1}{R} + Cs}$$

정답 ①

07 임피던스 $Z(s)$가 $Z(s) = \dfrac{s+20}{s^2+2RLs+1}$로 주어지는 2단자 회로에 직류 전원 15[A]를 가할 때 이 회로의 단자전압 [V]은?

① 200[V]   ② 300[V]
③ 400[V]   ④ 600[V]

 직류를 가하면 $s = 0$이므로 임피던스
$Z(s) = \left[\dfrac{s+20}{s^2+2RLs+1}\right]_{s=0} = \dfrac{20}{1} = 20[\Omega]$
∴ 단자전압: $V = I \times Z(s) = 15 \times 20 = 300[V]$

정답 ②

09 리액턴스 함수가 $Z(s) = \dfrac{4s}{s^2+9}$로 표시되는 리액턴스 2단자망은 어느 것인가?

①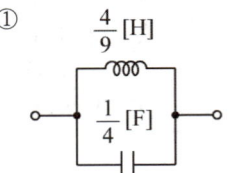

②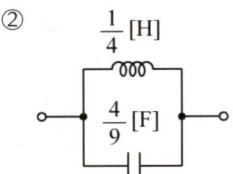

③ $\dfrac{4}{9}$[H] $\dfrac{1}{4}$[F]

④ $\dfrac{1}{4}$[H] $\dfrac{4}{9}$[F]

 ㉠ RLC 병렬회로의 합성 임피던스는
$Z(s) = \dfrac{1}{\dfrac{1}{R}+\dfrac{1}{Ls}+Cs}$ 의 형태이다.
㉡ 문제의 임피던스를 정리하면 다음과 같다.
$Z(s) = \dfrac{4s}{s^2+9} = \dfrac{1}{\dfrac{s}{4}+\dfrac{9}{4s}} = \dfrac{1}{\dfrac{1}{4}s+\dfrac{1}{\dfrac{4}{9}s}}$
∴ $C = \dfrac{1}{4}[F]$, $L = \dfrac{4}{9}[H]$ 가 병렬로 접속된 회로로 나타낼 수 있다.

정답 ①

08 임피던스 함수 $Z(s) = \dfrac{4s+2}{s}$로 표시되는 2단자 회로망은 다음 중 어느 것인가?

① 4[Ω] 1/2[H]

② 4[Ω] 1/2[F]

③ 4[Ω] 2[H]

④ 4[Ω] 2[F]

 ㉠ RLC 직렬회로의 합성 임피던스는
$Z(s) = R + Ls + \dfrac{1}{Cs}$ 의 형태이다.
㉡ 문제의 임피던스를 정리하면 다음과 같다.
$Z(s) = \dfrac{4s+2}{s} = 4 + \dfrac{2}{s}$
$= 4 + \dfrac{1}{\dfrac{s}{2}} = 4 + \dfrac{1}{\dfrac{1}{2}s}$
∴ $R = 4[\Omega]$, $C = 1/2[F]$ 이 직렬로 접속된 회로로 나타낼 수 있다.

정답 ②

10 리액턴스 함수가 $Z(s) = \dfrac{3s}{s^2+15}$ 로 표시되는 리액턴스 2단자망은 어느 것인가?

①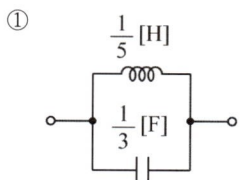
$\dfrac{1}{5}$[H] / $\dfrac{1}{3}$[F]

② $\dfrac{1}{3}$[H] / $\dfrac{1}{5}$[F]

③ $\dfrac{1}{3}$[H] $\dfrac{1}{5}$[F]

④ $\dfrac{1}{5}$[H] $\dfrac{1}{3}$[F]

㉠ RLC 병렬회로의 합성 임피던스는
$$Z(s) = \dfrac{1}{\dfrac{1}{R} + \dfrac{1}{Ls} + Cs}$$ 의 형태이다.
㉡ 문제의 임피던스를 정리하면 다음과 같다.
$$Z(s) = \dfrac{3s}{s^2+15} = \dfrac{1}{\dfrac{s}{3} + \dfrac{5}{s}} = \dfrac{1}{\dfrac{1}{3}s + \dfrac{1}{\dfrac{1}{5}s}}$$
∴ $C = \dfrac{1}{3}$[F], $L = \dfrac{1}{5}$[H] 가 병렬로 접속된 회로로 나타낼 수 있다.

정답 ①

11 2단자 임피던스 함수가
$Z(s) = \dfrac{s+3}{(s+4)(s+5)}$ 일 때의 영점은?

① 4,5 ② -4, -5
③ 3   ④ -3

영점은 구동점 임피던스의 분자항이 0인 점을 의미하므로 ($Z(s) = 0$ 이 되기 위한 s 의 해)
∴ 영점 $s = -3$ (극점은 -4, -5가 된다.)

정답 ④

12 구동점 임피던스 함수 $Z(s)$에서 영점은?
① 회로가 개방된 상태
② 회로의 상태와 관계없다.
③ 회로가 파괴된 상태
④ 단락회로 상태

$Z(s)$에서 영점은 $Z(s) = 0$인 점을 의미하므로 회로 단자가 단락된 상태를 나타낸다.

정답 ④

13 구동점 임피던스(driving point impedance) 함수에 있어서 극점(pole)은?
① 단락회로 상태를 의미
② 개방회로 상태를 의미
③ 아무런 상태도 아니다.
④ 전류가 많이 흐르는 상태를 의미

극점은 구동점 임피던스의 분모항이 0인 점을 의미하므로 임피던스 $Z(s) = \infty$ 가 된다.
그러므로 전류 $I(s) = 0$이 되어 개방회로(open) 상태를 의미한다.

정답 ②

14 다음의 2단자 임피던스 함수가
$Z(s) = \dfrac{s(s+1)}{(s+2)(s+3)}$ 일 때 회로의 단락 상태를 나타내는 점은?

① -1, 0 ② 0, 1
③ -2, -3 ④ 2, 3

회로의 단락상태는 2단자 회로의 영점을 의미하므로
$Z_1 = 0$, $Z_1 = -1$ 이 된다.

정답 ①

15 그림과 같이 유한 영역에서 극, 영점분포를 가진 2단자 회로망의 구동점 임피던스는? (단, 환산계수는 H라 한다.)

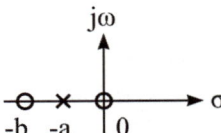

① $\dfrac{Hs(s+b)}{s+a}$ ② $\dfrac{H(s+a)}{s(s+b)}$

③ $\dfrac{s(s+b)}{H(s+a)}$ ④ $\dfrac{s+a}{Hs(s+b)}$

㉠ 영점: $Z_1 = 0,\ Z_2 = -b$
㉡ 극점: $P_1 = -a$
∴ 구동점 임피던스
$$Z(s) = H\frac{(s-Z_1)(s-Z_2)\cdots(s-Z_n)}{(s-P_1)(s-P_2)\cdots(s-P_n)}$$
$$= \frac{Hs(s+b)}{s+a}$$

정답 ①

16 아래 그림 (a)와 같은 회로의 구동점 임피던스의 극, 영점이 그림 (b)와 같다. $Z(0) = 1$일 때 $R,\ L,\ C$ 값은?

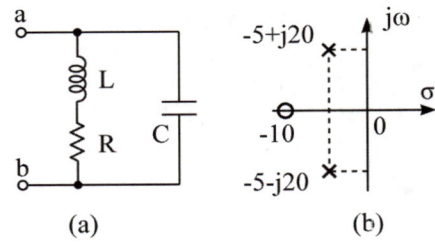

① $R = 1\,[\Omega],\ L = 0.1\,[\mathrm{H}]$
$C = 0.0235\,[\mathrm{F}]$
② $R = 1\,[\Omega],\ L = 2\,[\mathrm{H}],\ C = 1\,[\mathrm{F}]$
③ $R = 2\,[\Omega],\ L = 0.1\,[\mathrm{H}]$
$C = 0.0235\,[\mathrm{F}]$
④ $R = 2\,[\Omega],\ L = 0.2\,[\mathrm{H}],\ C = 1\,[\mathrm{F}]$

㉠ 그림 (a)에서 구동점 임피던스는 $Z(s)$와 같고 이때, $Z(0) = R = 1$이 된다.
$$Z(s) = \frac{(Ls+R)\times\dfrac{1}{Cs}}{(Ls+R)+\dfrac{1}{Cs}}$$
$$= \frac{Ls+R}{LCs^2+RCs+1}$$
$$= \frac{\dfrac{1}{C}s + \dfrac{R}{LC}}{s^2 + \dfrac{R}{L}s + \dfrac{1}{LC}}$$

㉡ 그림 (b)에서 극점은 $-5+j20,\ -5-j20$이 되고, 영점은 -10이 된다.
$$Z(s) = \frac{s+10}{(s+5-j20)(s+5+j20)}$$
$$= \frac{s+10}{(s+5)^2+20^2} = \frac{s+10}{s^2+10s+425}$$

㉢ 구동점 임피던스 ㉠과 ㉡의 특성방정식이 등가관계가 성립되어야 하므로
$$s^2 + \frac{1}{L}s + \frac{1}{LC} = s^2 + 10s + 425\ \text{이므로}$$
$L = \dfrac{1}{10}$ 이 되고, $C = \dfrac{10}{425} = 0.0235$가 된다.
∴ $R = 1\,[\Omega],\ L = 0.1\,[\mathrm{H}],\ C = 0.0235\,[\mathrm{F}]$

정답 ①

17 2단자 임피던스의 허수부가 어떤 주파수에 관해서도 언제나 0이 되고 실수부도 주파수에 무관하게 항상 일정하게 되는 회로는?

① 정인덕턴스 회로
② 정임피던스 회로
③ 정리액턴스 회로
④ 정저항 회로

정답분석
정저항 회로
위상각이 존재하지 않으며 전압과 전류의 위상차도 없다. 이러한 회로는 $j\omega = 0$ 이 되므로 주파수에 항상 무관한 회로로 작용한다.

정답 ④

18 L 및 C를 직렬로 접속한 임피던스가 있다. 지금 그림과 같이 L 및 C의 각각에 동일한 무유도 저항 R을 병렬로 접속하여 이 합성 회로가 주파수에 무관하게 되는 R의 값은?

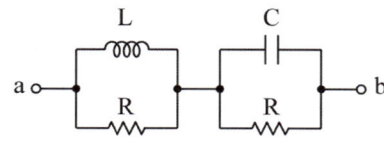

① $R^2 = \dfrac{L}{C}$ ② $R^2 = \dfrac{C}{L}$

③ $R^2 = CL$ ④ $R^2 = \dfrac{1}{LC}$

정답분석
정저항 조건: $R^2 = Z_1 Z_2 = \dfrac{L}{C}$
여기서, $Z_1 = j\omega L$, $Z_2 = \dfrac{1}{j\omega C}$

정답 ①

19 그림과 같은 회로가 정저항 회로로 되려면 R은 몇 $[\Omega]$이어야 하는가?
(단, $L = 4\,[\text{mH}]$, $C = 0.1\,[\mu\text{F}]$)

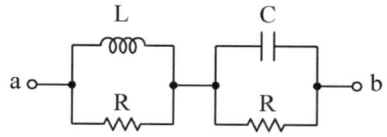

① $100\,[\Omega]$ ② $200\,[\Omega]$
③ $2 \times 10^{-5}\,[\Omega]$ ④ $2 \times 10^{-2}\,[\Omega]$

정답분석
정저항 조건
$$R = \sqrt{\dfrac{L}{C}} = \sqrt{\dfrac{4 \times 10^{-3}}{0.1 \times 10^{-6}}}$$
$$= \sqrt{4 \times 10^4} = 200\,[\Omega]$$

정답 ②

20 그림이 정저항 회로로 되려면 $C[\mu\text{F}]$는?

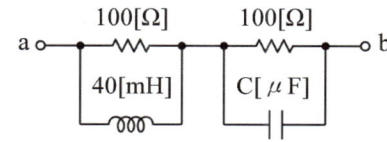

① $4\,[\mu\text{F}]$ ② $6\,[\mu\text{F}]$
③ $8\,[\mu\text{F}]$ ④ $10\,[\mu\text{F}]$

정답분석
정저항 조건이 $R^2 = Z_1 Z_2 = \dfrac{L}{C}$ 이므로
$$\therefore C = \dfrac{L}{R^2} = \dfrac{40 \times 10^{-3}}{100^2}$$
$$= 4 \times 10^{-6}\,[\text{F}] = 4\,[\mu\text{F}]$$

정답 ①

21 다음 회로의 임피던스가 R이 되기 위한 조건은?

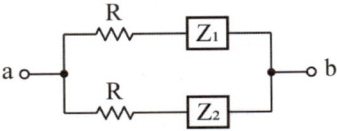

① $Z_1 Z_2 = R$
② $\dfrac{Z_1}{Z_2} = R^2$
③ $Z_1 Z_2 = R^2$
④ $\dfrac{Z_2}{Z_1} = R^2$

> **정답분석**
> 정저항 조건: $R^2 = Z_1 Z_2 = \dfrac{L}{C}$
> 여기서, $Z_1 = j\omega L$, $Z_2 = \dfrac{1}{j\omega C}$
>
> 정답 ③

22 그림과 같은 회로가 정저항 회로가 되기 위한 R의 값은 얼마인가?

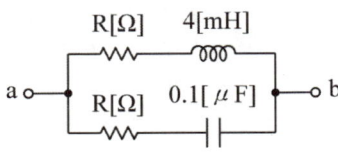

① $200[\Omega]$
② $2[\Omega]$
③ $2 \times 10^{-2}[\Omega]$
④ $2 \times 10^{-4}[\Omega]$

> **정답분석**
> 정저항 조건
> $R = \sqrt{\dfrac{L}{C}} = \sqrt{\dfrac{4 \times 10^{-3}}{0.1 \times 10^{-6}}}$
> $= \sqrt{4 \times 10^4} = 200\,[\Omega]$
>
> 정답 ①

23 다음 회로에서 정저항 회로가 되기 위해서는 $\dfrac{1}{\omega C}$의 값은 몇 $[\Omega]$이면 되는가?

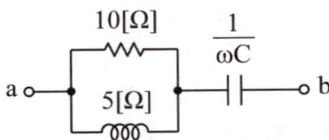

① $2[\Omega]$
② $4[\Omega]$
③ $6[\Omega]$
④ $8[\Omega]$

> **정답분석**
> ㉠ 합성 임피던스
> $Z_{ab} = \dfrac{10 \times j5}{10 + j5} - j\dfrac{1}{\omega C}$
> $\quad = 2 + j4 - j\dfrac{1}{\omega C} = 2 + j\left(4 - \dfrac{1}{\omega C}\right)$
> ㉡ 정저항이 되기 위한 조건은 허수부가 0이 되어야 한다.
> $\therefore \dfrac{1}{\omega C} = 4\,[\Omega]$
>
> 정답 ②

24 그림과 같은 회로에서 정저항 회로가 되기 위한 ωL의 값은 대략 얼마인가?

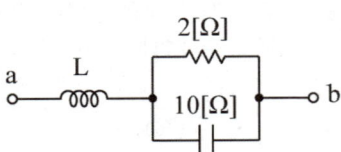

① 약 $1.6[\Omega]$
② 약 $1.2[\Omega]$
③ 약 $0.8[\Omega]$
④ 약 $0.3[\Omega]$

> **정답분석**
> ㉠ 합성 임피던스
> $Z = j\omega L + \dfrac{2 \times (-j10)}{2 - j10}$
> $\quad = j\omega L + \dfrac{-j20(2 + j10)}{(2 - j10)(2 + j10)}$
> ㉡ 정저항이 되기 위한 조건은 허수부가 0이 되어야 하므로 $\omega L - 0.38 = 0$
> $\therefore \omega L = 0.38\,[\Omega]$
>
> 정답 ④

7-2 4단자망 회로

25 다음과 같은 T형 회로의 임피던스 파라미터 Z_{22}의 값은?

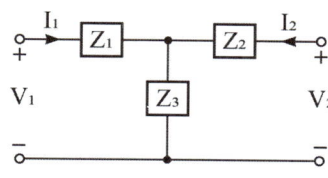

① $Z_1 + Z_2$ ② $Z_2 + Z_3$
③ $Z_1 + Z_3$ ④ $-Z_2$

㉠ 임피던스 파라미터
$Z_{11} = Z_1 + Z_2$　　$Z_{12} = Z_3$
$Z_{21} = Z_3$　　$Z_{22} = Z_2 + Z_3$
㉡ 어드미턴스 파라미터
$Y_{11} = \dfrac{1}{K}$　　$Y_{12} = -\dfrac{Z_3}{K}$
$Y_{21} = -\dfrac{Z_3}{K}$　　$Y_{22} = \dfrac{Z_1 + Z_3}{K}$
여기서, $K = Z_1 Z_2 + Z_2 Z_3 + Z_3 Z_1$

정답 ②

26 다음과 같은 T형, 4단자망의 임피던스 파라미터로서 틀린 것은?

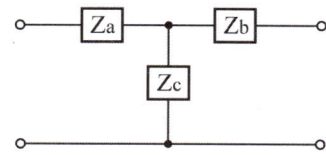

① $Z_{11} = Z_a + Z_c$　② $Z_{12} = Z_c$
③ $Z_{21} = -Z_c$　④ $Z_{22} = Z_b + Z_c$

임피던스 파라미터
㉠ $Z_{11} = Z_a + Z_c$
㉡ $Z_{12} = Z_{21} = Z_c$
㉢ $Z_{22} = Z_b + Z_c$

정답 ③

27 다음과 같은 L형 회로의 임피던스 파라미터 Z_{22}의 값은?

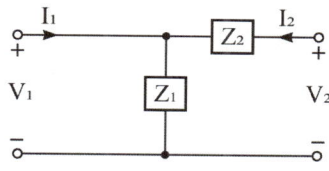

① Z_1　② Z_2
③ $Z_1 + Z_2$　④ $\dfrac{Z_1 Z_2}{Z_1 + Z_2}$

임피던스 파라미터
㉠ $Z_{11} = Z_1$
㉡ $Z_{12} = Z_{21} = Z_1$
㉢ $Z_{22} = Z_1 + Z_2$

정답 ③

28 다음과 같은 L형 회로의 임피던스 파라미터 Z_{22}의 값은?

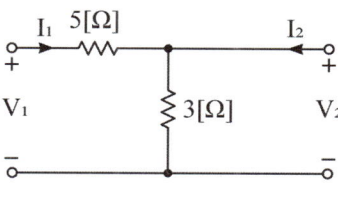

① $8[\Omega]$　② $5[\Omega]$
③ $3[\Omega]$　④ $2[\Omega]$

임피던스 파라미터
㉠ $Z_{11} = 5 + 3 = 8[\Omega]$
㉡ $Z_{12} = Z_{21} = 3[\Omega]$
㉢ $Z_{22} = 0 + 3 = 3[\Omega]$

정답 ③

29 어떤 2단자쌍 회로망의 Y파라미터가 그림과 같다. $a-a'$ 단자간에 $V_1 = 36\,[\text{V}]$, $b-b'$ 단자 간에 $V_2 = 24\,[\text{V}]$의 정전압원을 연결하였을 때 I_1, I_2 값은? (단, Y파라미터의 단위는 $[\mho]$이다.)

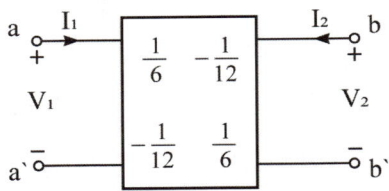

① $I_1 = 4\,[\text{A}]$, $I_2 = 5\,[\text{A}]$
② $I_1 = 5\,[\text{A}]$, $I_2 = 4\,[\text{A}]$
③ $I_1 = 1\,[\text{A}]$, $I_2 = 4\,[\text{A}]$
④ $I_1 = 4\,[\text{A}]$, $I_2 = 1\,[\text{A}]$

정답분석 어드미턴스 파라미터의 전류방정식
㉠ $I_1 = Y_{11}V_1 + Y_{12}V_2$
$= \dfrac{1}{6} \times 36 + \left(-\dfrac{1}{12}\right) \times 24 = 4\,[\text{A}]$
㉡ $I_2 = Y_{21}V_1 + Y_{22}V_2$
$= \left(-\dfrac{1}{12}\right) \times 36 + \dfrac{1}{6} \times 24 = 1\,[\text{A}]$

정답 ④

30 그림에서 4단자망(two port)의 개방 순방향 전달 임피던스 Z_{21}과 단락 순방향 전달 어드미턴스 Y_{21}은?

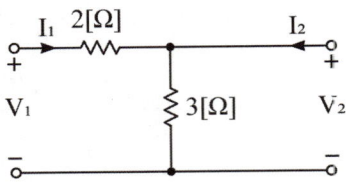

① $Z_{21} = 3\,[\Omega]$, $Y_{21} = -1/2\,[\mho]$
② $Z_{21} = 3\,[\Omega]$, $Y_{21} = 1/3\,[\mho]$
③ $Z_{21} = 3\,[\Omega]$, $Y_{21} = 1/2\,[\mho]$
④ $Z_{21} = 2\,[\Omega]$, $Y_{21} = -5/6\,[\mho]$

정답분석
㉠ $Z_{21} = 3\,[\Omega]$
㉡ $Y_{21} = \dfrac{-Z_3}{Z_1Z_2 + Z_2Z_3 + Z_3Z_1}$
$= \dfrac{-3}{0 + 0 + 6} = -\dfrac{1}{2}\,[\mho]$

정답 ①

31 그림의 4단자 회로에서 단자 a, b에서 본 구동점 임피던스 $Z_{11}\,[\Omega]$과 구동점 어드미턴스 $Y_{11}\,[\mho]$는?

① $Z_{11} = 3 + j4$, $Y_{11} = \dfrac{1}{4.6 + j0.8}$
② $Z_{11} = 3 + j4$, $Y_{11} = 0.2114 - j0.037$
③ $Z_{11} = 2$, $Y_{11} = \dfrac{1}{4.6 + j0.8}$
④ $Z_{11} = 2 + j4$, $Y_{11} = 0.2114 + j0.037$

정답분석
㉠ $Z_{11} = 3 + j4\,[\Omega]$
㉡ $Y_{11} = \dfrac{Z_2 + Z_3}{Z_1Z_2 + Z_2Z_3 + Z_3Z_1}$
$= \dfrac{2 + j4}{6 + j20} = 0.211 - j0.37\,[\mho]$

정답 ②

32 그림과 같은 4단자 회로의 어드미턴스 파라미터 중 $Y_{11}[\mho]$는?

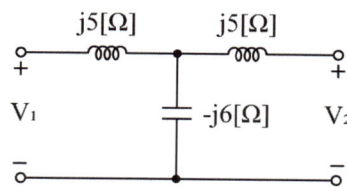

① $-j\dfrac{1}{35}$ ② $j\dfrac{2}{35}$

③ $-j\dfrac{1}{33}$ ④ $j\dfrac{2}{33}$

$$Y_{11} = \dfrac{Z_2 + Z_3}{Z_1 Z_2 + Z_2 Z_3 + Z_3 Z_1}$$
$$= \dfrac{j5 + (-j6)}{(j5 \times j5) + (j5 \times -j6) + (-j6 \times j5)}$$
$$= \dfrac{-j}{-25 + 30 + 30} = -j\dfrac{1}{35}[\mho]$$

정답 ①

33 다음과 같은 π형 4단자 회로망의 어드미턴스 파라미터 Y_{11}의 값은?

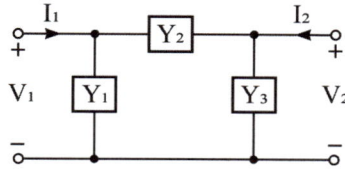

① $Y_1 + Y_2$ ② Y_2
③ Y_3 ④ $Y_2 + Y_3$

π형 등가회로에서 어드미턴스 파라미터
㉠ $Y_{11} = Y_1 + Y_2 [\mho]$
㉡ $Y_{12} = Y_{21} = -Y_2 [\mho]$
㉢ $Y_{22} = Y_2 + Y_3 [\mho]$

정답 ①

34 다음과 같은 π형 4단자 회로망의 어드미턴스 파라미터 Y_{22}의 값은?

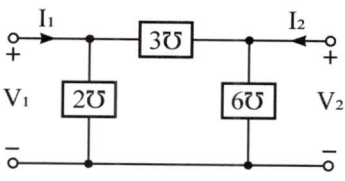

① $Y_{22} = 5 [\mho]$ ② $Y_{22} = 6 [\mho]$
③ $Y_{22} = 9 [\mho]$ ④ $Y_{22} = 11 [\mho]$

π형 등가회로에서 어드미턴스 파라미터
$Y_{22} = Y_2 + Y_3 = 3 + 6 = 9 [\mho]$

정답 ③

35 그림과 같은 회로의 임피던스 Z행렬에서 임피던스 파라미터 Z_{11}는 어떻게 되는가?

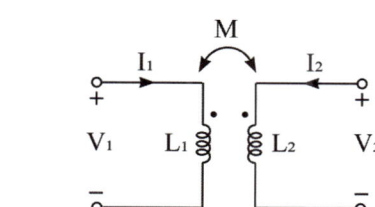

① $Z_{11} = sL_1 [\Omega]$
② $Z_{11} = sM [\Omega]$
③ $Z_{11} = sL_1 L_2 [\Omega]$
④ $Z_{11} = sL_2 [\Omega]$

가동결합 변압기의 임피던스 파라미터
㉠ $Z_{11} = sL_1$
㉡ $Z_{12} = Z_{21} = sM$
㉢ $Z_{22} = sL_2$

정답 ①

36

 4단자 정수 A, B, C, D 중에서 임피던스의 차원을 가진 정수는?

① A   ② B
③ C   ④ D

정답분석

4단자 방정식 $\begin{cases} V_1 = AV_2 + BI_2 \\ I_1 = CV_2 + DI_2 \end{cases}$

㉠ 2차측을 개방했을 경우 ($I_2 = 0$)
- $A = \dfrac{V_1}{V_2}$: 전압 이득 차원
- $C = \dfrac{I_1}{V_2}$: 어드미턴스 차원

㉡ 2차측을 단락했을 경우 ($V_2 = 0$)
- $B = \dfrac{V_1}{I_2}$: 임피던스 차원
- $D = \dfrac{I_1}{I_2}$: 전류 이득 차원

정답 ②

37

4단자 정수 A, B, C, D 중에서 어드미턴스의 차원을 가진 정수는?

① A   ② B
③ C   ④ D

정답확인

정답 ③

38

 4단자망의 파라미터 정수에 관한 다음의 서술 중 잘못된 것은?

① ABCD 파라미터 중 A 및 D는 차원(dimension)이 없다.
② H 파라미터 중 H_{12} 및 H_{21}은 차원이 없다.
③ ABCD 파라미터 중 B는 어드미턴스 C는 임피던스의 차원을 갖는다.
④ B 파라미터 중 B_{12}은 임피던스 B_{22}는 어드미턴스의 차원을 갖는다.

정답분석

4단자 정수의 차원 관계
㉠ A: 전압 이득 차원
㉡ B: 임피던스 차원
㉢ C: 어드미턴스 차원
㉣ D: 전류 이득 차원

정답 ③

39

4단자정수를 구하는 식에서 틀린 것은 어느 것인가?

① $A = \dfrac{V_1}{V_2}\bigg|_{I_2=0}$ ② $B = \dfrac{V_2}{I_2}\bigg|_{V_2=0}$

③ $C = \dfrac{I_1}{V_2}\bigg|_{I_2=0}$ ④ $D = \dfrac{I_1}{I_2}\bigg|_{V_2=0}$

정답확인

정답 ②

40

 4단자정수 A, B, C, D로 출력측을 개방시켰을 때 입력측에서 본 구동점 임피던스 $Z_{11} = \dfrac{V_1}{I_1}\bigg|_{I_2=0}$ 를 표시한 것 중 옳은 것은?

① $Z_{11} = \dfrac{A}{C}$ ② $Z_{11} = \dfrac{B}{D}$

③ $Z_{11} = \dfrac{A}{B}$ ④ $Z_{11} = \dfrac{B}{C}$

정답분석

4단자 방정식
㉠ $V_1 = AV_2 + BI_2$
㉡ $I_1 = CV_2 + DI_2$

$\therefore Z_{11} = \dfrac{V_1}{I_1}\bigg|_{I_2=0} = \dfrac{AV_2}{CV_2} = \dfrac{A}{C}$

정답 ①

41 4단자 회로망에서 출력측을 개방하니 $V_1=12$, $V_2=4$, $I_1=2$이고, 출력측을 단락하니 $V_1=16$, $I_1=4$, $I_2=2$이었다. 4단자 정수 A, B, C, D는 얼마인가?

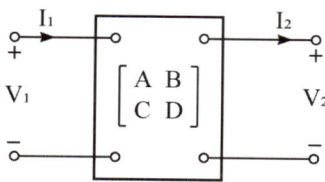

① 3, 8, 0.5, 2 ② 8, 0.5, 2, 3
③ 0.5, 2, 3, 8 ④ 2, 3, 8, 0.5

정답분석

4단자 방정식 $\begin{cases} V_1 = AV_2 + BI_2 \\ I_1 = CV_2 + DI_2 \end{cases}$ 에서

(1) 출력측을 개방하면 $I_2=0$이 된다.

㉠ $A = \dfrac{V_1}{V_2}\bigg|_{I_2=0} = \dfrac{12}{4} = 3$

㉡ $C = \dfrac{I_1}{V_2}\bigg|_{I_2=0} = \dfrac{2}{4} = 0.5$

(2) 출력측을 단락하면 $V_2=0$이 된다.

㉢ $B = \dfrac{V_1}{I_2}\bigg|_{V_2=0} = \dfrac{16}{2} = 8$

㉣ $D = \dfrac{I_1}{I_2}\bigg|_{V_2=0} = \dfrac{4}{2} = 2$

∴ $\begin{bmatrix} A & B \\ C & D \end{bmatrix} = \begin{bmatrix} 3 & 8 \\ 0.5 & 2 \end{bmatrix}$

정답 ①

42 그림과 같은 4단자망에서 4단자 정수의 행렬은?

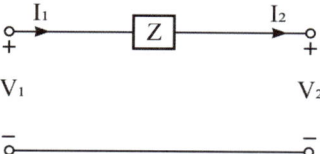

① $\begin{bmatrix} 1 & Z \\ 0 & 1 \end{bmatrix}$ ② $\begin{bmatrix} Z & 0 \\ 1 & 0 \end{bmatrix}$
③ $\begin{bmatrix} 0 & 1 \\ Z & 1 \end{bmatrix}$ ④ $\begin{bmatrix} 1 & 0 \\ 1 & Z \end{bmatrix}$

정답분석

Z만의 회로에서 4단자 정수

$\begin{bmatrix} A & B \\ C & D \end{bmatrix} = \begin{bmatrix} 1 & Z \\ 0 & 1 \end{bmatrix}$

정답 ①

43 그림과 같은 4단자망에서 정수 행렬은?

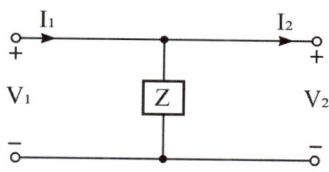

① $\begin{bmatrix} 1 & Z \\ 0 & 1 \end{bmatrix}$ ② $\begin{bmatrix} 1 & 0 \\ \dfrac{1}{Z} & 1 \end{bmatrix}$
③ $\begin{bmatrix} 1 & Z \\ \dfrac{1}{Z} & 0 \end{bmatrix}$ ④ $\begin{bmatrix} Z & 1 \\ 1 & 0 \end{bmatrix}$

정답분석

Y만의 회로에서 4단자 정수

$\begin{bmatrix} A & B \\ C & D \end{bmatrix} = \begin{bmatrix} 1 & 0 \\ Y & 1 \end{bmatrix} = \begin{bmatrix} 1 & 0 \\ \dfrac{1}{Z} & 1 \end{bmatrix}$

정답 ②

44 그림과 같은 T형 4단자 회로의 4단자 정수 중 B의 값은?

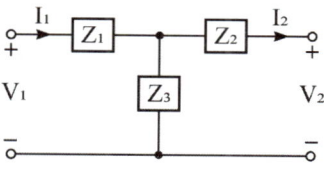

① $\dfrac{Z_1+Z_2}{Z_3}$

② $\dfrac{Z_1Z_2 + Z_2Z_3 + Z_3Z_1}{Z_3}$

③ $\dfrac{1}{Z_3}$

④ $\dfrac{Z_2+Z_3}{Z_3}$

정답분석

T형 등가회로에서 4단자 정수

$\begin{bmatrix} A & B \\ C & D \end{bmatrix} = \begin{bmatrix} 1+\dfrac{Z_1}{Z_3} & \dfrac{Z_1Z_2+Z_2Z_3+Z_3Z_1}{Z_3} \\ \dfrac{1}{Z_3} & 1+\dfrac{Z_2}{Z_3} \end{bmatrix}$

여기서, $Z_1Z_2 + Z_2Z_3 + Z_3Z_1 = K$

정답 ②

45 그림과 같은 T형 4단자 회로의 4단자 정수 중 D의 값은?

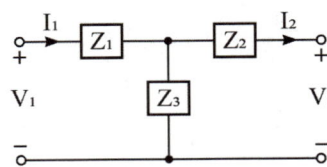

① $1+\dfrac{Z_2}{Z_3}$ ② $1+\dfrac{Z_3}{Z_2}$

③ $1+\dfrac{Z_1}{Z_2}$ ④ $1+\dfrac{Z_2}{Z_1}$

 T형 등가회로에서 4단자 정수

$\begin{bmatrix} A & B \\ C & D \end{bmatrix} = \begin{bmatrix} 1+\dfrac{Z_1}{Z_3} & \dfrac{Z_1Z_2+Z_2Z_3+Z_3Z_1}{Z_3} \\ \dfrac{1}{Z_3} & 1+\dfrac{Z_2}{Z_3} \end{bmatrix}$

정답 ①

46 다음 회로에 4단자 상수 중 잘못 구해진 것은 어느 것인가?

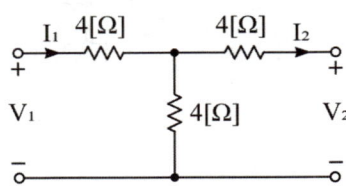

① $A=2$ ② $B=12$

③ $C=\dfrac{1}{2}$ ④ $D=2$

 T형 등가회로에서 4단자 정수

㉠ $A = 1+\dfrac{Z_1}{Z_3} = 1+\dfrac{4}{4} = 2$

㉡ $B = \dfrac{K}{Z_3} = \dfrac{Z_1Z_2+Z_2Z_3+Z_3Z_1}{Z_3}$
$= \dfrac{4\times 4 + 4\times 4 + 4\times 4}{4} = \dfrac{16\times 3}{4} = 12$

㉢ $C = \dfrac{1}{Z_3} = \dfrac{1}{4}$

㉣ $D = 1+\dfrac{Z_2}{Z_3} = 1+\dfrac{4}{4} = 2$

정답 ③

47 그림과 같은 4단자 정수 A, B, C, D의 값은?

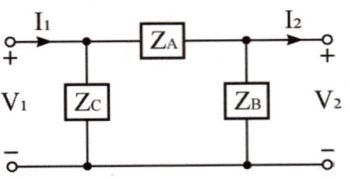

① $A = 1+\dfrac{Z_A}{Z_B}$, $B = Z_A$,
$C = \dfrac{Z_A+Z_B+Z_C}{Z_B\cdot Z_C}$, $D = \dfrac{1}{Z_B\cdot Z_C}$

② $A = 1+\dfrac{Z_A}{Z_B}$, $B = Z_A$,
$C = \dfrac{1}{Z_B}$, $D = 1+\dfrac{Z_A}{Z_B}$

③ $A = 1+\dfrac{Z_A}{Z_B}$, $B = Z_A$,
$C = \dfrac{Z_A+Z_B+Z_C}{Z_B\cdot Z_C}$, $D = 1+\dfrac{Z_A}{Z_C}$

④ $A = 1+\dfrac{Z_A}{Z_B}$, $B = Z_A$,
$C = \dfrac{1}{Z_A}$, $D = 1+\dfrac{Z_A}{Z_B}$

 π형 등가회로에서 4단자 정수

$\begin{bmatrix} A & B \\ C & D \end{bmatrix} = \begin{bmatrix} 1+\dfrac{Z_A}{Z_B} & Z_A \\ \dfrac{Z_A+Z_B+Z_C}{Z_BZ_C} & 1+\dfrac{Z_A}{Z_C} \end{bmatrix}$

정답 ③

48 그림과 같은 L형 회로의 4단자 정수는 어떻게 되는가?

① $A = Z_1$, $B = 1 + \dfrac{Z_1}{Z_2}$,
   $C = \dfrac{1}{Z_2}$, $D = 1$

② $A = 1$, $B = \dfrac{1}{Z_2}$,
   $C = 1 + \dfrac{1}{Z_2}$, $D = Z_1$

③ $A = 1 + \dfrac{Z_1}{Z_2}$, $B = Z_1$,
   $C = \dfrac{1}{Z_2}$, $D = 1$

④ $A = \dfrac{1}{Z_2}$, $B = 1$,
   $C = Z_1$, $D = 1 + \dfrac{Z_1}{Z_2}$

정답분석

$$\begin{bmatrix} 1 & Z_1 \\ 0 & 1 \end{bmatrix} \begin{bmatrix} 1 & 0 \\ \frac{1}{Z_2} & 1 \end{bmatrix} = \begin{bmatrix} 1 + \frac{Z_1}{Z_2} & Z_1 \\ \frac{1}{Z_2} & 1 \end{bmatrix}$$

정답 ③

50 그림과 같은 T형 4단자 회로의 4단자 정수 중 B의 값은?

① Z_5 ② $\dfrac{Z_5}{Z_2 + Z_4 + Z_5}$

③ $\dfrac{1}{Z_5}$ ④ $\dfrac{Z_1 + Z_3 + Z_5}{Z_5}$

정답분석

$$A = \dfrac{V_1}{V_2}\bigg|_{I_2=0} = \dfrac{(Z_1 + Z_5 + Z_3)I_1}{Z_5 I_1}$$
$$= \dfrac{Z_1 + Z_3 + Z_5}{Z_5}$$

정답 ④

49 그림과 같은 4단자망의 4단자 정수 B는?

① 20/3 ② 2/3
③ 1   ④ 30

정답분석

$$\begin{bmatrix} A & B \\ C & D \end{bmatrix} = \begin{bmatrix} 1 & 10+20 \\ 0 & 1 \end{bmatrix} = \begin{bmatrix} 1 & 30 \\ 0 & 1 \end{bmatrix}$$

정답 ④

51 그림과 같은 종속접속으로 된 4단자 회로망의 합성 4단자 정수의 표시 중 틀린 것은 어느 것인가?

① $A = 1 + 4Z$ ② $B = Z$
③ $C = 4$ ④ $D = 1 + Z$

정답분석

$$\begin{bmatrix} A & B \\ C & D \end{bmatrix} = \begin{bmatrix} 1 & Z \\ 0 & 1 \end{bmatrix} \begin{bmatrix} 1 & 0 \\ 4 & 1 \end{bmatrix} = \begin{bmatrix} 1+4Z & Z \\ 4 & 1 \end{bmatrix}$$

정답 ④

52 그림에서 $\dfrac{V_2}{V_1}$는 얼마인가?

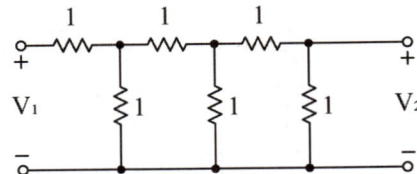

① $\dfrac{1}{13}$ ② $\dfrac{1}{10}$

③ $\dfrac{1}{7}$ ④ $\dfrac{1}{4}$

정답분석

$\begin{bmatrix} A & B \\ C & D \end{bmatrix}$
$= \begin{bmatrix} 1 & 1 \\ 0 & 1 \end{bmatrix}\begin{bmatrix} 1 & 0 \\ 1 & 1 \end{bmatrix}\begin{bmatrix} 1 & 1 \\ 0 & 1 \end{bmatrix}\begin{bmatrix} 1 & 0 \\ 1 & 1 \end{bmatrix}\begin{bmatrix} 1 & 1 \\ 0 & 1 \end{bmatrix}\begin{bmatrix} 1 & 0 \\ 1 & 1 \end{bmatrix}$
$= \begin{bmatrix} 13 & 8 \\ 8 & 5 \end{bmatrix}$

$\therefore \dfrac{V_2}{V_1} = \dfrac{1}{A} = \dfrac{1}{13}$

정답 ①

53 그림과 같은 4단자 회로의 4단자 정수 A, B, C, D에서 C의 값은?

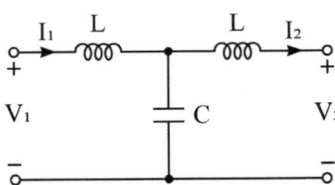

① $1 - j\omega C$ ② $1 - \omega^2 L$

③ $j\omega C$ ④ $j\omega L(2 - \omega^2 LC)$

정답분석

㉠ $A = 1 + \dfrac{j\omega L}{\dfrac{1}{j\omega C}} = 1 + j^2\omega^2 LC = 1 - \omega^2 LC$

㉡ $B = \dfrac{j\omega L \times \dfrac{1}{j\omega} + (j\omega L)^2 + j\omega L \times \dfrac{1}{j\omega}}{\dfrac{1}{j\omega C}}$
$= j\omega LC(2 - \omega^2 LC)$

㉢ $C = \dfrac{1}{\dfrac{1}{j\omega C}} = j\omega C$

㉣ $D = 1 + \dfrac{j\omega L}{\dfrac{1}{j\omega C}} = 1 + j^2\omega^2 LC = 1 - \omega^2 LC$

정답 ③

54 그림과 같은 4단자 회로망의 정수 중 C는 어떻게 나타내어지는가?

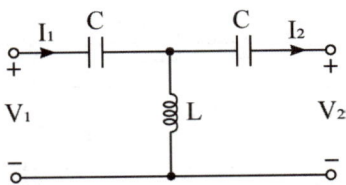

① $1 - \dfrac{1}{\omega^2 LC}$

② $\dfrac{1}{j\omega C}\left(2 - \dfrac{1}{\omega^2 LC}\right)$

③ $\dfrac{1}{j\omega L}$

④ $1 - \dfrac{1}{j\omega C}$

정답분석

T형 등가회로에서 4단자 정수

$\begin{bmatrix} A & B \\ C & D \end{bmatrix} = \begin{bmatrix} 1 & \dfrac{1}{j\omega C} \\ 0 & 1 \end{bmatrix}\begin{bmatrix} 1 & 0 \\ \dfrac{1}{j\omega L} & 1 \end{bmatrix}\begin{bmatrix} 1 & \dfrac{1}{j\omega C} \\ 0 & 1 \end{bmatrix}$

$= \begin{bmatrix} 1 - \dfrac{1}{\omega^2 LC} & \dfrac{1}{(j\omega C)^2} \\ \dfrac{1}{j\omega L} & 1 - \dfrac{1}{\omega^2 LC} \end{bmatrix}$

정답 ③

55 그림과 같은 4단자 회로의 4단자 정수 A, B, C, D에서 A의 값은?

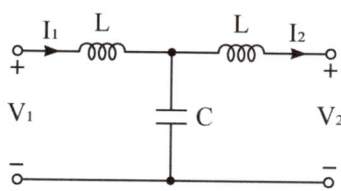

① $1 - j\omega C$ ② $1 - \omega^2 LC$
③ $j\omega C$ ④ $j\omega L(2 - \omega^2 LC)$

㉠ $A = 1 + \dfrac{j\omega L}{\dfrac{1}{j\omega C}} = 1 + j^2\omega^2 LC = 1 - \omega^2 LC$

㉡ $B = \dfrac{j\omega L \times \dfrac{1}{j\omega} + (j\omega L)^2 + j\omega L \times \dfrac{1}{j\omega}}{\dfrac{1}{j\omega C}}$
$= j\omega LC(2 - \omega^2 LC)$

㉢ $C = \dfrac{1}{\dfrac{1}{j\omega C}} = j\omega C$

㉣ $D = 1 + \dfrac{j\omega L}{\dfrac{1}{j\omega C}} = 1 + j^2\omega^2 LC = 1 - \omega^2 LC$

정답 ②

56 회로망의 4단자 정수 A는 얼마인가? (단, ω= 10^4[rad/sec]이다.)

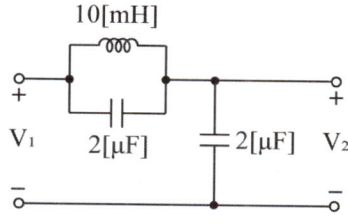

① 1   ② $-j2$
③ 3   ④ $-j4$

10[mH]와 2[μF]의 병렬 합성 임피던스

$Z = \dfrac{j\omega L \times \dfrac{1}{j\omega C}}{j\omega L + \dfrac{1}{j\omega C}} = \dfrac{j\omega L}{1 - \omega^2 LC}$

$= \dfrac{j10^4 \times 10 \times 10^{-3}}{1 - (10^4)^2 \times 10 \times 10^{-3} \times 2 \times 10^{-6}}$

$= -j100$

$\therefore A = \dfrac{V_1}{V_2}\bigg|_{I_2=0} = \dfrac{I(Z + X_C)}{IX_C}$

$= 1 + \dfrac{Z}{X_C} = 1 + \dfrac{-j100}{\dfrac{1}{j\omega C}}$

$= 1 - j100 \times (j10^4 \times 2 \times 10^{-6}) = 3$

정답 ③

57 그림과 같은 회로망에서 Z_1을 4단자 정수에 의해 표시하면?

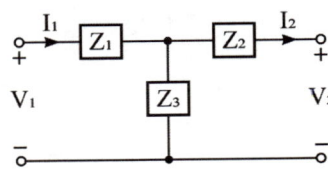

① $\dfrac{1}{C}$ ② $\dfrac{D-1}{C}$

③ $\dfrac{B-1}{C}$ ④ $\dfrac{A-1}{C}$

㉠ 4단자 정수는 다음과 같다.
$$\begin{bmatrix} A & B \\ C & D \end{bmatrix} = \begin{bmatrix} 1+\dfrac{Z_1}{Z_3} & Z_1+Z_2+\dfrac{Z_1Z_2}{Z_3} \\ \dfrac{1}{Z_3} & 1+\dfrac{Z_2}{Z_3} \end{bmatrix}$$

㉡ $A-1 = \dfrac{Z_1}{Z_3} = Z_1 C$ 이므로

∴ $Z_1 = \dfrac{A-1}{C}$

정답 ④

58 그림과 같이 π형 회로에서 Z_3를 4단자 정수로 표시한 것은?

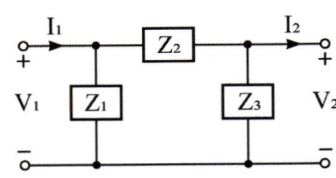

① $\dfrac{B}{1-A}$ ② $\dfrac{A}{1-B}$

③ $\dfrac{B}{A-1}$ ④ $\dfrac{A}{B-1}$

㉠ π형 등가회로의 4단자 정수는 다음과 같다.
$$\begin{bmatrix} A & B \\ C & D \end{bmatrix} = \begin{bmatrix} 1+\dfrac{Z_2}{Z_3} & Z_2 \\ \dfrac{Z_1+Z_2+Z_3}{Z_1Z_3} & 1+\dfrac{Z_2}{Z_1} \end{bmatrix}$$

㉡ $A-1 = \dfrac{Z_2}{Z_3} = \dfrac{B}{Z_3}$ 이므로

∴ $Z_3 = \dfrac{B}{A-1}$

정답 ③

59 A, B, C, D 4단자 정수를 올바르게 쓴 것은?

① AD + BD = 1 ② AB - CD = 1
③ AB + CD = 1 ④ AD - BC = 1

정답 ④

60 어떤 회로망의 4단자 정수 A=8, B=j2, D=3+j2 이면 이 회로망의 C는?

① $24 + j14$
② $3 - j4$
③ $8 - j11.5$
④ $4 + j6$

$AD - BC = 1$ 에서
$C = \dfrac{AD-1}{B} = \dfrac{8(3+j2)-1}{j2} = 8-j11.5\,[\mho]$

정답 ③

61 T형 4단자형 회로 그림에서 ABCD 파라미터 간의 성질 중 성립되는 대칭 조건은?

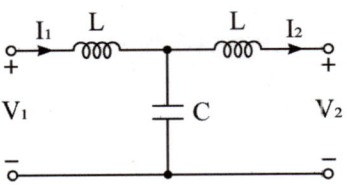

① A = D ② A = C
③ B = C ④ B = A

4단자 정수는 아래와 같으므로 회로가 대칭이 되면 $A = D$ 가 같아진다.

$$\begin{bmatrix} A & B \\ C & D \end{bmatrix} = \begin{bmatrix} 1 & j\omega L \\ 0 & 1 \end{bmatrix}\begin{bmatrix} 1 & 0 \\ j\omega C & 1 \end{bmatrix}\begin{bmatrix} 1 & j\omega L \\ 0 & 1 \end{bmatrix}$$

$$= \begin{bmatrix} 1-\omega^2 LC & j\omega L(2-\omega^2 LC) \\ j\omega C & 1-\omega^2 LC \end{bmatrix}$$

정답 ①

62. 이상 변압기에 대한 설명 중 옳은 것은?

① 단자 전압의 비 V_1/V_2는 코일의 권수비와 같다.
② 1차측의 복소전력은 2차측 복소전력과 같다.
③ 단자 전류의 비 I_1/I_2는 권수비와 같다.
④ 1차 단자에서 본 전체 임피던스는 부하 임피던스에 권수비 자승의 역수를 곱한 것과 같다.

정답분석 변압기 권수비

$$a = \frac{N_1}{N_2} = \frac{V_1}{V_2} = \frac{I_2}{I_1} = \sqrt{\frac{L_1}{L_2}} = \sqrt{\frac{Z_1}{Z_2}}$$

여기서, $L \propto N^2$, $Z_1 = a^2 Z_2$

정답 ①

64. 그림과 같은 이상변압기에 대한 4단자 정수는 얼마인가?

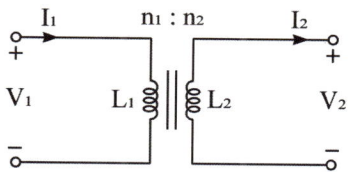

① $A = 1$, $B = \frac{n_1}{n_2}$, $C = \frac{n_2}{n_1}$, $D = 1$
② $A = \frac{n_2}{n_1}$, $B = 0$, $C = 0$, $D = \frac{n_1}{n_2}$
③ $A = \frac{n_1}{n_2}$, $B = 0$, $C = 0$, $D = \frac{n_2}{n_1}$
④ $A = n_1$, $B = n_2$, $C = \frac{n_2}{n_1}$, $D = 1$

정답분석 이상적인 변압기의 4단자 정수

$$\begin{bmatrix} A & B \\ C & D \end{bmatrix} = \begin{bmatrix} a & 0 \\ 0 & \frac{1}{a} \end{bmatrix} = \begin{bmatrix} \frac{n_1}{n_2} & 0 \\ 0 & \frac{n_2}{n_1} \end{bmatrix}$$

여기서, 변압기 권수비: $a = \frac{n_1}{n_2}$

정답 ③

63. 그림과 같은 이상변압기에 대하여 성립하지 않는 관계식은? (단, n_1, n_2는 1차 및 2차 코일의 권수)

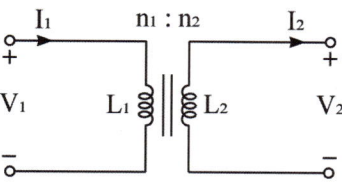

① $V_1 I_1 = V_2 I_2$
② $\frac{I_2}{I_1} = \frac{n_1}{n_2} = n$
③ $\frac{V_2}{V_1} = \frac{n_2}{n_1} = \frac{1}{n}$
④ $n = \sqrt{\frac{L_2}{L_1}}$

정답분석 변압기 권수비

$$a = \frac{N_1}{N_2} = \frac{V_1}{V_2} = \frac{I_2}{I_1} = \sqrt{\frac{L_1}{L_2}}$$

정답 ④

65 그림과 같은 이상변압기 4단자 정수 ABCD는 어떻게 표시되는가?

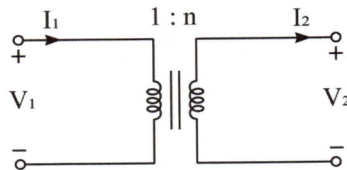

① $n, 0, 0, \dfrac{1}{n}$ ② $\dfrac{1}{n}, 0, 0, -n$

③ $\dfrac{1}{n}, 0, 0, n$ ④ $n, 0, 1, \dfrac{1}{n}$

㉠ 변압기 권수비: $a = \dfrac{N_1}{N_2} = \dfrac{1}{n}$

㉡ 4단자 정수: $\begin{bmatrix} A & B \\ C & D \end{bmatrix} = \begin{bmatrix} a & 0 \\ 0 & \dfrac{1}{a} \end{bmatrix}$

$\therefore \begin{bmatrix} A & B \\ C & D \end{bmatrix} = \begin{bmatrix} \dfrac{1}{n} & 0 \\ 0 & n \end{bmatrix}$

정답 ③

66 그림과 같은 이상변압기 4단자 정수 ABCD는 어떻게 표시되는가?

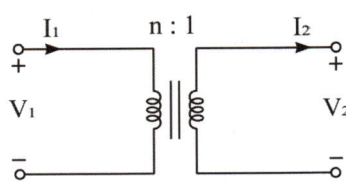

① 1 ② 0

③ n ④ $\dfrac{1}{n}$

㉠ 변압기 권수비: $a = \dfrac{N_1}{N_2} = n$

㉡ 4단자 정수: $\begin{bmatrix} A & B \\ C & D \end{bmatrix} = \begin{bmatrix} a & 0 \\ 0 & \dfrac{1}{a} \end{bmatrix}$

$\therefore A = \dfrac{V_1}{V_2} = \dfrac{N_1}{N_2} = a = n$

정답 ③

67 그림과 같이 10[Ω]의 저항에 감은 비가 10 : 1의 결합회로를 연결했을 때 4단자정수 ABCD는?

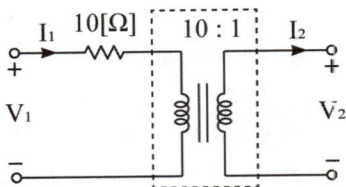

① $10, 1, 0, \dfrac{1}{10}$ ② $1, 10, 0, 10$

③ $10, 1, 0, 10$ ④ $10, 0, 1, \dfrac{1}{10}$

$\begin{bmatrix} A & B \\ C & D \end{bmatrix} = \begin{bmatrix} 1 & Z \\ 0 & 1 \end{bmatrix} \begin{bmatrix} a & 0 \\ 0 & \dfrac{1}{a} \end{bmatrix}$

$= \begin{bmatrix} 1 & 10 \\ 0 & 1 \end{bmatrix} \begin{bmatrix} 10 & 0 \\ 0 & \dfrac{1}{10} \end{bmatrix} = \begin{bmatrix} 10 & 1 \\ 0 & \dfrac{1}{10} \end{bmatrix}$

정답 ①

68 그림과 같은 이상변압기의 권선비가 $n_1 : n_2 = 1 : 3$일 때 a, b단자에서 본 임피던스는?

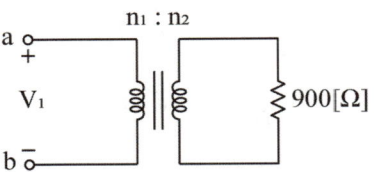

① $50[\Omega]$ ② $100[\Omega]$

③ $200[\Omega]$ ④ $400[\Omega]$

1차로 환산한 임피던스의 크기

$Z_1 = a^2 Z_2 = \left(\dfrac{n_1}{n_2}\right)^2 Z_2 = \left(\dfrac{1}{3}\right)^2 \times 900$

$= 100\,[\Omega]$

정답 ②

69 그림과 같은 전원측 저항 100[Ω], 부하저항 1[Ω]일 때 이것에 변압비 $n:1$의 이상변압기를 써서 정합을 취하려고 한다. 이때 n의 값은 얼마인가?

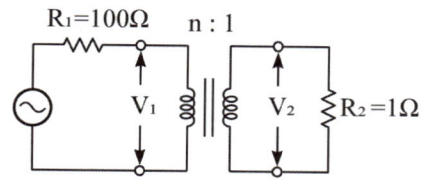

① 100 　② 10
③ 1/10 　④ 1/100

 $Z_1 = a^2 Z_2$에서 권수비 $a = \dfrac{N_1}{N_2} = n$이므로

∴ $a = \sqrt{\dfrac{Z_1}{Z_2}} = \sqrt{\dfrac{R_1}{R_2}} = \sqrt{\dfrac{100}{1}} = 10$

정답 ②

70 내부 임피던스가 순저항 6[Ω]인 전원과 120[Ω]의 순저항 부하사이에 임피던스 정합(matching)을 위한 이상변압기의 권선비는?

① $1/\sqrt{20}$ 　② $1/\sqrt{2}$
③ 1/20 　④ 1/2

 $Z_1 = a^2 Z_2$의 관계에서

∴ $a = \sqrt{\dfrac{Z_1}{Z_2}} = \sqrt{\dfrac{R_1}{R_2}} = \sqrt{\dfrac{6}{120}} = \sqrt{\dfrac{1}{20}}$

정답 ①

7-3 영상 파라미터

71 4단자 회로에서 4단자 정수를 $ABCD$라 하면 영상 임피던스 Z_{01}, Z_{02}는?

① $Z_{01} = \sqrt{\dfrac{AB}{CD}}$, $Z_{02} = \sqrt{\dfrac{BD}{AC}}$

② $Z_{01} = \sqrt{AB}$, $Z_{02} = \sqrt{CD}$

③ $Z_{01} = \sqrt{\dfrac{CD}{AB}}$, $Z_{02} = \sqrt{\dfrac{BD}{AC}}$

④ $Z_{01} = \sqrt{\dfrac{BD}{AC}}$, $Z_{02} = \sqrt{ABCD}$

정답 ①

72 그림과 같은 회로의 영상 임피던스 Z_{01}, Z_{02}는 각각 몇 [Ω]인가?

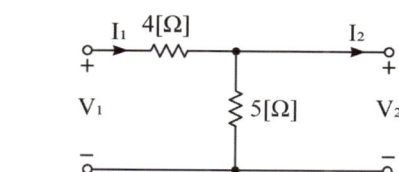

① $Z_{01} = 4$, $Z_{02} = \dfrac{20}{9}$

② $Z_{01} = 6$, $Z_{02} = \dfrac{10}{3}$

③ $Z_{01} = 9$, $Z_{02} = 5$

④ $Z_{01} = 12$, $Z_{02} = 4$

 (1) 4단자 정수

㉠ $A = 1 + \dfrac{4}{5} = 1.8$ 　㉡ $B = \dfrac{4 \times 5}{5} = 4$

㉢ $C = \dfrac{1}{5} = 0.2$ 　㉣ $D = 1 + \dfrac{0}{5} = 1$

(2) 영상 임피던스

㉠ $Z_{01} = \sqrt{\dfrac{AB}{CD}} = \sqrt{\dfrac{1.8 \times 4}{0.2 \times 1}} = 6$

㉡ $Z_{02} = \sqrt{\dfrac{BD}{AC}} = \sqrt{\dfrac{4 \times 1}{1.8 \times 0.2}} = \sqrt{\dfrac{4}{0.36}}$

$= \sqrt{\dfrac{100}{9}} = \dfrac{10}{3}$

정답 ②

73 회로에서 영상 임피던스 $Z_{01} = 6\,[\Omega]$이다. 저항 R의 값은 몇 $[\Omega]$인가?

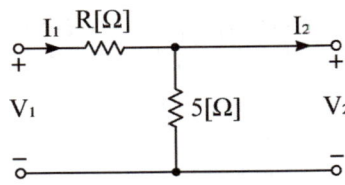

① $2\,[\Omega]$ ② $4\,[\Omega]$
③ $6\,[\Omega]$ ④ $9\,[\Omega]$

㉠ 4단자 정수
$$A = 1 + \frac{R}{5},\ B = \frac{R \times 5}{5} = R,\ C = \frac{1}{5},\ D = 1$$

㉡ 영상 임피던스
$$Z_{01} = \sqrt{\frac{AB}{CD}} = \sqrt{\frac{\left(1 + \frac{R}{5}\right) \times R}{\frac{1}{5} \times 1}} = 6\,[\Omega]$$

㉢ 위 식 양변에 제곱을 취해 정리하면
$$\left(1 + \frac{R}{5}\right) \times R = \frac{36}{5}\ \text{에서}$$
$$R^2 + 5R - 36 = 0\ \text{이 된다.}$$
$$\therefore R = \frac{-b \pm \sqrt{b^2 - 4ac}}{2a}$$
$$= \frac{-5 \pm \sqrt{5^2 - 4 \times 1 \times (-36)}}{2 \times 1}$$
$$= \frac{-5 \pm 13}{2} = 4\,[\Omega]$$

정답 ②

74 L형 4단자 회로망에서 4단자 정수가 $B = \frac{5}{3}$, $C = 1$이고, 영상 임피던스 $Z_{01} = \frac{20}{3}\,[\Omega]$일 때 영상 임피던스 $Z_{02}[\Omega]$의 값은?

① $\frac{1}{4}$ ② $\frac{100}{9}$
③ 9 ④ $\frac{9}{100}$

$Z_{01} \times Z_{02} = \sqrt{\frac{AB}{CD}} \times \sqrt{\frac{BD}{AC}} = \frac{B}{C}$ 이므로

$\therefore Z_{02} = \frac{B}{C} \times \frac{1}{Z_{01}} = \frac{5}{3} \times \frac{3}{20} = \frac{5}{20} = \frac{1}{4}$

정답 ①

75 4단자 회로망에서 4단자 정수가 $A = \frac{15}{4}$, $D = 1$이고, 영상 임피던스 $Z_{02} = \frac{12}{5}\,[\Omega]$일 때 영상 임피던스 Z_{01}은 몇 $[\Omega]$인가?

① $8\,[\Omega]$ ② $9\,[\Omega]$
③ $10\,[\Omega]$ ④ $11\,[\Omega]$

$$\frac{Z_{01}}{Z_{02}} = \frac{\sqrt{\frac{AB}{CD}}}{\sqrt{\frac{BD}{AC}}} = \frac{A}{D}\ \text{이므로}$$

$$\therefore Z_{01} = \frac{A}{D} \times Z_{02} = \frac{15}{4} \times \frac{12}{5} = 9\,[\Omega]$$

정답 ②

76 어떤 4단자망의 입력단자 1-1' 사이의 영상 임피던스 Z_{01}과 출력단자 2-2' 사이의 영상 임피던스 Z_{02}가 같게 되려면 4단자정수 사이에 어떠한 관계가 있어야 하는가?

① $BC = AC$ ② $AB = CD$
③ $B = C$ ④ $A = D$

영상 임피던스 $Z_{01} = \sqrt{\frac{AB}{CD}}$, $Z_{02} = \sqrt{\frac{BD}{AC}}$
이 두식이 같게 되려면 $A = D$ 이다.

정답 ④

77 대칭 4단자회로에서 영상임피던스는?

① $\sqrt{\frac{AB}{CD}}$ ② $\sqrt{\frac{DB}{CA}}$
③ $\sqrt{\frac{B}{C}}$ ④ $\sqrt{\frac{A}{D}}$

대칭 4단자의 경우 $A = D$ 이므로
$$\therefore Z_{01} = Z_{02} = \sqrt{\frac{B}{C}}$$

정답 ③

78 다음과 같은 4단자망에서 영상 임피던스는 몇 [Ω]인가?

① 600[Ω]   ② 450[Ω]
③ 300[Ω]   ④ 200[Ω]

정답분석

㉠ T형 등가회로에서 4단자 정수
$$A = 1 + \frac{Z_1}{Z_3},\ B = \frac{Z_1 Z_2 + Z_2 Z_3 + Z_3 Z_1}{Z_3},$$
$$C = \frac{1}{Z_3},\ D = 1 + \frac{Z_2}{Z_3}$$

㉡ 영상 임피던스
$$Z_{01} = \sqrt{\frac{AB}{CD}},\ Z_{02} = \sqrt{\frac{BD}{AC}}$$

㉢ 대칭 조건($Z_1 = Z_2$): $A = D$

∴ T형 대칭 회로에서 영상 임피던스
$$Z_{01} = Z_{02} = \sqrt{\frac{B}{C}} = \sqrt{Z_1 Z_2 + Z_2 Z_3 + Z_3 Z_1}$$
$$= \sqrt{300 \times 300 + 300 \times 450 + 450 \times 300}$$
$$= 600\,[\Omega]$$

정답 ①

79 그림과 같이 L형 회로의 영상 임피던스 Z_{02}를 구하면 다음 어느 것이 되겠는가?

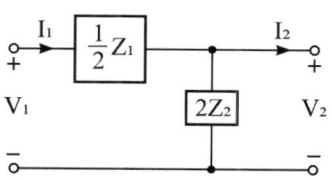

① $\sqrt{\dfrac{Z_1 Z_2}{1 + \dfrac{Z_1}{4Z_2}}}$ ② $\sqrt{Z_1 Z_2 \left(1 + \dfrac{Z_1}{4Z_2}\right)}$

③ $\sqrt{\dfrac{Z_1}{4Z_2}}$ ④ $\sqrt{1 + \dfrac{Z_1}{4Z_2}}$

정답분석

4단자 정수는 $A = 1 + \dfrac{\frac{Z_1}{2}}{2Z_2} = 1 + \dfrac{Z_1}{4Z_2},\ B = \dfrac{Z_1}{2},$
$C = \dfrac{1}{2Z_2},\ D = 1$이므로

∴ 영상임피던스
$$Z_{02} = \sqrt{\frac{BD}{AC}} = \sqrt{\frac{\frac{Z_1}{2}}{\frac{1}{2Z_2} \times \left(1 + \frac{Z_1}{4Z_2}\right)}}$$
$$= \sqrt{\frac{Z_1 Z_2}{1 + \frac{Z_1}{4Z_2}}}$$

정답 ①

80 단자회로에서 4단자정수를 $ABCD$로 할 때 영상 전달정수 θ는 어떻게 되는가?

① $\log_e\left(\sqrt{AB} + \sqrt{BC}\right)$
② $\log_e\left(\sqrt{AB} - \sqrt{CD}\right)$
③ $\log_e\left(\sqrt{AD} + \sqrt{BC}\right)$
④ $\log_e\left(\sqrt{AD} - \sqrt{BC}\right)$

정답확인

정답 ③

81 전달정수 θ가 4단자 정수 $ABCD$로 표시할 때 올바른 것은?

① $\cosh\theta = \sqrt{BD}$
② $\sinh\theta = \sqrt{BC}$
③ $\cosh\theta = \sqrt{\dfrac{AD}{BC}}$
④ $\sinh\theta = \sqrt{AD}$

 정답분석

㉠ $e^\theta = \sqrt{AD} + \sqrt{BD}$
㉡ $e^{-\theta} = \sqrt{AD} - \sqrt{BC}$
㉢ $e^\theta + e^{-\theta} = 2\sqrt{AD}$
㉣ $e^\theta - e^{-\theta} = 2\sqrt{BC}$

∴ $\sqrt{AD} = \dfrac{1}{2}(e^\theta + e^{-\theta}) = \cosh\theta$

$\sqrt{BD} = \dfrac{1}{2}(e^\theta - e^{-\theta}) = \sinh\theta$

정답 ②

82 영상 임피던스 및 전달정수 Z_{01}, Z_{02}, θ와 4단자 회로망의 정수 $ABCD$와의 관계식 중 옳지 않은 것은?

① $A = \sqrt{\dfrac{Z_{01}}{Z_{02}}} \cosh\theta$
② $B = \sqrt{Z_{01}Z_{02}} \sinh\theta$
③ $C = \dfrac{1}{\sqrt{Z_{01}Z_{02}}} \cosh\theta$
④ $D = \sqrt{\dfrac{Z_{02}}{Z_{01}}} \cosh\theta$

 정답분석

㉠ $\dfrac{Z_{01}}{Z_{02}} = \dfrac{A}{D} \rightarrow \sqrt{\dfrac{Z_{01}}{Z_{02}}} = \sqrt{\dfrac{A}{D}}$
㉡ $Z_{01}Z_{02} = \dfrac{B}{C} \rightarrow \sqrt{Z_{01}Z_{02}} = \sqrt{\dfrac{B}{C}}$
㉢ $\cosh\theta = \sqrt{AD}$, $\sinh\theta = \sqrt{BC}$

∴ 4단자 정수
- $A = \sqrt{\dfrac{A}{D}} \cdot \sqrt{AD} = \sqrt{\dfrac{Z_{01}}{Z_{02}}} \cosh\theta$
- $B = \sqrt{\dfrac{B}{C}} \cdot \sqrt{BC} = \sqrt{Z_{01}Z_{02}} \sinh\theta$
- $C = \sqrt{\dfrac{C}{B}} \cdot \sqrt{BC} = \dfrac{1}{\sqrt{Z_{01}Z_{02}}} \sinh\theta$
- $D = \sqrt{\dfrac{D}{A}} \cdot \sqrt{AD} = \sqrt{\dfrac{Z_{02}}{Z_{01}}} \cosh\theta$

정답 ③

83 4단자 정수가 각각 4단자 정수 $A = \dfrac{5}{3}$, $B = 800\,[\Omega]$, $C = \dfrac{1}{450}\,[\mho]$, $D = \dfrac{5}{3}$ 일 때, 전달정수 θ는 얼마인가?

① $\log 2$
② $\log 3$
③ $\log 4$
④ $\log 5$

 정답분석

영상 전달정수
$\theta = \log_e(\sqrt{AD} + \sqrt{BC})$
$= \log_e\left(\sqrt{\dfrac{5}{3} \times \dfrac{5}{3}} + \sqrt{800 \times \dfrac{1}{450}}\right)$
$= \log_e 3$

정답 ②

84 그림과 같은 4단자망의 영상 전달정수는?

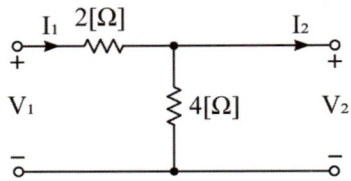

① 0.33
② 0.66
③ 0.99
④ 1.22

 정답분석

$A = 1 + \dfrac{2}{4} = 1.5$, $B = \dfrac{2 \times 4}{4} = 2$

$C = \dfrac{1}{4} = 0.25$, $D = 1 + \dfrac{0}{4} = 1$

∴ 영상 전달정수
$\theta = \log_e(\sqrt{AD} + \sqrt{BC})$
$= \ln(\sqrt{1.5 \times 1} + \sqrt{2 \times 0.25}) = 0.66$

정답 ②

85

T형 4단자 회로망에 영상임피던스 $Z_{01} = 75\,[\Omega]$, $Z_{02} = 3\,[\Omega]$이고 전달정수가 0일 때 이 회로의 4단자정수 A의 값은?

① 2　　② 3
③ 4　　④ 5

정답분석

㉠ 영상 임피던스: $\dfrac{Z_{01}}{Z_{02}} = \dfrac{A}{D} = \dfrac{75}{3}$

㉡ 영상전달 정수: $\theta = \cosh^{-1}\sqrt{AD} = 0$

㉢ $3A = 75D$, $AD = 1$ 에서

∴ $A = 5$, $D = \dfrac{1}{5}$

정답 ④

86

다음 그림과 같은 T형 회로에 대한 서술에서 잘못된 것은?

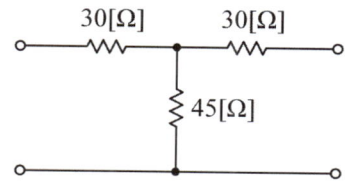

① 영상 임피던스 $Z_{01} = 60\,[\Omega]$이다.
② 개방 구동점 임피던스 $Z_{11} = 45\,[\Omega]$이다.
③ 단락전달 어드미턴스 $Y_{21} = -\dfrac{1}{80}\,[\mho]$이다.
④ 전달정수 $\theta = \cosh^{-1}\dfrac{5}{3}$ 이다.

정답분석

4단자 정수는 $A = 1 + \dfrac{30}{45} = \dfrac{5}{3}$,

$B = \dfrac{30\times 30 + 30\times 45 + 30\times 45}{45} = 80$,

$C = \dfrac{1}{45}$, $D = \dfrac{5}{3}$ 이므로

㉠ 영상 임피던스

$Z_{01} = Z_{02} = \sqrt{\dfrac{B}{C}} = \sqrt{80\times 45} = 60\,[\Omega]$

㉡ 개방 구동점 임피던스

$Z_{11} = \dfrac{V_1}{I_1}\bigg|_{I_2 = 0} = 30 + 45 = 75\,[\Omega]$

㉢ 단락 전달 어드미턴스

$Y_{21} = \dfrac{I_1}{V_2}\bigg|_{V_1 = 0} = -\dfrac{1}{80}\,[\mho]$

㉣ 영상 전달정수

$\theta = \cosh^{-1}\sqrt{AD} = \cosh^{-1}\sqrt{\dfrac{5}{3}\times \dfrac{5}{3}}$

$= \cosh^{-1}\dfrac{5}{3}\,[\mho]$

정답 ②

87 그림과 같은 회로의 영상전달 정수 θ를 $\cosh^{-1}$로 표시하면?

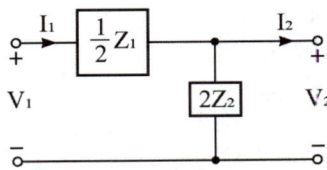

① $\cosh^{-1}\sqrt{1-\dfrac{Z_1}{4Z_2}}$

② $\cosh^{-1}\sqrt{1+\dfrac{Z_1}{4Z_2}}$

③ $\cosh^{-1}\sqrt{\dfrac{Z_1}{4Z_2}-1}$

④ $\cosh^{-1}\sqrt{\dfrac{Z_1}{Z_2}+1}$

정답분석

4단자 정수는 $A = 1 + \dfrac{\frac{Z_1}{2}}{2Z_2} = 1 + \dfrac{Z_1}{4Z_2}$,

$B = \dfrac{Z_1}{2}$, $C = \dfrac{1}{2Z_2}$, $D = 1$ 이므로

∴ 영상 전달정수
$\theta = \cosh^{-1}\sqrt{AD}$
$= \cosh^{-1}\sqrt{\left(1+\dfrac{Z_1}{4Z_2}\right)\times 1}$
$= \cosh^{-1}\sqrt{1+\dfrac{Z_1}{4Z_2}}$

정답 ②

pass.Hackers.com

해커스자격증
pass.Hackers.com

Chapter 08

분포정수 회로
(Distributed Constant)

1 기초 방정식
2 진행파의 반사계수와 투과계수

핵심 요점정리

출제예상문제

Chapter 08 분포정수 회로(Distributed Constant)

1 기초 방정식

1. 개요

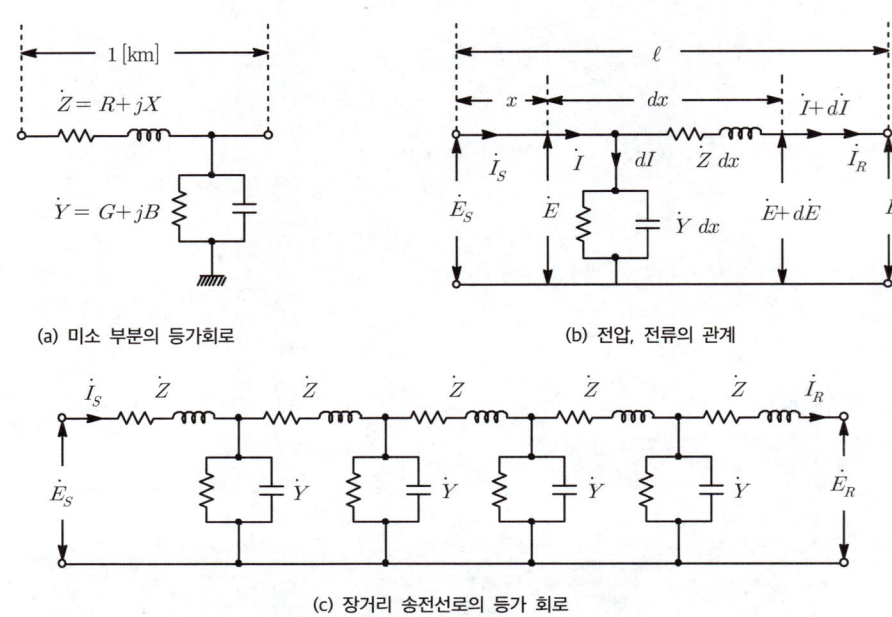

(a) 미소 부분의 등가회로
(b) 전압, 전류의 관계
(c) 장거리 송전선로의 등가 회로

[그림 8-1] 장거리 송전선로

(1) **집중정수회로(lumped constant circuit)**
① 선로에 놓여있는 R, L, C, G의 크기가 매우 작아 어느 정도 거리 이내에서는 한곳 또는 두세 근데에 집중되어 있는 것처럼 회로를 등가변환하여 해석하는 회로를 말한다.
② 집중정수회로는 송전선로의 단거리(수십 [km]의 선로)와 중거리(100 [km] 정도까지의 선로) 송전선로에 해당되며, 단거리는 $R-L$ 집중정수회로로, 중거리는 $R-L-C$ 집중정수회로로 해석한다.

(2) **분포정수회로(distributed constant circuit)**
① 송전선로의 길이가 100 [km] 정도 이상 되면 더 이상 집중정수회로의 개념을 적용할 수 없다. 이러한 경우
② 단위 길이마다 R, L, C, G가 놓여있는 연속적인 회로망으로 해석해야 정확한 수전단 전압과 전류를 해석할 수 있다.

2. 기초 방정식

(1) [그림 8-1] (b)와 같이 송전선로의 미소길이 dx 입력측 전압과 전류를 $\dot{E}$, $\dot{I}$ 라 하면, 출력전압은 직렬 임피던스 $\dot{Z}\,dx$ 에 의해서 전압이 저하되고, 병렬 어드미턴스 $\dot{Y}\,dx$ 에 의해서 전류는 감소된다. 이 관계를 나타내면 다음과 같다.

① 전압강하량: $d\dot{E} = -\dot{I}\dot{Z}\,dx$ ··· [식 8-1]
② 전류감소량: $d\dot{I} = -\dot{E}\dot{Y}\,dx$ ··· [식 8-2]

여기서, $Z = R + j\omega L\,[\Omega/\text{km}]$: 직렬 임피던스
$Y = G + j\omega C\,[\mho/\text{km}]$: 병렬 어드미턴스

(2) [식 8-1], [식 8-2]에서 양변을 $-dx$로 나누어 정리하면 다음과 같다.

① $-\dfrac{d\dot{E}}{dx} = \dot{I}\dot{Z}$ ··· [식 8-3]

② $-\dfrac{d\dot{I}}{dx} = \dot{E}\dot{Y}$ ··· [식 8-4]

(3) [식 8-3], [식 8-4]를 다시 x에 대하여 미분하여 정리하면 다음과 같다.

① $\dfrac{d^2\dot{E}}{dx^2} = -\dot{Z}\dfrac{d\dot{I}}{dx} = \dot{Z}\dot{Y}\dot{E} = \gamma^2\dot{E}$ ··· [식 8-5]

② $\dfrac{d^2\dot{I}}{dx^2} = -\dot{Y}\dfrac{d\dot{E}}{dx} = \dot{Z}\dot{Y}\dot{I} = \gamma^2\dot{I}$ ··· [식 8-6]

여기서, $\gamma = \sqrt{ZY}$: 전파정수

(4) [식 8-6]을 2계 미분방정식으로 일반해를 구하면 다음과 같다.

① **입력측 전류:** $\dot{I} = \dot{A}_1 e^{-\gamma x} - \dot{A}_2 e^{\gamma x}$ ··· [식 8-7]

② [식 8-7]을 x에 대하여 미분하고 [식 8-4]에 대입하면

$\dfrac{d\dot{I}}{dx} = -\gamma A_1 e^{-\gamma x} - \gamma A_2 e^{\gamma x} = -\dot{E}\dot{Y}$ ··· [식 8-8]

(여기서, A_1, A_2 : 적분상수)

③ **입력측 전압:** $\dot{E} = \dfrac{\gamma}{\dot{Y}}\left(A_1 e^{-\gamma x} + A_2 e^{\gamma x}\right) = \sqrt{\dfrac{Z}{Y}}\left(A_1 e^{-\gamma x} + A_2 e^{\gamma x}\right)$

$= Z_0\left(A_1 e^{-\gamma x} + A_2 e^{\gamma x}\right)$ ··· [식 8-9]

(5) **특성 임피던스**(characteristic impedance)

① 특성 임피던스는 선로를 이동하는 진행파에 대한 전압과 전류의 비로서 그 선로의 고유한 값을 말한다.
② 특성 임피던스는 [식 8-10]에서 정의할 수 있다.

$\therefore Z_0 = \sqrt{\dfrac{Z}{Y}} = \sqrt{\dfrac{R + j\omega L}{G + j\omega C}}\,[\Omega]$ ··· [식 8-10]

③ 무손실 선로에서는 $R = G = 0$ 이 되므로 특성 임피던스는

$\therefore Z_0 = \sqrt{\dfrac{Z}{Y}} = \sqrt{\dfrac{R + j\omega L}{G + j\omega C}} = \sqrt{\dfrac{L}{C}}\,[\Omega]$ ··· [식 8-11]

(6) 무왜형 선로
① 송전선로의 선로정수 R, L, C, G에서 [식 8-12]와 같이 무왜조건이 성립되면 주파수에 관계없이 신호의 파형이 일그러짐 없이 전파된다.

② 무왜조건: $\dfrac{R}{L} = \dfrac{G}{C}$ ·· [식 8-12]

③ 무왜형 선로에서의 특성 임피던스 Z_0

$$\therefore Z_0 = \sqrt{\dfrac{Z}{Y}} = \sqrt{\dfrac{R+j\omega L}{G+j\omega C}} = \sqrt{\dfrac{R+j\omega L}{\dfrac{RC}{L}+j\omega C}}$$

$$= \sqrt{\dfrac{R+j\omega L}{\dfrac{C}{L}(R+j\omega L)}} = \sqrt{\dfrac{L}{C}}\;[\Omega]$$ ·· [식 8-13]

④ 무왜형 선로에서의 전파속도 v

$$\therefore v = \lambda f = \dfrac{2\pi}{\beta} f = \dfrac{\omega}{\beta} = \dfrac{1}{\sqrt{LC}}\;[\text{m/s}]$$ ·· [식 8-14]

(7) 전파정수(propagation constant)
① 전파정수란, 전압, 전류가 선로의 끝 송전단에서부터 멀어져감에 따라 그 진폭이라든가 위상이 변해가는 특성과 관계된 상수를 말한다.
② 전파정수는 [식 8-7]에서 정의할 수 있다.

$$\therefore \gamma = \sqrt{ZY} = \sqrt{(R+j\omega L)(G+j\omega C)}$$ ·· [식 8-15]

③ 무왜형 선로에서의 전파정수

$$\therefore \gamma = \sqrt{ZY} = \sqrt{(R+j\omega L)(G+j\omega C)} = \sqrt{(R+j\omega L)\left(\dfrac{C}{L} \cdot R + j\omega L \cdot \dfrac{C}{L}\right)}$$

$$= \sqrt{(R+j\omega L) \cdot \dfrac{C}{L}(R+j\omega L)} = (R+j\omega L)\sqrt{\dfrac{C}{L}}$$

$$= R\sqrt{\dfrac{C}{L}} + j\omega L\sqrt{\dfrac{C}{L}} = R\sqrt{\dfrac{LG/R}{L}} + j\omega\sqrt{LC}$$

$$= \sqrt{RG} + j\omega\sqrt{LC} = \alpha + j\beta$$ ·· [식 8-16]

여기서, $\alpha = \sqrt{RG}$: 감쇠정수(attenuation constant)
$\beta = \omega\sqrt{LC}$: 위상정수(phase constant)

2 진행파의 반사계수와 투과계수

1. 변위점(transition point)

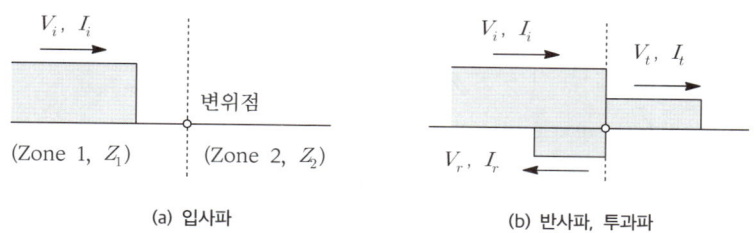

(a) 입사파 (b) 반사파, 투과파

[그림 8-2] 반사파와 투과파

(1) 변위점이란[그림 8-2] (a)와 같이 특성 임피던스(파동 임피던스)가 다른 회로의 연결되는 점을 말한다.

(2) 변위점으로 입사되는 전압, 전류 파형은[그림 8-2] (b)와 같이 일부는 반사되고 나머지는 투과된다.

2. 반사파와 투과파

(1) [그림 8-2]에서 키르히호프의 법칙과 옴의 법칙을 적용하면 다음과 같다.

① $V_i + V_r = V_t$ ········· [식 8-17]

② $I_i + I_r = I_t$ ········· [식 8-18]

③ $I_i = \dfrac{V_i}{Z_1}, \quad I_r = -\dfrac{V_r}{Z_1}, \quad I_t = \dfrac{V_t}{Z_2}$ ········· [식 8-19]

(2) 투과파 전압 유도

① [식 8-18]에 Z_1 하여 정리하면 다음과 같다.

$I_i \times Z_1 + I_r \times Z_1 = I_t \times Z_1$ ········· [식 8-20]

② [식 8-20]에 [식 8-17], [식 8-19]을 대입하여 정리하면 다음과 같다.

$V_i - V_r = \dfrac{V_t}{Z_2} \times Z_1$ 에서 $V_i - (V_t - V_i) = \dfrac{Z_1}{Z_2} \times V_t$

$2V_i - V_t = \dfrac{Z_1}{Z_2} \times V_t$ 에서 $2V_i = \left(\dfrac{Z_1}{Z_2} + 1\right)V_t = \dfrac{Z_1 + Z_2}{Z_2} V_t$ 이므로

∴ 투과파 전압: $V_t = \dfrac{2Z_2}{Z_1 + Z_2} \times V_i = \lambda V_i$ ········· [식 8-21]

(3) 투과파 전류 유도

① [식 8-21]에서 Z_2를 나누어 정리하면 다음과 같다.

$I_t = \dfrac{V_t}{Z_2} = \dfrac{2}{Z_1 + Z_2} \times V_i$ ········· [식 8-22]

② [식 8-22]에서 분모, 분자에 Z_1 곱하여 투과파 전류를 유도할 수 있다.

∴ 투과파 전류: $I_t = \dfrac{2Z_1}{Z_1 + Z_2} \times I_i$ ········· [식 8-23]

(4) 반사파 전압 유도

① [식 8-21]에서 [식 8-17]을 대입하여 정리하면 다음과 같다.

$$V_t = V_i + V_r = \frac{2Z_2}{Z_1 + Z_2} \times V_i$$

$$V_r = \left(\frac{2Z_2}{Z_1 + Z_2} - 1\right) V_i = \left(\frac{2Z_2}{Z_1 + Z_2} - \frac{Z_1 + Z_2}{Z_1 + Z_2}\right) V_i \quad \cdots\cdots\cdots\cdots\cdots\text{[식 8-24]}$$

② [식 8-24]를 정리하여 반사파 전압을 유도할 수 있다.

$$\therefore \text{반사파 전압: } V_r = \frac{Z_2 - Z_1}{Z_1 + Z_2} \times V_i = \Gamma V_i \quad \cdots\cdots\cdots\cdots\cdots\text{[식 8-25]}$$

(5) 반사파 전류 유도

① [식 8-25]에서 $-Z_1$을 나누어 정리하면 다음과 같다.

$$I_r = -\frac{V_r}{Z_1} = -\frac{Z_2 - Z_1}{Z_1 + Z_2} \times \frac{V_i}{Z_1} = -\frac{Z_2 - Z_1}{Z_1 + Z_2} \times I_i$$

② 반사파 전류는 다음과 같다.

$$\therefore \text{반사파 전류: } I_r = -\frac{Z_2 - Z_1}{Z_1 + Z_2} \times I_i \quad \cdots\cdots\cdots\cdots\cdots\text{[식 8-26]}$$

(6) 반사계수와 투과계수

① 반사계수(coefficient of reflection)

$$\therefore \Gamma = \frac{Z_2 - Z_1}{Z_1 + Z_2}, \quad -1 \leq \Gamma \leq 1 \quad \cdots\cdots\cdots\cdots\cdots\text{[식 8-27]}$$

② 투과계수(coefficient of transmission)

$$\therefore \lambda = \frac{2Z_2}{Z_1 + Z_2} = 1 + \Gamma, \quad -1 \leq \Gamma \leq 1 \quad \cdots\cdots\cdots\cdots\cdots\text{[식 8-28]}$$

핵심 요점정리

1. **특성 임피던스(= 파동 임피던스 = 고유 임피던스)**

   (1) 정의: 선로를 이동하는 진행파에 대한 전압과 전류의 비로서 그 선로의 고유한 값을 말한다.

   (2) 특성 임피던스: $Z_0 = \sqrt{\dfrac{Z}{Y}} = \sqrt{\dfrac{R+j\omega L}{G+j\omega C}}\ [\Omega]$

2. **전파정수**

   (1) 정의: 전압, 전류가 선로의 끝 송전단에서부터 멀어져감에 따라 그 진폭이라든가 위상이 변해가는 특성과 관계된 상수를 말한다.

   (2) 전파 정수: $\gamma = \sqrt{ZY} = \sqrt{RG} + j\omega\sqrt{LC} = \alpha + j\beta$
   여기서, α: 감쇠정수, β: 위상정수

3. **무손실 선로**

   (1) 조건: $R = G = 0$

   (2) 특성 임피던스: $Z_0 = \sqrt{\dfrac{L}{C}}$

   (3) 전파 정수: $\gamma = j\omega\sqrt{LC}$

4. **무왜형 선로**

   (1) 정의: 송전단에서 보낸 정현파 입력이 수전단에 전혀 일그러짐이 없이 도달되는 회로를 말한다.

   (2) 조건: $LG = RC$

   (3) 특성 임피던스: $Z_0 = \sqrt{\dfrac{L}{C}}$

5. **전파 속도**

   (1) 전파 속도: $v = \dfrac{1}{\sqrt{LC}} = \dfrac{\omega}{\beta}\ [\text{m/s}]$

   (2) 파장의 길이: $\lambda = \dfrac{v}{f} = \dfrac{\omega}{f\beta} = \dfrac{2\pi}{\beta}\ [\text{m}]$

출제예상문제

※ 출제예상문제는 기출분석을 바탕으로 자주 출제되는 유형을 선별하였습니다.

8-1 기초 방정식

01 분포정수회로에서 직렬 임피던스를 Z, 병렬 어드미턴스를 Y라 할 때, 선로의 특성임피던스 Z_0는?

① ZY ② $\sqrt{ZY}$
③ $\sqrt{\dfrac{Y}{Z}}$ ④ $\sqrt{\dfrac{Z}{Y}}$

정답분석
특성임피던스란, 선로를 이동하는 진행파에 대한 전압과 전류의 비로서 그 선로의 고유한 값을 말한다.
∴ 특성임피던스 크기
$$Z_0 = \sqrt{\dfrac{Z}{Y}} = \sqrt{\dfrac{R+j\omega L}{G+j\omega C}}\,[\Omega]$$

정답 ④

02 전송선로에서 무손실일 때 L=96[mH], C=0.6[μF]이면 특성 임피던스는 몇 [Ω]인가?

① 100[Ω]   ② 200[Ω]
③ 300[Ω]   ④ 400[Ω]

정답분석
특성임피던스 (무손실 조건: $R=G=0$)
$$Z_0 = \sqrt{\dfrac{L}{C}} = \sqrt{\dfrac{96\times 10^{-3}}{0.6\times 10^{-6}}} = 400\,[\Omega]$$

정답 ④

03 무한장 무손실 전송선로 상의 어떤 점에서 전압이 100[V]였다. 이 선로의 인덕턴스가 7.5[μH/km]이고 커패시턴스가 0.003[μF/km]일 때 이점에서 전류 [A]는?

① 2[A]   ② 4[A]
③ 6[A]   ④ 8[A]

정답분석
㉠ 특성임피던스
$$Z_0 = \sqrt{\dfrac{L}{C}} = \sqrt{\dfrac{7.5\times 10^{-6}}{0.003\times 10^{-6}}} = 50\,[\Omega]$$
㉡ 전류: $I = \dfrac{V}{Z_0} = \dfrac{100}{50} = 2\,[A]$

정답 ①

04 유한장의 송전선로가 있다. 수전단을 단락하고 송전단에서 측정한 임피던스는 $j250[\Omega]$, 또 수전단을 개방시키고 송전단에서 측정한 어드미턴스는 $j1.5\times 10^{-3}[\mho]$이다. 이 송전선로의 특성 임피던스는?

① 2.45×10^{-3} ② 408.25
③ $j0.612$ ④ 6×10^{-6}

정답분석
특성임피던스
$$Z_0 = \sqrt{\dfrac{Z}{Y}} = \sqrt{\dfrac{j250}{j1.5\times 10^{-3}}} = 408.25\,[\Omega]$$

정답 ②

05 선로의 단위 길이 당 분포 인덕턴스, 저항, 정전용량, 누설컨덕턴스를 각각 L, R, G, C라 하면 전파정수는 어떻게 되는가?

① $\dfrac{\sqrt{R+j\omega L}}{G+j\omega C}$

② $\sqrt{(R+j\omega L)(G+j\omega C)}$

③ $\dfrac{R+j\omega L}{G+j\omega C}$

④ $\sqrt{\dfrac{G+j\omega C}{R+j\omega L}}$

 정답분석

전파정수란, 전압, 전류가 선로의 끝 송전단에서부터 멀어 저감에 따라 그 진폭이라든가 위상이 변해가는 특성과 관계된 상수를 말한다.
∴ 전파정수
$\gamma = \sqrt{ZY} = \sqrt{(R+j\omega L)(G+j\omega C)}$
$= \sqrt{RG} + j\omega\sqrt{LC} = \alpha + j\beta$
여기서, α: 감쇠정수, β: 위상정수

정답 ②

06 선로의 임피던스 $Z = R+j\omega L[\Omega]$, 병렬 어드미턴스가 $Y = G+j\omega C[\mho]$일 때 선로의 저항 R과 컨덕턴스 G가 동시에 0이 되었을 때 전파정수는?

① $j\omega\sqrt{LC}$

② $j\omega\sqrt{\dfrac{C}{L}}$

③ $j\omega\sqrt{L^2C}$

④ $j\omega\sqrt{\dfrac{L}{C^2}}$

 정답분석

㉠ 전파정수
$\gamma = \sqrt{ZY} = \sqrt{(R+j\omega L)(G+j\omega C)}$
$= \sqrt{RG} + j\omega\sqrt{LC} = \alpha + j\beta$
여기서, α: 감쇠정수, β: 위상정수
㉡ $R = G = 0$인 경우 전파정수
$\gamma = j\omega\sqrt{LC}$

정답 ①

07 무손실 선로가 되기 위한 조건 중 틀린 것은?

① $Z_0 = \sqrt{\dfrac{L}{C}}$ ② $\gamma = \sqrt{ZY}$

③ $\alpha = \omega\sqrt{LC}$ ④ $v = \dfrac{1}{\sqrt{LC}}$

 전파정수
$\gamma = \sqrt{ZY} = \sqrt{(R+j\omega L)(G+j\omega C)}$
$= \sqrt{RG} + j\omega\sqrt{LC} = \alpha + j\beta$
여기서, α: 감쇠정수, β: 위상정수
∴ 무손실 선로($R = G = 0$)인 경우 감쇠정수 $\alpha = 0$이 된다.

정답 ③

08 무손실 선로에 있어서 감쇠정수 α, 위상정수를 β라 하면 α와 β의 값은? (단, R, G, L, C는 선로 단위 길이당의 저항, 컨덕턴스, 인덕턴스, 커패시턴스이다.)

① $\alpha = \sqrt{RG}$, $\beta = \omega\sqrt{LC}$

② $\alpha = \sqrt{RG}$, $\beta = 0$

③ $\alpha = 0$, $\beta = \omega\sqrt{LC}$

④ $\alpha = 0$, $\beta = \dfrac{1}{\sqrt{LC}}$

 전파정수
$\gamma = \sqrt{ZY} = \sqrt{(R+j\omega L)(G+j\omega C)}$
$= \sqrt{RG} + j\omega\sqrt{LC} = \alpha + j\beta$
여기서, α: 감쇠정수, β: 위상정수
∴ 무손실 선로($R = G = 0$)인 경우 감쇠정수 $\alpha = 0$이 된다.

정답 ③

09 분포정수선로에서 무왜형조건이 성립하려면 어떻게 되는가?

① 감쇠량은 주파수에 비례한다.
② 전파속도가 최대로 된다.
③ 감쇠량이 최소로 된다.
④ 위상정수가 주파수에 관계없이 일정하다.

 감쇠정수 $\alpha = \sqrt{RG}$로 무왜형 조건인 $LG = RC$일 때 최소가 된다.

정답 ③

10 무왜형(無歪形) 선로를 설명한 것 중 옳은 것은?

① 특성 임피던스가 주파수의 함수이다.
② 감쇠정수는 0이다.
③ $LG = CG$의 관계가 있다.
④ 위상속도 v는 주파수에 관계가 없다.

정답분석
① 특성 임피던스: $Z_0 = \sqrt{\dfrac{L}{C}}$
 (주파수 함수 아님)
② 감쇠정수 $\alpha = \sqrt{RG}$ 로 무왜형 조건인
 $LG = RC$ 일 때 최소가 된다.
③ 무왜형 선로 조건: $LG = RC$
④ 위상속도: $v = \dfrac{1}{\sqrt{LC}} = \dfrac{\omega}{\beta}$
 (위상정수: $\beta = \omega\sqrt{LC}$)

정답 ④

11 무손실 선로가 되기 위한 조건 중 틀린 것은?

① $\dfrac{R}{L} = \dfrac{G}{C}$ 인 선로를 무왜형(無歪形) 회로라 한다.
② $R = G = 0$인 선로를 무손실 회로라 한다.
③ 무손실 선로, 무왜선로의 감쇠정수는 $\sqrt{RG}$ 이다.
④ 무손실 선로, 무왜회로에서의 위상속도는 $\dfrac{1}{\sqrt{CL}}$ 이다.

정답분석
① 무왜형 회로
 송전단에서 보낸 정현파 입력이 수전단에 전혀 일그러짐이 없이 도달되는 회로로 선로정수가 R, L, C, G 사이에 $\dfrac{R}{L} = \dfrac{G}{C}$ 의 관계가 무왜조건이라 한다.
② 무손실 선로
 손실이 없는 선로($R = G = 0$)로 송전전압 및 전류의 크기가 항상 일정하다.
③ 전파정수
 $\gamma = \sqrt{ZY} = \sqrt{RG} + j\omega\sqrt{LC} = \alpha + j\beta$ 에서 무손실 선로의 경우 $R = G = 0$이므로 감쇠정수는 $\alpha = 0$ 이 된다.
④ 위상속도(전파속도)
 $v = \dfrac{1}{\sqrt{\epsilon\mu}} = \dfrac{1}{\sqrt{LC}} = \dfrac{\omega}{\beta}$ [m/s]

정답 ③

12 분포정수회로에서 선로의 특성 임피던스를 Z_0[Ω], 전파정수를 γ라 할 때 무한장 선로에 있어서 송전단에서 본 임피던스는 얼마인가?

① γZ_0 ② $\sqrt{\gamma Z_0}$
③ $\dfrac{\gamma}{Z_0}$ ④ $\dfrac{Z_0}{\gamma}$

정답분석
㉠ 특성 임피던스: $Z_0 = \sqrt{\dfrac{Z}{Y}}$
㉡ 전파정수: $\gamma = \sqrt{ZY}$
∴ 송전단에서 본 임피던스
 $Z = \gamma Z_0 = \sqrt{ZY} \times \sqrt{\dfrac{Z}{Y}}$

정답 ①

13 분포정수회로에서 선로의 특성 임피던스를 Z_0, 전파정수를 γ라 할 때 선로의 병렬 어드미턴스 [℧]는?

① $\dfrac{Z_0}{\gamma}$ ② $\dfrac{\gamma}{Z_0}$
③ $\sqrt{\gamma Z_0}$ ④ γZ_0

정답분석
㉠ 특성 임피던스: $Z_0 = \sqrt{\dfrac{Z}{Y}}$
㉡ 전파정수: $\gamma = \sqrt{ZY}$
∴ 송전단에서 본 어드미턴스
 $Y = \dfrac{1}{Z} = \dfrac{\gamma}{Z_0} = \sqrt{ZY} \times \sqrt{\dfrac{Y}{Z}}$

정답 ②

14 분포 정수회로에서 저항 0.5[Ω/km], 인덕턴스 1[μH/km], 정전용량 6[μF/km], 길이 250[km]의 송전선로가 있다. 무왜형선로가 되기 위해서는 컨덕턴스[℧/km]는 얼마가 되어야 하는가?

① 1[℧/km]   ② 2[℧/km]
③ 3[℧/km]   ④ 4[℧/km]

정답분석

무왜조건 $\frac{R}{L} = \frac{G}{C}$ 에서

∴ 누설 컨덕턴스
$G = \frac{RC}{L} = \frac{0.5 \times 6 \times 10^{-6}}{10^{-6}} = 3[℧/km]$

정답 ③

15 1[km]당의 인덕턴스 25[mH], 정전용량 0.005[μF]의 선로가 있을 때 무손실 선로라고 가정한 경우의 위상속도 [km/sec]는?

① 약 5.24×10^4 ② 약 8.95×10^4
③ 약 5.24×10^8 ④ 약 5.24×10^3

정답분석

위상속도
$v = \frac{1}{\sqrt{LC}} = \frac{1}{\sqrt{25 \times 10^{-3} \times 0.005 \times 10^{-6}}}$
$= 8.95 \times 10^4 [km/sec]$

정답 ②

16 위상정수 β=2.5[rad/km], 각주파수 ω=20 [rad/s]일 때의 위상속도는 몇 [m/s]인가?

① 8[m/s]   ② 80[m/s]
③ 800[m/s]   ④ 8000[m/s]

정답분석

$v = \frac{1}{\sqrt{LC}} = \frac{\omega}{\beta} = \frac{20}{2.5 \times 10^{-3}} = 8000[m/s]$
여기서, 위상정수: $\beta = \omega\sqrt{LC}$

정답 ④

17 위상정수 $\beta = \frac{\pi}{8}$[rad/km]인 선로에 1[MHz]에 대한 전파속도는 몇 [m/s]인가?

① 1.6×10^7 ② 3.2×10^7
③ 5.0×10^7 ④ 8.0×10^7

정답분석

$v = \frac{1}{\sqrt{LC}} = \frac{\omega}{\beta} = \frac{2\pi f}{\beta} = \frac{2\pi \times 10^6}{\frac{\pi}{8}}$
$= 16 \times 10^6 = 1.6 \times 10^7 [m/s]$
여기서, 위상정수: $\beta = \omega\sqrt{LC}$

정답 ①

18 위상정수 β=6.28[rad/km]일 때 파장 [km]은?

① 1[km]   ② 2[km]
③ 3[km]   ④ 4[km]

정답분석

파장의 길이
$\lambda = \frac{v}{f} = \frac{\omega}{f\beta} = \frac{2\pi}{\beta} = \frac{2\pi}{6.28} = 1[km]$
여기서, 각속도 $\omega = 2\pi f$,
위상정수: $\beta = \omega\sqrt{LC}$

정답 ①

19 무한장이라고 생각할 수 있는 평행 2회선 선로에 주파수 200[MHz]의 전압을 가하면 전압의 위상은 1[m]에 대해서 얼마나 되는가? (단, 여기서 위상속도는 3×10^8[m/s]로 한다.)

① $\frac{4}{3}\pi$ ② $\frac{2}{3}\pi$
③ $\frac{\pi}{3}$ ④ π

정답분석

위상정수
$\beta = \frac{\omega}{v} = \frac{2\pi f}{v} = \frac{2\pi \times 200 \times 10^6}{3 \times 10^8}$
$= \frac{4\pi}{3}[rad/m]$

정답 ①

8-2 진행파의 반사계수와 투과계수

20 전송회로에서 특성임피던스 Z_0와 부하저항 Z_r가 같으면 부하에서의 반사계수는?

① 0.5 ② 1
③ 0   ④ 0.3

정답분석
반사계수: $\Gamma = \dfrac{Z_2 - Z_1}{Z_1 + Z_2} = 0$

정답 ③

21 분포전송선로의 특성 임피던스가 100[Ω]이고 부하저항 300[Ω]이면 전압 반사계수는?

① 2   ② 1.5
③ 1.0 ④ 0.5

정답분석
반사계수: $\Gamma = \dfrac{Z_2 - Z_1}{Z_1 + Z_2} = \dfrac{300 - 100}{100 + 300} = 0.5$

정답 ④

22 특성 임피던스 400[Ω]의 회로 말단에 1200[Ω]의 부하가 연결되어 있다. 전원측에 10[kV]의 전압을 인가시 반사파 전압의 크기는? (단, 선로에서의 전압 감쇠는 없는 것으로 간주한다.)

① 3.3[kV] ② 5[kV]
③ 10[kV]   ④ 33[kV]

정답분석
㉠ 반사계수
$\Gamma = \dfrac{Z_L - Z_0}{Z_0 + Z_L} = \dfrac{1200 - 400}{400 + 1200} = 0.5$
㉡ 반사파 전압
$e = \Gamma V = 0.5 \times 10 = 5\,[\text{kV}]$

정답 ②

23 전송선로의 특성 임피던스가 100[Ω]이고 부하저항이 400[Ω]일 때 전압 정재파비 S는 얼마인가?

① 0.25 ② 0.6
③ 1.67 ④ 4

정답분석
㉠ 반사계수
$\Gamma = \dfrac{Z_L - Z_0}{Z_0 + Z_L} = \dfrac{400 - 100}{100 + 400} = \dfrac{3}{5}$
㉡ 정재파비
$S = \dfrac{1 + |\Gamma|}{1 - |\Gamma|} = \dfrac{1 + \frac{3}{5}}{1 - \frac{3}{5}} = \dfrac{\frac{8}{5}}{\frac{2}{5}} = 4$

정답 ④

pass.Hackers.com

해커스자격증
pass.Hackers.com

해커스 전기기사·산업기사 필기 회로이론 한권완성 이론 + 최신기출 + 핵심노트

Chapter 09

과도현상

1 개요
2 R-L 직렬회로
3 R-C 직렬회로
4 R-L-C 직렬회로

핵심 요점정리

출제예상문제

Chapter 09 과도현상

1 개요

> **선생님 TIP**
> 이번 단원에서는 9장에서 필요한 미분방정식을 정리해 놓았다. 2계 미분방정식은 다소 복잡하므로 1계 선형 미분방정식을 풀이하는 방법이라도 꼭 익히고 넘어가길 바란다.

1. 정상상태와 과도상태

(1) **정상상태(steady state)**: 지금까지 회로는 전압·전류가 시간에 대하여 항상 일정한 직류이거나 또는 크기와 위상이 변하지 않는 교류에 대해서 해석했는데 이를 정상상태라 한다.

(2) **과도상태(transient phenomena)**
① 과도상태란 한 정상상태에서 다른 정상상태로 전이하는 것 또는 그 동안 경과하는 상태를 말한다.
② 이러한 과도현상은 스위치를 열거나 닫았을 때 또는 단락 및 지락사고가 발생하여 회로의 상태가 변화할 때 일어나며 에너지를 축적할 수 있는 소자 L 또는 C 에 의해서 발생된다.
③ 과도현상은 미분방정식을 통해서 해석할 수 있다.

2. 미분방정식

(1) 미분방정식의 종류

① 상수계수 1계 선형 미분방정식: $a\dfrac{dy}{dt} + by = f(t)$ ·································· [식 9-1]

② 상수계수 2계 선형 미분방정식: $a\dfrac{d^2y}{dt^2} + b\dfrac{dy}{dt} + cy = f(t)$ ·································· [식 9-2]

③ 위 식에서와 같이 a, b, c 가 상수이므로 상수계수라 하고 [식 9-1]과 같이 1차 미분($\dfrac{dy}{dt}$)의 형태이면 1계, [식 9-2]와 같이 2차 미분($\dfrac{dy^2}{dt^2}$)의 형태이면 2계라 한다.

④ 또한 $y\dfrac{dy}{dt}$, $\sin y$, $\cos y$ 등과 같은 항이 없이 $\dfrac{dy}{dt}$, $\dfrac{d^2y}{dt^2}$, y 로 이루어지면 선형 미분방정식이라 하고, $f(t) = 0$ 이면 제차형(동차형)이라 한다.

(2) 상수계수 1계 제차 선형 미분방정식

① $a\dfrac{dy}{dt} + by = 0$ 의 방정식의 해는 $y = Ke^{pt}$ 형태가 되고, 특성근 p 를 구하기 위해서는 미분방정식에 Ke^{pt} 를 대입하여 구할 수 있다.

② $a\dfrac{d}{dt}(Ke^{pt}) + bKe^{pt} = apKe^{pt} + bKe^{pt} = 0$ 이 되어 이를 정리하면 [식 9-3]과 같고, 이를 특성방정식이라 한다.

∴ **특성방정식**: $ap + b = 0$ ··· [식 9-3]

③ [식 9-3]으로부터 특성근 p 를 구할 수 있다.

∴ **특성근**: $p = -\dfrac{b}{a}$ ··· [식 9-4]

④ 따라서 미분방정식의 일반해는 다음과 같다.

∴ **일반해**: $y = Ke^{-\frac{b}{a}t}$ ··· [식 9-5]

(3) 상수계수 2계 제차 선형 미분방정식

① $a\dfrac{d^2y}{dt^2} + b\dfrac{dy}{dt} + cy = 0$ 에 $y = Ke^{pt}$ 를 대입해 특성방정식을 얻을 수 있다.

② **특성방정식**: $ap^2 + bp + c = 0$ ··· [식 9-6]

③ **특성근**: $p = \dfrac{-b \pm \sqrt{b^2 - 4ac}}{2a}$ ··· [식 9-7]

④ 미분방정식의 일반해는 다음과 같다.

㉠ $b^2 - 4ac > 0$ 의 경우: 특성근이 서로 다른 두 개의 실수해(p_1, p_2)

∴ **일반해**: $y = Ae^{p_1 t} + Be^{p_2 t}$ ··· [식 9-8]

㉡ $b^2 - 4ac = 0$ 의 경우: 특성근이 중근(α)

∴ **일반해**: $y = (A + Bt)e^{-\alpha t}$ ··· [식 9-9]

㉢ $b^2 - 4ac < 0$ 의 경우: 특성근이 공역 복소해($\alpha + j\beta$, $\alpha - j\beta$)

∴ **일반해**: $y = Ae^{(\alpha + j\beta)t} + Be^{(\alpha - j\beta)t}$ ··· [식 9-10]

2 R-L 직렬회로

> **선생님 TIP**
>
> 이번 단원은 R-L 직렬회로에서 스위치를 닫았을 때 또는 개방시킬 때의 과도전류에 대해서 학습한다. 대부분 과도전류와 시정수에 관련된 문제가 주를 이루고 있으니 내용까지 기억하기 어렵다면 공식만이라도 꼭 익히고 넘어갈 바란다.

1. 개요

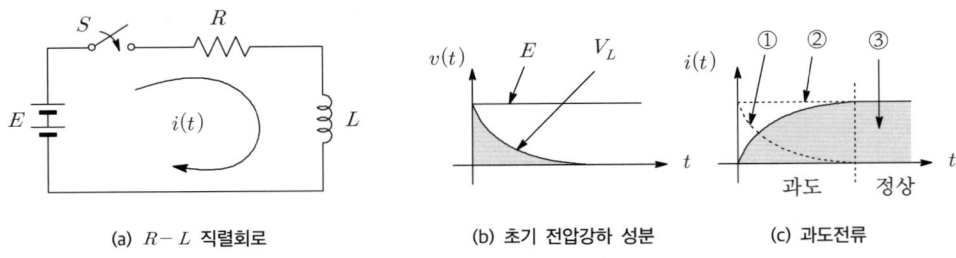

[그림 9-1] $R-L$ 직렬회로의 과도현상

(1) 직류는 주파수가 $f=0$ 이므로 유도 리액턴스 $X_L = 2\pi f L = 0$ 이 되어 단락된 상태와 동일하여 회로에 흐르는 전류는 $I = \dfrac{E}{R}$ [A] 가 되는데 이를 정상전류라 한다.

(2) 하지만 $t=0$ 에서 스위치 S 를 닫는 순간 전류변화에 의해 L 에서는 기전력이 유도$\left(e = -L\dfrac{di}{dt}\right)$되고 이 성분은 전류의 역방향으로 작용하여 [그림 9-1] (b)와 같이 초기 전압강하의 역할을 하게 된다.

(3) 초기 전압강하 성분에 의해 전류는[그림 9-1] (c)와 같이 흐르게 된다.

① 초기 전압강하에 의한 전류: $i_t = \dfrac{V_L}{R}$ [A] ·································· [식 9-11]

② 정상 전류: $i_s = \dfrac{E}{R}$ [A] ·································· [식 9-12]

③ 과도전류: $i(t) = i_s + i_t = \dfrac{E}{R} - \dfrac{V_L}{R}$ [A] ·································· [식 9-13]

2. $t=0$ 에서 스위치 투입 시 과도전류

(1) 회로방정식: $L\dfrac{di(t)}{dt} + Ri(t) = E$ ·································· [식 9-14]

(2) 정상해 i_s 의 산출

① 회로방정식에서 $t = \infty$ 를 대입해서 구할 수 있다.

② $\left.\dfrac{di}{dt}\right|_{t=\infty} = 0$ 이 된다. 따라서 $R\,i_s = E$ 이 되어 정상전류를 구할 수 있다.

∴ 정상해(정상전류): $i_s = \dfrac{E}{R}$ [A] ·································· [식 9-15]

(3) 과도해 i_t 의 산출

① 과도해는 $t=0$ 에서 스위치를 닫는 순간이므로 $E=0$ 이 된다. 이를 회로방정식에 대입하면 상수계수 1계 제차 선형 미분방정식이 된다.

② 1계 제차 선형 미분방정식: $L\dfrac{di_t}{dt} + R\,i_t = 0$ ·································· [식 9-16]

③ 특성방정식: $Lp + R = 0$ ·································· [식 9-17]

④ 특성근: $p = -\dfrac{R}{L}$ .... [식 9-18]

∴ 과도해: $i_t = Ke^{pt} = Ke^{-\frac{R}{L}t}$ [A] .... [식 9-19]

(4) 과도전류

① 과도전류: $i(t) = i_s + i_t = \dfrac{E}{R} + Ke^{-\frac{R}{L}t}$ [A] .... [식 9-20]

② $t = 0$ 에 스위치는 닫는 순간에는 $E = 0$ 이 되어 $i(t) = 0$ 이 되어 적분상수 K를 구할 수 있다.

③ $i(0) = \dfrac{E}{R} + Ke^0 = 0$ 이므로 $K = -\dfrac{E}{R}$ 이 된다.

∴ $i(t) = \dfrac{E}{R} - \dfrac{E}{R}e^{-\frac{R}{L}t} = \dfrac{E}{R}\left(1 - e^{-\frac{R}{L}t}\right)$ [A] .... [식 9-21]

(5) L에 의한 전압강하

① $V_L = L\dfrac{di(t)}{dt} = L\dfrac{d}{dt}\left(\dfrac{E}{R} - \dfrac{E}{R}e^{-\frac{R}{L}t}\right)$

$= L \times \left(-\dfrac{E}{R}\right) \times \left(-\dfrac{R}{L}\right) \times e^{-\frac{R}{L}t} = Ee^{-\frac{R}{L}t}$

∴ $V_L = Ee^{-\frac{R}{L}t}$ [V] .... [식 9-22]

② $t = 0$ 에서 $V_L = E$ 가 되어 기전력과 등전위가 되어 회로에는 전류가 흐르지 않는다. 즉, $t = 0$ 인 순간 L 은 개방회로로 작용하는 것을 알 수 있다.

③ $t = \infty$ 에서 $V_L = 0$ 이 되어 L 은 아무런 작용을 하지 않는다. 즉, $t = \infty$ 에서 L 은 단락회로로 작용하는 것을 알 수 있다.

3. $t = 0$에서 스위치 투입 시 시정수

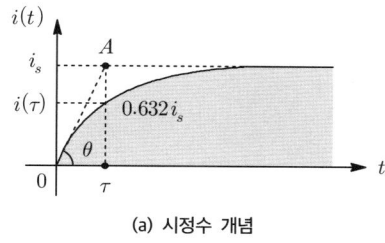
(a) 시정수 개념

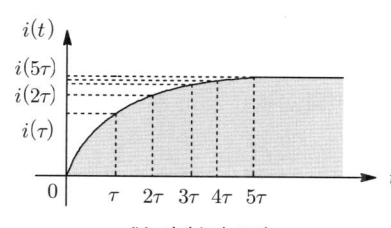
(b) 시정수의 크기

[그림 9-2] 시정수

(1) 시정수 개념

① [그림 9-2] (a)와 같이 $i-t$ 곡선에서 $t = 0$ (원점)에서 접선을 그어 $\dfrac{E}{R}$ 와 만나는 점(A)까지의 시간을 시정수라 한다.

② $\tan\theta = \dfrac{di(t)}{dt}\bigg|_{t=0} = \dfrac{d}{dt}\left(\dfrac{E}{R} - \dfrac{E}{R}e^{-\frac{R}{L}t}\right) = \dfrac{E}{L}$ 이 되고

③ $\tan\theta = \dfrac{\dfrac{E}{R}}{\tau} = \dfrac{E}{L}$ 이므로 시정수는 다음과 같다.

∴ 시정수: $\tau = \dfrac{\dfrac{E}{R}}{\dfrac{E}{L}} = \dfrac{L}{R}$ [sec] ·· [식 9-23]

> **● 선생님 TIP ●**
>
> $V_L = L\dfrac{di}{dt}\left[\dfrac{\text{V}\cdot\text{s}}{\text{A}} = \Omega\cdot\text{s}\right]$ 이 된다. 즉, L의 단위차원이 $[\Omega\cdot\text{s}]$이므로 $\dfrac{L}{R}$을 하면 단위차원이 $[\text{s}]$가 되므로 $\dfrac{L}{R}$이 시간의 정수(상수)가 된다.

(2) 시정수 시간에서의 전류

① 1τ 에서의 전류 $\left(t = \tau = \dfrac{L}{R}\right)$

∴ $i(\tau) = \dfrac{E}{R}(1 - e^{-1}) = 0.632\dfrac{E}{R}$ [A] ·· [식 9-24]

② 2τ 에서의 전류 $\left(t = 2\tau = \dfrac{2L}{R}\right)$

∴ $i(2\tau) = \dfrac{E}{R}(1 - e^{-2}) = 0.865\dfrac{E}{R}$ [A] ·· [식 9-25]

③ 3τ 에서의 전류 $\left(t = 3\tau = \dfrac{3L}{R}\right)$

∴ $i(3\tau) = \dfrac{E}{R}(1 - e^{-3}) = 0.951\dfrac{E}{R}$ [A] ·· [식 9-26]

④ 4τ 에서의 전류 $\left(t = 4\tau = \dfrac{4L}{R}\right)$

∴ $i(4\tau) = \dfrac{E}{R}(1 - e^{-4}) = 0.981\dfrac{E}{R}$ [A] ·· [식 9-27]

⑤ 5τ 에서의 전류 $\left(t = 5\tau = \dfrac{5L}{R}\right)$

∴ $i(5\tau) = \dfrac{E}{R}(1 - e^{-5}) = 0.993\dfrac{E}{R}$ [A] ·· [식 9-28]

(3) 시정수의 특징

① [식 9-24]에서 보듯이 시정수 τ 는 과도전류가 정상전류의 63.2 [%] 에 도달하는 시간을 의미한다.
② 따라서 시정수가 커지면 그만큼 과도시간도 길어진다. 또는 과도현상이 천천히 소멸한다고 볼 수 있다.
③ 시정수는 [식 9-18]의 특성근의 절대값의 역수와 같다.

4. $t=0$에서 스위치 개방(S_1) 시 과도전류와 시정수

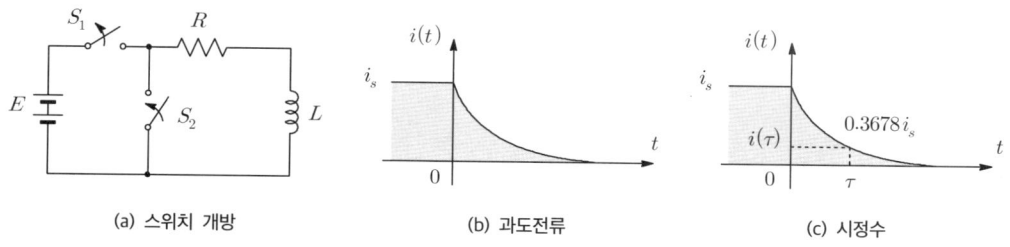

[그림 9-3] 회로 개방 시 과도전류와 시정수

(1) 개요

① 정상전류 $i_s = \dfrac{E}{R}$ 이 흐르던 중 S_1을 개방과 동시에 S_2를 닫으면 정상전류가 $i_s = 0$ 으로 변하면서 L에 기전력이 유도되어 [그림 9-3](b)와 같이 전류가 어느 정도 흐르다 0 이 되는 과도전류가 흐르게 된다.

② 이와 같이 과도전류는 전류가 변화하는 순간에 발생되며, 스위치 조작 이외에 사고전류가 발생했을 때에도 순간적인 과도전류는 발생한다.

(2) 회로방정식: $L\dfrac{di(t)}{dt} + Ri(t) = 0$ ················· [식 9-29]

(3) 정상해 i_s의 산출

① 회로방정식에서 $t = \infty$ 를 대입해서 구할 수 있다.

② $\left.\dfrac{di}{dt}\right|_{t=\infty} = 0$ 이 된다. 따라서 $Ri_s = 0$ 이 되어 정상전류를 구할 수 있다.

∴ 정상해(정상전류): $i_s = 0$ [A] ················· [식 9-30]

(4) 과도해 i_t의 산출

① 과도해는 [식 9-29]에서 구할 수 있다.

② 1계 제차 선형 미분방정식: $L\dfrac{di_t}{dt} + Ri_t = 0$ ················· [식 9-31]

③ 특성방정식: $Lp + R = 0$ ················· [식 9-32]

④ 특성근: $p = -\dfrac{R}{L}$ ················· [식 9-33]

∴ 과도해: $i_t = Ke^{pt} = Ke^{-\frac{R}{L}t}$ [A] ················· [식 9-34]

(3) 과도전류

① 과도전류: $i(t) = i_s + i_t = Ke^{-\frac{R}{L}t}$ [A] ················· [식 9-35]

② $t = 0$ 에서 $i(0) = \dfrac{E}{R}$ 이므로 $t = 0$ 을 대입하여 K를 구할 수 있다.

③ $i(0) = Ke^0 = \dfrac{E}{R}$ 이므로 $K = \dfrac{E}{R}$ 이 된다.

∴ $i(t) = \dfrac{E}{R}e^{-\frac{R}{L}t}$ [A] ················· [식 9-36]

(4) 시정수 시간에서의 전류

① $i(\tau) = \dfrac{E}{R} e^{-1} = 0.3678 \dfrac{E}{R}$ [A] ·· [식 9-37]

② 스위치 개방 시 시정수의 의미는 과도전류가 36.7 [%] 까지 감소할 때 까지 걸리는 시간이라고 볼 수 있다.

3 R-C 직렬회로

> **선생님 TIP**
> 이번 단원은 2 보다는 출제빈도가 낮은 편이고, 출제유형은 2 와 동일하다.

1. 개요

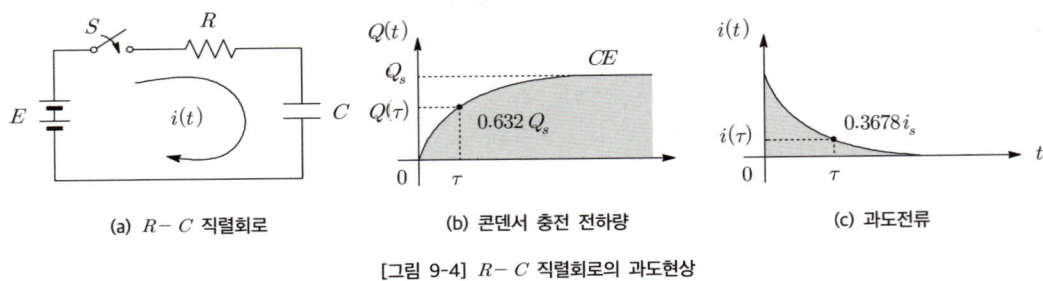

(a) $R-C$ 직렬회로 (b) 콘덴서 충전 전하량 (c) 과도전류

[그림 9-4] $R-C$ 직렬회로의 과도현상

(1) 직류는 주파수가 $f = 0$ 이므로 용량 리액턴스 $X_C = \dfrac{1}{2\pi fC} = \infty$ 가 되어 개방된 상태와 동일하여 회로에는 전류가 흐르지 않는다.

(2) 하지만 콘덴서에서 충전전하가 없었다면 $t = 0$ 에서 스위치 S 를 닫는 순간 콘덴서에 충전전류가 흘러 [그림 9-4](b)와 같이 전하가 충전될 것이다.

(3) 충전이 완료되면 더 이상의 전하의 이동은 없으므로 [그림 9-4](c)와 같이 전류는 흐르지 않을 것이다. 이와 같이 스위치를 닫는 순간의 흐르는 충전전류를 과도전류라 한다.

2. $t = 0$ 에서 스위치 투입 시 과도전류

(1) 회로방정식

① $Ri(t) + \dfrac{1}{C} \int i(t)\, dt = E$ ·· [식 9-38]

② [식 9-38]에 $i(t) = \dfrac{dQ(t)}{dt}$ 를 대입하여 정리하면 다음과 같다.

$\therefore R\dfrac{dQ(t)}{dt} + \dfrac{1}{C} Q(t) = E$ ·· [식 9-39]

(2) 정상해 Q_s 의 산출

① 회로방정식에서 $t = \infty$ 를 대입해서 구할 수 있다.

② $\left.\dfrac{dQ}{dt}\right|_{t=\infty} = 0$ 이 된다. 따라서 $\dfrac{1}{C} Q_s = E$ 이 되어 정상해를 구할 수 있다.

$\therefore$ 정상해: $Q_s = CE$ [C] ·· [식 9-40]

(3) 과도해 Q_t 의 산출

① 과도해는 $t = 0$ 에서 스위치를 닫는 순간이므로 $E = 0$ 이 된다. 이를 회로방정식에 대입하면 상수계수 1계 제차 선형 미분방정식이 된다.

② 1계 제차 선형 미분방정식: $R\dfrac{dQ_t}{dt} + \dfrac{1}{C}Q_t = 0$ ·········· [식 9-41]

③ 특성방정식: $Rp + \dfrac{1}{C} = 0$ ·········· [식 9-42]

④ 특성근: $p = -\dfrac{1}{RC}$ ·········· [식 9-43]

∴ 과도해: $Q_t = Ke^{pt} = Ke^{-\frac{1}{RC}t}$ [C] ·········· [식 9-44]

(3) 과도 전하량

① 과도 전하량: $Q(t) = Q_s + Q_t = CE + Ke^{-\frac{1}{RC}t}$ [C] ·········· [식 9-45]

② $t = 0$ 에 스위치는 닫는 순간에는 $E = 0$ 이 되어 $Q(0) = 0$ 이 되어 적분상수 K를 구할 수 있다.

③ $Q(0) = CE + Ke^0 = 0$ 이므로 $K = -CE$가 된다.

∴ $Q(t) = CE - CEe^{-\frac{1}{RC}t} = CE\left(1 - e^{-\frac{1}{RC}t}\right)$ [C] ·········· [식 9-46]

(4) 과도 전류와 시정수

① 과도 전류 $i(t)$

$$i(t) = \dfrac{dQ(t)}{dt} = \dfrac{d}{dt}\left(CE - CEe^{-\frac{1}{RC}t}\right) = \dfrac{E}{R}e^{-\frac{1}{RC}t}$$

∴ $i(t) = \dfrac{E}{R}e^{-\frac{1}{RC}t}$ [A] ·········· [식 9-47]

② 시정수 τ

$$\tan\theta = -\dfrac{di(t)}{dt}\bigg|_{t=0} = -\dfrac{d}{dt}\left(\dfrac{E}{R}e^{-\frac{1}{RC}t}\right) = \dfrac{E}{R^2C}$$ 이 되고

$$\tan\theta = \dfrac{E/R}{\tau} = \dfrac{E}{R^2C}$$ 이므로 시정수는 다음과 같다.

∴ 시정수: $\tau = RC$ [sec] ·········· [식 9-48]

● 선생님 TIP ●

$I = \dfrac{Q}{t} = \dfrac{VC}{t}$ 에서 $t = \dfrac{CV}{I} = RC$ [s]가 되므로 RC가 시간의 정수(상수)가 된다.

③ 시정수 시간에서의 전류: $i(\tau) = \dfrac{E}{R}e^{-1} = 0.3678\dfrac{E}{R}$ [A] ·········· [식 9-49]

(5) 콘덴서 단자전압

① $V_C = \dfrac{1}{C}\displaystyle\int_0^t i(t)\,dt = \dfrac{1}{C}\int_0^t \dfrac{E}{R}e^{-\frac{1}{RC}t}\,dt = \dfrac{E}{CR}\int_0^t e^{-\frac{1}{RC}t}\,dt$

$= \dfrac{E}{CR} \times (-RC) \times e^{-\frac{1}{RC}t}\Big|_0^t = -E\left(e^{-\frac{1}{RC}t} - e^0\right) = E\left(1 - e^{-\frac{1}{RC}t}\right)$

$\therefore V_C = E\left(1 - e^{-\frac{1}{RC}t}\right) [\text{V}]$ ･･･ [식 9-50]

② 또는 [식 9-46]를 이용하여 아래와 같이 풀이할 수 있다.

$\therefore V_C = \dfrac{Q(t)}{C} = E\left(1 - e^{-\frac{1}{RC}t}\right) [\text{V}]$ ･････････････････････････････････････ [식 9-51]

3. $t = 0$ 에서 스위치 개방(S_1) 시 과도전류와 시정수

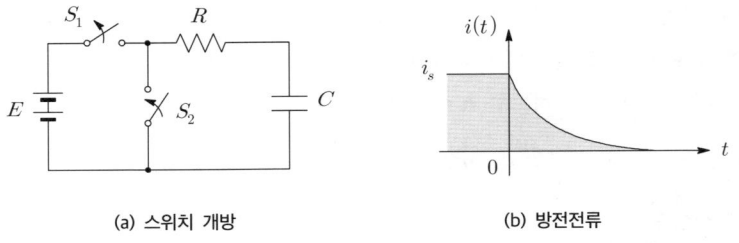

(a) 스위치 개방　　　　　(b) 방전전류

[그림 9-5] 회로 개방 시 과도전류

(1) 개요
① S_1을 개방과 동시에 S_2를 닫으면 콘덴서에 충전되었던 전하가 방전되면서 전류가 충전전류의 역방향으로 흐르게 된다.
② 방전전류는 [그림 9-5](b)와 같이 완전 방전될 때 까지 흐르게 된다.

(2) 방전전류

① $i(t) = -\dfrac{E}{R}e^{-\frac{R}{L}t} [\text{A}]$ ･･ [식 9-52]

② [식 9-51]에서 (−)부호의 의미는 충전전류를 기준으로 방향이 반대임을 나타낸다.

4 R-L-C 직렬회로

> **선생님 TIP**
>
> 아래 조건에 따라 과도전류의 형태를 꼭 기억하고 넘어가길 바란다.
> ① 과제동(비진동적) 조건: $R^2 > \dfrac{4L}{C}$
> ② 임계제동(임계적) 조건: $R^2 = \dfrac{4L}{C}$
> ③ 부족제동(진동적) 조건: $R^2 < \dfrac{4L}{C}$

1. 개요

(1) $R-L-C$ 직렬회로는 2계 선형 미분방정식을 적용시켜야 하므로 [식 9-7]의 특성근 범위에 따라 3가지 형태의 과도전류가 발생한다.

(2) 특성근이 서로 다른 두 개의 실수해를 가질 경우와 중근일 경우 그리고 공역 복소해를 가질 경우로 구분하여 과도전류를 구해보자.

2. $t = 0$ 에서 스위치 투입 시 과도전류

(1) 회로방정식

① $R\,i(t) + L\,\dfrac{di(t)}{dt} + \dfrac{1}{C}\displaystyle\int i(t)\;dt = E$ ·· [식 9-53]

② [식 9-53]에 $i(t) = \dfrac{dQ(t)}{dt}$ 를 대입하여 정리하면 다음과 같다.

$\therefore\ L\,\dfrac{d\,Q^2(t)}{dt^2} + R\,\dfrac{dQ(t)}{dt} + \dfrac{1}{C}\,Q(t) = E$ ·· [식 9-54]

(2) 정상해 Q_s의 산출

① 회로방정식에서 $t = \infty$ 를 대입해서 구할 수 있다.

② $\left.\dfrac{dQ}{dt}\right|_{t=\infty} = 0$ 이 된다. 따라서 $\dfrac{1}{C}Q_s = E$ 이 되어 정상해를 구할 수 있다.

$\therefore$ 정상해: $Q_s = CE[\text{C}]$ ·· [식 9-55]

(3) 특성방정식과 특성근

① 과도해를 구하기 위해 [식 9-54]의 우항을 0으로 한 제차형을 대입하면 다음과 같다.

② $L\,\dfrac{d\,Q^2(t)}{dt^2} + R\,\dfrac{dQ(t)}{dt} + \dfrac{1}{C}\,Q(t) = 0$ ·· [식 9-56]

③ 특성방정식: $Lp^2 + Rp + \dfrac{1}{C} = 0$ ·· [식 9-57]

④ 특성근: $p = \dfrac{-R \pm \sqrt{R^2 - \dfrac{4L}{C}}}{2L} = -\dfrac{R}{2L} \pm \sqrt{\left(\dfrac{R}{2L}\right)^2 - \dfrac{1}{LC}}$

$= -\dfrac{R}{2L} \pm \dfrac{1}{2L}\sqrt{R^2 - \dfrac{4L}{C}} = -\alpha \pm \beta$ ·· [식 9-58]

(4) 과도 전하량과 전류

① [식 9-57]의 일반해: $q_t = A\,e^{p_1 t} + B\,e^{-p_2 t}$ ··· [식 9-59]

② 전하량: $Q(t) = Q_s + Q_t = CE + A\,e^{p_1 t} + B\,e^{p_2 t}$ ······························· [식 9-60]

③ 전류: $i(t) = \dfrac{dQ(t)}{dt} = Ap_1 e^{p_1 t} + Bp_2 e^{p_2 t}$ ·· [식 9-61]

④ $t=0$ 을 대입하여 상수 A, B 를 구할 수 있다. $t=0$ 의 조건에서는 전하량과 전류가 모두 0 이 된다.
   ㉠ $Q(0) = CE + A + B = 0$
   ㉡ $i(0) = Ap_1 + B = 0$

$$\therefore A = \dfrac{p_2}{p_1 - p_2}\,CE,\ B = \dfrac{p_1}{p_1 - p_2}\,CE \ \cdots\cdots\text{[식 9-62]}$$

⑤ 과도 전하량

$$\therefore Q(t) = Q_s + Q_t = CE + \dfrac{CE}{p_1 - p_2}\left(p_2\,e^{p_1 t} + p_1\,e^{p_2 t}\right)\,[\mathrm{C}] \ \cdots\cdots\text{[식 9-63]}$$

⑥ 과도 전류

$$\therefore i(t) = \dfrac{dQ(t)}{dt} = CE\,\dfrac{p_1 p_2}{p_1 - p_2}\left(e^{p_1 t} + e^{p_2 t}\right)\,[\mathrm{A}] \ \cdots\cdots\text{[식 9-64]}$$

3. 특성근에 따른 과도전류

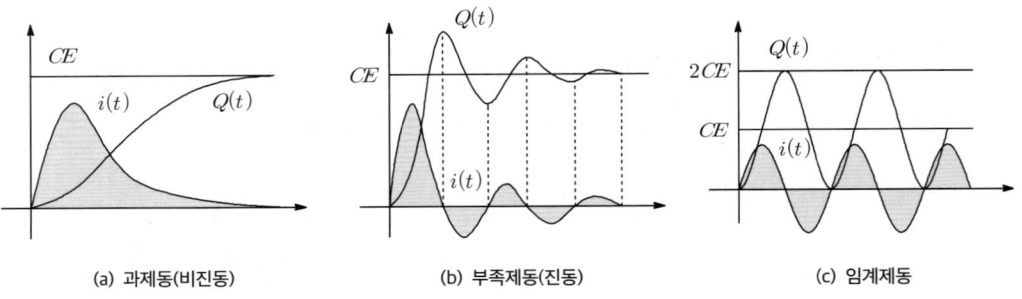

(a) 과제동(비진동) (b) 부족제동(진동) (c) 임계제동

[9-6] 특성근의 범위에 따른 전류의 과도곡선

(1) $R^2 > \dfrac{4L}{C}$ 인 경우: [그림 9-6] (a)의 과제동(비진동) 형태의 과도전류

① [식 9-59]에 의해 특성근은 서로 다른 두 개의 실수해를 갖는다.

② 특성근은 $p_1 = -\alpha + \beta$, $p_2 = -\alpha - \beta$가 되고 특성근은 $\alpha > \beta$의 관계를 갖기 때문에 $p_1 > p_2$이 된다.

③ $Q(t) = CE\left[1 + \dfrac{(-\alpha-\beta)\,e^{(-\alpha-\beta)t} + (-\alpha+\beta)\,e^{(-\alpha-\beta)t}}{(-\alpha+\beta)(-\alpha-\beta)}\right]$

$\qquad = CE\left[1 - \dfrac{1}{\beta}\,e^{-\alpha t}\left(\alpha \sinh \beta t + \beta \cosh \beta t\right)\right]$

$\qquad = CE\left[1 - \dfrac{\sqrt{\alpha^2 - \beta^2}}{\beta}\,e^{-\alpha t}\sinh(\beta t + \phi)\right]\,[\mathrm{C}] \ \cdots\cdots\text{[식 9-65]}$

여기서, $e^{\pm \beta t} = \cosh \beta t \pm \sinh \beta t$, $\phi = \tanh^{-1}\dfrac{\beta}{\alpha}$

④ $i(t) = \dfrac{dQ(t)}{dt} = \dfrac{E}{\beta L}\,e^{-at}\sinh \beta t\,[\mathrm{A}] \ \cdots\cdots\text{[식 9-66]}$

(2) $R^2 < \dfrac{4L}{C}$ 인 경우: [그림 9-6] (b)의 부족제동(진동) 형태의 과도전류

① [식 9-58]에 의해 특성근은 음의 실수를 갖는 두 개의 공역복소수를 갖는다.

② 특성근: $p_1 = -\alpha + j\beta$, $p_2 = -\alpha - j\beta$

③ $Q(t) = CE\left[1 - e^{-\alpha t}\left(\dfrac{\alpha}{\beta}\sin\beta t + \cos\beta t\right)\right] = CE\left[1 - \dfrac{e^{-\alpha t}}{\sin\theta}\sin(\beta t + \theta)\right]$

$= CE\left[1 - \dfrac{\sqrt{\alpha^2 + \beta^2}}{\beta}e^{-\alpha t}(\beta t + \theta)\right]$ [C] .... [식 9-67]

여기서, $\tan\theta = \dfrac{\beta}{\alpha}$

④ $i(t) = \dfrac{dQ(t)}{dt} = \dfrac{E}{\beta L}e^{-\alpha t}\sin\beta t$ [A] .... [식 9-68]

(3) $R^2 = \dfrac{4L}{C}$ 인 경우: [그림 9-6] (c)의 임계제동 형태의 과도전류

① [식 9-58]에 의해 특성근은 음의 실수의 중근을 갖는다.

② 특성근: $p_1 = p_2 = p = -\alpha = -\dfrac{R}{2L}$

③ $Q(t) = CE - (CE + \alpha CEt)e^{-\alpha t} = CE[1 - (1 + \alpha t)e^{-\alpha t}]$

$= CE[1 - e^{-\alpha t} - \alpha t e^{-\alpha t}]$ [C] .... [식 9-69]

④ $i(t) = \dfrac{dQ(t)}{dt} = \dfrac{E}{L}t e^{-\alpha t}$ [A] .... [식 9-70]

• 선생님 TIP •

R-L-C 직렬회로

이번 단원을 증명하는 것은 불필요한 에너지를 소모하는 것이다. 따라서 아래 조건에 따라 과도전류의 형태만 기억하고 넘어가길 바란다.

① 과제동(비진동적) 조건: $R^2 > \dfrac{4L}{C}$

② 임계제동(임계적) 조건: $R^2 = \dfrac{4L}{C}$

③ 부족제동(진동적) 조건: $R^2 < \dfrac{4L}{C}$

핵심 요점정리

1. R-L, R-C 직렬회로 암기법

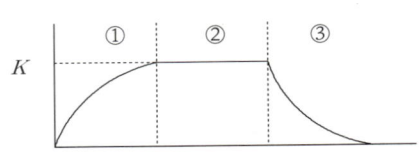

[그림 1] 함수 형태

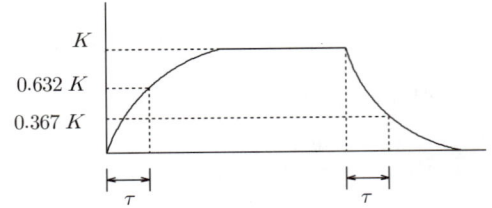

[그림 2] 시정수 의미

(1) 파형에 따른 함수 형태

파형에 따른 함수 형태	문제 조건에 따른 상수 값
① 과도 상승: $f(t) = K(1-e^{pt})$ ② 정상 상태: $f(t) = K$ ③ 과도 감쇠: $f(t) = Ke^{pt}$	① 전류 구할 때: $K = \dfrac{E}{R}$ ② 전압 구할 때: $K = E$ ③ 전하량 구할 때: $K = CE$

(2) 특성근과 시정수

구분	특성근	시정수
R-L 회로	$p = -\dfrac{R}{L}$	$\tau = \dfrac{L}{R}$ [s]
R-C 회로	$p = -\dfrac{1}{RC}$	$\tau = RC$ [s]

① 시정수는 특성근의 절댓값의 역수 관계가 된다. 즉, $\tau = \left|\dfrac{1}{p}\right|$

② $f(t) = K(1-e^{pt})$에서 시정수 시간은 K에 63.2%에 도달하는 시간을 말한다.

③ $f(t) = Ke^{pt}$에서 시정수 시간은 K의 37%까지 감소하는 시간을 말한다.

④ $e^{-1} = 0.3678$, $1 - e^{-1} = 0.632$

2. R-L 직렬회로

$t=0$에서 스위치를 닫을 때	$t=0$에서 스위치를 개방할 때
① 과도 전류: $i(t) = \dfrac{E}{R}\left(1-e^{-\frac{R}{L}t}\right)$ ② $t=0$ 에서의 전류: $i(0) = 0$ ③ $i(\tau) = \dfrac{E}{R}(1-e^{-1}) = 0.632\dfrac{E}{R}$ ④ L의 전압강하: $V_L = Ee^{-\frac{R}{L}t}$	① 과도 전류: $i(t) = \dfrac{E}{R}e^{-\frac{R}{L}t}$ ② $t=0$ 에서의 전류: $i(0) = \dfrac{E}{R}$ ③ $i(\tau) = \dfrac{E}{R}e^{-1} = 0.367\dfrac{E}{R}$

3. R-C 직렬회로

$t=0$에서 스위치를 닫을 때	$t=0$에서 스위치를 개방할 때
① 충전 전하량: $Q(t) = CE\left(1-e^{-\frac{1}{RC}t}\right)$ ② 과도 전류: $i(t) = \frac{E}{R}e^{-\frac{1}{RC}t}$ ③ $i(\tau) = \frac{E}{R}e^{-1} = 0.367\frac{E}{R}$	① 방전 전류: $i(t) = -\frac{E}{R}e^{-\frac{1}{RC}t}$ ② $i(\tau) = \frac{E}{R}e^{-1} = 0.367\frac{E}{R}$

4. R-L-C 직렬회로

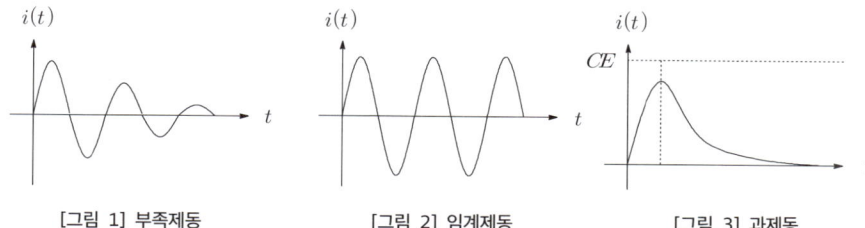

[그림 1] 부족제동　　[그림 2] 임계제동　　[그림 3] 과제동

(1) $\left(\frac{R}{2L}\right)^2 - \frac{1}{LC} < 0$ 또는 $R^2 < 4\frac{L}{C}$ 일 경우: 과제동(비진동적)

(2) $\left(\frac{R}{2L}\right)^2 - \frac{1}{LC} = 0$ 또는 $R^2 = 4\frac{L}{C}$ 일 경우: 임계제동(임계적)

(3) $\left(\frac{R}{2L}\right)^2 - \frac{1}{LC} > 0$ 또는 $R^2 > 4\frac{L}{C}$ 일 경우: 과제동(비진동적)

출제예상문제

※ 출제예상문제는 기출분석을 바탕으로 자주 출제도 는 유형을 선별하였습니다.

9-1 R-L 직렬회로

01 $Ri(t) + L\dfrac{di(t)}{dt} = E$의 계통 방정식에서 정상전류는?

① 0 ② $\dfrac{E}{R}\left(1 - e^{-\frac{R}{L}t}\right)$

③ $\dfrac{E}{R}$ ④ $\dfrac{E}{R}e^{-\frac{R}{L}t}$

정답분석

전류 $i(t) = \dfrac{E}{R}\left(1 - e^{-\frac{R}{L}t}\right)$ 에서

정상전류란 $t = \infty$ 일 때의 전류값이므로

∴ $i_s = \dfrac{E}{R}$ [A]

정답 ③

02 회로의 정상전류 값 i_s는?
(단, $t = 0$에서 스위치 K를 닫았다.)

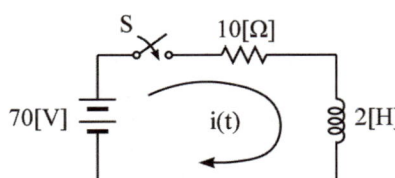

① 0[A] ② 7[A]
③ 35[A] ④ -35[A]

정답분석

정상전류: $i_s = \dfrac{E}{R} = \dfrac{70}{10} = 7$ [A]

정답 ②

03 저항 $R = 2[\Omega]$, 인덕터 $L = 2[H]$인 직렬회로에 직류전압 $V = 10[V]$을 인가했을 때 전류[A]는?

① $5(1 - e^{-t})$ ② $5(1 + e^{-t})$
③ 5 ④ 0

정답분석

직류회로의 주파수가 0이므로 유도 리액턴스 $X_L = 2\pi fL = 0[\Omega]$이 된다.

∴ 직류전류(정상전류)
$I = i_s = \dfrac{V}{R} = \dfrac{10}{2} = 5$ [A]

정답 ③

04 어떤 회로의 전류가 $i(t) = 20 - 20\,e^{-200t}$ [A] 로 주어졌다. 정상값은 몇 [A]인가?

① 5[A] ② 12.6[A]
③ 15.6[A] ④ 20[A]

정답분석

$R-L$ 직렬회로에서 전류는

$i(t) = i_s + i_t = \dfrac{E}{R} - \dfrac{E}{R}e^{-\frac{R}{L}t}$

$= \dfrac{E}{R}\left(1 - e^{-\frac{R}{L}t}\right)$ [A]이므로

∴ 정상전류: $i_s = 20$ [A]
(여기서, i_s: 정상항, i_t: 과도항)

정답 ④

05
다음 회로에서 회로의 시정수[sec] 및 회로의 정상전류는 몇 [A]인가? (단, $E=40$[V]이다.)

① $\tau = 0.01$ [sec], $i_s = 2$ [A]
② $\tau = 0.01$ [sec], $i_s = 1$ [A]
③ $\tau = 0.02$ [sec], $i_s = 1$ [A]
④ $\tau = 1$ [sec], $i_s = 3$ [A]

정답분석
㉠ 시정수: $\tau = \dfrac{L}{R} = \dfrac{0.2}{20} = 0.01$ [sec]
㉡ 정상전류: $i_s = \dfrac{E}{R} = \dfrac{40}{20} = 2$ [A]

정답 ①

06
인덕턴스 0.5[H], 저항 2[Ω]의 직렬회로에 30[V]의 직류전압을 급히 가했을 때 스위치를 닫은 후 0.1초 후의 전류의 순시값 i [A]와 회로의 시정수 τ[s]는?

① $i = 4.95$ [A], $\tau = 0.25$ [s]
② $i = 12.75$ [A], $\tau = 0.35$ [s]
③ $i = 5.95$ [A], $\tau = 0.45$ [s]
④ $i = 13.95$ [A], $\tau = 0.25$ [s]

정답분석
㉠ 전류의 순시값
$i(t) = \dfrac{E}{R}\left(1 - e^{-\frac{R}{L}t}\right)$
$= \dfrac{30}{2}\left(1 - e^{-\frac{2}{0.5} \times 0.1}\right) = 4.95$ [A]
㉡ 시정수: $\tau = \dfrac{L}{R} = \dfrac{0.5}{2} = 0.25$ [sec]

정답 ①

07
그림과 같은 회로에 대한 서술에서 잘못된 것은 어느 것인가?

① 이 회로의 시정수는 0.1[sec]이다.
② 이 회로의 특성근은 -10이다.
③ 이 회로의 특성근은 +10이다.
④ 정상 전류값은 4.5[A]이다.

정답분석
㉠ 시정수: $\tau = \dfrac{L}{R} = \dfrac{2}{10+10} = 0.1$ [sec]
㉡ 특성근
$P = -\dfrac{R}{L} = -\dfrac{1}{\tau} = -\dfrac{1}{0.1} = -10$
㉢ 정상전류: $i_s = \dfrac{E}{R} = \dfrac{90}{20} = 4.5$ [A]
(과도전류: $i(t) = \dfrac{E}{R_1 + R_2}\left(1 - e^{-\frac{R_1+R_2}{L}t}\right)$)

정답 ③

08
코일의 권회수 $N = 1000$, 저항 $R = 20$[Ω]으로 전류 $I = 10$[A]를 흘릴 때 자속 $\phi = 3 \times 10^{-2}$[Wb]이다. 이 회로의 시정수는?

① $\tau = 0.15$ [sec]   ② $\tau = 3$ [sec]
③ $\tau = 0.4$ [sec]   ④ $\tau = 4$ [sec]

정답분석
인덕턴스
$L = \dfrac{\Phi}{I} = \dfrac{N\phi}{I} = \dfrac{1000 \times 3 \times 10^{-2}}{10} = 3$ [H]
∴ 시정수: $\tau = \dfrac{L}{R} = \dfrac{3}{20} = 0.15$ [sec]

정답 ①

09

 $R=100[\Omega]$, $L=1[H]$의 직렬회로에 직류 전압 $E=100[V]$를 가했을 때, $t=0.01[s]$후의 전류 $i_t[A]$는 약 얼마인가?

① 0.362[A] ② 0.632[A]
③ 3.62[A]   ④ 6.32[A]

정답분석

과도전류

$$i(t) = \frac{E}{R}\left(1-e^{-\frac{R}{L}t}\right) = \frac{100}{100}\left(1-e^{-\frac{100}{1}\times 0.01}\right)$$
$$= 1(1-e^{-1}) = 0.632[A]$$

정답 ②

11

그림과 같은 회로에서 시각 $t=0$에서 스위치를 갑자기 닫은 후 전류가 0에서 정상 전류의 63.2[%]에 도달하는 시간 [sec]를 구하면?

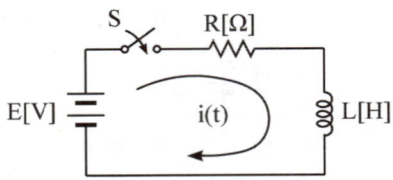

① LR ② $\frac{1}{LR}$
③ $\frac{L}{R}$ ④ $\frac{R}{L}$

정답분석

정상전류의 63.2[%]에 도달하는 시간을 시정수라 한다.

∴ RL 회로의 시정수: $\tau = \frac{L}{R}[\sec]$

정답 ③

10

 그림의 회로에서 $t=3[\sec]$일 때 이 회로에 흐르는 전류는 약 몇 [A]인가?
(단, $E=10[V]$, $R=1[\Omega]$, $L=3[H]$)

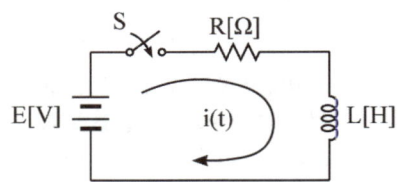

① 2.8   ② 7.4
③ 4.9   ④ 6.3

정답분석

과도전류

$$i(t) = \frac{E}{R}\left(1-e^{-\frac{R}{L}t}\right) = \frac{10}{1}\left(1-e^{-\frac{1}{3}\times 3}\right)$$
$$= 10(1-e^{-1}) = 6.32[A]$$

정답 ④

12

 유도 코일의 시상수가 0.04[sec], 저항이 15.8[Ω]일 때 코일의 인덕턴스[mH]는?

① 395[mH]   ② 2.53[mH]
③ 12.6[mH] ④ 632[mH]

정답분석

시정수 $\tau = \frac{L}{R}[\sec]$ 에서 인덕턴스는

∴ $L = \tau R = 0.04 \times 15.8$
$= 0.632[H] = 632[mH]$

정답 ④

13 전기회로에서 일어나는 과도현상은 그 회로의 시정수와 관계가 있다. 이 사이의 관계를 옳게 표현한 것은?

① 회로의 시정수가 클수록 과도현상은 오랫동안 지속된다.
② 시정수는 과도현상의 지속시간에는 상관되지 않는다.
③ 시정수의 역이 클수록 과도현상은 천천히 사라진다.
④ 시정수가 클수록 과도현상은 빨리 사라진다.

정답분석
과도현상이 소멸되는 시간은 시정수와 비례관계를 갖는다. 따라서 시정수가 커지면 과도현상이 소멸되는 시간도 길어진다.

정답 ①

14 $R-L$ 직렬회로에서 시정수의 값이 클수록 과도현상의 소멸되는 시간은 어떻게 되는가?

① 짧아진다.
② 과도기가 없어진다.
③ 길어진다.
④ 관계없다.

정답분석
과도현상이 소멸되는 시간은 시정수와 비례관계를 갖는다. 따라서 시정수가 커지면 과도현상이 소멸되는 시간도 길어진다.

정답 ③

15 $R-L$ 직렬회로에 E인 직류전압원을 갑자기 연결하였을 때 $t=0$인 순간 이 회로에 흐르는 회로전류에 대하여 바르게 표현된 것은?

① 이 회로에는 전류가 흐르지 않는다.
② 이 회로에는 $\dfrac{E}{R}$ 크기의 전류가 흐른다.
③ 이 회로에는 무한대의 전류가 흐른다.
④ 이 회로에는 $\dfrac{E}{R+j\omega L}$ 의 전류가 흐른다.

정답분석
$$i(0) = \frac{E}{R}\left(1 - e^{-\frac{R}{L}t}\right)$$
$$= \frac{E}{R}(1 - e^0) = \frac{E}{R}(1-1) = 0$$
∴ 스위치는 닫는 순간($t=0$)에는 전류가 흐르지 않는다.

정답 ①

16 그림과 같은 회로에서 스위치 S를 $t=0$에서 닫았을 때 $(V_L)_{t=0} = 100\,[\text{V}]$, $\left(\dfrac{di}{dt}\right)_{t=0} = 400\,[\text{A/sec}]$이다. L의 값은 몇 [H]인가?

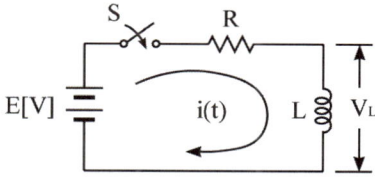

① 0.1
② 0.5
③ 0.25
④ 7.5

정답분석
인덕턴스 단자전압 $V_L = L\dfrac{di}{dt}$ 에서
$V_L = 100\,[\text{V}],\ \dfrac{di}{dt} = 400$ 이므로
∴ $L = \dfrac{V_L}{\dfrac{di}{dt}} = \dfrac{100}{400} = 0.25\,[\text{H}]$

정답 ③

17 그림과 같은 회로에 있어서 스위치 S를 닫았을 때 L양단에 걸리는 전압 $V_L[V]$는?

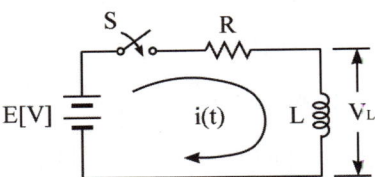

① $V_L = \dfrac{E}{R} e^{-\frac{R}{L}t}$ ② $V_L = \dfrac{E}{R} e^{\frac{L}{R}t}$

③ $V_L = E e^{-\frac{R}{L}t}$ ④ $V_L = E e^{\frac{L}{R}t}$

스위치 S를 닫는 순간의 과도전류
$i(t) = \dfrac{E}{R}\left(1 - e^{-\frac{R}{L}t}\right)$ 이므로
$\therefore V_L = L\dfrac{di}{dt} = L\dfrac{d}{dt}\left[\dfrac{E}{R}\left(1 - e^{-\frac{R}{L}t}\right)\right]$
$= L \times \left(-\dfrac{E}{R}\right) \times \left(-\dfrac{R}{L}\right) e^{-\frac{R}{L}t} = E e^{-\frac{R}{L}t}$

정답 ③

18 회로에서 $t = 0$인 순간에 전압 E를 인가한 경우, 인덕턴스 L에 걸리는 전압은?

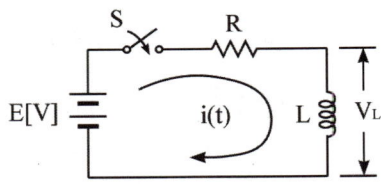

① 0 ② E

③ $\dfrac{LE}{R}$ ④ $\dfrac{E}{R}$

인덕턴스 단자전압 $V_L = Ee^{-\frac{R}{L}t}$에서 $t = 0$의 경우 $V_L(0) = Ee^0 = E[V]$가 걸리므로 기전력과 등전위가 되어 전류는 흐르지 않는다. 즉, $t = 0$에서 L은 개방회로로 작용한다.

정답 ②

19 그림과 같은 $R-L$ 회로에서 스위치 S를 열 때 흐르는 전류 $i(t)$는 어느 것인가?

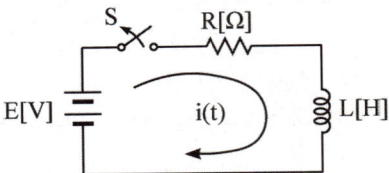

① $\dfrac{E}{R} e^{\frac{R}{L}t}$ ② $\dfrac{E}{R}\left(1 - e^{\frac{R}{L}t}\right)$

③ $\dfrac{E}{R} e^{-\frac{R}{L}t}$ ④ $\dfrac{E}{R}\left(1 - e^{-\frac{R}{L}t}\right)$

초기전류$(t=0)$는 $i(0) = \dfrac{E}{R}$ 이고, 정상전류 $(t=\infty)$는 $i(\infty) = 0$ 이 되므로
$\therefore$ 과도전류
$i(t) = i(\infty) + [i(0) - i(\infty)]e^{-\frac{R}{L}t}$
$= 0 + \left(\dfrac{E}{R} - 0\right)e^{-\frac{R}{L}t} = \dfrac{E}{R}e^{-\frac{R}{L}t}[A]$

정답 ③

20 $R-L$ 직렬회로에서 그 양단에 직류전압 $E[V]$를 연결한 후 스위치 S를 개방하면 $\dfrac{L}{R}[sec]$후의 전류값은 몇 $[A]$인가?

① $\dfrac{E}{R}$ ② $0.368\dfrac{E}{R}$

③ $0.5\dfrac{E}{R}$ ④ $0.632\dfrac{E}{R}$

$R-L$ 직렬회로에서 스위치 개방 시 과도전류는
$i(t) = \dfrac{E}{R}e^{-\frac{R}{L}t}$ 이므로
$\therefore$ 시정수 시간에서의 전류
$i(\tau) = \dfrac{E}{R}e^{-\frac{R}{L}t} = \dfrac{E}{R}e^{-\frac{R}{L} \times \frac{L}{R}}$
$= \dfrac{E}{R}e^{-1} = 0.368\dfrac{E}{R}[A]$

정답 ②

21 $R=4000[\Omega]$, $L=5[H]$의 직렬회로에 직류 전압 200[V]를 가할 때 급히 단자 사이의 스위치를 개방시킬 경우 이로부터 1/800 [sec] 후 $R-L$ 중의 전류는 몇 [mA]인가?

① 18.4[mA] ② 1.84[mA]
③ 28.4[mA] ④ 2.84[mA]

정답분석 스위치 S를 개방하는 순간의 과도전류
$$i(\tau) = \frac{E}{R}e^{-\frac{R}{L}t} = \frac{200}{4000}e^{-\frac{4000}{5}\times\frac{1}{800}}$$
$$= 0.05\,e^{-1} = 0.05\times 0.368$$
$$= 0.0184[A] = 18.4[mA]$$

정답 ①

9-2 R-C 직렬회로

23 그림의 회로에서 스위치 S를 닫을 때의 충전전류 $i(t)$[A]는 얼마인가? (단, 콘덴서에 초기 충전전하는 없다.)

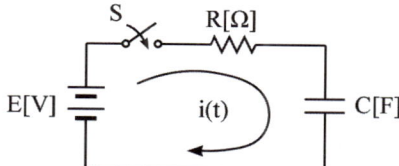

① $\frac{E}{R}e^{-\frac{1}{CR}t}$ ② $\frac{E}{R}e^{-\frac{R}{C}t}$

③ $\frac{E}{R}e^{-\frac{C}{R}t}$ ④ $\frac{E}{R}e^{\frac{1}{CR}t}$

정답분석
㉠ C에 충전된 전하량
$$Q(t) = CE\left(1-e^{-\frac{1}{RC}t}\right)[C]$$
㉡ 스위치 투입 시 충전전류
$$i(t) = \frac{dQ(t)}{dt} = \frac{E}{R}e^{-\frac{1}{RC}t}[A]$$
㉢ 스위치 개방 시 방전전류
$$i(t) = -\frac{E}{R}e^{-\frac{1}{RC}t}[A]$$

정답 ①

22 그림과 같은 회로에 대한 설명으로 잘못된 것은?

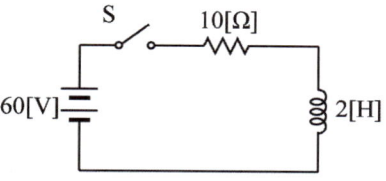

① 이 회로의 시정수는 0.2[sec]이다.
② 이 회로의 정상전류는 6[A]이다.
③ 이 회로의 특성근은 -5이다.
④ t=0에서 직류전압 60[V]를 제거할 때 t=0.4[sec]시각의 회로의 전류는 5.26[A]이다.

정답분석
㉠ 시정수: $\tau = \frac{L}{R} = \frac{2}{10} = 0.2[sec]$
㉡ 정상전류: $i_s = \frac{E}{R} = \frac{60}{10} = 6[A]$
㉢ 특성근: $P = -\frac{R}{L} = -\frac{1}{\tau} = -5$
㉣ 스위치 개방 시 과도전류
$$i(t) = \frac{E}{R}e^{-\frac{R}{L}t} = \frac{60}{10}e^{-\frac{10}{2}\times 0.4}$$
$$= 6\,e^{-2} = 6\times 0.135 = 0.812[A]$$

정답 ④

24 직류 $R-C$ 직렬회로에서 회로의 시정수 값은?

① $\frac{R}{C}$ ② $\frac{E}{R}$

③ $\frac{1}{RC}$ ④ RC

정답분석
㉠ $R-L$ 회로의 시정수: $\tau = \frac{L}{R}[sec]$
㉡ $R-C$ 회로의 시정수: $\tau = RC[sec]$

정답 ④

25 $R = 1\,[\text{M}\Omega]$, $C = 1\,[\mu\text{F}]$의 직렬회로에 직류 100[V]를 가했다. 시정수[sec] 및 초기값 전류는 몇 [A]인가?

① $\tau = 5\,[\text{sec}]$, $i(0) = 10^{-4}\,[\text{A}]$
② $\tau = 4\,[\text{sec}]$, $i(0) = 10^{-3}\,[\text{A}]$
③ $\tau = 1\,[\text{sec}]$, $i(0) = 10^{-4}\,[\text{A}]$
④ $\tau = 2\,[\text{sec}]$, $i(0) = 10^{-3}\,[\text{A}]$

정답분석
㉠ 시정수
$\tau = RC = 10^6 \times 10^{-6} = 1\,[\text{sec}]$
㉡ 초기값 전류
$i(0) = \dfrac{E}{R} = \dfrac{100}{10^{-6}} = 10^{-4}\,[\text{A}]$

정답 ③

26 $R-C$ 직렬회로에 직류전압을 가했을 때 전류 값이 초기값의 e^{-1}으로 저하되는 시간은 몇 [sec]인가?

① $\dfrac{1}{RC}$ ② $\dfrac{L}{R}$
③ RC ④ $\dfrac{C}{R}$

정답분석
충전전류 $i(t) = \dfrac{E}{R} e^{-\frac{1}{RC}t}\,[\text{A}]$에서 초기값 전류가
$i(0) = \dfrac{E}{R}\,[\text{A}]$이므로
∴ 충전전류가 초기값 전류의 e^{-1}이 되기 위해서는
$t = RC\,[\text{sec}]$(시정수)가 되어야 한다.

정답 ④

27 그림과 같은 $R-C$ 직렬회로에 $t=0$에서 스위치 S를 닫아 직류전압 100[V]를 회로의 양단에 급격히 인가하면 그 때의 충전전하는? (단, $R = 10\,[\Omega]$, $C = 0.1\,[\text{F}]$이다.)

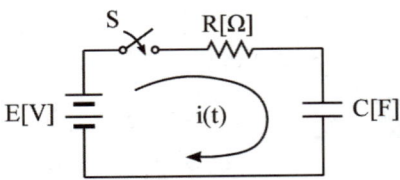

① $10\left(1 - e^{-t}\right)$ ② $-10\left(1 - e^{t}\right)$
③ $10\,e^{-t}$ ④ $-10\,e^{t}$

정답분석
$Q(t) = Q(\infty) + [Q(0) - Q(\infty)]\,e^{-\frac{1}{RC}t}$
$= CE + (0 - CE)\,e^{-\frac{1}{RC}t}$
$= CE\left(1 - e^{-\frac{1}{RC}t}\right)$
$= 0.1 \times 100\left(1 - e^{-\frac{1}{10 \times 0.1}t}\right)$
$= 10\left(1 - e^{-t}\right)\,[\text{C}]$

정답 ①

28 $R-C$ 직렬회로에 $t=0$에서 직류전압을 인가하였다. 시정수 5배에서 커패시터에 충전된 전하는 약 몇 [%]인가? (단, 초기에 충전된 전하는 없다고 가정한다.)

① 1   ② 2
③ 93.7   ④ 99.3

정답분석
㉠ 충전전하: $Q(t) = CE\left(1 - e^{-\frac{1}{RC}t}\right)$
㉡ 정상상태($t = \infty$)에서 충전전하
$Q(\infty) = CE\left(1 - e^{-\infty}\right) = CE$
㉢ 시정수 5배 시간($t = 5\tau = 5RC$)에서
충전전하: $Q(5\tau) = CE\left(1 - e^{-5}\right)$
$= CE \times 0.9932$
∴ 시정수 5배에서 커패시터에 충전된 전하는 정상상태의 99.32[%]가 된다.

정답 ④

29 $R = 5000\,[\Omega]$, $C = 20\,[\mu F]$가 직렬로 접속된 회로에 일정전압 $E = 100\,[V]$를 가하고 $t = 0$에서 스위치를 넣을 때 콘덴서 단자전압[V]을 구하면? (단, 처음에 콘덴서에는 충전되지 않았다.)

① $100\left(1 - e^{10t}\right)$ ② $100\,e^{-10t}$
③ $100\,e^{10t}$ ④ $100\left(1 - e^{-10t}\right)$

$V_C = \dfrac{Q(t)}{C} = E\left(1 - e^{-\frac{1}{RC}t}\right)$
$= 100\left(1 - e^{-\frac{1}{5000 \times 20 \times 10^{-6}}t}\right)$
$= 100\left(1 - ^{-10t}\right)[V]$

정답 ④

30 그림과 같은 회로에서 $t = 0$에서 스위치를 닫았다. $V_C(0)$의 값은 얼마인가?

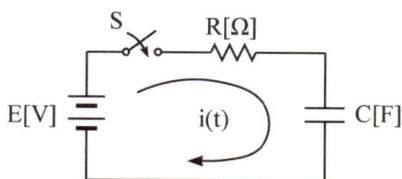

① 0 ② E
③ $\dfrac{E}{CR}e^{-\frac{1}{CR}t}$ ④ $\dfrac{E}{R}e^{-\frac{1}{CR}t}$

$V_C(0) = E\left(1 - e^{-\frac{1}{RC}t}\right) = E(1 - e^0)$
$= E(1-1) = 0\,[V]$

정답 ①

31 $R - C$ 직렬회로의 과도현상에 대하여 옳게 설명된 것은 어느 것인가?

① RC 값이 클수록 과도 전류값은 천천히 사라진다.
② RC 값이 클수록 과도 전류값은 빨리 사라진다.
③ 과도전류는 RC 값에 관계가 있다.
④ $\dfrac{1}{RC}$ 의 값이 클수록 과도 전류값은 천천히 사라진다.

 시정수가 클수록 과도시간은 길어지므로 충전전류(과도전류)는 천천히 사라진다.

정답 ①

32 시간[sec]의 차원을 갖지 않은 것은 어느 것인가? (단, R은 저항, L은 인덕턴스, C는 커패시턴스이다.)

① RL ② RC
③ $\dfrac{L}{R}$ ④ $\sqrt{LC}$

 L의 단자전압 $V_L = L\dfrac{di}{dt}$에서 인덕턴스
$L = \dfrac{V_L dt}{di}\left[\dfrac{V \cdot sec}{A} = \Omega \cdot sec\right]$이 된다.
∴ $RL\,[\Omega \cdot \Omega \cdot sec = \Omega^2 \cdot sec]$

정답 ①

33 $R - L$ 및 $R - C$ 회로의 과도상태의 설명이다. 잘못된 것은?

① $t = 0$ 일 때 C는 단락상태가 된다.
② 시정수가 크면 정상값에 빨리 도달한다.
③ $t = 0$ 에서 L은 개방상태이다.
④ 변화하지 않는 저항만의 회로에서는 과도현상은 없다.

 시정수가 클수록 과도시간은 길어지므로 정상값에 천천히 도달한다.

정답 ②

9-3 R-L-C 직렬회로

34 그림과 같은 $R-L-C$ 직렬회로에서 시정수의 값이 작을수록 과도현상이 소멸되는 시간은 어떻게 되는가?

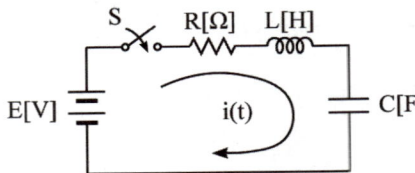

① 짧아진다. ② 관계없다.
③ 길어진다. ④ 과도상태가 없다.

정답 ①

35 $R-L-C$ 직렬회로에서 직류전압 인가시 $R^2 = \dfrac{4L}{C}$ 일 때의 상태는?

① 진동상태 ② 비진동상태
③ 임계상태 ④ 정상상태

정답분석
㉠ $R^2 < 4\dfrac{L}{C}$ 일 경우: 부족제동(진동적)
㉡ $R^2 = 4\dfrac{L}{C}$ 일 경우: 임계제동(임계적)
㉢ $R^2 > 4\dfrac{L}{C}$ 일 경우: 과제동(비진동적)

정답 ③

36 $R-L-C$ 직렬회로에서 회로 저항의 값이 다음의 어느 조건일 때 이 회로가 부족제동이 되었다고 하는가?

① $R = 0$ ② $R > 2\sqrt{\dfrac{L}{C}}$
③ $R = 2\sqrt{\dfrac{L}{C}}$ ④ $R < 2\sqrt{\dfrac{L}{C}}$

정답분석
㉠ $R^2 < 4\dfrac{L}{C}$ 일 경우: 부족제동(진동적)
㉡ $R^2 = 4\dfrac{L}{C}$ 일 경우: 임계제동(임계적)
㉢ $R^2 > 4\dfrac{L}{C}$ 일 경우: 과제동(비진동적)
∴ $R^2 < 4\dfrac{L}{C}$ → $R < 2\sqrt{\dfrac{L}{C}}$

정답 ④

37 $R-L-C$ 직렬회로에서 임계제동 조건이 되는 저항의 값은?

① $\sqrt{LC}$ ② $2\sqrt{\dfrac{C}{L}}$
③ $2\sqrt{\dfrac{L}{C}}$ ④ $\sqrt{\dfrac{L}{C}}$

정답분석
㉠ $R^2 < 4\dfrac{L}{C}$ 일 경우: 부족제동(진동적)
㉡ $R^2 = 4\dfrac{L}{C}$ 일 경우: 임계제동(임계적)
㉢ $R^2 > 4\dfrac{L}{C}$ 일 경우: 과제동(비진동적)
∴ $R^2 = 4\dfrac{L}{C}$ → $R = 2\sqrt{\dfrac{L}{C}}$

정답 ③

38 $R-L-C$ 직렬회로에서 $L=8\times 10^{-3}[\text{H}]$, $C=2\times 10^{-7}[\text{F}]$이다. 임계진동이 되기 위한 R 값은?

① $0.01\,[\Omega]$ ② $100\,[\Omega]$
③ $200\,[\Omega]$ ④ $400\,[\Omega]$

정답분석

임계진동 조건은 $R^2 = 4\dfrac{L}{C}$ 이므로

$$\therefore R = \sqrt{\dfrac{4L}{C}} = \sqrt{\dfrac{4\times 8\times 10^{-3}}{2\times 10^{-7}}} = 400\,[\Omega]$$

정답 ④

39 그림의 정전용량 $C[\text{F}]$를 충전한 후 스위치 S를 닫아 이것을 방전하는 경우의 과도전류는? (단, 회로에는 저항이 없다고 가정한다.)

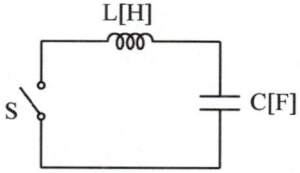

① 불변의 진동전류
② 감쇠하는 전류
③ 감쇠하는 진동전류
④ 일정치까지 증가하여 그 후 감쇠하는 전류

정답분석

㉠ 회로방정식: $L\dfrac{di(t)}{dt} + \dfrac{1}{C}\int i(t)\,dt = E$

㉡ ㉠에서 라플라스 변환

$Ls\,I(s) + \dfrac{1}{Cs}I(s) = \dfrac{E}{s}$

㉢ ㉡을 전류식으로 정리하면

$$I(s) = \dfrac{E}{s\left(Ls + \dfrac{1}{Cs}\right)}$$

$$= \dfrac{E}{Ls^2 + \dfrac{1}{C}} = \dfrac{E/L}{s^2 + \dfrac{1}{LC}}$$

$$= E\sqrt{\dfrac{C}{L}}\,\dfrac{\dfrac{1}{\sqrt{LC}}}{s^2 + \left(\dfrac{1}{\sqrt{LC}}\right)^2}$$

$\therefore$ ㉢을 라플라스 역변환하면

$i(t) = E\sqrt{\dfrac{C}{L}}\sin\dfrac{1}{\sqrt{LC}}t\,[\text{A}]$ 가 되어 무한 진동전류가 된다.

정답 ①

해커스자격증
pass.Hackers.com

해커스 전기기사·산업기사 필기 회로이론 한권완성 이론 + 최신기출 + 핵심노트

Chapter 10
라플라스 변환
(Laplace transform)

1 라플라스 변환
2 시간추이정리
3 라플라스 역변환

핵심 요점정리

출제예상문제

Chapter 10 라플라스 변환(Laplace transform)

1 라플라스 변환

1. 개요

(1) $s = \sigma + j\omega$ 를 파라미터(정수)로 하여 $F(s) = \int_0^\infty f(t)\, e^{-st}\, dt$ 로 주어지는 함수 $F(s)$ 를 $f(t)$ 의 라플라스 변환이라 한다.

(2) 라플라스 변환에 의하여 선형 미분방정식은 s 에 관한 대수 방정식으로 변환되어, 풀기 쉬운 형식을 부여한다. 즉, 선형 미분방정식을 손쉽게 풀이하기 위한 해법이 라플라스 변환이라고 보면 된다.

① 라플라스 변환: $F(s) = \int_0^\infty f(t)\, e^{-st}\, dt$ ·· [식 10-1]

② 라플라스 역변환: $f(t) = \dfrac{1}{2\pi j} \int_c F(s)\, e^{st}\, ds$ ·· [식 10-2]

2. 기초 라플라스 변환(laplace transformation)

(1) 계단함수(step function)

① 함수 $f(t) = A$ 에서 이를 라플라스 변환하면 (여기서, A : 상수)

② $F(s) = \displaystyle\int_0^\infty A\, e^{-st}\, dt = A \left[-\dfrac{1}{s} e^{-st} \right]_0^\infty$

$= -\dfrac{A}{s}(e^{-\infty} - e^0) = -\dfrac{A}{s}(0-1) = \dfrac{A}{s}$

$\therefore A \xrightarrow{\mathcal{L}} \dfrac{A}{s}$ ·· [식 10-3]

(2) 지수 감쇠 함수(복소추이 정리)

① 함수 $f(t) = A\, e^{-at}$ 에서 이를 라플라스 변환하면

② $F(s) = \displaystyle\int_0^\infty A\, e^{-at}\, e^{-st}\, dt = \int_0^\infty A\, e^{-(s+a)t}\, dt$

$= A \left[-\dfrac{1}{s+a} e^{-(s+a)t} \right]_0^\infty = -\dfrac{A}{s+a}(e^{-\infty} - e^0) = \dfrac{A}{s+a}$

$\therefore A\, e^{-at} \xrightarrow{\mathcal{L}} \dfrac{A}{s}\bigg|_{s=s+a} = \dfrac{A}{s+a}$ ·· [식 10-4]

(3) 지수함수(복소추이 정리)

　① 함수 $f(t) = A\,e^{at}$ 에서 이를 라플라스 변환하면

　② $F(s) = \int_0^\infty A\,e^{at}\,e^{-st}\,dt = \int_0^\infty A\,e^{-(s-a)t}\,dt$

　$= A\left[-\dfrac{1}{s-a}e^{-(s-a)t}\right]_0^\infty = -\dfrac{A}{s+a}(e^{-\infty}-e^0) = \dfrac{A}{s-a}$

　$\therefore A\,e^{at} \xrightarrow{\mathcal{L}} \left.\dfrac{A}{s}\right|_{s=s-a} = \dfrac{A}{s-a}$ ················ [식 10-5]

(4) 경사함수(ramp function)

　① 경사함수를 계산하려면 부분적분을 해야 한다.

　　㉠ $\int_0^\infty f(t)\,g'(t)\,dt = f(t)g(t)\Big|_0^\infty - \int_0^\infty f'(t)g(t)\,dt$

　　㉡ $f(t) = t$, $g'(t) = e^{-st}$ 의 경우 $f'(t) = 1$, $g(t) = -\dfrac{1}{s}e^{-st}$ 가 된다.

　② 함수 $f(t) = t$ 에서 이를 라플라스 변환하면

　③ $F(s) = \int_0^\infty t\,e^{-st}\,dt = -\dfrac{t}{s}e^{-st}\Big|_0^\infty - \int_0^\infty -\dfrac{1}{s}e^{-st}\,dt$

　$= 0 + \dfrac{1}{s}\int_0^\infty e^{-st}\,dt = -\dfrac{1}{s^2}e^{-st}\Big|_0^\infty = -\dfrac{1}{s^2}(e^{-\infty}-e^0) = \dfrac{1}{s^2}$

　$\therefore\ t \xrightarrow{\mathcal{L}} \dfrac{1}{s^2}\ ,\ t^n \xrightarrow{\mathcal{L}} \dfrac{n!}{s^{n+1}}$ ·················· [식 10-6]

(5) 정현파 함수

　① 정현파 함수를 계산하려면 아래 삼각함수 공식을 알아야 한다.

　　㉠ $e^{j\omega t} = \cos\omega t + j\sin\omega t$

　　㉡ $e^{-j\omega t} = \cos\omega t - j\sin\omega t$

　　㉢ $e^{j\omega t} - e^{-j\omega t} = 2j\sin\omega t$ 에서 $\sin\omega t = \dfrac{1}{j2}\left(e^{j\omega t}-e^{-j\omega t}\right)$

　　㉣ $e^{j\omega t} + e^{-j\omega t} = 2\cos\omega t$ 에서 $\cos\omega t = \dfrac{1}{2}\left(e^{j\omega t}+e^{-j\omega t}\right)$

　② 함수 $f(t) = \sin\omega t$ 에서 이를 라플라스 변환하면

　③ $F(s) = \int_0^\infty \sin\omega t\,e^{-st}\,dt = \int_0^\infty \dfrac{1}{j2}\left(e^{j\omega t}-e^{-j\omega t}\right)e^{-st}\,dt$

　$= \dfrac{1}{j2}\int_0^\infty e^{-(s-j\omega)t}-e^{-(s+j\omega)t}\,dt = \dfrac{1}{j2}\left[\dfrac{-e^{-(s-j\omega)t}}{s-j\omega} - \dfrac{-e^{-(s+j\omega)t}}{s+j\omega}\right]_0^\infty$

　$= \dfrac{1}{j2}\left[\dfrac{1}{s-j\omega}-\dfrac{1}{s+j\omega}\right] = \dfrac{1}{j2}\left[\dfrac{(s+j\omega)-(s-j\omega)}{(s-j\omega)(s+j\omega)}\right]$

　$= \dfrac{1}{j2}\times\dfrac{j2\omega}{s^2+\omega^2} = \dfrac{\omega}{s^2+\omega^2}$

　$\therefore\ \sin\omega t \xrightarrow{\mathcal{L}} \dfrac{\omega}{s^2+\omega^2}$ ·················· [식 10-7]

(6) 여현파 함수

① 함수 $f(t) = \cos\omega t$ 에서 이를 라플라스 변환하면

② $F(s) = \int_0^\infty \cos\omega t \, e^{-st} \, dt = \int_0^\infty \frac{1}{2}\left(e^{j\omega t} + e^{j\omega t}\right)e^{-st} \, dt$

$= \frac{1}{2}\int_0^\infty e^{-(s-j\omega)t} + e^{-(s+j\omega)t} \, dt = \frac{1}{2}\left[\frac{-e^{-(s-j\omega)t}}{s-j\omega} + \frac{-e^{-(s+j\omega)t}}{s+j\omega}\right]_0^\infty$

$= \frac{1}{2}\left[\frac{1}{s-j\omega} + \frac{1}{s+j\omega}\right] = \frac{1}{2}\left[\frac{(s+j\omega)+(s-j\omega)}{(s-j\omega)(s+j\omega)}\right]$

$= \frac{1}{2} \times \frac{2s}{s^2+\omega^2} = \frac{s}{s^2+\omega^2}$

$\therefore \cos\omega t \xrightarrow{\mathcal{L}} \frac{s}{s^2+\omega^2}$ ·· [식 10-8]

(7) 지수감쇠 정현파 함수

① 함수 $f(t) = e^{-at}\sin\omega t$ 에서 이를 라플라스 변환하면

② $F(s) = \int_0^\infty e^{-at}\sin\omega t \, e^{-st} \, dt = \int_0^\infty \frac{1}{j2}\left(e^{j\omega t} - e^{j\omega t}\right)e^{-at}e^{-st} \, dt$

$= \frac{1}{2j}\int_0^\infty \left[e^{-(s+a-j\omega)t} - e^{-(s+a+j\omega)t}\right] dt$

$= \frac{1}{j2}\left[\frac{-e^{-(s+a-j\omega)t}}{s+a-j\omega} - \frac{-e^{-(s+a+j\omega)t}}{s+a+j\omega}\right]_0^\infty$

$= \frac{1}{j2}\left[\frac{1}{s+a-j\omega} - \frac{1}{s+a+j\omega}\right] = \frac{1}{j2}\left[\frac{(s+a+j\omega)-(s+a-j\omega)}{(s+a-j\omega)(s+a+j\omega)}\right]$

$= \frac{1}{j2} \times \frac{j2\omega}{(s+a)^2+\omega^2} = \frac{\omega}{(s+a)^2+\omega^2}$

$\therefore e^{-at}\sin\omega t \xrightarrow{\mathcal{L}} \left.\frac{\omega}{s^2+\omega^2}\right|_{s=s+a} = \frac{\omega}{(s+a)^2+\omega^2}$ ·· [식 10-9]

(8) 지수감쇠 여현파 함수

① 함수 $f(t) = e^{-at}\cos\omega t$ 에서 이를 라플라스 변환하면

② $F(s) = \int_0^\infty e^{-at}\cos\omega t \, e^{-st} \, dt = \int_0^\infty \frac{1}{2}\left(e^{j\omega t} + e^{j\omega t}\right)e^{-at}e^{-st} \, dt$

$= \frac{1}{2}\int_0^\infty \left[e^{-(s+a-j\omega)t} + e^{-(s+a+j\omega)t}\right] dt$

$= \frac{1}{2}\left[\frac{-e^{-(s+a-j\omega)t}}{s+a-j\omega} + \frac{-e^{-(s+a+j\omega)t}}{s+a+j\omega}\right]_0^\infty$

$= \frac{1}{2}\left[\frac{1}{s+a-j\omega} + \frac{1}{s+a+j\omega}\right] = \frac{1}{2}\left[\frac{(s+a+j\omega)+(s+a-j\omega)}{(s+a-j\omega)(s+a+j\omega)}\right]$

$= \frac{1}{2} \times \frac{2(s+a)}{(s+a)^2+\omega^2} = \frac{s+a}{(s+a)^2+\omega^2}$

$\therefore e^{-at}\cos\omega t \xrightarrow{\mathcal{L}} \left.\frac{s}{s^2+\omega^2}\right|_{s=s+a} = \frac{s+a}{(s+a)^2+\omega^2}$ ·· [식 10-10]

(9) 쌍곡선 함수

① $f(t) = \sinh \omega t = \dfrac{1}{2}\left(e^{\omega t} - e^{-\omega t}\right) \xrightarrow{\mathcal{L}} \dfrac{\omega}{s^2 - \omega^2}$ .... [식 10-11]

② $f(t) = \cosh \omega t = \dfrac{1}{2}\left(e^{\omega t} + e^{-\omega t}\right) \xrightarrow{\mathcal{L}} \dfrac{s}{s^2 - \omega^2}$ .... [식 10-12]

(10) 라플라스 변환표

순번	$f(t)$	$F(s)$	순번	$f(t)$	$F(s)$
1	$\delta(t)$	1	10	$\sinh \omega t$	$\dfrac{\omega}{s^2 - \omega^2}$
2	$u(t)$ 또는 1	$\dfrac{1}{s}$	11	$\cosh \omega t$	$\dfrac{s}{s^2 - \omega^2}$
3	t	$\dfrac{1}{s^2}$	12	$t \sin \omega t$	$\dfrac{2\omega s}{(s^2 + \omega^2)^2}$
4	t^n	$\dfrac{n!}{s^{n+1}}$	13	$t \cos \omega t$	$\dfrac{s^2 - \omega^2}{(s^2 + \omega^2)^2}$
5	e^{-at}	$\dfrac{1}{s+a}$	14	$e^{-at} \sin \omega t$	$\dfrac{\omega}{(s+a^2) + \omega^2}$
6	$t\, e^{-at}$	$\dfrac{1}{(s+a)^2}$	15	$e^{-at} \cos \omega t$	$\dfrac{s+a}{(s+a)^2 + \omega^2}$
7	$t^n\, e^{-at}$	$\dfrac{n!}{(s+a)^{n+1}}$	16	$t\, e^{-at} \sin \omega t$	$\dfrac{2\omega(s+a)}{(s+a)^2 + \omega^2}$
8	$\sin \omega t$	$\dfrac{\omega}{s^2 + \omega^2}$	17	$t\, e^{-at} \cos \omega t$	$\dfrac{2\omega(s+a)}{(s+a)^2 + \omega^2}$
9	$\cos \omega t$	$\dfrac{s}{s^2 + \omega^2}$	18	$\dfrac{\sin \omega t}{t}$	$\tan^{-1} \dfrac{\omega}{s}$

[표 10-1] 라플라스 변환표

2 시간추이정리

1. 단위 계단 함수(unit step function)

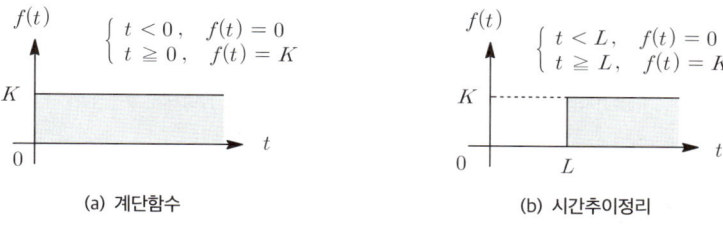

(a) 계단함수   (b) 시간추이정리

[그림 10-1] 계단함수의 시간추이정리

(1) 단위 계단 함수 $u(t)$의 의미
   ① 단위 계단 함수는 물리적으로 $t=0$에서 스위치를 투입한 것과 같다.
   ② [그림 10-1] (a)와 같이 0초 이전(스위치를 투입 전)에는 함수 $f(t)$가 0이고, 0초 이후(스위치를 투입 후)부터 함수 $f(t)$는 1의 크기를 갖는 함수를 말하며, 크기가 1이 아닌 함수는 계단함수라 한다.

(2) $f(t) = Ku(t)$의 라플라스 변환
   ① $F(s) = \int_0^\infty Ku(t)\, e^{-st}\, dt = \int_0^\infty Ke^{-st}\, dt = \left[-\dfrac{K}{s} e^{-st}\right]_0^\infty = \dfrac{1}{s}$

   $\therefore Ku(t) \xrightarrow{\mathcal{L}} \dfrac{K}{s}$ ··· [식 10-13]

   ② [식 10-13]과 같이 계단함수를 라플라스 변환하면 분모는 s의 1차가 되고 이때의 분자 K는 계단함수의 크기를 의미하게 된다.

2. $u(t)$의 시간추이정리

(1) 시간추이정리(time shifting theorem)의 의미
   ① 시간추이정리는 단어 그대로 시간의 축을 이동시킨다는 의미이다.
   ② [그림 10-1] (b)와 같이 $u(t-L)$인 파형은 L초만큼 +축으로 평행 이동시키고, $u(t+L)$인 파형은 L초만큼 -축으로 평행 이동시킨 것과 같다.

(2) $f(t) = Ku(t-L)$의 라플라스 변환
   ① $F(s) = \int_0^L 0\, e^{-st}\, dt + \int_L^\infty Ke^{-st}\, dt = \left[-\dfrac{K}{s} e^{-st}\right]_L^\infty = \dfrac{K}{s} e^{-Ls}$

   $\therefore Ku(t-L) \xrightarrow{\mathcal{L}} \dfrac{K}{s} e^{-Ls}$ ··· [식 10-14]

   ② [식 10-14]와 같이 라플라스 변환된 함수 $F(s)$에서 e^{-Ls}라고 표현하면 L초만큼 파형이 지연(부동작 시간요소)되고 있다고 보면 된다.

3. 경사함수(ramp function)

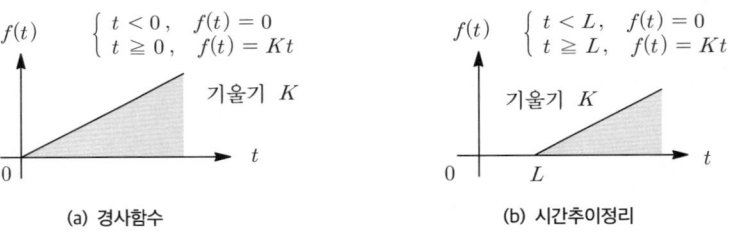

(a) 경사함수   (b) 시간추이정리

[그림 10-2] 경사함수의 시간추이정리

(1) 램프함수 t의 의미
   ① 경사함수는 일정 기울기를 가지고 있는 함수로 속도함수라고도 한다.
   ② 램프함수는 '기울기(K) × 변수(t)'의 형태로 함수를 표현한다.
   ③ [그림 10-2] (a)와 같이 $t<0$에서 함수가 0이면 $f(t) = Kt\,u(t)$이 된다.

(2) $f(t) = Kt\,u(t)$의 라플라스 변환

① $F(s) = \int_0^\infty Kt\,e^{-st}\,dt = -\dfrac{K}{s}t\,e^{-st}\Big|_0^\infty - \int_0^\infty -\dfrac{K}{s}e^{-st\,dt}$

$= 0 + \dfrac{K}{s}\int_0^\infty e^{-st\,dt} = -\dfrac{K}{s^2}e^{-st}\Big|_0^\infty = -\dfrac{K}{s^2}(e^{-\infty}-e^0) = \dfrac{K}{s^2}$

$\therefore Kt\,u(t) \xrightarrow{\mathcal{L}} \dfrac{K}{s^2}$ ·· [식 10-15]

② [식 10-15]와 같이 계단함수를 라플라스 변환하면 분모는 s의 2차가 되고 이때의 분자 K는 경사함수의 기울기를 의미하게 된다.

(3) $f(t) = Kt\,u(t)$의 시간추이정리

① [그림 10-2] (b)와 같이 $t \to t-L$로 시간추이하면 다음과 같이 된다.
$\therefore f(t) = K(t-L)\,u(t-L)$ ··· [식 10-16]

② $f(t) = K(t-L)\,u(t-L)$의 라플라스 변환

$F(s) = \int_L^\infty K(t-L)e^{-st}\,dt = -\dfrac{K}{s}(t-L)e^{-st}\Big|_L^\infty - \int_L^\infty -\dfrac{K}{s}e^{-st\,dt}$

$= 0 + \dfrac{K}{s}\int_L^\infty e^{-st\,dt} = -\dfrac{K}{s^2}e^{-st}\Big|_L^\infty = \dfrac{K}{s^2}e^{-Ls}$

$\therefore K(t-L)\,u(t-L) \xrightarrow{\mathcal{L}} \dfrac{K}{s^2}e^{-Ls}$ ·· [식 10-17]

4. 톱니파와 삼각파의 라플라스 변환

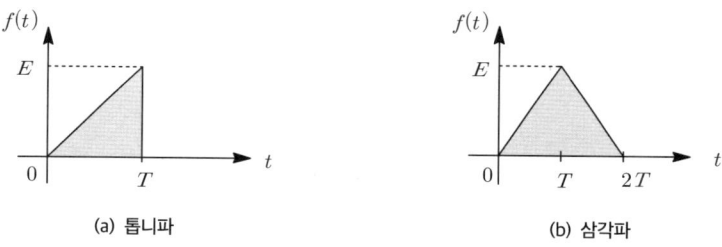

[그림 10-3] 톱니파와 삼각파

(1) 톱니파의 라플라스 변환

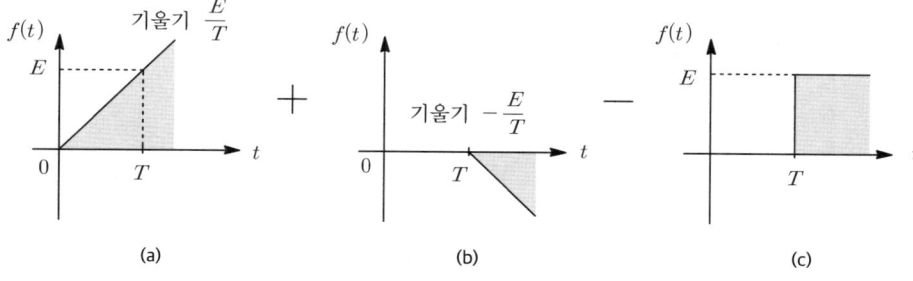

[그림 10-4] 톱니파 만들기

① $f(t) = \dfrac{E}{T}tu(t) - \dfrac{E}{T}(t-T)u(t-T) - Eu(t-T)$ ········· [식 10-18]

② $F(s) = \dfrac{E}{Ts^2} - \dfrac{E}{Ts^2}e^{-Ts} - \dfrac{E}{s}e^{-Ts}$

$= \dfrac{E}{Ts^2}(1 - e^{-Ts} - Tse^{-Ts})$ ········· [식 10-19]

(2) 삼각파의 라플라스 변환

① $f(t) = \dfrac{E}{T}tu(t) - \dfrac{2E}{T}(t-T)u(t-T) + \dfrac{E}{T}(t-2T)u(t-2T)$ ········· [식 10-20]

② $F(s) = \dfrac{E}{Ts^2} - \dfrac{2E}{Ts^2}e^{-Ts} + \dfrac{E}{Ts^2}e^{-2Ts}$

$= \dfrac{E}{Ts^2}(1 - 2e^{-Ts} + e^{-2Ts})$ ········· [식 10-21]

5. 단위 임펄스 함수(unit impulse function)

(1) 단위 임펄스 함수의 의미

① [그림 10-5] 와 같이 폭 a, 높이 $\dfrac{1}{a}$, 면적이 1 인 파형에 대해서 $a \to 0$으로 한 극한 파형을 단위 임펄스 함수라 하고, $\delta(t)$로 표시한다.

② 수학적으로 $t \neq 0$ 에서 $f(t) = 0$ 이고, $t = 0$ 에서 $f(t) = \infty$ 인 함수

③ 임펄스 함수는 충격함수 또는 중량함수라 한다.

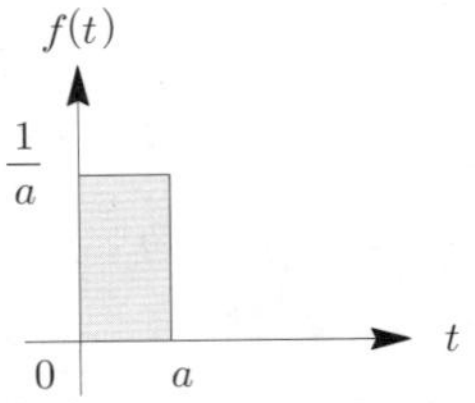

[그림 10-5] 임펄스 함수

(2) 단위 임펄스 함수의 라플라스 변환

① $F(s) = \mathcal{L}\left[\lim_{a \to 0} f(t)\right] = \mathcal{L}\left[\lim_{a \to 0} \dfrac{1}{a}\{u(t) = u(t-a)\}\right]$

$= \mathcal{L}\left[\dfrac{d}{dt}u(t)\right] = \mathcal{L}[\delta(t)] = 1$

$\therefore \delta(t) \xrightarrow{\mathcal{L}} 1$ ········· [식 10-22]

② [식 10-22]와 같이 단위 임펄스 함수를 라플라스 변환하면 1 이 된다.

6. 라플라스 변환의 정리

순번	구분	$f(t)$	$F(s)$
1	상수 승산	$Kf(t)$	$KF(s)$
2	가감산	$f_1(t) \pm f_2(t)$	$F_1(s) \pm F_2(s)$
3	미분 정리	$\dfrac{d}{dt}f(t)$	$sF(s) - f(0)$
4	적분 정리	$\int f(t)\,dt$	$\dfrac{1}{s}F(s)$
5	상사 정리	$t\left(\dfrac{t}{a}\right)$	$aF(as)$
6	시간 추이 정리	$f(t-a)$	$F(s)\,e^{-as}$
7	복소 추이 정리	$f(t)\,e^{\pm at}$	$F(s \pm a)$
8	복소 미분 정리	$t^n f(t)$	$(-1)^n \dfrac{d^n}{dt^n}F(s)$
9	복소 적분 정리	$\dfrac{f(t)}{t}$	$\int_s^\infty F(s)\,ds$
10	초기값 정리	$\lim\limits_{t \to 0} f(t)$	$\lim\limits_{s \to \infty} sF(s)$
11	최종값 정리	$\lim\limits_{t \to 0} f(t)$	$\lim\limits_{s \to \infty} sF(s)$

[표 10-2] 라플라스 변환의 정리

3 라플라스 역변환

1. 개요

(1) 라플라스 변환은 시간 영역의 함수 $f(t)$ 를 복소수 영역의 함수 $F(s)$ 로 변환하는 것으로 이를 이용하면 복잡한 미분방정식을 손쉽게 연산할 수 있다.

(2) 라플라스 역변환은 연산이 완료된 복소수 영역의 함수 $F(s)$ 를 다시 시간 영역의 함수 $f(t)$ 로 변환하는 것으로 기호는 $\mathcal{L}^{-1}[F(s)]$ 을 사용한다.

(3) 라플라스 역변환 공식을 이용하여 풀이하면 다소 복잡할 수 있으므로 라플라스 변환의 형태를 참고하여 역변환하면 간단히 해결할 수 있다.

2. 라플라스 역변환

(1) 기초 라플라스 변환

① $A \xrightarrow{\mathcal{L}} \dfrac{A}{s}$

② $A\,e^{\pm at} \xrightarrow{\mathcal{L}} \dfrac{A}{s \mp a}$

③ $t^n \xrightarrow{\mathcal{L}} \dfrac{n!}{s^{n+1}}$

④ $A\,t\,e^{\pm at} \xrightarrow{\mathcal{L}} \dfrac{A}{(s \mp a)^2}$

⑤ $A\cos\omega t \xrightarrow{\mathcal{L}} A \cdot \dfrac{s}{s^2+\omega^2}$

⑥ $A e^{\pm at}\cos\omega t \xrightarrow{\mathcal{L}} A \cdot \dfrac{s \mp a}{(s \mp a)^2+\omega^2}$

(2) 기초 라플라스 역변환

① $\dfrac{A}{s} \xrightarrow{\mathcal{L}^{-1}} A$

② $\dfrac{A}{s \mp a} \xrightarrow{\mathcal{L}^{-1}} A e^{\pm at}$

③ $\dfrac{8}{s^3} \xrightarrow{\mathcal{L}^{-1}} 4t^2$

④ $\dfrac{A}{(s \mp a)^2} \xrightarrow{\mathcal{L}^{-1}} A t e^{\pm at}$

⑤ $\dfrac{A(s \mp a)}{(s \mp a)^2+\omega^2} = \left[A \cdot \dfrac{s}{s^2+\omega^2}\right]_{s = s \mp a} \xrightarrow{\mathcal{L}^{-1}} A e^{\pm at}\cos\omega t$

⑥ $\dfrac{s}{s+a} = 1 - \dfrac{a}{s+a} \xrightarrow{\mathcal{L}^{-1}} \delta(t) - a e^{-at}$

⑦ $\dfrac{1}{s^2+6s+10} = \dfrac{1}{(s+3)^2+1} = \left[\dfrac{1}{s^2+1^2}\right]_{s = s+3} \xrightarrow{\mathcal{L}^{-1}} e^{-3t}\sin t$

⑧ $\dfrac{1}{s^2+\omega^2} = \dfrac{1}{\omega} \cdot \dfrac{\omega}{s^2+\omega^2} \xrightarrow{\mathcal{L}^{-1}} \dfrac{1}{\omega}\sin\omega t$

⑨ $\dfrac{s}{(s+1)^2+1} = \dfrac{s+1}{(s+1)^2+1^2} - \dfrac{1}{(s+1)^2+1^2} \xrightarrow{\mathcal{L}^{-1}} e^{-t}\cos t - e^{-t}\sin t$

3. 부분분수 전개방식

(1) 라플라스 변환 함수가 $F(s) = \dfrac{1}{(s+1)(s+3)}$ 와 같이 주어졌을 경우 부분분수 전개방식으로 이를 해결할 수 있다.

(2) 라플라스 역변환

① $F(s) = \dfrac{1}{(s+1)(s+3)} = \dfrac{A}{s+1} + \dfrac{B}{s+3} \xrightarrow{\mathcal{L}^{-1}} A e^{-t} + B e^{-3t}$

② $A = \lim_{s \to -1}(s+1)F(s) = \lim_{s \to -1}\dfrac{1}{s+3} = \dfrac{1}{2}$

③ $B = \lim_{s \to -3}(s+3)F(s) = \lim_{s \to -3}\dfrac{1}{s+1} = -\dfrac{1}{2}$

$\therefore f(t) = \dfrac{1}{2}e^{-t} - \dfrac{1}{2}e^{-3t} = \dfrac{1}{2}(e^{-t} - e^{-3t})$

핵심 요점정리

1. 기초 라플라스 변환과 역변환

구분	라플라스 변환 $f(t) \xrightarrow{\mathcal{L}} F(s)$	라플라스 역변환 $F(s) \xrightarrow{\mathcal{L}^{-1}} f(t)$
상수	$A \xrightarrow{\mathcal{L}} \dfrac{A}{s}$	$\dfrac{A}{s} \xrightarrow{\mathcal{L}^{-1}} A$
복소추이 정리	$A e^{\pm at} \xrightarrow{\mathcal{L}} \dfrac{A}{s}\bigg|_{s=s \mp a} = \dfrac{A}{s \mp a}$	$\dfrac{A}{s \mp a} \xrightarrow{\mathcal{L}^{-1}} A e^{\pm at}$
시간 함수	$t^n \xrightarrow{\mathcal{L}} \dfrac{n!}{s^{n+1}}$, $t^2 \xrightarrow{\mathcal{L}} \dfrac{2 \times 1}{s^3}$	$\dfrac{n!}{s^{n+1}} \xrightarrow{\mathcal{L}^{-1}} t^n$, $\dfrac{8}{s^3} \xrightarrow{\mathcal{L}^{-1}} 4t^2$
삼각 함수	$\sin \omega t \xrightarrow{\mathcal{L}} \dfrac{\omega}{s^2+\omega^2}$ $\cos \omega t \xrightarrow{\mathcal{L}} \dfrac{s}{s^2+\omega^2}$ $e^{-at} \cos \omega t \xrightarrow{\mathcal{L}} \dfrac{s+a}{(s+a)^2+\omega^2}$	$\dfrac{\omega}{s^2+\omega^2} \xrightarrow{\mathcal{L}^{-1}} \sin \omega t$ $\dfrac{s}{s^2+\omega^2} \xrightarrow{\mathcal{L}^{-1}} \cos \omega t$ $\dfrac{s+a}{(s+a)^2+\omega^2} \xrightarrow{\mathcal{L}^{-1}} e^{-at} \cos \omega t$
쌍곡선 함수	$\sinh \omega t \xrightarrow{\mathcal{L}} \dfrac{\omega}{s^2-\omega^2}$ $\cosh \omega t \xrightarrow{\mathcal{L}} \dfrac{s}{s^2-\omega^2}$	$\dfrac{\omega}{s^2-\omega^2} \xrightarrow{\mathcal{L}^{-1}} \sinh \omega t$ $\dfrac{s}{s^2-\omega^2} \xrightarrow{\mathcal{L}^{-1}} \cosh \omega t$

2. 시간추이의 정리

파형의 형태	함수
① $f(t) = K u(t)$ ② $F(s) = \dfrac{K}{s}$	$\begin{cases} t<0, & f(t)=0 \\ t \geq 0, & f(t)=K \end{cases}$
① $f(t) = K u(t-L)$ ② $F(s) = \dfrac{K}{s} e^{-Ls}$	$\begin{cases} t<L, & f(t)=0 \\ t \geq L, & f(t)=K \end{cases}$
① $f(t) = K u(t-a) - K u(t-b)$ ② $F(s) = \dfrac{K}{s}(e^{-as} - e^{-bs})$	$\begin{cases} t<a & : f(t)=0 \\ a \leq t \leq b & : f(t)=K \\ t \geq b & : f(t)=0 \end{cases}$

① $f(t) = Kt\, u(t)$ ② $F(s) = \dfrac{K}{s^2}$	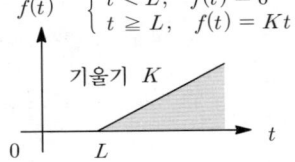 $\begin{cases} t<0, & f(t)=0 \\ t\geq 0, & f(t)=Kt \end{cases}$ 기울기 K
① $f(t) = K(t-L)\, u(t-L)$ ② $F(s) = \dfrac{K}{s^2} e^{-Ls}$	$\begin{cases} t<L, & f(t)=0 \\ t\geq L, & f(t)=Kt \end{cases}$ 기울기 K

3. 초기값과 최종값의 정리

(1) 초기값: $f(0) = \lim\limits_{s \to \infty} s F(s)$

(2) 최종값: $f(\infty) = \lim\limits_{s \to 0} s F(s)$

4. 라플라스 역변환 - 부분분수 전개법

(1) $\dfrac{1}{(s+1)(s+3)} = \dfrac{A}{s+1} + \dfrac{B}{s+3} \xrightarrow{\mathcal{L}^{-1}} A e^{-t} + B e^{-3t}$

(2) $A = \lim\limits_{s \to -1} (s+1) F(s) = \lim\limits_{s \to -1} \dfrac{1}{s+3} = \dfrac{1}{2}$

(3) $B = \lim\limits_{s \to -3} (s+3) F(s) = \lim\limits_{s \to -3} \dfrac{1}{s+1} = -\dfrac{1}{2}$

$\therefore f(t) = \dfrac{1}{2} e^{-t} - \dfrac{1}{2} e^{-3t} = \dfrac{1}{2}(e^{-t} - e^{-3t})$

출제예상문제

※ 출제예상문제는 기출분석을 바탕으로 자주 출제되는 유형을 선별하였습니다.

10-1 라플라스 변환

01 함수 $f(t)$의 라플라스 변환은 어떤 식으로 정의되는가?

① $\int_{-\infty}^{\infty} f(t)e^{-st}\,dt$

② $\int_{0}^{\infty} f(-t)e^{st}\,dt$

③ $\int_{0}^{\infty} f(t)e^{-st}\,dt$

④ $\int_{0}^{\infty} f(t)e^{st}\,dt$

정답분석
㉠ 라플라스 변환 공식
$$\mathcal{L}[f(t)] = F(s) = \int_{0}^{\infty} f(t)e^{-st}\,dt$$
㉡ 라플라스 역변환 공식
$$\mathcal{L}^{-1}[F(s)] = f(t) = \frac{1}{2\pi j}\int_{C} F(s)e^{st}\,ds$$

정답 ③

02 $\int_{0}^{t} f(t)\,dt$를 라플라스 변환하면?

① $s^2 F(s)$ ② $s F(s)$

③ $\dfrac{1}{s} F(s)$ ④ $\dfrac{1}{s^2} F(s)$

정답분석
㉠ 라플라스 변환 기호: $f(t) \xrightarrow{\mathcal{L}} F(s)$
㉡ 미분 연산자: $\dfrac{df(t)}{dt} \xrightarrow{\mathcal{L}} s F(s)$
㉢ 적분 연산자: $\int f(t)\,dt \xrightarrow{\mathcal{L}} \dfrac{1}{s} F(s)$

정답 ③

03 $f(t) = 1$의 Laplace 변환은?

① $\dfrac{1}{s}$ ② 1

③ $\dfrac{1}{s^2}$ ④ s

정답분석
$\mathcal{L}[A] = \dfrac{A}{s}$ 여기서, A : 상수
$\therefore \mathcal{L}[1] = \dfrac{1}{s}$

정답 ③

04 a가 상수, $t > 0$일 때 $f(t) = A e^{at}$의 라플라스 변환 $F(s)$는?

① $\dfrac{A}{s-a}$ ② $\dfrac{A}{s+a}$

③ $\dfrac{A}{s^2-a^2}$ ④ $\dfrac{A}{s^2+a^2}$

정답분석
복소추이의 정리
$$\mathcal{L}[A e^{at}] = \dfrac{A}{s}\bigg|_{s=s-a} = \dfrac{A}{s-a}$$

정답 ①

05 $e^{j\omega t}$의 라플라스 변환은?

① $\dfrac{1}{s-j\omega}$ ② $\dfrac{1}{s+j\omega}$

③ $\dfrac{1}{s^2+\omega^2}$ ④ $\dfrac{\omega}{s^2+\omega^2}$

정답분석
복소추이의 정리
$$\mathcal{L}[e^{j\omega t}] = \dfrac{1}{s}\bigg|_{s=s-j\omega} = \dfrac{1}{s-j\omega}$$

정답 ①

06 어느 함수가 $f(t) = 1 - e^{-at}$인 것을 라플라스 변환하면?

① $\dfrac{1}{s^2(s+a)}$ ② $\dfrac{a}{s(s-a)}$

③ $\dfrac{1}{s(s+a)}$ ④ $\dfrac{a}{s(s+a)}$

정답분석

$\mathcal{L}[1 - e^{-at}] = \dfrac{1}{s} - \dfrac{1}{s}\bigg|_{s=s+a}$

$= \dfrac{1}{s} - \dfrac{1}{s+a} = \dfrac{s+a-s}{s(s+a)} = \dfrac{a}{s(s+a)}$

정답 ④

07 $f(t) = t^2$의 Laplace 변환은?

① $\dfrac{2}{s}$ ② $\dfrac{2}{s^2}$

③ $\dfrac{2}{s^3}$ ④ $\dfrac{2}{s^4}$

정답분석

$\mathcal{L}[t^2] = \dfrac{2!}{s^{2+1}} = \dfrac{2 \times 1}{s^3} = \dfrac{2}{s^3}$

정답 ③

08 $f(t) = 10t^3$의 라플라스 변환은?

① $\dfrac{60}{s^4}$ ② $\dfrac{30}{s^4}$

③ $\dfrac{10}{s^4}$ ④ $\dfrac{80}{s^4}$

정답분석

$\mathcal{L}[10t^3] = 10 \times \dfrac{3!}{s^{3+1}} = 10 \times \dfrac{3 \times 2 \times 1}{s^4}$

$= \dfrac{60}{s^4}$

정답 ①

09 함수 $f(t) = te^{-at}$의 라플라스 변환 $F(s)$는?

① $\dfrac{2}{(s-a)^2}$ ② $\dfrac{1}{s(s+a)}$

③ $\dfrac{1}{(s+a)^2}$ ④ $\dfrac{1}{(s+a)}$

정답분석

$\mathcal{L}[te^{-at}] = \dfrac{1}{s^2}\bigg|_{s=s+a} = \dfrac{1}{(s+a)^2}$

정답 ③

10 함수 $f(t) = t^2 e^{at}$의 라플라스 변환 $F(s)$는?

① $\dfrac{1}{(s-a)^2}$ ② $\dfrac{2}{(s-a)^2}$

③ $\dfrac{1}{(s-a)^2}$ ④ $\dfrac{2}{(s-a)^3}$

정답분석

$\mathcal{L}[t^2 e^{at}] = \dfrac{2}{s^3}\bigg|_{s=s-a} = \dfrac{2}{(s-a)^3}$

정답 ④

11 함수 $f(t) = t^2 e^{-3t}$의 라플라스 변환 $F(s)$는?

① $\dfrac{2}{(s-3)^2}$ ② $\dfrac{2}{(s+3)^3}$

③ $\dfrac{1}{(s+3)^3}$ ④ $\dfrac{1}{(s-3)^3}$

정답분석

$\mathcal{L}[t^2 e^{-3t}] = \dfrac{2}{s^3}\bigg|_{s=s+3} = \dfrac{2}{(s+3)^3}$

정답 ②

12 함수 $f(t) = \sin at$의 라플라스 변환 $F(s)$은?

① $\dfrac{s}{s^2+a^2}$ ② $\dfrac{a}{s^2+a^2}$

③ $\dfrac{s}{s^2-a^2}$ ④ $\dfrac{a}{s^2-a^2}$

 정현파, 여현파의 라플라스변환

㉠ $\mathcal{L}[\sin \omega t] = \dfrac{\omega}{s^2+\omega^2}$

㉡ $\mathcal{L}[\cos \omega t] = \dfrac{s}{s^2+\omega^2}$

정답 ②

13 함수 $f(t) = \cos \omega t$의 라플라스 변환 $F(s)$은?

① $\dfrac{s^2}{s^2+\omega^2}$ ② $\dfrac{s}{s^2+\omega^2}$

③ $\dfrac{\omega^2}{s^2+\omega^2}$ ④ $\dfrac{\omega}{s^2+\omega^2}$

 정현파, 여현파의 라플라스변환

㉠ $\mathcal{L}[\sin \omega t] = \dfrac{\omega}{s^2+\omega^2}$

㉡ $\mathcal{L}[\cos \omega t] = \dfrac{s}{s^2+\omega^2}$

정답 ②

14 함수 $f(t) = 5\sin 2t$의 라플라스 변환 $F(s)$은?

① $\dfrac{10}{s^2+4}$ ② $\dfrac{10}{s^2-4}$

③ $\dfrac{5}{s^2+4}$ ④ $\dfrac{5}{s^2-4}$

$\mathcal{L}[5\sin 2t] = 5 \times \dfrac{2}{s^2+2^2} = \dfrac{10}{s^2+4}$

정답 ①

15 함수 $f(t) = \sinh at$의 라플라스 변환 $F(s)$은?

① $\dfrac{s}{s^2-a}$ ② $\dfrac{s}{s^2+a}$

③ $\dfrac{a}{s^2+a^2}$ ④ $\dfrac{a}{s^2-a^2}$

 쌍곡선 함수의 라플라스 변환

㉠ $\mathcal{L}[\sinh \omega t] = \dfrac{\omega}{s^2-\omega^2}$

㉡ $\mathcal{L}[\cosh \omega t] = \dfrac{s}{s^2-\omega^2}$

정답 ④

16 함수 $f(t) = \cosh \omega t$의 라플라스 변환 $F(s)$은?

① $\dfrac{\omega}{s^2-\omega^2}$ ② $\dfrac{s}{s^2-\omega^2}$

③ $\dfrac{s}{s^2+\omega^2}$ ④ $\dfrac{\omega}{s^2+\omega^2}$

 쌍곡선 함수의 라플라스 변환

㉠ $\mathcal{L}[\sinh \omega t] = \dfrac{\omega}{s^2-\omega^2}$

㉡ $\mathcal{L}[\cosh \omega t] = \dfrac{s}{s^2-\omega^2}$

정답 ②

17 함수 $f(t) = \sin t + 2\cos t$의 라플라스 변환 $F(s)$은?

① $\dfrac{2s}{(s+1)^2}$ ② $\dfrac{2s+1}{s^2+1}$

③ $\dfrac{2s+1}{(s+1)^2}$ ④ $\dfrac{2s}{(s^2+1)^2}$

$\mathcal{L}[\sin t + 2\cos t] = \dfrac{1}{s^2+1} + \dfrac{2s}{s^2+1}$

$= \dfrac{2s+1}{s^2+1}$

정답 ②

18 함수 $f(t) = 1 - \cos\omega t$의 라플라스 변환 $F(s)$은?

① $\dfrac{\omega}{s(s^2+\omega^2)}$ ② $\dfrac{s}{s(s^2+\omega^2)}$

③ $\dfrac{s^2}{s(s^2+\omega^2)}$ ④ $\dfrac{\omega^2}{s(s^2+\omega^2)}$

정답분석

$\mathcal{L}[1 - \cos\omega t] = \dfrac{1}{s} - \dfrac{s}{s^2+\omega^2}$
$= \dfrac{s^2+\omega^2-s^2}{s(s^2+\omega^2)} = \dfrac{\omega^2}{s(s^2+\omega^2)}$

정답 ④

19 함수 $f(t) = \sin(\omega t + \theta)$의 라플라스 변환 $F(s)$은?

① $\dfrac{\cos\theta + \sin\theta}{s^2+\omega^2}$ ② $\dfrac{\omega\sin\theta}{s^2+\omega^2}$

③ $\dfrac{\omega\cos\theta}{s^2+\omega^2}$ ④ $\dfrac{\omega\cos\theta + s\sin\theta}{s^2+\omega^2}$

정답분석

$\sin(\omega t + \theta) = \sin\omega t\cos\theta + \cos\omega t\sin\theta$ 의 가법정리에 의해 풀이할 수 있다.
$\therefore \mathcal{L}[\sin\omega t\cos\theta + \cos\omega t\sin\theta]$
$= \dfrac{\omega\cos\theta}{s^2+\omega^2} + \dfrac{s\sin\theta}{s^2+\omega^2}$
$= \dfrac{\omega\cos\theta + s\sin\theta}{s^2+\omega^2}$

정답 ④

20 함수 $f(t) = \sin t\cos t$의 라플라스 변환 $F(s)$은?

① $\dfrac{1}{s^2+4}$ ② $\dfrac{1}{s^2+2}$

③ $\dfrac{1}{(s+2)^2}$ ④ $\dfrac{1}{(s+4)^2}$

정답분석

㉠ $\sin(t+t) = \sin t\cos t + \cos t\sin t$
㉡ $\sin(t-t) = \sin t\cos t - \cos t\sin t$
㉢ ㉠+㉡ $= \sin 2t = 2\sin t\cos t$
$\therefore \mathcal{L}\left[\dfrac{1}{2}\sin 2t\right] = \dfrac{1}{2} \times \dfrac{2}{s^2+2^2} = \dfrac{1}{s^2+4}$

정답 ①

21 함수 $f(t) = e^{-at}\sin t\cos t$의 라플라스 변환 $F(s)$은?

① $\dfrac{1}{(s-a)^2+4}$ ② $\dfrac{1}{(s+a)^2+4}$

③ $\dfrac{2}{s^2+4}$ ④ $\dfrac{2}{(s-a)^2+4}$

정답분석

$\mathcal{L}[e^{-at}\sin t\cos t] = \mathcal{L}\left[\dfrac{1}{2}e^{-at}\sin 2t\right]$
$= \dfrac{1}{2} \times \dfrac{2}{s^2+2^2}\bigg|_{s=s+a}$
$= \dfrac{1}{(s+a)^2+4}$

정답 ②

22 함수 $f(t) = e^{-at}\sin\omega t$의 라플라스 변환 $F(s)$은?

① $\dfrac{s+a}{(s+a)^2+\omega^2}$ ② $\dfrac{s-a}{(s+a)^2+\omega^2}$

③ $\dfrac{\omega}{(s+a)^2+\omega^2}$ ④ $\dfrac{2\omega(s-a)}{(s+a)^2+\omega^2}$

정답분석

$\mathcal{L}[e^{-at}\sin\omega t] = \dfrac{\omega}{s^2+\omega^2}\bigg|_{s=s+a}$
$= \dfrac{\omega}{(s+a)^2+\omega^2}$

정답 ③

23 함수 $f(t) = e^{-2t}\cos 3t$의 라플라스 변환 $F(s)$은?

① $\dfrac{s+2}{(s+2)^2+3^2}$ ② $\dfrac{s-2}{(s-2)^2+3^2}$

③ $\dfrac{s}{(s+2)^2+3^2}$ ④ $\dfrac{s}{(s-2)^2+3^2}$

정답분석

$\mathcal{L}[e^{-2t}\cos 3t] = \dfrac{s}{s^2+3^2}\bigg|_{s=s+2}$
$= \dfrac{s+2}{(s+2)^2+3^2}$

정답 ①

24 함수 $f(t) = \dfrac{d}{dt}\sin\omega t$의 라플라스 변환 $F(s)$은?

① $\dfrac{s^2}{s^2+\omega^2}$ ② $\dfrac{-s^2}{s^2+\omega^2}$

③ $\dfrac{\omega s}{s^2+\omega^2}$ ④ $\dfrac{\omega}{s^2+\omega^2}$

정답분석 실미분 정리의 일반식이

$$\mathcal{L}\left[\dfrac{d^n}{dt^n}f(t)\right] = s^n F(s) - s^{n-1}f(0_+) - s^{n-2}f'(0_+) - \cdots$$ 이므로

$$\therefore \mathcal{L}\left[\dfrac{d}{dt}\sin\omega t\right] = s \times \dfrac{\omega}{s^2+\omega^2} = \dfrac{\omega s}{s^2+\omega^2}$$

정답 ③

25 함수 $f(t) = \dfrac{d}{dt}\cos\omega t$의 라플라스 변환 $F(s)$은?

① $\dfrac{\omega^2}{s^2+\omega^2}$ ② $\dfrac{-s^2}{s^2+\omega^2}$

③ $\dfrac{s}{s^2+\omega^2}$ ④ $\dfrac{-\omega^2}{s^2+\omega^2}$

정답분석 실미분 정리

$$\mathcal{L}\left[\dfrac{d}{dt}\cos\omega t\right] = s \times \dfrac{s}{s^2+\omega^2} - \cos 0$$

$$= \dfrac{s^2}{s^2+\omega^2} - 1 = \dfrac{-\omega^2}{s^2+\omega^2}$$

정답 ④

26 함수 $f(t) = t\sin\omega t$의 라플라스 변환 $F(s)$은?

① $\dfrac{\omega}{(s^2+\omega^2)^2}$ ② $\dfrac{\omega s}{(s^2+\omega^2)^2}$

③ $\dfrac{\omega^2}{(s^2+\omega^2)^2}$ ④ $\dfrac{2\omega s}{(s^2+\omega^2)^2}$

정답분석 복소미분 정리의 일반식이

$\mathcal{L}[t^n f(t)] = (-1)^n \dfrac{d^n}{ds^n} F(s)$ 이므로

㉠ $\mathcal{L}[t\sin\omega t] = -\dfrac{d}{ds}\dfrac{\omega}{s^2+\omega^2}$

$= -\dfrac{0 \times (s^2+\omega^2) - 2s \times \omega}{(s^2+\omega^2)^2}$

$= \dfrac{2\omega s}{(s^2+\omega^2)^2}$

㉡ $\mathcal{L}[t\cos\omega t] = -\dfrac{d}{ds}\dfrac{s}{s^2+\omega^2}$

$= -\dfrac{1 \times (s^2+\omega^2) - 2s \times s}{(s^2+\omega^2)^2}$

$= \dfrac{s^2-\omega^2}{(s^2+\omega^2)^2}$

정답 ④

10-2 시간추이의 정리

27 그림과 같이 표시된 단위 계단함수는?

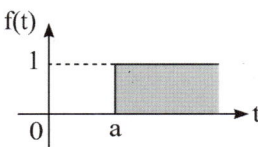

① $u(t)$ ② $u(t-a)$
③ $u(t+a)$ ④ $-u(t-a)$

정답 ②

28
다음 파형을 단위 계단함수(unit step function) $u(t)$로 표시하면?

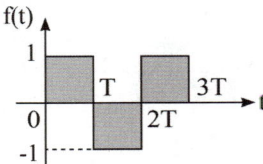

① $f(t) = u(t) - u(t-T) + u(t-2T)$
$\qquad - u(t-3T)$
② $f(t) = u(t) - 2u(t-T) + 2u(t-2T)$
$\qquad - u(t-3T)$
③ $f(t) = u(t-T) - u(t-2T)$
$\qquad + u(t-3T)$
④ $f(t) = u(t-T) - 2u(t-2T)$
$\qquad + 2u(t-3T)$

정답 ②

29
다음과 같은 파형을 단위 계단함수 $u(t)$로 표시하면?

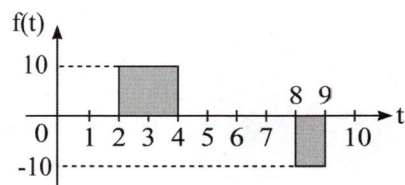

① $f(t) = 10u(t-2) + 10u(t-4)$
$\qquad + 10u(t-8) + 10u(t-9)$
② $f(t) = 10u(t-2) - 10u(t-4)$
$\qquad - 10u(t-8) - 10u(t-9)$
③ $f(t) = 10u(t-2) - 10u(t-4)$
$\qquad - 10u(t-8) + 10u(t-9)$
④ $f(t) = 10u(t-2) - 10u(t-4)$
$\qquad + 10u(t-8) - 10u(t-9)$

정답 ③

30
계단함수 $u(t)$에 상수 5를 곱해서 라플라스 변환하면?

① $\dfrac{s}{5}$ ② $\dfrac{5}{s^2}$

③ $\dfrac{5}{s-1}$ ④ $\dfrac{5}{s}$

정답분석
$5u(t) \xrightarrow{\mathcal{L}} \dfrac{5}{s}$

정답 ④

31
그림과 같이 표시된 단위 계단함수는?

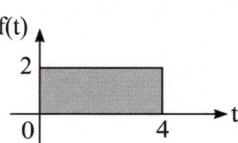

① $\dfrac{2}{s}(1 - e^{4s})$ ② $\dfrac{4}{s}(1 - e^{2s})$

③ $\dfrac{2}{s}(1 - e^{-4s})$ ④ $\dfrac{4}{s}(1 - e^{-2s})$

정답분석
함수 $f(t) = 2u(t) - 2u(t-4)$ 에서
$\therefore F(s) = \dfrac{2}{s} - \dfrac{2}{s}e^{-4s} = \dfrac{2}{s}(1 - e^{-4s})$

정답 ③

32 그림과 같은 높이가 1인 펄스의 Laplace 변환은 어느 것인가?

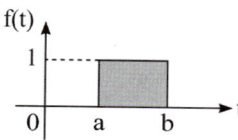

① $\dfrac{1}{s}(e^{-as} + e^{-bs})$

② $\dfrac{1}{s}(e^{-as} - e^{-bs})$

③ $\dfrac{1}{s^2}(e^{-as} + e^{-bs})$

④ $\dfrac{1}{s^2}(e^{-as} - e^{-bs})$

정답분석

함수 $f(t) = u(t-a) - u(t-b)$ 에서

$\therefore F(s) = \dfrac{1}{s}e^{-as} - \dfrac{1}{s}e^{-bs}$

$= \dfrac{1}{s}(e^{-as} - e^{-bs})$

정답 ②

33 다음과 같은 함수 $f(t)$의 라플라스 변환은?

$t < 2 \ : \ f(t) = 0$
$2 \leq t \leq 4 \ : \ f(t) = 10$
$t > 4 \ : \ f(t) = 0$

① $\dfrac{1}{s}(e^{-2s} + e^{-4s})$

② $\dfrac{5}{s}(e^{-2s} - e^{-4s})$

③ $\dfrac{10}{s}(e^{-2s} - e^{-4s})$

④ $\dfrac{10}{s}(e^{-4s} - e^{-2s})$

정답분석

㉠ 조건을 그림으로 나타내면 다음과 같다.

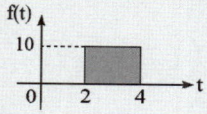

㉡ 함수는 $f(t) = 10u(t-2) - 10u(t-4)$이 되고 이를 라플라스 변환하면

$\therefore F(s) = \dfrac{10}{s}e^{-2s} - \dfrac{10}{s}e^{-4s}$

$= \dfrac{10}{s}(e^{-2s} - e^{-4s})$

정답 ③

34 시간함수 $f(t) = u(t) - \cos\omega t$를 라플라스 변환을 하면?

① $\dfrac{s}{s^2 + \omega^2}$

② $\dfrac{\omega^2}{s(s^2 + \omega^2)}$

③ $\dfrac{s}{s(s^2 - \omega^2)}$

④ $\dfrac{\omega^2}{s(s^2 - \omega^2)}$

정답분석

$\mathcal{L}[u(t) - \cos\omega t] = \dfrac{1}{s} - \dfrac{s}{s^2 + \omega^2}$

$= \dfrac{s^2 + \omega^2 - s^2}{s(s^2 + \omega^2)} = \dfrac{\omega^2}{s(s^2 + \omega^2)}$

정답 ②

35
시간함수 $i(t) = 3u(t) + 2e^{-t}$일 때 라플라스 변환한 함수 $I(s)$는?

① $\dfrac{s+3}{s(s+1)}$ ② $\dfrac{5s+3}{s(s+1)}$

③ $\dfrac{3s}{s^2+1}$ ④ $\dfrac{5s+1}{s^2(s+1)}$

정답분석

$\mathcal{L}[3u(t) + 2e^{-t}] = \dfrac{3}{s} + \dfrac{2}{s}\bigg|_{s=s+1}$

$= \dfrac{3}{s} + \dfrac{2}{s+1} = \dfrac{5s+3}{s(s+1)}$

정답 ②

36
$\mathcal{L}[\cos(10t - 30°)u(t)]$는?

① $\dfrac{s+1}{s^2+100}$ ② $\dfrac{s+30}{s^2+100}$

③ $\dfrac{0.866s}{s^2+100}$ ④ $\dfrac{0.866s+5}{s^2+100}$

정답분석

$\mathcal{L}[\cos(10t - 30°)]$
$= \mathcal{L}[\cos 10t \cos 30° + \sin 10t \sin 30°]$
$= \dfrac{0.866s + 5}{s^2 + 100}$

정답 ④

37
그림과 같은 계단함수의 Laplace 변환은?

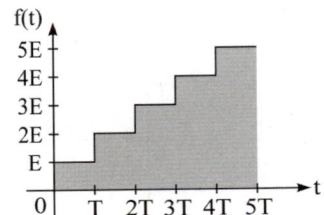

① $\dfrac{E}{1 - e^{-Ts}}$ ② $\dfrac{E}{s(1 - e^{-Ts})}$

③ $E(1 - e^{-Ts})$ ④ $\dfrac{E}{s}(1 - e^{-Ts})$

정답분석

$f(t) = Eu(t) + Eu(t-T) + Eu(t-2T)$
$\quad + Eu(t-3T) + \cdots$ 에서

$\therefore F(s) = \dfrac{E}{s} + \dfrac{E}{s}e^{-Ts} + \dfrac{E}{s}e^{-2Ts} + \dfrac{E}{s}e^{-3Ts} + \cdots$

$= \dfrac{E}{s}(1 + e^{-Ts} + e^{-2Ts} + e^{-3Ts} + \cdots)$

$= \dfrac{E}{s} \times \dfrac{1}{1 - e^{-Ts}} = \dfrac{E}{s(1 - e^{-Ts})}$

정답 ②

38
다음 파형의 라플라스 변환은?

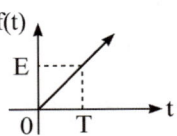

① $\dfrac{E}{s^2}$ ② $\dfrac{E}{Ts^2}$

③ $\dfrac{E}{s}$ ④ $\dfrac{E}{Ts}$

정답분석

함수 $f(t) = \dfrac{E}{T} t\, u(t)$ 에서

$\therefore F(s) = \dfrac{E}{T} \times \dfrac{1}{s^2} = \dfrac{E}{Ts^2}$

정답 ②

39 다음 파형의 라플라스 변환은?

① $\dfrac{E}{Ts}e^{-Ts}$ ② $-\dfrac{E}{Ts}e^{-Ts}$

③ $-\dfrac{E}{Ts^2}e^{-Ts}$ ④ $\dfrac{E}{Ts^2}e^{-Ts}$

정답분석

함수 $f(t)=-\dfrac{E}{T}(t-T)u(t-T)$ 에서

∴ $F(s)=-\dfrac{E}{Ts^2}e^{-Ts}$

정답 ③

40 그림과 같은 톱니파의 라플라스 변환은?

① $\dfrac{E}{Ts}(1-e^{-Ts})$

② $\dfrac{E}{Ts}(1-e^{-Ts}-Tse^{-Ts})$

③ $\dfrac{E}{Ts^2}(1-e^{-Ts})$

④ $\dfrac{E}{Ts^2}(1-e^{-Ts}-Tse^{-Ts})$

정답분석

함수 $f(t)=\dfrac{E}{T}tu(t)-\dfrac{E}{T}(t-T)u(t-T)-Eu(t-T)$ 에서

∴ $F(s)=\dfrac{E}{Ts^2}-\dfrac{E}{Ts^2}e^{-Ts}-\dfrac{E}{s}e^{-Ts}$

$=\dfrac{E}{Ts^2}(1-e^{-Ts}-Tse^{-Ts})$

정답 ④

41 그림과 같은 톱니파의 라플라스 변환은?

① $1-2e^s+e^{-2s}$

② $s(1-2e^{-s}+e^{-2s})$

③ $\dfrac{(1-2e^{-s}+e^{-2s})}{s}$

④ $\dfrac{(1-2e^{-s}+e^{-2s})}{s^2}$

정답분석

함수 $f(t)=tu(t)-2(t-1)u(t-1)+(t-2)u(t-2)$ 에서

∴ $F(s)=\dfrac{1}{s^2}-\dfrac{2}{s^2}e^{-s}+\dfrac{1}{s^2}e^{-2s}$

$=\dfrac{1}{s^2}(1-2e^{-s}+e^{-2s})$

정답 ④

42 그림과 같은 삼각파의 라플라스 변환은?

① $2.5(1-e^{-2s}-2se^{-2s})/s^2$

② $2.5(1+e^{-2s}+2se^{-2s})/s^2$

③ $2.5(1+e^{2s}-2se^{-2s})/s^2$

④ $2.5(1+e^{2s}+2se^{2s})/s^2$

정답분석

함수 $f(t)=\dfrac{5}{2}tu(t)-\dfrac{5}{2}(t-2)u(t-2)-5u(t-2)$ 에서

∴ $F(s)=\dfrac{5}{2s^2}-\dfrac{5}{2s^2}e^{-2s}-\dfrac{5}{s}e^{-2s}$

$=\dfrac{2.5}{s^2}(1-e^{-2s}-2se^{-2s})$

정답 ①

43 그림과 같은 반파 정현파의 라플라스(Laplace) 변환은?

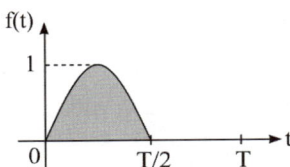

① $\dfrac{s}{s^2+\omega^2}\left(1+e^{-\frac{Ts}{2}}\right)$

② $\dfrac{\omega}{s^2+\omega^2}\left(1+e^{-\frac{Ts}{2}}\right)$

③ $\dfrac{s}{s^2+\omega^2}\left(1+e^{\frac{Ts}{2}}\right)$

④ $\dfrac{\omega}{s^2+\omega^2}\left(1+e^{\frac{Ts}{2}}\right)$

정답분석

함수 $f(t)=\sin\omega t+\sin\omega\left(t-\dfrac{T}{2}\right)$ 에서

$\therefore F(s)=\dfrac{\omega}{s^2+\omega^2}+\dfrac{\omega}{s^2+\omega^2}e^{-\frac{Ts}{2}}$

$=\dfrac{\omega}{s^2+\omega^2}\left(1+e^{-\frac{Ts}{2}}\right)$

정답 ②

44 자동제어계에서 중량함수(weight function)라고 불려지는 것은?

① 인디셜 ② 임펄스
③ 전달함수 ④ 램프함수

정답분석

임펄스(impulse)함수 = 충격함수 = 중량함수
= 하중(weight)함수

정답 ②

45 시간 구간 a, 진폭 $\dfrac{1}{a}$ 인 단위 펄스에서 $a\to 0$에 접근할 때의 단위 충격함수에 대한 Laplace 변환은?

① a ② 1
③ 0 ④ $\dfrac{1}{a}$

정답분석

문제와 같이 폭 a, 높이 $\dfrac{1}{a}$, 면적이 1 인 파형에 대해서 $a\to 0$ 으로 한 극한 파형을 단위 임펄스 함수라 하고, $\delta(t)$ 로 표시한다.

$\therefore \mathcal{L}[\delta(t)]=\mathcal{L}\left[\dfrac{du(t)}{dt}\right]=1$

정답 ②

46 $f(t)=\delta(t)-be^{-bt}$의 라플라스 변환은?
(단, $\delta(t)$는 임펄스 함수이다.)

① $\dfrac{b}{s+b}$ ② $\dfrac{s(1-b)+5}{s(s+b)}$
③ $\dfrac{1}{s(s+b)}$ ④ $\dfrac{s}{s+b}$

정답분석

$\mathcal{L}[\delta(t)-be^{-bt}]=1-\dfrac{b}{s}\bigg|_{s=s+b}$

$=1-\dfrac{b}{s+b}=\dfrac{s+b}{s+b}-\dfrac{b}{s+b}$

$=\dfrac{s}{s+b}$

정답 ④

10-3 초기값과 최종값의 정리

47 어떤 제어계의 출력 $C(s) = \dfrac{3s+2}{s(s^2+s+3)}$ 일 때 출력의 시간함수 $c(t)$의 정상치는?

① 2 ② 3
③ $\dfrac{3}{2}$ ④ $\dfrac{2}{3}$

정답분석 최종값(정상값 = 목표값)
$$\lim_{t\to\infty} c(t) = \lim_{s\to 0} sC(s) = \lim_{s\to 0} \dfrac{3s+2}{s^2+s+3} = \dfrac{2}{3}$$

정답 ④

48 $F(s) = \dfrac{5s+3}{s(s+1)}$ 의 정상치 $f(\infty)$는?

① 3 ② -3
③ 2 ④ -2

정답분석 최종값(정상값 = 목표값)
$$\lim_{t\to\infty} f(t) = \lim_{s\to 0} sF(s) = \lim_{s\to 0} \dfrac{5s+3}{s+1} = 3$$

정답 ①

49 $F(s) = \dfrac{3s+10}{s^3+2s^2+5s}$ 일 때 $f(t)$의 최종값은?

① 0 ② 1
③ 2 ④ 3

정답분석 최종값(정상값 = 목표값)
$$\lim_{t\to\infty} f(t) = \lim_{s\to 0} sF(s)$$
$$= \lim_{s\to 0} \dfrac{3s+10}{s^2+2s+5} = \dfrac{10}{5} = 2$$

정답 ③

50 어떤 회로에서 가지 전류 $i(t)$의 라플라스 변환을 구하였더니, $I(s) = \dfrac{2s+5}{(s+1)(s+2)}$ 로 주어졌다. $t = \infty$ 에서의 전류 $i(\infty)$를 구하면?

① 2.5 ② 0
③ 5 ④ ∞

정답분석 최종값(정상값 = 목표값)
$$\lim_{t\to\infty} i(t) = \lim_{s\to 0} sI(s)$$
$$= \lim_{s\to 0} s \times \dfrac{2s+5}{(s+1)(s+2)} = 0$$

정답 ②

51 $I(s) = \dfrac{12}{2s(s+6)}$ 일 때 전류의 초기값 $i(0^+)$은?

① 6 ② 2
③ 1 ④ 0

정답분석 초기값: $i(0^+) = \lim_{t\to 0} i(t) = \lim_{s\to\infty} sI(s)$
$$= \lim_{s\to\infty} \dfrac{6}{s+6} = \dfrac{6}{\infty} = 0$$

정답 ④

52 $F(s) = \dfrac{30s+40}{2s^3+2s^2+5s}$ 일 때, $t=0$일 때의 값?

① 0 ② 6
③ 8 ④ 15

정답분석 초기값: $f(0^+) = \lim_{t\to 0} f(t) = \lim_{s\to\infty} sF(s)$
$$= \lim_{s\to\infty} \dfrac{30s+40}{2s^2+2s+5}$$
$$= \lim_{s\to\infty} \dfrac{\dfrac{30}{s}+\dfrac{40}{s^2}}{2+\dfrac{2}{s}+\dfrac{5}{s^2}} = 0$$

정답 ①

53 $I(s) = \dfrac{12(s+8)}{4s(s+6)}$ 일 때 전류의 초기값 $i(0^+)$를 구하면?

① 4   ② 3
③ 2   ④ 1

정답분석
최종값(정상값 = 목표값)
$$\lim_{t \to \infty} i(t) = \lim_{s \to 0} s I(s)$$
$$= \lim_{s \to \infty} \dfrac{12(s+8)}{4(s+6)} = \lim_{s \to \infty} \dfrac{12 + \dfrac{96}{s}}{4 + \dfrac{24}{s}}$$
$$= \dfrac{12}{4} = 3$$

정답 ②

54 계통방정식이 $\dfrac{d\omega}{dt} + 5\omega = 20$일 때, 정상값 ω은 얼마인가?

① 0   ② 1
③ 2   ④ 4

정답분석
방정식을 라플라스 변환하면
$s\omega(s) + 5\omega(s) = \dfrac{20}{s}$ 가 되어
$\omega(s) = \dfrac{20}{s(s+5)}$ 가 된다.
$\therefore \lim_{t \to \infty} \omega(t) = \lim_{s \to 0} s\omega(s) = \lim_{s \to 0} \dfrac{20}{s+5} = 4$

정답 ④

10-4 라플라스 역변환

55 $F(s) = \dfrac{10}{s+3}$ 을 역라플라스 변환하면?

① $f(t) = 10\,e^{3t}$
② $f(t) = 10\,e^{-3t}$
③ $f(t) = 10\,e^{\frac{t}{3}}$
④ $f(t) = 10\,e^{-\frac{t}{3}}$

정답분석
$\mathcal{L}^{-1}\left[\dfrac{10}{s+3}\right] = \mathcal{L}^{-1}\left[\dfrac{10}{s}\bigg|_{s=s+3}\right] = 10\,e^{-3t}$

정답 ②

56 $F(s) = \dfrac{8}{s^3} + \dfrac{3}{s+2}$ 의 역라플라스 변환은?

① $(3t^2 + 3e^{-2t})\,u(t)$
② $(4t^2 + 3e^{-2t})\,u(t)$
③ $(8t^2 - 3e^{-2t})\,u(t)$
④ $(8t^2 + 3e^{-2t})\,u(t)$

정답분석
$\mathcal{L}^{-1}\left[\dfrac{8}{s^3} + \dfrac{3}{s+2}\right] = \mathcal{L}^{-1}\left[4 \times \dfrac{2}{s^3} + \dfrac{3}{s+2}\right]$
$= (4t^2 + 3e^{-2t})\,u(t)$

정답 ②

57 $F(s) = \dfrac{1}{s^2 + a^2}$ 을 역라플라스 변환하면?

① $\sin at$ ② $\dfrac{1}{a}\sin at$
③ $\cos at$ ④ $\dfrac{1}{a}\cos at$

정답분석
$\mathcal{L}^{-1}\left[\dfrac{1}{s^2+a^2}\right] = \mathcal{L}^{-1}\left[\dfrac{1}{a} \times \dfrac{a}{s^2+a^2}\right]$
$= \dfrac{1}{a}\sin at$

정답 ②

58 $F(s) = \dfrac{s\sin\theta + \omega\cos\theta}{s^2+\omega^2}$ 의 역라플라스 변환하면?

① $\sin(\omega t - \theta)$ ② $\sin(\omega t + \theta)$
③ $\cos(\omega t - \theta)$ ④ $\cos(\omega t + \theta)$

정답 분석

$F(s) = \dfrac{s\sin\theta + \omega\cos\theta}{s^2+\omega^2}$
$= \dfrac{s}{s^2+\omega^2}\sin\theta + \dfrac{\omega}{s^2+\omega^2}\cos\theta$

에서 라플라스 역변환하면
$\therefore f(t) = \cos\omega t\sin\theta + \sin\omega t\cos\theta$
$= \sin\omega t\cos\theta + \cos\omega t\sin\theta$
$= \sin(\omega t + \theta)$

정답 ②

59 $F(s) = \dfrac{1}{(s+5)^2+1}$ 을 역라플라스 변환하면?

① $e^{-5t}\sin t$ ② $e^{-t}\sin 5t$
③ $e^{-t}\cos 5t$ ④ $e^{-5t}\cos 5t$

정답 분석

$\mathcal{L}^{-1}\left[\dfrac{1}{(s+5)^2+1}\right] = \mathcal{L}^{-1}\left[\dfrac{1}{s^2+1^2}\bigg|_{s=s+5}\right]$
$= e^{-5t}\sin t$

정답 ①

60 $F(s) = \dfrac{s}{s^2+\pi^2}e^{-2s}$의 함수를 시간추이정리에 의하여 역변환 하면?

① $\sin\pi(t-2)u(t-2)$
② $\sin\pi(t-a)u(t-a)$
③ $\cos\pi(t-2)u(t-2)$
④ $\cos\pi(t-a)u(t-a)$

정답 분석

$\mathcal{L}^{-1}\left[\dfrac{s}{s^2+\pi^2}\right] = \cos\pi t\, u(t)$가 되므로
$\therefore \mathcal{L}^{-1}\left[\dfrac{s}{s^2+\pi^2}e^{-2s}\right] = \cos\pi(t-2)u(t-2)$

정답 ③

61 $f(t) = \mathcal{L}^{-1}\left[\dfrac{1}{s^2+6s+10}\right]$의 값은 얼마인가?

① $e^{-3t}\sin t$ ② $e^{-3t}\cos t$
③ $e^{-t}\sin 5t$ ④ $e^{-t}\sin 5\omega t$

정답 분석

$\mathcal{L}^{-1}\left[\dfrac{1}{s^2+6s+10}\right] = \mathcal{L}^{-1}\left[\dfrac{1}{(s+3)^2+1}\right]$
$= \mathcal{L}^{-1}\left[\dfrac{1}{s^2+1^2}\bigg|_{s=s+3}\right]$
$= e^{-3t}\sin t$

정답 ①

62 $\mathcal{L}^{-1}\left[\dfrac{1}{s^2+2s+5}\right]$의 값은?

① $e^{-t}\sin 2t$ ② $\dfrac{1}{2}e^{-t}\sin t$
③ $\dfrac{1}{2}e^{-t}\sin 2t$ ④ $e^{-t}\sin t$

정답 분석

$\mathcal{L}^{-1}\left[\dfrac{1}{s^2+2s+5}\right] = \mathcal{L}^{-1}\left[\dfrac{1}{(s+1)^2+2^2}\right]$
$= \mathcal{L}^{-1}\left[\dfrac{1}{2}\times\dfrac{2}{s^2+2^2}\bigg|_{s=s+1}\right]$
$= \dfrac{1}{2}e^{-t}\sin 2t$

정답 ③

63 라플라스 변환함수 $F(s) = \dfrac{s+2}{s^2+4s+13}$에 대한 역변환 함수 $f(t)$는?

① $e^{-2t}\cos 3t$ ② $e^{-3t}\sin 2t$
③ $e^{3t}\cos 2t$ ④ $e^{2t}\sin 3t$

정답 분석

$\mathcal{L}^{-1}\left[\dfrac{s+2}{s^2+4s+13}\right] = \mathcal{L}^{-1}\left[\dfrac{s+2}{(s+2)^2+3^2}\right]$
$= \mathcal{L}^{-1}\left[\dfrac{s}{s^2+3^2}\bigg|_{s=s+2}\right]$
$= e^{-2t}\cos 3t$

정답 ①

64 $f(t) = \mathcal{L}^{-1}\left[\dfrac{1}{s^2+a^2}\right]$의 값은 얼마인가?

① $\dfrac{1}{a}\cos at$ ② $\dfrac{1}{a}\sin at$

③ $\cos at$ ④ $\sin at$

정답분석

$\mathcal{L}^{-1}\left[\dfrac{1}{s^2+a^2}\right] = \mathcal{L}^{-1}\left[\dfrac{1}{a}\times\dfrac{a}{s^2+a^2}\right]$

$= \dfrac{1}{a}\sin at$

정답 ②

65 $F(s) = \dfrac{3s+8}{s^2+9}$의 역라플라스 변환은?

① $3\cos 3t - \dfrac{8}{3}\sin 3t$

② $3\sin 3t + \dfrac{8}{3}\cos 3t$

③ $3\cos 3t + \dfrac{8}{3}\sin t$

④ $3\cos 3t + \dfrac{8}{3}\sin 3t$

정답분석

$\mathcal{L}^{-1}\left[\dfrac{3s+8}{s^2+9}\right] = \mathcal{L}^{-1}\left[\dfrac{3s}{s^2+3^2} + \dfrac{8}{s^2+3^2}\right]$

$= \mathcal{L}^{-1}\left[3\times\dfrac{s}{s^2+3^2} + \dfrac{8}{3}\times\dfrac{3}{s^2+3^2}\right]$

$= 3\cos 3t + \dfrac{8}{3}\sin 3t$

정답 ④

66 $\mathcal{L}^{-1}\left[\dfrac{s}{(s+1)^2}\right]$는?

① $e^{-t} - t\,e^{-t}$ ② $e^{-t} + 2t\,e^{-t}$

③ $e^{t} - t\,e^{-t}$ ④ $e^{-t} + t\,e^{-t}$

정답분석

$\mathcal{L}^{-1}\left[\dfrac{s}{(s+1)^2}\right] = \mathcal{L}^{-1}\left[\dfrac{s+1-1}{(s+1)^2}\right]$

$= \mathcal{L}^{-1}\left[\dfrac{s+1}{(s+1)^2} - \dfrac{1}{(s+1)^2}\right]$

$= \mathcal{L}^{-1}\left[\dfrac{1}{s+1} - \dfrac{1}{(s+1)^2}\right]$

$= \mathcal{L}^{-1}\left[\dfrac{1}{s+1} - \dfrac{1}{s^2}\bigg|_{s=s+1}\right]$

$= e^{-t} - te^{-t}$

정답 ①

67 $F(s) = \dfrac{1}{s(s+a)}$의 라플라스 역변환을 구하시오.

① $1 - e^{-at}$ ② $a(1-e^{-at})$

③ $\dfrac{1}{a}(1-e^{-at})$ ④ e^{-at}

정답분석

㉠ $F(s) = \dfrac{1}{s(s+a)} = \dfrac{A}{s} + \dfrac{B}{s+a}$

$\xrightarrow{\mathcal{L}^{-1}} A + Be^{-at}$

에서 미지수 A, B는 다음과 같다.

㉡ $A = \lim_{s\to 0} sF(s) = \lim_{s\to 0}\dfrac{1}{s+a} = \dfrac{1}{a}$

㉢ $B = \lim_{s\to -a}(s+a)F(s) = \lim_{s\to -a}\dfrac{1}{s} = -\dfrac{1}{a}$

∴ 함수: $f(t) = A + Be^{-at} = \dfrac{1}{a}(1-e^{-at})$

정답 ③

68 $F(s) = \dfrac{s+1}{s^2+2s}$의 라플라스 역변환을 구하시오.

① $\dfrac{1}{2}(1+e^{t})$ ② $\dfrac{1}{2}(1+e^{-2t})$

③ $\dfrac{1}{2}(1-e^{-t})$ ④ $\dfrac{1}{2}(1-e^{-2t})$

정답분석

㉠ $F(s) = \dfrac{s+1}{s(s+2)} = \dfrac{A}{s} + \dfrac{B}{s+2}$

$\xrightarrow{\mathcal{L}^{-1}} A + Be^{-2t}$

에서 미지수 A, B는 다음과 같다.

㉡ $A = \lim_{s\to 0} sF(s) = \lim_{s\to 0}\dfrac{s+1}{s+2} = \dfrac{1}{2}$

㉢ $B = \lim_{s\to -a}(s+2)F(s) = \lim_{s\to -2}\dfrac{s+1}{s} = \dfrac{1}{2}$

∴ 함수: $f(t) = A + Be^{-at} = \dfrac{1}{2}(1-e^{-2t})$

정답 ④

69 $F(s) = \dfrac{2s+3}{s^2+3s+2}$ 의 라플라스 역변환을 구하시오.

① $e^{-t}+e^{-2t}$ ② $e^{-t}-e^{-2t}$
③ $e^{t}-2e^{-2t}$ ④ $e^{-t}+2e^{-2t}$

정답분석

㉠ $F(s) = \dfrac{2s+3}{s^2+3s+2} = \dfrac{2s+3}{(s+1)(s+2)}$

$\xrightarrow{\mathcal{L}^{-1}} A e^{-t}+Be^{-2t}$

에서 미지수 A, B는 다음과 같다.

㉡ $A = \lim\limits_{s\to -1}(s+1)F(s) = \lim\limits_{s\to -1}\dfrac{2s+3}{s+2}$
$= \dfrac{-2+3}{-1+2} = 1$

㉢ $B = \lim\limits_{s\to -2}(s+2)F(s) = \lim\limits_{s\to -2}\dfrac{2s+3}{s+1}$
$= \dfrac{-4+3}{-2+1} = 1$

∴ 함수: $f(t) = Ae^{-t}+Be^{-2t} = e^{-t}+e^{-2t}$

정답 ①

70 $F(s) = \dfrac{2}{(s+1)(s+3)}$ 의 역 라플라스 변환은?

① $e^{-t}-e^{-3t}$ ② $e^{t}-e^{2t}$
③ $e^{t}-e^{3t}$ ④ $e^{t}-e^{-3t}$

정답분석

㉠ $F(s) = \dfrac{2}{(s+1)(s+3)} = \dfrac{A}{s+1}+\dfrac{B}{s+3}$

$\xrightarrow{\mathcal{L}^{-1}} Ae^{-t}+Be^{-3t}$

㉡ $A = \lim\limits_{s\to -1}(s+1)F(s) = \lim\limits_{s\to -1}\dfrac{2}{s+3} = 1$

㉢ $B = \lim\limits_{s\to -3}(s+3)F(s) = \lim\limits_{s\to -3}\dfrac{2}{s+1} = -1$

∴ 함수: $f(t) = Ae^{-t}+Be^{-3t} = e^{-t}-e^{-3t}$

정답 ①

71 $I(s) = \dfrac{6+60/s}{12+s/2}$ 에 대응되는 시간함수 $i(t)$는?

① $5-7e^{-24t}$ ② $5+7e^{-24t}$
③ $5-7e^{24t}$ ④ $5+7e^{24t}$

정답분석

㉠ $I(s) = \dfrac{12s+120}{24s+s^2} = \dfrac{12s+120}{s(s+24)}$
$= \dfrac{A}{s}+\dfrac{B}{s+24}$

$\xrightarrow{\mathcal{L}^{-1}} A+Be^{-24t}$

㉡ $A = \lim\limits_{s\to 0} sI(s) = \lim\limits_{s\to 0}\dfrac{12s+120}{s+24} = 5$

㉢ $B = \lim\limits_{s\to -24}(s+24)I(s)$
$= \lim\limits_{s\to -24}\dfrac{12s+120}{s} = 7$

∴ 함수: $f(t) = A+Be^{-24t} = 5+7e^{-24t}$

정답 ②

72 $F(s) = \dfrac{6s+2}{s(6s+1)}$ 을 역라플라스 변환은?

① $4-e^{-\frac{1}{6}t}$ ② $2-e^{-\frac{1}{6}t}$
③ $4-e^{-\frac{1}{3}t}$ ④ $2-e^{-\frac{1}{3}t}$

정답분석

㉠ $F(s) = \dfrac{s+\frac{1}{3}}{s\left(s+\frac{1}{6}\right)} = \dfrac{A}{s}+\dfrac{B}{s+\frac{1}{6}}$

$\xrightarrow{\mathcal{L}^{-1}} A+Be^{-\frac{1}{6}t}$

㉡ $A = \lim\limits_{s\to 0} sF(s) = \lim\limits_{s\to 0}\dfrac{s+\frac{1}{3}}{s+\frac{1}{6}} = 2$

㉢ $B = \lim\limits_{s\to -\frac{1}{6}}\left(s+\dfrac{1}{6}\right)F(s) = \lim\limits_{s\to -\frac{1}{6}}\dfrac{s+\frac{1}{3}}{s}$
$= -1$

∴ 함수: $f(t) = A+Be^{-\frac{1}{6}t} = 2-e^{-\frac{1}{6}t}$

정답 ②

10-5 라플라스 변환에 의한 회로 해석

73 다음 회로에서 스위치 S를 닫을 때의 전류 $i(t)$는 몇 [A]인가?

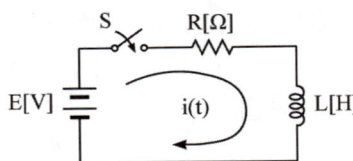

① $\dfrac{E}{R} e^{-\frac{R}{L}t}$ ② $\dfrac{E}{R}\left(1-e^{-\frac{R}{L}t}\right)$

③ $\dfrac{E}{R} e^{-\frac{L}{R}t}$ ④ $\dfrac{E}{R}\left(1-e^{-\frac{L}{R}t}\right)$

 정답분석

㉠ 전압방정식: $E = Ri(t) + L\dfrac{di(t)}{dt}$

㉡ 라플라스 변환: $\dfrac{E}{s} = RI(s) + LsI(s)$

㉢ ㉡을 전류 식으로 정리하면

$I(s) = \dfrac{E}{s(Ls+R)} = \dfrac{E/L}{s\left(s+\dfrac{R}{L}\right)}$

$= \dfrac{A}{s} + \dfrac{B}{s+\dfrac{R}{L}} \xrightarrow{\mathcal{L}^{-1}} A + Be^{-\frac{R}{L}t}$

• $A = \lim_{s \to 0} sI(s) = \lim_{s \to 0} \dfrac{E/L}{s+\dfrac{R}{L}} = \dfrac{E}{R}$

• $B = \lim_{s \to -\frac{R}{L}} \left(s+\dfrac{R}{L}\right)I(s) = \lim_{s \to -\frac{R}{L}} \dfrac{E/L}{s} = -\dfrac{E}{R}$

∴ $i(t) = A + Be^{-\frac{R}{L}t} = \dfrac{E}{R}\left(1-e^{-\frac{R}{L}t}\right)$ [A]

정답 ②

74 미분방정식이 $\dfrac{di(t)}{dt} + 2i(t) = 1$일 때 $i(t)$는? (단, $t=0$에서 $i(0) = 0$이다.)

① $\dfrac{1}{2}(1+e^{-2t})$ ② $\dfrac{1}{2}(1-e^{-2t})$

③ $\dfrac{1}{2}(1+e^{-t})$ ④ $\dfrac{1}{2}(1-e^{-t})$

 정답분석

㉠ $\dfrac{di(t)}{dt} + 2i(t) = 1 \xrightarrow{\mathcal{L}}$

$sI(s) + 2I(s) = I(s)(s+2) = \dfrac{1}{s}$

㉡ $I(s) = \dfrac{1}{s(s+2)} = \dfrac{A}{s} + \dfrac{B}{s+2}$

$\xrightarrow{\mathcal{L}^{-1}} A + Be^{-2t}$

㉢ $A = \lim_{s \to 0} sI(s) = \lim_{s \to 0} \dfrac{1}{s+2} = \dfrac{1}{2}$

㉣ $B = \lim_{s \to -2} (s+2)I(s) = \lim_{s \to -2} \dfrac{1}{s} = -\dfrac{1}{2}$

∴ $i(t) = A + Be^{-2t} = \dfrac{1}{2}(1-e^{-2t})$ [A]

정답 ②

75 다음 회로에서 $t=0$ 시간에 스위치 S를 닫을 때 전류 $i(t)$의 라플라스 변환 $I(s)$는? (단, $V_C(0) = 1\,[\text{V}]$)

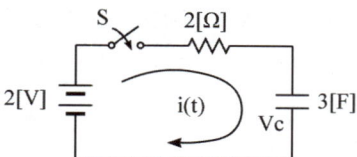

① $\dfrac{3s}{6s+1}$ ② $\dfrac{3}{6s+1}$

③ $\dfrac{5}{6s+1}$ ④ $\dfrac{5s}{6s+1}$

정답분석

스위치 S를 닫을 때 회로에 흐르는 과도전류
$i(t) = \dfrac{E}{R}e^{-\frac{1}{RC}t} = \dfrac{1}{2}e^{-\frac{1}{6}t}$ 가 된다.

∴ 라플라스 변환

$I(s) = \dfrac{1}{2s}\Big|_{s=s+\frac{1}{6}} = \dfrac{1}{2\left(s+\frac{1}{6}\right)}$

$= \dfrac{1}{2s+\frac{1}{3}} = \dfrac{3}{6s+1}$

정답 ②

76 $5\dfrac{d^2q(t)}{dt^2} + \dfrac{dq(t)}{dt} = 10\sin t$ 에서 $Q(s)$는? (단, 초기 조건은 0이다.)

① $\dfrac{10}{(5s^2+1)(s^2+1)}$

② $\dfrac{10}{(5s^2+s)(s^2+1)}$

③ $\dfrac{10}{(5s^2+1)(s^2+1)}$

④ $\dfrac{10}{(5s^2+1)(s^2+1)}$

정답분석

$5s^2Q(s) + sQ(s) = Q(s)(5s^2+s) = \dfrac{10}{s^2+1}$ 이므로

∴ $Q(s) = \dfrac{10}{(5s^2+s)(s^2+1)}$

정답 ②

해커스자격증
pass.Hackers.com

해커스 전기기사·산업기사 필기 회로이론 한권완성 이론 + 최신기출 + 핵심노트

전달함수
(Transfer function)

1. 제어계의 전달함수
2. 보상기
3. 물리계통의 전기적 유추
4. 블록선도와 신호흐름선도

핵심 요점정리

출제예상문제

Chapter 11 전달함수(Transfer function)

1 제어계의 전달함수

1. 개요

(1) 제어계를 해석하고 설계하기 위해서는 그 제어계의 입력과 출력의 관계를 수학적으로 나타낼 필요가 있다. 이것을 모델링(modeling)이라 한다.

(2) 모델링 방법에는 미분 방정식법, 전달함수법, 상태방정식법이 있으며, 그 중에서 전달함수법이 가장 많이 사용하고 있다.

2. 전달함수

1) 개요

(1) 전달함수는 제어 시스템에 가해지는 입력신호에 대한 출력신호가 어떤 모양으로 나오는가 하는 신호전달 특성을 제어요소에 따라 구분한 것으로

(2) 선형 미분방정식의 초기값을 0으로 했을 때 입력신호의 라플라스 변환과 출력신호의 라플라스 변환의 비를 말한다.

(3) 즉, 입력신호를 $r(t)$, 출력신호를 $c(t)$ 라 하면 전달함수는 다음과 같다.

$$G(s) = \frac{\mathcal{L}\,[c(t)]}{\mathcal{L}\,[r(t)]} = \frac{C(s)}{R(s)} \quad \text{[식 11-1]}$$

2) 전기회로의 전달함수

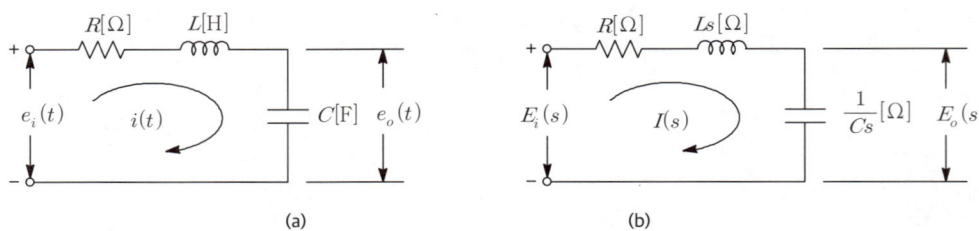

[그림 11-1] RLC 직렬회로

(1) [그림 11-1]의 회로 방정식은 다음과 같다.

① $e_i(t) = Ri(t) + L\dfrac{di(t)}{dt} + \dfrac{1}{C}\displaystyle\int i(t)\,dt$ ⋯⋯⋯⋯⋯⋯⋯⋯⋯⋯⋯⋯⋯⋯ [식 11-2]

② $e_o(t) = \dfrac{1}{C}\displaystyle\int i(t)\,dt$ ⋯⋯⋯⋯⋯⋯⋯⋯⋯⋯⋯⋯⋯⋯⋯⋯⋯⋯⋯⋯⋯⋯⋯⋯⋯ [식 11-3]

(2) [식 11-2]와 [식 11-3]을 라플라스 변환하면 다음과 같다.

① $E_i(s) = RI(s) + LsI(s) + \dfrac{1}{Cs}I(s) = \left(Ls + R + \dfrac{1}{Cs}\right)I(s)$ ················· [식 11-4]

② $E_o(s) = \dfrac{1}{Cs}I(s)$ ················· [식 11-5]

③ [식 11-3]과 [식 11-4]에 의해 [그림 11-1](b)와 같이 나타낼 수 있다.

(3) 전기회로의 전달함수

① $G(s) = \dfrac{E_o(s)}{E_i(s)} = \dfrac{\dfrac{1}{Cs}I(s)}{\left(Ls + R + \dfrac{1}{Cs}\right)I(s)} = \dfrac{\dfrac{1}{Cs}}{Ls + R + \dfrac{1}{Cs}}$

$= \dfrac{1}{LCs^2 + RCs + 1} = \dfrac{\dfrac{1}{LC}}{s^2 + \dfrac{R}{L}s + \dfrac{1}{LC}}$ ················· [식 11-6]

② $G(s) = \dfrac{I(s)}{E_i(s)} = \dfrac{I(s)}{\left(Ls + R + \dfrac{1}{Cs}\right)I(s)} = \dfrac{1}{Ls + R + \dfrac{1}{Cs}}$

$= \dfrac{Cs}{LCs^2 + RCs + 1} = \dfrac{Cs \cdot \dfrac{1}{LC}}{s^2 + \dfrac{R}{L}s + \dfrac{1}{LC}}$ ················· [식 11-7]

③ $G(s) = \dfrac{E_o(s)}{I(s)} = \dfrac{\dfrac{1}{Cs}I(s)}{I(s)} = \dfrac{1}{Cs}$ ················· [식 11-8]

(4) 전기회로의 전달함수의 풀이방법

① [그림 11-1](a) 회로를 (b)회로와 같이 라플라스 변환시킨다.

② [식 11-6]과 같이 전압비 전달함수는 $G(s) = \dfrac{E_o(s)}{E_i(s)} = \dfrac{Z_o(s)}{Z_i(s)}$ 로 풀이 할 수 있다. 여기서, $Z_i(s)$ 는 입력 측 임피던스이고, $Z_0(s)$ 는 출력 측 임피던스이다.

③ [식 11-7]과 같이 출력을 전류로 하면 $G(s) = \dfrac{I(s)}{E_i(s)} = \dfrac{1}{Z_i(s)}$ 로 풀이 할 수 있다.

④ [식 11-8]과 같이 입력을 전류로 하면 $G(s) = \dfrac{E_o(s)}{I(s)} = Z_o(s)$ 로 풀이 할 수 있다.

3. 제어요소의 전달함수

(1) 비례요소

① 입력신호 $x(t)$ 와 출력신호 $y(t)$ 의 관계가 $y(t) = Kx(t)$ 로 표현되는 요소를 비례요소라 하며, K 를 이득정수라 한다.

② 위의 미분방정식을 라플라스 변환하면 $Y(s) = KX(s)$ 가 되므로 전달함수는 다음과 같다.

$\therefore G(s) = \dfrac{Y(s)}{X(s)} = K$ ················· [식 11-9]

(2) 미분요소

① 입력신호 $x(t)$ 와 출력신호 $y(t)$ 의 관계가 $y(t) = K\dfrac{dx(t)}{dt}$ 로 표현되는 요소를 미분요소라 한다.

② 위의 미분방정식을 라플라스 변환하면 $Y(s) = Ks\,X(s)$ 가 되므로 전달함수는 다음과 같다.

$$\therefore\ G(s) = \frac{Y(s)}{X(s)} = Ks \quad \cdots\cdots\cdots\cdots\cdots\cdots\cdots\cdots\cdots\cdots\cdots\cdots\cdots\cdots\cdots\cdots\cdots\cdots\cdots\cdots\cdots\cdots\cdots\cdots\cdots\cdots\cdots\cdots\cdots\cdots\cdots\cdots\cdots\cdots\cdots\cdots\cdots\cdots\cdots\cdots\cdots\cdots\cdots\cdots\cdots\cdots\cdots\cdots\cdots\cdots\cdots\ [\text{식 11-10}]$$

(3) 적분요소

① 입력신호 $x(t)$ 와 출력신호 $y(t)$ 의 관계가 $y(t) = K\int x(t)\,dt$ 로 표현되는 요소를 적분요소라 한다.

② 위의 미분방정식을 라플라스 변환하면 $Y(s) = \dfrac{K}{s} X(s)$ 가 되므로 전달함수는 다음과 같다.

$$\therefore\ G(s) = \frac{Y(s)}{X(s)} = \frac{K}{s} \quad \cdots\cdots\cdots\cdots\cdots\cdots\cdots\cdots\cdots\cdots\cdots\cdots\cdots\cdots\cdots\cdots\cdots\cdots\cdots\cdots\cdots\cdots\cdots\cdots\cdots\cdots\cdots\cdots\cdots\cdots\cdots\cdots\cdots\cdots\cdots\cdots\cdots\cdots\cdots\cdots\cdots\cdots\cdots\cdots\cdots\cdots\cdots\cdots\cdots\cdots\ [\text{식 11-11}]$$

(4) 1차 지연요소

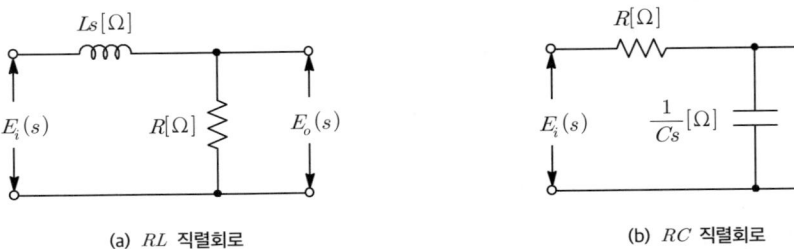

[그림 11-2] 1차 지연회로

① $b_1 \dfrac{dy(t)}{dt} + b_0\, y(t) = a_0\, x(t)\ (b_1,\ b_0 > 0)$ 로 표현되는 요소를 1차 지연요소라 한다. 전기회로에서 1차 지연요소는 [그림 11-2]와 같이 $R-L$, $R-C$ 직렬회로가 있다.

② ①의 미분방정식을 라플라스 변환하면 $b_1 s\, Y(s) + b_0\, Y(s) = a_0 X(s)$ 가 되므로 전달함수는 다음과 같다.

$$\therefore\ G(s) = \frac{Y(s)}{X(s)} = \frac{a_0}{b_1 s + b_0} = \frac{\dfrac{a_0}{b_0}}{\dfrac{b_1}{b_0} s + 1} = \frac{K}{Ts + 1} \quad \cdots\cdots\cdots\cdots\cdots\cdots\cdots\cdots\cdots\cdots\cdots\cdots\cdots\cdots\cdots\cdots\cdots\cdots\cdots\ [\text{식 11-12}]$$

여기서, $\dfrac{b_1}{b_0} = T$: 시정수, $\dfrac{a_0}{b_0} = K$: 이득정수

③ [그림 11-2](a)와 같은 RL 직렬회로의 전달함수

㉠ 회로 방정식: $L\dfrac{di(t)}{dt} + Ri(t) = e_i(t)$

㉡ 라플라스 변환: $Ls\,I(s) + RI(s) = E_i(s)$

㉢ 전달함수: $G(s) = \dfrac{I(s)}{E_i(s)} = \dfrac{1}{Z_i(s)} = \dfrac{1}{Ls + R} = \dfrac{\dfrac{1}{R}}{\dfrac{L}{R} s + 1} = \dfrac{K}{Ts + 1}$

④ [그림 11-2](b)와 같은 RC 직렬회로의 전달함수

   ㉠ 회로 방정식: $Ri(t) + \frac{1}{C}\int i(t)\,dt = E_i(t)$, $R\frac{dq(t)}{dt} + \frac{1}{C}q(t) = E_i(t)$

   ㉡ 라플라스 변환: $RI(s) + \frac{1}{Cs}I(s) = E_i(s)$

   ㉢ 전달함수: $G(s) = \frac{I(s)}{E_i(s)} = \frac{1}{Z_i(s)} = \frac{1}{R + \frac{1}{Cs}} = \frac{Cs}{RCs+1} = \frac{K}{Ts+1}$

(5) 2차 지연요소

① $b_2 \frac{d^2 y(t)}{dt^2} + b_1 \frac{dy(t)}{dt} + b_0 y(t) = a_0 x(t)$ ($b_2, b_1, b_0 > 0$) 로 표현되는 요소를 2차 지연요소라 한다.

② 전기회로에서 2차 지연요소는[그림 11-1]과 같이 RLC 직렬회로가 있다.

③ 위 미분방정식을 라플라스 변환하면
   $b_2 s^2 Y(s) + b_1 s Y(s) + b_0 Y(s) = Y(s)(b_2 s^2 + b_1 s + b_0) = a_0 X(s)$ 가 되므로
   전달함수는 다음과 같다.

$$\therefore G(s) = \frac{Y(s)}{X(s)} = \frac{a_0}{b_2 s^2 + b_1 s + b_0} = \frac{\frac{a_0}{b_0}}{\frac{b_2}{b_0}s^2 + \frac{b_1}{b_0}s + 1}$$

$$= \frac{K}{T^2 s^2 + 2\zeta T s + 1} = \frac{K \cdot \frac{1}{T^2}}{s^2 + 2\zeta \frac{1}{T}s + \frac{1}{T^2}}$$

$$= \frac{K \cdot \omega_n^2}{s^2 + 2\zeta \omega_n s + \omega_n^2} \quad\cdots\cdots\cdots\text{[식 11-13]}$$

여기서, $\zeta = \delta$: 감쇠계수 또는 제동계수

ω_n: 고유각 주파수 또는 비제동 고유각 주파수

④ RLC 직렬회로의 전달함수 ([그림3-1] 그림 참고)

   ㉠ 회로 방정식: $e_i(t) = Ri(t) + L\frac{di(t)}{dt} + \frac{1}{C}\int i(t)\,dt$

   $= L\frac{d^2 q(t)}{dt^2} + R\frac{dq(t)}{dt} + \frac{1}{C}q(t)$

   ㉡ 라플라스 변환: $E_i(s) = Ls^2 I(s) + RI(s) + \frac{1}{Cs}I(s)$

   $= I(s)\left(Ls^2 + R + \frac{1}{Cs}\right)$

   ㉢ 전달함수: $G(s) = \frac{I(s)}{E_i(s)} = \frac{1}{Ls^2 + R + \frac{1}{Cs}} = \frac{Cs}{LCs^2 + RCs + 1}$

   $= \frac{Cs \cdot \frac{1}{LC}}{s^2 + \frac{R}{L}s + \frac{1}{LC}} = \frac{K \cdot \omega_n^2}{s^2 + 2\zeta \omega_n s + \omega_n^2}$

   여기서, $\omega_n = \frac{1}{\sqrt{LC}}$, $\zeta = \frac{R}{2}\sqrt{\frac{C}{L}}$ 이 된다.

(6) 부동작 시간요소

① $t = 0$ 에서 입력의 변화가 생겨도 $t = L$ 까지 출력측에 어떠한 영향도 나타나지 않는 요소를 부동작 시간 요소라 한다.

② 부동작 시간요소는 $y(t) = Kx(t-L)$ 로 표시되고 이를 라플라스 변환하면
$Y(s) = Ke^{-Ls}X(s)$ 이 된다.

③ 전달함수: $G(s) = \dfrac{Y(s)}{X(s)} = Ke^{-Ls}$ .... [식 11-14]

2 보상기

1. 개요

(1) 보상기란, 이득 조정만으로는 만족한 정상특성이나 과도특성이 구현되지 않는 경우 적당한 보상요소를 제어 시스템에 삽입하여 전달함수의 형을 변경하여 특성을 개선시키는 것을 말한다.

(2) 인덕터는 고주파 특성이 양호하지 못하므로 특수한 경우의 필터 등을 제외하고는 대부분 저항과 커패시터만을 사용하여 보상기를 설계한다.

(3) 직렬보상의 종류에는 진상 보상기, 지상 보상기, 진상·지상 보상기가 있다.

2. 진상 보상기(phase lead compensator)

(1) 출력신호의 위상이 입력신호 위상보다 앞서도록 보상하여 안정도와 속응성 개선을 목적으로 한다.

(2) 전달함수

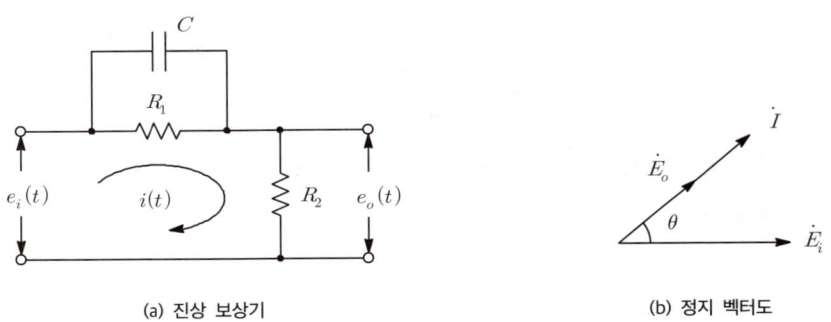

(a) 진상 보상기　　　　　　　　　　　　(b) 정지 벡터도

[그림 11-3] 진상 보상기

① $G(s) = \dfrac{E_o(s)}{E_i(s)} = \dfrac{R_2}{\dfrac{R_1 \times \dfrac{1}{Cs}}{R_1 + \dfrac{1}{Cs}} + R_2} = \dfrac{R_2}{\dfrac{R_1}{1+R_1Cs} + R_2} = \dfrac{R_2(1+R_1Cs)}{R_1 + R_2(1+R_1Cs)}$

$= \dfrac{R_2 + R_1R_2Cs}{R_1 + R_2 + R_1R_2Cs} = \dfrac{s + \dfrac{R_2}{R_1R_2C}}{s + \dfrac{R_1+R_2}{R_1R_2C}} = \dfrac{s+b}{s+a}$ .... [식 11-15]

② [식 11-15]와 같이 $a > b$ 을 만족할 때 진상 보상기가 되고, 반대로 $a < b$ 인 경우에는 지상 보상기가 된다.

③ 속응성 개선을 위한 목적은 미분기와 동일한 특성을 갖는다.

3. 지상 보상기(phase lag compensator)

(1) 출력신호의 위상이 입력신호 위상보다 늦도록 보상하여 정상편차를 개선하는 것을 목적으로 한다.

(2) 전달함수

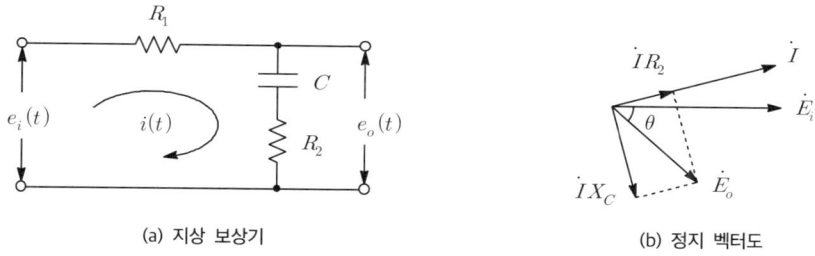

[그림 11-4] 지상 보상기

① $G(s) = \dfrac{E_o(s)}{E_i(s)} = \dfrac{R_2 + \dfrac{1}{Cs}}{R_1 + R_2 + \dfrac{1}{Cs}} = \dfrac{1 + R_2 Cs}{1 + (R_1 + R_2)Cs}$

$= \dfrac{1 + R_2 Cs}{1 + \dfrac{R_2 Cs}{\dfrac{R_2}{R_1 + R_2}}} = \dfrac{1 + \alpha Ts}{1 + Ts}$ .... [식 11-16]

(여기서, $\alpha T = R_2 C$, $\alpha = \dfrac{R_2}{R_1 + R_2}$)

② [식 11-16]과 같이 $\alpha < 1$ 의 조건을 만족할 때 지상 보상기가 된다.
③ 정상편차 개선을 위한 목적은 적분기와 동일한 특성을 갖는다.

4. 진상·지상 보상기

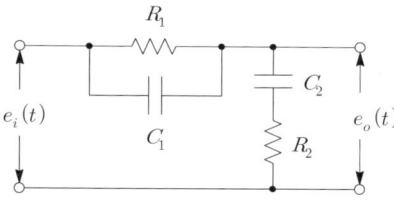

[그림 11-5] 지상 보상기

(1) 위상 특성이 정·부로 변하여 1개의 요소로서 보상하는 것으로 안정도와 속응성 및 정상편차를 동시에 개선시키는 목적을 갖는다.

(2) 이 보상기는 2개의 영점과 극점을 가진다.

5. 미분회로와 적분회로

(1) 미분회로(differential circuit)
① 미분회로란 입력신호의 미분값을 출력으로 하는 회로를 말한다.
② 입력스위치 조작(㉠ 또는 ㉡으로 이동)에 의해 구형파를 인가하거나 차단하면 [그림 11-6]과 같이 양트리거 또는 음트리거 펄스파가 만들어진다.

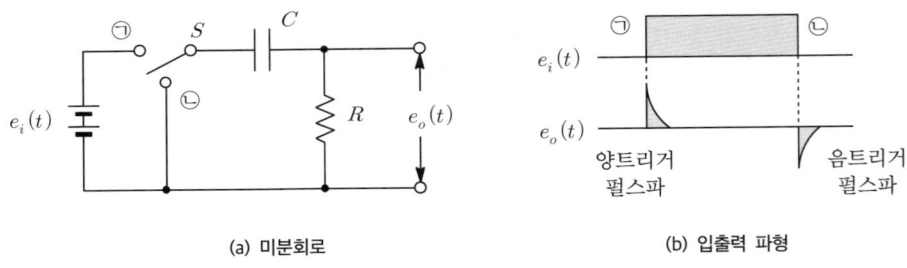

(a) 미분회로   (b) 입출력 파형

[그림 11-6] 미분회로

③ 미분회로는 진상보상기와 같이 속응성을 개선시키는 특성을 갖는다.
④ 용량성 리액턴스는 $X_C = \dfrac{1}{\omega C}$ 이므로 낮은 주파수 영역에서는 리액턴스가 거의 무한대가 되어 회로의 전류를 차단시키고 높은 주파수에 대해서는 리액턴스의 크기가 작아서 전류가 원활히 흐른다. 즉, 높은 주파수의 전류를 통과시키고 낮은 주파수를 차단하는 고역필터(High Pass Filter, HPF)의 역할을 한다.

(2) 적분회로(integration circuit)

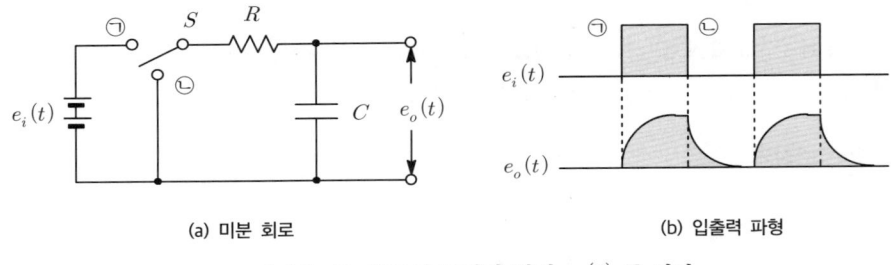

(a) 미분 회로   (b) 입출력 파형

여기서, ㉠: 회로에 구형파 전원 $e_i(t)$ 를 인가
㉡: 회로에 구형파 전원 $e_i(t)$ 를 차단

[그림 11-7] 적분 회로

① 적분회로란 입력신호의 적분값을 출력으로 하는 회로를 말한다.
② 시정수(RC)가 클수록 출력 전압의 파형은 완만해지고, 시정수가 작을수록 삼각파의 형태로 출력이 된다.
③ 적분회로는 지상보상기와 같이 정상특성을 개선시키는 특성을 갖는다.
④ 적분회로는 미분회로와 반대 특성을 지니므로 낮은 주파수를 통과시키는 저역필터(Low Pass Filter, LPF)의 역할을 한다.

3 물리계통의 전기적 유추

1. 물리계의 전달함수

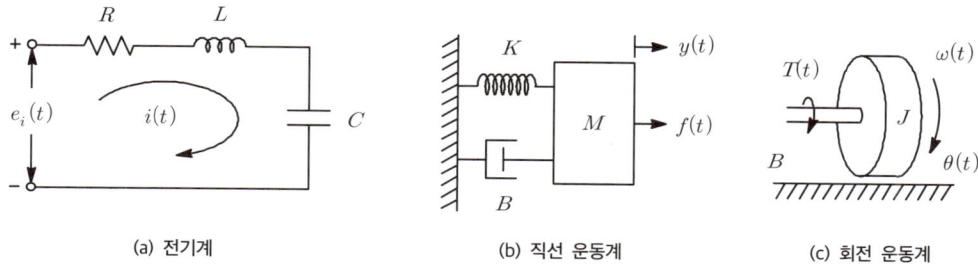

[그림 11-8] 물리계 전달함수

(1) 전기계

① RLC 회로 방정식

$$e(t) = L\frac{di(t)}{dt} + Ri(t) + \frac{1}{C}\int i(t)\, dt$$

$$= L\frac{d^2q(t)}{dt^2} + R\frac{dq(t)}{dt} + \frac{1}{C}q(t) \quad \text{[식 11-17]}$$

② 전달함수

$$E(s) = Ls^2 Q(s) + Rs\, Q(s) + \frac{1}{C}Q(s) = Q(s)\left(Ls^2 + Rs + \frac{1}{C}\right)$$

$$\therefore G(s) = \frac{Q(s)}{E(s)} = \frac{1}{Ls^2 + Rs + \frac{1}{C}} \quad \text{[식 11-18]}$$

(2) 직선 운동계

① 뉴턴의 운동 제2법칙

$$f(t) = M\frac{d^2y(t)}{dt^2} + B\frac{dy(t)}{dt} + Ky(t) \quad \text{[식 11-19]}$$

② 전달함수

$$F(s) = Ms^2 Y(s) + Bs\, Y(s) + KY(s) = Y(s)(Ms^2 + Bs + K)$$

$$\therefore G(s) = \frac{Y(s)}{F(s)} = \frac{1}{Ms^2 + Bs + K} \quad \text{[식 11-20]}$$

(3) 회전 운동계

① 뉴턴의 법칙에 의한 토크방정식

$$T(t) = J\frac{d^2\theta(t)}{dt^2} + B\frac{d\theta}{dt} + K\theta(t) \quad \text{[식 11-21]}$$

② 전달함수

$$T(s) = Js^2\theta(s) + Bs\,\theta(s) + K\theta(s) = \theta(s)(Js^2 + Bs + K)$$

$$\therefore G(s) = \frac{\theta(s)}{T(s)} = \frac{1}{Js^2 + Bs + K} \quad \text{[식 11-22]}$$

2. 전기계와 물리계의 대응관계

전기계	물리계		열계
	직선 운동계	회전 운동계	
전압 E	힘 F	토크 T	온도차 θ
전하 Q	변위 y	각변위 θ	열량 Q
전류 I	속도 v	각속도 ω	열유량 q
저항 R	점성마찰 B	회전마찰 B	열저항 R
인덕턴스 L	질량 M	관성 모멘트 J	-
정전용량 C	스프링 상수 K	비틀림 정수 K	열용량 C

[표 11-1] 전기계와 물리계의 대응관계

4 블록선도와 신호흐름선도

1. 블록선도와 등가변환

1) 블록선도 표시법

(1) 제어계의 블록선도는 한쪽 방향으로만 동작하는 블록들로 구성되며, 그 블록안에는 입력과 출력관계를 나타내는 전달함수를 표시한다.

(2) 신호가 흐르는 방향은 화살표로 나타낸다.

(3) 블록선도의 구성

신호	→	화살표 방향으로 신호가 전달된다.
전달요소	$R(s) \rightarrow \boxed{G(s)} \rightarrow C(s)$	$C(s) = G(s)R(s)$
가합점 (summing point)	$X(s) \xrightarrow{+} \bigcirc \rightarrow Y(s)$ $\uparrow \pm$ $B(s)$	$Y(s) = X(s) \pm B(s)$
인출점 (branch point)	$X(s) \rightarrow \bullet \rightarrow Y(s)$ $\searrow Z(s)$	$X(s) = Y(s) = Z(s)$

[표 11-2] 블록선도의 구성

2) $I(s)$가 출력인 블록선도 표시

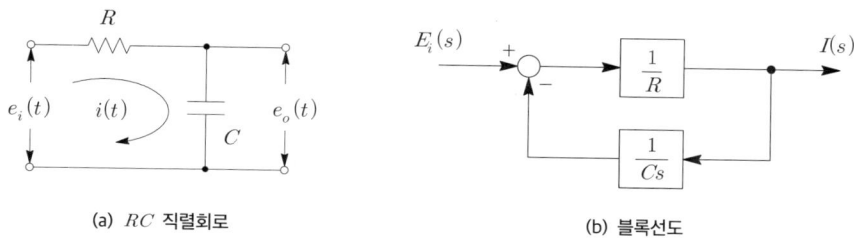

(a) RC 직렬회로   (b) 블록선도

[그림 11-9] 블록선도 표시

(1) RC 직렬회로를 전류가 출력인 블록선도로 표시하는 방법은 다음과 같다.

(2) 블록선도 표시에 필요한 회로 공식

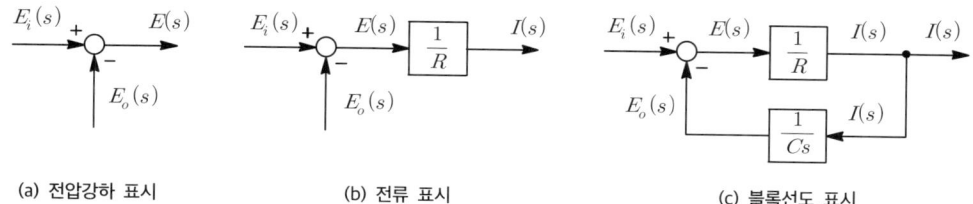

(a) 전압강하 표시   (b) 전류 표시   (c) 블록선도 표시

[그림 11-10] 블록선도 표시 순서

① R에 의한 전압강하: $E(s) = E_i(s) - E_o(s)$ ······················ [식 11-23]

② 회로에 흐르는 전류: $I(s) = \dfrac{1}{R}\left[E_i(s) - E_o(s)\right]$ ······················ [식 11-24]

③ 출력 전압: $E_o(s) = \dfrac{1}{Cs} \cdot I(s)$ ······················ [식 11-25]

∴ 위 [식 11-23, 24, 25]에 의해 블록선도를 그리면 [그림 11-10]과 같다.

3) $E_o(s)$가 출력인 블록선도 표시

(1) RC 직렬회로를 전압이 출력인 블록선도로 표시하는 방법은[그림 11-11]과 같다.

(2) [식 11-23, 24, 25]를 이용하여[그림 11-10]을 그린 것과 동일한 방법이다.

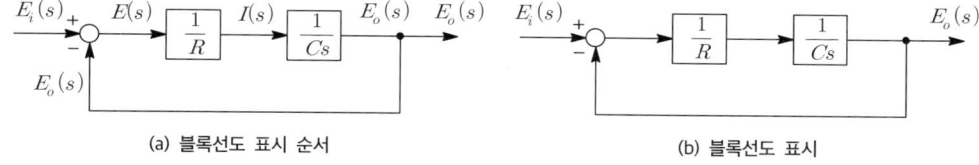

(a) 블록선도 표시 순서   (b) 블록선도 표시

[그림 11-11] $E_o(s)$가 출력인 블록선도

2. 블록선도의 등가변환

(1) 복잡한 궤환 제어계(feedback control)의 종합 전달함수를 구하기 위해서는 블록선도를 간략화할 필요가 있다. 이를 [표 11-3]에 나타냈다.

(2) 블록선도의 등가변환

구분	블록선도	블록선도 등가변환
교환	$R(s) \to G_1 \to G_2 \to C(s)$	$R(s) \to G_2 \to G_1 \to C(s)$
직렬 결합	$R(s) \to G_1 \to G_2 \to C(s)$	$R(s) \to G_1 \cdot G_2 \to C(s)$
병렬 결합	$R(s)$ 에서 G_1, G_2 로 분기 후 합산 $\to C(s)$	$R(s) \to G_1 \pm G_2 \to C(s)$
가합점의 앞으로 이동	$R(s) \to G \to (+) \to C(s)$	$R(s) \to (+) \to G \to C(s)$, 피드 입력에 $\frac{1}{G}$
가합점의 뒤로 이동	$R(s) \to (+) \to G \to C(s)$	$R(s) \to G \to (+) \to C(s)$, 피드 입력에 G
인출점의 앞으로 이동	$R(s) \to G \to C(s)$, 분기 $C(s)$	$R(s)$ 분기 $\to G \to C(s)$, 다른 쪽 $\to G \to C(s)$
인출점의 뒤로 이동	$R(s)$ 분기 $\to G \to C(s)$, 다른 쪽 $\to R(s)$	$R(s) \to G \to C(s)$ 분기 $\to \frac{1}{G} \to R(s)$
되먹임결합	$R(s) \to (+) \to G \to C(s)$, H 피드백	$R(s) \to \dfrac{G}{1 \mp GH} \to C(s)$

[표 11-3] 블록선도의 구성

3. 블록선도의 종합 전달함수

(1) 종합 전달함수

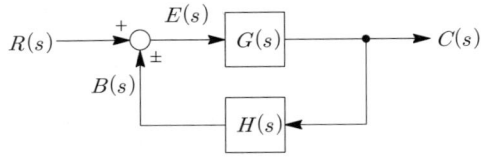

[그림 11-12] 궤환 제어계

① 편차: $E(s) = R(s) \pm B(s)$
$\qquad = R(s) \pm C(s)H(s)$ ··· [식 11-26]

② 출력: $C(s) = E(s) \cdot G(s)$
$\qquad = [R(s) \pm C(s)H(s)]G(s)$
$\qquad = R(s)G(s) \pm C(s)G(s)H(s)$ ··································· [식 11-27]

③ 다음 식을 정리하여 종합 전달함수를 구할 수 있다.
$C(s) \mp C(s)G(s)H(s) = R(s)G(s)$
$C(s)[1 \mp G(s)H(s)] = R(s)G(s)$

∴ 종합 전달함수: $M(s) = \dfrac{C(s)}{R(s)} = \dfrac{G(s)}{1 \mp G(s)H(s)}$ ······································· [식 11-28]

(2) 용어정리

① $G(s) = \dfrac{C(s)}{E(s)}$: 순방향 전달함수(feedforward transfer function)

② $M(s) = \dfrac{C(s)}{R(s)}$: 폐루프 전달함수(closed loop transfer function)

③ $G(s)H(s)$: 개루프 전달함수(open loop transfer function)

④ $H(s)$: 되먹임 전달함수(feedback transfer function)

⑤ $H(s) = 1$ 인 경우를 단위 궤환 제어계(unit feedback control system) 또는 직렬 궤환 제어계라 한다.

4. 신호흐름선도의 등가변환

(1) 등가변환의 관계

① 제어계의 블록선도를 전달함수의 개념을 살려서 간단한 계통의 신호흐름 선도로 등가변환 할 수 있다.
② 블록선도와 신호흐름선도의 대응관계

구분	블록선도	신호흐름선도 등가변환
직렬 결합	$R(s) \to G_1 \to G_2 \to C(s)$	$R \xrightarrow{G_1} \circ \xrightarrow{G_2} C$
병렬 결합	$R(s)$ 가 G_1, G_2 를 거쳐 ± 합산되어 $C(s)$	$R \xrightarrow{1} \circ \xrightarrow{G_1} \circ \xrightarrow{1} C$, G_2
되먹임 결합	$R(s) \to \pm \to G \to C(s)$, H 되먹임	$R \xrightarrow{1} \circ \xrightarrow{G} \circ \xrightarrow{1} C$, $\pm H$

[표 11-4] 등가변환의 관계

(2) 용어 정리

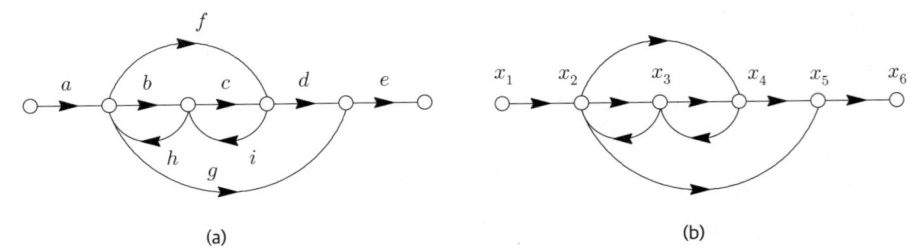

(a) (b)

[그림 11-13] 신호흐름선도

(a) 전향경로 1 (b) 전향경로 2 (c) 전향경로 3

[그림 11-14] 전향경로

(a) 루프 1 (b) 루프 2 (c) 루프 3

[그림 11-15] 루프(loop)

① **입력마디**(input node 또는 source)
- ㉠ 신호가 밖으로 나가는 방향의 가지만 갖는 마디
- ㉡ [그림 11-13](b)에서의'x_1'를 말한다.

② **출력마디**(output node 또는 sink)
- ㉠ 신호가 안으로 들어오는 방향의 가지만 갖는 마디
- ㉡ [그림 11-13](b)에서의 'x_6'를 말한다.

③ **경로**(path): 동일한 진행방향을 갖는 연결된 가지의 집합

④ **전향경로**(forward path)
- ㉠ 입력마디에서 출발하여 출발마디에서 끝나는 것으로 통과하는 마디는 두 번 다시 통과하지 않는 경로
- ㉡ [그림 11-13](a)에서 '$abcde$, age, $afde$'의 경로를 말한다.

⑤ **경로이득**(path gain): 어떤 경로를 지날 때, 그 경로에 포함된 가지 이득의 곱을 말한다.

⑥ **궤환 루프**(feedback loop)
- ㉠ 어떤 마디에서 출발하여 그 마디로 되돌아오는 것으로 한 마디를 두 번 이상 지나지 않는다.
- ㉡ [그림 11-14]와 같은 경로를 말한다.

⑦ **루프 이득**(loop gain): 궤환 루프를 형성하는 각 지로 이득의 곱을 말한다.
여기서, 지로이득이란 마디와 마디(node) 사이의 이득(a, b, c 등)을 말한다.

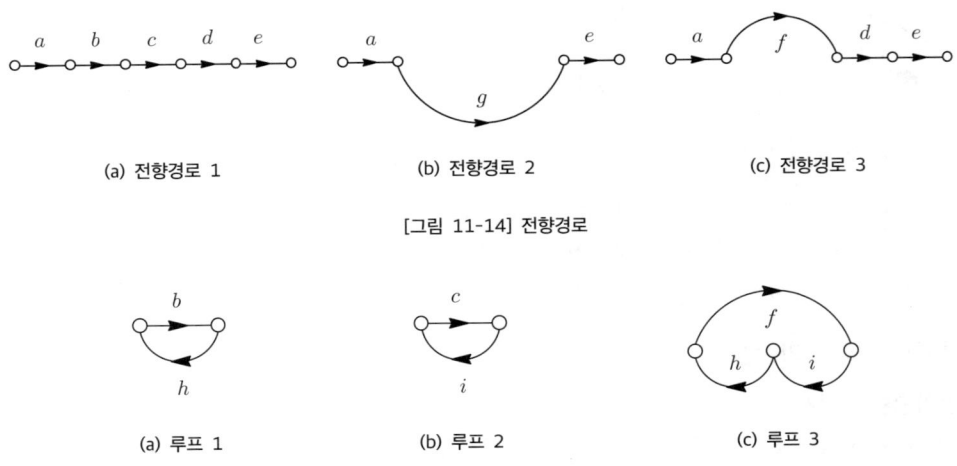

5. 신호흐름선도의 일반 이득공식

(1) 신호흐름선도에서 출력과 입력과의 비, 즉 계통의 이득 또는 전달함수는 다음의 메이슨(Mason)의 정리에 의하여 구할 수 있다.

(2) 메이슨 공식

$$M = \frac{C}{R} = \sum_{K=1}^{N} \frac{G_K \Delta_k}{\Delta} \quad \quad \text{[식 11-29]}$$

여기서, G_K: K번째의 전향경로의 이득

Δ_k: K번째의 전향 경로에 접하지 않은 부분의 Δ 값

$\Delta = 1 - \sum \ell_1 + \sum \ell_2 - \sum \ell_3 + \sum \ell_4 - \cdots + (-1)^n \sum \ell_n$

$\sum \ell_1$: 서로 다른 루프 이득의 합

$\sum \ell_2$: 서로 접촉하지 않은 두 개의 루프 이득의 곱의 합

$\sum \ell_3$: 서로 접촉하지 않은 세 개의 루프 이득의 곱의 합

$\sum \ell_n$: 서로 접촉하지 않은 n 개의 루프 이득의 곱의합

(3) 메이슨 공식의 활용

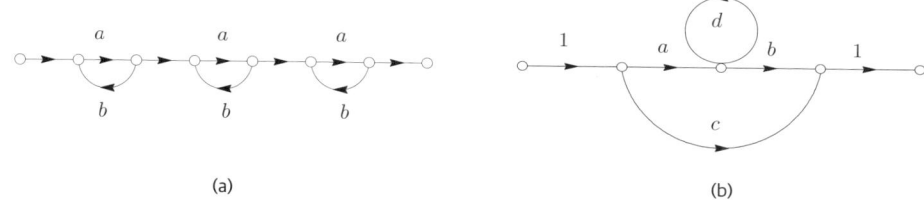

[그림 11-16] 신호흐름선도

① [그림 11-16](a)의 풀이

㉠ $\sum \ell_1 = ab + ab + ab = 3ab$

㉡ $\sum \ell_2 = a^2b^2 + a^2b^2 + a^2b^2 = 3a^2b^2$

㉢ $\sum \ell_3 = a^3b^3$

㉣ $\Delta = 1 - \sum \ell_1 + \sum \ell_2 - \sum \ell_3 = 1 - 3ab + 3a^2b^2 - a^3b^3 = (1-ab)^3$

㉤ $G_1 = a^3$, $\Delta_1 = 1$

∴ 메이슨 공식: $M(s) = \dfrac{\sum G_K \Delta_K}{\Delta} = \dfrac{a^3}{(1-ab)^3}$

② [그림 11-16](b)의 풀이

㉠ $\Delta = 1 - \sum \ell_1 = 1 - d$

㉡ $G_1 = ab, \Delta_1 = 1$

㉢ $G_2 = c, \Delta_2 = \Delta = 1 - d$

∴ 메이슨 공식: $M(s) = \dfrac{\sum G_K \Delta_K}{\Delta} = \dfrac{G_1 \Delta_1 + G_2 \Delta_2}{\Delta} = \dfrac{ab + c(1-d)}{1-d}$

핵심 요점정리

1. 전달함수의 정의

① 모든 초기값을 0으로 했을 때 입력변수의 laplace 변환과 출력 변수의 laplace 변환의 비이다.

② 전달함수: $G(s) = \dfrac{\mathcal{L}\,출력}{\mathcal{L}\,입력} = \dfrac{C(s)}{R(s)} = \dfrac{Y(s)}{X(s)} = \dfrac{V_o(s)}{V_i(s)}$

③ 일반화된 임피던스: $R\,[\Omega]$, $Ls\,[\Omega]$, $\dfrac{1}{Cs}\,[\Omega]$ (여기서 $s = j\omega$)

입력 $x(t)$ / $X(s)$ → $G(s)$ → 출력 $y(t)$ / $Y(s)$

2. 전달함수의 시험 패턴

① $G(s) = \dfrac{V_o(s)}{V_i(s)} = \dfrac{Z_o(s)}{Z_i(s)}$: 출력에서본 임피던스 / 입력에서본 임피던스

② $G(s) = \dfrac{V_o(s)}{I(s)} = Z_o(s)$: 출력 측 임피던스를 구함

③ $G(s) = \dfrac{I(s)}{V_i(s)} = \dfrac{1}{Z_i(s)}$: 입력 측 어드미턴스를 구함

3. 블록선도와 신호흐름선도

① 메이슨 공식의 간이화: $G(s) = \dfrac{\sum 전향경로이득}{1 - \sum 페루프이득}$

② 메이슨 공식: $M = \dfrac{C}{R} = \sum\limits_{K=1}^{N} \dfrac{G_K \Delta_k}{\Delta}$

　㉠ G_K : K번째의 전향경로의 이득

　㉡ Δ_K : K번째의 전향 경로에 접하지 않은 부분의 Δ 값

　㉢ $\Delta = 1 - \sum \ell_1 + \sum \ell_2 - \sum \ell_3 + \sum \ell_4 - \cdots + (-1)^n \sum \ell_n$

　㉣ $\sum \ell_1$: 서로 다른 루프 이득의 합

　㉤ $\sum \ell_2$: 서로 접촉하지 않은 두 개의 루프 이득의 곱의 합

　㉥ $\sum \ell_3$: 서로 접촉하지 않은 세 개의 루프 이득의 곱의 합

　㉦ $\sum \ell_n$: 서로 접촉하지 않은 n 개의 루프 이득의 곱의 합

② 블록선도의 예

블록선도	전달함수
$R(s) \to \oplus \to G_1 \to C(s)$, 피드백 G_2	$G(s) = \dfrac{G_1}{1+G_1 G_2}$
2단 피드백 (G_1, G_2, G_3)	$G(s) = \dfrac{G_1 G_2}{1+G_1 G_2 + G_2 G_3}$
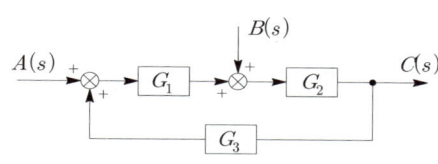 $A(s), B(s)$ 입력, G_1, G_2, G_3, 출력 $C(s)$	① $G_1(s) = \dfrac{C_1(s)}{A(s)} = \dfrac{G_1 G_2}{1-G_1 G_2 G_3}$ ② $G_2(s) = \dfrac{C_2(s)}{B(s)} = \dfrac{G_2}{1-G_1 G_2 G_3}$ ③ 종합 전달함수 $G(s) = G_1(s) + G_2(s) = \dfrac{G_1 G_2 + G_2}{1-G_1 G_2 G_3}$ ④ 종합 출력 $C(s) = C_1(s) + C_2(s)$ $= \dfrac{G_1 G_2 A(s) + G_2 B(s)}{1-G_1 G_2 G_3}$

③ 신호흐름선도의 예

블록선도	전달함수
a, b, c, d 경로, e 자기루프, $-f$ 피드백	$G(s) = \dfrac{abcd}{1-ce+bcf}$
$1, a, 1, 1$ 경로, b, c 병렬	$G(s) = a+b+c$
G_2 상단경로, G_1 중간, H 피드백	① $\Delta = 1 - G_1 H$ ② 경로1: G_1, $\Delta_1 = 1$ ③ 경로2: G_2, $\Delta_2 = 1 - G_1 H$ ④ $G(s) = \dfrac{\sum G_k \Delta_k}{\Delta} = \dfrac{G_1 \Delta_1 + G_2 \Delta_2}{1-\sum \ell_1}$ $= \dfrac{G_1 + G_2(1-G_1 H)}{1-G_1 H}$

4. 제어요소

① 비례요소: $G(s) = K$

② 미분요소: $G(s) = Ks$

③ 적분요소: $G(s) = \dfrac{K}{s}$

④ 1차 지연요소: $G(s) = \dfrac{K}{1+Ts}$

⑤ 2차 지연요소: $G(s) = \dfrac{K\omega_n^2}{s^2 + 2\zeta\omega_n s + \omega_n^2}$

⑥ 부동작 요소: $G(s) = Ke^{-Ls}$

5. 보상기

진상 보상기(미분회로)	지상 보상기(적분회로)
① 입력측에 C가 존재하는 경우 ② 출력신호의 위상이 입력신호 위상보다 앞서도록 보상 ③ 목적: 안정도와 속응성 개선 ④ 전달함수: $G(s) = \dfrac{s+b}{s+a}$ ∴ $a > b$: 진상 보상기	① 출력측에 C가 존재하는 경우 ② 출력신호의 위상이 입력신호 위상보다 늦도록 보상 ③ 목적: 정상편차를 개선 ④ 전달함수: $= \dfrac{1+\alpha Ts}{1+Ts}$ $\begin{cases} \alpha T = R_2 C \\ \alpha = \dfrac{R_2}{R_1 + R_2} \end{cases}$ ∴ $\alpha < 1$: 지상 보상기

6. 물리계통의 전기적 유추

① 전기계 전달함수: $G(s) = \dfrac{Q(s)}{E(s)} = \dfrac{1}{Ls^2 + Rs + \dfrac{1}{C}}$

② 직선 운동계 전달함수: $G(s) = \dfrac{Y(s)}{F(s)} = \dfrac{1}{Ms^2 + Bs + K}$

③ 회전 운동계 전달함수: $T(t) = J\dfrac{d^2\theta(t)}{dt^2} + B\dfrac{d\theta}{dt} + K\theta(t)$

출제예상문제

※ 출제예상문제는 기출분석을 바탕으로 자주 출제되는 유형을 선별하였습니다.

11-1 3상 교류의 개요

01 전달함수의 성질 중 틀린 것은?

① 어떤 계의 전달함수는 그 계에 대한 임펄스 응답의 라플라스 변환과 같다.
② 전달함수 $G(s)$인 계의 입력이 임펄스 함수(δ함수)이고 모든 초기치가 0이면 그 계의 출력변환은 $G(s)$와 같다.
③ 계의 전달함수는 계의 미분방정식을 라플라스 변환하고 초기치에 의하여 생긴 항을 무시하면 $G(s) = \mathcal{L}^{-1}\left[\dfrac{Y^2}{X^2}\right]$와 같이 얻어진다.
④ 계 전달함수의 분모를 0으로 놓으면 이것이 곧 특성방정식이 된다.

정답분석
전달함수의 정의
모든 초기값을 0으로 했을 때 입력변수의 라플라스 변환과 출력 변수의 라플라스 변환의 비를 의미한다.
$\therefore G(s) = \dfrac{C(s)}{R(s)} = \dfrac{Y(s)}{X(s)} = \dfrac{V_o(s)}{V_i(s)}$

정답 ③

02 그림에서 전달함수 $G(s)$는?

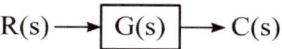

① $\dfrac{R(s)}{C(s)}$ ② $\dfrac{C(s)}{R(s)}$

③ $R(s) \cdot C(s)$ ④ $\dfrac{C^2(s)}{R(s)}$

정답분석
전달함수의 정의
모든 초기값을 0으로 했을 때 입력변수의 라플라스 변환과 출력 변수의 라플라스 변환의 비를 의미한다.
$\therefore G(s) = \dfrac{\mathcal{L}[c(t)]}{\mathcal{L}[r(t)]} = \dfrac{C(s)}{R(s)}$

정답 ②

03 그림과 같은 회로의 전달함수는?
(단, $\dfrac{L}{R} = T$: 시정수이다.)

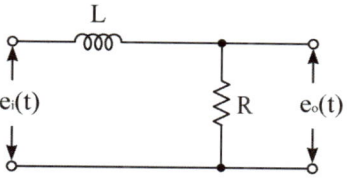

① $Ts^2 + 1$ ② $\dfrac{1}{Ts + 1}$

③ $Ts + 1$ ④ $\dfrac{1}{Ts^2 + 1}$

정답분석
$G(s) = \dfrac{E_o(s)}{E_i(s)} = \dfrac{I(s)R}{I(s)(Ls+R)} = \dfrac{R}{Ls+R}$
$= \dfrac{1}{\dfrac{L}{R}s+1} = \dfrac{1}{Ts+1}$

정답 ②

04 그림과 같은 $R-L$ 회로의 전달함수는?

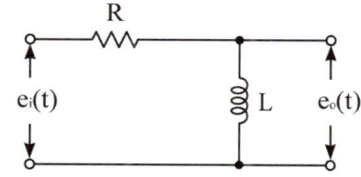

① $\dfrac{L}{R+Ls}$ ② $\dfrac{1}{R+Ls}$

③ $\dfrac{1}{s+\dfrac{R}{L}}$ ④ $\dfrac{s}{s+\dfrac{R}{L}}$

정답분석
전달함수: $G(s) = \dfrac{E_o(s)}{E_i(s)} = \dfrac{Z_o(s)}{Z_i(s)}$
$= \dfrac{Ls}{R+Ls} = \dfrac{s}{s+\dfrac{R}{L}}$

정답 ④

05
다음 회로에서 $V_1(s)$를 입력, $V_2(s)$를 출력이라 할 때 전달함수가 $\frac{1}{s+1}$ 가 되려면 $C[F]$의 값은?

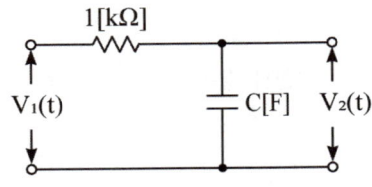

① 1　　　　　② 0.1
③ 0.01　　　　④ 0.001

정답분석

㉠ 전달함수: $G(s) = \dfrac{V_2(s)}{V_1(s)} = \dfrac{Z_o(s)}{Z_i(s)}$

$= \dfrac{\frac{1}{Cs}}{R + \frac{1}{Cs}} = \dfrac{1}{RCs+1}$

㉡ $RC = 1$ 이 되려면 정전용량은

$\therefore C = \dfrac{1}{R} = \dfrac{1}{10^3} = 0.001\,[\text{F}]$

정답 ④

06
다음 그림과 같은 회로의 전달함수는?

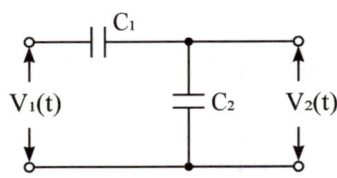

① $C_1 + C_2$　　② $\dfrac{C_2}{C_1}$
③ $\dfrac{C_1}{C_1+C_2}$　　④ $\dfrac{C_2}{C_1+C_2}$

정답분석

$G(s) = \dfrac{\frac{1}{C_2 s}}{\frac{1}{C_1 s} + \frac{1}{C_2 s}} = \dfrac{\frac{1}{C_2}}{\frac{1}{C_1} + \frac{1}{C_2}}$

$= \dfrac{C_1}{C_1 + C_2}$

정답 ③

07
그림과 같은 회로의 전압비 전달함수 $V_2(s)/V_1(s)$는?

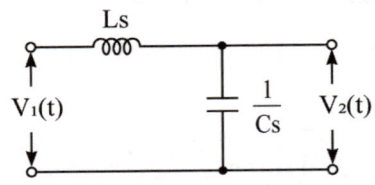

① $\dfrac{LCs}{s^2 + LC}$　　② $\dfrac{\frac{1}{LCs}}{s^2 + LC}$

③ $\dfrac{\frac{1}{LC}}{s^2 + \frac{1}{LC}}$　　④ $\dfrac{\frac{1}{LC}}{s^2 + LC}$

정답분석

$G(s) = \dfrac{V_2(s)}{V_1(s)} = \dfrac{Z_o(s)}{Z_i(s)} = \dfrac{\frac{1}{Cs}}{Ls + \frac{1}{Cs}}$

$= \dfrac{1}{LCs^2 + 1} = \dfrac{\frac{1}{LC}}{s^2 + \frac{1}{LC}}$

정답 ③

08

그림의 전기회로에서 전달함수 $\dfrac{E_2(s)}{E_1(s)}$ 는?

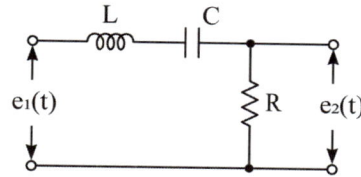

① $\dfrac{LRs}{LCs^2+RCs+1}$

② $\dfrac{Cs}{LCs^2+RCs+1}$

③ $\dfrac{RCs}{LCs^2+RCs+1}$

④ $\dfrac{LRC}{LCs^2+RCs+1}$

정답분석

$G(s) = \dfrac{E_2(s)}{E_1(s)} = \dfrac{Z_o(s)}{Z_i(s)}$

$= \dfrac{R}{Ls+\dfrac{1}{Cs}+R} = \dfrac{RCs}{LCs^2+RCs+1}$

정답 ③

09

회로에서의 전압비 전달함수 $\dfrac{E_o(s)}{E_i(s)}$ 는?

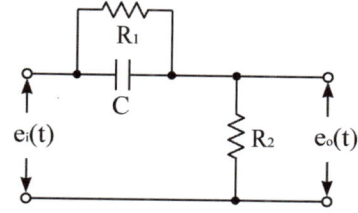

① $\dfrac{R_1+Cs}{R_1+R_2+Cs}$

② $\dfrac{R_2+Cs}{R_1+R_2+Cs}$

③ $\dfrac{R_1+R_1R_2Cs}{R_1+R_2+R_1R_2Cs}$

④ $\dfrac{R_2+R_1R_2Cs}{R_1+R_2+R_1R_2Cs}$

정답분석

$G(s) = \dfrac{E_o(s)}{E_i(s)} = \dfrac{Z_o(s)}{Z_i(s)}$

$= \dfrac{R_2}{R_2+\dfrac{R_1\times\dfrac{1}{Cs}}{R_1+\dfrac{1}{Cs}}} = \dfrac{R_2}{R_2+\dfrac{R_1}{R_1Cs+1}}$

$= \dfrac{R_2\times(1+R_1Cs)}{\left(R_2+\dfrac{R_1}{R_1Cs+1}\right)\times(1+R_1Cs)}$

$= \dfrac{R_2+R_1R_2Cs}{R_2+R_1R_2Cs+R_1}$

$= \dfrac{(1+R_1Cs)R_2}{R_1+R_2+R_1R_2Cs}$

정답 ④

10 그림과 같은 LC 브리지 회로의 전달함수 $G(s)$는?

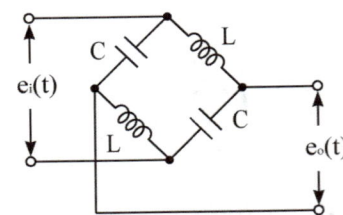

① $\dfrac{1}{1+LCs^2}$ ② $\dfrac{Ls}{1+LCs^2}$

③ $\dfrac{LCs}{1+LCs^2}$ ④ $\dfrac{1-LCs^2}{1+LCs^2}$

정답분석

$G(s) = \dfrac{E_o(s)}{E_i(s)} = \dfrac{\dfrac{1}{Cs} - Ls}{\dfrac{1}{Cs} + Ls} = \dfrac{1-LCs^2}{1+LCs^2}$

정답 ④

11 그림과 같은 LC 브리지 회로의 전달함수 $G(s)$는?

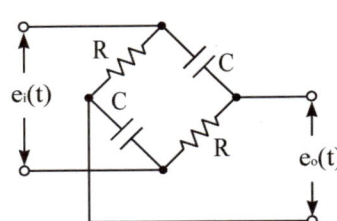

① $\dfrac{RCs-1}{RCs+1}$ ② $\dfrac{1}{RCs+1}$

③ $\dfrac{RCs+1}{RCs+1}$ ④ $\dfrac{1}{RCs-1}$

정답분석

$G(s) = \dfrac{E_o(s)}{E_i(s)} = \dfrac{R-\dfrac{1}{Cs}}{R+\dfrac{1}{Cs}} = \dfrac{RCs-1}{RCs+1}$

정답 ①

12 그림과 같은 R, L, C 회로에서 입력전압 $e_i(t)$, 출력 전류가 $i(t)$인 경우 이 회로의 전달함수 $\dfrac{I(s)}{E_i(s)}$는?

(단, 모든 초기조건은 0 이다.)

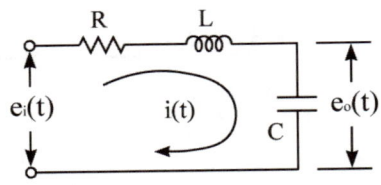

① $\dfrac{Cs}{RCs^2+LCs+1}$

② $\dfrac{1}{RCs^2+LCs+1}$

③ $\dfrac{Cs}{LCs^2+RCs+1}$

④ $\dfrac{1}{LCs^2+RCs+1}$

정답분석

㉠ 회로방정식

$e_i(t) = Ri(t) + L\dfrac{di(t)}{dt} + \dfrac{1}{C}\int i(t)\,dt$

㉡ 라플라스 변환하면

$E_i(s) = RI(s) + LsI(s) + \dfrac{1}{Cs}I(s)$

$= I(s)\left(R+Ls+\dfrac{1}{Cs}\right)$

∴ 전달함수

$G(s) = \dfrac{I(s)}{E_i(s)} = \dfrac{1}{R+Ls+\dfrac{1}{Cs}}$

$= \dfrac{Cs}{LCs^2+RCs+1}$

정답 ③

13 그림과 같은 회로에서 전달함수 $\dfrac{E_o(s)}{I(s)}$ 는 얼마인가? (단, 초기조건은 모두 0 으로 한다.)

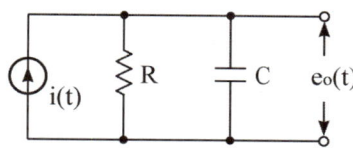

① $\dfrac{1}{RCs+1}$ ② $\dfrac{R}{RCs+1}$
③ $\dfrac{C}{RCs+1}$ ④ $\dfrac{RCs}{RCs+1}$

$G(s) = \dfrac{E_o(s)}{I(s)} = \dfrac{I(s)Z_o(s)}{I(s)} = Z_o(s)$

$= \dfrac{R \times \dfrac{1}{Cs}}{R + \dfrac{1}{Cs}} = \dfrac{R}{RCs+1}$

정답 ②

14 그림과 같은 회로에서 전달함수 $\dfrac{E_o(s)}{I(s)}$ 는?

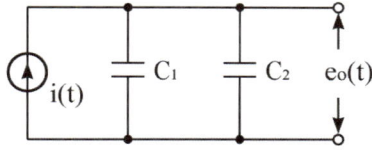

① $\dfrac{1}{s(C_1+C_2)}$ ② $\dfrac{C_1 C_2}{C_1+C_2}$
③ $\dfrac{C_1}{s(C_1+C_2)}$ ④ $\dfrac{C_2}{s(C_1+C_2)}$

$G(s) = \dfrac{E_o(s)}{I(s)} = \dfrac{I(s)Z_o(s)}{I(s)} = Z_o(s)$

$= \dfrac{1}{Cs} = \dfrac{1}{(C_1+C_2)s}$

정답 ①

15 어떤 계를 표시하는 미분방정식이 아래와 같은 때, $x(t)$를 입력, $y(t)$를 출력이라고 한다면 이 계의 전달함수는 어떻게 표시되는가?

$$\dfrac{d^2 y(t)}{dt^2} + 3\dfrac{dy(t)}{dt} + 2y(t) = \dfrac{dx(t)}{dt} + x(t)$$

① $G(s) = \dfrac{s^2+3s+2}{s+1}$

② $G(s) = \dfrac{2s^2+3s+2}{s^2+1}$

③ $G(s) = \dfrac{s+1}{s^2+3s+2}$

④ $G(s) = \dfrac{s^2+s+1}{2s+1}$

㉠ 미분방정식을 라플라스 변환하면
$s^2 Y(s) + 3s Y(s) + 2 Y(s) = s X(s) + X(s)$
㉡ $Y(s)(s^2+3s+2) = X(s)(s+1)$
∴ 전달함수
$G(s) = \dfrac{Y(s)}{X(s)} = \dfrac{s+1}{s^2+3s+2}$

정답 ③

16 $\dfrac{X(s)}{R(s)} = \dfrac{1}{s+4}$ 의 전달함수를 미분방정식으로 표시하면?

① $\dfrac{d}{dt}r(t) + 4r(t) = x(t)$

② $\displaystyle\int r(t)dt + 4r(t) = x(t)$

③ $\dfrac{d}{dt}x(t) + 4x(t) = r(t)$

④ $\displaystyle\int r(t)dt + 4x(t) = r(t)$

문제의 전달함수를 정리하면
$(s+4)X(s) = R(s)$, $sX(s) + 4X(s) = R(s)$이
되고 이를 역라플라스 변환하면
∴ 미분방정식: $\dfrac{d}{dt}x(t) + 4x(t) = r(t)$

정답 ③

17 어떤 제어계의 전달함수가 $G(s) = \dfrac{2s+1}{s^2+s+1}$로 표시될 때, 이 계에 입력 $x(t)$를 가했을 경우 출력 $y(t)$를 구하는 미분방정식으로 알맞은 것은?

① $\dfrac{d^2y(t)}{dt^2} + \dfrac{dy(t)}{dt} + y = 2\dfrac{dy(t)}{dx} + x(t)$

② $\dfrac{d^2y(t)}{dt^2} + \dfrac{dy(t)}{dt} + y(t) = 2\dfrac{dx(t)}{dt} + x(t)$

③ $\dfrac{d^2y(t)}{dt} + \dfrac{dy(t)}{dt} + y(t) = 2\dfrac{dx(t)}{dt} + x(t)$

④ $\dfrac{d^2y(t)}{dt} + \dfrac{dy(t)}{dx} + y(t) = 2\dfrac{dx(t)}{dt} + x(t)$

 정답 분석

전달함수 $G(s) = \dfrac{Y(s)}{X(s)} = \dfrac{2s+1}{s^2+s+1}$에서

이를 정리하면
$Y(s)(s^2+s+1) = X(s)(2s+1)$,
$s^2Y(s) + sY(s) + Y(s) = 2sX(s) + X(s)$

이므로 이를 역라플라스 변환하면
∴ 미분방정식
$\dfrac{d^2y(t)}{dt^2} + \dfrac{dy(t)}{dt} + y(t) = 2\dfrac{dx(t)}{dt} + x(t)$

정답 ②

18 다음 사항을 옳게 표현된 것은?

① 비례요소의 전달함수는 $\dfrac{1}{Ts}$이다.

② 미분요소의 전달함수는 K이다.

③ 적분요소의 전달함수는 Ts이다.

④ 1차 지연요소의 전달함수는 $\dfrac{K}{Ts+1}$이다.

 정답 분석

㉠ 비례요소: $G(s) = K$
㉡ 미분요소: $G(s) = Ks$
㉢ 적분요소: $G(s) = \dfrac{K}{s}$
㉣ 1차 지연요소: $G(s) = \dfrac{K}{Ts+1}$

정답 ④

19 그림과 같은 액면계에서 $q(t)$를 입력, $h(t)$를 출력으로 본 전달함수는?

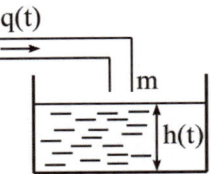

① $\dfrac{K}{s}$ ② Ks

③ $1+Ks$ ④ $\dfrac{K}{1+s}$

 정답 분석

$h(t) = \dfrac{1}{A}\int q(t)\,dt$에서 이를 라플라스 변환하면

$H(s) = \dfrac{1}{As}Q(s) = \dfrac{K}{s}Q(s)$이므로

∴ 전달함수: $G(s) = \dfrac{H(s)}{Q(s)} = \dfrac{K}{s}$

정답 ①

20 부동작 시간 요소의 전달함수는?

① K ② $\dfrac{K}{s}$
③ Ke^{-Ls} ④ Ks

정답분석 전달함수의 부동작 시간요소는 제어계의 시간추이요소에 해당되는 값으로서 전달함수는 $G(s) = Ke^{-Ls}$로 표현된다.

정답 ③

21 전달함수에 대한 설명으로 틀린 것은?

① 어떤 계의 전달함수는 그 계에 대한 임펄스 응답의 라플라스 변환과 같다.
② 전달함수는 $\dfrac{\text{출력 라플라스 변환}}{\text{입력 라플라스 변환}}$으로 정의된다.
③ 전달함수가 s가 될 때 적분요소라 한다.
④ 어떤 계의 전달함수의 분모를 0으로 놓으면 이것이 곧 특성방정식이다.

정답확인

정답 ③

22 자동제어의 각 요소를 블록 선도로 표시할 때에 각 요소를 전달함수로 표시하고 신호의 전달 경로는 무엇으로 표시하는가?

① 전달함수 ② 단자
③ 화살표 ④ 출력

정답확인

정답 ③

23 그림과 같은 미분요소에 입력으로 단위계단 함수를 사용하면 출력 파형은?

$X(s) \rightarrow \boxed{Ks} \rightarrow Y(s)$

① 임펄스 파형 ② 사인파형
③ 삼각파형 ④ 톱니파형

정답분석 임펄스 파형 $\delta(t)$는 단위 계단 함수 $u(t)$를 미분한 값을 말한다.
∴ $\delta(t) = \dfrac{d}{dt}u(t) \xrightarrow{\mathcal{L}} 1$

정답 ①

24 다음 시스템의 전달함수(C/R)는?

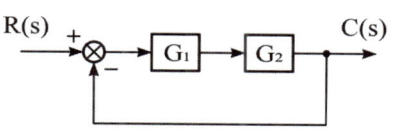

① $\dfrac{G_1G_2}{1+G_1G_2}$ ② $\dfrac{G_1G_2}{1-G_1G_2}$
③ $\dfrac{1+G_1G_2}{G_1G_2}$ ④ $\dfrac{1-G_1G_2}{G_1G_2}$

정답분석 종합 전달함수 (메이슨 공식)
$M(s) = \dfrac{C(s)}{R(s)} = \dfrac{\sum \text{전향 경로 이득}}{1 - \sum \text{폐루프 이득}}$
$= \dfrac{G_1G_2}{1-(-G_1G_2)} = \dfrac{G_1G_2}{1+G_1G_2}$

정답 ①

25 다음과 같은 블럭선도의 등가 합성 전달함수는?

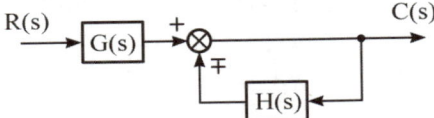

① $\dfrac{1}{1 \pm G(s)H(s)}$ ② $\dfrac{G(s)}{1 \pm G(s)H(s)}$

③ $\dfrac{G(s)}{1 \pm H(s)}$ ④ $\dfrac{1}{1 \pm H(s)}$

종합 전달함수 (메이슨 공식)

$$M(s) = \dfrac{C(s)}{R(s)} = \dfrac{\sum \text{전향 경로 이득}}{1 - \sum \text{폐루프 이득}}$$

$$= \dfrac{G(s)}{1 - [\mp H(s)]} = \dfrac{G(s)}{1 \pm H(s)}$$

정답 ③

27 그림과 같은 블록선도에 대한 등가 종합 전달함수(C/R)는?

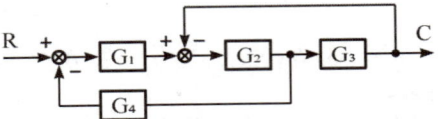

① $\dfrac{G_1 G_2 G_3}{1 + G_1 G_2 + G_1 G_2 G_3}$

② $\dfrac{G_1 G_2 G_3}{1 + G_2 G_3 + G_1 G_2 G_3}$

③ $\dfrac{G_1 G_2 G_4}{1 + G_1 G_2 + G_1 G_2 G_4}$

④ $\dfrac{G_1 G_2 G_3}{1 + G_2 G_3 + G_1 G_2 G_4}$

종합 전달함수 (메이슨 공식)

$$M(s) = \dfrac{C(s)}{R(s)} = \dfrac{\sum \text{전향 경로 이득}}{1 - \sum \text{폐루프 이득}}$$

$$= \dfrac{G_1 G_2 G_3}{1 - (-G_1 G_2 G_4 - G_2 G_3)}$$

$$= \dfrac{G_1 G_2 G_3}{1 + G_1 G_2 G_4 + G_2 G_3}$$

정답 ④

26 그림과 같은 블록선도에서 $\dfrac{C}{R}$의 값은?

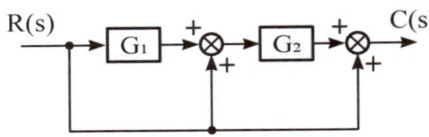

① $1 + G_1 + G_1 G_2$

② $1 + G_2 + G_1 G_2$

③ $\dfrac{G_1 + G_2}{1 - G_2 - G_1 G_2}$

④ $\dfrac{(1 + G_1) G_2}{1 - G_2}$

종합 전달함수 (메이슨 공식)

$$M(s) = \dfrac{C(s)}{R(s)} = \dfrac{\sum \text{전향 경로 이득}}{1 - \sum \text{폐루프 이득}}$$

$$= \dfrac{G_1 G_2 + G_2 + 1}{1 - 0} = 1 + G_2 + G_1 G_2$$

정답 ②

28
다음과 같은 블록선도에서 등가 합성 전달함수 $\dfrac{C}{R}$는?

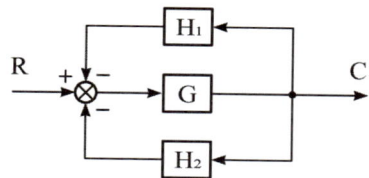

① $\dfrac{H_1+H_2}{1+G}$
② $\dfrac{G}{1-H_3G-H_2G}$
③ $\dfrac{H_1}{1+H_1H_2G}$
④ $\dfrac{G}{1+H_1G+H_2G}$

정답분석 종합 전달함수 (메이슨 공식)

$$M(s)=\dfrac{C(s)}{R(s)}=\dfrac{\sum 전향\ 경로\ 이득}{1-\sum 폐루프\ 이득}$$

$$=\dfrac{G}{1-(-GH_1-GH_2)}$$

$$=\dfrac{G}{1+H_1G+H_2G}$$

정답 ④

29
그림과 같은 피드백 회로의 종합 전달함수는?

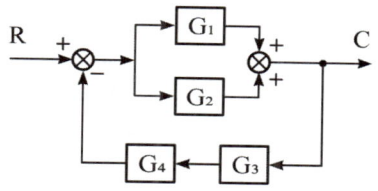

① $\dfrac{G_1G_2}{1+G_1G_2+G_3G_4}$
② $\dfrac{G_1+G_2}{1+G_1G_3G_4+G_2G_3G_4}$
③ $\dfrac{G_1+G_2}{1+G_1G_2G_3G_4+G_2G_3G_4}$
④ $\dfrac{G_1G_2}{1+G_4G_2+G_3G_4}$

정답분석 종합 전달함수 (메이슨 공식)

$$M(s)=\dfrac{C(s)}{R(s)}=\dfrac{\sum 전향\ 경로\ 이득}{1-\sum 폐루프\ 이득}$$

$$=\dfrac{G_1+G_2}{1-[-(G_1+G_2)G_3G_4]}$$

$$=\dfrac{G_1+G_2}{1+(G_1+G_2)G_3G_4}$$

정답 ②

30

블록선도에서 $r(t)=25$, $G_1=1$, $H_2=5$, $c(t)=50$일 때 H_1을 구하면?

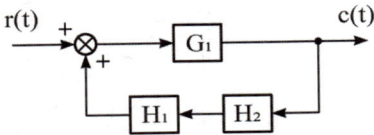

① $\dfrac{1}{4}$ ② $\dfrac{1}{10}$

③ $\dfrac{2}{5}$ ④ $\dfrac{2}{3}$

정답분석

㉠ $M(s) = \dfrac{C(s)}{R(s)} = \dfrac{50/s}{25/s} = 2$

㉡ $M(s) = \dfrac{\sum \text{전향 경로 이득}}{1 - \sum \text{페루프 이득}}$

$= \dfrac{G_1}{1 - G_1 H_1 H_2} = \dfrac{1}{1 - 5H_1}$

㉢ $M(s) = 2 = \dfrac{1}{1 - 5H_1}$ 이므로

$2(1-5H_1) = 1$에서 $2 - 10H_1 = 1$이 된다.

∴ $H_1 = \dfrac{1}{10}$

정답 ②

31

다음 그림과 같은 블록선도에서 입력 R과 외란 D가 가해질 때 출력 C는?

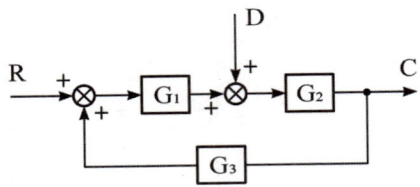

① $\dfrac{G_1 G_2 R + G_2 D}{1 + G_1 G_2 G_3}$

② $\dfrac{G_1 G_2 R - G_2 D}{1 + G_1 G_2 G_3}$

③ $\dfrac{G_1 G_2 R + G_2 D}{1 - G_1 G_2 G_3}$

④ $\dfrac{G_1 G_2 R - G_3 D}{1 - G_1 G_2 G_3}$

정답분석

㉠ 출력 $C = [(R + CG_3)G_1 + D]G_2$
$= (RG_1 + CG_1 G_3 + D)G_2$
$= RG_1 G_2 + CG_1 G_2 G_3 + DG_2$

㉡ 위 식을 정리하면 다음과 같다.
$C - CG_1 G_2 G_3 = RG_1 G_2 + DG_2$,
$C(1 - G_1 G_2 G_3) = RG_1 G_2 + DG_2$

∴ $C = \dfrac{RG_1 G_2 + DG_2}{1 - G_1 G_2 G_3}$

$= \dfrac{G_1 G_2}{1 - G_1 G_2 G_3} R + \dfrac{G_2}{1 - G_1 G_2 G_3} D$

정답 ③

32
개루프 전달함수가 $G(s) = \dfrac{s+2}{s(s+1)}$ 일 때, 폐루프 전달함수는?

① $\dfrac{s+2}{s^2+s}$ ② $\dfrac{s+2}{s^2+2s+2}$

③ $\dfrac{s+2}{s^2+s+2}$ ④ $\dfrac{s+2}{s^2+2s+4}$

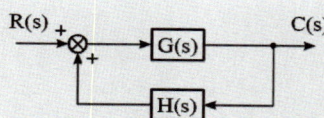

㉠ 종합 전달함수: $M(s) = \dfrac{G(s)}{1+G(s)H(s)}$

㉡ $G(s)H(s)$ 를 개루프 전달함수라 하고 $H(s) = 1$ 인 폐루프 시스템을 단위 (부)궤환 시스템이라 한다.

$\therefore M(s) = \dfrac{G(s)}{1+G(s)} = \dfrac{\frac{s+2}{s(s+1)}}{1+\frac{s+2}{s(s+1)}}$

$= \dfrac{s+2}{s(s+1)+(s+2)} = \dfrac{s+2}{s^2+2s+2}$

정답 ②

33
다음 신호흐름선도에서 전달함수 C/R의 값은?

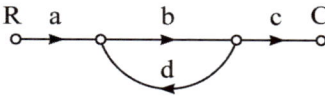

① $G = \dfrac{1-bd}{abc}$ ② $G = \dfrac{1+bd}{abc}$

③ $G = \dfrac{abc}{1+bd}$ ④ $G = \dfrac{abc}{1-bd}$

종합 전달함수 (메이슨 공식)

$M(s) = \dfrac{C(s)}{R(s)} = \dfrac{\sum 전향\ 경로\ 이득}{1-\sum 폐루프\ 이득}$

$= \dfrac{abc}{1-bd}$

정답 ④

34
그림과 같은 신호흐름선도에서 $\dfrac{C}{R}$를 구하면?

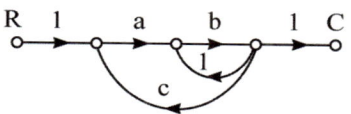

① $\dfrac{ab}{1+b-abc}$ ② $\dfrac{ab}{1-b-abc}$

③ $\dfrac{ab}{1-b+abc}$ ④ $\dfrac{ab}{a+b+abc}$

종합 전달함수 (메이슨 공식)

$M(s) = \dfrac{C(s)}{R(s)} = \dfrac{\sum 전향\ 경로\ 이득}{1-\sum 폐루프\ 이득}$

$= \dfrac{ab}{1-b-abc}$

정답 ②

35
그림과 같은 신호흐름선도에서 $\dfrac{C}{R}$를 구하면?

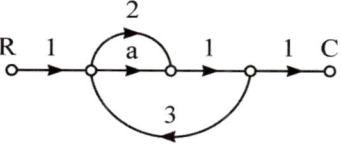

① $a+2$ ② $a+3$

③ $a+5$ ④ $a+6$

종합 전달함수 (메이슨 공식)

$M(s) = \dfrac{C(s)}{R(s)} = \dfrac{\sum 전향\ 경로\ 이득}{1-\sum 폐루프\ 이득}$

$= \dfrac{a+2+3}{1-0} = a+5$

정답 ③

36 그림과 같은 신호흐름 선도에서 전달함수 $C(s)/R(s)$는?

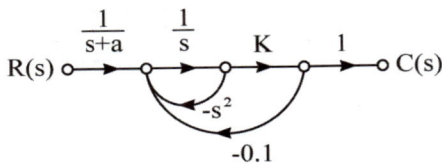

① $\dfrac{C(s)}{R(s)} = \dfrac{K}{(s+a)(s^2+s+0.1K)}$

② $\dfrac{C(s)}{R(s)} = \dfrac{K(s+a)}{(s+a)(s^2+s+0.1K)}$

③ $\dfrac{C(s)}{R(s)} = \dfrac{K}{(s+a)(s^2+s-0.1K)}$

④ $\dfrac{C(s)}{R(s)} = \dfrac{K(s+a)}{(s+a)(-s^2-s+0.1K)}$

정답분석

종합 전달함수 (메이슨 공식)

$M(s) = \dfrac{C(s)}{R(s)} = \dfrac{\sum \text{전향 경로 이득}}{1 - \sum \text{폐루프 이득}}$

$= \dfrac{\dfrac{K}{s(s+a)}}{1 + s + \dfrac{0.1K}{s}}$

$= \dfrac{K}{s(s+a)\left(s+1+\dfrac{0.1K}{s}\right)}$

$= \dfrac{K}{(s+a)(s^2+s+0.1K)}$

정답 ①

pass.Hackers.com

해커스자격증
pass.Hackers.com

해커스 **전기기사·산업기사 필기 회로이론** 한권완성 이론 + 최신기출 + 핵심노트

기출문제(CBT)

2025년 제3회(CBT) 전기기사
2025년 제2회(CBT) 전기기사
2025년 제1회(CBT) 전기기사
2024년 제3회(CBT) 전기기사
2024년 제2회(CBT) 전기기사
2024년 제1회(CBT) 전기기사
2023년 제3회(CBT) 전기기사
2023년 제2회(CBT) 전기기사
2023년 제1회(CBT) 전기기사

2025년 제3회(CBT) 전기산업기사
2025년 제2회(CBT) 전기산업기사
2025년 제1회(CBT) 전기산업기사
2024년 제3회(CBT) 전기산업기사
2024년 제2회(CBT) 전기산업기사
2024년 제1회(CBT) 전기산업기사
2023년 제3회(CBT) 전기산업기사
2023년 제2회(CBT) 전기산업기사
2023년 제1회(CBT) 전기산업기사

2025년 제3회 전기기사

※ CBT문제는 수험생의 기억에 따라 복원된 것이며, 실제 기출문제와 동일하지 않을 수 있습니다.

01

Chapter 02 단상 교류회로의 이해

600[kVA] 역률 0.6(지상) 부하와 800[kVA] 역률 0.8(진상)의 부하가 접속되어 있을 때 종합 피상전력 [kVA]는?

① 1,400
② 1,000
③ 960
④ 0

정답분석

㉠ 부하 1의 피상전력
$P_{a1} = 600 \times 0.6 - j600 \times 0.8$
$\quad = 360 - j480 \,[\text{kVA}]$

㉡ 부하 2의 피상전력
$P_{a2} = 800 \times 0.8 - j800 \times 0.6$
$\quad = 640 + j480 \,[\text{kVA}]$

∴ 합성 부하의 피상전력
$P_a = P_{a1} + P_{a2}$
$\quad = (360 + 640) + j(-480 + 480)$
$\quad = 1000 \,[\text{kVA}]$

정답 ②

02

Chapter 01 직류회로의 이해

그림에서 직류전압계를 그림과 같은 극성으로 연결할 때 전압계의 지시값 [V]는?

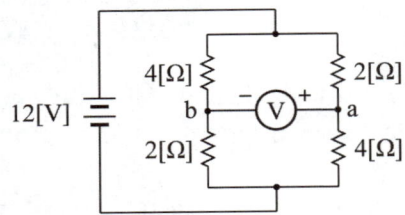

① 4
② -4
③ 8
④ -8

정답분석

㉠ 합성저항 (전압계를 걸어주기 전으로 계산)
$R = \dfrac{(4+2) \times (2+4)}{(4+2)+(2+4)} = 3 \,[\Omega]$ 또는
$R = \dfrac{4+2}{2} = 3 \,[\Omega]$

㉡ 전체 전류: $I = \dfrac{V}{R} = \dfrac{12}{3} = 4 \,[\text{A}]$

㉢ 각 지로의 전류: $I_1 = I_2 = \dfrac{4}{2} = 2 \,[\text{A}]$

㉣ 각 마디 전압
$V_a = 4I_1 = 8 \,[\text{V}], \ V_b = 2I_2 = 4 \,[\text{V}]$

∴ a, b 양단의 전위차(전압)는 $V_{ab} = 4 \,[\text{V}]$가 된다. (전압계 측정 시 높은 전위 측에 +, 낮은 전위 측에 − 단자를 접촉시켜야한다. 만약, 반대로 측정하면 −전압으로 표시된다.)

정답 ①

Chapter 04 비정현파 교류회로의 이해

03 어떤 함수 $f(t)$를 비정현파의 푸리에급수에 의한 전개로 옳게 나타낸 것은?

① $\sum_{n=1}^{\infty} a_n \sin n\omega t + \sum_{n=1}^{\infty} b_n \sin n\omega t$

② $\sum_{n=1}^{\infty} a_n \sin n\omega t + \sum_{n=1}^{\infty} b_n \cos n\omega t$

③ $a_0 + \sum_{n=1}^{\infty} a_n \cos n\omega t + \sum_{n=1}^{\infty} b_n \cos n\omega t$

④ $a_0 + \sum_{n=1}^{\infty} a_n \sin n\omega t + \sum_{n=1}^{\infty} b_n \cos n\omega t$

정답분석

㉠ 직류분
$a_0 = \dfrac{1}{T}\int_0^T f(t)\,d\omega t = \dfrac{1}{2\pi}\int_0^{2\pi} f(t)\,d\omega t$

㉡ 정현파 상수
$a_n = \dfrac{2}{T}\int_0^T f(t)\cdot \sin n\omega t\,d\omega t$
$= \dfrac{1}{\pi}\int_0^{2\pi} f(t)\cdot \sin n\omega t\,d\omega t$

㉢ 여현파 상수
$b_n = \dfrac{2}{T}\int_0^T f(t)\cdot \cos n\omega t\,d\omega t$
$= \dfrac{1}{\pi}\int_0^{2\pi} f(t)\cdot \cos n\omega t\,d\omega t$

정답 ④

Chapter 09 과도현상

04 $R-L$ 및 $R-C$ 회로의 과도상태의 설명이다. 잘못된 것은?

① $t=0$ 일 때 C 는 단락상태가 된다.
② 시정수가 크면 정상값에 빨리 도달한다.
③ $t=0$ 에서 L 은 개방상태이다.
④ 변화하지 않는 저항만의 회로에서는 과도현상은 없다.

정답분석 시정수가 클수록 과도시간은 길어지므로 정상값에 천천히 도달한다.

정답 ②

Chapter 03 다상 교류회로의 이해

05 그림과 같은 대칭 3상 회로가 있다. I_a의 크기 및 I_c의 위상각은? (단, $E_a = 120\angle 0°$, $Z_l = 4+j6$, $Z = 20+j12$이다.)

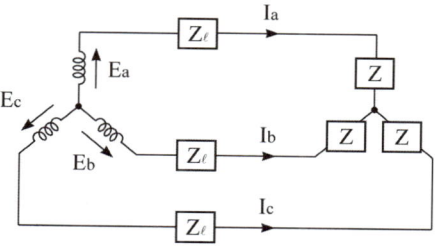

① $4,\ \tan^{-1}\dfrac{3}{4}$

② $4,\ -\tan^{-1}\dfrac{3}{4} + 120°$

③ $8,\ -\tan^{-1}\dfrac{3}{4}$

④ $8,\ \tan^{-1}\dfrac{3}{4} - 120°$

정답분석

㉠ 각 상의 임피던스의 크기
$Z_a = Z_l + Z = 24 + j18$
$= \sqrt{24^2 + 18^2}\angle \tan^{-1}\dfrac{18}{24}$
$= 30\angle \tan^{-1}\dfrac{3}{4}$

㉡ a상의 선전류
$I_a = \dfrac{E_a}{Z_a} = \dfrac{120\angle 0°}{30\angle \tan^{-1}\dfrac{3}{4}}$
$= 4\angle -\tan^{-1}\dfrac{3}{4}\,[A]$

㉢ c상의 선전류 I_c는 I_a와 크기는 같고, 위상은 240° 느리다 (또는 120° 빠르다.)
$\therefore I_c = 4\angle -\tan^{-1}\dfrac{3}{4} - 240°$
$= 4\angle -\tan^{-1}\dfrac{3}{4} + 120°\,[A]$

정답 ②

Chapter 05 대칭좌표법

06 전류의 대칭분을 I_0, I_1, I_2 유기전력 및 단자전압의 대칭분을 E_a, E_b, E_c 및 V_0, V_1, V_2라 할 때 교류 발전기의 기본식 중 역상분 V_2 값은?

① $-Z_0 I_0$ ② $-Z_2 I_2$
③ $E_a - Z_1 I_1$ ④ $E_b - Z_2 I_2$

정답분석
3상 교류발전기 기본식
㉠ 영상분: $V_0 = -Z_0 I_0$
㉡ 정상분: $V_1 = E_a - Z_1 I_1$
㉢ 역상분: $V_2 = -Z_2 I_2$

정답 ②

 Chapter 06 회로망 해석

08 회로를 테브난(Thevenin)의 등가회로로 변화하려고 한다. 이때 테브난의 등가저항 R_T와 등가전압 V_T[V]는?

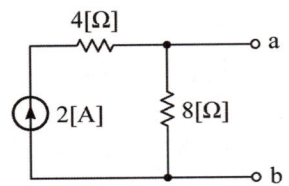

① $R_T = \dfrac{8}{3}$, $V_T = 8$
② $R_T = 6$, $V_T = 12$
③ $R_T = 8$, $V_T = 16$
④ $R_T = \dfrac{8}{3}$, $V_T = 16$

정답분석
테브난의 등가변환
㉠ 개방전압: a, b 양단의 단자전압
$V_T = 8I = 8 \times 2 = 16$ [V]
㉡ 등가저항: 전류원을 개방시킨 상태에서 a, b에서 바라본 합성저항

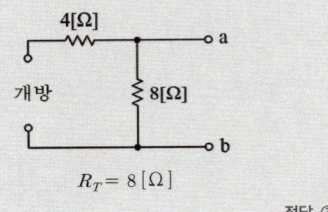

$R_T = 8$ [Ω]

정답 ③

 Chapter 02 단상 교류회로의 이해

07 아래 두 전류의 차에 상당하는 전류는?

$$i_1 = \sqrt{72}\sin(\omega t - \phi)\,[\text{A}]$$
$$i_2 = \sqrt{32}\sin(\omega t - \phi - 180°)\,[\text{A}]$$

① 2[A] ② 6[A]
③ 10[A] ④ 12[A]

정답분석
㉠ $\dot{I_1} = \sqrt{36}\angle -\phi = 6\angle -\phi$
㉡ $\dot{I_2} = \sqrt{16}\angle -\phi - 180° = 4\angle -\phi - 180°$

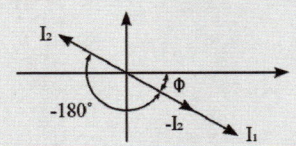

$\therefore I = \dot{I_1} - \dot{I_2} = \dot{I_1} + (-\dot{I_2}) = 10\angle -\phi\,[\text{A}]$

정답 ③

Chapter 07 4단자망 회로 해석

09 내부 임피던스가 순저항 6[Ω]인 전원과 120[Ω]의 순저항 부하사이에 임피던스 정합(matching)을 위한 이상변압기의 권선비는?

① $1/\sqrt{20}$ ② $1/\sqrt{2}$
③ $1/20$ ④ $1/2$

정답분석

$Z_1 = a^2 Z_2$의 관계에서

$$\therefore a = \sqrt{\frac{Z_1}{Z_2}} = \sqrt{\frac{R_1}{R_2}} = \sqrt{\frac{6}{120}} = \sqrt{\frac{1}{20}}$$

정답 ①

Chapter 10 라플라스 변환

10 $5\dfrac{d^2q(t)}{dt^2} + \dfrac{dq(t)}{dt} = 10\sin t$ 에서 $Q(s)$는?
(단, 초기 조건은 0이다.)

① $\dfrac{10}{(5s^2+1)(s^2+1)}$

② $\dfrac{10}{(5s^2+s)(s^2+1)}$

③ $\dfrac{10}{(5s^2+1)(s^2+1)}$

④ $\dfrac{10}{(5s^2+1)(s^2+1)}$

정답분석

$5s^2 Q(s) + s\,Q(s) = Q(s)(5s^2+s) = \dfrac{10}{s^2+1}$ 이므로

$$\therefore Q(s) = \dfrac{10}{(5s^2+s)(s^2+1)}$$

정답 ②

2025년 제2회 — 전기기사

※ CBT문제는 수험생의 기억에 따라 복원된 것이며, 실제 기출문제와 동일하지 않을 수 있습니다.

01
Chapter 03 다상 교류회로의 이해

각 상의 임피던스가 각각 $Z=6+j8\,[\Omega]$인 평행 △부하에 선간전압이 220[V]인 대칭 3상 전압을 인가할 때의 부하전류는 약 몇 [A]인가?

① 27.2[A]   ② 38.1[A]
③ 22[A]   ④ 12.7[A]

 정답분석

㉠ 각 상의 임피던스
$$Z=\sqrt{R^2+X^2}=\sqrt{6^2+8^2}=10\,[\Omega]$$

㉡ 상전류: $I_p=\dfrac{V_p}{Z}=\dfrac{220}{10}=22\,[A]$

∴ 선전류: $I_l=\sqrt{3}\,I_p=22\sqrt{3}=38.1\,[A]$

정답 ②

02
Chapter 07 4단자망 회로 해석

4단자정수 $A,\ B,\ C,\ D$로 출력측을 개방시켰을 때 입력측에서 본 구동점 임피던스 $Z_{11}=\left.\dfrac{V_1}{I_1}\right|_{I_2=0}$ 를 표시한 것 중 옳은 것은?

① $Z_{11}=\dfrac{A}{C}$ ② $Z_{11}=\dfrac{B}{D}$
③ $Z_{11}=\dfrac{A}{B}$ ④ $Z_{11}=\dfrac{B}{C}$

 정답분석

4단자 방정식
㉠ $V_1=AV_2+BI_2$
㉡ $I_1=CV_2+DI_2$

∴ $Z_{11}=\left.\dfrac{V_1}{I_1}\right|_{I_2=0}=\dfrac{AV_2}{CV_2}=\dfrac{A}{C}$

정답 ①

03
Chapter 08 분포정수 회로

1[km]당의 인덕턴스 25[mH], 정전용량 0.005[μF]의 선로가 있을 때 무손실 선로라고 가정한 경우의 위상속도 [km/sec]는?

① 약 5.24×10^4 ② 약 8.95×10^4
③ 약 5.24×10^8 ④ 약 5.24×10^3

 정답분석

위상속도
$$v=\dfrac{1}{\sqrt{LC}}=\dfrac{1}{\sqrt{25\times10^{-3}\times0.005\times10^{-6}}}$$
$$=8.95\times10^4\,[km/sec]$$

정답 ②

04
Chapter 09 과도현상

$R-L-C$ 직렬회로에서 $L=8\times10^{-3}\,[H]$, $C=2\times10^{-7}\,[F]$이다. 임계진동이 되기 위한 R 값은?

① $0.01\,[\Omega]$ ② $100\,[\Omega]$
③ $200\,[\Omega]$ ④ $400\,[\Omega]$

 정답분석

임계진동 조건은 $R^2=4\dfrac{L}{C}$ 이므로

∴ $R=\sqrt{\dfrac{4L}{C}}=\sqrt{\dfrac{4\times8\times10^{-3}}{2\times10^{-7}}}=400\,[\Omega]$

정답 ④

Chapter 09 과도현상

05 $R-C$ 직렬회로에 $t=0$에서 직류전압을 인가하였다. 시정수 5배에서 커패시터에 충전된 전하는 약 몇 [%]인가?
(단, 초기에 충전된 전하는 없다고 가정한다.)

① 1   ② 2
③ 93.7 ④ 99.3

정답분석

㉠ 충전전하: $Q(t) = CE\left(1 - e^{-\frac{1}{RC}t}\right)$
㉡ 정상상태($t=\infty$)에서 충전전하
 $Q(\infty) = CE(1 - e^{-\infty}) = CE$
㉢ 시정수 5배 시간($t = 5\tau = 5RC$)에서 충전전하
 $Q(5\tau) = CE(1 - e^{-5}) = CE \times 0.9932$
∴ 시정수 5배에서 커패시터에 충전된 전하는 정상상태의 99.32[%]가 된다.

정답 ④

Chapter 02 단상 교류회로의 이해

06 다음 회로 중 저항 1[MΩ]에서 0.5[sec] 동안 소비되는 에너지 [J]는 얼마인가?
(여기서, $e = 100\sin 2\pi ft$ [V]이다.)

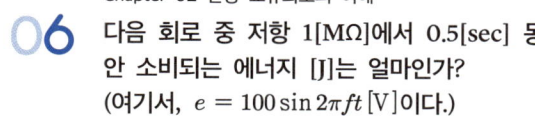

① 2.8   ② 2.5×10^{-2}
③ 2.5×10^{-3} ④ 2.5×10^{-4}

정답분석

㉠ 저항에 흐르는 전류
 $I_R = \dfrac{E}{R} = \dfrac{100/\sqrt{2}}{10^6} = \dfrac{10^{-4}}{\sqrt{2}}$ [A]
㉡ 소비되는 에너지
 $W_L = I_R^2 R t = \left(\dfrac{10^{-4}}{\sqrt{2}}\right)^2 \times 10^6 \times 0.5$
    $= 2.5 \times 10^{-3}$ [J]

정답 ③

Chapter 10 라플라스 변환

07 미분방정식이 $\dfrac{di(t)}{dt} + 2i(t) = 1$일 때 $i(t)$는? (단, $t=0$에서 $i(0)=0$이다.)

① $\dfrac{1}{2}(1 + e^{-2t})$

② $\dfrac{1}{2}(1 - e^{-2t})$

③ $\dfrac{1}{2}(1 + e^{-t})$

④ $\dfrac{1}{2}(1 - e^{-t})$

정답분석

㉠ $\dfrac{di(t)}{dt} + 2i(t) = 1 \xrightarrow{\mathcal{L}} sI(s) + 2I(s)$
 $= I(s)(s+2) = \dfrac{1}{s}$

㉡ $I(s) = \dfrac{1}{s(s+2)}$
 $= \dfrac{A}{s} + \dfrac{B}{s+2} \xrightarrow{\mathcal{L}^{-1}} A + Be^{-2t}$

㉢ $A = \lim\limits_{s \to 0} sI(s) = \lim\limits_{s \to 0} \dfrac{1}{s+2} = \dfrac{1}{2}$

㉣ $B = \lim\limits_{s \to -2}(s+2)I(s) = \lim\limits_{s \to -2}\dfrac{1}{s} = -\dfrac{1}{2}$

∴ $i(t) = A + Be^{-2t} = \dfrac{1}{2}(1 - e^{-2t})$ [A]

정답 ②

Chapter 04 비정현파 교류회로의 이해

08 일반적으로 대칭 3상 회로의 전압 전류에 포함되는 전압 전류의 고조파를 임의의 정수로 하여 3n+1일 때의 상회전은 어떻게 되는가?

① 상회전은 기본파와 반대
② 정지상태
③ 상회전은 기본파와 동일
④ 각 상 동위상

정답분석

㉠ 영상분: 3n 고조파 (3, 6, 9, 12 …)
 → a, b, c 성분의 크기와 위상이 같음
㉡ 정상분: 3n+1 고조파 (4, 7, 10, 13 …)
 → 기본파와 상회전 방향이 동일
㉢ 역상분: 3n-1 고조파 (2, 5, 8, 11 …)
 → 기본파와 상회전 방향이 반대

정답 ③

09 Chapter 06 회로망 해석

회로 (a)를 회로 (b)와 로 하여 테브난의 정리를 이용하면 임피던스 R_{Th}의 값과 전압 V_{Th}의 값은 얼마인가?

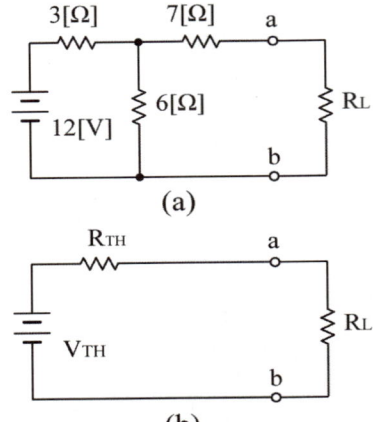

① 4[V], 13[Ω] ② 8[V], 2[Ω]
③ 8[V], 9[Ω] ④ 4[V], 9[Ω]

정답분석

테브난의 등가변환
㉠ 개방전압: a, b 양단의 단자전압
$V_{Th} = 6I = 6 \times \dfrac{12}{3+6} = 8[V]$
㉡ 등가저항: 전압원을 단락시킨 상태에서 a, b에서 바라본 합성저항
$R_{Th} = 7 + \dfrac{3 \times 6}{3+6} = 9[\Omega]$

정답 ③

10 Chapter 05 대칭좌표법

어떤 3상 회로의 각 상전압이 $V_a = V$, $V_b = a^2 V$, $V_c = a V$이다. a상을 기준으로 한 대칭분 V_0, V_1, V_2은? (단, V_0는 영상분, V_1은 정상분, V_2는 역상분이다.)

① 0, V, $-V$
② 0, $-V$, V
③ $-V$, V, 0
④ 0, V, 0

정답분석

대칭 3상의 경우(사고가 안 난 계통) 영상분과 역상분은 0이고 정상분만 존재한다.
∴ $V_0 = V_2 = 0$, $V_1 = V_a$

정답 ④

2025년 제1회   전기기사

※ CBT문제는 수험생의 기억에 따라 복원된 것이며, 실제 기출문제와 동일하지 않을 수 있습니다.

01 Chapter 04 비정현파 교류회로의 이해

그림과 같은 정현파 교류를 푸리에 급수로 전개할 때 직류분은?

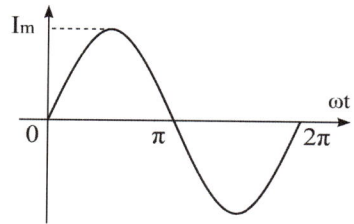

① I_m
② $\dfrac{I_m}{2}$
③ $\dfrac{I_m}{\sqrt{2}}$
④ $\dfrac{2I_m}{\pi}$

직류분 (교류의 평균값으로 해석)

$$a_0 = \frac{1}{T}\int_0^T f(t)\,dt$$
$$= \frac{1}{\pi}\int_0^\pi I_m \sin\omega t = \frac{2I_m}{\pi}$$

정답 ④

02 Chapter 05 대칭좌표법

3상 불평형 전압에서 역상전압이 25[V]이고, 정상전압이 100[V], 영상전압이 10[V]라 할 때 전압의 불평형률은?

① 0.25 ② 0.4
③ 4   ④ 10

불평형률

$$\%U = \frac{V_2}{V_1}\times 100 = \frac{25}{100}\times 100 = 25[\%]$$

여기서, V_1: 정상분, V_2: 역상분

정답 ①

03 Chapter 07 4단자망 회로 해석

다음의 2단자 임피던스 함수가 $Z(s)=\dfrac{s(s+1)}{(s+2)(s+3)}$ 일 때 회로의 단락 상태를 나타내는 점은?

① -1, 0   ② 0, 1
③ -2, -3 ④ 2, 3

회로의 단락상태는 2단자 회로의 영점을 의미하므로 $Z_1=0,\ Z_1=-1$ 이 된다.

정답 ①

04 Chapter 03 다상 교류회로의 이해

성형(Y)결선의 부하가 있다. 선간전압 300[V]의 3상 교류를 인가했을 때 선전류가 40[A]이고 역률이 0.8이라면 리액턴스는 약 몇 [Ω]인가?

① 2.6[Ω]   ② 4.3[Ω]
③ 16.6[Ω] ④ 35.6[Ω]

㉠ 한 상의 임피던스

$$Z = \frac{V_p}{I_p} = \frac{\frac{V_l}{\sqrt{3}}}{I_l} = \frac{\frac{300}{\sqrt{3}}}{40} = 4.33[\Omega]$$

㉡ 무효율

$$\sin\theta = \sqrt{1-\cos^2\theta} = \sqrt{1-0.8^2} = 0.6$$

㉢ 임피던스 삼각형

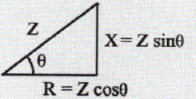

∴ 리액턴스
$$X = Z\sin\theta = 4.33\times 0.6 = 2.598[\Omega]$$

정답 ①

05 Chapter 06 회로망 해석

다음 그림에서 a, b간의 선간전압 V_{ab}는?

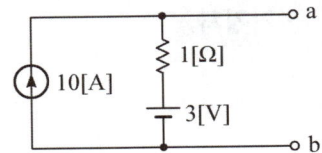

① 10[V]   ② 3[V]
③ 7[V]   ④ 13[V]

정답분석 중첩의 정리를 이용하여 풀이할 수 있다.
㉠ 전류원 10[A] 만의 회로해석: $I_1 = 10$

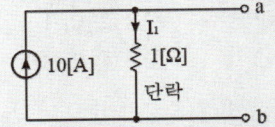

㉡ 전류원 6[A] 만의 회로 해석: $I_2 = 0$

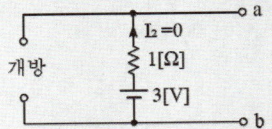

㉢ 1[Ω] 통과 전류: $I = I_1 + I_2 = 10\,[A]$
㉣ 1[Ω] 단자전압: $V_R = 1 \times 10 = 10\,[V]$
∴ 개방전압: $V = V_R + 3 = 13\,[V]$

정답 ④

06 Chapter 02 단상 교류회로의 이해

그림과 같은 RC 병렬회로에서 양단에 인가된 전원전압이 $e(t) = 3e^{-5t}[V]$인 경우 이 회로의 임피던스는?

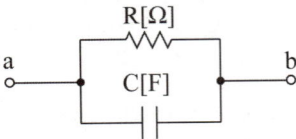

① $\dfrac{1}{R}(1 - j\omega CR)$

② $\dfrac{1}{R}(1 + j\omega CR)$

③ $\dfrac{R}{1 + j\omega CR}$

④ $\dfrac{R}{1 - j\omega CR}$

정답분석
$$Z = \dfrac{1}{\dfrac{1}{R} + \dfrac{1}{-jX_C}} = \dfrac{1}{\dfrac{1}{R} + j\dfrac{1}{X_C}}$$
$$= \dfrac{1}{\dfrac{1}{R} + j\omega C} = \dfrac{R}{1 + j\omega CR}\,[\Omega]$$

정답 ③

07 Chapter 08 분포정수 회로

위상정수 $\beta = \dfrac{\pi}{8}$ [rad/km]인 선로에 1[MHz]에 대한 전파속도는 몇 [m/s]인가?

① 1.6×10^7 ② 3.2×10^7
③ 5.0×10^7 ④ 8.0×10^7

정답분석
$$v = \dfrac{1}{\sqrt{LC}} = \dfrac{\omega}{\beta} = \dfrac{2\pi f}{\beta} = \dfrac{2\pi \times 10^6}{\dfrac{\pi}{8}}$$
$$= 16 \times 10^6 = 1.6 \times 10^7\,[m/s]$$
여기서, 위상정수: $\beta = \omega\sqrt{LC}$

정답 ①

08 Chapter 04 비정현파 교류회로의 이해

다음과 같은 비정현파 전압과 전류에 의한 소비전력 [W]은?

$$e = 100 + 50\sin 377t \, [\text{V}]$$
$$i = 10 + 3.54\sin(377t - 45°) \, [\text{A}]$$

① 562.6[W]　　② 1062.5[W]
③ 1250.5[W]　　④ 1385.5[W]

 정답분석

소비전력 $P = V_0 I_0 + \sum_{i=1}^{n} V_i I_i \cos\theta_i \,[\text{W}]$ 에서

㉠ 직류분 소비전력
　$P_0 = V_0 I_0 = 100 \times 10 = 1000 \,[\text{W}]$
㉡ 기본파 소비전력
　$P_1 = V_1 I_1 \cos\theta_1 = \dfrac{1}{2} V_{m1} I_{m1} \cos\theta_1$
　$\quad = \dfrac{1}{2} \times 50 \times 3.54 \times \cos 45° = 62.58 \,[\text{W}]$

$\therefore P = P_0 + P_1 = 1062.58 \,[\text{W}]$

정답 ②

10 Chapter 07 4단자망 회로 해석

4단자 회로망에서 4단자 정수가 $A = \dfrac{15}{4}$, $D = 1$이고, 영상 임피던스 $Z_{02} = \dfrac{12}{5} \,[\Omega]$일 때 영상 임피던스 Z_{01}은 몇 [Ω]인가?

① 8[Ω]　　② 9[Ω]
③ 10[Ω]　　④ 11[Ω]

 정답분석

$\dfrac{Z_{01}}{Z_{02}} = \dfrac{\sqrt{\dfrac{AB}{CD}}}{\sqrt{\dfrac{BD}{AC}}} = \dfrac{A}{D}$ 이므로

$\therefore Z_{01} = \dfrac{A}{D} \times Z_{02} = \dfrac{15}{4} \times \dfrac{12}{5} = 9 \,[\Omega]$

정답 ②

09 Chapter 09 과도현상

그림의 회로에서 $t = 3[\text{sec}]$일 때 이 회로에 흐르는 전류는 약 몇 [A]인가?
(단, $E = 10[\text{V}]$, $R = 1[\Omega]$, $L = 3[\text{H}]$)

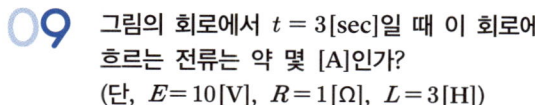

① 2.8　　② 7.4
③ 4.9　　④ 6.3

 정답분석

과도전류
$i(t) = \dfrac{E}{R}\left(1 - e^{-\frac{R}{L}t}\right) = \dfrac{10}{1}\left(1 - e^{-\frac{1}{3}\times 3}\right)$
$\quad = 10(1 - e^{-1}) = 6.32 \,[\text{A}]$

정답 ④

2024년 제3회 전기기사

※ CBT문제는 수험생의 기억에 따라 복원된 것이며, 실제 기출문제와 동일하지 않을 수 있습니다.

01
Chapter 10 라플라스 변환

$I(s) = \dfrac{12}{2s(s+6)}$ 일 때 전류의 초기값 $i(0^+)$은?

① 6　　② 2
③ 1　　④ 0

정답분석

초기값: $i(0^+) = \lim\limits_{t \to 0} i(t) = \lim\limits_{s \to \infty} s\,I(s)$
$= \lim\limits_{s \to \infty} \dfrac{6}{s+6} = \dfrac{6}{\infty} = 0$

정답 ④

02
Chapter 02 단상 교류회로의 이해

그림과 같은 회로에서 전압계 3개로 단상전력을 측정하고자 할 때의 유효전력은?

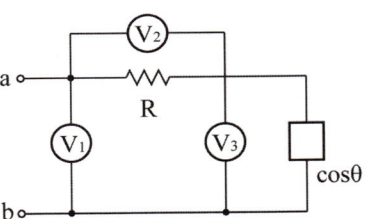

① $\dfrac{1}{2R}(V_1^2 - V_2^2 - V_3^2)$

② $\dfrac{1}{2R}(V_1^2 - V_3^2)$

③ $\dfrac{R}{2}(V_1^2 - V_2^2 - V_3^2)$

④ $\dfrac{R}{2}(V_2^2 - V_1^2 - V_3^2)$

정답분석

㉠ 역률: $\cos\theta = \dfrac{V_1^2 - V_2^2 - V_3^2}{2V_2 V_3}$

㉡ 유효전력(소비전력)
$P = VI\cos\theta$
$= V_3 \times \dfrac{V_2}{R} \times \dfrac{V_1^2 - V_2^2 - V_3^2}{2V_2 V_3}$
$= \dfrac{1}{2R}(V_1^2 - V_2^2 - V_3^2)$ [W]

정답 ①

03
Chapter 04 비정현파 교류회로의 이해

전압 대칭분을 각각 V_0, V_1, V_2 전류의 대칭분을 각각 I_0, I_1, I_2라 할 때 대칭분으로 표시되는 전 전력은 얼마인가?

① $V_0 I_1 + V_1 I_2 + V_2 I_0$
② $V_0 I_0 + V_1 I_1 + V_2 I_2$
③ $3V_0 I_1 + 3V_1 I_2 + 3V_2 I_0$
④ $3V_0 I_0 + 3V_1 I_1 + 3V_2 I_2$

정답분석

대칭좌표법에 의한 전력표시
$P_a = P + jP_r = \overline{V_a}I_a + \overline{V_b}I_b + \overline{V_c}I_c$
$= (\overline{V_0} + \overline{V_1} + \overline{V_2})I_a$
$+ (\overline{V_0} + \overline{a^2\,V_1} + \overline{a\,V_2})I_b$
$+ (\overline{V_0} + \overline{a\,V_1} + \overline{a^2\,V_2})I_c$
$= (\overline{V_0} + \overline{V_1} + \overline{V_2})I_a$
$+ (\overline{V_0} + a\,\overline{V_1} + a^2\,\overline{V_2})I_b$
$+ (\overline{V_0} + a^2\,\overline{V_1} + a\,\overline{V_2})I_c$
$= \overline{V_0}(I_a + I_b + I_c)$
$+ \overline{V_1}(I_a + aI_b + a^2 I_c)$
$+ \overline{V_2}(I_a + a^2 I_b + aI_c)$
$= 3\overline{V_0}I_0 + 3\overline{V_1}I_1 + 3\overline{V_2}I_2$

정답 ④

04
Chapter 08 분포정수 회로

분포정수회로에서 직렬 임피던스를 Z, 병렬 어드미턴스를 Y라 할 때, 선로의 특성임피던스 Z_0는?

① ZY　　② $\sqrt{ZY}$
③ $\sqrt{\dfrac{Y}{Z}}$　　④ $\sqrt{\dfrac{Z}{Y}}$

정답분석

특성임피던스란, 선로를 이동하는 진행파에 대한 전압과 전류의 비로서 그 선로의 고유한 값을 말한다.
∴ 특성임피던스 크기
$Z_0 = \sqrt{\dfrac{Z}{Y}} = \sqrt{\dfrac{R + j\omega L}{G + j\omega C}}$ [Ω]

정답 ④

Chapter 07 4단자망 회로 해석

05 그림과 같은 4단자 회로의 4단자 정수 A, B, C, D에서 A의 값은?

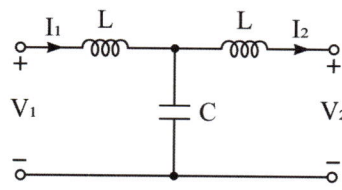

① $1 - j\omega C$
② $1 - \omega^2 LC$
③ $j\omega C$
④ $j\omega L(2 - \omega^2 LC)$

정답분석

㉠ $A = 1 + \dfrac{j\omega L}{\dfrac{1}{j\omega C}} = 1 + j^2\omega^2 LC$

$= 1 - \omega^2 LC$

㉡ $B = \dfrac{j\omega L \times \dfrac{1}{j\omega} + (j\omega L)^2 + j\omega L \times \dfrac{1}{j\omega}}{\dfrac{1}{j\omega C}}$

$= j\omega LC(2 - \omega^2 LC)$

㉢ $C = \dfrac{1}{\dfrac{1}{j\omega C}} = j\omega C$

㉣ $D = 1 + \dfrac{j\omega L}{\dfrac{1}{j\omega C}} = 1 + j^2\omega^2 LC$

$= 1 - \omega^2 LC$

정답 ②

Chapter 04 비정현파 교류회로의 이해

06 비정현파에 있어서 정현 대칭의 조건은 어느 것인가?

① $f(t) = f(-t)$
② $f(t) = -f(t)$
③ $f(t) = -f(-t)$
④ $f(t) = -f\left(t + \dfrac{T}{2}\right)$

정답분석

푸리에 계수 정리

$(f(t) = a_0 + \sum\limits_{n=1}^{\infty} b_n \sin n\omega t + \sum\limits_{n=1}^{\infty} a_n \cos n\omega t\,)$

구분	대칭 조건	푸리에 계수
우함수 (여현대칭)	$f(t) = f(-t)$	$b_n = 0$ $a_0,\ a_n$ 존재
기함수 (정현대칭)	$f(t) = -f(-t)$	$a_0 = a_n = 0$, b_n 존재
반파대칭	$f(t) = f(-t)$	홀수(기수)차 고조파만 남는다.

정답 ③

Chapter 03 다상 교류회로의 이해

07 그림에서 저항 R이 접속되고 여기에 3상 평형 전압 V[V]가 가해져 있다. 지금 ×표의 곳에서 1선이 단선 되었다고 하면 소비전력은 처음의 몇 배로 되는가?

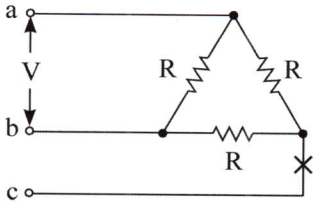

① 1
② 0.5
③ 0.25
④ 0.7

정답분석

㉠ 단선되기 전 소비전력: $P_\triangle = \dfrac{3V^2}{R}$ [W]

㉡ c선이 단선 후 소비전력

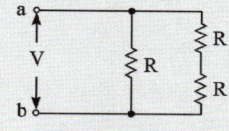

합성저항: $R_{ab} = \dfrac{R \times 2R}{R + 2R} = \dfrac{2}{3}R\,[\Omega]$

소비전력: $P_x = \dfrac{V^2}{R_{ab}} = \dfrac{3V^2}{2R}$ [W]

$\therefore \dfrac{P_x}{P_\triangle} = \dfrac{\dfrac{3V^2}{2R}}{\dfrac{3V^2}{R}} = \dfrac{1}{2} = 0.5$배

정답 ②

08 Chapter 06 회로망 해석

그림과 같은 회로에서 5[Ω]에 흐르는 전류는 몇 [A]인가?

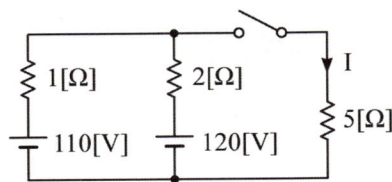

① 30[A] ② 40[A]
③ 20[A] ④ 33.3[A]

밀만의 정리에 의해서 구할 수 있다.
㉠ 개방전압 (5[Ω]의 단자전압)
$$V_{ab} = \frac{\sum I}{\sum Y} = \frac{\frac{110}{1} + \frac{120}{2}}{\frac{1}{1} + \frac{1}{2} + \frac{1}{5}} = 100\,[V]$$

㉡ 5[Ω]에 흐르는 전류: $I = \frac{100}{5} = 20\,[A]$

정답 ③

10 Chapter 01 직류회로의 이해

그림과 같은 회로에서 S를 열었을 때 전류계의 지시는 10[A]이었다. S를 닫을 때 전류계의 지시는 몇 [A]인가?

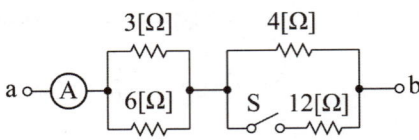

① 8 ② 10
③ 12 ④ 15

(1) 스위치(S) 개방 상태 해석
㉠ 합성저항: $R_{ab} = \frac{3 \times 6}{3+6} + 4 = 6\,[\Omega]$
㉡ 전체 전류(전류계 지시값): $I_o = 10\,[A]$
㉢ a, b 양단의 기전력
$V_{ab} = I_o R_{ab} = 10 \times 6 = 60\,[V]$

(2) 스위치(S) 닫은 상태 해석
㉠ 합성저항
$R_c = \frac{3 \times 6}{3+6} + \frac{4 \times 12}{4+12} = 5\,[\Omega]$
㉡ a, b 양단의 기전력: $V_{ab} = 60\,[V]$
㉢ 전류: $I_c = \frac{V_{ab}}{R_c} = \frac{60}{5} = 12\,[A]$

정답 ③

09 Chapter 03 다상 교류회로의 이해

그림과 같은 △회로를 등가인 Y회로로 환산하면 a의 임피던스는?

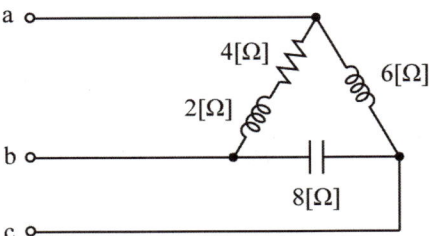

① $3 + j6\,[\Omega]$ ② $-3 + j6\,[\Omega]$
③ $6 + j6\,[\Omega]$ ④ $-6 + j6\,[\Omega]$

$$Z_a = \frac{Z_{ab} \times Z_{ca}}{(Z_{ab} + Z_{bc} + Z_{ca})}$$
$$= \frac{(4+j2) \times j6}{(4+j2) + (-j8) + j6}$$
$$= \frac{-12 + j24}{4} = -3 + j6\,[\Omega]$$

정답 ②

2024년 제2회 전기기사

※ CBT문제는 수험생의 기억에 따라 복원된 것이며, 실제 기출문제와 동일하지 않을 수 있습니다.

01 Chapter 05 대칭좌표법

불평형 3상 전류가 $I_a = 15 + j2$ [A], $I_b = -20 - j14$ [A], $I_c = -3 + j10$ [A]일 때 역상분 전류 I_2는?

① $1.91 + j6.24$ [A]
② $15.74 - j3.57$ [A]
③ $-2.67 - j0.67$ [A]
④ $2.67 - j0.67$ [A]

 정답분석

$I_2 = \dfrac{1}{3}(I_a + a^2 I_b + a I_c)$

$= \dfrac{1}{3}\Big[(15 + j2)$

$\quad + (-\dfrac{1}{2} - j\dfrac{\sqrt{3}}{2})(-20 - j14)$

$\quad + (-\dfrac{1}{2} + j\dfrac{\sqrt{3}}{2})(-3 + j10)\Big]$

$= 1.91 + j6.24$ [A]

정답 ①

02 Chapter 02 단상 교류회로의 이해

단상 전파 파형을 만들기 위해 전원은 어떤 단자에 연결해야 하는가?

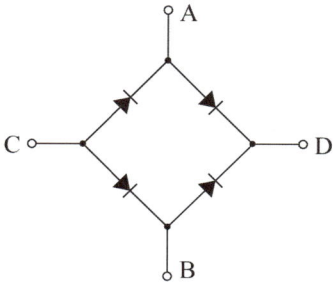

① A-B   ② C-D
③ A-C   ④ B-D

 정답분석

㉠ 입력 단자: A-B
㉡ 출력 단자: C-D

정답 ①

03 Chapter 07 4단자망 회로 해석

4단자정수 A, B, C, D로 출력측을 개방시켰을 때 입력측에서 본 구동점 임피던스 $Z_{11} = \dfrac{V_1}{I_1}\bigg|_{I_2=0}$ 를 표시한 것 중 옳은 것은?

① $Z_{11} = \dfrac{A}{C}$ ② $Z_{11} = \dfrac{B}{D}$
③ $Z_{11} = \dfrac{A}{B}$ ④ $Z_{11} = \dfrac{B}{C}$

 정답분석

4단자 방정식
㉠ $V_1 = A V_2 + B I_2$
㉡ $I_1 = C V_2 + D I_2$

$\therefore Z_{11} = \dfrac{V_1}{I_1}\bigg|_{I_2=0} = \dfrac{A V_2}{C V_2} = \dfrac{A}{C}$

정답 ①

04 Chapter 08 분포정수 회로

위상정수 $\beta = \dfrac{\pi}{8}$ [rad/km]인 선로에 1[MHz]에 대한 전파속도는 몇 [m/s]인가?

① 1.6×10^7 ② 3.2×10^7
③ 5.0×10^7 ④ 8.0×10^7

 정답분석

$v = \dfrac{1}{\sqrt{LC}} = \dfrac{\omega}{\beta} = \dfrac{2\pi f}{\beta} = \dfrac{2\pi \times 10^6}{\dfrac{\pi}{8}}$

$= 16 \times 10^6 = 1.6 \times 10^7$ [m/s]

여기서, 위상정수: $\beta = \omega\sqrt{LC}$

정답 ①

Chapter 09 과도현상

05 인덕턴스 0.5[H], 저항 2[Ω]의 직렬회로에 30[V]의 직류전압을 급히 가했을 때 스위치를 닫은 후 0.1초 후의 전류의 순시값 i[A]와 회로의 시정수 τ[s]는?

① $i = 4.95$ [A], $\tau = 0.25$ [s]
② $i = 12.75$ [A], $\tau = 0.35$ [s]
③ $i = 5.95$ [A], $\tau = 0.45$ [s]
④ $i = 13.95$ [A], $\tau = 0.25$ [s]

 정답분석

㉠ 전류의 순시값
$$i(t)' = \frac{E}{R}\left(1 - e^{-\frac{R}{L}t}\right)$$
$$= \frac{30}{2}\left(1 - e^{-\frac{2}{0.5} \times 0.1}\right) = 4.95 \text{ [A]}$$

㉡ 시정수: $\tau = \frac{L}{R} = \frac{0.5}{2} = 0.25$ [sec]

정답 ①

Chapter 04 비정현파 교류회로의 이해

07 어떤 회로에 비정현파 전압을 가하여 흐른 전류가 다음과 같을 때 이 회로의 역률은 약 몇 [%]인가?

$$v(t) = 20 + 220\sqrt{2}\sin 120\pi t$$
$$+ 40\sqrt{2}\sin 360\pi t \text{ [V]}$$
$$i(t) = 2.2\sqrt{2}\sin(120\pi t + 36.87°)$$
$$+ 0.49\sqrt{2}\sin(360\pi t + 14.04°) \text{ [A]}$$

① 75.8　　② 80.4
③ 86.3　　④ 89.7

 정답분석

㉠ 전압의 실횻값
$V = \sqrt{20^2 + 220^2 + 40^2} = 224.5$ [V]

㉡ 전류의 실횻값
$I = \sqrt{2.2^2 + 0.49^2} = 2.25$ [A]

㉢ 피상전력
$P_a = VI = 224.5 \times 2.25 = 505.125$ [VA]

㉣ 유효전력
$P = V_1 I_1 \cos\theta_1 + V_3 I_3 \cos\theta_3$
$= 220 \times 2.2 \times \cos 36.87°$
$+ 40 \times 0.49 \times \cos 14.04°$
$= 406.21$ [W]

∴ 역률: $\cos\theta = \frac{P}{P_a} \times 100$
$= \frac{406.21}{505.125} \times 100 = 80.42$ [%]

정답 ②

Chapter 02 단상 교류회로의 이해

06 정현파 교류회로의 실효치를 계산하는 식은?

① $I = \frac{1}{T^2} \int_0^T i^2 \, dt$
② $I^2 = \frac{2}{T} \int_0^T i \, dt$
③ $I = \sqrt{\frac{1}{T} \int_0^T i^2 \, dt}$
④ $I = \sqrt{\frac{2}{T} \int_0^T i^2 \, dt}$

 정답분석

실횻값: $I = \sqrt{\frac{1}{T} \int_0^T i^2 \, dt}$
$= \frac{I_m}{\sqrt{2}} = 0.707 I_m$

정답 ③

Chapter 10 라플라스 변환

08 함수 $f(t) = \sin t \cos t$의 라플라스 변환 $F(s)$은?

① $\frac{1}{s^2+4}$　　② $\frac{1}{s^2+2}$
③ $\frac{1}{(s+2)^2}$　　④ $\frac{1}{(s+4)^2}$

 정답분석

㉠ $\sin(t+t) = \sin t \cos t + \cos t \sin t$
㉡ $\sin(t-t) = \sin t \cos t - \cos t \sin t$
㉢ ㉠+㉡ $= \sin 2t = 2\sin t \cos t$

∴ $\mathcal{L}\left[\frac{1}{2}\sin 2t\right] = \frac{1}{2} \times \frac{2}{s^2+2^2} = \frac{1}{s^2+4}$

정답 ①

09 Chapter 02 단상 교류회로의 이해

두 개의 코일 A, B가 있다. A코일의 저항과 유도리액턴스가 각각 3[Ω], 5[Ω], B코일은 각각 5[Ω], 1[Ω]이다. 두 코일을 직렬로 접속하여 100[V]의 전압을 인가할 때 흐르는 전류[A]는 어떻게 표현되는가?

① $10\angle 37°$
② $10\angle -37°$
③ $10\angle 57°$
④ $10\angle -57°$

정답분석

㉠ 합성 임피던스
$Z = R_1 + jX_{L1} + R_2 + jX_{L2}$
$= R_1 + R_2 + j(X_{L1} + X_{L2})$
$= 3 + 5 + j(5+1) = 8 + j6\,[\Omega]$

㉡ 임피던스의 극형식 표현
$Z = 8 + j6$
$= \sqrt{8^2 + 6^2} \angle \tan^{-1}\dfrac{6}{8} = 10\angle 36.87°$

∴ 전류: $I = \dfrac{V}{Z} = \dfrac{100}{10\angle 37°} = 10\angle -37°$

정답 ②

10 Chapter 05 대칭좌표법

3상회로의 선간전압이 각각 80, 50, 50[V] 일 때의 전압의 불평형률[%]은 대략 얼마인가?

① 22.7[%]
② 39.6[%]
③ 45.3[%]
④ 57.3[%]

정답분석

3상 회로의 각 상전압은 다음과 같다.

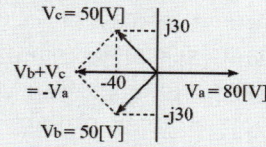

- $V_a = 80\,[V]$
- $V_b = -40 - j30\,[V]$
- $V_c = -40 + j30\,[V]$

㉠ 정상분 전압
$V_1 = \dfrac{1}{3}(V_a + aV_b + a^2V_c)$
$= \dfrac{1}{3}\left[80 + \left(-\dfrac{1}{2} + j\dfrac{\sqrt{3}}{2}\right)(-40-j30)\right.$
$\left. + \left(-\dfrac{1}{2} - j\dfrac{\sqrt{3}}{2}\right)(-40+j30)\right]$
$= 57.3\,[V]$

㉡ 역상분 전압
$V_2 = \dfrac{1}{3}(V_a + a^2V_b + aV_c)$
$= \dfrac{1}{3}\left[80 + \left(-\dfrac{1}{2} - j\dfrac{\sqrt{3}}{2}\right)(-40-j30)\right.$
$\left. + \left(-\dfrac{1}{2} + j\dfrac{\sqrt{3}}{2}\right)(-40+j30)\right]$
$= 22.7\,[V]$

∴ 불평형률
$\%U = \dfrac{V_2}{V_1} \times 100 = \dfrac{22.7}{57.3} \times 100 = 39.6\,[\%]$

정답 ②

2024년 제1회   전기기사

※ CBT문제는 수험생의 기억에 따라 복원된 것이며, 실제 기출문제와 동일하지 않을 수 있습니다.

01
Chapter 08 분포정수 회로

1[km]당의 인덕턴스 25[mH], 정전용량 0.005[μF]의 선로가 있을 때 무손실 선로라고 가정한 경우의 위상속도 [km/sec]는?

① 약 5.24×10^4
② 약 8.95×10^4
③ 약 5.24×10^8
④ 약 5.24×10^3

정답분석
위상속도
$$v = \frac{1}{\sqrt{LC}} = \frac{1}{\sqrt{25 \times 10^{-3} \times 0.005 \times 10^{-6}}}$$
$$= 8.95 \times 10^4 \text{[km/sec]}$$

정답 ②

02
Chapter 09 과도현상

$R-C$ 직렬회로에 $t=0$에서 직류전압을 인가하였다. 시정수 5배에서 커패시터에 충전된 전하는 약 몇 [%]인가?
(단, 초기에 충전된 전하는 없다고 가정한다.)

① 1   ② 2
③ 93.7   ④ 99.3

정답분석
㉠ 충전전하: $Q(t) = CE\left(1 - e^{-\frac{1}{RC}t}\right)$
㉡ 정상상태($t = \infty$)에서 충전전하
$Q(\infty) = CE(1 - e^{-\infty}) = CE$
㉢ 시정수 5배 시간($t = 5\tau = 5RC$)에서 충전전하
$Q(5\tau) = CE(1 - e^{-5}) = CE \times 0.9932$
∴ 시정수 5배에서 커패시터에 충전된 전하는 정상상태의 99.32[%]가 된다.

정답 ④

03
Chapter 06 회로망 해석

그림과 같은 회로에서 미지의 저항 R의 값을 구하면 몇 [Ω]인가?

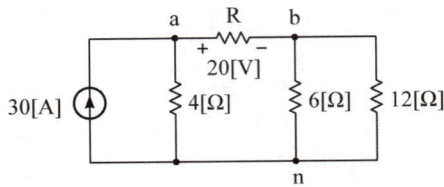

① 2.5[Ω]   ② 2[Ω]
③ 1.6[Ω]   ④ 1[Ω]

정답분석
㉠ 전류원을 전압원으로 등가변환

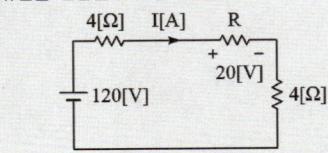

㉡ $V_R = IR = \frac{120}{4+4+R} \times R = 20\text{[V]}$ 에서
$120R = 20(8+R)$
$120R = 160 + 20R$
$100R = 160$
∴ $R = \frac{160}{100} = 1.6\text{[Ω]}$

정답 ③

04 Chapter 04 비정현파 교류회로의 이해

그림과 같은 Y결선에서 기본파와 제3고조파 전압만이 존재한다고 할 때 전압계의 눈금이 $V_1 = 150[V]$, $V_2 = 220[V]$로 나타낼 때 제3고조파 전압을 구하면 몇 [V]인가?

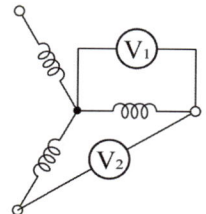

① 약 145.4[V]   ② 약 150.4[V]
③ 약 127.2[V]   ④ 약 79.9[V]

Y결선에서 선간전압은 제3고조파 성분이 포함되지 않는다. 따라서 전압계 V_2에는 기본파 상전압의 $\sqrt{3}$ 배의 전압 ($V_2 = \sqrt{3}\, V_p$)이 측정된다.

㉠ 상전압: $V_p = \dfrac{V_2}{\sqrt{3}} = \dfrac{220}{\sqrt{3}}$ [V]

㉡ 전압계 V_1 측정 전압 $V_1 = \sqrt{V_p^2 + V_3^2}$ [V]이므로 제3고조파 전압(V_3)는

$\therefore V_3 = \sqrt{V_1^2 - V_p^2}$
$= \sqrt{150^2 - \left(\dfrac{220}{\sqrt{3}}\right)^2} = 79.9$ [V]

정답 ④

05 Chapter 06 회로망 해석

회로를 테브난(Thevenin)의 등가회로로 변환하려고 한다. 이때 테브난의 등가저항 R_T와 등가전압 V_T[V]는?

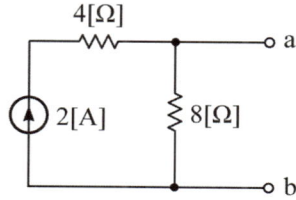

① $R_T = \dfrac{8}{3}$, $V_T = 8$

② $R_T = 6$, $V_T = 12$

③ $R_T = 8$, $V_T = 16$

④ $R_T = \dfrac{8}{3}$, $V_T = 16$

테브난의 등가변환

㉠ 개방전압: a, b 양단의 단자전압
$V_T = 8I = 8 \times 2 = 16$ [V]

㉡ 등가저항: 전류원을 개방시킨 상태에서 a, b에서 바라본 합성저항

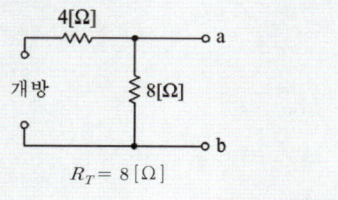

$R_T = 8$ [Ω]

정답 ③

06 Chapter 04 비정현파 교류회로의 이해

ωt가 0에서 π까지 $i = 10\,[A]$, π에서 2π까지는 $i = 0\,[A]$인 파형을 푸리에 급수로 전개하면 a_0는?

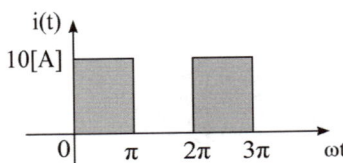

① 14.14
② 10
③ 7.07
④ 5

정답분석

직류분 (교류의 평균값으로 해석)

$$a_0 = \frac{1}{T}\int_0^T f(t)\,dt$$
$$= \frac{1}{2\pi}\int_0^\pi 10\,d\omega t = \left[\frac{10}{2\pi}\omega t\right]_0^\pi = \frac{10}{2}$$
$$= 5\,[A]$$

[별해]
구형반파의 평균값 $I_{av} = \dfrac{I_m}{2} = 5\,[A]$

정답 ④

08 Chapter 01 직류회로의 이해

기전력 1.6[V]의 전지에 부하저항을 접속하였더니 0.5[A]의 전류가 흐르고 부하의 단자전압이 1.5[V]이었다. 전지의 내부저항 [Ω]은?

① 0.4
② 0.2
③ 5.2
④ 4.1

정답분석

㉠ 전지의 내부저항을 r, 부하저항을 R로 표현하면 아래와 같이 나타낼 수 있다.

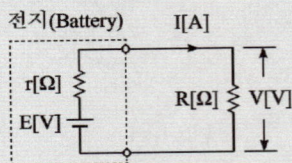

㉡ 전류가 0.5[A] 일 때 부하저항
$$R = \frac{V}{I} = \frac{1.5}{0.5} = 3\,[\Omega]$$
여기서, V: 부하의 단자전압
∴ 기전력 $E = I(r+R)$ 관계에서 내부저항은
$$r = \frac{E}{I} - R = \frac{1.6}{0.5} - 3 = 0.2\,[\Omega]$$

정답 ②

07 Chapter 03 다상 교류회로의 이해

대칭 n상에서 선전류와 환상전류 사이의 위상차는 어떻게 되는가?

① $\dfrac{n}{2}\left(1-\dfrac{\pi}{2}\right)$
② $\dfrac{\pi}{2}\left(1-\dfrac{n}{2}\right)$
③ $2\left(1-\dfrac{2}{n}\right)$
④ $\dfrac{\pi}{2}\left(1-\dfrac{2}{n}\right)$

정답분석

환상결선에서 선전류와 상전류의 관계
㉠ 선전류: $I_l = 2\sin\dfrac{\pi}{n}I_p$
㉡ 위상차: $\theta = \dfrac{\pi}{2} - \dfrac{\pi}{n} = \dfrac{\pi}{2}\left(1-\dfrac{2}{n}\right)$
㉢ 환상결선 시 선간전압과 상전압은 같다.
여기서, n: 상수

정답 ④

09 Chapter 10 라플라스 변환

$f(t) = \mathcal{L}^{-1}\left[\dfrac{1}{s^2+6s+10}\right]$의 값은 얼마인가?

① $e^{-3t}\sin t$
② $e^{-3t}\cos t$
③ $e^{-t}\sin 5t$
④ $e^{-t}\sin 5\omega t$

정답분석

$$\mathcal{L}^{-1}\left[\frac{1}{s^2+6s+10}\right]$$
$$= \mathcal{L}^{-1}\left[\frac{1}{(s+3)^2+1}\right]$$
$$= \mathcal{L}^{-1}\left[\frac{1}{s^2+1^2}\bigg|_{s=s+3}\right] = e^{-3t}\sin t$$

정답 ①

Chapter 07 4단자망 회로 해석

10 그림과 같은 회로의 구동점 임피던스는?

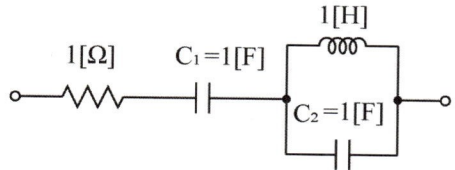

① $1 + \dfrac{1}{s} - \dfrac{1}{\dfrac{s+1}{s}}$

② $1 + \dfrac{1}{s} + \dfrac{1}{s + \dfrac{1}{s}}$

③ $1 + \dfrac{1}{s} + \dfrac{s}{\dfrac{s+1}{s}}$

④ $1 - \dfrac{1}{s} + \dfrac{s}{\dfrac{s+1}{s}}$

정답분석

RLC 회로의 합성 임피던스

$Z(s) = R + \dfrac{1}{C_1 s} + \dfrac{1}{Ls + \dfrac{1}{C_2 s}}$

$= 1 + \dfrac{1}{s} + \dfrac{1}{s + \dfrac{1}{s}}$

여기서, $R = 1[\Omega]$, $L = 1[H]$
$C_1 = C_2 = 1[F]$

정답 ②

2023년 제3회 전기기사

※ CBT문제는 수험생의 기억에 따라 복원된 것이며, 실제 기출문제와 동일하지 않을 수 있습니다.

01 Chapter 09 과도현상
R-L 직렬 회로에서 R=20[Ω], L=40[mH]일 때, 이 회로의 시정수[sec]는?

① 2×10^3
② 2×10^{-3}
③ $\dfrac{1}{2 \times 10^3}$
④ $\dfrac{1}{2 \times 10^{-3}}$

 정답분석

R-L 직렬회로에서 시정수
$$\tau = \dfrac{L}{R} = \dfrac{40 \times 10^{-3}}{20} = 2 \times 10^{-3}[\text{sec}]$$

정답 ②

03 Chapter 08 분포정수 회로
분포 정수로 표현된 선로의 단위 길이당 저항이 [0.5Ω/km], 인덕턴스가 1[μH/km], 커패시턴스가 6[μF/km]일 때 일그러짐이 없는 조건(무왜형 조건)을 만족하기 위한 단위 길이당 컨덕턴스[℧/km]는?

① 2 ② 3
③ 4 ④ 5

 정답분석

무왜조건 $\dfrac{R}{L} = \dfrac{G}{C}$ 에서

∴ 누설 컨덕턴스
$$G = \dfrac{RC}{L} = \dfrac{0.5 \times 6 \times 10^{-6}}{10^{-6}} = 3[\text{℧/km}]$$

정답 ②

02 Chapter 07 4단자망 회로 해석
4단자 정수 A, B, C, D 중에서 전압이득의 차원을 가진 정수는?

① A ② B
③ C ④ D

 정답분석

4단자 방정식 $\begin{cases} V_1 = AV_2 + BI_2 \\ I_1 = CV_2 + DI_2 \end{cases}$

㉠ 2차측을 개방했을 경우 ($I_2 = 0$)
- $A = \dfrac{V_1}{V_2}$: 전압 이득 차원
- $C = \dfrac{I_1}{V_2}$: 어드미턴스 차원

㉡ 2차측을 단락했을 경우 ($V_2 = 0$)
- $B = \dfrac{V_1}{I_2}$: 임피던스 차원
- $D = \dfrac{I_1}{I_2}$: 전류 이득 차원

정답 ①

04 Chapter 10 라플라스 변환
정전 용량이 C[F]인 커패시터에 단위 임펄스의 전류원이 연결되어 있다. 이 커패시터의 전압 $v_c(t)$는? (단, $u(t)$는 단위 계단 함수이다)

① $v_c(t) = C$
② $v_c(t) = Cu(t)$
③ $v_c(t) = \dfrac{1}{C}u(t)$
④ $v_c(t) = \dfrac{1}{C}$

 정답분석

㉠ 임펄스 함수: $\delta(t) = \dfrac{d}{dt}u(t)$
㉡ 커패시턴스 단자전압
$$v_c(t) = \dfrac{1}{C}\int i(t)\,dt = \dfrac{1}{C}u(t)$$

정답 ③

Chapter 04 비정현파 교류회로의 이해

05 $v(t) = 3 + 5\sqrt{2}\sin\omega t + 10\sqrt{2}\sin\left(3\omega t - \dfrac{\pi}{3}\right)$ [V]의 실횻값 크기는 약 몇 [V]인가?

① 5.6 ② 7.6
③ 10.6 ④ 11.6

정답분석

비정현파 전압의 실횻값은 각 파의 실횻값을 제곱하여 더한 것의 제곱근이다.

즉, $V = \sqrt{V_0^2 + \sum\limits_{n=1}^{\infty} V_n^2} = \sqrt{3^2 + 5^2 + 10^2} = 11.58$ [V]

정답 ④

Chapter 02 단상 교류회로의 이해

07 8+j6[Ω]인 임피던스에 13+j20[V]의 전압을 인가할 때 복소전력은 약 몇 [VA]인가?

① 127+j34.1
② 45.5+j34.1
③ 12.7+j55.5
④ 45.5+j55.5

정답분석

㉠ 전류: $I = \dfrac{V}{Z} = \dfrac{13+j20}{8+j6}$
$= 2.24 + j0.82$ [A]

㉡ 복소전력
$P_a = VI^*$
$= (13+j20) \times (2.24 - j0.82)$
$= 45.52 + j34.14$ [VA]

정답 ②

Chapter 07 4단자망 회로 해석

06 그림과 같은 T형 4단자 회로의 임피던스 파라미터 Z_{22}는?

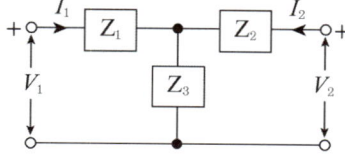

① $Z_1 + Z_2$
② $Z_1 + Z_3$
③ $Z_2 + Z_3$
④ Z_3

정답분석

㉠ 임피던스 파라미터
$Z_{11} = Z_1 + Z_2$ $Z_{12} = Z_3$
$Z_{21} = Z_3$ $Z_{22} = Z_2 + Z_3$

㉡ 어드미턴스 파라미터
$Y_{11} = \dfrac{1}{K}$ $Y_{12} = -\dfrac{Z_3}{K}$
$Y_{21} = -\dfrac{Z_3}{K}$ $Y_{22} = \dfrac{Z_1 + Z_3}{K}$

여기서, $K = Z_1 Z_2 + Z_2 Z_3 + Z_3 Z_1$

정답 ③

08 Chapter 04 비정현파 교류회로의 이해

전압 및 전류가 다음과 같을 때 유효전력[W] 및 역률[%]은 각각 약 얼마인가?

$$v(t) = 100\sin\omega t - 50\sin(3\omega t + 30°) + 20\sin(5\omega t + 45°) \,[\text{V}]$$
$$i(t) = 20\sin(\omega t + 30°) + 10\sin(3\omega t - 30°) + 5\sin(5\omega t + 90°)[\text{A}]$$

① 825[W], 48.6[%]
② 776.4[W], 59.7[%]
③ 1120[W], 77.4[%]
④ 1850[W], 89.6[%]

 정답분석

㉠ 유효전력
$$P = V_1 I_1 \cos\theta_1 + V_3 I_3 \cos\theta_3 + V_5 I_5 \cos\theta_5$$
$$= \frac{100}{\sqrt{2}} \times \frac{20}{\sqrt{2}} \times \cos 30°$$
$$+ \frac{-50}{\sqrt{2}} \times \frac{10}{\sqrt{2}} \times \cos 60°$$
$$+ \frac{20}{\sqrt{2}} \times \frac{5}{\sqrt{2}} \times \cos 45°$$
$$= 776.38\,[\text{W}]$$

㉡ 전압의 실횻값
$$V = \sqrt{\left(\frac{100}{\sqrt{2}}\right)^2 + \left(\frac{50}{\sqrt{2}}\right)^2 + \left(\frac{20}{\sqrt{2}}\right)^2}$$
$$= 80.3\,[\text{V}]$$

㉢ 전류의 실횻값
$$I = \sqrt{\left(\frac{20}{\sqrt{2}}\right)^2 + \left(\frac{10}{\sqrt{2}}\right)^2 + \left(\frac{5}{\sqrt{2}}\right)^2}$$
$$= 16.2\,[\text{A}]$$

㉣ 피상전력
$$P_a = VI = 80.3 \times 16.2 = 1300.86\,[\text{VA}]$$

㉤ 역률: $\cos\theta = \frac{P}{P_a} \times 100$
$$= \frac{776.38}{1300.86} \times 100 = 59.7[\%]$$

정답 ②

09 Chapter 02 단상 교류회로의 이해

순시치 전류 $i(t) = I_m \sin(\omega t + \theta_i)[\text{A}]$의 파고율은 약 얼마인가?

① 0.577
② 0.707
③ 1.414
④ 1.732

 정답분석

각 파형(전파)의 파고율과 파형율

파형	실횻값	평균값	파고율	파형율
구형파	I_m	I_m	1	1
정현파	$\frac{I_m}{\sqrt{2}}$	$\frac{2I_m}{\pi}$	$\sqrt{2}$	1.11
삼각파	$\frac{I_m}{\sqrt{3}}$	$\frac{I_m}{2}$	$\sqrt{3}$	1.155

∴ 정현파의 파고율
$$파고율 = \frac{최댓값}{실횻값} = \frac{I_m}{\frac{I_m}{\sqrt{2}}} = \sqrt{2}$$

정답 ③

10 Chapter 10 라플라스 변환

$f(t) = e^{j\omega t}$의 라플라스 변환은?

① $\frac{1}{s^2 + \omega^2}$
② $\frac{\omega}{s^2 + \omega^2}$
③ $\frac{1}{s + j\omega}$
④ $\frac{1}{s - j\omega}$

 정답분석

복소추이의 정리
$$\mathcal{L}[e^{j\omega t}] = \frac{1}{s}\bigg|_{s = s - j\omega} = \frac{1}{s - j\omega}$$

정답 ④

2023년 제2회 전기기사

※ CBT문제는 수험생의 기억에 따라 복원된 것이며, 실제 기출문제와 동일하지 않을 수 있습니다.

 01 Chapter 03 다상 교류회로의 이해

대칭 6상 성형(star)결선에서 선간 전압 크기와 상전압 크기의 관계로 옳은 것은?
(단, V_l: 선간 전압 크기, V_p: 상전압 크기)

① $V_l = \dfrac{1}{\sqrt{3}} V_p$

② $V_l = \dfrac{2}{\sqrt{3}} V_p$

③ $V_l = V_p$

④ $V_l = \sqrt{3} \, V_p$

정답분석

성형결선에서 선간전압과 상전압의 관계
㉠ 선간전압: $V_l = 2 \sin \dfrac{\pi}{n} V_p$
㉡ 위상차: $\theta = \dfrac{\pi}{2} - \dfrac{\pi}{n} = \dfrac{\pi}{2}\left(1 - \dfrac{2}{n}\right)$

∴ 대칭 6상의 경우 선간전압
$V_l = 2 \sin \dfrac{\pi}{6} V_p = V_p$

여기서, n: 상수

정답 ③

 02 Chapter 04 비정현파 교류회로의 이해

다음과 같은 비정현파 교류 전압 $V(t)$와 전류 $I(t)$에 의한 평균 전력은 약 몇 [W]인가?

$$V(t) = 200\sin 100\pi t + 80\sin\left(300\pi t - \dfrac{\pi}{2}\right) [V]$$
$$I(t) = \dfrac{1}{5}\sin\left(100\pi t - \dfrac{\pi}{3}\right)$$
$$+ \dfrac{1}{10}\sin\left(300\pi t - \dfrac{\pi}{4}\right)[A]$$

① 8.414 ② 12.828
③ 18.764 ④ 24.212

정답분석

소비전력 $P = V_0 I_0 + \sum_{i=1}^{n} V_i I_i \cos\theta_i [W]$ 에서

㉠ 기본파 소비전력
$P_1 = \dfrac{1}{2} V_{m1} I_{m1} \cos\theta_1$
$= \dfrac{1}{2} \times 200 \times \dfrac{1}{5} \times \cos 60° = 10 [W]$

㉡ 제3고조파 소비전력
$P_3 = \dfrac{1}{2} V_{m3} I_{m3} \cos\theta_3$
$= \dfrac{1}{2} \times 80 \times \dfrac{1}{10} \times \cos 45° = 2.828 [W]$

∴ $P = P_1 + P_3 = 12.828 [W]$

정답 ②

03 Chapter 06 회로망 해석

회로에서 전압 V_{ab}[V]는?

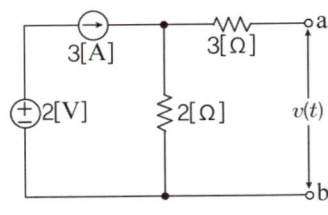

① 2
② 3
③ 6
④ 8

정답분석

중첩의 정리를 이용하여 풀이할 수 있다.
㉠ 전압원 2[V] 만의 회로해석: $I_1 = 0$

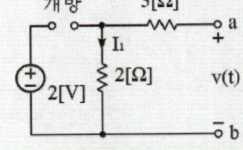

㉡ 전류원 3[A] 만의 회로 해석: $I_2 = 3$ [A]

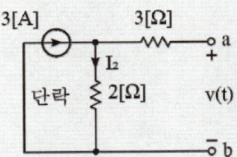

㉢ 2[Ω] 통과 전류: $I = I_1 + I_2 = 3$ [A]
∴ 개방전압: $V_{ab} = v(t) = 2I = 2 \times 3 = 6$ [V]

정답 ③

04 Chapter 08 분포정수 회로

특성 임피던스가 400Ω인 회로 말단에 1,200Ω의 부하가 연결되어 있다. 전원측에 20kV의 전압을 인가할 때 반사파의 크기[kV]는? (단, 선로에서의 전압 감쇠는 없는 것으로 간주한다)

① 3.3
② 5
③ 10
④ 33

정답분석

㉠ 반사계수
$\Gamma = \dfrac{Z_L - Z_0}{Z_0 + Z_L} = \dfrac{1200 - 400}{400 + 1200} = 0.5$

㉡ 반사파 전압
$e = \Gamma V = 0.5 \times 20 = 10$ [kV]

정답 ③

05 Chapter 03 다상 교류회로의 이해

그림 (a)의 Y결선 회로를 그림 (b)의 △결선 회로로 등가 변환했을 때 R_{ab}, R_{bc}, R_{ca}는 각각 몇 [Ω]인가?
(단, $R_a = 2$[Ω], $R_b = 3$[Ω], $R_c = 4$[Ω])

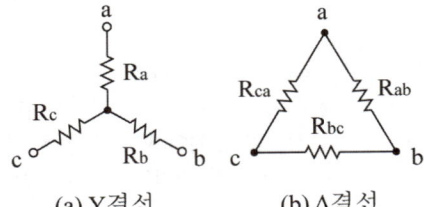

(a) Y결선   (b) △결선

① $R_{ab} = \dfrac{1}{3}$, $R_{bc} = 1$, $R_{ca} = \dfrac{1}{2}$

② $R_{ab} = \dfrac{11}{3}$, $R_{bc} = 11$, $R_{ca} = \dfrac{11}{2}$

③ $R_{ab} = \dfrac{6}{9}$, $R_{bc} = \dfrac{12}{9}$, $R_{ca} = \dfrac{8}{9}$

④ $R_{ab} = \dfrac{13}{2}$, $R_{bc} = 13$, $R_{ca} = \dfrac{26}{3}$

정답분석

Y결선에서 △결선으로 등가변환하면

㉠ $A = \dfrac{R_a R_b + R_b R_c + R_c R_a}{R_c}$
$= \dfrac{2 \times 3 + 3 \times 4 + 4 \times 2}{4} = \dfrac{13}{2}$ [Ω]

㉡ $B = \dfrac{R_a R_b + R_b R_c + R_c R_a}{R_a}$
$= \dfrac{2 \times 3 + 3 \times 4 + 4 \times 2}{2} = 13$ [Ω]

㉢ $C = \dfrac{R_a R_b + R_b R_c + R_c R_a}{R_b}$
$= \dfrac{2 \times 3 + 3 \times 4 + 4 \times 2}{3} = \dfrac{26}{3}$ [Ω]

정답 ④

06 Chapter 02 단상 교류회로의 이해

다음 회로 중 저항 1[MΩ]에서 0.5[sec] 동안 소비되는 에너지 [J]는 얼마인가?
(여기서, $e = 100\sin 2\pi ft$ [V]이다.)

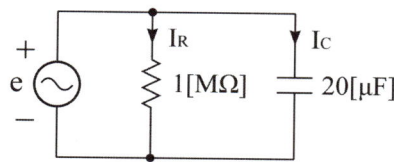

① 2.8
② 2.5×10^{-2}
③ 2.5×10^{-3}
④ 2.5×10^{-4}

정답분석

㉠ 저항에 흐르는 전류
$I_R = \dfrac{E}{R} = \dfrac{100/\sqrt{2}}{10^6} = \dfrac{10^{-4}}{\sqrt{2}}$ [A]

㉡ 소비되는 에너지
$W_L = I_R^2 R t = \left(\dfrac{10^{-4}}{\sqrt{2}}\right)^2 \times 10^6 \times 0.5$
$= 2.5 \times 10^{-3}$ [J]

정답 ③

07 Chapter 02 단상 교류회로의 이해

2전력계법으로 평형 3상 전력을 측정하였더니 한 쪽의 지시가 500[W], 다른 한쪽의 지시가 1500[W]이었다. 피상전력은 약 몇 [VA]인가?

① 2000
② 2310
③ 2646
④ 2771

정답분석

피상전력
$P_a = 2\sqrt{W_1^2 + W_2^2 - W_1 W_2}$
$= 2\sqrt{500^2 + 1500^2 - 500 \times 1500} = 2645.75$ [W]

정답 ③

08 Chapter 08 분포정수 회로

분포 정수회로에 있어서 선로의 단위 길이당 저항이 100[Ω/m], 인덕턴스가 200[mH/m], 누설 컨덕턴스가 0.5[℧/m]일 때 일그러짐이 없는 조건(무왜형 조건)을 만족하기 위한 단위 길이당 커패시턴스는 몇 [μF/m]인가?

① 0.001
② 0.1
③ 10
④ 1000

정답분석

무왜조건 $\dfrac{R}{L} = \dfrac{G}{C}$ 에서
∴ 커패시턴스
$C = \dfrac{LG}{R} = \dfrac{200 \times 10^{-3} \times 0.5}{100}$
$= 10^{-3}$ [F/m] $= 1000$ [μF/m]

정답 ④

09

Chapter 10 라플라스 변환

$f(t) = \mathcal{L}^{-1}\left[\dfrac{s^2+3s+2}{s^2+2s+5}\right]$ 는?

① $\delta(t) + e^{-t}(\cos 2t - \sin 2t)$
② $\delta(t) + e^{-t}(\cos 2t + \sin 2t)$
③ $\delta(t) + e^{-t}(\cos 2t - 2\sin 2t)$
④ $\delta(t) + e^{-t}(\cos 2t + 2\sin 2t)$

 정답분석

분수식의 분모가 인수분해되지 않으므로 $(s+a)^2 + \omega^2$ 꼴로 고친다.

$\dfrac{(s^2+2s+5)+(s-3)}{s^2+2s+5}$

$= 1 + \dfrac{s-3}{s^2+2s+5} = 1 + \dfrac{(s+1)-4}{2^2+(s+1)^2}$

$= 1 + \dfrac{(s+1)}{2^2+(s+1)^2} - 2\dfrac{2}{2^2+(s+1)^2}$

역변환하면 $\delta(t) + e^{-t}(\cos 2t - 2\sin 2t)$

정답 ③

10

Chapter 09 과도현상

RLC 직렬 회로의 파라미터가 $R^2 = \dfrac{4L}{C}$ 의 관계를 가진다면, 이 회로에 직류 전압을 인가하는 경우 과도 응답 특성으로 옳은 것은?

① 과제동
② 무제동
③ 부족 제동
④ 임계 제동

 정답분석

㉠ $R^2 < 4\dfrac{L}{C}$ 일 경우: 부족제동(진동적)

㉡ $R^2 = 4\dfrac{L}{C}$ 일 경우: 임계제동(임계적)

㉢ $R^2 > 4\dfrac{L}{C}$ 일 경우: 과제동(비진동적)

정답 ④

2023년 제1회 전기기사

※ CBT문제는 수험생의 기억에 따라 복원된 것이며, 실제 기출문제와 동일하지 않을 수 있습니다.

01 Chapter 07 4단자망 회로 해석

회로에서 6Ω에 흐르는 전류[A]는?

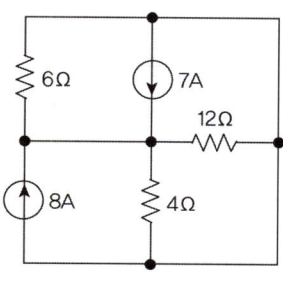

① 2.5 ② 5
③ 8   ④ 10

정답분석

중첩의 정리로 풀이할 수 있다.
㉠ 8[A]로 해석

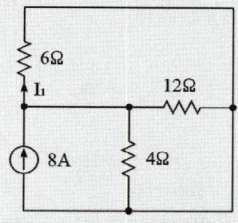

ⓐ 12[Ω]과 4[Ω]의 병렬합성저항
$$\frac{12 \times 4}{12+4} = 3\,[\Omega]$$

ⓑ $I_1 = \frac{3}{6+3} \times 8 = \frac{24}{9}\,[A]$

㉡ 7[A]로 해석

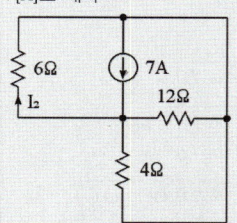

ⓐ 12[Ω]과 4[Ω]의 병렬합성저항
$$\frac{12 \times 4}{12+4} = 3\,[\Omega]$$

ⓑ $I_2 = \frac{3}{6+3} \times 7 = \frac{21}{9}\,[A]$

㉢ 6[Ω]을 통과하는 전류
$$I = I_1 + I_2 = \frac{45}{9} = 5\,[A]$$

정답 ②

02 Chapter 05 대칭좌표법

3상 불평형 전압 V_a, V_b, V_c가 주어진다면, 정상분 전압은? (단, $a = e^{j2\pi/3} = 1\angle 120°$이다)

① $V_a + aV_b + a^2V_c$

② $\frac{1}{3}(V_a + aV_b + a^2V_c)$

③ $V_a + a^2V_b + aV_c$

④ $\frac{1}{3}(V_a + a^2V_b + aV_c)$

정답분석

대칭좌표법에서 대칭분 전압

㉠ 영상분: $V_0 = \frac{1}{3}(V_a + V_b + V_c)$

㉡ 정상분: $V_1 = \frac{1}{3}(V_a + aV_b + a^2V_c)$

㉢ 역상분: $V_2 = \frac{1}{3}(V_a + a^2V_b + aV_c)$

(여기서, $a = 1\angle 120° = 1\angle -240°$
$a^2 = 1\angle 240° = 1\angle -120°$)

정답 ②

03 Chapter 04 비정현파 교류회로의 이해

$f_e(t)$가 우함수이고, $f_o(t)$가 기함수일 때 주기함수 $f(t) = f_e(t) + f_o(t)$에 대한 다음 식 중 틀린 것은?

① $f_e(t) = f_e(-t)$
② $f_o(t) = -f_o(-t)$
③ $f_o(t) = \frac{1}{2}\left[f_o(t) - f_o(-t)\right]$
④ $f_e(t) = \frac{1}{2}\left[f_e(t) - f_e(-t)\right]$

정답분석

㉠ 함수의 대칭 조건

구분	대칭 조건
우함수 (여현대칭)	$f_e(t) = f_e(-t)$
기함수 (정현대칭)	$f_o(t) = -f_o(-t)$

㉡ $\frac{1}{2}\left[f_e(t) - f_e(-t)\right] = 0$

㉢ $\frac{1}{2}\left[f_e(t) + f_e(-t)\right] = f_e(t)$

정답 ③

04 Chapter 01 직류회로의 이해

최대 눈금이 100[V]이고, 내부저항 $r = 30[\text{k}\Omega]$인 전압계가 있다. 600[V]를 측정하고자 한다면 배율기 저항 $R_s[\text{k}\Omega]$은 얼마이어야 하는가?

① 60 ② 120
③ 150 ④ 180

정답분석

$V = 100$, $r = 30[\text{k}\Omega]$, $V_0 = 600$, $m = \frac{V_0}{V} = \frac{600}{100} = 6$
$R_s = (m-1)r = (6-1) \times 30 = 150[\text{k}\Omega]$

정답 ③

05 Chapter 05 대칭좌표법

3상 불평형 전압에서 역상전압이 25[V]이고, 정상전압이 100[V], 영상전압이 10[V]라 할 때 전압의 불평형률은?

① 0.25 ② 0.4
③ 4 ④ 10

정답분석

불평형률

$\%U = \frac{V_2}{V_1} \times 100 = \frac{25}{100} \times 100 = 25[\%]$

여기서, V_1: 정상분, V_2: 역상분

정답 ①

06 Chapter 08 분포정수 회로

선로의 단위 길이당 인덕턴스, 저항, 정전 용량, 누설 컨덕턴스를 각각 L, R, C, G라 하면 전파 정수는?

① $\frac{\sqrt{R+j\omega L}}{G+j\omega C}$
② $\sqrt{\frac{(G+j\omega C)}{(R+j\omega L)}}$
③ $\sqrt{\frac{(R+j\omega C)}{(G+j\omega L)}}$
④ $\sqrt{(R+j\omega L)(G+j\omega C)}$

정답분석

전파정수란, 전압, 전류가 선로의 끝 송전단에서부터 멀어져감에 따라 그 진폭이라든가 위상이 변해가는 특성과 관계된 상수를 말한다.
∴ 전파정수
$\gamma = \sqrt{ZY} = \sqrt{(R+j\omega L)(G+j\omega C)}$
$= \sqrt{RG} + j\omega\sqrt{LC} = \alpha + j\beta$
여기서, α: 감쇠정수, β: 위상정수

정답 ④

07 Chapter 02 단상 교류회로의 이해

파형이 톱니파인 경우 파형률은 약 얼마인가?

① 0.577   ② 1.732
③ 1.155   ④ 1.414

정답분석

㉠ 삼각파(톱니파)의 평균값: $V_a = \dfrac{V_m}{2}$

㉡ 삼각파(톱니파)의 실횻값: $V = \dfrac{V_m}{\sqrt{3}}$

∴ 파형률 = $\dfrac{실횻값}{평균값} = \dfrac{2}{\sqrt{3}} ≒ 1.155$

정답 ③

09 Chapter 02 단상 교류회로의 이해

정현파 교류 $v = V_m \sin\omega t$의 전압을 반파 정류하였을 때의 실횻값은 몇 V인가?

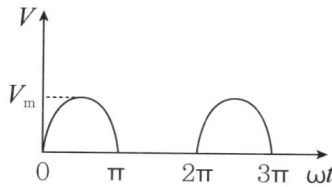

① $\dfrac{V_m}{2}$ ② $\dfrac{V_m}{\sqrt{2}}$

③ $\dfrac{V_m}{2\sqrt{2}}$ ④ $\sqrt{2}\,V_m$

정답분석

㉠ 반파 정현파의 평균값: $V_a = \dfrac{V_m}{\pi}$

㉡ 반파 정현파의 실횻값: $V = \dfrac{V_m}{2}$

정답 ①

08 Chapter 09 과도현상

회로에서 $t = 0$초일 때 닫혀 있는 스위치 S를 열었다. 이때 $\dfrac{dv(0^+)}{dt}$의 값은?
(단, C의 초기 전압은 0V이다)

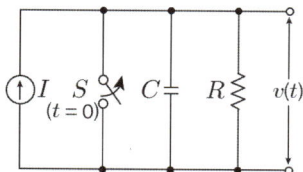

① $\dfrac{1}{RI}$ ② $\dfrac{I}{C}$

③ RI ④ $\dfrac{C}{I}$

정답분석

스위치가 닫혀 있는 동안에는 C 또는 R 쪽으로 전류가 흐르지 않는다. 스위치를 열면 RC 병렬 회로가 되고 전류원에서 나온 전류가 C와 R로 나뉘어 흘러야 하지만 처음에 C는 단락 상태로 간주해도 되므로 전체 전류가 C 쪽으로만 흐른다.
C에 걸린 전압이 $v(t)$이고 충전 전류

$i = \dfrac{dq(t)}{dt} = C\dfrac{dv(t)}{dt}$

$\lim\limits_{t \to 0} i = C \dfrac{dv(t)}{dt}\Big|_{t=0}$

$\dfrac{I}{C} = \dfrac{dv(t)}{dt}\Big|_{t=0}$

정답 ②

10 Chapter 08 분포정수 회로

단위 길이당 인덕턴스가 $L[\text{H/m}]$이고, 단위 길이당 정전용량이 $C[\text{F/m}]$인 무손실 선로에서의 진행파 속도[m/s]는?

① $\sqrt{\dfrac{C}{L}}$ ② $\sqrt{\dfrac{L}{C}}$

③ $\sqrt{LC}$ ④ $\dfrac{1}{\sqrt{LC}}$

정답분석

위상속도(전파속도)

$v = \dfrac{1}{\sqrt{\epsilon\mu}} = \dfrac{1}{\sqrt{LC}}\,[\text{m/s}]$

정답 ④

2025년 제3회 전기산업기사

※ CBT문제는 수험생의 기억에 따라 복원된 것이며, 실제 기출문제와 동일하지 않을 수 있습니다.

01
Chapter 04 비정현파 교류회로의 이해

어떤 회로에 전압과 전류가 아래와 같을 때 평균전력은 몇 [W]인가?

$$v(t) = V(\sin\omega t - \sin 3\omega t)\,[V]$$
$$i(t) = I\sin\omega t\,[A]$$

① $\int_0^{2\pi} VI\,dt$ ② $\dfrac{1}{2}VI$

③ $\dfrac{1}{2}VI\sin\omega t$ ④ $\dfrac{2}{\sqrt{3}}VI$

정답분석
제3고조파 전류가 없으므로 기본파에 의해서만 전력이 발생된다.
$$\therefore P = \dfrac{V}{\sqrt{2}} \times \dfrac{I}{\sqrt{2}} \times \cos 0° = \dfrac{1}{2}VI\,[W]$$
(여기서, V, I: 전압과 전류의 최댓값)

정답 ②

02
Chapter 09 과도현상

$R=100[\Omega]$, $L=1[H]$의 직렬회로에 직류 전압 $E=100[V]$를 가했을 때, $t=0.01[s]$후의 전류 $i_t[A]$는 약 얼마인가?

① 0.362[A]   ② 0.632[A]
③ 3.62[A]   ④ 6.32[A]

정답분석
과도전류
$$i(t) = \dfrac{E}{R}\left(1 - e^{-\frac{R}{L}t}\right) = \dfrac{100}{100}\left(1 - e^{-\frac{100}{1}\times 0.01}\right)$$
$$= 1(1 - e^{-1}) = 0.632\,[A]$$

정답 ②

03
Chapter 10 라플라스 변환

시간 구간 a, 진폭 $\dfrac{1}{a}$인 단위 펄스에서 $a \to 0$에 접근할 때의 단위 충격함수에 대한 Laplace 변환은?

① a ② 1
③ 0   ④ $\dfrac{1}{a}$

정답분석
문제와 같이 폭 a, 높이 $\dfrac{1}{a}$, 면적이 1인 파형에 대해서 $a \to 0$으로 한 극한 파형을 단위 임펄스 함수라 하고, $\delta(t)$로 표시한다.
$$\therefore \mathcal{L}[\delta(t)] = \mathcal{L}\left[\dfrac{du(t)}{dt}\right] = 1$$

정답 ②

04
Chapter 01 직류회로의 이해

고유저항의 M.K.S 단위는 무엇인가?

① [Ω·m]   ② [1/Ω·m]
③ [Ω/m]   ④ [℧·m]

정답분석
전기저항 $R = \rho\dfrac{\ell}{S}[\Omega]$에서
$\therefore$ 고유저항: $\rho = \dfrac{RS}{\ell}[\Omega\cdot m^2/m = \Omega\cdot m]$
$= \dfrac{RS}{\ell} \times 10^6 [\Omega\cdot mm^2/m]$

정답 ①

05 Chapter 02 단상 교류회로의 이해

아래와 같이 2개의 교류전압이 있다. 다음 중 옳게 설명한 것은?

$$v_1 = 100\sqrt{2}\sin\left(377t + \frac{\pi}{3}\right)[V]$$
$$v_2 = 100\sqrt{2}\cos\left(377t + \frac{\pi}{3}\right)[V]$$

① v_1과 v_2의 주기는 모두 $\frac{1}{60}$[sec] 이다.
② v_1과 v_2의 주파수는 377[Hz] 이다.
③ v_1과 v_2는 동상이다.
④ v_1과 v_2의 실횻값은 100[V], $100\sqrt{2}$[V] 이다.

정답분석

① v_1과 v_2의 주파수
$$f = \frac{\omega}{2\pi} = \frac{377}{2 \times 3.14} = 60[\text{Hz}]$$
② v_1과 v_2의 주기: $T = \frac{1}{f} = \frac{1}{60}$[sec]
③ v_2는 v_1보다 위상이 90° 앞선다.
④ v_1과 v_2의 실횻값은 모두 100[V]이고, 최댓값은 $100\sqrt{2}$[V] 이다.

정답 ①

06 Chapter 07 4단자망 회로 해석

그림과 같은 2단자망에서 구동점 임피던스를 구하면?

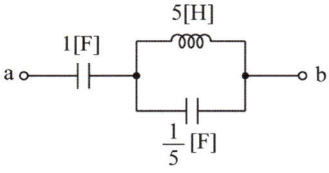

① $\dfrac{6s^2+1}{s(s^2+1)}$ ② $\dfrac{6s+1}{6s^2+1}$
③ $\dfrac{6s^2+1}{(s+1)(s+2)}$ ④ $\dfrac{s+2}{6s(s+1)}$

정답분석

구동점 임피던스
$$Z(s) = \frac{1}{C_1 s} + \frac{Ls \times \frac{1}{C_2 s}}{Ls + \frac{1}{C_2 s}}$$
$$= \frac{1}{C_1 s} + \frac{Ls}{LCs^2 + 1}$$
$$= \frac{1}{s} + \frac{5s}{s^2 + 1} = \frac{6s^2 + 1}{s(s^2 + 1)}$$

정답 ①

07 Chapter 11 전달함수

그림과 같은 미분요소에 입력으로 단위계단 함수를 사용하면 출력 파형은?

X(s) → [Ks] → Y(s)

① 임펄스 파형   ② 사인파형
③ 삼각파형   ④ 톱니파형

정답분석

임펄스 파형 $\delta(t)$는 단위 계단 함수 $u(t)$를 미분한 값을 말한다.
$$\therefore \delta(t) = \frac{d}{dt}u(t) \xrightarrow{\mathcal{L}} 1$$

정답 ①

08 Chapter 03 다상 교류회로의 이해

단상전력계 2개로 3상 전력을 측정하고자 한다. 전력계의 지시가 각각 200[W], 100[W]를 가리켰다고 한다. 부하의 역률은?

① 94.8[%]   ② 86.6[%]
③ 50.0[%]   ④ 31.6[%]

정답분석

$$\cos\theta = \frac{P}{P_a} = \frac{W_1 + W_2}{2\sqrt{W_1^2 + W_2^2 - W_1 W_2}}$$
$$= \frac{200 + 100}{2\sqrt{200^2 + 100^2 - 200 \times 100}} = 0.866$$

정답 ②

Chapter 06 회로망 해석

09 회로망 출력 단자 a, b에서 바라본 등가 임피던스는? (단, $V_1 = 6\,[V]$, $V_2 = 3\,[V]$, $I_1 = 10\,[A]$, $R_1 = 15\,[\Omega]$, $R_2 = 10\,[\Omega]$, $L = 2\,[H]$, $j\omega = s$이다.)

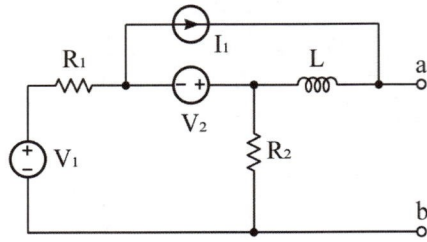

① $\dfrac{1}{s+3}$ ② $s+15$

③ $\dfrac{3}{s+2}$ ④ $2s+6$

 등가 임피던스를 구할 때 전압원은 단락($Z=0$), 전류원은 개방($Z=\infty$)하여 구한다.

$$\therefore Z_{ab} = Ls + \frac{R_1 R_2}{R_1 + R_2}$$
$$= 2s + \frac{15 \times 10}{15 + 10} = 2s + 6$$

정답 ④

Chapter 03 다상 교류회로의 이해

10 대칭 n상 성산결선에서 선간전압의 크기는 성상 전압의 몇 배인가?

① $\sin \dfrac{\pi}{n}$ ② $\cos \dfrac{\pi}{n}$

③ $2\sin \dfrac{\pi}{n}$ ④ $2\cos \dfrac{\pi}{n}$

 성형결선에서 선간전압과 상전압의 관계

㉠ 선간전압: $V_l = 2\sin \dfrac{\pi}{n} V_p$

㉡ 위상차: $\theta = \dfrac{\pi}{2} - \dfrac{\pi}{n} = \dfrac{\pi}{2}\left(1 - \dfrac{2}{n}\right)$

㉢ 성형결선 시 상전류와 선전류는 같다.
여기서, n: 상수

정답 ③

Chapter 04 비정현파 교류회로의 이해

11 일반적으로 대칭 3상 회로의 전압 전류에 포함되는 전압 전류의 고조파를 임의의 정수로 하여 3n+1일 때의 상회전은 어떻게 되는가?

① 상회전은 기본파와 반대
② 정지상태
③ 상회전은 기본파와 동일
④ 각 상 동위상

㉠ 영상분: 3n 고조파 (3, 6, 9, 12 ⋯)
→ a, b, c 성분의 크기와 위상이 같음
㉡ 정상분: 3n+1 고조파 (4, 7, 10, 13 ⋯)
→ 기본파와 상회전 방향이 동일
㉢ 역상분: 3n-1 고조파 (2, 5, 8, 11 ⋯)
→ 기본파와 상회전 방향이 반대

정답 ③

Chapter 10 라플라스 변환

12 $F(s) = \dfrac{1}{s(s+a)}$의 라플라스 역변환을 구하시오.

① $1 - e^{-at}$ ② $a(1 - e^{-at})$

③ $\dfrac{1}{a}(1 - e^{-at})$ ④ e^{-at}

㉠ $F(s) = \dfrac{1}{s(s+a)}$
$= \dfrac{A}{s} + \dfrac{B}{s+a} \xrightarrow{\mathcal{L}^{-1}} A + Be^{-at}$

에서 미지수 A, B는 다음과 같다.

㉡ $A = \lim_{s \to 0} sF(s) = \lim_{s \to 0} \dfrac{1}{s+a} = \dfrac{1}{a}$

㉢ $B = \lim_{s \to -a} (s+a)F(s) = \lim_{s \to -a} \dfrac{1}{s} = -\dfrac{1}{a}$

∴ 함수: $f(t) = A + Be^{-at} = \dfrac{1}{a}(1 - e^{-at})$

정답 ③

13 Chapter 01 직류회로의 이해

그림과 같은 회로에서 저항 $R_4=8[\Omega]$에 소비되는 전력은 약 몇 [W]인가?

① 2.38
② 4.76
③ 9.53
④ 29.2

정답분석

㉠ 합성저항
$$R = 2 + \dfrac{1}{\frac{1}{2}+\frac{1}{4}+\frac{1}{8}} = 3.14\,[\Omega]$$

㉡ 전체 전류: $I = \dfrac{V}{R} = \dfrac{12}{3.14} = 3.82\,[A]$

㉢ R_1에 의한 전압강하
$V_1 = IR_1 = 3.82 \times 2 = 7.64\,[V]$

㉣ 각 병렬저항의 단자전압
$V_2 = V_3 = V_4 = 12 - 7.64 = 4.36\,[V]$

∴ R_4의 소비전력
$P = \dfrac{V_4^2}{R_4} = \dfrac{4.36^2}{8} = 2.38\,[W]$

정답 ①

14 Chapter 02 단상 교류회로의 이해

$5[\text{mH}]$의 두 자기인덕턴스가 있다. 결합계수를 0.2로 부터 0.8까지 변화시킬 수 있다면 이것을 접속시켜 얻을 수 있는 합성인덕턴스의 최댓값, 최솟값은?

① 18[mH] 2[mH]
② 18[mH] 8[mH]
③ 20[mH] 2[mH]
④ 20[mH] 8[mH]

정답분석

㉠ 결합계수: $k = \dfrac{M}{\sqrt{L_1L_2}} = \dfrac{M}{5} = 0.2 \sim 0.8$

㉡ 상호 인덕턴스의 범위
$M = k\sqrt{L_1L_2} = 1 \sim 4\,[\text{mH}]$

㉢ 가동결합 $L_a = L_1 + L_2 + 2M$ 이고,
차동결합 $L_b = L_1 + L_2 - 2M$ 이므로
상호 인덕턴스 $M = 4$를 대입해야 최댓값과 최솟값을 구할 수 있다.

∴ 최댓값: $L_a = L_1 + L_2 + 2M$
$= 5 + 5 + 2 \times 4 = 18\,[\text{mH}]$

최솟값: $L_b = L_1 + L_2 - 2M$
$= 5 + 5 - 2 \times 4 = 2\,[\text{mH}]$

정답 ①

15 Chapter 06 회로망 해석

회로의 V_{30}과 V_{15}는 얼마인가?

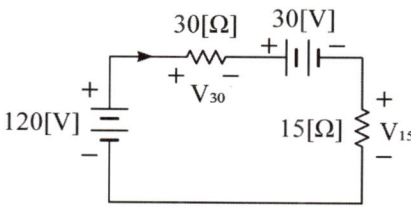

① 60[V], 30[V]
② 70[V], 40[V]
③ 80[V], 50[V]
④ 50[V], 40[V]

정답분석

㉠ 회로 전류: $I = \dfrac{V}{R} = \dfrac{120-30}{30+15} = 2\,[A]$

㉡ $V_{30} = 30I = 30 \times 2 = 60\,[V]$

㉢ $V_{15} = 15I = 15 \times 2 = 30\,[V]$

정답 ①

16 Chapter 07 4단자망 회로 해석

다음과 같은 π형 4단자 회로망의 어드미턴스 파라미터 Y_{22}의 값은?

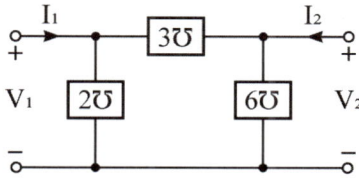

① $Y_{22} = 5\,[\mho]$
② $Y_{22} = 6\,[\mho]$
③ $Y_{22} = 9\,[\mho]$
④ $Y_{22} = 11\,[\mho]$

정답분석

π형 등가회로에서 어드미턴스 파라미터
$Y_{22} = Y_2 + Y_3 = 3 + 6 = 9\,[\mho]$

정답 ③

Chapter 08 분포정수 회로

17 분포 정수회로에서 저항 0.5[Ω/km], 인덕턴스 1[μH/km], 정전용량 6[μF/km], 길이 250[km]의 송전선로가 있다. 무왜형선로가 되기 위해서는 컨덕턴스 [℧/km]는 얼마가 되어야 하는가?

① 1[℧/km]　② 2[℧/km]
③ 3[℧/km]　④ 4[℧/km]

 정답분석

무왜조건 $\dfrac{R}{L} = \dfrac{G}{C}$ 에서

∴ 누설 컨덕턴스

$G = \dfrac{RC}{L} = \dfrac{0.5 \times 6 \times 10^{-6}}{10^{-6}} = 3\,[\text{℧/km}]$

정답 ③

Chapter 03 다상 교류회로의 이해

18 $a + a^2$의 값은? (단, $a = e^{j120}$이다.)

① 0　② -1
③ 1　④ a^3

 정답분석

벡터 오퍼레이터(vector operator)
㉠ $a = 1 \angle 120°$
　　$= \cos 120° + j\sin 120°$
　　$= -\dfrac{1}{2} + j\dfrac{\sqrt{3}}{2}$
㉡ $a^2 = 1 \angle 240°$
　　$= \cos 240° + j\sin 240°$
　　$= -\dfrac{1}{2} - j\dfrac{\sqrt{3}}{2}$
∴ $a + a^2 = -1$

정답 ②

Chapter 05 대칭좌표법

19 3상 부하가 Y결선으로 되어 있다. 각 상의 임피던스는 $Z_a = 3\,[\Omega]$, $Z_b = 3\,[\Omega]$, $Z_c = j3\,[\Omega]$이다. 이 부하의 영상 임피던스는 얼마인가?

① $6 + j3\,[\Omega]$　② $2 + j\,[\Omega]$
③ $3 + j3\,[\Omega]$　④ $3 + j6\,[\Omega]$

 정답분석

$Z_0 = \dfrac{1}{3}(Z_a + Z_b + Z_c)$
　　$= \dfrac{1}{3}(3 + 3 + j3) = 2 + j\,[\Omega]$

정답 ②

Chapter 02 단상 교류회로의 이해

20 그림과 같은 $e = E_m \sin \omega t\,[\text{V}]$인 정현파 교류의 반파정류파형 실횻값은?

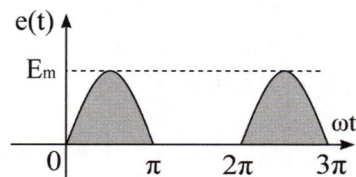

① E_m　② $\dfrac{E_m}{\sqrt{2}}$
③ $\dfrac{E_m}{2}$　④ $\dfrac{E_m}{\sqrt{3}}$

 정답분석

㉠ 반파 정현파의 평균값: $E_a = \dfrac{E_m}{\pi}$
㉡ 반파 정현파의 실횻값: $E = \dfrac{E_m}{2}$

정답 ③

2025년 제2회 전기산업기사

※ CBT문제는 수험생의 기억에 따라 복원된 것이며, 실제 기출문제와 동일하지 않을 수 있습니다.

01 Chapter 01 직류회로의 이해

단자 a-b에 30[V]의 전압을 가했을 때 전류 I는 3[A]가 흘렀다고 한다. 저항 $r[\Omega]$은 얼마인가?

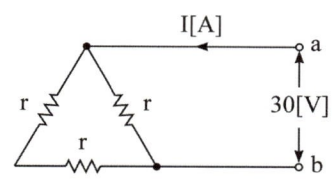

① 5
② 10
③ 15
④ 20

정답분석

㉠ 옴의 법칙으로 구한 합성저항
$$R_0 = \frac{V}{I} = \frac{30}{3} = 10\,[\Omega]$$

㉡ 직병렬 회로를 통한 합성저항
$$R_0 = \frac{r \times 2r}{r + 2r} = \frac{2}{3}r$$

㉢ 위 두 식을 통해 $\frac{2}{3}r = 10$ 되므로

∴ 저항: $r = 10 \times \frac{3}{2} = 15\,[\Omega]$

정답 ③

02 Chapter 06 회로망 해석

그림과 같은 회로에서 5[Ω]에 흐르는 전류는 몇 [A] 인가?

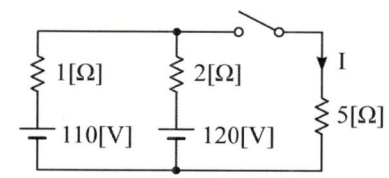

① 30[A]
② 40[A]
③ 20[A]
④ 33.3[A]

정답분석

밀만의 정리에 의해서 구할 수 있다.

㉠ 개방전압 (5[Ω]의 단자전압)
$$V_{ab} = \frac{\sum I}{\sum Y} = \frac{\frac{110}{1} + \frac{120}{2}}{\frac{1}{1} + \frac{1}{2} + \frac{1}{5}} = 100\,[V]$$

㉡ 5[Ω]에 흐르는 전류: $I = \frac{100}{5} = 20\,[A]$

정답 ③

Chapter 02 단상 교류회로의 이해

03 그림과 같은 파형의 순시값은?

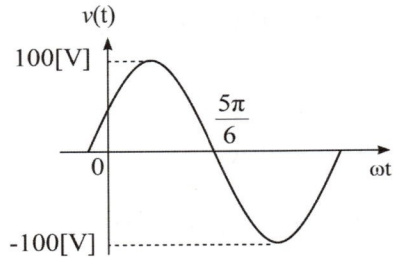

① $v = 100\sqrt{2}\sin\omega t$
② $v = 100\sqrt{2}\cos\omega t$
③ $v = 100\sin(\omega t + \frac{\pi}{6})$
④ $v = 100\sin(\omega t - \frac{\pi}{6})$

순시값 = 최대값 $\sin(\omega t \pm 위상차)$
= $\sqrt{2}$ 실효값 $\sin(\omega t \pm 위상차)$
= 실효값 $\angle \pm 위상차$
∴ $v = 100\sin(\omega t + \frac{\pi}{6})$ [V]

정답 ③

Chapter 01 직류회로의 이해

04 그림에서 절점 B의 전위 [V]는?

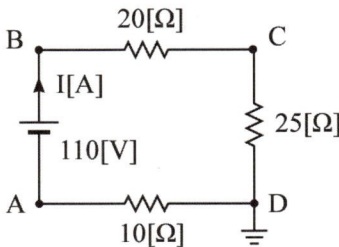

① 130 ② 110
③ 100 ④ 90

㉠ 회로 전류: $I = \frac{110}{20+25+10} = 2$ [A]
㉡ 절점의 전위는 대지에서부터 절점까지의 전위를 말한다. 즉, B, D 사이의 전압강하 합을 말한다.
∴ B점 전위: $V_B = 2 \times (20+25) = 90$ [V]

정답 ④

Chapter 04 비정현파 교류회로의 이해

05 대칭 3상 전압이 있을 때 한상의 Y전압의 순시치가 아래와 같다면 선간전압에 대한 상전압의 실효치 비율 [%]은?

$v = 1000\sqrt{2}\sin\omega t$
$+ 500\sqrt{2}\sin(3\omega t + 20°)$
$+ 100\sqrt{2}\sin(5\omega t + 30°)$ [V]

① 약 65[%] ② 약 85[%]
③ 약 95[%] ④ 약 55[%]

㉠ 상전압의 실횻값
$E_P = \sqrt{1000^2 + 500^2 + 100^2} = 1122.5$ [V]
㉡ 선간전압의 실횻값
$E_L = \sqrt{3} \times \sqrt{1000^2 + 100^2} = 1740.69$ [V]
∴ $\frac{E_P}{E_L} = \frac{1122.5}{1740.69} \times 100 = 64.5$ [%]

정답 ①

Chapter 05 대칭좌표법

06 대칭 3상 교류 발전기의 기본식 중 알맞게 표현된 것은? (단, V_0는 영상분 전압, V_1은 정상분 전압, V_2는 역상분 전압이다.)

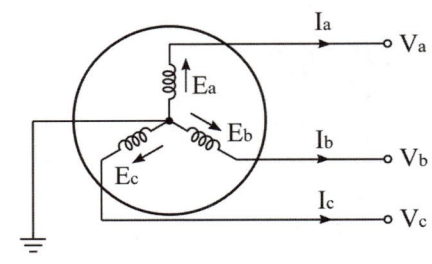

① $V_0 = E_0 - Z_0 I_0$
② $V_1 = Z_1 I_1$
③ $V_2 = Z_2 I_2$
④ $V_1 = E_a - Z_1 I_1$

3상 교류발전기 기본식
㉠ 영상분: $V_0 = -Z_0 I_0$
㉡ 정상분: $V_1 = E_a - Z_1 I_1$
㉢ 역상분: $V_2 = -Z_2 I_2$

정답 ④

07 Chapter 05 대칭좌표법

3상 대칭분을 I_0, I_1, I_2라 하고 선전류 I_a, I_b, I_c라 할 때 I_b는?

① $I_0 + a^2 I_1 + a I_2$
② $\frac{1}{3}(I_0 + I_1 + I_2)$
③ $I_0 + I_1 + I_2$
④ $I_0 + a I_1 + a^2 I_2$

정답분석

대칭좌표법에서 선전류
㉠ a상 전류: $I_a = I_0 + I_1 + I_2$ [A]
㉡ b상 전류: $I_b = I_0 + a^2 I_1 + a I_2$ [A]
㉢ c상 전류: $I_c = I_0 + a I_1 + a^2 I_2$ [A]

정답 ①

08 Chapter 02 단상 교류회로의 이해

단상 전파 파형을 만들기 위해 전원은 어떤 단자에 연결해야 하는가?

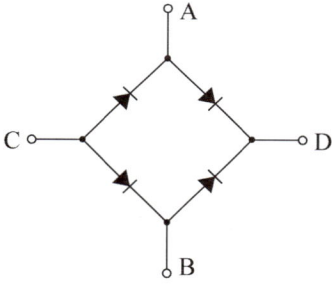

① A-B   ② C-D
③ A-C   ④ B-D

정답분석

㉠ 입력 단자: A-B
㉡ 출력 단자: C-D

 정답 ①

09 Chapter 06 회로망 해석

전류가 전압에 비례한다는 것을 가장 잘 나타낸 것은?

① 테브난의 정리   ② 상반의 정리
③ 밀만의 정리   ④ 중첩의 정리

정답분석

테브난의 정리에 대한 설명이다.

 정답 ①

10 Chapter 07 4단자망 회로 해석

그림과 같은 이상변압기 4단자 정수 ABCD는 어떻게 표시되는가?

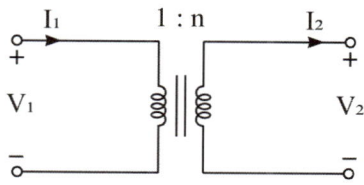

① $n, 0, 0, \frac{1}{n}$ ② $\frac{1}{n}, 0, 0, -n$
③ $\frac{1}{n}, 0, 0, n$ ④ $n, 0, 1, \frac{1}{n}$

정답분석

㉠ 변압기 권수비: $a = \frac{N_1}{N_2} = \frac{1}{n}$
㉡ 4단자 정수: $\begin{bmatrix} A & B \\ C & D \end{bmatrix} = \begin{bmatrix} a & 0 \\ 0 & \frac{1}{a} \end{bmatrix}$

$\therefore \begin{bmatrix} A & B \\ C & D \end{bmatrix} = \begin{bmatrix} \frac{1}{n} & 0 \\ 0 & n \end{bmatrix}$

 정답 ③

11 Chapter 03 다상 교류회로의 이해

그림과 같은 △회로를 등가인 Y회로로 환산하면 a의 임피던스는?

① $3 + j6 [\Omega]$ ② $-3 + j6 [\Omega]$
③ $6 + j6 [\Omega]$ ④ $-6 + j6 [\Omega]$

정답분석

$Z_a = \frac{Z_{ab} \times Z_{ca}}{(Z_{ab} + Z_{bc} + Z_{ca})}$
$= \frac{(4+j2) \times j6}{(4+j2) + (-j8) + j6}$
$= \frac{-12 + j24}{4} = -3 + j6 [\Omega]$

 정답 ②

Chapter 02 단상 교류회로의 이해

12 100[V] 전원에 1[kW]의 선풍기를 접속하니 12[A]의 전류가 흘렀다. 선풍기의 무효율 [%]은?

① 50 ② 55
③ 83 ④ 91

정답분석

㉠ 역률
$$\cos\theta = \frac{P}{P_a} = \frac{P}{VI} = \frac{1000}{100 \times 12} = 0.833$$

㉡ $\sin^2\theta + \cos^2\theta = 1$ 에서 무효율은
$$\therefore \sin\theta = \sqrt{1-\cos^2\theta}$$
$$= \sqrt{1-0.833^2} = 0.55 = 55[\%]$$

정답 ②

Chapter 10 라플라스 변환

14 함수 $f(t) = \sin t + 2\cos t$의 라플라스 변환 $F(s)$은?

① $\dfrac{2s}{(s+1)^2}$ ② $\dfrac{2s+1}{s^2+1}$

③ $\dfrac{2s+1}{(s+1)^2}$ ④ $\dfrac{2s}{(s^2+1)^2}$

정답분석

$$\mathcal{L}[\sin t + 2\cos t] = \frac{1}{s^2+1} + \frac{2s}{s^2+1}$$
$$= \frac{2s+1}{s^2+1}$$

정답 ②

Chapter 11 전달함수

13 $\dfrac{X(s)}{R(s)} = \dfrac{1}{s+4}$ 의 전달함수를 미분방정식으로 표시하면?

① $\dfrac{d}{dt}r(t) + 4r(t) = x(t)$

② $\int r(t)dt + 4r(t) = x(t)$

③ $\dfrac{d}{dt}x(t) + 4x(t) = r(t)$

④ $\int r(t)dt + 4x(t) = r(t)$

정답분석

문제의 전달함수를 정리하면
$(s+4)X(s) = R(s)$, $sX(s) + 4X(s) = R(s)$
이 되고 이를 역라플라스 변환하면
$$\therefore \text{미분방정식: } \frac{d}{dt}x(t) + 4x(t) = r(t)$$

정답 ③

Chapter 10 라플라스 변환

15 $F(s) = \dfrac{2}{(s+1)(s+3)}$ 의 역 라플라스 변환은?

① $e^{-t} - e^{-3t}$ ② $e^t - e^{2t}$
③ $e^t - e^{3t}$ ④ $e^t - e^{-3t}$

정답분석

㉠ $F(s) = \dfrac{2}{(s+1)(s+3)}$
$$= \frac{A}{s+1} + \frac{B}{s+3} \xrightarrow{\mathcal{L}^{-1}} Ae^{-t} + Be^{-3t}$$

㉡ $A = \lim\limits_{s \to -1}(s+1)F(s) = \lim\limits_{s \to -1}\dfrac{2}{s+3} = 1$

㉢ $B = \lim\limits_{s \to -3}(s+3)F(s) = \lim\limits_{s \to -3}\dfrac{2}{s+1} = -1$

$\therefore$ 함수: $f(t) = Ae^{-t} + Be^{-3t} = e^{-t} - e^{-3t}$

정답 ①

16 Chapter 11 전달함수

그림과 같은 블록선도에 대한 등가 종합 전달함수(C/R)는?

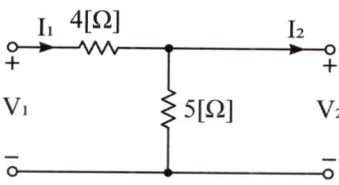

① $\dfrac{G_1 G_2 G_3}{1 + G_1 G_2 + G_1 G_2 G_3}$

② $\dfrac{G_1 G_2 G_3}{1 + G_2 G_3 + G_1 G_2 G_3}$

③ $\dfrac{G_1 G_2 G_4}{1 + G_1 G_2 + G_1 G_2 G_4}$

④ $\dfrac{G_1 G_2 G_3}{1 + G_2 G_3 + G_1 G_2 G_4}$

정답분석

종합 전달함수 (메이슨 공식)

$M(s) = \dfrac{C(s)}{R(s)} = \dfrac{\sum \text{전향 경로 이득}}{1 - \sum \text{폐루프 이득}}$

$= \dfrac{G_1 G_2 G_3}{1 - (-G_1 G_2 G_4 - G_2 G_3)}$

$= \dfrac{G_1 G_2 G_3}{1 + G_1 G_2 G_4 + G_2 G_3}$

정답 ④

17 Chapter 08 분포정수 회로

유한장의 송전선로가 있다. 수전단을 단락하고 송전단에서 측정한 임피던스는 $j250[\Omega]$, 또 수전단을 개방시키고 송전단에서 측정한 어드미턴스는 $j1.5 \times 10^{-3}[\mho]$이다. 이 송전선로의 특성 임피던스는?

① 2.45×10^{-3} ② 408.25

③ $j0.612$ ④ 6×10^{-6}

정답분석

특성임피던스

$Z_0 = \sqrt{\dfrac{Z}{Y}} = \sqrt{\dfrac{j250}{j1.5 \times 10^{-3}}} = 408.25[\Omega]$

정답 ②

18 Chapter 07 4단자망 회로 해석

그림과 같은 회로의 영상 임피던스 Z_{01}, Z_{02}는 각각 몇 [Ω]인가?

① $Z_{01} = 4$, $Z_{02} = \dfrac{20}{9}$

② $Z_{01} = 6$, $Z_{02} = \dfrac{10}{3}$

③ $Z_{01} = 9$, $Z_{02} = 5$

④ $Z_{01} = 12$, $Z_{02} = 4$

정답분석

(1) 4단자 정수

㉠ $A = 1 + \dfrac{4}{5} = 1.8$ ㉡ $B = \dfrac{4 \times 5}{5} = 4$

㉢ $C = \dfrac{1}{5} = 0.2$ ㉣ $D = 1 + \dfrac{0}{5} = 1$

(2) 영상 임피던스

㉠ $Z_{01} = \sqrt{\dfrac{AB}{CD}} = \sqrt{\dfrac{1.8 \times 4}{0.2 \times 1}} = 6$

㉡ $Z_{02} = \sqrt{\dfrac{BD}{AC}} = \sqrt{\dfrac{4 \times 1}{1.8 \times 0.2}} = \sqrt{\dfrac{4}{0.36}}$

$= \sqrt{\dfrac{100}{9}} = \dfrac{10}{3}$

정답 ②

Chapter 03 다상 교류회로의 이해

19 그림과 같은 선간전압 200[V]의 3상 전원에 대칭 부하를 접속할 때 부하 역률은?
(단, $R = 9[\Omega]$, $X_C = \dfrac{1}{\omega C} = 4[\Omega]$)

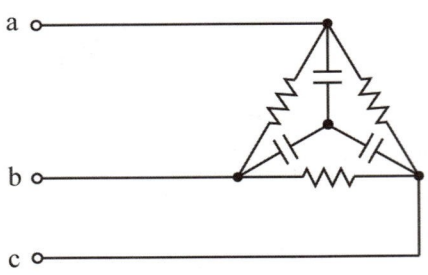

① 0.6
② 0.7
③ 0.8
④ 0.9

정답분석

△결선으로 접속된 저항 R을 Y결선으로 등가변환하면 그 크기가 1/3배로 줄어든다.

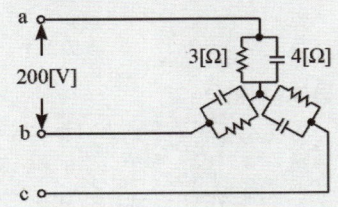

∴ 병렬회로의 역률
$$\cos\theta = \frac{X}{\sqrt{R^2+X^2}} = \frac{4}{\sqrt{3^2+4^2}} = 0.8$$

정답 ③

Chapter 09 과도현상

20 전기회로에서 일어나는 과도현상은 그 회로의 시정수와 관계가 있다. 이 사이의 관계를 옳게 표현한 것은?

① 회로의 시정수가 클수록 과도현상은 오랫동안 지속된다.
② 시정수는 과도현상의 지속시간에는 상관되지 않는다.
③ 시정수의 역이 클수록 과도현상은 천천히 사라진다.
④ 시정수가 클수록 과도현상은 빨리 사라진다.

정답분석

과도현상이 소멸되는 시간은 시정수와 비례관계를 갖는다. 따라서 시정수가 커지면 과도현상이 소멸되는 시간도 길어진다.

정답 ①

2025년 제1회 전기산업기사

※ CBT문제는 수험생의 기억에 따라 복원된 것이며, 실제 기출문제와 동일하지 않을 수 있습니다.

01 Chapter 03 다상 교류회로의 이해

그림에서 저항 R이 접속되고 여기에 3상 평형 전압 V[V]가 가해져 있다. 지금 ×표의 곳에서 1선이 단선 되었다고 하면 소비전력은 처음의 몇 배로 되는가?

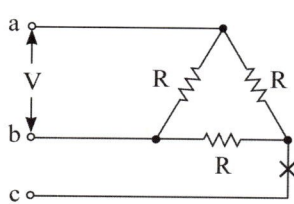

① 1   ② 0.5
③ 0.25   ④ 0.7

정답분석

㉠ 단선되기 전 소비전력: $P_\triangle = \dfrac{3V^2}{R}$ [W]

㉡ c선이 단선 후 소비전력

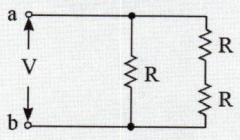

합성저항: $R_{ab} = \dfrac{R \times 2R}{R+2R} = \dfrac{2}{3}R\,[\Omega]$

소비전력: $P_x = \dfrac{V^2}{R_{ab}} = \dfrac{3V^2}{2R}$ [W]

$\therefore \dfrac{P_x}{P_\triangle} = \dfrac{\frac{3V^2}{2R}}{\frac{3V^2}{R}} = \dfrac{1}{2} = 0.5$ 배

정답 ②

02 Chapter 04 비정현파 교류회로의 이해

$e = 100\sqrt{2}\sin\omega t + 75\sqrt{2}\sin 3\omega t + 20\sqrt{2}\sin 5\omega t$ [V]인 전압을 RL 직렬회로에 가할 때 제3고조파 전류의 실효치는? (단, R=4[Ω], ωL=1[Ω]이다.)

① $\dfrac{75}{\sqrt{17}}$ ② 15
③ 17   ④ 20

정답분석

제3고조파 임피던스
$Z_{h3} = \sqrt{R^2+(3\omega L)^2} = \sqrt{4^2 \times 3^2} = 5\,[\Omega]$

∴ 제3고조파 전류의 실효치
$I_{h3} = \dfrac{E_{h3}}{Z_{h3}} = \dfrac{75}{5} = 15\,[\text{A}]$

정답 ②

03 Chapter 05 대칭좌표법

3상 불평형 전압에서 역상전압이 50[V], 정상전압이 200[V], 영상전압이 10[V]라 할 때 전압의 불평형률[%]은?

① 1   ② 5
③ 25   ④ 50

정답분석

불평형률
$\%U = \dfrac{V_2}{V_1} \times 100 = \dfrac{50}{200} \times 100 = 25\,[\%]$

여기서, V_1: 정상분, V_2: 역상분

정답 ③

04 Chapter 07 4단자망 회로 해석

그림과 같은 이상변압기의 권선비가 $n_1 : n_2 = 1 : 3$일 때 a, b단자에서 본 임피던스는?

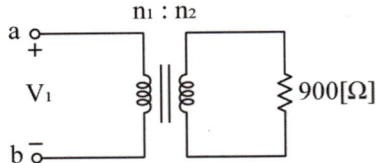

① 50[Ω]   ② 100[Ω]
③ 200[Ω] ④ 400[Ω]

 1차로 환산한 임피던스의 크기
$$Z_1 = a^2 Z_2 = \left(\frac{n_1}{n_2}\right)^2 Z_2 = \left(\frac{1}{3}\right)^2 \times 900 = 100[\Omega]$$

정답 ②

05 Chapter 03 다상 교류회로의 이해

변압기 $\frac{n_1}{n_2} = 30$인 단상 변압기 3개를 1차 △결선, 2차 Y결선 하고 1차 선간에 3000[V]를 가했을 때 무부하 2차 선간전압[V]은?

① $\frac{100}{\sqrt{3}}$ [V]   ② $\frac{190}{\sqrt{3}}$ [V]
③ 100 [V]   ④ $100\sqrt{3}$ [V]

㉠ △-Y결선 3상 변압기

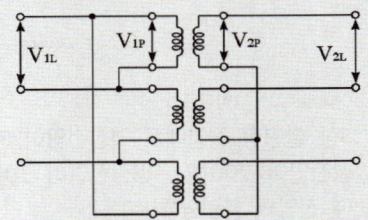

㉡ 변압기 1차측(△결선) 상전압
$V_{1p} = V_{1l} = 3000$ [V]

㉢ 권선수 비 $a = \frac{n_1}{n_2} = \frac{V_{1p}}{V_{2p}}$ 이므로 변압기 2차측 상전압
$V_{2p} = \frac{V_{1p}}{a} = \frac{3000}{30} = 100$ [V]

∴ 2차측(Y결선) 선간전압
$V_{2l} = \sqrt{3}\, V_{2p} = 100\sqrt{3}$ [V]

정답 ③

06 Chapter 09 과도현상

$R-L-C$ 직렬회로에서 $L = 8 \times 10^{-3}$[H], $C = 2 \times 10^{-7}$[F]이다. 임계진동이 되기 위한 R 값은?

① 0.01[Ω]   ② 100[Ω]
③ 200[Ω]   ④ 400[Ω]

 임계진동 조건은 $R^2 = 4\frac{L}{C}$ 이므로
$$\therefore R = \sqrt{\frac{4L}{C}} = \sqrt{\frac{4 \times 8 \times 10^{-3}}{2 \times 10^{-7}}} = 400[\Omega]$$

정답 ④

07 Chapter 10 라플라스 변환

함수 $f(t) = t^2 e^{at}$의 라플라스 변환 $F(s)$은?

① $\frac{1}{(s-a)^2}$ ② $\frac{2}{(s-a)^2}$
③ $\frac{1}{(s-a)^2}$ ④ $\frac{2}{(s-a)^3}$

$$\mathcal{L}[t^2 e^{at}] = \left.\frac{2}{s^3}\right|_{s=s-a} = \frac{2}{(s-a)^3}$$

정답 ④

08 Chapter 02 단상 교류회로의 이해

아래 두 전류의 차에 상당하는 전류는?

$$i_1 = \sqrt{72}\sin(\omega t - \phi)\,[A]$$
$$i_2 = \sqrt{32}\sin(\omega t - \phi - 180°)\,[A]$$

① 2[A]   ② 6[A]
③ 10[A] ④ 12[A]

㉠ $\dot{I}_1 = \sqrt{36} \angle -\phi = 6 \angle -\phi$
㉡ $\dot{I}_2 = \sqrt{16} \angle -\phi - 180° = 4 \angle -\phi - 180°$

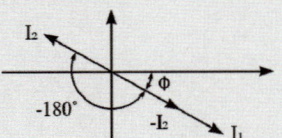

$\therefore I = \dot{I}_1 - \dot{I}_2 = \dot{I}_1 + (-\dot{I}_2) = 10 \angle -\phi\,[A]$

정답 ③

Chapter 10 라플라스 변환

09 함수 $f(t) = \sin t \cos t$의 라플라스 변환 $F(s)$은?

① $\dfrac{1}{s^2+4}$ ② $\dfrac{1}{s^2+2}$

③ $\dfrac{1}{(s+2)^2}$ ④ $\dfrac{1}{(s+4)^2}$

정답분석
㉠ $\sin(t+t) = \sin t \cos t + \cos t \sin t$
㉡ $\sin(t-t) = \sin t \cos t - \cos t \sin t$
㉢ ㉠+㉡ = $\sin 2t = 2\sin t \cos t$
∴ $\mathcal{L}\left[\dfrac{1}{2}\sin 2t\right] = \dfrac{1}{2} \times \dfrac{2}{s^2+2^2} = \dfrac{1}{s^2+4}$

정답 ①

Chapter 04 비정현파 교류회로의 이해

10 그림과 같은 비정현파의 실횻값 [V]은?

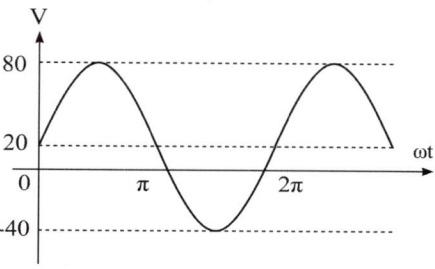

① 46.9[V] ② 51.6[V]
③ 56.6[V] ④ 63.3[V]

정답분석
㉠ 전압의 순시값
$v = 20 + 60\sin \omega t$ [V]
㉡ 전압의 실횻값
$|V| = \sqrt{20^2 + \dfrac{60^2}{2}} = 46.9$ [V]

정답 ①

Chapter 02 단상 교류회로의 이해

11 인덕턴스에서 급격히 변할 수 없는 것은?

① 전압 ② 전류
③ 전압과 전류 ④ 정답이 없다.

정답분석
인덕턴스 단자전압은 $V_L = L\dfrac{di}{dt}$ 이므로 전류가 급변하면 전압이 무한대가 된다.
∴ 인덕턴스 회로에서 전류가 급변할 수 없다.

정답 ②

Chapter 08 분포정수 회로

12 분포정수회로에서 직렬 임피던스를 Z, 병렬 어드미턴스를 Y라 할 때, 선로의 특성임피던스 Z_0는?

① ZY ② $\sqrt{ZY}$

③ $\sqrt{\dfrac{Y}{Z}}$ ④ $\sqrt{\dfrac{Z}{Y}}$

정답분석
특성임피던스란, 선로를 이동하는 진행파에 대한 전압과 전류의 비로서 그 선로의 고유한 값을 말한다.
∴ 특성임피던스 크기
$Z_0 = \sqrt{\dfrac{Z}{Y}} = \sqrt{\dfrac{R+j\omega L}{G+j\omega C}}$ [Ω]

정답 ④

Chapter 09 과도현상

13 회로에서 $t = 0$인 순간에 전압 E를 인가한 경우, 인덕턴스 L에 걸리는 전압은?

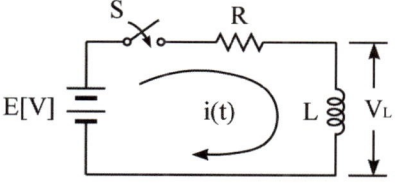

① 0 ② E
③ $\dfrac{LE}{R}$ ④ $\dfrac{E}{R}$

정답분석
인덕턴스 단자전압 $V_L = Ee^{-\frac{R}{L}t}$ 에서 $t = 0$ 의 경우
$V_L(0) = Ee^0 = E$[V] 가 걸리므로
기전력과 등전위가 되어 전류는 흐르지 않는다.
즉, $t = 0$ 에서 L은 개방회로로 작용한다.

정답 ②

14 Chapter 07 4단자망 회로 해석

그림의 4단자 회로에서 단자 a, b에서 본 구동점 임피던스 $Z_{11}[\Omega]$과 구동점 어드미턴스 $Y_{11}[\mho]$는?

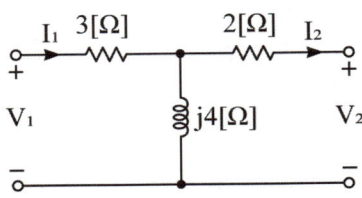

① $Z_{11} = 3+j4$, $Y_{11} = \dfrac{1}{4.6+j0.8}$

② $Z_{11} = 3+j4$, $Y_{11} = 0.2114 - j0.037$

③ $Z_{11} = 2$, $Y_{11} = \dfrac{1}{4.6+j0.8}$

④ $Z_{11} = 2+j4$, $Y_{11} = 0.2114 + j0.037$

㉠ $Z_{11} = 3+j4\,[\Omega]$

㉡ $Y_{11} = \dfrac{Z_2+Z_3}{Z_1Z_2+Z_2Z_3+Z_3Z_1}$

$= \dfrac{2+j4}{6+j20} = 0.211 - j0.37\,[\mho]$

정답 ②

16 Chapter 06 회로망 해석

그림 (a)와 (b)의 회로가 등가회로가 되기 위한 전류원 $I[A]$와 임피던스 $Z[\Omega]$의 값은?

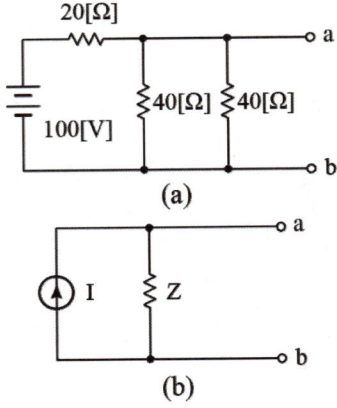

① 5[A], 10[Ω]   ② 2.5[A], 10[Ω]
③ 5[A], 20[Ω]   ④ 2.5[A], 20[Ω]

병렬로 접속된 2개의 40[Ω]을 합성하면
$R = \dfrac{40}{2} = 20\,[\Omega]$이 되어 아래와 같이 다시 그릴 수 있다.

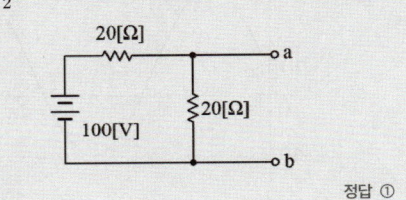

정답 ①

15 Chapter 01 직류회로의 이해

기전력 2[V], 내부저항 0.5[Ω]인 전지 9개가 있다. 이것을 3개씩 직렬로 하여 3조 병렬 접속한 것에 부하저항 1.5[Ω]을 접속하면 부하 전류 [A]는?

① 1.5   ② 3
③ 4.5   ④ 5

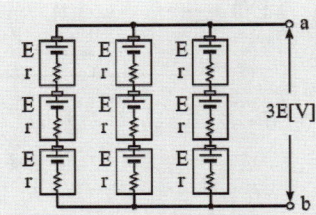

㉠ 전체 전압: $nE = 3 \times 2 = 6\,[V]$

㉡ 전체 내부저항: $nr = \dfrac{0.5 \times 3}{3} = 0.5\,[\Omega]$

∴ 부하전류

$I = \dfrac{nE}{nr+R} = \dfrac{6}{0.5+1.5} = 3\,[A]$

정답 ②

17 Chapter 02 단상 교류회로의 이해

$R=15[\Omega]$, $X_L=12[\Omega]$, $X_C=30[\Omega]$가 병렬로 접속된 회로에 120[V]의 교류전압을 가하면 전원에 흐르는 전류와 역률은?

① 22[A], 85[%] ② 22[A], 80[%]
③ 22[A], 60[%] ④ 10[A], 80[%]

정답분석

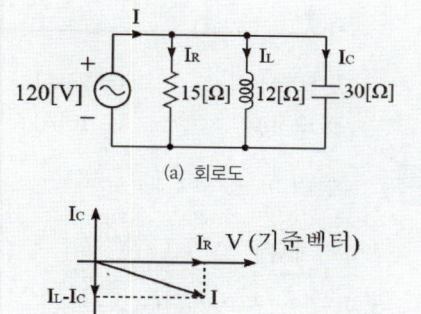

(a) 회로도

(b) 전류 벡터도

㉠ 저항에 흐르는 전류
$I_R = \dfrac{V}{R} = \dfrac{120}{15} = 8\,[A]$

㉡ 코일에 흐르는 전류
$I_L = \dfrac{V}{jX_L} = -j\dfrac{V}{X_L} = -j\dfrac{120}{12}$
$= -j10\,[A]$

㉢ 콘덴서에 흐르는 전류
$I_C = \dfrac{V}{-jX_C} = j\dfrac{V}{X_C} = j\dfrac{120}{30} = j4\,[A]$

㉣ 부하전류
$I = I_R - j(I_L - I_C) = 8 - j6$
$= \sqrt{8^2 + 6^2} = 10\,[A]$

㉤ 병렬회로 시 역률
$\cos\theta = \dfrac{I_R}{I} = \dfrac{8}{10} = 0.8$

정답 ④

18 Chapter 06 회로망 해석

다음 그림에서 a, b간의 선간전압 V_{ab}는?

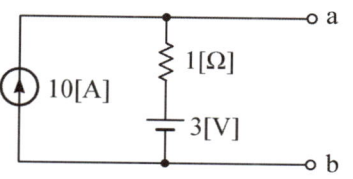

① 10[V]   ② 3[V]
③ 7[V]   ④ 13[V]

정답분석

중첩의 정리를 이용하여 풀이할 수 있다.
㉠ 전류원 10[A] 만의 회로해석: $I_1 = 10$

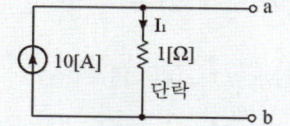

단락

㉡ 전류원 6[A] 만의 회로 해석: $I_2 = 0$

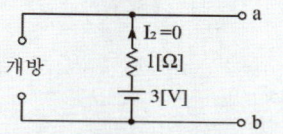

개방

㉢ 1[Ω] 통과 전류: $I = I_1 + I_2 = 10\,[A]$
㉣ 1[Ω] 단자전압: $V_R = 1 \times 10 = 10\,[V]$
∴ 개방전압: $V = V_R + 3 = 13\,[V]$

정답 ④

19 Chapter 10 라플라스 변환

다음과 같은 함수 $f(t)$의 라플라스 변환은?

$$t < 2 \ : \ f(t) = 0$$
$$2 \leq t \leq 4 \ : \ f(t) = 10$$
$$t > 4 \ : \ f(t) = 0$$

① $\dfrac{1}{s}(e^{-2s} + e^{-4s})$

② $\dfrac{5}{s}(e^{-2s} - e^{-4s})$

③ $\dfrac{10}{s}(e^{-2s} - e^{-4s})$

④ $\dfrac{10}{s}(e^{-4s} - e^{-2s})$

정답분석

㉠ 조건을 그림으로 나타내면 다음과 같다.

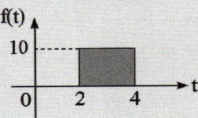

㉡ 함수는 $f(t) = 10u(t-2) - 10u(t-4)$이 되고 이를 라플라스 변환하면

∴ $F(s) = \dfrac{10}{s}(e^{-2s} - e^{-4s})$

정답 ③

---

20 Chapter 01 직류회로의 이해

다음 회로에서 전류 I는 몇 [A]인가?

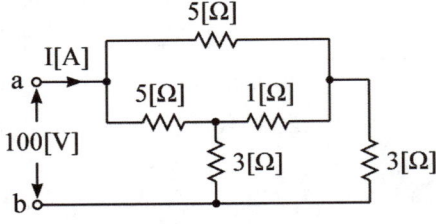

① 50[A] ② 25[A]
③ 12.5[A] ④ 10[A]

정답분석

㉠ 문제의 그림은 아래와 같이 등가변환 된다.

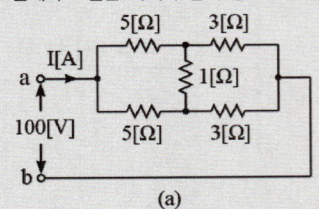
(a)

㉡ 휘트스톤 브릿지 평형회로이므로 아래와 같이 1[Ω]을 개방시킬 수 있다.

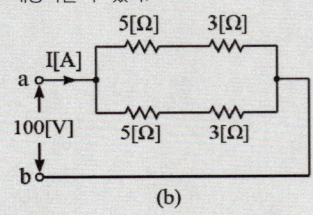
(b)

㉢ 합성저항: $R_0 = \dfrac{8 \times 8}{8 + 8} = 4\,[\Omega]$

∴ 회로 전류: $I = \dfrac{V}{R_0} = \dfrac{100}{4} = 25\,[\text{A}]$

정답 ②

2024년 제3회 전기산업기사

※ CBT문제는 수험생의 기억에 따라 복원된 것이며, 실제 기출문제와 동일하지 않을 수 있습니다.

01 Chapter 11 전달함수

그림과 같은 회로에서 전달함수 $\dfrac{E_o(s)}{I(s)}$는 얼마인가? (단, 초기조건은 모두 0으로 한다.)

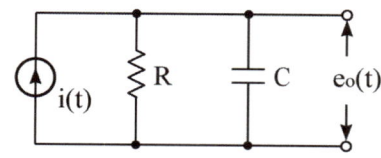

① $\dfrac{1}{RCs+1}$ ② $\dfrac{R}{RCs+1}$

③ $\dfrac{C}{RCs+1}$ ④ $\dfrac{RCs}{RCs+1}$

$$G(s) = \dfrac{E_o(s)}{I(s)} = \dfrac{I(s)Z_o(s)}{I(s)} = Z_o(s)$$

$$= \dfrac{R \times \dfrac{1}{Cs}}{R + \dfrac{1}{Cs}} = \dfrac{R}{RCs+1}$$

정답 ②

02 Chapter 04 비정현파 교류회로의 이해

$e(t) = 50 + 100\sqrt{2}\sin\omega t + 50\sqrt{2}\sin 2\omega t + 30\sqrt{2}\sin 3\omega t$ [V]의 왜형율을 구하면?

① 1.0 ② 0.58
③ 0.8 ④ 0.3

고조파 왜형율(Total Harmonics Distortion)

$$V_{THD} = \dfrac{\text{고조파만의 실효값}}{\text{기본파의 실효값}}$$

$$= \dfrac{\sqrt{50^2+30^2}}{100} = 0.58 = 58 \, [\%]$$

정답 ②

03 Chapter 02 단상 교류회로의 이해

$i = 3\sqrt{2}\sin(377t - 30°)$ [A]의 평균값?

① 5.7 [A] ② 4.3 [A]
③ 3.9 [A] ④ 2.7 [A]

평균값: $I_a = \dfrac{2I_m}{\pi} = 0.637 I_m$

$= 0.637 \times \sqrt{2}\, I = 0.9 I$

$= 0.9 \times 3 = 2.7$ [A]

정답 ④

04 Chapter 05 대칭좌표법

3상 3선식에서는 회로의 평형, 불평형 또는 부하의 △, Y에 불구하고, 세 선전류의 합은 0이므로 선전류의 ( )은 0이다. ( ) 안에 들어갈 말은?

① 영상분 ② 정상분
③ 역상분 ④ 상전압

영상분 전류 $I_0 = \dfrac{1}{3}(I_a + I_b + I_c)$ 이므로

$I_a + I_b + I_c = 0$ 이면 $I_0 = 0$ 이 된다.

정답 ①

05 Chapter 02 단상 교류회로의 이해

저항 $R = 4$ [Ω], 임피던스 $Z = 50$ [Ω]의 직렬 유도부하에서 100 [V]가 인가될 때 소비되는 무효전력 [Var]은?

① 120 ② 160
③ 200 ④ 250

㉠ 임피던스 $Z = \sqrt{R^2 + X^2}$ 에서

$Z^2 = R^2 + X^2$ 이므로 리액턴스는

$X = \sqrt{Z^2 - R^2} = \sqrt{50^2 - 40^2} = 30$ [Ω]

㉡ 전류: $I = \dfrac{V}{Z} = \dfrac{100}{50} = 2$ [A]

∴ 무효전력

$P_r = I^2 X = 2^2 \times 30 = 120$ [Var]

정답 ①

06
Chapter 03 다상 교류회로의 이해

$r[\Omega]$인 6개의 저항을 그림과 같이 접속하고 평형 3상 전압 E를 가했을 때 전류 I는 몇 [A]인가? (단 $r = 3[\Omega]$, $E = 60[V]$이다.)

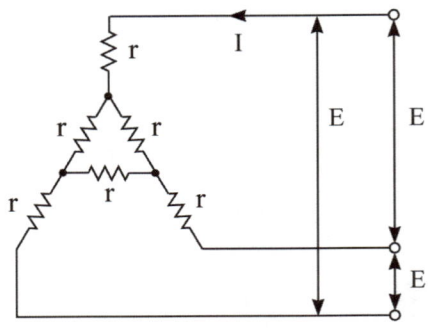

① 8.66 ② 9.56
③ 10.8 ④ 10.39

정답분석

㉠ △결선을 Y결선으로 등가변환

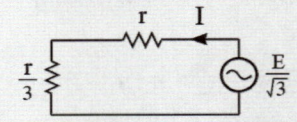

㉡ 단상회로의 등가변환

∴ 선전류(부하전류)

$$I = \frac{V_p}{R} = \frac{\frac{E}{\sqrt{3}}}{\frac{4r}{3}} = \frac{3E}{4r\sqrt{3}} = \frac{3 \times 60}{4 \times 3\sqrt{3}}$$
$$= 8.66 [A]$$

정답 ①

07
Chapter 05 대칭좌표법

3상 부하가 Y결선으로 되어 있다. 각 상의 임피던스는 $Z_a = 3[\Omega]$, $Z_b = 3[\Omega]$, $Z_c = j3[\Omega]$이다. 이 부하의 영상 임피던스는 얼마인가?

① $6 + j3[\Omega]$ ② $2 + j[\Omega]$
③ $3 + j3[\Omega]$ ④ $3 + j6[\Omega]$

정답분석

$$Z_0 = \frac{1}{3}(Z_a + Z_b + Z_c)$$
$$= \frac{1}{3}(3 + 3 + j3) = 2 + j[\Omega]$$

정답 ②

08
Chapter 03 다상 교류회로의 이해

그림과 같은 선간전압 200[V]의 3상 전원에 대칭 부하를 접속할 때 부하 역률은?
(단, $R = 9[\Omega]$, $X_C = \frac{1}{\omega C} = 4[\Omega]$)

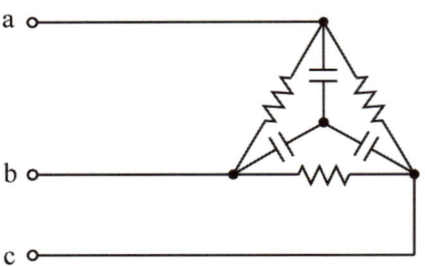

① 0.6 ② 0.7
③ 0.8 ④ 0.9

정답분석

△결선으로 접속된 저항 R을 Y결선으로 등가변환하면 그 크기가 1/3배로 줄어든다.

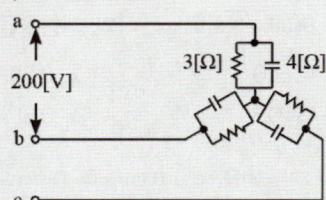

∴ 병렬회로의 역률

$$\cos\theta = \frac{X}{\sqrt{R^2 + X^2}} = \frac{4}{\sqrt{3^2 + 4^2}} = 0.8$$

정답 ③

09 Chapter 10 라플라스 변환

$F(s) = \dfrac{s+1}{s^2+2s}$ 의 라플라스 역변환을 구하시오.

① $\dfrac{1}{2}(1+e^t)$ ② $\dfrac{1}{2}(1+e^{-2t})$
③ $\dfrac{1}{2}(1-e^{-t})$ ④ $\dfrac{1}{2}(1-e^{-2t})$

정답분석

㉠ $F(s) = \dfrac{s+1}{s(s+2)}$
$= \dfrac{A}{s} + \dfrac{B}{s+2} \xrightarrow{\mathcal{L}^{-1}} A + Be^{-2t}$
에서 미지수 A, B는 다음과 같다.
㉡ $A = \lim\limits_{s \to 0} sF(s) = \lim\limits_{s \to 0} \dfrac{s+1}{s+2} = \dfrac{1}{2}$
㉢ $B = \lim\limits_{s \to -a}(s+2)F(s) = \lim\limits_{s \to -2}\dfrac{s+1}{s} = \dfrac{1}{2}$
∴ 함수: $f(t) = A + Be^{-at} = \dfrac{1}{2}(1-e^{-2t})$

정답 ④

10 Chapter 05 대칭좌표법

전류의 대칭분을 I_0, I_1, I_2 유기기전력 및 단자전압의 대칭분을 E_a, E_b, E_c 및 V_0, V_1, V_2라 할 때 교류 발전기의 기본식 중 역상분 V_2 값은?

① $-Z_0 I_0$ ② $-Z_2 I_2$
③ $E_a - Z_1 I_1$ ④ $E_b - Z_2 I_2$

정답분석

3상 교류발전기 기본식
㉠ 영상분: $V_0 = -Z_0 I_0$
㉡ 정상분: $V_1 = E_a - Z_1 I_1$
㉢ 역상분: $V_2 = -Z_2 I_2$

정답 ②

11 Chapter 11 전달함수

그림과 같은 LC 브리지 회로의 전달함수 $G(s)$는?

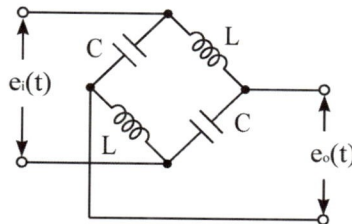

① $\dfrac{1}{1+LCs^2}$ ② $\dfrac{Ls}{1+LCs^2}$
③ $\dfrac{LCs}{1+LCs^2}$ ④ $\dfrac{1-LCs^2}{1+LCs^2}$

정답분석

$G(s) = \dfrac{E_o(s)}{E_i(s)} = \dfrac{\dfrac{1}{Cs} - Ls}{\dfrac{1}{Cs} + Ls} = \dfrac{1-LCs^2}{1+LCs^2}$

정답 ④

12 Chapter 09 과도현상

$R-C$ 직렬회로에 $t=0$에서 직류전압을 인가하였다. 시정수 5배에서 커패시터에 충전된 전하는 약 몇 [%]인가?
(단, 초기에 충전된 전하는 없다고 가정한다.)

① 1 ② 2
③ 93.7 ④ 99.3

정답분석

㉠ 충전전하: $Q(t) = CE\left(1 - e^{-\frac{1}{RC}t}\right)$
㉡ 정상상태($t=\infty$)에서 충전전하
$Q(\infty) = CE(1-e^{-\infty}) = CE$
㉢ 시정수 5배 시간($t = 5\tau = 5RC$)에서 충전전하
$Q(5\tau) = CE(1-e^{-5}) = CE \times 0.9932$
∴ 시정수 5배에서 커패시터에 충전된 전하는 정상상태의 99.32[%]가 된다.

정답 ④

13 Chapter 06 회로망 해석

그림과 같은 회로에서 a, b에 나타나는 전압 몇 [V]인가?

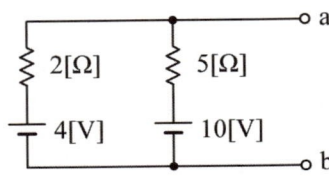

① 5.7[V]   ② 6.5[V]
③ 4.3[V]   ④ 3.4[V]

 밀만의 정리에 의해서 구할 수 있다.

$$\therefore V_{ab} = \frac{\sum I}{\sum Y} = \frac{\frac{4}{2}+\frac{10}{5}}{\frac{1}{2}+\frac{1}{5}} = \frac{\frac{40}{10}}{\frac{7}{10}} = 5.7\,[V]$$

정답 ①

15 Chapter 02 단상 교류회로의 이해

인덕턴스 L=20[mH]인 코일에 실효치 V= 50[V], f=60[Hz]인 정현파 전압을 인가했을 때 코일에 축적되는 평균 자기에너지 W_L[J]은?

① 0.44   ② 4.4
③ 0.63   ④ 63

㉠ L만의 회로에 흐르는 전류
$$I_L = \frac{V}{2\pi fL} = \frac{50}{2\pi \times 60 \times 20 \times 10^{-3}}$$
$$= 6.63\,[A]$$
㉡ 코일에 축적되는 자기에너지
$$W_L = \frac{1}{2}LI^2 = \frac{1}{2} \times 20 \times 10^{-3} \times 6.63^2$$
$$= 0.44\,[J]$$

정답 ①

14 Chapter 01 직류회로의 이해

최대눈금이 50[V]의 직류전압계가 있다. 이 전압계를 써서 150[V]의 전압을 측정하려면 몇 [Ω]의 저항을 배율기로 사용하여야 되는가? (단, 전압계의 내부저항은 5,000[Ω]이다.)

① 1,000   ② 2,500
③ 5,000   ④ 10,000

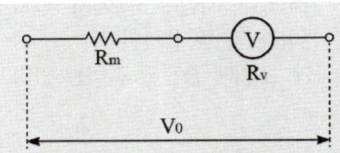

㉠ 전압계 측정전압: $V = \frac{R_v}{R_m + R_v} \times V_0$
$\rightarrow \frac{V_0}{V} = \frac{R_m + R_v}{R_v} = \frac{R_m}{R_v} + 1$
㉡ 배율: $m = \frac{V_0}{V} = \frac{150}{50} = 3$
∴ 배율기 저항
$R_m = \left(\frac{V_0}{V} - 1\right)R_v = (m-1)R_v$
$= (3-1) \times 5,000 = 10,000\,[\Omega]$

정답 ④

16 Chapter 03 다상 교류회로의 이해

변압기 2대를 V결선 했을 때의 이용률은 몇 [%]인가?

① 57.7[%]   ② 70.7[%]
③ 86.6[%]   ④ 100[%]

V결선의 특징
㉠ 3상 출력: $P_V = \sqrt{3}\,P\,[kVA]$
  (여기서, P: 변압기 1대 용량)
㉡ 이용률
$$\frac{V결선의\ 출력}{변압기\ 2개\ 용량} = \frac{\sqrt{3}\,P}{2P} = \frac{\sqrt{3}}{2}$$
$$= 0.866 = 86.6\,[\%]$$
㉢ 출력비
$$\frac{P_V}{P_\triangle} = \frac{\sqrt{3}\,P}{3P} = \frac{\sqrt{3}}{3}$$
$$= 0.577 = 57.7\,[\%]$$

정답 ③

17
Chapter 07 4단자망 회로 해석

4단자 회로망에서 출력측을 개방하니 $V_1=12$, $V_2=4$, $I_1=2$이고, 출력측을 단락하니 $V_1=16$, $I_1=4$, $I_2=2$이었다. 4단자 정수 A, B, C, D는 얼마인가?

① 3, 8, 0.5, 2
② 8, 0.5, 2, 3
③ 0.5, 2, 3, 8
④ 2, 3, 8, 0.5

정답분석

4단자 방정식 $\begin{cases} V_1 = AV_2 + BI_2 \\ I_1 = CV_2 + DI_2 \end{cases}$ 에서

(1) 출력측을 개방하면 $I_2 = 0$ 이 된다.

㉠ $A = \left.\dfrac{V_1}{V_2}\right|_{I_2=0} = \dfrac{12}{4} = 3$

㉡ $C = \left.\dfrac{I_1}{V_2}\right|_{I_2=0} = \dfrac{2}{4} = 0.5$

(2) 출력측을 단락하면 $V_2 = 0$ 이 된다.

㉢ $B = \left.\dfrac{V_1}{I_2}\right|_{V_2=0} = \dfrac{16}{2} = 8$

㉣ $D = \left.\dfrac{I_1}{I_2}\right|_{V_2=0} = \dfrac{4}{2} = 2$

$\therefore \begin{bmatrix} A & B \\ C & D \end{bmatrix} = \begin{bmatrix} 3 & 8 \\ 0.5 & 2 \end{bmatrix}$

정답 ①

18
Chapter 05 대칭좌표법

3상 회로에 있어서 대칭분 전압이 $\dot{V}_0 = -8 + j3\,[V]$, $\dot{V}_1 = 6 - j8\,[V]$, $\dot{V}_2 = 8 + j12\,[V]$일 때 a상의 전압 [V]는?

① $6 + j7$
② $-32.3 + j2.73$
③ $2.3 + j0.73$
④ $2.3 + j0.73$

정답분석

a상 전압
$V_a = V_0 + V_1 + V_2$
$= (-8 + j3) + (6 - j8) + (8 + j12)$
$= 6 + j7\,[V]$

정답 ①

19
Chapter 03 다상 교류회로의 이해

그림과 같은 Y결선 회로와 등가인 △결선 회로의 A, B, C 값은?

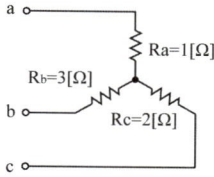
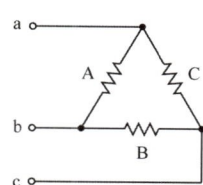

① $A = \dfrac{11}{2}$, $B = 11$, $C = \dfrac{11}{3}$

② $A = \dfrac{7}{2}$, $B = 7$, $C = \dfrac{7}{3}$

③ $A = \dfrac{11}{3}$, $B = \dfrac{11}{2}$, $C = 11$

④ $A = \dfrac{7}{3}$, $B = \dfrac{7}{2}$, $C = 7$

정답분석

Y결선을 △결선으로 등가변환하면 다음과 같다.

㉠ $A = \dfrac{R_aR_b + R_bR_c + R_cR_a}{R_c}$
$= \dfrac{1 \times 3 + 3 \times 2 + 2 \times 1}{2} = \dfrac{11}{2}\,[\Omega]$

㉡ $B = \dfrac{R_aR_b + R_bR_c + R_cR_a}{R_a}$
$= \dfrac{1 \times 3 + 3 \times 2 + 2 \times 1}{1} = 11\,[\Omega]$

㉢ $C = \dfrac{R_aR_b + R_bR_c + R_cR_a}{R_b}$
$= \dfrac{1 \times 3 + 3 \times 2 + 2 \times 1}{3} = \dfrac{11}{3}\,[\Omega]$

∴ 저항의 크기가 동일할 경우 $R_\triangle = 3R_Y$ 가 된다.

정답 ①

20. 그림에서 10[Ω]의 저항에 흐르는 전류는 몇 [A]인가?

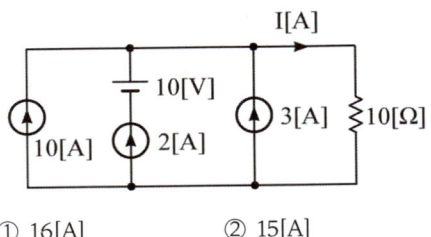

① 16[A] ② 15[A]
③ 14[A] ④ 13[A]

중첩의 정리를 이용하여 풀이할 수 있다.
㉠ 전류원 10[A] 만의 회로해석: $I_1 = 10\,[A]$

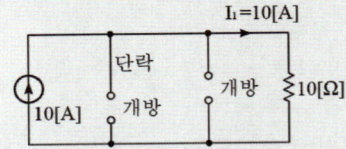

㉡ 전압원 10[V] 만의 회로해석: $I_2 = 0\,[A]$

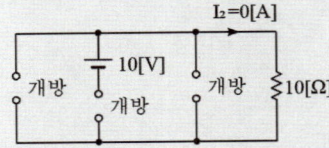

㉢ 전류원 2[A] 만의 회로해석: $I_3 = 2\,[A]$

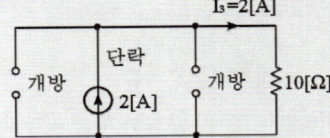

㉣ 전류원 3[A] 만의 회로해석: $I_4 = 3\,[A]$

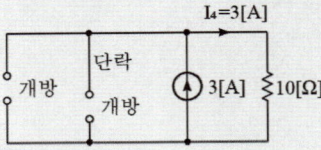

∴ 10[Ω] 통과 전류
$I = I_1 + I_2 + I_3 + I_4$
$= 10 + 0 + 2 + 3 = 15\,[A]$

정답 ②

2024년 제2회 전기산업기사

※ CBT문제는 수험생의 기억에 따라 복원된 것이며, 실제 기출문제와 동일하지 않을 수 있습니다.

01 Chapter 04 비정현파 교류회로의 이해

그림과 같은 정현파 교류를 푸리에 급수로 전개할 때 직류분은?

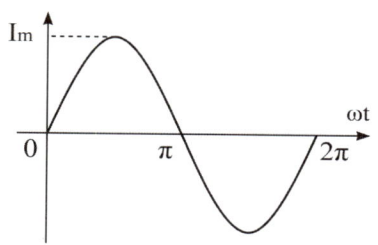

① I_m
② $\dfrac{I_m}{2}$
③ $\dfrac{I_m}{\sqrt{2}}$
④ $\dfrac{2I_m}{\pi}$

정답분석

직류분 (교류의 평균값으로 해석)

$$a_0 = \dfrac{1}{T}\int_0^T f(t)\,dt$$
$$= \dfrac{1}{\pi}\int_0^\pi I_m \sin\omega t = \dfrac{2I_m}{\pi}$$

정답 ④

02 Chapter 03 다상 교류회로의 이해

다상 교류회로 설명 중 잘못된 것은?
(단, n은 상수)

① 평형 3상 교류에서 △결선의 상전류는 선전류의 $\dfrac{1}{\sqrt{3}}$ 과 같다.

② n상전력 $P = \dfrac{1}{2\sin\dfrac{\pi}{n}} V_l I_l \cos\theta$ 이다.

③ 성형결선에서 선간전압과 상전압과의 위상차는 $\dfrac{\pi}{2}\left(1 - \dfrac{2}{n}\right)$ [rad] 이다.

④ 비대칭 다상교류가 만드는 회전자계는 타원 회전자계이다.

정답분석

㉠ 성형결선에서 선전류와 상전류의 크기와 위상은 모두 같다.
㉡ 성형결선에서 선간전압
$$V_l = 2\sin\dfrac{\pi}{n} V_p \angle\left(\dfrac{\pi}{2} - \dfrac{\pi}{n}\right)$$
㉢ n 상 전력
$$P = n V_p I_p \cos\theta$$
$$= n \times \dfrac{V_l}{2\sin\dfrac{\pi}{n}} \times I_l \cos\theta$$
$$= \dfrac{n}{2\sin\dfrac{\pi}{n}} V_l I_l \cos\theta$$

정답 ③

03 Chapter 05 대칭좌표법

대칭 3상 전압이 V_a, $V_b = a^2 V_a$, $V_c = a V_a$ 일 때 a상을 기준으로 한 대칭분을 구할 때 영상분은?

① V_a
② $\frac{1}{3} V_a$
③ 0
④ $V_a + V_b + V_c$

정답분석

영상분 전압
$$V_0 = \frac{1}{3}(V_a + V_b + V_c)$$
$$= \frac{1}{3}(V_a + a^2 V_a + a V_a) = 0$$

정답 ③

05 Chapter 11 전달함수

다음과 같은 블럭선도의 등가 합성 전달함수는?

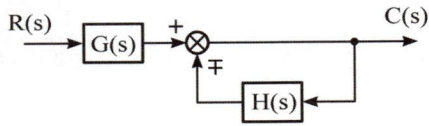

① $\dfrac{1}{1 \pm G(s)H(s)}$
② $\dfrac{G(s)}{1 \pm G(s)H(s)}$
③ $\dfrac{G(s)}{1 \pm H(s)}$
④ $\dfrac{1}{1 \pm H(s)}$

정답분석

종합 전달함수 (메이슨 공식)
$$M(s) = \frac{C(s)}{R(s)} = \frac{\sum \text{전향 경로 이득}}{1 - \sum \text{폐루프 이득}}$$
$$= \frac{G(s)}{1 - [\mp H(s)]} = \frac{G(s)}{1 \pm H(s)}$$

정답 ③

04 Chapter 03 다상 교류회로의 이해

변압기 $\dfrac{n_1}{n_2} = 30$인 단상 변압기 3개를 1차 △결선, 2차 Y결선 하고 1차 선간에 3000[V]를 가했을 때 무부하 2차 선간전압[V]은?

① $\dfrac{100}{\sqrt{3}}$ [V]
② $\dfrac{190}{\sqrt{3}}$ [V]
③ 100 [V]
④ $100\sqrt{3}$ [V]

정답분석

㉠ △-Y결선 3상 변압기

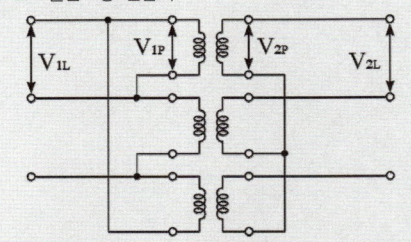

㉡ 변압기 1차측(△결선) 상전압
$$V_{1p} = V_{1l} = 3000 \, [\text{V}]$$

㉢ 권선수 비 $a = \dfrac{n_1}{n_2} = \dfrac{V_{1p}}{V_{2p}}$ 이므로 변압기 2차측 상전압
$$V_{2p} = \frac{V_{1p}}{a} = \frac{3000}{30} = 100 \, [\text{V}]$$

∴ 2차측(Y결선) 선간전압
$$V_{2l} = \sqrt{3}\, V_{2p} = 100\sqrt{3} \, [\text{V}]$$

정답 ④

06 Chapter 06 회로망 해석

회로의 V_{30}과 V_{15}는 얼마인가?

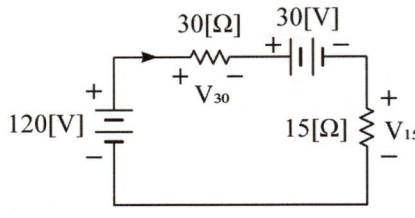

① 60[V], 30[V]
② 70[V], 40[V]
③ 80[V], 50[V]
④ 50[V], 40[V]

정답분석

㉠ 회로 전류: $I = \dfrac{V}{R} = \dfrac{120 - 30}{30 + 15} = 2 \, [\text{A}]$
㉡ $V_{30} = 30 I = 30 \times 2 = 60 \, [\text{V}]$
㉢ $V_{15} = 15 I = 15 \times 2 = 30 \, [\text{V}]$

정답 ①

Chapter 02 단상 교류회로의 이해

07 R=10[Ω], L=10[mH], C=1[μF]인 직렬회로에 100[V] 전압을 가했을 때 공진의 첨예도(선택도) Q는 얼마인가?

① 1   ② 10
③ 100 ④ 1,000

 직렬공진 시 선택도는 다음과 같다.

$$Q = \frac{X_L}{R} = \frac{2\pi fL}{R} = \frac{2\pi L}{R} \times \frac{1}{2\pi\sqrt{LC}}$$

$$= \frac{1}{R}\sqrt{\frac{L}{C}}$$

$$\therefore Q = \frac{1}{R}\sqrt{\frac{L}{C}} = \frac{1}{10} \times \sqrt{\frac{10 \times 10^{-3}}{1 \times 10^{-6}}} = 10$$

정답 ②

Chapter 04 비정현파 교류회로의 이해

08 어떤 회로에 비정현파 전압을 가하여 흐른 전류가 다음과 같을 때 이 회로의 역률은 약 몇 [%]인가?

$$v(t) = 20 + 220\sqrt{2}\sin 120\pi t + 40\sqrt{2}\sin 360\pi t \,[V]$$
$$i(t) = 2.2\sqrt{2}\sin(120\pi t + 36.87°) + 0.49\sqrt{2}\sin(360\pi t + 14.04°)\,[A]$$

① 75.8   ② 80.4
③ 86.3   ④ 89.7

㉠ 전압의 실횻값
$$V = \sqrt{20^2 + 220^2 + 40^2} = 224.5\,[V]$$
㉡ 전류의 실횻값
$$I = \sqrt{2.2^2 + 0.49^2} = 2.25\,[A]$$
㉢ 피상전력
$$P_a = VI = 224.5 \times 2.25 = 505.125\,[VA]$$
㉣ 유효전력
$$P = V_1 I_1 \cos\theta_1 + V_3 I_3 \cos\theta_3$$
$$= 220 \times 2.2 \times \cos 36.87°$$
$$+ 40 \times 0.49 \times \cos 14.04° = 406.21\,[W]$$

$$\therefore 역률: \cos\theta = \frac{P}{P_a} \times 100$$
$$= \frac{406.21}{505.125} \times 100 = 80.42\,[\%]$$

정답 ②

Chapter 07 4단자망 회로 해석

09 A, B, C, D 4단자 정수를 올바르게 쓴 것은?

① AD + BD = 1   ② AB - CD = 1
③ AB + CD = 1   ④ AD - BC = 1

정답 ④

Chapter 07 4단자망 회로 해석

10 그림과 같은 회로망에서 Z_1을 4단자 정수에 의해 표시하면?

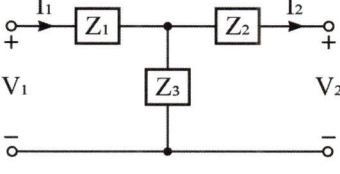

① $\dfrac{1}{C}$ ② $\dfrac{D-1}{C}$

③ $\dfrac{B-1}{C}$ ④ $\dfrac{A-1}{C}$

㉠ 4단자 정수는 다음과 같다.
$$\begin{bmatrix} A & B \\ C & D \end{bmatrix} = \begin{bmatrix} 1 + \dfrac{Z_1}{Z_3} & Z_1 + Z_2 + \dfrac{Z_1 Z_2}{Z_3} \\ \dfrac{1}{Z_3} & 1 + \dfrac{Z_2}{Z_3} \end{bmatrix}$$

㉡ $A - 1 = \dfrac{Z_1}{Z_3} = Z_1 C$ 이므로

$$\therefore Z_1 = \frac{A-1}{C}$$

정답 ④

11 Chapter 08 분포정수 회로

유한장의 송전선로가 있다. 수전단을 단락하고 송전단에서 측정한 임피던스는 $j250[\Omega]$, 수전단을 개방시키고 송전단에서 측정한 어드미턴스는 $j1.5\times 10^{-3}[\mho]$이다. 이 송전선로의 특성 임피던스는?

① 2.45×10^{-3} ② 408.25
③ $j0.612$ ④ 6×10^{-6}

정답분석

특성임피던스

$$Z_0 = \sqrt{\frac{Z}{Y}} = \sqrt{\frac{j250}{j1.5\times 10^{-3}}} = 408.25\,[\Omega]$$

정답 ②

13 Chapter 03 다상 교류회로의 이해

그림과 같은 회로의 단자 a, b, c에 대칭 3상 전압을 가하여 각 선전류를 같게 하려면 R의 값은?

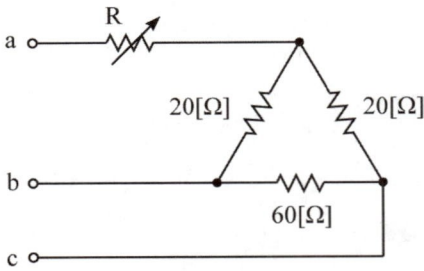

① $2[\Omega]$ ② $8[\Omega]$
③ $16[\Omega]$ ④ $24[\Omega]$

정답분석

△결선을 Y결선으로 등가변환하면 다음과 같다.

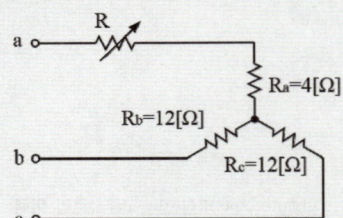

㉠ $R_a = \dfrac{R_{ab}\times R_{ca}}{R_{ab}+R_{bc}+R_{ca}} = \dfrac{20\times 20}{20+60+20} = 4\,[\Omega]$

㉡ $R_b = \dfrac{R_{ab}\times R_{bc}}{R_{ab}+R_{bc}+R_{ca}} = \dfrac{20\times 60}{20+60+20} = 12\,[\Omega]$

㉢ $R_c = \dfrac{R_{bc}\times R_{ca}}{R_{ab}+R_{bc}+R_{ca}} = \dfrac{60\times 20}{20+60+20} = 12\,[\Omega]$

∴ 각 선전류가 같으려면 각 상의 임피던스가 평형이 되어야 하므로 $R = 8\,[\Omega]$이 되어야 한다.

정답 ②

12 Chapter 05 대칭좌표법

각 상의 전류가 아래와 같을 때 영상 대칭분 전류[A]는?

$$i_a = 30\sin\omega t\,[A]$$
$$i_b = 30\sin(\omega t - 90°)\,[A]$$
$$i_c = 30\sin(\omega t + 90°)\,[A]$$

① $10\sin\omega t$ ② $30\sin\omega t$
③ $\dfrac{30}{\sqrt{3}}\sin\omega t$ ④ $\dfrac{10}{3}\sin\omega t$

정답분석

$V_0 = \dfrac{1}{3}(V_a + V_b + V_c)$
$= \dfrac{1}{3}(30 + 30\angle +90° + 30\angle -90°)$
$= \dfrac{30}{3}\angle 0° = 10\sin\omega t\,[V]$

정답 ①

Chapter 05 대칭좌표법

14 3상 불평형 전압에서 역상전압이 50[V], 정상전압이 200[V], 영상전압이 10[V]라 할 때 전압의 불평형률[%]은?

① 1 ② 5
③ 25 ④ 50

불평형률

$\%U = \dfrac{V_2}{V_1} \times 100 = \dfrac{50}{200} \times 100 = 25[\%]$

여기서, V_1: 정상분, V_2: 역상분

정답 ③

Chapter 06 회로망 해석

15 전류가 전압에 비례한다는 것을 가장 잘 나타낸 것은?

① 테브난의 정리 ② 상반의 정리
③ 밀만의 정리 ④ 중첩의 정리

정답 ①

Chapter 02 단상 교류회로의 이해

16 단상 전파 파형을 만들기 위해 전원은 어떤 단자에 연결해야 하는가?

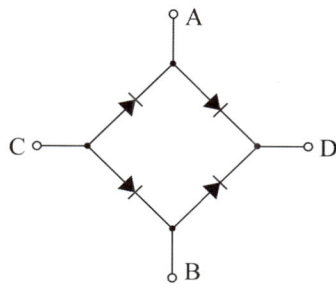

① A-B ② C-D
③ A-C ④ B-D

㉠ 입력 단자: A-B
㉡ 출력 단자: C-D

정답 ①

Chapter 10 라플라스 변환

17 함수 $f(t) = t^2 e^{at}$의 라플라스 변환 $F(s)$은?

① $\dfrac{1}{(s-a)^2}$ ② $\dfrac{2}{(s-a)^2}$
③ $\dfrac{1}{(s-a)^2}$ ④ $\dfrac{2}{(s-a)^3}$

$\mathcal{L}[t^2 e^{at}] = \left.\dfrac{2}{s^3}\right|_{s=s-a} = \dfrac{2}{(s-a)^3}$

정답 ④

Chapter 03 다상 교류회로의 이해

18 Y-Y결선 회로에서 선간 전압이 200[V] 일 때 상전압은 약 몇 [V]인가?

① 100[V] ② 115[V]
③ 120[V] ④ 135[V]

정답분석

3상 Y결선의 특징
㉠ 선간전압: $V_l = \sqrt{3}\, V_p$
㉡ 선전류: $I_l = I_p$
∴ 상전압: $V_p = \dfrac{V_l}{\sqrt{3}} = \dfrac{200}{\sqrt{3}} = 115[V]$

정답 ②

Chapter 03 다상 교류회로의 이해

20 대칭 3상 전압이 공급되는 3상 유도전동기에서 각 계기의 지시는 다음과 같다. 유도전동기의 역률은 약 얼마인가?

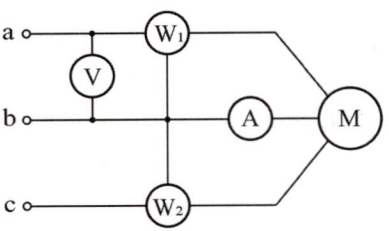

| 전력계(W_1): 2.84[kW] |
| 전력계(W_2): 3[kW] |
| 전압계(V): 200[V] |
| 전류계(A): 30[A] |

① 0.70 ② 0.75
③ 0.80 ④ 0.85

정답분석

역률
$$\cos\theta = \frac{P}{P_a} = \frac{W_1 + W_2}{2\sqrt{W_1^2 + W_2^2 - W_1 W_2}}$$
$$= \frac{W_1 + W_2}{\sqrt{3}\, VI} = \frac{2840 + 6000}{\sqrt{3}\times 200 \times 30} = 0.85$$

정답 ④

Chapter 01 직류회로의 이해

19 다음 전지 2개와 전구 1개로 구성된 회로 중 전구가 점등 되지 않는 회로는?

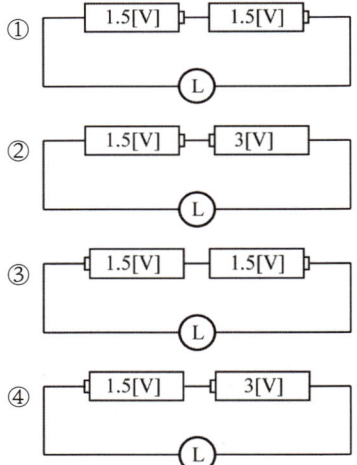

정답분석

① 두 전지의 극성이 같으므로 회로 전위차는 3[V]로 전류는 시계방향으로 흐른다.
② 두 전지의 극성이 반대이므로 회로 전위차는 1.5[V]로 전류는 반시계방향으로 흐른다.
③ 두 전지의 크기는 같고 극성이 반대로 접속되어 있어 회로 전위차는 0가 되어 전류가 흐르지 않는다.
④ 두 전지의 극성이 같으므로 회로 전위차는 4.5[V]로 전류는 반시계방향으로 흐른다.

정답 ③

2024년 제1회 전기산업기사

※ CBT문제는 수험생의 기억에 따라 복원된 것이며, 실제 기출문제와 동일하지 않을 수 있습니다.

01 Chapter 09 과도현상
$R-L-C$ 직렬회로에서 임계제동 조건이 되는 저항의 값은?

① $\sqrt{LC}$
② $2\sqrt{\dfrac{C}{L}}$
③ $2\sqrt{\dfrac{L}{C}}$
④ $\sqrt{\dfrac{L}{C}}$

 정답분석

㉠ $R^2 < 4\dfrac{L}{C}$ 일 경우: 부족제동(진동적)
㉡ $R^2 = 4\dfrac{L}{C}$ 일 경우: 임계제동(임계적)
㉢ $R^2 > 4\dfrac{L}{C}$ 일 경우: 과제동(비진동적)
∴ $R^2 = 4\dfrac{L}{C} \rightarrow R = 2\sqrt{\dfrac{L}{C}}$

정답 ③

03 Chapter 06 회로망 해석
그림과 같은 회로에서 1[Ω]의 단자전압 [V]은?

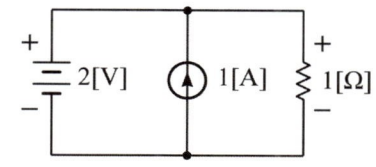

① 1.5[V] ② 3[V]
③ 2[V] ④ 1[V]

 정답분석

중첩의 정리를 이용하여 풀이할 수 있다.
㉠ 전압원 2[V] 만의 회로해석

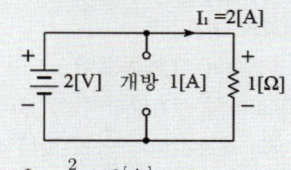

$I_1 = \dfrac{2}{1} = 2[A]$

㉡ 전류원 1[A] 만의 회로 해석

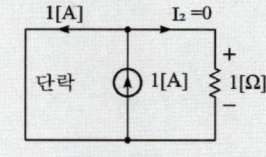

$I_2 = \dfrac{0}{0+1} \times 1 = 0[A]$

㉢ 1[Ω] 통과 전류: $I = I_1 + I_2 = 2[A]$
∴ 단자전압: $V = IR = 2 \times 1 = 2[V]$

정답 ③

02 Chapter 02 단상 교류회로의 이해
정현파 교류회로의 실효치를 계산하는 식은?

① $I = \dfrac{1}{T^2}\displaystyle\int_0^T i^2\, dt$
② $I^2 = \dfrac{2}{T}\displaystyle\int_0^T i\, dt$
③ $I = \sqrt{\dfrac{1}{T}\displaystyle\int_0^T i^2\, dt}$
④ $I = \sqrt{\dfrac{2}{T}\displaystyle\int_0^T i^2\, dt}$

 정답분석

실횻값: $I = \sqrt{\dfrac{1}{T}\displaystyle\int_0^T i^2\, dt}$
$= \dfrac{I_m}{\sqrt{2}} = 0.707 I_m$

정답 ③

04 Chapter 05 대칭좌표법

대칭 좌표법에 관한 설명으로 틀린 것은?

① 불평형 3상 Y결선의 접지식 회로에서는 영상분이 존재한다.
② 불평형 3상 Y결선의 비접지식 회로에서는 영상분이 존재한다.
③ 평형 3상 전압에서 영상분은 0이다.
④ 평형 3상 전압에서 정상분만 존재한다.

 비접지식 회로에서는 영상분이 존재하지 않는다.

정답 ②

05 Chapter 04 비정현파 교류회로의 이해

비사인파의 실횻값은?

① 최대파의 실횻값
② 각 고조파의 실횻값의 합
③ 각 고조파의 실횻값의 합의 제곱근
④ 각 파의 실횻값의 제곱의 합의 제곱근

 정답 ④

06 Chapter 11 전달함수

다음 사항을 옳게 표현된 것은?

① 비례요소의 전달함수는 $\dfrac{1}{Ts}$이다.
② 미분요소의 전달함수는 K이다.
③ 적분요소의 전달함수는 Ts이다.
④ 1차 지연요소의 전달함수는 $\dfrac{K}{Ts+1}$이다.

㉠ 비례요소: $G(s) = K$
㉡ 미분요소: $G(s) = Ks$
㉢ 적분요소: $G(s) = \dfrac{K}{s}$
㉣ 1차 지연요소: $G(s) = \dfrac{K}{Ts+1}$

정답 ④

07 Chapter 07 4단자망 회로 해석

그림과 같은 회로의 영상 임피던스 Z_{01}, Z_{02}는 각각 몇 [Ω]인가?

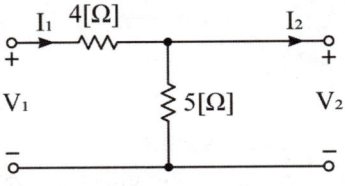

① $Z_{01} = 4$, $Z_{02} = \dfrac{20}{9}$
② $Z_{01} = 6$, $Z_{02} = \dfrac{10}{3}$
③ $Z_{01} = 9$, $Z_{02} = 5$
④ $Z_{01} = 12$, $Z_{02} = 4$

(1) 4단자 정수
㉠ $A = 1 + \dfrac{4}{5} = 1.8$ ㉡ $B = \dfrac{4 \times 5}{5} = 4$
㉢ $C = \dfrac{1}{5} = 0.2$ ㉣ $D = 1 + \dfrac{0}{5} = 1$

(2) 영상 임피던스
㉠ $Z_{01} = \sqrt{\dfrac{AB}{CD}} = \sqrt{\dfrac{1.8 \times 4}{0.2 \times 1}} = 6$
㉡ $Z_{02} = \sqrt{\dfrac{BD}{AC}} = \sqrt{\dfrac{4 \times 1}{1.8 \times 0.2}} = \sqrt{\dfrac{4}{0.36}}$
$= \sqrt{\dfrac{100}{9}} = \dfrac{10}{3}$

정답 ②

08 Chapter 01 직류회로의 이해

키르히호프의 전류 법칙(KCL) 적용에 대한 설명 중 틀린 것은?

① 이 법칙은 회로의 선형, 비선형에 관계 받지 않고 적용된다.
② 이 법칙은 선형소자로만 이루어진 회로에 적용된다.
③ 이 법칙은 회로의 시변, 시불변에 관계 받지 않고 적용된다.
④ 이 법칙은 집중정수회로에 적용된다.

 정답 ②

Chapter 10 라플라스 변환

09 함수 $f(t) = \sin t \cos t$의 라플라스 변환 $F(s)$은?

① $\dfrac{1}{s^2+4}$ ② $\dfrac{1}{s^2+2}$

③ $\dfrac{1}{(s+2)^2}$ ④ $\dfrac{1}{(s+4)^2}$

정답분석

㉠ $\sin(t+t) = \sin t \cos t + \cos t \sin t$
㉡ $\sin(t-t) = \sin t \cos t - \cos t \sin t$
㉢ $㉠+㉡ = \sin 2t = 2\sin t \cos t$

$\therefore \mathcal{L}\left[\dfrac{1}{2}\sin 2t\right] = \dfrac{1}{2} \times \dfrac{2}{s^2+2^2} = \dfrac{1}{s^2+4}$

정답 ①

Chapter 06 회로망 해석

10 그림과 같은 회로의 컨덕턴스 G_2에 흐르는 전류 [A]는?

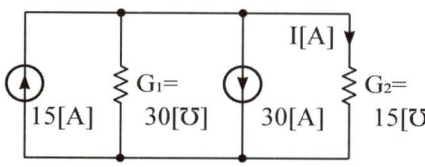

① 5[A]   ② 10[A]
③ -3[A]   ④ -5[A]

정답분석

중첩의 정리를 이용하여 풀이할 수 있다.
㉠ 전류원 15[A] 만의 회로해석

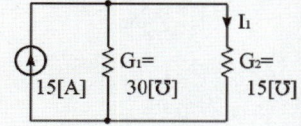

$I_1 = \dfrac{G_2}{G_1+G_2} \times I = \dfrac{15}{30+15} \times 15 = 5\,[\text{A}]$

㉡ 전압원 10[V] 만의 회로해석

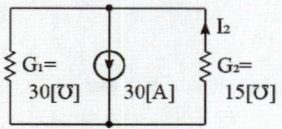

$I_2 = \dfrac{G_2}{G_1+G_2} \times I = \dfrac{15}{30+15} \times 30 = 10\,[\text{A}]$

$\therefore$ 15[℧] 통과 전류
$I = I_1 - I_2 = 5 - 10 = -5\,[\text{A}]$

정답 ④

Chapter 03 다상 교류회로의 이해

11 평형 3상 Y결선의 부하에서 상전압과 선전류의 실횻값이 각각 60[V], 10[A]이고, 부하의 역률이 0.8일 때 무효전력[Var]은?

① 1440   ② 1080
③ 624   ④ 831

정답분석

㉠ 역률: $\sin\theta = \sqrt{1-\cos\theta}$
$= \sqrt{1-0.8^2} = 0.6$

㉡ 무효전력: $P_r = \sqrt{3}\,VI\sin\theta$
$= \sqrt{3} \times 60 \times 10 \times 0.6$
$= 623.53 ≒ 624\,[\text{Var}]$

정답 ③

Chapter 04 비정현파 교류회로의 이해

12 ωt가 0에서 π까지 $i = 10\,[\text{A}]$, π에서 2π까지는 $i = 0\,[\text{A}]$인 파형을 푸리에 급수로 전개하면 a_0는?

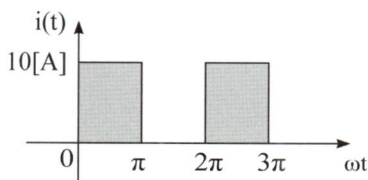

① 14.14   ② 10
③ 7.07   ④ 5

정답분석

직류분 (교류의 평균값으로 해석)

$a_0 = \dfrac{1}{T}\int_0^T f(t)\,dt$

$= \dfrac{1}{2\pi}\int_0^\pi 10\,d\omega t = \left[\dfrac{10}{2\pi}\omega t\right]_0^\pi = \dfrac{10}{2}$

$= 5\,[\text{A}]$

[별해]
구형반파의 평균값 $I_{av} = \dfrac{I_m}{2} = 5\,[\text{A}]$

정답 ④

13 Chapter 06 회로망 해석

이상적 전압·전류원에 관하여 옳은 것은?

① 전압원의 내부저항은 ∞이고 전류원의 내부저항은 0이다.
② 전압원의 내부저항은 0이고 전류원의 내부저항은 ∞이다.
③ 전압원 전류원의 내부저항은 흐르는 전류에 따라 변한다.
④ 전압원의 내부저항은 일정하고 전류원의 내부저항은 일정하지 않다.

정답 ②

15 Chapter 09 과도현상

$R-L$ 직렬회로에서 시정수의 값이 클수록 과도현상의 소멸되는 시간은 어떻게 되는가?

① 짧아진다.
② 과도기가 없어진다.
③ 길어진다.
④ 관계없다.

정답분석 과도현상이 소멸되는 시간은 시정수와 비례관계를 갖는다. 따라서 시정수가 커지면 과도현상이 소멸되는 시간도 길어진다.

정답 ③

14 Chapter 07 4단자망 회로 해석

다음의 2단자 임피던스 함수가 $Z(s) = \dfrac{s(s+1)}{(s+2)(s+3)}$ 일 때 회로의 단락 상태를 나타내는 점은?

① -1, 0   ② 0, 1
③ -2, -3   ④ 2, 3

정답분석 회로의 단락상태는 2단자 회로의 영점을 의미하므로 $Z_1 = 0$, $Z_1 = -1$이 된다.

정답 ①

16 Chapter 07 4단자망 회로 해석

A, B, C, D 4단자 정수를 올바르게 쓴 것은?

① AD + BD = 1   ② AB - CD = 1
③ AB + CD = 1   ④ AD - BC = 1

정답 ④

17 Chapter 03 다상 교류회로의 이해

2전력계법을 써서 대칭 평형 3상전력을 측정하였더니 각 전력계가 500[W], 300[W]를 지시하였다. 전 전력은 얼마인가? (단, 부하의 위상각은 60°보다 크며 90°보다 작다고 한다.)

① 200[W] ② 300[W]
③ 500[W] ④ 800[W]

정답분석
유효전력(소비전력)
$P = W_1 + W_2 = 500 + 300 = 800\,[W]$

정답 ④

19 Chapter 04 비정현파 교류회로의 이해

$e(t) = 50 + 100\sqrt{2}\sin\omega t + 50\sqrt{2}\sin 2\omega t + 30\sqrt{2}\sin 3\omega t\,[V]$의 왜형율을 구하면?

① 1.0 ② 0.58
③ 0.8 ④ 0.3

정답분석
고조파 왜형율(Total Harmonics Distortion)
$V_{THD} = \dfrac{\text{고조파만의 실효값}}{\text{기본파의 실효값}}$
$= \dfrac{\sqrt{50^2 + 30^2}}{100} = 0.58 = 58\,[\%]$

정답 ②

18 Chapter 10 라플라스 변환

$I(s) = \dfrac{12}{2s(s+6)}$일 때 전류의 초기값 $i(0^+)$은?

① 6 ② 2
③ 1 ④ 0

정답분석
초기값: $i(0^+) = \lim_{t \to 0} i(t) = \lim_{s \to \infty} s\,I(s)$
$= \lim_{s \to \infty} \dfrac{6}{s+6} = \dfrac{6}{\infty} = 0$

정답 ④

20 Chapter 08 분포정수 회로

분포정수회로에서 직렬 임피던스를 Z, 병렬 어드미턴스를 Y라 할 때, 선로의 특성임피던스 Z_0는?

① ZY ② $\sqrt{ZY}$
③ $\sqrt{\dfrac{Y}{Z}}$ ④ $\sqrt{\dfrac{Z}{Y}}$

정답분석
특성임피던스란, 선로를 이동하는 진행파에 대한 전압과 전류의 비로서 그 선로의 고유한 값을 말한다.
∴ 특성임피던스 크기
$Z_0 = \sqrt{\dfrac{Z}{Y}} = \sqrt{\dfrac{R + j\omega L}{G + j\omega C}}\,[\Omega]$

정답 ④

2023년 제3회 전기산업기사

※ CBT문제는 수험생의 기억에 따라 복원된 것이며, 실제 기출문제와 동일하지 않을 수 있습니다.

01 Chapter 04 비정현파 교류회로의 이해
RLC 직렬공진 회로에서 제3고조파의 공진주파수 f[Hz]는?

① $\dfrac{1}{2\pi\sqrt{LC}}$ ② $\dfrac{1}{3\pi\sqrt{LC}}$

③ $\dfrac{1}{6\pi\sqrt{LC}}$ ④ $\dfrac{1}{9\pi\sqrt{LC}}$

정답분석 제3고조파의 공진주파수
$$f_3 = \dfrac{1}{2\pi n\sqrt{LC}}\bigg|_{n=3} = \dfrac{1}{6\pi\sqrt{LC}}\,[\text{Hz}]$$

정답 ③

02 Chapter 02 단상 교류회로의 이해
그림과 같은 파형의 순시값은?

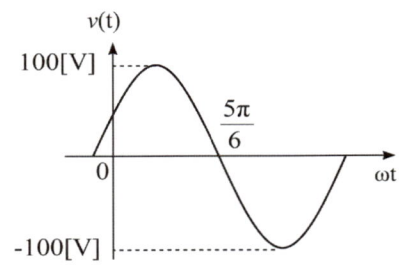

① $v = 100\sqrt{2}\sin\omega t$
② $v = 100\sqrt{2}\cos\omega t$
③ $v = 100\sin\left(\omega t + \dfrac{\pi}{6}\right)$
④ $v = 100\sin\left(\omega t - \dfrac{\pi}{6}\right)$

정답분석
순시값 = 최대값 $\sin(\omega t \pm$ 위상차$)$
= $\sqrt{2}$ 실효값 $\sin(\omega t \pm$ 위상차$)$
= 실효값 $\angle \pm$ 위상차
∴ $v = 100\sin\left(\omega t + \dfrac{\pi}{6}\right)$ [V]

정답 ③

03 Chapter 06 회로망 해석
그림과 같은 회로의 a, b단자 간의 전압 [V]는?

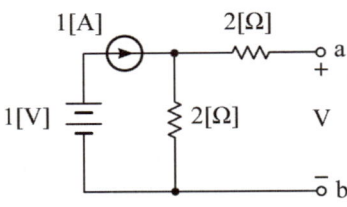

① 2[V] ② -2[V]
③ -4[V] ④ 4[V]

정답분석 중첩의 정리를 이용하여 풀이할 수 있다.
㉠ 전압원 1[V] 만의 회로해석: $I_1 = 0$

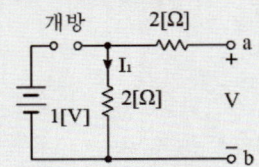

㉡ 전류원 1[A] 만의 회로 해석: $I_2 = 1$ [A]

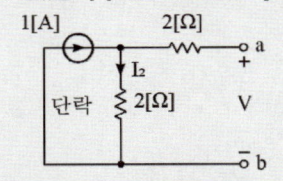

㉢ 2[Ω] 통과 전류: $I = I_1 + I_2 = 1$ [A]
∴ 개방전압: $V = 2I = 2\times 1 = 2$ [V]

정답 ①

04 Chapter 07 4단자망 회로 해석
4단자정수를 구하는 식에서 틀린 것은 어느 것인가?

① $A = \dfrac{V_1}{V_2}\bigg|_{I_2=0}$ ② $B = \dfrac{V_2}{I_1}\bigg|_{V_2=0}$

③ $C = \dfrac{I_1}{V_2}\bigg|_{I_2=0}$ ④ $D = \dfrac{I_1}{I_2}\bigg|_{V_2=0}$

정답 ②

Chapter 04 비정현파 교류회로의 이해

05 $i = 2 + 5\sin(100t + 30°) + 10\sin(200t - 10°) - 5\cos(400t + 10°)$ [A]와 파형이 동일하나 기본파의 위상이 20° 늦은 비정현 전류파의 순시치를 나타내는 식은?

① $i = 2 + 5\sin(100t + 10°) + 10\sin(200t - 30°) - 5\cos(400t - 10°)$ [A]

② $i = 2 + 5\sin(100t + 10°) + 10\sin(200t - 50°) - 5\cos(400t - 10°)$ [A]

③ $i = 2 + 5\sin(100t + 10°) + 10\sin(200t - 30°) - 5\cos(400t - 70°)$ [A]

④ $i = 2 + 5\sin(100t + 10°) + 10\sin(200t - 50°) - 5\cos(400t - 70°)$ [A]

㉠ 고조파 전류 $i_n(t) = \dfrac{I_m}{n}\sin n(\omega t \pm \theta)$ [A]이므로 제 n 고조파에 대해서 전류는 크기는 $1/n$ 배, 그리고 주파수와 위상이 각각 n 배가 된다.

㉡ 기본파 위상이 20° 늦어지면 제2고조파는 20°×2, 제4고조파는 20°×4, 제5고조파는 20°×5 만큼 늦어지게 된다.

∴ $i = 2 + 5\sin(100t + 10°) + 10\sin(200t - 50°) - 5\cos(400t - 70°)$ [A]

정답 ④

Chapter 01 직류회로의 이해

06 두 점 사이에는 20[C]의 전하를 옮기는데 80[J]의 에너지가 필요하다면 두 점 사이의 전압은?

① 2[V] ② 3[V]
③ 4[V] ④ 5[V]

전압 $V = \dfrac{W}{Q} = \dfrac{80}{20} = 4$ [V]

정답 ③

Chapter 07 4단자망 회로 해석

07 구동점 임피던스(driving point impedance) 함수에 있어서 극점(pole)은?

① 단락회로 상태를 의미
② 개방회로 상태를 의미
③ 아무런 상태도 아니다.
④ 전류가 많이 흐르는 상태를 의미

극점은 구동점 임피던스의 분모항이 0인 점을 의미하므로 임피던스 $Z(s) = \infty$ 가 된다.
그러므로 전류 $I(s) = 0$이 되어 개방회로(open) 상태를 의미한다.

정답 ②

Chapter 05 대칭좌표법

08 3상 불평형 전압에서 역상전압이 25[V]이고, 정상전압이 100[V], 영상전압이 10[V]라 할 때 전압의 불평형률은?

① 0.25 ② 0.4
③ 4   ④ 10

불평형률
$\%U = \dfrac{V_2}{V_1} \times 100 = \dfrac{25}{100} \times 100 = 25$ [%]

여기서, V_1: 정상분, V_2: 역상분

정답 ①

Chapter 10 라플라스 변환

09 시간함수 $f(t) = u(t) - \cos\omega t$ 를 라플라스 변환을 하면?

① $\dfrac{s}{s^2 + \omega^2}$ ② $\dfrac{\omega^2}{s(s^2 + \omega^2)}$

③ $\dfrac{s}{s(s^2 - \omega^2)}$ ④ $\dfrac{\omega^2}{s(s^2 - \omega^2)}$

$\mathcal{L}[u(t) - \cos\omega t] = \dfrac{1}{s} - \dfrac{s}{s^2 + \omega^2}$
$= \dfrac{s^2 + \omega^2 - s^2}{s(s^2 + \omega^2)} = \dfrac{\omega^2}{s(s^2 + \omega^2)}$

정답 ②

Chapter 02 단상 교류회로의 이해

10 5[mH]의 두 자기인덕턴스가 있다. 결합계수를 0.2로 부터 0.8까지 변화시킬 수 있다면 이것을 접속시켜 얻을 수 있는 합성인덕턴스의 최댓값, 최소값은?

① 18[mH]   2[mH]
② 18[mH]   8[mH]
③ 20[mH]   2[mH]
④ 20[mH]   8[mH]

 정답분석

㉠ 결합계수: $k = \dfrac{M}{\sqrt{L_1 L_2}} = \dfrac{M}{5} = 0.2 \sim 0.8$

㉡ 상호 인덕턴스의 범위
   $M = k\sqrt{L_1 L_2} = 1 \sim 4\,[\text{mH}]$

㉢ 가동결합 $L_a = L_1 + L_2 + 2M$ 이고,
   차동결합 $L_b = L_1 + L_2 - 2M$ 이므로
   상호 인덕턴스 $M = 4$ 를 대입해야 최댓값과 최소값을 구할 수 있다.

∴ 최댓값: $L_a = L_1 + L_2 + 2M$
           $= 5 + 5 + 2 \times 4 = 18\,[\text{mH}]$
   최소값: $L_b = L_1 + L_2 - 2M$
           $= 5 + 5 - 2 \times 4 = 2\,[\text{mH}]$

정답 ①

Chapter 02 단상 교류회로의 이해

11 직렬 공진회로에서 최대가 되는 것은?

① 전류   ② 저항
③ 리액턴스   ④ 임피던스

 정답분석

㉠ RLC 직렬회로
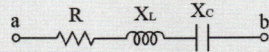

㉡ 직렬접속 시 합성 임피던스
   $Z = R + j(X_L + X_C)\,[\Omega]$

㉢ 공진 조건: $X_L = X_C$

㉣ 공진 시 합성 임피던스
   $Z = R$ (전압과 전류는 동위상)

∴ 직렬 공진 시 임피던스는 최소, 전류는 최대가 된다.

정답 ①

Chapter 02 단상 교류회로의 이해

12 $R-L$ 병렬회로의 양단에 $e = E_m \sin(\omega t + \theta)\,[\text{V}]$ 의 전압이 가해졌을 때 소비되는 유효전력 [W]은?

① $\dfrac{E_m^{\,2}}{2R}$ ② $\dfrac{E^2}{2R}$

③ $\dfrac{E_m^2}{\sqrt{2}\,R}$ ④ $\dfrac{E^2}{\sqrt{2}\,R}$

 정답분석

$P = \dfrac{E^2}{R} = \dfrac{1}{R}\left(\dfrac{E_m}{\sqrt{2}}\right)^2 = \dfrac{E_m^2}{2R}\,[\text{W}]$

여기서, E: 전압의 실횻값
       E_m: 전압의 최댓값

정답 ①

Chapter 03 다상 교류회로의 이해

13 10[Ω]의 저항 3개를 Y결선한 것을 등가 △결선으로 환산한 저항의 크기[Ω]는?

① 20   ② 30
③ 40   ④ 50

 정답분석

Y결선을 △결선으로 등가변환하면 다음과 같다.

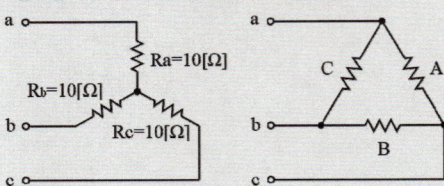

㉠ $A = \dfrac{R_a R_b + R_b R_c + R_c R_a}{R_c}$
   $= \dfrac{10^2 + 10^2 + 10^2}{10} = \dfrac{300}{10} = 30\,[\Omega]$

㉡ $B = \dfrac{R_a R_b + R_b R_c + R_c R_a}{R_a}$
   $= \dfrac{10^2 + 10^2 + 10^2}{10} = \dfrac{300}{10} = 30\,[\Omega]$

㉢ $C = \dfrac{R_a R_b + R_b R_c + R_c R_a}{R_b}$
   $= \dfrac{10^2 + 10^2 + 10^2}{10} = \dfrac{300}{10} = 30\,[\Omega]$

∴ 저항의 크기가 동일할 경우 $R_\triangle = 3R_Y$ 가 된다.

정답 ②

14 Chapter 11 전달함수

그림과 같은 회로의 전달함수는?
(단, $\dfrac{L}{R} = T$: 시정수이다.)

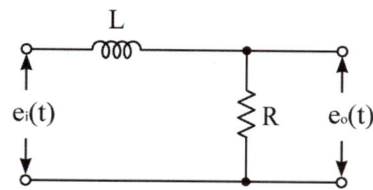

① $Ts^2 + 1$ ② $\dfrac{1}{Ts+1}$

③ $Ts + 1$ ④ $\dfrac{1}{Ts^2+1}$

$G(s) = \dfrac{E_o(s)}{E_i(s)} = \dfrac{I(s)R}{I(s)(Ls+R)} = \dfrac{R}{Ls+R}$

$= \dfrac{1}{\dfrac{L}{R}s+1} = \dfrac{1}{Ts+1}$

정답 ②

15 Chapter 10 라플라스 변환

다음 파형의 라플라스 변환은?

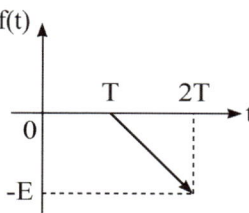

① $\dfrac{E}{Ts}e^{-Ts}$ ② $-\dfrac{E}{Ts}e^{-Ts}$

③ $-\dfrac{E}{Ts^2}e^{-Ts}$ ④ $\dfrac{E}{Ts^2}e^{-Ts}$

함수 $f(t) = -\dfrac{E}{T}(t-T)u(t-T)$ 에서

∴ $F(s) = -\dfrac{E}{Ts^2}e^{-Ts}$

정답 ③

16 Chapter 06 회로망 해석

다음 회로에서 120[V], 30[V] 전압원의 전력은?

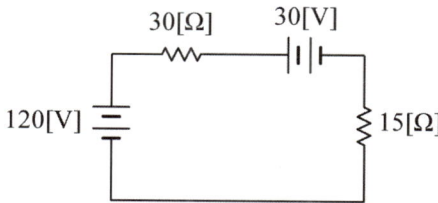

① 240[W], 60[W]
② 240[W], -60[W]
③ -240[W], 60[W]
④ -240[W], -60[W]

㉠ 회로 전류: $I = \dfrac{V}{R} = \dfrac{120-30}{30+15} = 2\,[A]$

㉡ 120[V] 전압원의 전력
$P_1 = V_1 I = 120 \times 2 = 240\,[W]$

㉢ 30[V] 전압원의 전력
$P_2 = -V_2 I = -30 \times 2 = -60\,[W]$

정답 ②

17 Chapter 09 과도현상

$R-L-C$ 직렬회로에서 회로 저항의 값이 다음의 어느 조건일 때 이 회로가 부족제동이 되었다고 하는가?

① $R = 0$ ② $R > 2\sqrt{\dfrac{L}{C}}$

③ $R = 2\sqrt{\dfrac{L}{C}}$ ④ $R < 2\sqrt{\dfrac{L}{C}}$

RLC 직렬회로의 과도응답

㉠ $R^2 < 4\dfrac{L}{C}$ 일 경우: 부족제동(진동적)

㉡ $R^2 = 4\dfrac{L}{C}$ 일 경우: 임계제동(임계적)

㉢ $R^2 > 4\dfrac{L}{C}$ 일 경우: 과제동(비진동적)

∴ $R^2 = 4\dfrac{L}{C} \rightarrow R = 2\sqrt{\dfrac{L}{C}}$

정답 ③

18

Chapter 03 다상 교류회로의 이해

전원과 부하가 다같이 △결선(환상결선)된 3상 평형회로가 있다. 전원전압이 200[V], 부하 임피던스가 $Z = 6 + j8[\Omega]$인 경우 부하전류[A]는?

① 20 ② $\dfrac{20}{\sqrt{3}}$

③ $20\sqrt{3}$ ④ $10\sqrt{3}$

정답분석

㉠ 각 상의 임피던스의 크기

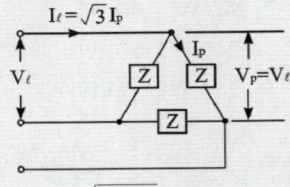

$Z = \sqrt{8^2 + 6^2} = 10[\Omega]$

㉡ 전원전압은 선간전압을 의미하고, △결선 시 상전압과 선간전압의 크기는 같다.
㉢ 상전류(환상전류)
$I_P = \dfrac{V_P}{Z} = \dfrac{200}{10} = 20[A]$
∴ 선전류(부하전류)
$I_\ell = \sqrt{3}\,I_P = 20\sqrt{3}[A]$

정답 ③

20

Chapter 09 과도현상

그림과 같은 회로에서 스위치 S를 $t=0$에서 닫았을 때 $(V_L)_{t=0} = 100[\text{V}]$, $\left(\dfrac{di}{dt}\right)_{t=0} = 400[\text{A/sec}]$이다. L의 값은 몇 [H]인가?

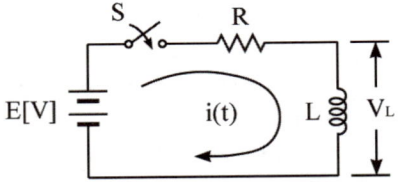

① 0.1 ② 0.5
③ 0.25 ④ 7.5

정답분석

$i(0) = \dfrac{E}{R}\left(1 - e^{-\frac{R}{L}t}\right)$

$= \dfrac{E}{R}(1 - e^0) = \dfrac{E}{R}(1 - 1) = 0$

∴ 스위치는 닫는 순간($t=0$)에는 전류가 흐르지 않는다.

정답 ③

19

Chapter 03 다상 교류회로의 이해

△결선된 부하를 Y결선으로 바꾸면 소비전력은 어떻게 되는가? (단, 선간전압은 일정하다.)

① $\dfrac{1}{3}$배 ② 6배
③ $\dfrac{1}{\sqrt{3}}$배 ④ $\dfrac{1}{\sqrt{6}}$배

정답분석

△결선으로 접속된 부하를 Y결선으로 변경 시 선전류와 소비전력이 모두 1/3배로 감소된다.
∴ $I_Y = \dfrac{1}{3}I_\triangle,\ P_Y = \dfrac{1}{3}P_\triangle$

정답 ①

2023년 제2회

전기산업기사

※ CBT문제는 수험생의 기억에 따라 복원된 것이며, 실제 기출문제와 동일하지 않을 수 있습니다.

01
Chapter 02 단상 교류회로의 이해

어떤 교류전압의 실횻값이 314[V]일 때 평균값은?

① 약 142[V]   ② 약 283[V]
③ 약 365[V]   ④ 약 382[V]

정답분석

평균값: $V_a = \dfrac{2V_m}{\pi} = 0.637 V_m$
$= 0.637 \times \sqrt{2}\, V$
$= 0.9 V = 0.9 \times 314$
$= 282.6\,[V]$

정답 ②

02
Chapter 01 직류회로의 이해

자동차 축전지의 무부하 전압을 측정하니 13.5[V]를 지시하였다. 이때 정격이 12[V], 55[W]인 자동차 전구를 연결하여 축전지의 단자전압을 측정하니 12[V]를 지시하였다. 축전지의 내부저항은 약 몇 [Ω]인가?

① 0.33   ② 0.45
③ 2.62   ④ 3.31

정답분석

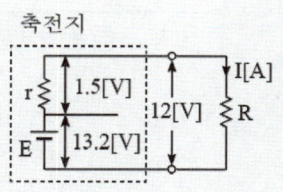

㉠ 자동차 전구 저항
$R = \dfrac{V^2}{P} = \dfrac{12^2}{55} = 2.62\,[\Omega]$

㉡ 축전지 내부 전압
$e = 13.5 - 12 = 1.5\,[V]$

㉢ 회로에 흐르는 전류
$I = \dfrac{12}{2.62} = \dfrac{1.5}{r}$

∴ 축전지의 내부 저항
$r = 1.5 \times \dfrac{2.62}{12} ≒ 0.33\,[\Omega]$

정답 ①

03
Chapter 03 다상 교류회로의 이해

그림과 같은 회로에 대칭 3상 전압 220[V]를 가할 때 a, a'선이 단선되었다고 하면 선전류는?

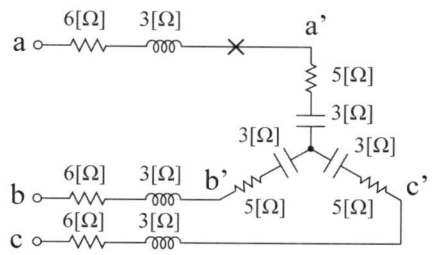

① 5[A]   ② 10[A]
③ 15[A]   ④ 20[A]

정답분석

3상에서 a선이 끊어지면 b, c상에 의해 단상 전원이 공급되므로 b, c상에 흐르는 전류는

$\therefore I = \dfrac{V_{bc}}{Z_{bc}}$
$= \dfrac{220}{6 + j3 + 5 - j3 - j3 + 5 + j3 + 6}$
$= \dfrac{220}{22} = 10\,[A]$

정답 ②

04
Chapter 02 단상 교류회로의 이해

R=100[Ω], C=30[μF]의 직렬회로에 V=100[V], f=60[Hz]의 교류전압을 가할 때 전류[A]는?

① 약 88.4   ② 약 133.5
③ 약 75   ④ 약 0.75

정답분석

㉠ 용량 리액턴스
$X_C = \dfrac{1}{2\pi f C} = \dfrac{1}{2\pi \times 60 \times 30 \times 10^{-6}}$
$= 88.42\,[\Omega]$

㉡ 임피던스: $Z = R - jX_C$
$= 100 - j88.42$
$= \sqrt{100^2 + 88.42^2} \angle \dfrac{88.42}{100}°$
$= 133.48 \angle -41.48°$

∴ 전류: $I = \dfrac{V}{Z} = \dfrac{100}{133.48 \angle -41.48}$
$= 0.75 \angle 41.48\,[A]$

정답 ④

Chapter 10 라플라스 변환

05 $F(s) = \dfrac{10}{s+3}$ 을 역라플라스 변환하면?

① $f(t) = 10\,e^{3t}$
② $f(t) = 10\,e^{-3t}$
③ $f(t) = 10\,e^{\frac{t}{3}}$
④ $f(t) = 10\,e^{-\frac{t}{3}}$

정답분석

$$\mathcal{L}^{-1}\left[\dfrac{10}{s+3}\right] = \mathcal{L}^{-1}\left[\dfrac{10}{s}\right]\bigg|_{s=s+3} = 10\,e^{-3t}$$

정답 ②

Chapter 11 전달함수

06 다음 신호흐름선도에서 전달함수 C/R의 값은?

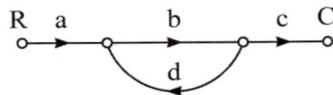

① $G = \dfrac{1-bd}{abc}$
② $G = \dfrac{1+bd}{abc}$
③ $G = \dfrac{abc}{1+bd}$
④ $G = \dfrac{abc}{1-bd}$

정답분석

종합 전달함수 (메이슨 공식)

$$M(s) = \dfrac{C(s)}{R(s)} = \dfrac{\sum \text{전향 경로 이득}}{1 - \sum \text{페루프 이득}}$$

$$= \dfrac{abc}{1-bd}$$

정답 ④

Chapter 02 단상 교류회로의 이해

07 RLC 직렬회로에서 공진 시의 전류는 공급전압에 대하여 어떤 위상차를 갖는가?

① $0°$
② $90°$
③ $180°$
④ $270°$

정답분석

$Z = R + j(X_L - X_C)\,[\Omega]$ 에서 공진 시
$Z = R$ 이 되어 전압과 전류가 동위상 된다.

정답 ①

Chapter 09 과도현상

08 RC 직렬회로에 t=0에서 직류전압을 인가하였다. 시정수 4배에서 커패시터에 충전된 전하는 약 몇 [%]인가?

① 63.2
② 86.5
③ 95.0
④ 98.2

정답분석

㉠ RC 회로의 시정수
　$\tau = RC\,[\text{sec}]$
㉡ 커패시터 충전된 전하량
　$Q = CE\,[\text{C}]$
㉢ $t=0$ 에서 충전되는 전하의 과도분
　$Q(t) = CE\left(1 - e^{-\frac{1}{RC}t}\right)\,[\text{C}]$
∴ 시정수 4배$(t = 4RC)$에서 충전된 전하량
$$Q(4\tau) = CE\left(1 - e^{-\frac{1}{RC} \times 4RC}\right)$$
$$= CE(1 - e^{-4}) = 0.982\,CE$$
$$= 98.2\%\,Q$$

정답 ④

Chapter 11 전달함수

09 그림과 같은 회로의 전압비 전달함수 $V_2(s)/V_1(s)$는?

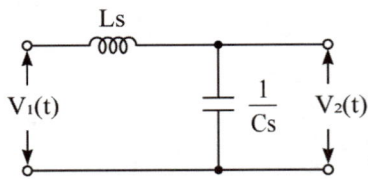

① $\dfrac{LCs}{s^2 + LC}$
② $\dfrac{\frac{1}{LCs}}{s^2 + LC}$
③ $\dfrac{\frac{1}{LC}}{s^2 + \frac{1}{LC}}$
④ $\dfrac{\frac{1}{LC}}{s^2 + LC}$

정답분석

$$G(s) = \dfrac{V_2(s)}{V_1(s)} = \dfrac{Z_o(s)}{Z_i(s)} = \dfrac{\frac{1}{Cs}}{Ls + \frac{1}{Cs}}$$

$$= \dfrac{1}{LCs^2 + 1} = \dfrac{\frac{1}{LC}}{s^2 + \frac{1}{LC}}$$

정답 ③

10 Chapter 08 분포정수 회로

전송선로에서 무손실일 때 L=96[mH], C=0.6[μF]이면 특성 임피던스는 몇 [Ω]인가?

① 100[Ω]　② 200[Ω]
③ 300[Ω]　④ 400[Ω]

정답분석

특성임피던스
$$Z_0 = \sqrt{\frac{L}{C}} = \sqrt{\frac{96 \times 10^{-3}}{0.6 \times 10^{-6}}} = 400\,[\Omega]$$

정답 ④

11 Chapter 10 라플라스 변환

계단함수 $u(t)$에 상수 5를 곱해서 라플라스 변환하면?

① $\dfrac{s}{5}$　② $\dfrac{5}{s^2}$
③ $\dfrac{5}{s-1}$　④ $\dfrac{5}{s}$

정답분석

$5u(t) \xrightarrow{\mathcal{L}} \dfrac{5}{s}$

정답 ④

12 Chapter 04 비정현파 교류회로의 이해

어떤 회로에 흐르는 전류가 아래와 같은 경우 실횻값[A]은?

$$i(t) = 30\sin\omega t + 40\sin(3\omega t + 45°)\,[A]$$

① 25[A]　② $25\sqrt{2}$ [A]
③ $35\sqrt{2}$ [A]　④ 50[A]

정답분석

$$|I| = \sqrt{|I_1|^2 + |I_3|^2} = \sqrt{\left(\frac{30}{\sqrt{2}}\right)^2 + \left(\frac{40}{\sqrt{2}}\right)^2}$$
$$= \sqrt{\frac{1}{2}(30^2 + 40^2)} = \frac{50}{\sqrt{2}}$$
$$= \frac{50}{\sqrt{2}} \times \frac{\sqrt{2}}{\sqrt{2}} = 25\sqrt{2}\,[A]$$

정답 ②

13 Chapter 01 직류회로의 이해

다음 그림과 같은 회로에서 R의 값은 얼마인가?

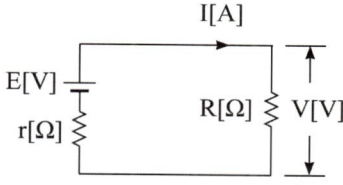

① $\dfrac{E-V}{E}r$　② $\dfrac{E}{E-V}r$
③ $\dfrac{E-V}{V}r$　④ $\dfrac{V}{E-V}r$

정답분석

㉠ 기전력: $E = I(r+R) = Ir + IR$
$\qquad = Ir + V = \dfrac{V}{R}r + V$에서

여기서, 부하 단자 전압: $V = IR$

㉡ $E - V = \dfrac{V}{R}r$ 이므로 부하저항은

∴ $R = \dfrac{V}{E-V} \times r$

정답 ④

14 Chapter 03 다상 교류회로의 이해

그림과 같은 △회로를 등가인 Y회로로 환산하면 a의 임피던스는?

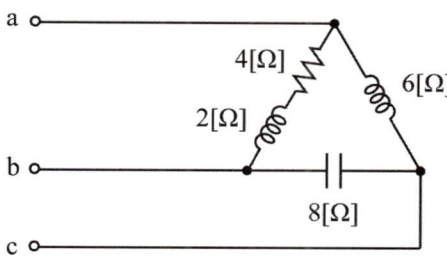

① $3 + j6\,[\Omega]$　② $-3 + j6\,[\Omega]$
③ $6 + j6\,[\Omega]$　④ $-6 + j6\,[\Omega]$

정답분석

$$Z_a = \frac{Z_{ab} \times Z_{ca}}{(Z_{ab} + Z_{bc} + Z_{ca})}$$
$$= \frac{(4+j2) \times j6}{(4+j2) + (-j8) + j6}$$
$$= \frac{-12 + j24}{4} = -3 + j6\,[\Omega]$$

정답 ②

15 Chapter 03 다상 교류회로의 이해

변압기 2대를 V결선 했을 때의 이용률은 몇 [%]인가?

① 57.7[%]　② 70.7[%]
③ 86.6[%]　④ 100[%]

정답분석

V결선의 특징

㉠ 3상 출력: $P_V = \sqrt{3}P$ [kVA]
　(여기서, P: 변압기 1대 용량)

㉡ 이용률
$$\frac{V결선의\ 출력}{변압기\ 2개\ 용량} = \frac{\sqrt{3}P}{2P} = \frac{\sqrt{3}}{2}$$
$$= 0.866 = 86.6\,[\%]$$

㉢ 출력비
$$\frac{P_V}{P_\triangle} = \frac{\sqrt{3}P}{3P} = \frac{\sqrt{3}}{3}$$
$$= 0.577 = 57.7\,[\%]$$

정답 ③

17 Chapter 02 단상 교류회로의 이해

$R = 15[\Omega]$, $X_L = 12[\Omega]$, $X_C = 30[\Omega]$가 병렬로 접속된 회로에 120[V]의 교류전압을 가하면 전원에 흐르는 전류와 역률은?

① 22[A], 85[%]
② 22[A], 80[%]
③ 22[A], 60[%]
④ 10[A], 80[%]

정답분석

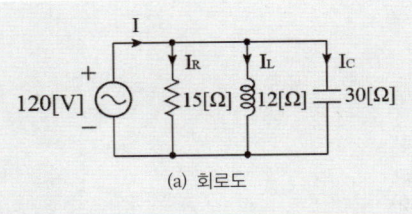

(a) 회로도

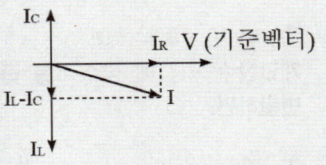

(b) 전류 벡터도

㉠ 저항에 흐르는 전류
$$I_R = \frac{V}{R} = \frac{120}{15} = 8\,[A]$$

㉡ 코일에 흐르는 전류
$$I_L = \frac{V}{jX_L} = -j\frac{V}{X_L} = -j\frac{120}{12}$$
$$= -j10\,[A]$$

㉢ 콘덴서에 흐르는 전류
$$I_C = \frac{V}{-jX_C} = j\frac{V}{X_C} = j\frac{120}{30} = j4\,[A]$$

㉣ 부하전류
$$I = I_R - j(I_L - I_C) = 8 - j6$$
$$= \sqrt{8^2 + 6^2} = 10\,[A]$$

㉤ 병렬회로 시 역률
$$\cos\theta = \frac{I_R}{I} = \frac{8}{10} = 0.8$$

정답 ④

16 Chapter 05 대칭좌표법

3상 3선식에서는 회로의 평형, 불평형 또는 부하의 △, Y에 불구하고, 세 선전류의 합은 0이므로 선전류의 (　)은 0이다. (　) 안에 들어갈 말은?

① 영상분　② 정상분
③ 역상분　④ 상전압

정답분석

영상분 전류 $I_0 = \frac{1}{3}(I_a + I_b + I_c)$ 이므로

$I_a + I_b + I_c = 0$ 이면 $I_0 = 0$이 된다.

정답 ①

18 다음과 같은 π형 4단자 회로망의 어드미턴스 파라미터 Y_{11}의 값은?

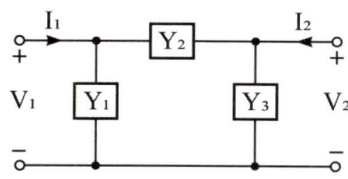

① $Y_1 + Y_2$
② Y_2
③ Y_3
④ $Y_2 + Y_3$

 π형 등가회로에서 어드미턴스 파라미터
㉠ $Y_{11} = Y_1 + Y_2 [\mho]$
㉡ $Y_{12} = Y_{21} = -Y_2 [\mho]$
㉢ $Y_{22} = Y_2 + Y_3 [\mho]$

정답 ①

20 T형 4단자형 회로 그림에서 ABCD 파라미터 간의 성질 중 성립되는 대칭 조건은?

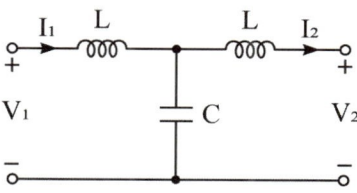

① A=D
② A=C
③ B=C
④ B=A

 4단자 정수는 아래와 같으므로 회로가 대칭이 되면 $A = D$ 가 같아진다.
$$\begin{bmatrix} A & B \\ C & D \end{bmatrix} = \begin{bmatrix} 1 & j\omega L \\ 0 & 1 \end{bmatrix} \begin{bmatrix} 1 & 0 \\ j\omega C & 1 \end{bmatrix} \begin{bmatrix} 1 & j\omega L \\ 0 & 1 \end{bmatrix}$$
$$= \begin{bmatrix} 1 - \omega^2 LC & j\omega L(2 - \omega^2 LC) \\ j\omega C & 1 - \omega^2 LC \end{bmatrix}$$

정답 ①

19 그림과 같은 회로에서 a, b에 나타나는 전압은 몇 [V]인가?

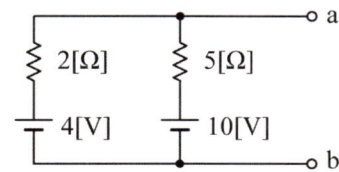

① 5.7[V]
② 6.5[V]
③ 4.3[V]
④ 3.4[V]

 밀만의 정리에 의해서 구할 수 있다.
$$\therefore V_{ab} = \frac{\sum I}{\sum Y} = \frac{\frac{4}{2} + \frac{10}{5}}{\frac{1}{2} + \frac{1}{5}} = \frac{\frac{40}{10}}{\frac{7}{10}} = 5.7 [V]$$

정답 ①

2023년 제1회

전기산업기사

※ CBT문제는 수험생의 기억에 따라 복원된 것이며, 실제 기출문제와 동일하지 않을 수 있습니다.

 Chapter 07 4단자망 회로 해석

01 임피던스 $Z(s)$가 $Z(s) = \dfrac{s+20}{s^2+2RLs+1}$로 주어지는 2단자 회로에 직류 전원 15[A]를 가할 때 이 회로의 단자전압 [V]은?

① 200[V]   ② 300[V]
③ 400[V]   ④ 600[V]

정답분석
직류를 가하면 $s=0$이므로 임피던스
$Z(s) = \left[\dfrac{s+20}{s^2+2RLs+1}\right]_{s=0} = \dfrac{20}{1} = 20\,[\Omega]$
∴ 단자전압: $V = I \times Z(s) = 20 \times 15 = 300\,[V]$

정답 ②

 Chapter 07 4단자망 회로 해석

02 대칭 5상 교류에서 선간전압과 상전압간의 위상차는 몇 도 인가?

① 27°   ② 36°
③ 54°   ④ 72°

정답분석
$\theta = \dfrac{\pi}{2} - \dfrac{\pi}{n} = \dfrac{\pi}{2}\left(1-\dfrac{2}{n}\right) = \dfrac{180}{2}\left(1-\dfrac{2}{5}\right) = 54°$

정답 ③

Chapter 07 4단자망 회로 해석

03 어떤 4단자망의 입력단자 1-1' 사이의 영상 임피던스 Z_{01}과 출력단자 2-2' 사이의 영상 임피던스 Z_{02}가 같게 되려면 4단자정수 사이에 어떠한 관계가 있어야 하는가?

① $BC = AC$ ② $AB = CD$
③ $B = C$ ④ $A = D$

정답분석
영상 임피던스 $Z_{01} = \sqrt{\dfrac{AB}{CB}}$, $Z_{02} = \sqrt{\dfrac{BC}{AD}}$ 이 두식이 같게 되려면 $A=D$ 이다.

정답 ④

 Chapter 02 단상 교류회로의 이해

04 $i = 10\sin\left(\omega t - \dfrac{\pi}{3}\right)$ [A]로 표시되는 전류파형 보다 위상이 30°만큼 앞서고 최대치가 100[V]되는 전압파형 v를 식으로 나타내면 어떤 것인가?

① $v = 100\sin\left(\omega t - \dfrac{\pi}{3}\right)$
② $v = 100\sqrt{2}\sin\left(\omega t - \dfrac{\pi}{6}\right)$
③ $v = 100\sin\left(\omega t - \dfrac{\pi}{6}\right)$
④ $v = 100\sqrt{2}\cos\left(\omega t - \dfrac{\pi}{6}\right)$

정답분석
위상이 30° 진상이므로
∴ $v = 100\sin(\omega t - 60 + 30)$
$= 100\sin\left(\omega t - \dfrac{\pi}{6}\right)$ [V]

정답 ③

 Chapter 07 4단자망 회로 해석

05 L 및 C를 직렬로 접속한 임피던스가 있다. 지금 그림과 같이 L 및 C의 각각에 동일한 무유도 저항 R을 병렬로 접속하여 이 합성회로가 주파수에 무관계하게 되는 R의 값은?

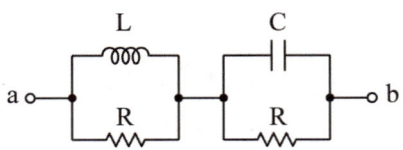

① $R^2 = \dfrac{L}{C}$ ② $R^2 = \dfrac{C}{L}$
③ $R^2 = CL$ ④ $R^2 = \dfrac{1}{LC}$

정답분석
정저항 조건: $R^2 = Z_1 Z_2 = \dfrac{L}{C}$
여기서, $Z_1 = j\omega L$, $Z_2 = \dfrac{1}{j\omega C}$

정답 ①

06 Chapter 10 라플라스 변환

$F(s) = \dfrac{1}{s(s+a)}$ 의 라플라스 역변환을 구하시오.

① $1 - e^{-at}$
② $a(1 - e^{-at})$
③ $\dfrac{1}{a}(1 - e^{-at})$
④ e^{-at}

정답분석

㉠ $F(s) = \dfrac{1}{s(s+a)}$
$= \dfrac{A}{s} + \dfrac{B}{s+a} \xrightarrow{\mathcal{L}^{-1}} A + Be^{-at}$
에서 미지수 A, B는 다음과 같다.

㉡ $A = \lim\limits_{s \to 0} sF(s) = \lim\limits_{s \to 0} \dfrac{1}{s+a} = \dfrac{1}{a}$

㉢ $B = \lim\limits_{s \to -a}(s+a)F(s) = \lim\limits_{s \to -a} \dfrac{1}{s} = -\dfrac{1}{a}$

∴ 함수: $f(t) = A + Be^{-at} = \dfrac{1}{a}(1 - e^{-at})$

정답 ③

08 Chapter 01 직류회로의 이해

일정 전압의 직류 전원에 저항을 접속하고 전류를 흘릴 때 이 전류값을 20[%] 증가시키기 위해서는 저항값을 몇 배로 하여야 하는가?

① 1.25배
② 1.2배
③ 0.83배
④ 0.8배

정답분석

㉠ 옴의 법칙 $I = \dfrac{V}{R}$에서 저항 $R = \dfrac{V}{I}$이므로 저항은 전류에 반비례한다.

㉡ 전류값을 20[%] 증가 ($1.2I$)시키기 위한 저항값은 다음과 같다.

∴ $R_x = \dfrac{V}{1.2I} = 0.83\dfrac{V}{I} = 0.83R[\Omega]$

정답 ③

09 Chapter 09 과도현상

직류 $R - L$ 직렬회로에서 회로의 시정수 값은?

① $\dfrac{R}{L}$
② $\dfrac{L}{R}$
③ $\dfrac{1}{RL}$
④ RL

정답분석

㉠ $R - L$ 시정수: $\tau = \dfrac{L}{R}$ [sec]
㉡ $R - C$ 시정수: $\tau = RC$ [sec]

정답 ②

07 Chapter 03 다상 교류회로의 이해

대칭 3상 Y부하에서 각 상의 임피던스가 $Z = 3 + j4[\Omega]$이고, 부하전류가 20[A]일 때 이 부하의 선간전압[V]은 얼마인가?

① 14.3
② 151
③ 173
④ 193

정답분석

㉠ 각 상의 임피던스의 크기

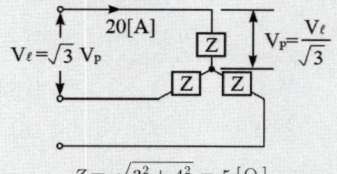

$Z = \sqrt{3^2 + 4^2} = 5[\Omega]$

㉡ Y결선 시 선전류와 상전류의 크기는 같다.
상전압: $V_P = I_P \times Z = 20 \times 5 = 100[V]$

∴ Y결선 시 선간전압은 상전압의 $\sqrt{3}$배
$V_l = \sqrt{3}\, V_P = \sqrt{3} \times 100 = 173.2[V]$

정답 ③

10 Chapter 07 4단자망 회로 해석

1차 전압 3,300[V], 2차 전압 220[V]인 변압기의 권수비(turn ratio)는 얼마인가?

① 15
② 220
③ 3,300
④ 7,260

정답분석

권수비: $a = \dfrac{N_1}{N_2} = \dfrac{V_1}{V_2} = \dfrac{I_2}{I_1}$

(여기서, N_1: 1차 권수, N_2: 2차 권수)

∴ $a = \dfrac{V_1}{V_2} = \dfrac{3300}{220} = 15$

정답 ①

11 Chapter 03 다상 교류회로의 이해

3상 유도전동기의 출력이 3마력, 전압이 200[V], 효율 80[%], 역률 90[%]일 때 전동기에 유입하는 선전류의 값은 약 몇 [A]인가?

① 7.18[A] ② 9.18[A]
③ 6.84[A] ④ 8.97[A]

정답분석

유효전력 $P = \sqrt{3}\,VI\cos\theta\,\eta\,[W]$ 에서

여기서, 효율 $\eta = \dfrac{출력}{입력}$

$1[HP] = 746[W]$

∴ 선전류: $I = \dfrac{P}{\sqrt{3}\,V\cos\theta\,\eta}$

$= \dfrac{3 \times 746}{\sqrt{3} \times 200 \times 0.9 \times 0.8}$

$= 8.97[A]$

정답 ④

13 Chapter 01 직류회로의 이해

$\dfrac{9}{4}$ [kW] 직류 전동기 2대를 매일 5시간씩 30일 동안 운전할 때 사용한 전력량은 약 몇 [kWh]인가? (단, 전동기는 전부하로 운전되는 것으로 하고 효율은 80[%]이다.)

① 650 ② 745
③ 844 ④ 980

정답분석

㉠ 전력량(출력)

$W_o = Pt = \dfrac{9}{4} \times 2 \times 5 \times 30 = 675\,[kWh]$

㉡ 효율: $\eta = \dfrac{출력}{입력} = \dfrac{W_o}{W_i}$

∴ 전동기가 사용한 전력량(입력)

$W_i = \dfrac{W_o}{\eta} = \dfrac{675}{0.8} = 843.75\,[kWh]$

정답 ③

12 Chapter 02 단상 교류회로의 이해

그림과 같은 결합 회로의 합성 인덕턴스는?

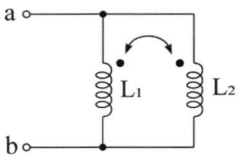

① $\dfrac{L_1 L_2 - M^2}{L_1 + L_2 - 2M}$

② $\dfrac{L_1 L_2 + M^2}{L_1 + L_2 - 2M}$

③ $\dfrac{L_1 L_2 - M^2}{L_1 + L_2 + 2M}$

④ $\dfrac{L_1 L_2 + M^2}{L_1 + L_2 + 2M}$

정답분석

L_1, L_2는 가동결합이(dot가 같은 방향)된다.

∴ 합성 인덕턴스: $L_{ab} = \dfrac{L_1 L_2 - M^2}{L_1 + L_2 - 2M}$

정답 ①

14 Chapter 04 비정현파 교류회로의 이해

다음과 같은 비정현파 전압의 왜형율을 구하면?

$e(t) = 50 + 100\sqrt{2}\sin\omega t$
$\quad + 50\sqrt{2}\sin 2\omega t + 30\sqrt{2}\sin 3\omega t\,[V]$

① 1.0 ② 0.58
③ 0.8 ④ 0.3

정답분석

고조파 왜형율(Total Harmonic Distortion)

$V_{THD} = \dfrac{고조파만의\ 실효값}{기본파의\ 실효값}$

$= \dfrac{\sqrt{50^2 + 30^2}}{100} = 0.58$

정답 ②

15 Chapter 10 라플라스 변환

$I(s) = \dfrac{12(s+8)}{4s(s+6)}$ 일 때 전류의 초기값 $i(0^+)$를 구하면?

① 4 ② 3
③ 2 ④ 1

정답분석

$\lim\limits_{t\to 0} i(t) = \lim\limits_{s\to\infty} sI(s) = \lim\limits_{s\to\infty} \dfrac{12(s+8)}{4(s+6)}$

$= \lim\limits_{s\to\infty} \dfrac{12 + \dfrac{96}{s}}{4 + \dfrac{24}{s}} = \dfrac{12}{4} = 3$

정답 ②

16 Chapter 06 회로망 해석

회로를 테브난(Thevenin)의 등가회로로 변화하려고 한다. 이때 테브난의 등가저항 R_T와 등가전압 V_T[V]는?

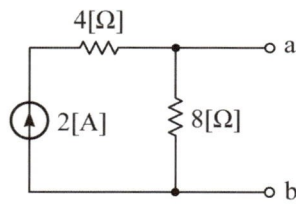

① $R_T = \dfrac{8}{3},\quad V_T = 8$
② $R_T = 6,\quad V_T = 12$
③ $R_T = 8,\quad V_T = 16$
④ $R_T = \dfrac{8}{3},\quad V_T = 16$

정답분석

테브난의 등가변환
㉠ 개방전압: a, b 양단의 단자전압
　$V_T = 8I = 8 \times 2 = 16\,[\text{V}]$
㉡ 등가저항: 전류원을 개방시킨 상태에서 a, b에서 바라본 합성저항

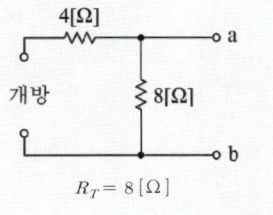

$R_T = 8\,[\Omega]$

정답 ③

17 Chapter 07 4단자망 회로 해석

그림과 같은 L형 회로의 4단자 정수는 어떻게 되는가?

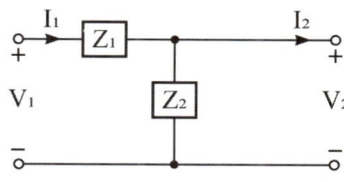

① $A = Z_1,\ B = 1 + \dfrac{Z_1}{Z_2},$
　$C = \dfrac{1}{Z_2},\ D = 1$

② $A = 1,\ B = \dfrac{1}{Z_2},$
　$C = 1 + \dfrac{1}{Z_2},\ D = Z_1$

③ $A = 1 + \dfrac{Z_1}{Z_2},\ B = Z_1,$
　$C = \dfrac{1}{Z_2},\ D = 1$

④ $A = \dfrac{1}{Z_2},\ B = 1,$
　$C = Z_1,\ D = 1 + \dfrac{Z_1}{Z_2}$

정답분석

$\begin{bmatrix} 1 & Z_1 \\ 0 & 1 \end{bmatrix} \begin{bmatrix} 1 & 0 \\ \dfrac{1}{Z_2} & 1 \end{bmatrix} = \begin{bmatrix} 1 + \dfrac{Z_1}{Z_2} & Z_1 \\ \dfrac{1}{Z_2} & 1 \end{bmatrix}$

정답 ③

18 Chapter 09 과도현상

코일의 권회수 $N = 1000$, 저항 $R = 20\,[\Omega]$으로 전류 $I = 10\,[\text{A}]$를 흘릴 때 자속 $\phi = 3 \times 10^{-2}\,[\text{Wb}]$이다. 이 회로의 시정수는?

① $\tau = 0.15\,[\text{sec}]$　② $\tau = 3\,[\text{sec}]$
③ $\tau = 0.4\,[\text{sec}]$　④ $\tau = 4\,[\text{sec}]$

정답분석

인덕턴스

$L = \dfrac{\Phi}{I} = \dfrac{N\phi}{I} = \dfrac{1000 \times 3 \times 10^{-2}}{10} = 3\,[\text{H}]$

∴ 시정수: $\tau = \dfrac{L}{R} = \dfrac{3}{20} = 0.15\,[\text{sec}]$

정답 ①

19 Chapter 11 전달함수

다음 시스템의 전달함수(C/R)는?

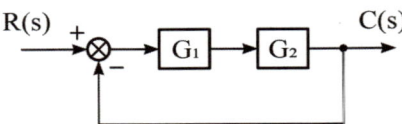

① $\dfrac{G_1 G_2}{1 + G_1 G_2}$ ② $\dfrac{G_1 G_2}{1 - G_1 G_2}$

③ $\dfrac{1 + G_1 G_2}{G_1 G_2}$ ④ $\dfrac{1 - G_1 G_2}{G_1 G_2}$

정답분석

종합 전달함수 (메이슨 공식)

$$M(s) = \dfrac{C(s)}{R(s)} = \dfrac{\sum \text{전향 경로 이득}}{1 - \sum \text{페루프 이득}}$$

$$= \dfrac{G_1 G_2}{1 - (-G_1 G_2)} = \dfrac{G_1 G_2}{1 + G_1 G_2}$$

정답 ①

20 Chapter 05 대칭좌표법

3상 4선식에서 중성선이 필요하지 않아서 중성선을 제거하여 3상 3선식을 만들기 위한 중성선에서의 조건식은 어떻게 되는가?
(단, I_a, I_b, I_c는 각상의 전류이다.)

① 불평형 3상 $I_a + I_b + I_c = 1$
② 불평형 3상 $I_a + I_b + I_c = \sqrt{3}$
③ 불평형 3상 $I_a + I_b + I_c = 3$
④ 평형 3상 $I_a + I_b + I_c = 0$

정답분석

3상 회로에서 불평형 발생시 불평형 전류가 다른 상에 영향을 주는 것을 방지하기 위해 중성선 접지를 실시한다. 따라서 불평형을 발생시키지 않는 평형 3상일 때 중성선을 제거할 수 있다.

∴ 평형 3상 조건: $I_a + I_b + I_c = 0$

정답 ④

2026 대비 최신판

해커스
전기기사·산업기사
필기 회로이론
한권완성 이론+최신기출+핵심노트

초판 1쇄 발행 2025년 9월 17일

지은이	오우진
펴낸곳	㈜챔프스터디
펴낸이	챔프스터디 출판팀
주소	서울특별시 서초구 강남대로61길 23 ㈜챔프스터디
고객센터	02-537-5000
교재 관련 문의	publishing@hackers.com
동영상강의	pass.Hackers.com
ISBN	978-89-6965-664-3 (13560)
Serial Number	01-01-01

저작권자 ⓒ 2025, 오우진
이 책의 모든 내용, 이미지, 디자인, 편집 형태는 저작권법에 의해 보호받고 있습니다.
서면에 의한 저자와 출판사의 허락 없이 내용의 일부 혹은 전부를 인용, 발췌하거나 복제, 배포할 수 없습니다.

자격증 교육 1위
해커스자격증
pass.Hackers.com

· 국가기술자격 평가방법 개발위원 출신 선생님의 **본 교재 인강**(교재 내 할인쿠폰 수록)
· 전기기사·산업기사 **무료 특강&이벤트, 최신 기출문제** 등 다양한 콘텐츠

주간동아 선정 2022 올해의 교육브랜드 파워 온·오프라인 자격증 부문 1위

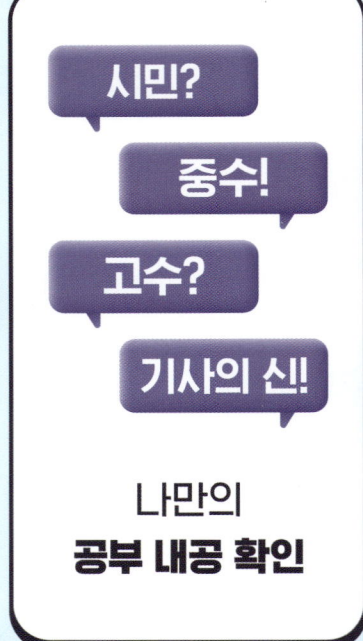